大学公共平台核心课程系列教材

应用微积分

（第二版）

主　编：吴肇基
副主编：陈卫忠

东南大学出版社
·南京·

图书在版编目(CIP)数据

应用微积分 / 吴肇基,陈卫忠编. —南京:东南大学出版社,2005.9(2022.1 重印)
(大学公共平台核心课程系列教材)
ISBN 978 - 7 - 5641 - 0065 - 0

Ⅰ.应… Ⅱ.①吴…②陈… Ⅲ.微积分-高等学校--教材 Ⅳ.0172

中国版本图书馆 CIP 数据核字(2005)第 060669 号

应用微积分

主　　编	吴肇基	特聘主审	陈克龙
副 主 编	陈卫忠	责任编辑	惠　生
选题总策划	李　玉	责任印制	张文礼
整体设计	李　玉	封面设计	康　靖

出版发行　东南大学出版社
社　　址　南京四牌楼 2 号
邮　　编　210096
出 版 人　江建中
经　　销　江苏省新华书店

印　　刷　常州市武进第三印刷有限公司
开　　本　700mm × 1000mm　1/16
印　　张　26.5
字　　数　650 千字
版　　次　2005 年 8 月第 1 版　2022 年 1 月第 18 次印刷
ISBN　978 - 7 - 5641 - 0065 - 0/O.2
印　　数　68401 - 70400 册
定　　价　49.00 元

大学公共平台核心课程系列教材编委会名单

出版说明

教材建设是高等学校基本建设之一，教学改革的种种设想和试验，大多要通过教材建设来具体体现，教材建设反过来又推动和促进教学改革，两者间的关系是相辅相成的。因此，高质量的教材是培养高质量优秀人才的基本保证，发展高等教育，提高教育质量必须建设高质量的教材。目前，由东南大学出版社出版发行的"大学公共平台核心课程"系列教材，是以科学的教育发展观来统领教材编写体系，立足于大学生综合素质的提高，注重大学生创造性思维与创新能力的培养、有较强适用性的公共平台核心课程教材。本套教材第一辑将出版《应用微积分》、《工程数学》、《体育与健康》、《体育欣赏》、《经济学基础》共五种，以后还将陆续出版其他教材。

"大学公共平台核心课程"教材的编写基于以下几方面的考虑：一是学生综合素质的提高。加强基础，拓宽知识，培养能力，激励个性，提高综合素质，这也是目前高等教育整体改革的重要步骤，教材编写将重视人才培养模式调整和改革，为学生融会中外、贯通古今，掌握现代科学向交叉科学和边缘科学发展的理论奠定良好的基础。二是学生创新精神的培养。江泽民同志提出："创新是不断进步的灵魂……创新，很根本的一条就是要靠教育，靠人才。""大学公共平台核心课程"教材编写将最大限度地反映教学内容和课程体系改革的成果，成为适合创造性人才培养的教材，体现教育思想和教育观念的转变，根据科技进步和社会发展的最新成果不断地充实和更新教学内容。我们坚信，教材的先进性是人才培养创造性的基本前提，站在知识最高点才具有高瞻远瞩的眼光与勇于创新的信心。三是教材的精品意识。"大学公共平台核心课程"教材的编写准确把握精品的科学内涵，不仅要求教材的高质量和高水平，还必须能够体现教材的先进性、实用性，并且能够提供全方位的人性化的服务。"大学公共平台核心课程"教材的编写力求达到思想性、科学性和方法论相统一；先进性和基础性相统一；综合性和针对性相统一；教材建设与教学改革相统一。

随着经济的发展，社会分工也在发生变化，专业交叉、职业渗透现象引起高校的重视，因而，对复合型人才的培养与需求，成为高校及用人单位普遍关注的热点问题。为提高人才竞争力，强化学生的综合素质培养，基础课教学正在加强，文理之间的学科交融越来越多，人才关键(核心)能力的培养引起教育工作者的高度重视。“大学公共平台核心课程”教材，重在加强学生基础课教学，关注人文教学，将人才综合素质的发展与提高为己任，真正实现德智体全面发展与人的个性化的统一，人文精神与科学素质的统一，文化传授与文化的选择、创新的统一，注重学生创造性思维与创新能力的培养和挖掘。“大学公共平台核心课程”教材的编写，同时着眼于具有高等教育水平的知识、技术能力及反映这些知识、技术能力内涵的理论知识的目标系统；有完成理论教学、具有高等教育特色的教学方法和达到知识、技术能力目标的训练方法；教材内容紧随科学技术、经济发展变化。在教材编写过程中，既吸收了目前最新的基础理论观点和实践、实验成果，又注意淘汰陈旧的知识、技术内容，保持教材的先进性。

“大学公共平台核心课程”教材编写将适应教材国际化、多样化、个性化发展趋势，用最先进的教学内容来武装学生，缩小与发达国家高等教育之间的差距。因此，“大学公共平台核心课程”教材的编写过程是动态的，随着教育、教学改革的深入发展，我们将关注国内外学术发展前沿、跟踪学科发展步调来不断地修订教材内容，保持教材内容的新鲜和知识的先进性。除纸质教材外，还将开发音像媒体、网络课件、CAI 课件、教学素材库、电子教案、试题库及考试系统和多媒体教学软件等教材，将各种相互作用、相互联系的媒体和资源有机地整合在一起，形成立体化教材。

“大学公共平台核心课程”教材的编写还处于探索阶段，随着一些新课程的开发、新教材的编写，“大学公共平台核心课程”教材的体系将不断完善，我们愿意为全国高校学生提供更多的精品教材。

大学公共平台核心课程系列教材编委会

2005 年 5 月

Preface 前言

再版前言

教材建设是高等学校的基础建设之一，教材编写应最大限度地反映教学内容和课程体系改革的成果，以适用目前我国高等教育整体改革、人才培养模式改革的要求。

《应用微积分》第一版自2001年面市以来，受到广大读者的欢迎与支持，已重印4次。为适应高等教育规模的发展及高等数学教学改革的要求，我们与东南大学出版社该选题总策划同志有共同认识，动议改版，并希望能列入到“大学公共平台核心课程”系列教材中来。再版的《应用微积分》将以新的面貌、新的内容，展现在读者面前，竭诚为广大读者服务。

本次改版，为便于读者阅读和携带，将第一版的上、下册合并为一册；全稿重新组织措辞与编写，对例题和习题进行了增删和修改；增加了附录以同中学数学教科书相衔接；将8个数学实验并在一起作为第9章，以便在教学中可分别插到前面各章后面讲授和上机实践。

《应用微积分》出版四年来，承蒙使用本书的老师和学生给我们提出了很多宝贵的意见和建议，成为这次再版修订的重要依据。借此机会，编者同仁向他们以及所有读者表示衷心的感谢。

编　者

2005年5月

Preface 前言

第一版前言

进入21世纪，高等数学教学面临着如何使教材适应科学技术的迅猛发展、社会对人才素质要求的不断提高以及高等教育逐渐大众化的新问题。

现在全国各高校纷纷推出自己的新教材。我们根据自己长期的教学实践，展望新世纪对数学教学的要求，本着百花齐放的愿望，编写了这本教材。

在新的教学要求尚未出台的情况下，本教材仍按照原国家教委制定的《高等学校工程专科高等数学课程教学基本要求》编写，努力贯彻“以应用为目的，以必需、够用为度”的原则；讲清概念，减少论证，使学生掌握基本的概念、理论和计算技能，初步具备应用微积分方法解决实际问题的能力。

在本书的编写过程中，我们认为，传统的高等数学教材是经过长期教学实践形成的，已为广大师生所认可，应当加以继承；同时我们也作了一些新的尝试，主要有以下四点：

1. 加入了一些比较新颖的应用题以及若干与微积分有关的数学建模内容，目的是使传统教材带有一点时代气息。

2. 考虑到学工程的学生应当懂一点经济管理方面的知识，因此，书中插入了一些简单的边际分析等经济学应用题。

3. 微积分主要讨论连续变量。鉴于现在对离散变量的处理越来越重要，因而我们在讲完二阶线性微分方程之后，插入了与其形式和解法都十分相似的二阶线性差分方程。

4.《基本要求》指出要“增加实验课”环节。当

Preface 前言

初主要是对物理、化学等课程而言的，但现在随着计算机的日益普及和数学软件的日趋完善，数学也开始引进实验手段。所以我们在本书上、下册各安排了四个数学实验，介绍如何使用数学软件 Mathematica 进行微积分的符号计算（如求极限、导数、积分、解微分方程），近似计算和绘制曲线、曲面的图形。该软件的强大功能和丰富而有趣的内容使微积分如虎添翼，大大拓宽了它的应用范围，对于培养学生的动手能力和解决实际问题的能力无疑是极为有利的。当然，考虑到各地区、各学校在硬件和软件方面的差异，我们把它们放在书末，目前暂无条件的学校可以不讲。

本书的教学时数在 130 学时左右（打 * 号的内容要另加学时），数学实验为 16 学时（包括教师讲课及学生上机练习）。

本书由吴肇基任主编，陈卫忠任副主编，参加编写的有：吴肇基（第一章，第八章），陈卫忠（第二章、第三章），华天瑞（第四章、第五章），章合利（第六章、第七章），陈剑（实验一、实验二），陆卫丰（实验三、实验四、实验五、附录），杨晓华（实验六、实验七、实验八）。陆卫丰绘制了本书的大部分图形；杨晓华修订了全部数学实验。全书最后由主编和副主编修改定稿。

本书由浙江大学数学系王斯雷教授主审，他提出了许多宝贵的改进意见。谨在此表示衷心的感谢！

由于我们水平有限，书中谬误之处难免存在，请使用本书的老师、学生和读者们不吝指教。

编　者

2001 年 4 月

目录

Contents

Contents

Contents

Contents

Contents

Contents

1 一元函数　极限　连续

本章先复习一元函数，提出复合函数和初等函数两个概念，再介绍极限及其运算法则，最后依靠极限引入函数连续性这个重要概念，为下面学习微分学和积分学作好准备。

1.1 一元函数

1.1.1 一元函数的概念

函数是现代数学最重要的概念之一，也是微积分学的主要研究对象。大家在中学里已经学过一元函数，现重新叙述如下：

定义　设 D 为一非空实数集合，如果存在某种对应法则 f，使对任何实数 $x \in D$，都有惟一的实数 y 与它对应，则称 f 确定了一个一元函数 $f: D \to f(D)$，通常记为 $y = f(x)$，称 x 为自变量，y 为因变量，D 为定义域，$f(D)$ 为值域。

如果我们取定自变量的一个值 x_0，则对应的函数值为 $f(x_0)$。

函数的对应法则也可用其他字母表示，例如 $g(x)$，$y(x)$，$F(x)$，$\varphi(x)$ 等等。

函数的定义域有两种确定方式，现举例说明如下。一元函数 $f(x) = \sqrt{x-1}$ 的定义域 $D = [1, +\infty)$，值域 $f(D) = [0, +\infty)$。这里的定义域由使表达式有意义的一切实数组成，称为自然定义域。在实际问题中，函数的定义域应根据它的实际意义确定。例如圆半径 r 与圆周长 C 之间的函数关系 $C = 2\pi r$，定义域应当是 $D = (0, +\infty)$。

我们所定义的函数是"单值函数"，与自变量 x 对应的是惟一的因变量 y。现在来考虑抛物线方程 $y^2 = 2x$。由于对任意的 $x \in D = [0, +\infty)$，有两个值 $y = \pm\sqrt{2x}$ 与它对应，就不符合上述函数定义。这时我们说该方程确定了一个"多值函数"，通常把它分成 $f_1(x) = \sqrt{2x}$ 和 $f_2(x) = -\sqrt{2x}$，得到两个单值函数。当然，如果把 y 当作自变量，x 当作因变量，则仍为一个单值函数 $x = \frac{1}{2}y^2$，$y \in (-\infty, +\infty)$。

函数有三种表示法：公式法、列表法和图像法。其中公式法用得最多，图像法则比较直观，这两种表示法常常同时使用。

在实际问题中还经常出现如下的"分段函数"：

$$f(x) = \begin{cases} x+1, & -2 \leqslant x < 0, \\ 2^x - 1, & 0 \leqslant x < 2 \end{cases}$$

应当注意这是一个函数，只是在定义域的不同范围内有不同的表达式。由于在 $x=0$ 的左右函数有不同的表达式，我们称0为它的一个分界点。它的图像见图1-1. 请读者想一想，$f(x)$ 的定义域是什么？$f(-1)$，$f(0)$，$f(1)$ 各等于多少？

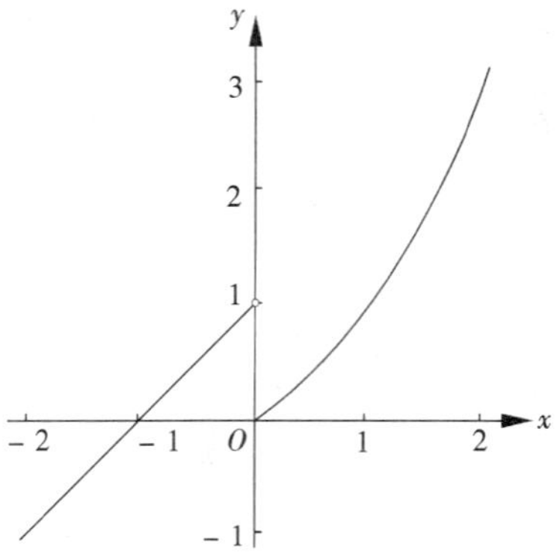

图1-1

综上所述，一个函数有两个要素：定义域和对应法则。具有相同定义域和对应法则的两个函数被认为是相同的，不管自变量和因变量用什么字母表示。例如，$y=f(x)$ 也可写作 $y=f(u)$ 或者 $x=f(y)$。

1.1.2 函数的一些性态

1) 有界性 设函数 $f(x)$ 的定义域为 D，如果存在一个正数 M，使对任意的 $x\in D$ 都有 $|f(x)|\leqslant M$，则称 $f(x)$ 在 D 上有界。反之，如果这样的 M 不存在，也就是说不管 M 取得多么大，总存在某个 $x_0\in D$，使得 $|f(x_0)|>M$，则称 $f(x)$ 在 D 上无界。

例如，函数 $\sin x$ 在它的定义域 $D=(-\infty,+\infty)$ 上有界，因为对任意的 $x\in D$，都有 $|\sin x|\leqslant 1$。又如，函数 $\frac{1}{x}$ 在它的定义域 $D=(-\infty,0)\cup(0,+\infty)$ 内无界，因为不管 M 取得多么大，总存在非常靠近0的点 $x_0=\frac{1}{2M}\in D$，使得 $\left|\frac{1}{x_0}\right|>M$。顺便说一句，微积分处理问题与中学数学有着不同的风格。例如我们也可以取 $x_0=\frac{1}{3M}$ 来说明它的无界性，这在以后也会经常碰到。另外，应当指出的是有界性与定义域有关。如果只考虑闭区间 $[2,6]$，则函数 $\frac{1}{x}$ 是有界的，因为此时有 $\left|\frac{1}{x}\right|\leqslant 1$。

有界性也可改述为“存在两个常数 M 和 N，使对任意的 $x\in D$，都有 $M<f(x)<N$”。此时，我们把 N 称为上界，把 M 称为下界。

2) 单调性 设函数 $f(x)$ 的定义域为 D。若对任意的 $x_1,x_2\in D(x_1<x_2)$，都有 $f(x_1)<f(x_2)$（或者 $f(x_1)>f(x_2)$），则称 $f(x)$ 为单调递增的（或者单调递减的）。有的函数在其定义域内没有单调性，但在某个区间内可能是单调的。例如，函数 $\tan x$ 在开区间 $\left(k\pi-\frac{\pi}{2},k\pi+\frac{\pi}{2}\right)(k\in Z)$ 内都是单调递增的，这种区间叫函数的单调区间。此外，若对任意的 $x_1,x_2\in D(x_1<x_2)$，都有 $f(x_1)\leqslant f(x_2)$（或者 $f(x_1)\geqslant f(x_2)$），则称 $f(x)$ 为单调不减的（或者单调不增的）。

3) 奇偶性 设函数 $f(x)$ 的定义域 D 关于原点对称，若对任意的 $x \in D$，都有 $f(-x) = f(x)$，则称 $f(x)$ 是偶函数；若有 $f(-x) = -f(x)$，则称 $f(x)$ 是奇函数。

偶函数的图形关于 y 轴对称，奇函数的图形关于原点中心对称。常见的偶函数有 $f(x) = 1, x^2, \cos x, |x|$ 等；常见的奇函数有 $f(x) = x, \sin x$ 等。也有许多函数没有奇偶性，像 $f(x) = 2^x, \log_a x, \arccos x$ 等。不难验证有限个奇函数（偶函数）的和或差仍为奇函数（偶函数），两个奇函数（偶函数）的积或商是偶函数，奇函数与偶函数的积或商是奇函数，等等。据此，我们立即知道，$f(x) = 1 + x^2, \dfrac{\sin x}{x}, x\sin 3x$ 都是偶函数，$f(x) = x\cos 2x, x^2\sin x, \tan x, \cot x$ 都是奇函数。

4) 周期性 设函数 $f(x)$ 的定义域为 D，如果存在非零常数 T，使得对任意的 $x \in D$，必有 $x + T \in D$，且总有 $f(x + T) = f(x)$，则称 $f(x)$ 为周期函数，T 为它的周期。显然，T 的任何非零整数倍仍为它的周期。但通常我们所指的周期是它的最小正周期。

1.1.3 初等函数与非初等函数

1) 反函数 设有一元函数 $f: D \to f(D)$，若对任意的 $y \in f(D)$，按照对应法则 f，存在惟一的 $x \in D$ 与它对应，则称这种对应关系为反函数，记作 $f^{-1}: f(D) \to D$，或者 $x = f^{-1}(y)$，通常再按习惯写作 $y = f^{-1}(x)$，这是因为我们在 1.1.1 段末尾已经说过，改变自变量和因变量的字母不会改变函数的对应关系，而在习惯上总是用 x 和 y 分别表示自变量和因变量。在平面直角坐标系中，反函数 $x = f^{-1}(y)$ 和函数 $y = f(x)$ 的图形相同；但是如果把反函数写作 $y = f^{-1}(x)$，则它的图形与 $y = f(x)$ 的图形关于直线 $y = x$ 对称。

例如，$y = x^3$ 的反函数是 $x = \sqrt[3]{y}$，或按习惯写作 $y = \sqrt[3]{x}$。但是，$y = \sin x$ 的反函数比较复杂，因为对于任意的 $y \in [-1, 1]$，与它对应的 x 有无穷多个。因此，我们通常将它的定义域限制在区间 $\left[-\dfrac{\pi}{2}, \dfrac{\pi}{2}\right]$ 上。这样，对应值 x 是惟一的，于是得到反正弦函数 $y = \arcsin x$。

2) 基本初等函数 我们把以下六类函数称为基本初等函数，这些函数在中学里已经学过。

(1) 常数函数 $y = c$（c 为某常数）。它的定义域为 $(-\infty, +\infty)$，值域只包含一个数 c。

(2) 幂函数 $y = x^\alpha$（α 为非零常数）。由于 α 取值不同，幂函数的定义域也随之不同，但它们有一个公共定义域 $(0, +\infty)$。图 1－2(a) 绘出了几个有代表性的幂函数的图像。

(3) 指数函数 $y = a^x$ $(a > 0, a \neq 1)$。它的定义域为 $(-\infty, +\infty)$。今后我们经常使用以 e 为底的指数函数 $y = e^x$。e 是一个同圆周率 π 一样重要的常数。它的前几位小数为

$$e = 2.718281828459045\cdots$$

指数函数的图像见图 1－2(b)。

(4) 对数函数 $y=\log_a x(a>0,a\neq 1)$。这是指数函数的反函数,定义域为 $(0,+\infty)$。特别地,以e为底的对数函数 $y=\log_e x$ 叫做自然对数,通常简记为 $y=\ln x$。对数函数的图像见图1-2(c)。

(5) 三角函数 $y=\sin x,y=\cos x,y=\tan x,y=\cot x,y=\sec x,y=\csc x$。其中 $\sin x$ 和 $\cos x$ 的定义域为 $(-\infty,+\infty)$;$\tan x$ 和 $\sec x$ 的定义域为除 $k\pi+\dfrac{\pi}{2}(k\in Z)$ 外的全体实数;$\cot x$ 和 $\csc x$ 的定义域为除 $k\pi(k\in Z)$ 外的全体实数。图1-2(d)是正弦和余弦函数的图像,图1-2(e)是正切和余切函数的图像。

(6) 反三角函数 $y=\arcsin x,y=\arccos x,y=\arctan x,y=\text{arccot}x$。其中反正弦和反余弦函数的定义域均为 $[-1,1]$,值域分别为 $\left[-\dfrac{\pi}{2},\dfrac{\pi}{2}\right]$ 和 $[0,\pi]$。反正切和反余切函数的定义域均为 $(-\infty,+\infty)$,值域分别为 $\left(-\dfrac{\pi}{2},\dfrac{\pi}{2}\right)$ 和 $(0,\pi)$。图1-2(f)是反正弦和反余弦函数的图像,图1-2(g)是反正切和反余切函数的图像。

3) 简单函数和复合函数　由基本初等函数经过有限次四则运算所得到的函数称为简单函数。例如

$$y=x^2+2x-3,\quad y=xe^x+\cos x,\quad y=\frac{\arctan x-1}{\sqrt{x}}.$$

现在我们来考察函数 $y=\sqrt{1-\sin x}$。这个函数可以看作是由两个函数 $y=f(u)=\sqrt{u}$ 和 $u=g(x)=1-\sin x$ 复合而成的,其中 $u=g(x)=1-\sin x$ 的定义域 $D=(-\infty,+\infty)$,值域 $g(D)=[0,2]$;$y=f(u)=\sqrt{u}$ 的定义域 $E=[0,+\infty)$,且有 $g(D)\subset E$。

一般地,设有两个函数 $f:E\to f(E),g:D\to g(D)$。则对任意的 $x\in D$,由对应法则 g,

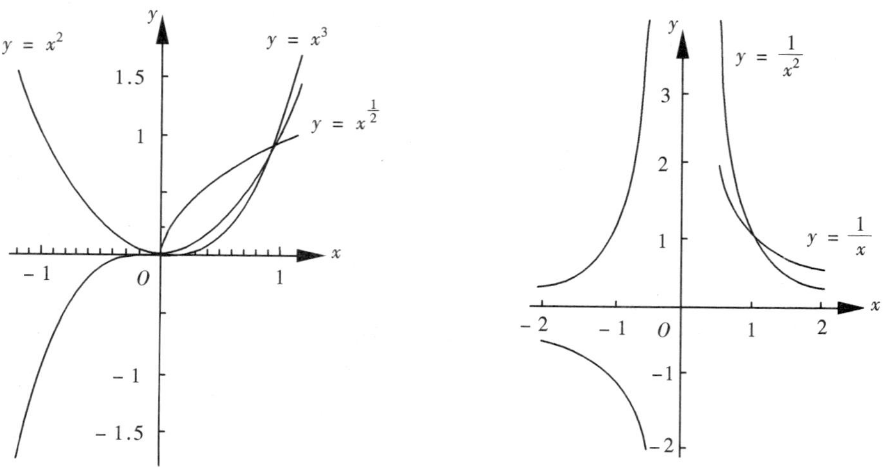

(a)

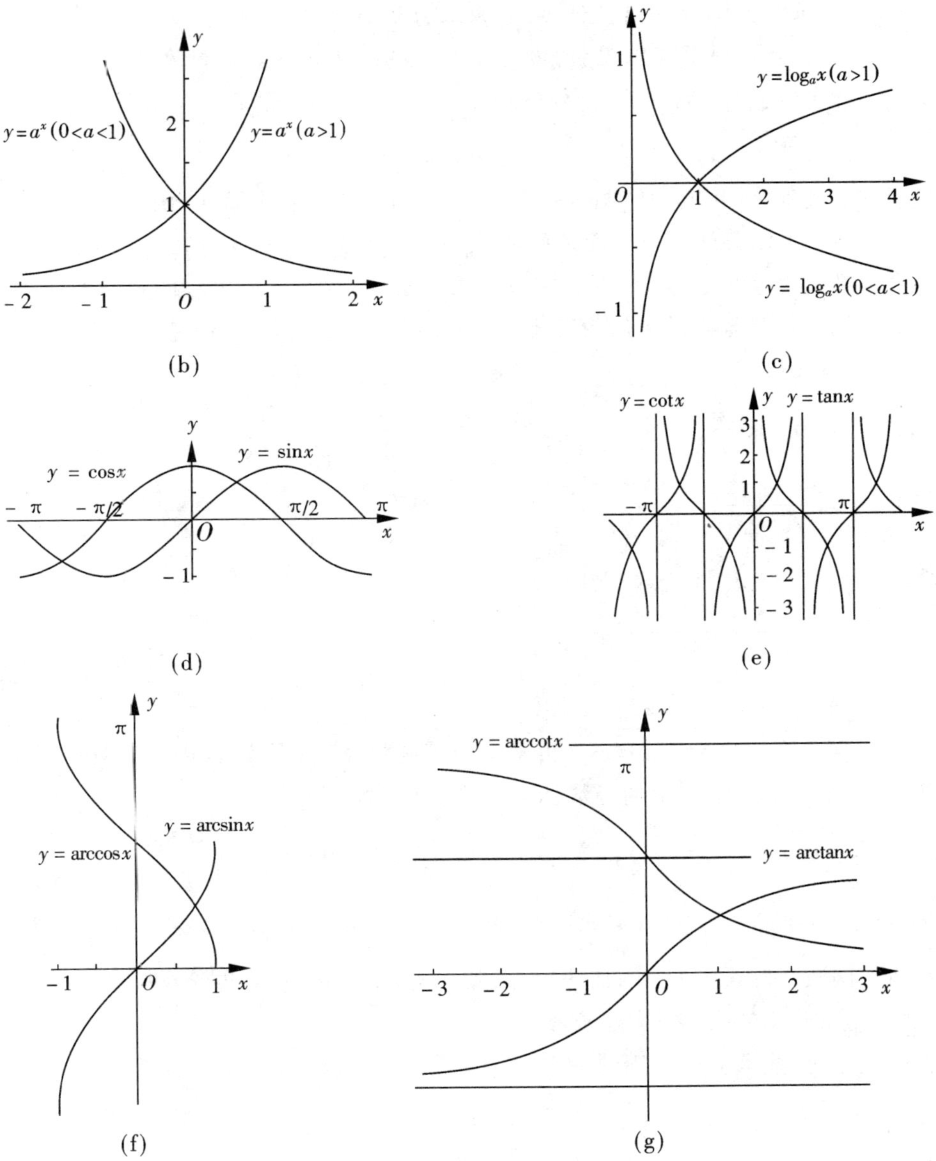

图 1－2

存在惟一的 $u=g(x)\in g(D)$。如果 $g(D)\subseteq E$,则再由对应法则 f,存在惟一的 $y=f(u)\in f(E)$。这种由自变量 x 经过变量 u 与因变量 y 对应的函数称为复合函数,记为 $y=f[g(x)]$,u 称为中间变量。

显然,将两个函数 f 和 g 复合的先决条件是 $g(D)\subseteq E$。例如,要将函数 $y=\ln u$ 与

$u=x-1$ 复合成 $y=\ln(x-1)$，它的定义域必须缩小为 $(1,+\infty)$。另一个相反的例子是 $y=\arcsin u$ 与 $u=x^2+2$ 无法复合，因为 u 的值域与 y 的定义域的交集是空集。

还可以把两个以上函数复合起来。例如，由 $y=e^v, v=\sqrt{u}, u=x^2+1$ 三个函数复合成函数 $y=e^{\sqrt{x^2+1}}$。

反过来，我们也可以把一个复合函数分解为若干个简单函数。例如，函数 $y=\ln^2(x+1)$ 可以分解为三个简单函数 $y=v^2, v=\ln u, u=x+1$。

复合函数的概念非常重要。下面再举一些例题。

例 1　把下列复合函数分解为若干个简单函数。

(1)　$y=\arctan^3 x$；

(2)　$y=\ln\sin\dfrac{x}{2}$；

(3)　$y=\dfrac{1}{\sqrt{x^2+1}}$.

解　(1)　$y=u^3, u=\arctan x$；

(2)　$y=\ln u, u=\sin v, v=\dfrac{x}{2}$；

(3)　$y=u^{-\frac{1}{2}}, u=x^2+1$.

4)　*初等函数和非初等函数*　由基本初等函数经过有限次四则运算及有限次复合所得到的，可用一个式子表示的函数称为初等函数。例如

$$y=\ln(x+\sqrt{x^2+1}), y=xe^{2x}-\ln x, y=x^2\arctan\frac{x-1}{x+1}$$

我们来详细考察其中的第一个函数。它是由 $y=\ln u$ 和 $u=x+\sqrt{x^2+1}$ 复合而成的，后者是两个函数 x 与 $\sqrt{x^2+1}$ 的加法运算，其中的 $\sqrt{x^2+1}$ 又是两个函数 $v=\sqrt{w}$ 与 $w=x^2+1$ 的复合。所以它是一个初等函数。

此外，在工程技术上还常用到一类初等函数，即双曲函数和反双曲函数。

(1)　双曲正弦　$y=\sinh x=\dfrac{e^x-e^{-x}}{2}$；

(2)　双曲余弦　$y=\cosh x=\dfrac{e^x+e^{-x}}{2}$；

(3)　双曲正切　$y=\tanh x=\dfrac{\sinh x}{\cosh x}=\dfrac{e^x-e^{-x}}{e^x+e^{-x}}$.

它们的图像见图 1-3(a)、(b)。

双曲函数与三角函数有着极为类似的性质。例如，$\sinh x$ 是奇函数，$\cosh x$ 是偶函数。又如可以证明以下的恒等式：

$$\sinh(x+y)=\sinh x\cosh y+\cosh x\sinh y \tag{1.1}$$

$$\sinh(x-y)=\sinh x\cosh y-\cosh x\sinh y \tag{1.2}$$

$$\cosh(x+y)=\cosh x\cosh y+\sinh x\sinh y \tag{1.3}$$

$$\cosh(x-y)=\cosh x\cosh y-\sinh x\sinh y \tag{1.4}$$

特别地,在(1.1)式中令 $x=y$,可得恒等式

$$\sinh 2x=2\sinh x\cosh x$$

在(1.4)式中令 $x=y$,由于 $\cosh 0=1$,可得恒等式

$$\cosh^2 x-\sinh^2 x=1$$

为得到双曲正弦函数的反函数,只要由方程 $y=\dfrac{e^x-e^{-x}}{2}$ 解出 x。方程两边同乘以 $2e^x$ 并移项得

$$e^{2x}-2ye^x-1=0$$

利用一元二次方程的求根公式可得(负根不合题意,已舍去)

$$e^x=y+\sqrt{y^2+1}$$

两边取自然对数得

$$x=\ln(y+\sqrt{y^2+1})$$

这就是反双曲正弦函数,通常记为

$$y=\operatorname{arsinh}x=\ln(x+\sqrt{x^2+1})\qquad x\in(-\infty,+\infty)$$

类似地有反双曲余弦函数

$$y=\operatorname{arcosh}x=\ln(x+\sqrt{x^2-1})\qquad x\in[1,+\infty)$$

和反双曲正切函数

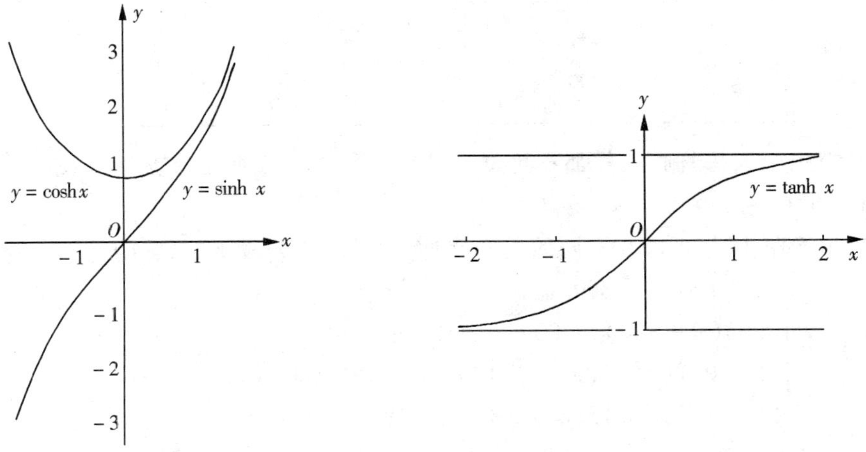

(a) (b)

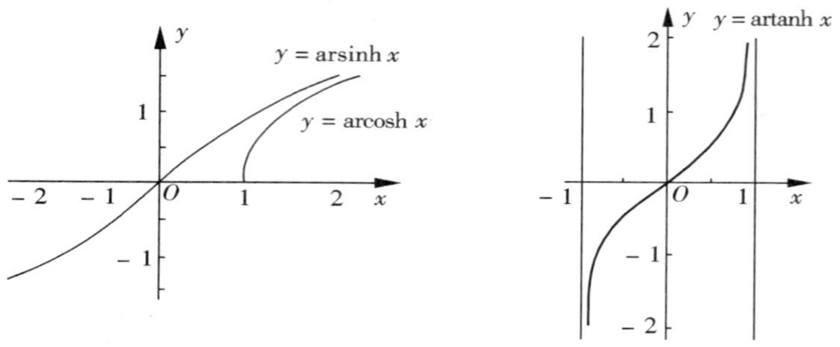

(c) (d)

图 1-3

$$y = \operatorname{artanh}x = \frac{1}{2}\ln\frac{1+x}{1-x} \qquad x \in (-1,1)$$

反双曲正弦、反双曲余弦和反双曲正切函数的图像见图 1-3(c)、(d)。

最后我们指出，除了初等函数以外的一元函数都称为非初等函数。例如，分段函数就是一种非初等函数。以后随着学习的深入，还将碰到其他非初等函数。

1.1.4 由实际问题产生的一元函数

例 2 根据中华人民共和国个人所得税法规定：个人工资，薪金所得应纳个人所得税。应纳税所得额的计算为：工资、薪金所得，以每月收入额减除 800 元后的余额，为应纳税所得额。列表如下(部分)：

表 1-1 个人所得税率表(工资、薪金所得适用)

级别	全月应纳税所得额	税率(%)
1	不超过 500 元的	5
2	超过 500 元到 2000 元的部分	10
3	超过 2000 元到 5000 元的部分	15

若某单位个人每月收入额都不超过 5 800 元，试列出某职工应交纳的税款 y 与他的月收入 x 之间的函数关系。

解 由于不同收入段有不同的税率，因而这是一个分段函数，它的表达式为

$$y = \begin{cases} 0, & 0 \leqslant x \leqslant 800 \\ 0.05(x-800), & 800 < x \leqslant 1300 \\ 25+0.1(x-1300), & 1300 < x \leqslant 2800 \\ 25+150+0.15(x-2800), & 2800 < x \leqslant 5800 \end{cases}$$

例 3 用 t 表示时间(单位：秒)，s 表示物体移动的距离(单位：米)。现将物体由高出地面 H 米处自由落下(不计空气阻力)，用 g 表示重力加速度，试确定 s 与 t 之间的函数关系。

解 由物理学知识并考虑到物体离地面的高度,可知

$$s = \frac{1}{2}gt^2 \qquad \left(0 \leqslant t \leqslant \sqrt{\frac{2H}{g}}\right)$$

例4 经济学中常要考虑所谓"需求函数"。设Q表示消费者对某商品的需求量,P表示该商品的单价,它们之间常有如下的函数关系:

$$Q = a - bP \qquad \left(0 \leqslant P \leqslant \frac{a}{b}\right)$$(其中a和b为正常数)。

这是一个线性函数(即一次函数)。斜率$-b<0$,说明当单价P增大时需求量Q将减少,当$P=0$时$Q=a$,这是市场对该商品的饱和需求量;当$P=\frac{a}{b}$时$Q=0$,表示当单价上升到$\frac{a}{b}$元时,已经没有人购买该商品了。

习 题 1.1

1. 求下列函数的定义域:

(1) $y=\sqrt{4-x^2}+\ln(x-1)$; (2) $y=\arcsin\sqrt{x-2}$;

(3) $y=\dfrac{2x+1}{\sqrt{x^2-2x-3}}$; (4) $y=\begin{cases} e^x & -1 \leqslant x < 0, \\ \cos 2x & 0 \leqslant x < 4; \end{cases}$

(5) $f(x+1)$,其中$f(u)$的定义域为$[-1,1]$;

(6) $f(\sin x)$,其中$f(u)$的定义域为$[0,1]$。

2. 判别下列各对函数是否相同,为什么?

(1) $f(x)=\dfrac{x^2-1}{x+1}$, $g(x)=x-1$;

(2) $f(x)=\sqrt{x^2}$, $g(x)=|x|$;

(3) $f(x)=\ln x^2$, $g(x)=2\ln x$;

(4) $f(x)=\cos x$, $g(x)=\sqrt{1-\sin^2 x}$.

3. 题图 1.1-1 为定义在$(-\infty,\infty)$上的函数$f(t)$的图形,试写出它的表达式。

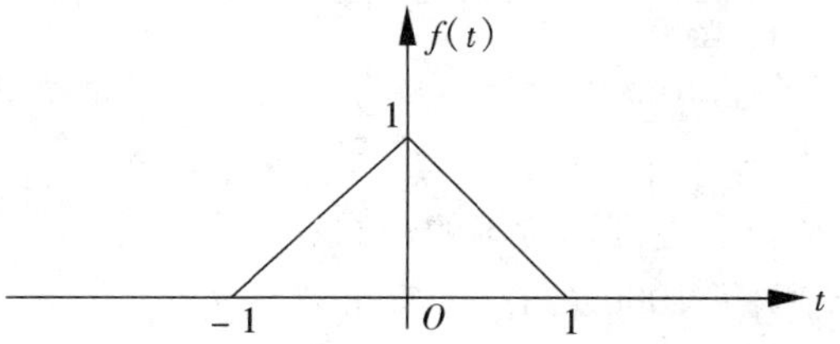

题图 1.1-1

4. 将函数 $f(x) = |1 - x^2|$ $(-2 \leqslant x \leqslant 2)$ 用分段形式表示,并画出其图形。

5. 求下列函数的反函数:

(1) $y = \sqrt{x^2 + 1}$　　(2) $y = \tanh x$

6. 确定下列函数的奇偶性:

(1) $f(x) = 1 + x\sin x$;　　(2) $f(x) = x\sqrt{1 - x^2}$;

(3) $f(x) = \ln\dfrac{1 - x}{1 + x}$;　　(4) $f(x) = \ln(x + \sqrt{x^2 + 1})$;

(5) $f(x) = \dfrac{1 - 2^x}{1 + 2^x}$;　　(6) $f(x) = \sin x + \cos x$。

7. 设函数 $f(x)$ 的定义域为 $(-\infty, +\infty)$,问函数 $g(x) = \dfrac{f(x) + f(-x)}{2}$ 和 $h(x) = \dfrac{f(x) - f(-x)}{2}$ 有没有奇偶性?为什么?

8. 下列函数是由哪些简单函数复合而成的?

(1) $y = (2x + 1)^{10}$;　　(2) $y = \sqrt{4 - x^2}$;

(3) $y = \sin x^2$;　　(4) $y = \ln^2 \cos x$;

(5) $y = \ln(1 + \sqrt{x^2 + 2})$;　　(6) $y = \dfrac{1}{\sqrt{2\pi}} e^{-\frac{x^2}{2}}$;

(7) $y = \arctan\sqrt{x + 1}$;　　(8) $y = e^{\sin 2x}$.

9. 若 $\varphi(t) = \dfrac{1}{1 + t}$,求 $\varphi[\varphi(t)]$,$\varphi\{\varphi[\varphi(t)]\}$,$\varphi\left[\dfrac{1}{\varphi(t)}\right]$.

10. 证明(1.1)、(1.2)、(1.3)、(1.4)各式。

11. 有一个上下都有底的圆柱形容器,容积为定值 V_0,试写出其表面积 S 和底半径 r 之间的函数关系。

12. 收音机每台批发价为90元,成本为60元。为扩大销售量,厂家规定,凡订购量超过100台的,每多订购一台,每台售价全部降低0.01元(比如订购200台,即多订购100台,每台售价全部降低 $0.01 \times 100 = 1$ 元,为89元),但最低售价限定为75元/台。

(1) 把每台实际售价 p 表示为订购量 x 的函数(为简单计,认为 x 可以取任何非负实数);

(2) 把利润 R 表示为订购量 x 的函数;

(3) 当客户订购了1000台时,厂家可获利多少?

13. 微机中的软盘使用前必须先格式化成磁道和扇区。磁道是指不同半径所构成的同心圆轨道,磁道上的定长弧段可作为基本存储单元(字节)。为了保障分辨率,

磁道宽度必须为 ρ_t，每字节所占用的磁道长度不得小于 ρ_b，软盘格式化时要求所有磁道具有相同的字节数。现有一张半径为 R 的软盘，它的存储区是半径介于 r 与 R 之间的环形区域(见题图 1.1－2)，求软盘的总存储量 B(字节)与内半径 r 之间的函数关系。

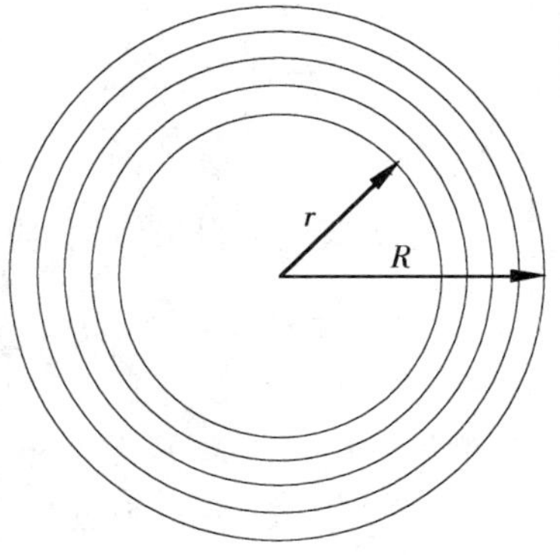

题图 1.1－2

14. 一列火车从 A 站驶出，以 $0.2\ \text{km/min}^2$ 加速行驶 10 分钟后，再匀速行驶 40 分钟，最后以 $-0.2\ \text{km/min}^2$ 减速行驶 10 分钟后停靠 B 站。

(1) 写出火车速度 v 随时间 t 变化的函数关系，并作出其图形；

(2) 求出函数图形与横轴所夹的面积；

(3) 计算由 A 到 B 火车驶过的里程，并与上述面积数作比较.

1.2 极限

上一节我们说函数是微积分的主要研究对象，那么用什么工具来研究函数呢？极限。微积分是一门研究无限变化过程的学问。早在战国后期，桓团和公孙龙就说过："一尺之棰，日取其半，万世不绝。"可见在两千多年前，已经有人注意到这个问题了。我们不难推出，其长度将无限趋于零，或者说长度的极限为零。差不多同一时代，古希腊的伟大学者阿基米德想要求出抛物线 $y = x^2$，x 轴和直线 $x = 1$ 所围成的曲边三角形的面积 S(见图 1－4)。问题的困难之处在于"斜边"是曲线。他天才地想到可以用许多内接窄条矩形的面积之和作为 S 的近似值，先把底边[0,1]分成 n 等份，分点依次为

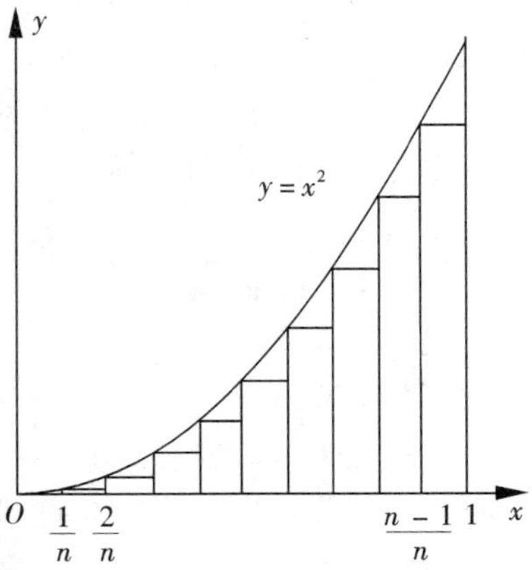

图 1－4

$$0,\quad \frac{1}{n},\quad \frac{2}{n},\quad \cdots,\quad \frac{n-1}{n},\quad 1,$$

再在每一小段上作内接矩形，第 i 个矩形底宽为 $\frac{1}{n}$，高为 $\left(\frac{i-1}{n}\right)^2$，$i = 1,2,\cdots,n$。这 n 个矩形面积之和为

$$S_n = \frac{1}{n}\left[0 + \left(\frac{1}{n}\right)^2 + \left(\frac{2}{n}\right)^2 + \cdots + \left(\frac{n-1}{n}\right)^2\right] = \frac{(n-1)n(2n-1)}{6n^3} =$$

$$\frac{1}{3}\left(1-\frac{1}{n}\right)\left(1-\frac{1}{2n}\right)$$

当 n 无限增大时，这些矩形将越来越填满曲边三角形，它们的面积之和 S_n 将越来越趋近于$\frac{1}{3}$。于是阿基米德得出结论：曲边三角形的面积 $S=\frac{1}{3}$。

以上两个例子说明，无论是东方哲人还是西方学者，早就意识到许多问题需要通过无限变化过程来解决，并且已经有了极限思想的萌芽。当然，最终形成明确的极限概念，是 17 世纪以后的事情了。顺便提一句，上述求曲边三角形的面积问题，应用下面将要建立的微积分方法来解决，不过是“小菜一碟”。

下面我们要讨论的是一元函数的极限。根据自变量的不同变化过程，可分成三种类型：数列的极限，函数 $f(x)$ 当 $x\to\infty$ 时的极限以及函数 $f(x)$ 当 $x\to x_0$ 时的极限。

1.2.1 数列的极限

无穷数列（简称数列）就是以全体自然数集合 N 为定义域的一元函数 $a(n)$，但是通常把它按自然数顺序写作 $a_1,a_2,\cdots,a_n,\cdots$，简记为 $\{a_n\}$。其中的 a_n 是数列的第 n 项，也叫做一般项。下面给出几个数列的例子：

(1) $1,\frac{1}{2},\frac{1}{3},\cdots,\frac{1}{n},\cdots,$

(2) $2,\frac{3}{2},\frac{4}{3},\cdots,\frac{n+1}{n},\cdots,$

(3) $-\frac{1}{2},\frac{1}{2^2},-\frac{1}{2^3},\cdots,\frac{(-1)^n}{2^n},\cdots,$

(4) $1,2,3,\cdots,n,\cdots,$

(5) $1,-1,1,\cdots,(-1)^{n-1},\cdots.$

对于数列，我们总是考虑当自变量 n 无限增大时（或者说 n 趋于无穷大时）它的变化趋势。显然，上述前三个数列分别趋于常数 0,1 和 0，后两个数列不趋于任何常数。我们称前三个数列有极限，或者说收敛；后两个数列没有极限，或者说发散。

这种由观察法得出的结论不够严格，容易产生错误。在微积分发明后，经过几代数学家的努力，终于得到了数列极限的严格定义，即所谓“$\varepsilon-N$”定义。

定义　设有数列 $\{a_n\}$，如果存在常数 A，使得对于任意给定的正数 ε（不管多么小），总存在自然数 N，当 $n>N$ 时恒有 $|a_n-A|<\varepsilon$，则称 A 为当 n 无限增大时数列 $\{a_n\}$ 的极限，或称数列 $\{a_n\}$ 收敛于 A，记作 $\lim\limits_{n\to\infty}a_n=A$，或 $a_n\to A\quad(n\to\infty)$。否则，称数列 $\{a_n\}$ 发散。

为了理解这个定义，我们来详细地考察上述第二个数列 $\left\{\frac{n+1}{n}\right\}$。刚才已经“猜出”

它的极限是 1。换句话说，只要 n 足够大，$\frac{n+1}{n}$ 和常数 1 的距离就能任意小。"任意小" 是一个生动的但又不甚确定的词。为确定起见，不妨先给定它为$\frac{1}{100}$，要使$\frac{n+1}{n}$ 和常数 1 的距离小于$\frac{1}{100}$，也即要使 $\left|\frac{n+1}{n}-1\right|=\left|\frac{n+1-n}{n}\right|=\frac{1}{n}<\frac{1}{100}$，只要 $n>100$，这就是"足够大" 的 n。于是我们可以说：对于给定的正数$\frac{1}{100}$，存在自然数 100，当 $n>100$ 时恒有 $\left|\frac{n+1}{n}-1\right|<\frac{1}{100}$。再给定正数$\frac{1}{1000}$，仿照上法，可以找到自然数 1000，当 $n>1000$ 时恒有 $\left|\frac{n+1}{n}-1\right|<\frac{1}{1000}$，等等。

上述说法可一般化为，对于任意给定的正数 ε，要使 $\left|\frac{n+1}{n}-1\right|=\left|\frac{n+1-n}{n}\right|=\frac{1}{n}<\varepsilon$，只要 $n>\frac{1}{\varepsilon}$，记自然数 $N=\left[\frac{1}{\varepsilon}\right]$（$[a]$ 表示不超过 a 的最大整数）。当 $n>N$ 时恒有 $\left|\frac{n+1}{n}-1\right|<\varepsilon$，所以数列有极限 1，记为$\lim\limits_{n\to\infty}\frac{n+1}{n}=1$。

美国著名数学家 R. 柯朗（1888 – 1972）把上述定义比作甲乙两个人之间的一场争辩。甲提出 $|a_n-A|$ 小于$\frac{1}{100}$，$\frac{1}{1000}$，ε 等一个比一个更苛刻的要求。乙则一一满足甲的要求。最后甲终于承认当 n 无限增大时，数列 a_n 无限趋于 A。下面再举几个例子

例 5 用"$\varepsilon-N$" 定义证明$\lim\limits_{n\to\infty}\frac{1}{n^2}=0$。

证 任给 $\varepsilon>0$，要使 $\left|\frac{1}{n^2}-0\right|=\frac{1}{n^2}<\varepsilon$，只要 $n>\sqrt{\frac{1}{\varepsilon}}$。记 $N=\left[\sqrt{\frac{1}{\varepsilon}}\right]$，当 $n>N$ 时恒有 $\left|\frac{1}{n^2}-0\right|<\varepsilon$。所以$\lim\limits_{n\to\infty}\frac{1}{n^2}=0$。

例 6 用"$\varepsilon-N$" 定义证明当 $|q|<1$ 时，$\lim\limits_{n\to\infty}q^n=0$。

证 先设 $q\neq0$，任给 $\varepsilon>0$，要使 $|q^n-0|=|q|^n<\varepsilon$，只要 $n>\frac{\ln\varepsilon}{\ln|q|}$。记 $N=\left[\frac{\ln\varepsilon}{\ln|q|}\right]$，当 $n>N$ 时恒有 $|q^n-0|<\varepsilon$，所以$\lim\limits_{n\to\infty}q^n=0$。

若 $q=0$，则数列$\{q^n\}$ 成为每项都为零的常数列0，0，…，0，…，其极限当然还是0。证毕。

1.2.2 函数 $f(x)$ 当 $x\to\infty$ 时的极限

首先说明,如果变量 x 的绝对值无限增大,就称 x 趋于无穷大,记作 $x\to\infty$;如果 x 在这一过程中始终保持正值,就称 x 趋于正无穷大,记作 $x\to+\infty$;如果始终保持负值,就称 x 趋于负无穷大,记作 $x\to-\infty$。显然,$x\to\infty$ 同时包含了 $x\to+\infty$ 和 $x\to-\infty$ 这两个过程。

为了给出函数 $f(x)$ 当 $x\to\infty$ 时的极限的定义,先看下面的例子。

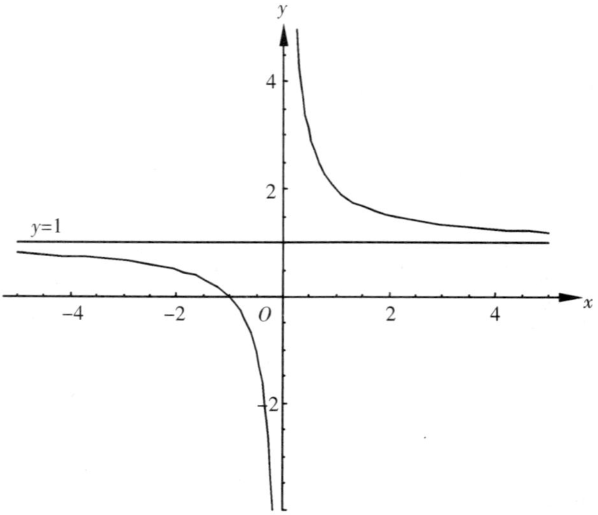

图 1-5

函数 $f(x)=\dfrac{x+1}{x}$ 的图形如图 1-5 所示。当 $x\to\infty$ 时,函数曲线无限接近直线 $y=1$,我们就称当 $x\to\infty$ 时函数 $f(x)=\dfrac{x+1}{x}$ 的极限为 1。

一般地,当 $x\to\infty$ 时,如果函数 $f(x)$ 无限接近于某常数 A,就称当 $x\to\infty$ 时函数 $f(x)$ 的极限为 A。下面给出正式定义。

定义 设函数 $f(x)$ 当 x 的绝对值很大时有定义。如果存在常数 A,使得对于任意给定的正数 ε(不管多么小),总存在正数 M,当 $|x|>M$ 时恒有 $|f(x)-A|<\varepsilon$,则称 A 为当 $x\to\infty$ 时函数 $f(x)$ 的极限,记为 $\lim\limits_{x\to\infty}f(x)=A$,或 $f(x)\to A\quad(x\to\infty)$。

这个定义与数列极限的定义相仿,可以称之为"$\varepsilon-M$"定义。但有两点不同:自然数 N 换成了正数 M,$n>N$ 换成了 $|x|>M$。这是因为 x 可以取绝对值很大的任何正负实数,而不仅仅限于自然数。

例 7 用"$\varepsilon-M$"定义证明 $\lim\limits_{x\to\infty}\dfrac{x+1}{x}=1$。

证 任给 $\varepsilon>0$,要使 $\left|\dfrac{x+1}{x}-1\right|=\left|\dfrac{x+1-x}{x}\right|=\dfrac{1}{|x|}<\varepsilon$,只要 $|x|>\dfrac{1}{\varepsilon}$,记 $M=\dfrac{1}{\varepsilon}$。当 $|x|>M$ 时恒有 $\left|\dfrac{x+1}{x}-1\right|<\varepsilon$,所以 $\lim\limits_{x\to\infty}\dfrac{x+1}{x}=1$。

例 8 用"$\varepsilon-M$"定义证明 $\lim\limits_{x\to\infty}\dfrac{\sin x}{x}=0$。

证 任给 $\varepsilon>0$,要使 $\left|\frac{\sin x}{x}-0\right|=\frac{|\sin x|}{|x|}<\varepsilon$,由于 $|\sin x|\leqslant 1$,因而只要 $|x|>\frac{1}{\varepsilon}$,记 $M=\frac{1}{\varepsilon}$。当 $|x|>M$ 时恒有 $\left|\frac{\sin x}{x}-0\right|<\varepsilon$,所以 $\lim\limits_{x\to\infty}\frac{\sin x}{x}=0$。

如果限定 $x\to+\infty$ 或者 $x\to-\infty$,应当如何给出函数 $f(x)$ 的极限,请读者自行写出。

1.2.3 函数 $f(x)$ 当 $x\to x_0$ 时的极限

先给出点 x_0 的邻域和去心邻域的定义。我们称开区间 $(x_0-\delta,x_0+\delta)$ 或 $|x-x_0|<\delta$ 为 x_0 的 δ 邻域;$(x_0-\delta,x_0)\cup(x_0,x_0+\delta)$ 或 $0<|x-x_0|<\delta$ 为 x_0 的去心 δ 邻域,也就是挖去了点 x_0 后的 δ 邻域。

现在来讨论当自变量 x 无限趋于 x_0 时函数 $f(x)$ 的变化趋势。以下,我们都假定 $f(x)$ 在点 x_0 的某个去心邻域 $0<|x-x_0|<a$ 内有定义。先看一个例子。

设 $f(x)=\frac{2x^2-2}{x-1}$,它在 $x_0=1$ 处无定义,但是在1的某个去心邻域内有定义。当 x 无限趋于1(但 $x\neq1$)时,因为 $f(x)=\frac{2x^2-2}{x-1}=\frac{2(x+1)(x-1)}{x-1}=2(x+1)$,容易猜出 $f(x)$ 将无限趋于4。这又是一种新型的极限,我们给出下面的所谓"$\varepsilon-\delta$"定义。

定义 设函数 $f(x)$ 在 x_0 的某个去心邻域 $0<|x-x_0|<a$ 内有定义。如果存在常数 A,使得对于任意给定的正数 ε(不管多么小),总存在正数 $\delta(\delta<a)$,当 $0<|x-x_0|<\delta$ 时恒有 $|f(x)-A|<\varepsilon$,则称 A 为当 $x\to x_0$ 时函数 $f(x)$ 的极限,或者说函数 $f(x)$ 在 x_0 处有极限 A,记为 $\lim\limits_{x\to x_0}f(x)=A$,或 $f(x)\to A(x\to x_0)$。

从图形上看,如果对于任意给定的正数 ε(不管多么小),总存在正数 δ,当 x 落入 x_0 的去心 δ 邻域 $(x_0-\delta,x_0)\cup(x_0,x_0+\delta)$ 时,函数曲线 $y=f(x)$ 就落入直线 $y=A-\varepsilon$ 和 $y=A+\varepsilon$ 之间的窄条内(见图1-6),那么就说函数 $f(x)$ 在 x_0 处有极限 A。

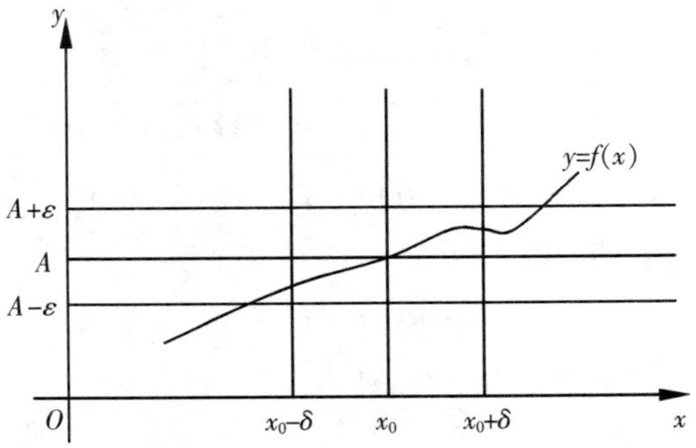

图1-6

为了理解这个定义,我们来详细地考察上面的例子。刚才已经"猜出"它的极限是4。也就是说,只要 x 与1的距离足够小,那么 $\frac{2x^2-2}{x-1}$ 与常数4的距离就能任意小。为确定起见,不妨先给定它为 $\frac{1}{100}$,要使

$\frac{2x^2-2}{x-1}$ 和常数 4 的距离小于 $\frac{1}{100}$，也即要使 $\left|\frac{2x^2-2}{x-1}-4\right| = |2(x+1)-4| = 2|x-1| < \frac{1}{100}$，显然只要 $|x-1| < \frac{1}{200}$。于是我们可以说，对于正数 $\frac{1}{100}$，存在正数 $\frac{1}{200}$，当 $|x-1| < \frac{1}{200}$ 时恒有 $\left|\frac{2x^2-2}{x-1}-4\right| < \frac{1}{100}$。再给定正数 $\frac{1}{1000}$，类似地，可以找到正数 $\frac{1}{2000}$，当 $|x-1| < \frac{1}{2000}$ 时恒有 $\left|\frac{2x^2-2}{x-1}-4\right| < \frac{1}{1000}$，等等。本定义与前面两个定义说法相仿，所不同的是，为了满足 $|f(x)-A| < \varepsilon$，必须 $0 < |x-x_0| < \delta$，而不是 $x > N$，$|x| > M$，也不是 $|x-x_0| > \delta$。现在用定义来证明刚才的猜测。

例 9 用"$\varepsilon-\delta$"定义证明 $\lim\limits_{x\to 1}\frac{2x^2-2}{x-1} = 4$。

证 任给 $\varepsilon > 0$，要使 $\left|\frac{2x^2-2}{x-1}-4\right| = |2(x+1)-4| = 2|x-1| < \varepsilon$，只要 $|x-1| < \frac{\varepsilon}{2}$。记 $\delta = \frac{\varepsilon}{2}$，当 $0 < |x-1| < \delta$ 时恒有 $\left|\frac{2x^2-2}{x-1}-4\right| < \varepsilon$，所以 $\lim\limits_{x\to 1}\frac{2x^2-2}{x-1} = 4$。

关于这个极限定义，我们提请读者注意两点：第一，x 可以从左右两侧无限趋于 x_0；第二，$x \neq x_0$。关于第二点，读者会问为什么这样规定？因为我们只考虑 $f(x)$ 的变化趋势，而不考虑它在 x_0 处有没有定义。关于第一点，读者会问能否限定 x 只从某一侧无限趋于 x_0？这就是下面要引进的"单侧极限"概念。

定义 若 x 从左边无限趋于 x_0 时 $f(x)$ 无限趋于常数 A，则称 A 为当 $x \to x_0^-$ 时函数 $f(x)$ 的左极限，或者说函数 $f(x)$ 在 x_0 处有左极限 A，记为 $\lim\limits_{x\to x_0^-}f(x) = A$ 或 $f(x_0-0) = A$。

同样可以定义右极限 $\lim\limits_{x\to x_0^+}f(x) = A$ 或 $f(x_0+0) = A$。

显然极限 $\lim\limits_{x\to x_0}f(x) = A$ 存在的充分必要条件是两个单侧极限都存在且相等。即

$$f(x_0-0) = f(x_0+0) = A$$

例 10 用"$\varepsilon-\delta$"定义证明：

(1) $\lim\limits_{x\to 0}\sin x = 0$；

(2) $\lim\limits_{x\to 0}e^x = 1$；

(3) $\lim\limits_{x\to x_0}\sqrt{x} = \sqrt{x_0}$ $(x_0 > 0)$.

证 (1) 任给 $\varepsilon > 0$，要使 $|\sin x - 0| = |\sin x| = \sin|x| < \varepsilon$，因为 $\sin|x| \leqslant |x|$，所以只要 $|x| < \varepsilon$。记 $\delta = \varepsilon$，当 $0 < |x| < \delta$ 时恒有 $|\sin x - 0| < \varepsilon$。因此 $\lim\limits_{x\to 0}\sin x = 0$（注：上述推证过程中，等式 $|\sin x| = \sin|x|$ 在 x 的绝对值很小的情况下是成立的）。

(2) 先证明一个不等式 $|e^x - 1| \leqslant e^{|x|} - 1$。事实上，当 $x \geqslant 0$ 时不等式显然成立，当

$x<0$ 时,$x=-|x|$,从而 $|e^x-1|=|e^{-|x|}-1|=\left|\frac{1-e^{|x|}}{e^{|x|}}\right|<|e^{|x|}-1|=e^{|x|}-1$。

任给 $\varepsilon>0$,要使 $|e^x-1|<\varepsilon$,只要 $e^{|x|}-1<\varepsilon$,也就是 $|x|<\ln(1+\varepsilon)$。记 $\delta=\ln(1+\varepsilon)$,当 $0<|x|<\delta$ 时恒有 $|e^x-1|<\varepsilon$,所以 $\lim\limits_{x\to 0}e^x=1$。

(3) 任给 $\varepsilon>0$,要使 $\left|\sqrt{x}-\sqrt{x_0}\right|=\frac{|x-x_0|}{\sqrt{x}+\sqrt{x_0}}<\varepsilon$,因为 $\frac{1}{\sqrt{x}+\sqrt{x_0}}\leqslant\frac{1}{\sqrt{x_0}}$,所以只要 $|x-x_0|<\varepsilon\sqrt{x_0}$。记 $\delta=\varepsilon\sqrt{x_0}$,当 $0<|x-x_0|<\delta$ 时恒有 $\left|\sqrt{x}-\sqrt{x_0}\right|<\varepsilon$,所以 $\lim\limits_{x\to x_0}\sqrt{x}=\sqrt{x_0}\quad(x_0>0)$(注:由于 ε 很小,所以可以认为 $x_0-\delta>0$。这样,x_0 的去心 δ 邻域不会包含负数,从而保证了 $\sqrt{x}$ 有意义)。

如果 $x_0=0$,由于函数 $\sqrt{x}$ 的定义域不包括负数,所以只能考虑右极限。不难证明在 x_0 处的右极限 $\lim\limits_{x\to 0+}\sqrt{x}=0$。

以上定义了三种不同类型的函数极限,并且采用先猜后证的办法求得了一些极限。下面再补充几个最基本最常用的极限,它们的证明不难,读者不妨自行写出。

例 11 (1) $\lim c=c$(c 为常数),此极限对自变量的三种趋向 $n\to\infty$,$x\to\infty$,$x\to x_0$ 都对,所以我们把它们省去了;

(2) $\lim\limits_{n\to\infty}\frac{1}{n}=0$;

(3) $\lim\limits_{x\to\infty}\frac{1}{x}=0$;

(4) $\lim\limits_{x\to x_0}x=x_0$.

最后,我们来看两个求分段函数极限的例子。

例 12 判断当 $x\to 0$ 时函数 $f(x)=\begin{cases}x+1, & -1\leqslant x<0\\ \sin x, & 0\leqslant x\leqslant 2\end{cases}$ 极限的存在性。

解 因为在分界点 0 的左右函数有不同的表达式,所以必须先求在 0 处的两个单侧极限。显然 $f(0-0)=\lim\limits_{x\to 0^-}(x+1)=1$,$f(0+0)=\lim\limits_{x\to 0^+}\sin x=0$,左右极限不相等,故 $f(x)$ 在 0 处的极限不存在。

例 13 判断当 $x\to 0$ 时函数 $f(x)=\begin{cases}2x, & x<0,\\ 1, & x=0,\\ e^x-1, & x>0\end{cases}$ 极限的存在性。

解 因为 $f(0-0)=\lim\limits_{x\to 0^-}2x=0$,$f(0+0)=\lim\limits_{x\to 0^+}(e^x-1)=0$,左右极限相等,所以 $f(x)$ 在 0 处的极限存在,且有 $\lim\limits_{x\to 0}f(x)=0$(注意这个极限与 $x=0$ 处的函数值无关)。

习 题 1.2

15. 写出下列数列的一般项,并指出哪些数列收敛,哪些数列发散?如果收敛,说出其极限。

(1) $1,3,5,7,\cdots$; (2) $\frac{1}{2},\frac{1}{4},\frac{1}{8},\frac{1}{16},\cdots$;

(3) $1,-\frac{1}{2},\frac{1}{3},-\frac{1}{4},\cdots$; (4) $2,-\frac{3}{2},\frac{4}{3},-\frac{5}{4},\cdots$;

(5) $0.3,0.33,0.333,0.3333,0.33333,\cdots$; (6) $2,0,2,0,\cdots$.

16. 说出下列函数的极限:

(1) $\lim\limits_{x\to\infty}\frac{1}{x+2}$; (2) $\lim\limits_{x\to+\infty}\mathrm{e}^{-x}$;

(3) $\lim\limits_{x\to-\infty}\arctan x$; (4) $\lim\limits_{x\to-1}(2x+5)$.

17. 讨论极限$\lim\limits_{x\to0}f(x)$的存在性,其中$f(x)=\begin{cases}x+3, & -2\leqslant x<0,\\ \sin x, & 0\leqslant x<4.\end{cases}$

18. 讨论当$x\to1$时函数$f(x)=\begin{cases}2x-3, & x<1\\ 0, & x=1\\ \frac{x-4}{x+2}, & x>1\end{cases}$极限的存在性。

19. 讨论当$x\to0$时函数$f(x)=\frac{|x|}{x}$极限的存在性。

20. 讨论当$x\to0$时函数$f(x)=\mathrm{e}^{\frac{1}{x}}$极限的存在性。

21. 设S_n是半径为r的圆的内接正n边形的面积($n=3,4,5,\cdots$),说出极限$\lim\limits_{x\to\infty}S_n$是多少?

1.3 极限的性质和运算法则

直接用极限的定义证明极限的方法比较麻烦。鉴于极限的重要性,必须寻找更为简便的方法。为行文方便,以下只就$x\to x_0$时的极限进行讨论,所得的结论也适用于其他两类极限。

1.3.1 无穷小和无穷大

1) 无穷小

定义 若函数$\alpha(x)$当$x\to x_0$时以零为极限,即对任给$\varepsilon>0$,存在$\delta>0$,当

$0<|x-x_0|<\delta$ 时恒有 $|\alpha(x)|<\varepsilon$，则称函数 $\alpha(x)$ 为当 $x\to x_0$ 时的无穷小量，简称无穷小。

例如，$\sin x$ 和 e^x-1 是当 $x\to 0$ 时的无穷小量，$\frac{1}{x}$ 是当 $x\to\infty$ 时的无穷小量，$\frac{1}{n}$ 是当 $n\to\infty$ 时的无穷小量。

应当注意，无穷小量是一个变量，除了 0 可以作为一个特殊的无穷小量之外，任何其他常数，即使其绝对值非常小（例如 10^{-10}），都不是无穷小量。

无穷小量与函数极限之间有如下的关系：

定理 1 当 $x\to x_0$ 时函数 $f(x)$ 有极限 A 的充分必要条件是 $f(x)=A+\alpha$，其中 α 是无穷小量。

证 若函数 $f(x)$ 有极限 A，记 $\alpha=f(x)-A$，则在极限定义中的 $|f(x)-A|<\varepsilon$ 就是 $|\alpha|<\varepsilon$。说明 α 是无穷小量。反之，若 $f(x)=A+\alpha$ 且 α 是无穷小量，则在无穷小定义中的 $|\alpha|<\varepsilon$ 就是 $|f(x)-A|<\varepsilon$，说明函数 $f(x)$ 有极限 A。这就证明了定理的必要性和充分性。

定理 2 (1) 有限个无穷小之和是无穷小；

(2) 有界函数与无穷小之积是无穷小。

证 我们只证明(2)。设函数 $u(x)$ 在 x_0 的某个去心邻域内有界，即存在正数 M，使得 $|u(x)|\leqslant M$。又设 $\alpha(x)$ 当 $x\to x_0$ 时是无穷小，即对任给 $\varepsilon>0$，存在 $\delta>0$，当 $0<|x-x_0|<\delta$ 时恒有 $|\alpha(x)|<\frac{\varepsilon}{M}$。于是，$|u(x)\alpha(x)|<M\cdot\frac{\varepsilon}{M}=\varepsilon$。这说明 $u(x)\alpha(x)$ 当 $x\to x_0$ 时是无穷小。

推论 1 (1) 常数与无穷小之积是无穷小；

(2) 有限个无穷小之积是无穷小。

例 14 求极限 $\lim\limits_{x\to 0}x\sin\frac{1}{x}$。

解 由于在 0 的去心邻域内 $\left|\sin\frac{1}{x}\right|\leqslant 1$，故 $\sin\frac{1}{x}$ 有界。而当 $x\to 0$ 时 x 是无穷小，由定理 2(2)，当 $x\to 0$ 时 $x\sin\frac{1}{x}$ 是无穷小，即 $\lim\limits_{x\to 0}x\sin\frac{1}{x}=0$。

2) 无穷大

定义 如果当 $x\to x_0$ 时函数 $f(x)$ 的绝对值无限增大，则 $f(x)$ 称为当 $x\to x_0$ 时的无穷大量，简称无穷大，记作 $\lim\limits_{x\to x_0}f(x)=\infty$（注意：这里只是借用了极限的记号，其实极限并不存在）。

例如，$\lim\limits_{x\to 0}\frac{1}{x}=\infty$，$\lim\limits_{x\to\pi/2}\tan x=\infty$，$\lim\limits_{n\to\infty}n=+\infty$，$\lim\limits_{x\to+\infty}e^x=+\infty$，$\lim\limits_{x\to 0^+}\ln x=-\infty$。

应当注意,无穷大量是一个变量,不要把绝对值很大的数(例如10^{10})当作无穷大。此外,也不要把无界函数当作无穷大。例如,$f(x)=\frac{1}{x}\cos\frac{1}{x}$在0的去心邻域内是无界的,但并非无穷大。

下面的定理告诉我们无穷小和无穷大之间的关系。

定理3 当$x\to x_0$时,

(1) 若$f(x)$是无穷大,则$\frac{1}{f(x)}$是无穷小;

(2) 若$f(x)$是无穷小,且$f(x)\neq 0$,则$\frac{1}{f(x)}$是无穷大。

证明从略。

习 题 1.3(1)

22. 下列函数哪些是无穷小?哪些是无穷大?

(1) $\frac{x-2}{x+2}$当$x\to 2$时; (2) $\frac{1}{\sqrt{1-x^2}}$当$x\to 1^-$时;

(3) $\tan x$当$x\to\frac{\pi}{2}$时; (4) e^{-x^2}当$x\to\infty$时;

(5) $\frac{x+1}{\sin x}$当$x\to 0$时; (6) $2^{\frac{1}{x}}$当$x\to 0^-$时以及当$x\to 0^+$时。

23. 问函数$f(x)=\frac{x-1}{2x+1}$在什么时候是无穷小?什么时候是无穷大?

24. 下列函数是否无穷大?

(1) $2^{\frac{1}{x}}$当$x\to 0$时; (2) $x\sin x$当$x\to\infty$时。

25. 求下列极限:

(1) $\lim\limits_{n\to\infty}\frac{\sin\frac{n\pi}{2}}{n}$; (2) $\lim\limits_{x\to 0}x\arctan\frac{1}{x}$.

(3) $\lim\limits_{x\to\infty}\frac{\sin 3x}{x^2+1}$; (4) $\lim\limits_{x\to 0}\frac{x\sin x}{|x|}$.

1.3.2 极限的性质与极限的运算法则

1) 极限的重要性质(证明从略)

性质1(极限的惟一性) 如果极限$\lim f(x)=A$存在,则必惟一。

性质2(保号性) 如果极限$\lim\limits_{x\to x_0}f(x)=A>0$ $(A<0)$,则必存在x_0的某去心邻

域,当 x 在该去心邻域内时,也有 $f(x)>0$ $(f(x)<0)$。反之,如果在 x_0 的某去心邻域内有 $f(x)\geqslant 0$ $(f(x)\leqslant 0)$,则极限 $\lim\limits_{x\to x_0}f(x)=A\geqslant 0$ $(A\leqslant 0)$。

性质 3(收敛数列的有界性) 如果数列 $\{a_n\}$ 收敛,则必有界,即存在某个正数 M,使得 $|a_n|\leqslant M, n=1,2,3,\cdots$

注意性质 3 之逆不真。例如数列 $1,-1,1,-1,\cdots$ 显然有界,但不收敛。

2) 极限的运算法则

下面的极限运算法则对三种极限都适用,所以我们略去了极限号下自变量的变化过程。

定理 4 设 $\lim f(x)=A, \lim g(x)=B$ 都存在,则

(1) $\lim[f(x)\pm g(x)]=\lim f(x)\pm\lim g(x)=A\pm B$;

(2) $\lim f(x)g(x)=\lim f(x)\lim g(x)=AB$;

(3) 若 $B\neq 0$,则 $\lim\dfrac{f(x)}{g(x)}=\dfrac{\lim f(x)}{\lim g(x)}=\dfrac{A}{B}$.

证 我们只就 $x\to x_0$ 情形证明(2)。因为 $\lim\limits_{x\to x_0}f(x)=A, \lim\limits_{x\to x_0}g(x)=B$,由定理 1,$f(x)=A+\alpha, g(x)=B+\beta$,其中 α,β 都是当 $x\to x_0$ 时的无穷小量。于是

$$f(x)g(x)=(A+\alpha)(B+\beta)=AB+(A\beta+B\alpha+\alpha\beta)$$

由定理 2 及推论 1 可知 $A\beta+B\alpha+\alpha\beta$ 也是当 $x\to x_0$ 时的无穷小量。再由定理 1 得到

$$\lim_{x\to x_0}f(x)g(x)=AB$$

推论 2(1) 设 $\lim f(x)=A, \lim g(x)=B, \lim h(x)=C, a,b,c$ 为常数,则

$$\lim[af(x)+bg(x)+ch(x)]=a\lim f(x)+b\lim g(x)+c\lim h(x)=aA+bB+cC.$$

上式左边方括号里的式子叫做函数 f,g,h 的线性组合,本推论还可以推广到任意有限个函数的线性组合。

(2) 设 $\lim f(x)=A, \lim g(x)=B, \lim h(x)=C$,则

$$\lim[f(x)g(x)h(x)]=\lim f(x)\lim g(x)\lim h(x)=ABC.$$

本推论也可以推广到任意有限个函数的乘积。

例 15 求极限 $\lim\limits_{x\to x_0}(ax^2+bx+c)$,其中 a,b,c 为常数。

解 回忆 1.2.3 例 11 中的(1)(4) 并利用定理 4 (2) 以及推论 2 (1),可得

$$\lim_{x\to x_0}(ax^2+bx+c)=a\lim_{x\to x_0}x\lim_{x\to x_0}x+b\lim_{x\to x_0}x+\lim_{x\to x_0}c=ax_0^2+bx_0+c.$$

这个例子说明,x 的二次多项式当 $x\to x_0$ 时的极限值就是它在 x_0 处的函数值。一般地,若 $P(x)=a_0x^n+a_1x^{n-1}+\cdots+a_{n-1}x+a_n$ 是 x 的 n 次多项式,则有

$$\lim_{x\to x_0}P(x)=P(x_0)$$

例 16 求极限$\lim\limits_{x\to 2}\dfrac{x+1}{x^2+2x+3}$。

解 由于当 $x\to 2$ 时分母的极限不为零,故可用定理 4(3) 以及例 15 后的说明求得

$$\lim_{x\to 2}\frac{x+1}{x^2+2x+3}=\frac{\lim\limits_{x\to 2}(x+1)}{\lim\limits_{x\to 2}(x^2+2x+3)}=\frac{2+1}{2^2+2\cdot 2+3}=\frac{3}{11}$$

一般地,若 $P(x)$ 和 $Q(x)$ 都是 x 的多项式,而且 $Q(x_0)\neq 0$,则有

$$\lim_{x\to x_0}\frac{P(x)}{Q(x)}=\frac{P(x_0)}{Q(x_0)}$$

这说明,一个有理分式函数 $R(x)=\dfrac{P(x)}{Q(x)}$,如果分母 $Q(x)$ 在 x_0 处不为零,则它在 x_0 处的极限值就等于它的函数值,即$\lim\limits_{x\to x_0}R(x)=R(x_0)$。

例 17 求极限$\lim\limits_{x\to -2}\dfrac{3x+1}{x+2}$。

解 这是一个有理分式函数的极限,但分母在 $x=-2$ 处为零,故上述结论不能直接用。注意到分子在 $x=-2$ 处不为零,所以改考虑其倒数。因为

$$\lim_{x\to -2}\frac{x+2}{3x+1}=\frac{-2+2}{3\cdot(-2)+1}=\frac{0}{-5}=0$$

由 1.3.1 的定理 3(2) 得

$$\lim_{x\to -2}\frac{3x+1}{x+2}=\infty.$$

例 18 求极限$\lim\limits_{x\to 1}\dfrac{x^2-3x+2}{2x^2+x-3}$。

解 注意到当 $x\to 1$ 时,分子和分母的极限都为零,故上述结论也不能直接用。这是一种特别重要也很有趣的极限,称为“$\dfrac{0}{0}$”未定型,解法如下:

$$\lim_{x\to 1}\frac{x^2-3x+2}{2x^2+x-3}=\lim_{x\to 1}\frac{(x-1)(x-2)}{(x-1)(2x+3)}=\lim_{x\to 1}\frac{x-2}{2x+3}=\frac{1-2}{2+3}=-\frac{1}{5}.$$

请读者想一想,为什么可以将分子和分母中趋于零的公因式 $(x-1)$ 约去?

例 19 求极限$\lim\limits_{x\to\infty}(ax^2+bx+c)$,其中 a,b,c 为常数,$a\neq 0$。

解 本例与例 15 的不同之处在于 x 的变化过程改变了,此时不能直接用定理 4,因为当 $x\to\infty$ 时 ax^2 的极限不存在。也考虑它的倒数,再利用例 11 (3),可得

$$\lim_{x\to\infty}\frac{1}{ax^2+bx+c}=\lim_{x\to\infty}\frac{1}{x^2}\frac{1}{a+\dfrac{b}{x}+\dfrac{c}{x^2}}=$$

$$\left(\lim_{x\to\infty}\frac{1}{x}\right)^2\frac{1}{a+b\lim\limits_{x\to\infty}\dfrac{1}{x}+c\left(\lim\limits_{x\to\infty}\dfrac{1}{x}\right)^2}=$$

$$0^2 \cdot \frac{1}{a} = 0$$

因此，由定理3(2)得

$$\lim_{x \to \infty}(ax^2 + bx + c) = \infty$$

一般地，若 $P(x)$ 是 x 的多项式，且非常数，则 $\lim_{x \to \infty} P(x) = \infty$。

例 20 求极限 $\lim_{x \to \infty} \frac{P(x)}{Q(x)} = \lim_{x \to \infty} \frac{a_0x^n + a_1x^{n-1} + \cdots + a_{n-1}x + a_n}{b_0x^m + b_1x^{m-1} + \cdots + b_{m-1} + b_m}$ $(a_0, b_0 \neq 0)$。

解 由于 $\lim_{x \to \infty} P(x) = \infty$，$\lim_{x \to \infty} Q(x) = \infty$，因而不能直接用定理4，先变形为

$$\lim_{x \to \infty} \frac{P(x)}{Q(x)} = \lim_{x \to \infty} \frac{1}{x^{m-n}} \frac{a_0 + \frac{a_1}{x} + \cdots + \frac{a_{n-1}}{x^{n-1}} + \frac{a_n}{x^n}}{b_0 + \frac{b_1}{x} + \cdots + \frac{b_{m-1}}{x^{m-1}} + \frac{b_m}{x^m}}$$

如果 $m = n$，则极限显然为 $\frac{a_0}{b_0}$。如果 $m > n$，上式右边第一个因式极限为零，第二个因式极限为 $\frac{a_0}{b_0}$，由定理4 (2)，原极限为0。如果 $m < n$，仍可用考虑其倒数的办法，知道它是无穷大。综上所述，

$$\lim_{x \to \infty} \frac{P(x)}{Q(x)} = \lim_{x \to \infty} \frac{a_0x^n + a_1x^{n-1} + \cdots + a_{n-1}x + a_n}{b_0x^m + b_1x^{m-1} + \cdots + b_{m-1}x + b_m} = \begin{cases} \frac{a_0}{b_0} & m = n \\ 0 & m > n \quad (a_0, b_0 \neq 0). \\ \infty & m < n \end{cases}$$

本例可作为一个公式使用。

例 21 求极限 $\lim_{x \to \infty} \frac{5x^2 - 2x - 3}{3x^2 + 100x}$。

解 因为 $m = n = 2$，所以 $\lim_{x \to \infty} \frac{5x^2 - 2x - 3}{3x^2 + 100x} = \frac{5}{3}$。

例 22 求极限 $\lim_{n \to \infty} \frac{1 + 2 + 3 + \cdots + n}{n^2 + 1}$。

解 这是一个数列极限，但仍可设法用上面的解法

$$\lim_{n \to \infty} \frac{1 + 2 + 3 + \cdots + n}{n^2 + 1} = \lim_{n \to \infty} \frac{\frac{n(n+1)}{2}}{n^2 + 1} = \frac{1}{2} \lim_{n \to \infty} \frac{n^2 + n}{n^2 + 1} = \frac{1}{2}.$$

定理 5(复合函数的极限) 设 $\lim_{u \to u_0} f(u) = A$，又设 $\lim_{x \to x_0} u(x) = u_0$，且在 x_0 的某去心邻

域内 $u(x)\neq u_0$,则复合函数 $f[u(x)]$ 当 $x\to x_0$ 时的极限存在,且有 $\lim\limits_{x\to x_0}f[u(x)]=A$。

证明从略。

例 23 求极限 $\lim\limits_{x\to 1}\sqrt{x+2}$。

解 因为 $y=\sqrt{x+2}$ 是由 $y=\sqrt{u}$ 与 $u=x+2$ 复合而成。因为 $\lim\limits_{x\to 1}(x+2)=3$,又由例 10(3) 知,$\lim\limits_{u\to 3}\sqrt{u}=\sqrt{3}$,所以由定理 5 可知 $\lim\limits_{x\to 1}\sqrt{x+2}=\sqrt{3}$。

例 24 求极限 $\lim\limits_{x\to 0}\cos x$。

解 由例 10(1) 并利用定理 4 和定理 5 可得

$$\lim_{x\to 0}\cos x=\lim_{x\to 0}\sqrt{1-\sin^2 x}=\sqrt{1-0^2}=1.$$

一般地,设 $I(x)$ 是一个根式函数,且在 x_0 的某邻域内有定义,则有 $\lim\limits_{x\to x_0}I(x)=I(x_0)$。

例 25 求极限 $\lim\limits_{x\to 4}\dfrac{\sqrt{1+2x}-3}{\sqrt{x}-2}$。

解 这也是一个"$\dfrac{0}{0}$"未定式,不能马上利用定理 4(3),先将分子分母分别有理化,得到

$$\lim_{x\to 4}\frac{\sqrt{1+2x}-3}{\sqrt{x}-2}=\lim_{x\to 4}\frac{(\sqrt{1+2x}-3)(\sqrt{1+2x}+3)(\sqrt{x}+2)}{(\sqrt{x}-2)(\sqrt{x}+2)(\sqrt{1+2x}+3)}=$$

$$\lim_{x\to 4}\frac{(2x-8)(\sqrt{x}+2)}{(x-4)(\sqrt{1+2x}+3)}=\lim_{x\to 4}\frac{2(\sqrt{x}+2)}{\sqrt{1+2x}+3}=$$

$$\frac{8}{6}=\frac{4}{3}.$$

习 题 1.3(2)

26. 求下列极限:

(1) $\lim\limits_{x\to 1}\dfrac{x^2+5x+2}{3x+1}$; (2) $\lim\limits_{x\to -1}\dfrac{2x^2-3x-5}{x^2-x-2}$;

(3) $\lim\limits_{x\to 3}\left(\dfrac{1}{x-3}-\dfrac{6}{x^2-9}\right)$; (4) $\lim\limits_{x\to \infty}\dfrac{3x^2-10x-7}{4x^2+19}$;

(5) $\lim\limits_{x\to \infty}\dfrac{100x+3}{x^2-x+1}$; (6) $\lim\limits_{n\to \infty}\dfrac{1+2^2+3^2+\cdots+n^2}{n^3}$;

(7) $\lim\limits_{n\to \infty}\left(\dfrac{1}{1\cdot 2}+\dfrac{1}{2\cdot 3}+\cdots+\dfrac{1}{n(n+1)}\right)$;

(8) $\lim\limits_{n\to\infty}\left(1+\frac{1}{2}\right)\left(1+\frac{1}{2^2}\right)\left(1+\frac{1}{2^4}\right)\cdots\left(1+\frac{1}{2^{2^{n-1}}}\right)$;

(9) $\lim\limits_{x\to3}\sqrt{\frac{x^2-9}{x-3}}$;　　(10) $\lim\limits_{x\to+\infty}(\sqrt{x+1}-\sqrt{x-1})$;

(11) $\lim\limits_{x\to4}\frac{x-4}{\sqrt{x}-2}$;　　(12) $\lim\limits_{x\to8}\frac{\sqrt[3]{x}-2}{x-8}$;

(13) $\lim\limits_{x\to0}\frac{\sin^2x}{1-\cos x}$;　　(14) $\lim\limits_{x\to0}\frac{e^{3x}-1}{e^x-1}$;

(15) $\lim\limits_{n\to\infty}\frac{5n+3}{\sqrt{n^2+3n+4}}$;　　(16) $\lim\limits_{n\to\infty}\frac{(-2)^n+3^n}{(-2)^{n+1}+3^{n+1}}$.

27. 求下列极限:

(1) $\lim\limits_{h\to0}\frac{(x+h)^2-x^2}{h}$;　　(2) $\lim\limits_{h\to0}\frac{\sqrt{x+h}-\sqrt{x}}{h}$.

28. 求常数 a,b,使得$\lim\limits_{x\to1}\frac{x^2+ax+b}{x^2-1}=2$。

29. 设 $f(x)=\frac{x^2+1}{x-1}+ax+b$,若已知

(1) $\lim\limits_{x\to\infty}f(x)=0$;　　(2) $\lim\limits_{x\to\infty}f(x)=2$;　　(3) $\lim\limits_{x\to\infty}f(x)=\infty$.

试求这三种情况下的 a,b。

1.3.3 极限的存在准则　两个重要极限

下面我们不加证明地叙述两个极限存在的准则,并由此推出两个重要极限。

1) 夹逼准则

设函数 $f(x),g(x),h(x)$ 满足

(1) $g(x)\leqslant f(x)\leqslant h(x)$,　　(2) $\lim g(x)=\lim h(x)=A$,

则

$$\lim f(x)=A$$

现在我们来证明一个重要极限:

$$\lim_{x\to0}\frac{\sin x}{x}=1$$

我们已经知道$\lim\limits_{x\to0}\sin x=0,\lim\limits_{x\to0}x=0$,可见这是一个"$\frac{0}{0}$"未定型,它不能够利用定理4(3),必须另想办法。先用几何方法证明一个不等式

$$\sin x<x<\tan x\qquad x\in\left(0,\frac{\pi}{2}\right)$$

如图1-7，作一个单位圆，圆心角 $\angle AOB = x$（弧度），且设 $0 < x < \frac{\pi}{2}$，容易看出，ΔAOB 的面积 < 扇形 AOB 的面积 < ΔBOC 的面积，也就是

$$\frac{1}{2}\sin x < \frac{1}{2}x < \frac{1}{2}\tan x \quad x \in \left(0,\frac{\pi}{2}\right),$$

故有

$$\sin x < x < \tan x$$

现在对上述不等式各项除以 $\sin x$ 后取倒数，即得

$$\cos x < \frac{\sin x}{x} < 1 \qquad (1.5)$$

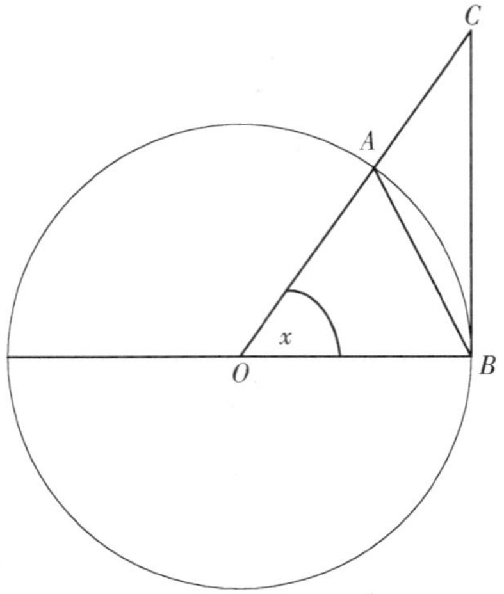

图1-7

由于$\frac{\sin x}{x}$是偶函数，因而不等式(1.5)对 $x \in \left(-\frac{\pi}{2},0\right)$ 也对。例24已求得$\lim\limits_{x\to 0}\cos x = 1$，又有$\lim\limits_{x\to 0}1 = 1$，故由不等式(1.5)及夹逼准则推得

$$\lim_{x\to 0}\frac{\sin x}{x} = 1.$$

例26 求极限$\lim\limits_{x\to 0}\frac{\tan x}{x}$。

解 $\lim\limits_{x\to 0}\frac{\tan x}{x} = \lim\limits_{x\to 0}\frac{\sin x}{x}\cdot\frac{1}{\cos x} = \lim\limits_{x\to 0}\frac{\sin x}{x}\frac{1}{\lim\limits_{x\to 0}\cos x} = 1\cdot\frac{1}{1} = 1.$

例27 求极限$\lim\limits_{x\to 0}\frac{\sin 3x}{x}$。

解 作变量代换，令 $u = 3x$，则 $u\to 0(x\to 0)$，于是

$$\lim_{x\to 0}\frac{\sin 3x}{x} = \lim_{u\to 0}\frac{3\sin u}{u} = 3\lim_{u\to 0}\frac{\sin u}{u} = 3\cdot 1 = 3.$$

为了简化步骤，常常不把变量代换写出来，而是在心中把 $3x$ 看作一个新变量，解法如下：

$$\lim_{x\to 0}\frac{\sin 3x}{x} = \lim_{x\to 0}\frac{3\sin 3x}{3x} = 3\lim_{x\to 0}\frac{\sin 3x}{3x} = 3\cdot 1 = 3.$$

例28 求极限$\lim\limits_{x\to 0}\frac{1-\cos x}{x^2}$。

解 $\lim\limits_{x\to 0}\frac{1-\cos x}{x^2} = \lim\limits_{x\to 0}\frac{2\sin^2\frac{x}{2}}{x^2} = \frac{1}{2}\lim\limits_{x\to 0}\frac{\left(\sin\frac{x}{2}\right)^2}{\left(\frac{x}{2}\right)^2} =$

$$\frac{1}{2}\lim_{x\to 0}\left(\frac{\sin\frac{x}{2}}{\frac{x}{2}}\right)^2 = \frac{1}{2}\cdot 1^2 = \frac{1}{2}.$$

2） 单调有界数列收敛准则

设数列$\{a_n\}$满足$a_n \leqslant a_{n+1}$(或$a_n \geqslant a_{n+1}$)，$n = 1,2,3,\cdots$，则称该数列为单调数列。在1.3.2极限的性质中已经看到，有界数列未必收敛。但是如果再加上“单调”条件，则必收敛。

单调有界数列收敛准则　如果数列$\{a_n\}$是单调数列，且存在常数M、N，使得

$$M < a_n < N \qquad n = 1,2,3,\cdots$$

则极限$\lim\limits_{n\to\infty}a_n$存在，且满足$M \leqslant \lim\limits_{n\to\infty}a_n \leqslant N$。

我们要指出，如果数列$\{a_n\}$是单调递增的，由于它必有下界，因而只需判断它有上界；反之，如果数列$\{a_n\}$是单调递减的，由于它必有上界，因而只需判断它有下界。

这个准则虽然只告诉我们极限的存在性，并未提供极限的求法，但这丝毫不减少它的重要性。下面我们以此准则来讨论另一个重要极限

$$\lim_{n\to\infty}\left(1+\frac{1}{n}\right)^n$$

这是一个数列极限，记$a_n = \left(1+\frac{1}{n}\right)^n$，我们要证明这是一个单调递增有界数列。按牛顿二项公式

$$a_n = \left(1+\frac{1}{n}\right)^n = 1 + n\cdot\frac{1}{n} + \frac{n(n-1)}{2!}\frac{1}{n^2} + \frac{n(n-1)(n-2)}{3!}\frac{1}{n^3} + \cdots +$$

$$\frac{n(n-1)\cdots(n-n+1)}{n!}\frac{1}{n^n} =$$

$$1 + 1 + \frac{1}{2!}\left(1-\frac{1}{n}\right) + \frac{1}{3!}\left(1-\frac{1}{n}\right)\left(1-\frac{2}{n}\right) + \cdots +$$

$$\frac{1}{n!}\left(1-\frac{1}{n}\right)\left(1-\frac{2}{n}\right)\cdots\left(1-\frac{n-1}{n}\right)$$

同样地，

$$a_{n+1} = \left(1+\frac{1}{n+1}\right)^{n+1} =$$

$$1 + 1 + \frac{1}{2!}\left(1-\frac{1}{n+1}\right) + \frac{1}{3!}\left(1-\frac{1}{n+1}\right)\left(1-\frac{2}{n+1}\right) + \cdots +$$

$$\frac{1}{(n+1)!}\left(1-\frac{1}{n+1}\right)\left(1-\frac{2}{n+1}\right)\cdots\left(1-\frac{n}{n+1}\right)$$

可见，除了前两项外，a_n的每一项都小于a_{n+1}的对应项，而且a_{n+1}还多出一个正项，因此

$$a_n < a_{n+1} \quad (n = 1,2,\cdots)$$

这说明数列$\{a_n\}$是单调递增的。其次,注意到 a_n 展开式中的每个括弧内的值都小于1,因此,

$$a_n < 1 + 1 + \frac{1}{2!} + \frac{1}{3!}\cdots + \frac{1}{n!}$$

又因为

$$\frac{1}{k!} = \frac{1}{1\cdot 2\cdot 3\cdots k} \leqslant \frac{1}{2\cdot 2\cdots 2} = \frac{1}{2^{k-1}} \quad (k = 2,3,\cdots,n),$$

所以

$$a_n < 1 + 1 + \frac{1}{2} + \frac{1}{2^2} + \cdots + \frac{1}{2^{n-1}} =$$

$$1 + \frac{1 - \frac{1}{2^n}}{1 - \frac{1}{2}} = 3 - \frac{1}{2^{n-1}} < 3$$

另一方面,显然有 $a_n \geqslant 2 \quad (n = 1,2,\cdots)$,于是

$$2 \leqslant a_n < 3 \quad (n = 1,2,\cdots)$$

这说明数列$\{a_n\}$还是有界的。根据单调有界数列收敛准则,极限$\lim\limits_{n\to\infty}\left(1 + \frac{1}{n}\right)^n$存在,通常用字母 e 来表示这个极限,即

$$\lim_{n\to\infty}\left(1 + \frac{1}{n}\right)^n = \mathrm{e}$$

由 1.3.2 极限的性质2(保号性)容易推出$2 \leqslant \mathrm{e} \leqslant 3$,我们在1.1.3 中讲到的指数函数 e^x 和对数函数 $\ln x$ 的底 e 就是这个常数。

可以证明,当实数 $x \to \infty$ 时,函数$\left(1 + \frac{1}{x}\right)^x$的极限也存在,且为 e,即

$$\lim_{x\to\infty}\left(1 + \frac{1}{x}\right)^x = \mathrm{e}$$

再令 $x = \frac{1}{u}$,则 $u \to 0(x \to \infty)$,于是又有$\lim\limits_{u\to 0}(1 + u)^{\frac{1}{u}} = \mathrm{e}$。由此得到另一个极限

$$\lim_{x\to 0}(1 + x)^{\frac{1}{x}} = \mathrm{e}$$

以上各极限有一个共同的特点,那就是各有关函数的底数都趋于1,指数都无限增大,称为“1^∞”未定型,这类函数的极限往往都含有 e。下面再看几个类似的例题。

例 29 求极限$\lim\limits_{x\to\infty}\left(1 - \frac{1}{x}\right)^x$。

解 $\lim\limits_{x\to\infty}\left(1 - \frac{1}{x}\right)^x = \lim\limits_{x\to\infty}\left[\left(1 + \frac{1}{-x}\right)^{-x}\right]^{-1} = \mathrm{e}^{-1} = \frac{1}{\mathrm{e}}.$

例 30 求极限$\lim\limits_{x\to 0}(1+x)^{\frac{2}{x}}$。

解 $\lim\limits_{x\to 0}(1+x)^{\frac{2}{x}}=\lim\limits_{x\to 0}[(1+x)^{\frac{1}{x}}]^2=e^2.$

例 31 设某人以本金 p 元进行一项投资,年利率为 r。如果以年为单位计算复利(即每年计息一次,并把利息加入本金,重复计息),则 t 年后的本息将为

$$p(1+r)^t,$$

若以$\frac{1}{n}$年为单位计算复利(例如 $n=12$ 时就是按月计算复利),则$\frac{1}{n}$年的利率为$\frac{r}{n}$,t 年后的本息将为

$$p\left(1+\frac{r}{n}\right)^{nt},$$

如果计算连续复利(即每时每刻计算利息),则 t 年后的本息将为

$$\lim_{n\to\infty}p\left(1+\frac{r}{n}\right)^{tn}=p\lim_{n\to\infty}\left(1+\frac{r}{n}\right)^{\frac{n}{r}\cdot rt}=pe^{rt}.$$

习　题　1.3(3)

30. 求下列极限:

(1) $\lim\limits_{x\to 0}\frac{x}{\sin 2x}$;　　(2) $\lim\limits_{x\to 0}\frac{\sin x}{\sin 3x}$;

(3) $\lim\limits_{x\to 0}\frac{\tan 2x}{3x}$;　　(4) $\lim\limits_{x\to 0}\frac{\sin 2x}{\tan 5x}$;

(5) $\lim\limits_{x\to \pi}\frac{\sin x}{\pi-x}$;　　(6) $\lim\limits_{x\to 0^+}\sqrt{x}\cot\sqrt{x}$;

(7) $\lim\limits_{x\to\infty}x\sin\frac{1}{x}$;　　(8) $\lim\limits_{n\to\infty}n\tan\frac{\pi}{n}$.

31. 求下列极限:

(1) $\lim\limits_{x\to\infty}\left(1+\frac{2}{x}\right)^x$;　　(2) $\lim\limits_{x\to\infty}\left(\frac{x}{x-1}\right)^x$;

(3) $\lim\limits_{x\to\infty}\left(\frac{x+1}{x+2}\right)^x$;　　(4) $\lim\limits_{x\to 0}(1+3x)^{\frac{1}{x}}$;

(5) $\lim\limits_{x\to 0}\left(\frac{1+2x}{1+x}\right)^{\frac{1}{x}}$;　　(6) $\lim\limits_{x\to 0}(1-\sin x)^{\csc x}$;

(7) $\lim\limits_{n\to\infty}\left(1+\frac{1}{n}\right)^{n+2}$;　　(8) $\lim\limits_{n\to\infty}\left(\frac{n}{n-2}\right)^n$.

*32. 试利用夹逼准则求极限$\lim\limits_{n\to\infty}\left(\frac{1}{\sqrt{n^2+1}}+\frac{1}{\sqrt{n^2+2}}+\cdots+\frac{1}{\sqrt{n^2+n}}\right)$.

*33. 利用单调有界数列收敛准则求极限$\lim\limits_{n\to\infty}a_n$，其中

$$a_1=\sqrt{2},\ a_2=\sqrt{2+\sqrt{2}},\ a_3=\sqrt{2+\sqrt{2+\sqrt{2}}},\ \cdots,$$

$$a_n=\sqrt{2+\sqrt{2+\cdots+\sqrt{2}}}\ (n\text{ 重根号}),\ \cdots$$

1.4 无穷小的比较

上节求极限的例子中，我们已经遇到“$\frac{0}{0}$”的未定型。这实际上是两个无穷小α和β的比较。它们之比的极限呈现出不同的情况，主要有以下三种：

(1) $\lim\frac{\alpha}{\beta}=0$，这说明$\alpha$趋于零比$\beta$更快。我们称$\alpha$是比$\beta$高阶的无穷小，记作$\alpha=o(\beta)$。

(2) $\lim\frac{\alpha}{\beta}=c$（$c$为非零常数），称$\alpha$和$\beta$是同阶的无穷小，它们趋于零的速度相仿，特别地，当$\lim\frac{\alpha}{\beta}=1$时，称$\alpha$和$\beta$是等价无穷小，记为$\alpha\sim\beta$（读作$\alpha$等价于$\beta$）。

(3) $\lim\frac{\alpha}{\beta}=\infty$，称$\alpha$是比$\beta$低阶的无穷小。此时显然有$\lim\frac{\beta}{\alpha}=0$，故可记为$\beta=o(\alpha)$。

例如，因为$x,x^2,\sin x,\tan x,1-\cos x$都是当$x\to0$时的无穷小，且有

$$\lim_{x\to0}\frac{x^2}{x}=0,\qquad \lim_{x\to0}\frac{\sin x}{x}=1,$$

$$\lim_{x\to0}\frac{\tan x}{x}=1,\qquad \lim_{x\to0}\frac{1-\cos x}{x^2}=\frac{1}{2},$$

所以$x^2=o(x)$，$\sin x\sim x$，$\tan x\sim x$，$1-\cos x$和x^2是同阶的无穷小。又容易推出

$$1-\cos x\sim\frac{1}{2}x^2\qquad(x\to0)。$$

等价无穷小有三条性质。设α和β都是无穷小，则

(1) 反身性　即$\alpha\sim\alpha$；

(2) 对称性　若$\alpha\sim\beta$，则$\beta\sim\alpha$；

(3) 传递性　若$\alpha\sim\beta$，$\beta\sim\gamma$，则$\alpha\sim\gamma$。

它们的证明留给读者。

由此我们得到，当$x\to0$时，$x\sim\sin x\sim\tan x$。

定理6 （等价无穷小代换定理）　若$\alpha\sim\alpha_1$，$\beta\sim\beta_1$，且$\lim\frac{\alpha_1}{\beta_1}$存在（或$\infty$），则

$$\lim \frac{\alpha}{\beta} = \lim \frac{\alpha_1}{\beta_1}(\text{或 } \infty)$$

证 $\lim \frac{\alpha}{\beta} = \lim \frac{\alpha}{\alpha_1} \cdot \frac{\beta_1}{\beta} \cdot \frac{\alpha_1}{\beta_1} = \lim \frac{\alpha}{\alpha_1} \cdot \lim \frac{\beta_1}{\beta} \cdot \lim \frac{\alpha_1}{\beta_1} = \lim \frac{\alpha_1}{\beta_1}$

利用本定理可以简化某些极限运算。

例 32 求极限 $\lim\limits_{x \to 0} \frac{\sin 5x}{\sin 3x}$。

解 因为当 $x \to 0$ 时 $\sin 5x \sim 5x, \sin 3x \sim 3x$,所以

$$\lim_{x \to 0} \frac{\sin 5x}{\sin 3x} = \lim_{x \to 0} \frac{5x}{3x} = \lim_{x \to 0} \frac{5}{3} = \frac{5}{3}.$$

例 33 求极限 $\lim\limits_{x \to 0} \frac{\tan x - \sin x}{x^3}$。

解 $\lim\limits_{x \to 0} \frac{\tan x - \sin x}{x^3} = \lim\limits_{x \to 0} \frac{\sin x(1 - \cos x)}{x^3 \cos x} = \lim\limits_{x \to 0} \frac{x \cdot \frac{1}{2}x^2}{x^3} \cdot \frac{1}{\cos x} = \frac{1}{2} \frac{1}{\lim\limits_{x \to 0} \cos x} = \frac{1}{2}.$

但是必须注意,等价无穷小代换只适用于分子和分母中的因式,不能用于加减法中的项。上例中如果将 $\tan x - \sin x$ 中的两项代换成 $x - x$,就会得出极限为零的错误结论。

例 34 求极限 $\lim\limits_{n \to \infty} 2^n \sin \frac{1}{3^n}$。

解 因为当 $n \to \infty$ 时 $\sin \frac{1}{3^n} \sim \frac{1}{3^n}$,所以

$$\lim_{n \to \infty} 2^n \sin \frac{1}{3^n} = \lim_{n \to \infty} 2^n \cdot \frac{1}{3^n} = \lim_{n \to \infty} \left(\frac{2}{3}\right)^n = 0(\text{参见例 6})。$$

习 题 1.4

34. 当 $x \to 1$ 时,与 $x - 1$ 相比,下列函数是高阶、同阶还是等价无穷小?

(1) $(x - 1)^2$; (2) $\sqrt{x} - 1$; (3) $\sin(x - 1)$.

35. 证明当 $x \to 0$ 时,$\sqrt{1 + x} - 1$ 和 $\frac{x}{2}$ 是等价无穷小。

36. 证明当 $x \to 1$ 时,$\sqrt{x} - \sqrt{2 - x}$ 和 $\sqrt{x} - 1$ 是同阶无穷小。

37. 利用等价无穷小代换定理求下列极限:

(1) $\lim\limits_{x \to 0} \frac{\sin 3x}{5x}$; (2) $\lim\limits_{x \to 0} \frac{\tan x}{\sin 2x}$;

(3) $\lim\limits_{x \to 0} \frac{1 - \cos x}{\sin^2 x}$; (4) $\lim\limits_{n \to \infty} 2^n \tan \frac{\pi}{2^n}$;

(5) $\lim\limits_{x\to 0}\frac{\sqrt{1+x^2}-1}{3x^2+x^3}$;

(6) $\lim\limits_{x\to+\infty}x(\sqrt{1+x^2}-x)$.(设法利用第 35 题)

1.5 函数的连续性

1.5.1 函数连续性的概念

函数的连续性有着非常直观的几何意义。由于一元函数的图像是一条曲线,如果这条曲线连绵不断,那么这个函数就是连续的。微积分在处理问题时,一般都要求函数是连续的或者基本上是连续的。下面我们要给出函数连续的精确定义。

1) 函数在一点连续和在区间连续的概念

先看一个例子。图 1-8 是一条"时间-气温曲线",不妨记作 $y=f(t)$,其中 t 表示时间,y 表示气温,这显然是一条连续曲线。我们怎样来说明在时刻8点钟处曲线的连续性呢?可以给时间一个增量 Δt,此时气温有一个相应的增量 Δy。经验告诉我们,当 Δt 很小时,Δy 也很小。用极限的话来说,就是当 $\Delta t\to 0$ 时,$\Delta y\to 0$。

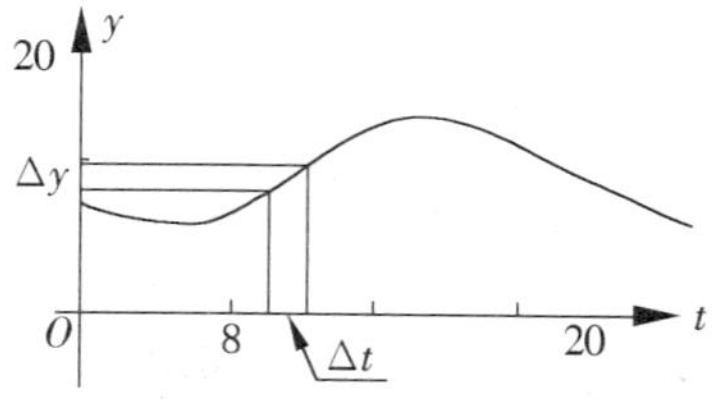

图 1-8

定义 设函数 $y=f(x)$ 在点 x_0 的某邻域内有定义,给自变量以增量 Δx,则函数有一个相应的增量 $\Delta y=f(x_0+\Delta x)-f(x_0)$,如果

$$\lim_{\Delta x\to 0}\Delta y=0 \tag{1.6}$$

就称函数 $y=f(x)$ 在点 x_0 处连续。如果函数在开区间 (a,b) 内每一点都连续,就称函数 $y=f(x)$ 在开区间 (a,b) 内连续。

注:有的书上把"增量"称为"改变量",这个量可正可负,但其绝对值一般都很小。

若记 $x=x_0+\Delta x$,则(1.6)式可以改写为

$$\lim_{x\to x_0}f(x)=f(x_0) \tag{1.7}$$

(1.7)式的意思是函数 $f(x)$ 在点 x_0 处的极限值等于它在该点处的函数值,这也可以作为函数在一点处连续的定义。

前面我们已经得到(见例 15 后的说明),多项式函数

$$P(x)=a_0x^n+a_1x^{n-1}+\cdots+a_{n-1}x+a_n$$

在它的定义域内的每一点 x_0 都有 $\lim\limits_{x\to x_0}P(x)=P(x_0)$,因而 $P(x)$ 在 $(-\infty,+\infty)$ 内连续。

例 35 证明正弦函数 $y=\sin x$ 在其定义域 $(-\infty,+\infty)$ 内连续。

证 任取一点 $x_0\in(-\infty,+\infty)$,因为

$$\Delta y = \sin(x_0 + \Delta x) - \sin x_0 = 2\cos\left(x_0 + \frac{\Delta x}{2}\right)\sin\frac{\Delta x}{2},$$

由于 $\left|2\cos\left(x_0 + \frac{\Delta x}{2}\right)\right| \leqslant 2$ 有界，$\sin\frac{\Delta x}{2} \to 0 \quad (\Delta x \to 0)$，根据定理2(2)，$\lim\limits_{\Delta x\to 0}\Delta y = 0$，因而函数在点 x_0 处连续，又由点 x_0 的任意性得出结论：正弦函数 $y = \sin x$ 在其定义域 $(-\infty, +\infty)$ 内连续。

同理可证余弦函数 $y = \cos x$ 在其定义域 $(-\infty, +\infty)$ 内连续。

例 36 证明指数函数 $y = e^x$ 在其定义域 $(-\infty, +\infty)$ 内连续。

证 任取一点 $x_0 \in (-\infty, +\infty)$，因为

$$\Delta y = e^{x_0+\Delta x} - e^{x_0} = e^{x_0}(e^{\Delta x} - 1)$$

例10(2)已经证明了 $\lim\limits_{\Delta x\to 0} e^{\Delta x} = 1$，故有 $\lim\limits_{\Delta x\to 0}\Delta y = 0$，因而函数在点 x_0 处连续，再由点 x_0 的任意性得出指数函数 $y = e^x$ 在其定义域 $(-\infty, +\infty)$ 内连续的结论。

同理可证明一般的指数函数 $y = a^x (a > 0, a \neq 1)$ 在其定义域 $(-\infty, +\infty)$ 内的连续性。

例 37 讨论函数 $f(x) = \begin{cases} e^x - 1, & x < 0 \\ \sin x, & x \geqslant 0 \end{cases}$ 在点 $x = 0$ 处的连续性。

解 这是一个分段函数，$x = 0$ 是分界点，所以必须考虑左右极限。因为

$$\lim_{x\to 0^-} f(x) = \lim_{x\to 0^-}(e^x - 1) = 1 - 1 = 0, \lim_{x\to 0^+} f(x) = \lim_{x\to 0^+}\sin x = 0$$

由于左右极限相等，因而极限存在，即 $\lim\limits_{x\to 0} f(x) = 0$。另一方面，$f(0) = \sin 0 = 0$，故有 $\lim\limits_{x\to 0} f(x) = f(0)$。这说明函数 $f(x)$ 在点 $x = 0$ 处连续。（注意这里除了极限存在之外，还要将极限值与该点处的函数值作比较，才能判断其连续性）。

有时函数只在点 x_0 的某一侧有定义。类似于单侧极限，我们可以定义函数在点 x_0 处的单侧连续性。

若 $\lim\limits_{x\to x_0^-} f(x) = f(x_0)$，则称函数 $f(x)$ 在点 x_0 处左连续；若 $\lim\limits_{x\to x_0^+} f(x) = f(x_0)$，则称函数 $f(x)$ 在点 x_0 处右连续。

例如在例10(3)中已经证明 $\lim\limits_{x\to 0^+}\sqrt{x} = 0 = \sqrt{0}$，所以函数 $y = \sqrt{x}$ 在点 $x = 0$ 处右连续。

定义 如果函数 $f(x)$ 在开区间 (a,b) 内连续，又在左右两个端点 a,b 处分别右连续和左连续，则称函数 $f(x)$ 在闭区间 $[a,b]$ 上连续。

2) 函数的间断点

设函数 $f(x)$ 在点 x_0 的某邻域（或去心邻域）内有定义，如果 x_0 不是函数的连续点，则称 x_0 是函数的间断点。仔细考察起来，点 x_0 是函数 $f(x)$ 的连续点，必须满足如下三个条件：

(1) $f(x)$ 在点 x_0 处有定义；

（2） 极限$\lim\limits_{x\to x_0}f(x)$存在；

（3） 极限值等于函数值，即$\lim\limits_{x\to x_0}f(x)=f(x_0)$。

因此，只要其中有一个条件不满足，则x_0就是函数的间断点。间断点有两大类。

（1） 第一类间断点 其中又可分为两种：

（i） 可去间断点 如果函数$f(x)$在点x_0处的极限$\lim\limits_{x\to x_0}f(x)$存在，但不等于函数值$f(x_0)$，则称$x_0$为函数$f(x)$的可去间断点。

例如，函数$f(x)=\begin{cases}\dfrac{\sin x}{x}, & x\neq 0\\ 0, & x=0\end{cases}$在$x=0$处的极限$\lim\limits_{x\to 0}f(x)=\lim\limits_{x\to 0}\dfrac{\sin x}{x}=1$存在但不等于函数值$f(0)=0$，所以$x=0$是函数的可去间断点。如果我们重新定义$f(0)=1$，则$x=0$将成为函数的连续点。这就是为什么把这种间断点称为“可去”的原因。

（ii） 跳跃间断点 如果函数$f(x)$在点x_0处的左右极限存在但不相等，即$f(x_0-0)\neq f(x_0+0)$，则称x_0为函数$f(x)$的跳跃间断点。

例如，函数$f(x)=\begin{cases}x, & x\leqslant 0\\ 2^x, & x>0\end{cases}$在点$x=0$处的左右极限$f(0-0)=0$，$f(0+0)=1$都存在但不相等，所以$x=0$是函数$f(x)$的跳跃间断点。

总之，如果x_0是函数$f(x)$的间断点，而且函数在点x_0处的左右极限都存在，则称x_0为函数$f(x)$的第一类间断点。

（2） 第二类间断点 凡不属于第一类的间断点都称为第二类间断点。

例如，函数$f(x)=\dfrac{1}{x-1}$在$x=1$处无定义，因而是间断点，又因为$\lim\limits_{x\to 1}\dfrac{1}{x-1}=\infty$，所以$x=1$是函数的第二类间断点，也称为无穷间断点。

又如函数$f(x)=\sin\dfrac{1}{x}$有间断点$x=0$，当$x\to 0$时$\sin\dfrac{1}{x}$在-1和$+1$之间无限次振荡（见图1-9），所以$x=0$是函数的第二类间断点，也称为振荡间断点。

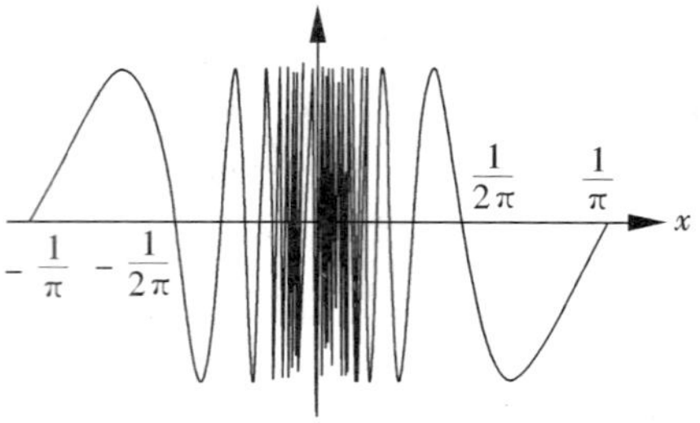

图 1-9

例 38 研究函数$f(x)=\begin{cases}1-x^2, & |x|\leqslant 1\\ |x-1|, & |x|>1\end{cases}$的连续性并指出间断点的类型。

解 这是一个分段函数，有两个分界点-1和1。在区间$(-1,1)$、$(-\infty,-1)$和$(1,+\infty)$内，函数的表达式分别为$1-x^2$、$1-x$和$x-1$。根据多项式函数的连续性可知，函数$f(x)$在这些区间内都连续。在分界点-1的左右，函数有着不同的表达式，应当考虑单侧极限。因为

$$f(-1-0)=\lim_{x\to -1^-}(1-x)=2,\ f(-1+0)=\lim_{x\to -1^+}(1-x^2)=1-(-1)^2=0$$

左右极限都存在但不相等,所以,-1 是函数的第一类间断点(跳跃间断点)。

再看分界点 1,也应当考虑单侧极限。因为

$$f(1-0)=\lim_{x\to 1^-}(1-x^2)=1-1^2=0,$$

$$f(1+0)=\lim_{x\to 1^+}(x-1)=0,$$

$$f(1-0)=f(1+0),$$

所以极限存在:$\lim\limits_{x\to 1}f(x)=0$。又因为 $f(1)=1-1^2=0$,故有 $\lim\limits_{x\to 1}f(x)=f(1)$,可见分界点 1 是函数的连续点。

总之,函数 $f(x)$ 除了有一个第一类间断点 -1 外,处处连续。

1.5.2 连续函数的运算

定理 7 设函数 $f(x)$ 和 $g(x)$ 都在点 x_0 处连续,则函数 $f(x)\pm g(x)$,$f(x)g(x)$ 在点 x_0 处连续,又若 $g(x_0)\neq 0$,则函数 $\dfrac{f(x)}{g(x)}$ 也在点 x_0 处连续。

证 我们只证最后一种情形。因为函数 $f(x)$ 和 $g(x)$ 都在点 x_0 处连续,则有

$$\lim_{x\to x_0}f(x)=f(x_0),\qquad \lim_{x\to x_0}g(x)=g(x_0)$$

又因为 $g(x_0)\neq 0$,故由定理 4(3) 得到

$$\lim_{x\to x_0}\frac{f(x)}{g(x)}=\frac{\lim\limits_{x\to x_0}f(x)}{\lim\limits_{x\to x_0}g(x)}=\frac{f(x_0)}{g(x_0)}$$

这样就证明了函数 $\dfrac{f(x)}{g(x)}$ 在点 x_0 处的连续性。

下面我们不加证明地再引进两条定理。

定理 8 设函数 $y=f(u)$ 在点 u_0 处连续,函数 $u=\varphi(x)$ 在点 x_0 处连续,且 $u_0=\varphi(x_0)$,则复合函数 $y=f[\varphi(x)]$ 在点 x_0 处连续。

注:定理 8 的结论可以写作

$$\lim_{x\to x_0}f[\varphi(x)]=f[\lim_{x\to x_0}\varphi(x)] \tag{1.8}$$

这表明在定理条件满足时,函数符号 f 可以和极限符号交换。其中,$\varphi(x)$ 在点 x_0 处连续的条件还可以减弱为只要 $\varphi(x)$ 在点 x_0 处的极限存在就行了。我们在下面的例题中将应用这一结论。

定理 9 设函数 $y=f(x)$ 在某区间内单调递增(或递减)且连续,则它的反函数 $x=f^{-1}(y)$ 在对应区间内单调递增(或递减)且连续。

由前述多项式函数的连续性以及定理 7,我们立即得出结论,有理分式函数 $R(x)=P(x)/Q(x)$ 在它的每一个定义区间内连续。

由定理7、定理9以及例35和例36,我们推出:三角函数、反三角函数和对数函数都连续。把幂函数看作指数函数和对数函数的复合,即 $x^\alpha = e^{\alpha\ln x}$,由定理8,我们又推出:幂函数连续。此外,常数函数 $y = c$ 显然连续。因此所有六类基本初等函数在它们的定义区间内连续。再由定理7和定理8,可以得到下面的重要结论:

定理10 初等函数在其定义区间内都是连续的。

所谓定义区间是指函数定义域内的任意一个区间。

我们依靠极限理论建立了连续函数的理论,现在可以反过来利用函数的连续性求极限。

例39 求极限 $\lim\limits_{x\to0}\dfrac{\ln(1+x)}{x}$。

解 由初等函数的连续性可知分子和分母当 $x\to0$ 时都趋于零,因而这是一个“$\dfrac{0}{0}$”未定型。注意到对数函数的连续性,利用(1.8)式以及第二个重要极限,可得

$$\lim_{x\to0}\frac{\ln(1+x)}{x}=\lim_{x\to0}\ln(1+x)^{\frac{1}{x}}=\ln[\lim_{x\to0}(1+x)^{\frac{1}{x}}]=\ln e=1.$$

例40 求极限 $\lim\limits_{x\to0}\dfrac{e^x-1}{x}$。

解 这也是一个“$\dfrac{0}{0}$”未定型。作变量代换,令 $u=e^x-1$,则 $u\to0\quad(x\to0)$,且有 $x=\ln(1+u)$,所以

$$\lim_{x\to0}\frac{e^x-1}{x}=\lim_{u\to0}\frac{u}{\ln(1+u)}=\frac{1}{\lim\limits_{u\to0}\dfrac{\ln(1+u)}{u}}=\frac{1}{1}=1.$$

例41 求极限 $\lim\limits_{x\to0}\dfrac{(1+x)^\alpha-1}{\alpha x}\quad(\alpha\neq0)$。

解 这也是一个“$\dfrac{0}{0}$”未定型。作变量代换,令 $t=(1+x)^\alpha-1$,则 $t\to0\quad(x\to0)$,且有 $1+t=(1+x)^\alpha$,$\ln(1+t)=\alpha\ln(1+x)$,于是

$$\lim_{x\to0}\frac{(1+x)^\alpha-1}{\alpha x}=\lim_{t\to0}\frac{t}{\alpha x}=\lim_{t\to0}\frac{t}{\ln(1+t)}\frac{\alpha\ln(1+x)}{\alpha x}=$$

$$\lim_{t\to0}\frac{t}{\ln(1+t)}\cdot\lim_{x\to0}\frac{\ln(1+x)}{x}=1.$$

以上三例告诉我们三个新的等价无穷小:当 $x\to0$ 时

$$x\sim\ln(1+x)\sim e^x-1,\qquad(1+x)^\alpha-1\sim\alpha x.$$

例42 求极限 $\lim\limits_{x\to+\infty}(\sqrt{x^2+x}-x)$。

解 由于 $x\to+\infty$ 时 $\sqrt{x^2+x}$ 和 x 都是同号的无穷大,这又是一种未定型,一般称为

“∞ - ∞”未定型，解法如下：

$$\lim_{x\to+\infty}(\sqrt{x^2+x}-x)=\lim_{x\to+\infty}\frac{(\sqrt{x^2+x})^2-x^2}{\sqrt{x^2+x}+x}=$$

$$\lim_{x\to+\infty}\frac{x^2+x-x^2}{\sqrt{x^2+x}+x}=\lim_{x\to+\infty}\frac{x}{\sqrt{x^2+x}+x}=$$

$$\lim_{x\to+\infty}\frac{1}{\sqrt{1+\frac{1}{x}}+1}=\frac{1}{\sqrt{1+\lim\limits_{x\to+\infty}\frac{1}{x}}+1}=$$

$$\frac{1}{\sqrt{1+0}+1}=\frac{1}{2}.$$

习　题　1.5

38. $f(x)$ 在点 x_0 处极限存在是在 x_0 处连续的(　)。

(1) 充分条件；　(2) 必要条件；

(3) 充要条件；　(4) 无关条件。

39. $x=0$ 是函数 $f(x)=\begin{cases}x+1, & -2\leqslant x<0\\ e^x, & 0\leqslant x<10\end{cases}$ 的(　)。

(1) 连续点；　(2) 第一类间断点；

(3) 第二类间断点。

40. $x=0$ 是函数 $f(x)=2^{\frac{1}{x}}$ 的(　)。

(1) 连续点；　(2) 第一类间断点；

(3) 第二类间断点。

41. $x=0$ 是函数 $f(x)=\arctan\dfrac{1}{x}$ 的(　)。

(1) 连续点；　(2) 第一类间断点；

(3) 第二类间断点。

42. 研究下列函数的连续性，并指出间断点的类型：

(1) $f(x)=\dfrac{x^2-1}{x^2-x-2}$；　(2) $f(x)=x\sin\dfrac{1}{x}$；

(3) $f(x)=\dfrac{e^x+e}{e^x-e}$；　(4) $f(x)=x\cot x$；

(5) $f(x)=\begin{cases}e^{\frac{1}{x}}, & x<0\\ \dfrac{1-x}{1+x}, & x\geqslant 0\end{cases}$；　(6) $f(x)=\begin{cases}x^2, & |x|\leqslant 1\\ \dfrac{2}{1-x}, & |x|>1\end{cases}$.

43. 函数$f(x)=\dfrac{1-\cos x}{x^2}$在$x=0$处无定义．能否补充定义$f(0)$，使得$f(x)$在$x=0$处连续？

44. 当k为何值时，$x=0$是函数$f(x)=\begin{cases}2(x+k), & -1\leqslant x\leqslant 0\\ \dfrac{\sin x}{x}, & 0<x\leqslant 2\end{cases}$的连续点？

45. 求下列极限：

(1) $\lim\limits_{x\to 0}\sin\left(x^2+3x+\dfrac{\pi}{6}\right)$；

(2) $\lim\limits_{x\to\frac{\pi}{2}}\ln\sin x$；

(3) $\lim\limits_{x\to 0}\dfrac{\ln(1+x^2)}{3x^2}$；

(4) $\lim\limits_{x\to 0}\dfrac{e^{2x}-1}{\sin x}$；

(5) $\lim\limits_{x\to 0}\dfrac{\arcsin x}{x}$；

(6) $\lim\limits_{x\to 0}\dfrac{1-\cos x}{x\ln(1+x)}$；

(7) $\lim\limits_{x\to 0}\dfrac{\sqrt[3]{1+x}-1}{e^{2x}-1}$；

(8) $\lim\limits_{x\to\infty}x(e^{\frac{1}{x}}-1)$；

(9) $\lim\limits_{x\to\infty}\arcsin\dfrac{1-x^2}{1+x^2}$；

(10) $\lim\limits_{x\to+\infty}\ln(1+2^x)\ln\left(1+\dfrac{3}{x}\right)$.

1.6 闭区间上连续函数的性质

闭区间上连续函数有许多性质，它们在几何上非常直观，又有很广泛的应用，我们不加证明地引进以下两条定理和一个推论。

定理 11（最大值和最小值定理） 闭区间上连续函数必定在该区间上达到最大值和最小值。

这条定理是说，如果函数$f(x)$在闭区间$[a,b]$上连续，则至少存在两点$\xi_1,\xi_2\in[a,b]$，使得对一切$x\in[a,b]$，都有$f(\xi_1)\leqslant f(x)\leqslant f(\xi_2)$（见图 1－10）。

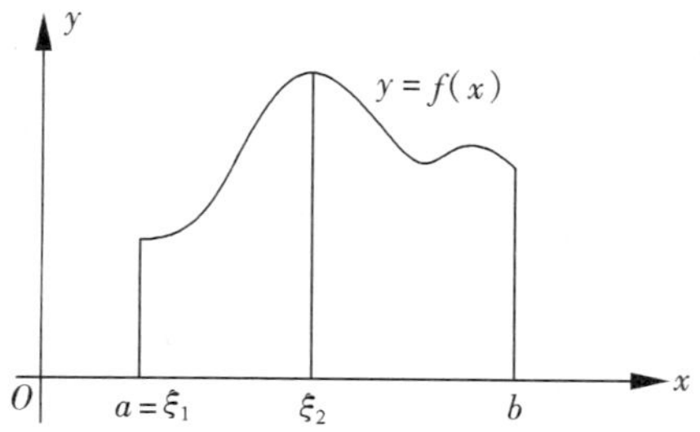

图 1－10

例如，函数$f(x)=x^2$在闭区间$[-1,2]$上连续，$f(0)=0$为其最小值，$f(2)=4$为其最大值。

应当注意，如果把条件改为函数在开区间内连续，或者在闭区间内函数有间断点，则定理的结论未必成立。例如函数$f(x)=\dfrac{1}{x}$在开区间$(0,1)$内连续，但没有最大值和最小值；在闭区间$[-1,1]$内有间断点0，该函数同样既没有最大值，也没有最小值。这一注意点对以下定理也适用。

定理 12(介值定理) 闭区间上连续函数必能取得介于它的最大值和最小值之间的任何数值。

这条定理是说,如果函数 $f(x)$ 在闭区间 $[a,b]$ 上连续,设它的最大值和最小值为 M、m,则对任何数值 μ,$m \leq \mu \leq M$,至少存在一点 $\xi \in [a,b]$,使得 $f(\xi) = \mu$(见图 1-11)。

介值定理表明闭区间上连续函数的值充满整个区间 $[m,M]$,这反映了函数连续变化的特征。

推论(根的存在定理) 设函数 $f(x)$ 在 $[a,b]$ 上连续,且 $f(a)$ 与 $f(b)$ 异号,则在开区间 (a,b) 内至少存在一点 ξ,使得 $f(\xi) = 0$(见图 1-12)。

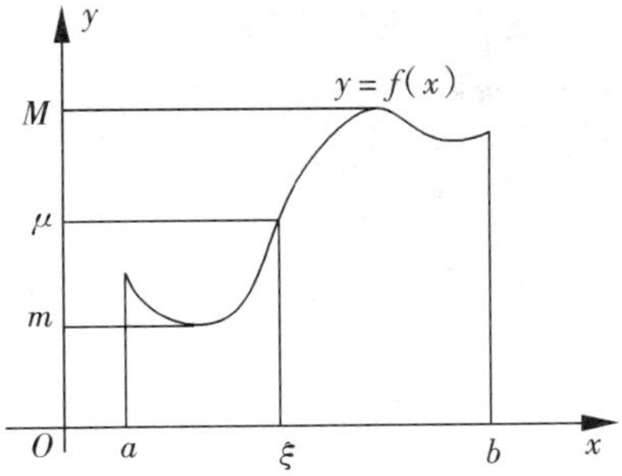

图 1-11

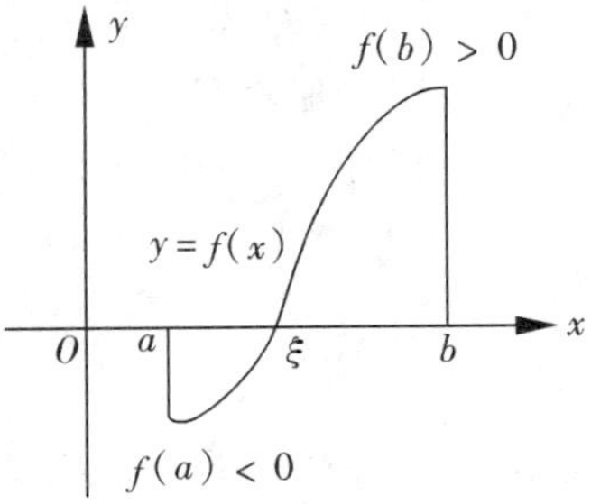

图 1-12

例 43 证明方程 $x^3 - 3x^2 - 10 = 0$ 在区间 $(3,4)$ 内至少有一个根。

解 作函数 $f(x) = x^3 - 3x^2 - 10$,这是一个初等函数,故在闭区间 $[3,4]$ 上连续。又因为 $f(3) = -10 < 0$, $f(4) = 6 > 0$,根据上述推论,在开区间 $(3,4)$ 内至少存在一点 ξ,使得 $f(\xi) = 0$,亦即方程 $x^3 - 3x^2 - 10 = 0$ 在区间 $(3,4)$ 内至少有一个根 ξ。

例 44 证明任何实系数奇次代数方程 $x^n + a_1x^{n-1} + \cdots + a_{n-1}x + a_n = 0$($n$ 为奇数)必有实根。

证 记 $f(x) = x^n + a_1x^{n-1} + \cdots + a_{n-1}x + a_n$,提出 x^n,得到

$$f(x) = x^n\left(1 + \frac{a_1}{x} + \cdots + \frac{a_n}{x^n}\right).$$

因为括号内因式当 $x \to \infty$ 时有极限 1,并注意到 n 为奇数,所以

$$\lim_{x\to-\infty} f(x) = -\infty, \qquad \lim_{x\to+\infty} f(x) = +\infty \qquad (\text{比较例 19})$$

于是存在 $a < 0$, $b > 0$,使得 $f(a) < 0$, $f(b) > 0$。又因为多项式函数 $f(x)$ 在 $[a,b]$ 上连续,根据根的存在定理,在 (a,b) 内至少存在一点 ξ,使得 $f(\xi) = 0$,ξ 即为方程的实根。证毕。

应当说明的是,以上各条定理都是“存在定理”。也就是说,它们只指出某些数值的存在性,并不给出这些数值的求法,但这丝毫也不减弱其重要性。

习　题　1.6

46. 证明方程 $x^3 - 2x^2 + 5x - 3 = 0$ 在区间$(0,1)$内至少有一个根。

47. 证明方程$\sqrt{5-x} + x\sin x = 1$ 在区间$(1,4)$内至少有一个根。

48. 证明方程 $x = m\sin x + n$(其中 $m > 0, n > 0$)至少有一个正根,且它不大于 $m + n$。

49. 对于函数$f(x)$,如果存在一点ξ,使得$f(\xi) = \xi$,则称ξ为$f(x)$的不动点。利用介值定理证明:定义域为$[0,1]$,值域包含于$[0,1]$的连续函数必定有不动点。

50. 某士兵早晨6时从山上的哨卡下山,下午4时到达山下部队驻地;第二天早晨6时再从山下部队驻地沿原路返回,下午4时到达山上的哨卡。问这两天内是否有同一时刻,他经过路途中的同一地点?为什么?试建立其数学模型,用闭区间上连续函数的性质来说明之。

2 一元函数微分学

本章主要介绍一元函数导数与微分的概念、理论以及它们的运算法则。一元函数的导数与微分是微积分最基本的内容之一，是积分学、微分方程以及多元函数微积分的基础，而且导数本身就有着广泛的实际应用。

2.1 导数的概念

2.1.1 导数概念的引出

导数概念最初是从确定质点直线运动的瞬时速度以及寻找曲线的切线而产生的。下面就举这方面的两个例子。

例 1 求直线运动的瞬时速度 一质点作直线运动，它经过的路程为时间 t 的已知函数 $s(t)$，求 t_0 时刻的瞬时速度 $v(t_0)$。

以前我们只能求平均速度，从 t_0 时刻到 t_1 时刻所走的路程为 $s(t_1)-s(t_0)$，从 t_0 到 t_1 时段内的平均速度为 $\dfrac{s(t_1)-s(t_0)}{t_1-t_0}$。平均速度只能表示 $[t_0,t_1]$ 时段内速度平均的快慢程度，而不能表示 t_0 时刻的瞬时速度。但如果时间间隔很小，平均速度近似于瞬时速度。为了得到瞬时速度，很自然地应当通过如下的求极限过程：

取一段很短的时间间隔 Δt，则在 t_0 与 $(t_0+\Delta t)$ 这一时段内的平均速度为

$$\frac{s(t_0+\Delta t)-s(t_0)}{\Delta t}$$

令 $\Delta t\to 0$，平均速度的极限就是 t_0 时刻的瞬时速度 $v(t_0)$，即

$$v(t_0)=\lim_{\Delta t\to 0}\frac{s(t_0+\Delta t)-s(t_0)}{\Delta t}.$$

为讨论第二个例子，先引进曲线上一点处切线的概念。

定义 设 M_0 是曲线 L 上的定点，M 是动点，当 M 沿曲线 L 无限趋于 M_0 时，如果割线 M_0M 的极限位置 M_0T 存在，则称它为曲线 L 在点 M_0 处的切线。

例 2 求曲线的切线的斜率 设曲线方程为 $y=f(x)$（见图 2－1），求点 $M_0(x_0,f(x_0))$ 处切线的斜率 k。

在曲线上另取一点 $M(x_0+\Delta x,f(x_0+\Delta x))$，则割线 M_0M 的斜率为

$$\frac{f(x_0+\Delta x)-f(x_0)}{(x_0+\Delta x)-x_0}=\frac{f(x_0+\Delta x)-f(x_0)}{\Delta x}$$

当 M 点沿曲线无限趋于 M_0，也就是 $\Delta x \to 0$ 时，割线 M_0M 的极限位置是切线 M_0T，相应地，割线斜率的极限就是切线的斜率 k，即

$$k=\lim_{\Delta x\to 0}\frac{f(x_0+\Delta x)-f(x_0)}{\Delta x}.$$

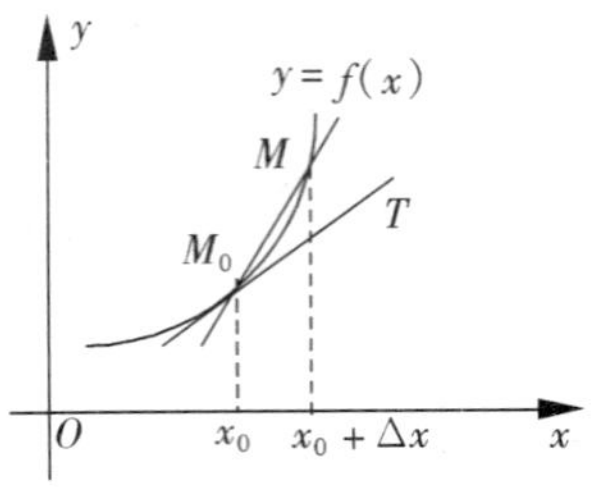

图 2－1

2.1.2　导数的定义

上述两个问题虽然实际意义迥然不同，但它们的解决方法从数学角度看却是完全相同的，都是求当自变量有一增量 Δx（Δx 可取正值，也可取负值）时，相应的函数增量 $f(x_0+\Delta x)-f(x_0)$ 与自变量增量 Δx 之比当 $\Delta x \to 0$ 时的极限，由此我们抽象出下述导数的概念。

定义　设函数 $y=f(x)$ 在点 x_0 的某一邻域内有定义，给自变量一个增量 Δx，使 $(x_0+\Delta x)$ 仍在该邻域内，相应的函数增量为 $\Delta y=f(x_0+\Delta x)-f(x_0)$。如果极限

$$\lim_{\Delta x\to 0}\frac{\Delta y}{\Delta x}=\lim_{\Delta x\to 0}\frac{f(x_0+\Delta x)-f(x_0)}{\Delta x}$$

存在，则称函数 $f(x)$ 在点 x_0 处可导，极限值称为函数 $f(x)$ 在点 x_0 处的导数，记作 $f'(x_0)$ 或 $y'\big|_{x=x_0}$ 或 $\left.\frac{\mathrm{d}y}{\mathrm{d}x}\right|_{x=x_0}$ 或 $\left.\frac{\mathrm{d}f}{\mathrm{d}x}\right|_{x=x_0}$，即

$$f'(x_0)=\lim_{\Delta x\to 0}\frac{f(x_0+\Delta x)-f(x_0)}{\Delta x}$$

由此可见，例 1 中时刻 t_0 的瞬时速度 $v(t_0)$ 就是路程对时间的导数 $s'(t_0)$。例 2 中曲线 $y=f(x)$ 在点 $M_0(x_0, f(x_0))$ 处的切线斜率就是导数 $f'(x_0)$。一般说来，导数就是因变量对自变量的变化率。

在上述导数定义中，若令 $\Delta x=x-x_0$，则 $x=\Delta x+x_0$，当 $\Delta x\to 0$ 时，$x\to x_0$。因此，可把函数 $y=f(x)$ 在点 x_0 处的导数改写为

$$f'(x_0)=\lim_{x\to x_0}\frac{f(x)-f(x_0)}{x-x_0}.$$

例 3　求函数 $y=3x-2$ 在点 $x=0$ 处的导数值。

解　$y'\big|_{x=0}=\lim\limits_{\Delta x\to 0}\dfrac{[3(0+\Delta x)-2]-(3\cdot 0-2)}{\Delta x}=\lim\limits_{\Delta x\to 0}\dfrac{3\Delta x}{\Delta x}=3.$

定义　若函数 $y=f(x)$ 在区间 (a, b) 内每一点都可导，则称函数 $f(x)$ 在区间 (a, b) 内可导，或者称 $f(x)$ 为区间 (a,b) 内的可导函数。此时，对应每一点 $x\in(a, b)$ 都有一个导数值，所以导数也是 x 的函数，称为导函数，也简称导数，记作 $f'(x)$ 或 y' 或

$\frac{\mathrm{d}y}{\mathrm{d}x}$ 或 $\frac{\mathrm{d}f}{\mathrm{d}x}$,即

$$f'(x)=\lim_{\Delta x\to 0}\frac{f(x+\Delta x)-f(x)}{\Delta x}.$$

例 4 求函数 $f(x)=x^2$ 的导函数。

解 $(x^2)'=\lim_{\Delta x\to 0}\frac{(x+\Delta x)^2-x^2}{\Delta x}=\lim_{\Delta x\to 0}\frac{2x\Delta x+\Delta x^2}{\Delta x}=\lim_{\Delta x\to 0}(2x+\Delta x)=2x.$

上述结论可以推广。设 $f(x)=x^n$(n 为正整数),则不难求得 $(x^n)'=nx^{n-1}$。例如 $(x)'=1$,$(x^3)'=3x^2$ 等等。

从导函数与导数值的关系可以看出,在一般情况下,为求 $f'(x_0)$,可先求 $f'(x)$,然后再求导函数 $f'(x)$ 在点 x_0 处的函数值。

前面已经说到导数的几何意义是切线的斜率。因此,若曲线 $y=f(x)$ 在点 x_0 处可导,则过点 $(x_0,f(x_0))$ 处的切线方程为 $y-y_0=f'(x_0)(x-x_0)$;若 $f'(x_0)\neq 0$,则过该点的法线方程为 $y-y_0=-\frac{1}{f'(x_0)}(x-x_0)$。

例 5 求曲线 $y=x^2$ 在点(2,4)处的切线方程和法线方程。

解 由上例知 $f'(x)=2x$,所以 $f'(2)=4$,因而切线方程为 $y-4=4(x-2)$,化简得 $4x-y-4=0$;法线方程为 $y-4=-\frac{1}{4}(x-2)$,化简得 $x+4y-18=0$。

2.1.3 可导与连续的关系

既然函数的连续与可导的定义都跟自变量的增量 Δx 有关,那么它们之间有什么关系呢?

定理 1 如果函数 $y=f(x)$ 在点 x_0 处可导,则 $y=f(x)$ 在点 x_0 处一定连续。

证 因为 $y=f(x)$ 在点 x_0 处可导,所以 $\lim_{\Delta x\to 0}\frac{\Delta y}{\Delta x}=f'(x_0)$ 存在,从而有

$$\lim_{\Delta x\to 0}\Delta y=\lim_{\Delta x\to 0}\frac{\Delta y}{\Delta x}\Delta x=\lim_{\Delta x\to 0}\frac{\Delta y}{\Delta x}\lim_{\Delta x\to 0}\Delta x=f'(x_0)\cdot 0=0.$$

这表明 $y=f(x)$ 在点 x_0 处连续。

简而言之,可导必连续。

下面列举不可导的几种主要情形。

例 6 函数 $f(x)=\begin{cases}1 & x\geqslant 0\\ 0 & x<0\end{cases}$ 在点 $x=0$ 处不可导。

这个结果是很显然的。由于函数 $f(x)$ 在点 $x=0$ 处不连续,根据定理1,在点 $x=0$ 处必不可导(见图 2-2)。

例 7 函数 $y=|x|$ 在点 $x=0$ 处不可导。

解　因为在点 $x=0$ 处，有

$$\lim_{\Delta x\to 0^-}\frac{\Delta y}{\Delta x}=\lim_{\Delta x\to 0^-}\frac{|0+\Delta x|-|0|}{\Delta x}=\lim_{\Delta x\to 0^-}\frac{-\Delta x}{\Delta x}=-1,$$

$$\lim_{\Delta x\to 0^+}\frac{\Delta y}{\Delta x}=\lim_{\Delta x\to 0^+}\frac{|0+\Delta x|-|0|}{\Delta x}=\lim_{\Delta x\to 0^+}\frac{\Delta x}{\Delta x}=1,$$

所以 $\lim\limits_{\Delta x\to 0}\frac{\Delta y}{\Delta x}$ 极限不存在，这说明函数 $y=|x|$ 在点 $x=0$ 处不可导（见图 2－3）。从图形上看，点 $x=0$ 处函数有尖点（也称为不光滑点），在该点处切线不存在，也就是不可导。

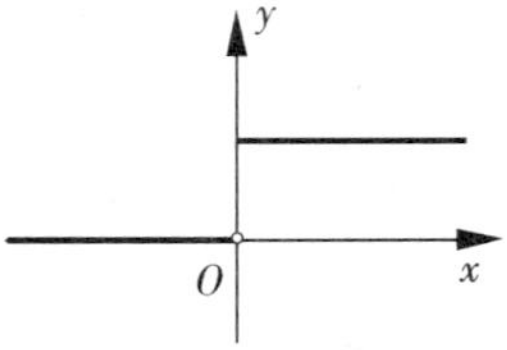

图 2－2

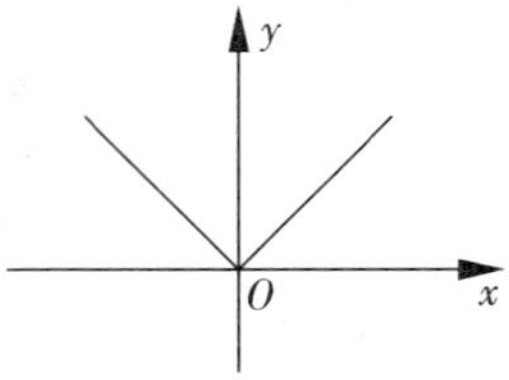

图 2－3

另一方面，由于

$$\lim_{\Delta x\to 0}\Delta y=\lim_{\Delta x\to 0}(|0+\Delta x|-|0|)=\lim_{\Delta x\to 0}|\Delta x|=0,$$

所以 $y=|x|$ 在点 $x=0$ 处连续。由此可见，定理 1 之逆命题不真，即：连续未必可导。

例 8　函数 $y=\sqrt[3]{x}$ 在点 $x=0$ 处不可导。

解　因为在点 $x=0$ 处，有

$$\lim_{\Delta x\to 0}\frac{\Delta y}{\Delta x}=\lim_{\Delta x\to 0}\frac{\sqrt[3]{\Delta x}}{\Delta x}=\lim_{\Delta x\to 0}\frac{1}{(\Delta x)^{\frac{2}{3}}}=\infty,$$

所以在点 $x=0$ 处不可导（见图 2－4）。从图形上看，在点 $x=0$ 处有切线，只不过切线与 x 轴垂直，它的斜率为无穷大。

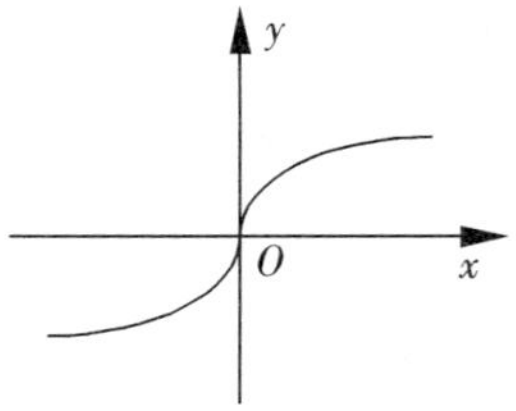

图 2－4

当然，还有一些更复杂的不可导的情况，但主要是上面三种情形，即函数在间断点、尖点和有与 x 轴垂直的切线的点处不可导。

习　题　2.1

1. 设 $f(x)=10x^2$，试用导数的定义求 $f'(-1)$。
2. 根据导数定义，求 $y=x^2+2x-1$ 的导数。
3. 求 $y=x^3$ 在点 $(2,8)$ 处的切线方程和法线方程。
4. 抛物线 $y=x^2$ 上哪一点的切线有下面的性质：

   (1)　平行于 x 轴；(2)　与 x 轴成 45°。
5. 一物体作直线运动，它所经过的路程和时间的函数关系是 $s=3t^2+1$，求 $t=3$ 时的瞬时速度。
6. 讨论下列函数在指定点处是否连续？是否可导？

(1) $f(x)=\begin{cases}x^2\sin\dfrac{1}{x} & x\neq 0\\ 0 & x=0\end{cases}$ 在点 $x=0$ 处；

(2) $y=|x-2|$ 在点 $x=2$ 处；

(3) $y=\sqrt[3]{x^2}$ 在点 $x=0$ 处。

2.2 求导法则

用定义求导数比较麻烦，本节将建立一系列求导法则，以简化求导过程。

2.2.1 函数的和、差、积、商的求导法则

我们先推导一些基本初等函数的导数。

(1) 常数函数 $y=c$（c 是常数）的导数 $(c)'=0$。

证 $y'=\lim\limits_{\Delta x\to 0}\dfrac{\Delta y}{\Delta x}=\lim\limits_{\Delta x\to 0}\dfrac{c-c}{\Delta x}=\lim\limits_{\Delta x\to 0}0=0$。

(2) 幂函数 $y=x^\alpha$ 的导数 $(x^\alpha)'=\alpha x^{\alpha-1}$（$\alpha$ 为非零常数，$x>0$）。

证 $y'=\lim\limits_{\Delta x\to 0}\dfrac{\Delta y}{\Delta x}=\lim\limits_{\Delta x\to 0}\dfrac{(x+\Delta x)^\alpha-x^\alpha}{\Delta x}=$

$$x^\alpha\lim_{\Delta x\to 0}\frac{\left(1+\dfrac{\Delta x}{x}\right)^\alpha-1}{\Delta x}=x^\alpha\lim_{\Delta x\to 0}\frac{\alpha\dfrac{\Delta x}{x}}{\Delta x}=\alpha x^{\alpha-1}.$$

$$\left(\text{因为当 }\Delta x\to 0\text{ 时，}\left(1+\frac{\Delta x}{x}\right)^\alpha-1\sim\alpha\frac{\Delta x}{x}\right)$$

注：上述导数是在 $x>0$ 的限制下求出的。不难证明，如果 $y=x^\alpha$ 在点 $x\leqslant 0$ 的某邻域内有定义而且可导，则在该点处也有 $(x^\alpha)'=\alpha x^{\alpha-1}$。比如在例 4 及其推广中已经指出，当 n 为正整数时，$(x^n)'=nx^{n-1}$，$x\in(-\infty,+\infty)$。

(3) 正弦函数 $y=\sin x$ 的导数 $(\sin x)'=\cos x$。

证 $y'=\lim\limits_{\Delta x\to 0}\dfrac{\Delta y}{\Delta x}=\lim\limits_{\Delta x\to 0}\dfrac{\sin(x+\Delta x)-\sin x}{\Delta x}=\lim\limits_{\Delta x\to 0}\dfrac{2\cos\left(x+\dfrac{\Delta x}{2}\right)\cdot\sin\dfrac{\Delta x}{2}}{\Delta x}=$

$$\lim_{\Delta x\to 0}\frac{\sin\dfrac{\Delta x}{2}}{\dfrac{\Delta x}{2}}\lim_{\Delta x\to 0}\cos\left(x+\frac{\Delta x}{2}\right)=1\cdot\cos x=\cos x.$$

类似地可推出余弦函数 $y=\cos x$ 的导数 $(\cos x)'=-\sin x$。

(4) 对数函数 $y=\log_a x$（$a>0$ $a\neq 1$）的导数 $(\log_a x)'=\dfrac{1}{x\ln a}$。

证 $y' = \lim\limits_{\Delta x \to 0} \dfrac{\Delta y}{\Delta x} = \lim\limits_{\Delta x \to 0} \dfrac{\log_a(x+\Delta x) - \log_a x}{\Delta x} = \lim\limits_{\Delta x \to 0} \dfrac{1}{\Delta x}\log_a\left(1 + \dfrac{\Delta x}{x}\right) =$

$$\lim_{\Delta x \to 0} \frac{1}{x}\log_a\left(1 + \frac{\Delta x}{x}\right)^{\frac{x}{\Delta x}} = \frac{1}{x}\log_a \mathrm{e} = \frac{1}{x\ln a}.$$

特别地，$(\ln x)' = \dfrac{1}{x}$。

(5) 指数函数 $y = a^x (a > 0 \quad a \neq 1)$ 的导数 $(a^x)' = a^x \ln a$。

证 $y' = \lim\limits_{\Delta x \to 0} \dfrac{\Delta y}{\Delta x} = \lim\limits_{\Delta x \to 0} \dfrac{a^{x+\Delta x} - a^x}{\Delta x} = \lim\limits_{\Delta x \to 0} \dfrac{a^x(a^{\Delta x} - 1)}{\Delta x} =$

$$\lim_{\Delta x \to 0} \frac{a^x(\mathrm{e}^{\ln a \Delta x} - 1)}{\Delta x} = a^x \lim_{\Delta x \to 0} \frac{\Delta x \ln a}{\Delta x} = a^x \ln a.$$

（当 $\Delta x \to 0$ 时，$\mathrm{e}^{\ln a \Delta x} - 1 = \mathrm{e}^{\Delta x \ln a} - 1 \sim \Delta x \ln a$）

特别地，$(\mathrm{e}^x)' = \mathrm{e}^x$。

为求其他基本初等函数的导数，先建立导数的四则运算法则。

定理 2 若函数 $u(x)$ 和 $v(x)$ 在点 x 处可导，则 $u \pm v$、uv 和 $\dfrac{u}{v}$ 在点 x 处也可导，且有

(1) $(u \pm v)' = u' \pm v'$;

(2) $(uv)' = u'v + uv'$;

(3) $\left(\dfrac{u}{v}\right)' = \dfrac{u'v - uv'}{v^2}(v(x) \neq 0)$.

证 (1) 设 $y = u \pm v$，则

$$\Delta y = [u(x+\Delta x) \pm v(x+\Delta x)] - [u(x) \pm v(x)] =$$
$$[u(x+\Delta x) - u(x)] \pm [v(x+\Delta x) - v(x)] \hat{=}$$
$$\Delta u \pm \Delta v \text{（}\hat{=}\text{ 表示“记为”）。}$$

$$y' = \lim_{\Delta x \to 0} \frac{\Delta y}{\Delta x} = \lim_{\Delta x \to 0} \frac{\Delta u}{\Delta x} \pm \lim_{\Delta x \to 0} \frac{\Delta v}{\Delta x} =$$
$$u' \pm v'.$$

所以 $u \pm v$ 在点 x 处可导，且有 $(u \pm v)' = u' \pm v'$。

(2) 设 $y = uv$，则

$$\Delta y = u(x+\Delta x)v(x+\Delta x) - u(x)v(x) =$$
$$u(x+\Delta x)v(x+\Delta x) - u(x)v(x+\Delta x) +$$
$$u(x)v(x+\Delta x) - u(x)v(x) =$$
$$[u(x+\Delta x) - u(x)]v(x+\Delta x) + u(x)[v(x+\Delta x) - v(x)] =$$
$$\Delta u v(x+\Delta x) + u(x)\Delta v,$$

$$y' = \lim_{\Delta x \to 0} \frac{\Delta y}{\Delta x} = \lim_{\Delta x \to 0} \frac{\Delta u}{\Delta x} v(x+\Delta x) + \lim_{\Delta x \to 0} \frac{\Delta v}{\Delta x} u(x),$$

根据定理 1，可导一定连续，可知 $v(x)$ 连续，于是 $\lim\limits_{\Delta x\to 0}v(x+\Delta x)=v(x)$，故有

$$y'=\lim_{\Delta x\to 0}\frac{\Delta u}{\Delta x}\lim_{\Delta x\to 0}v(x+\Delta x)+\lim_{\Delta x\to 0}\frac{\Delta v}{\Delta x}u(x)=u'v+uv'.$$

所以 uv 在点 x 处可导，且有 $(uv)'=u'v+uv'$。

（3）设 $y=\dfrac{u}{v}$，则

$$\Delta y=\frac{u(x+\Delta x)}{v(x+\Delta x)}-\frac{u(x)}{v(x)}=\frac{u(x+\Delta x)v(x)-u(x)v(x+\Delta x)}{v(x+\Delta x)v(x)}=$$

$$\frac{u(x+\Delta x)v(x)-u(x)v(x)-u(x)v(x+\Delta x)+u(x)v(x)}{v(x+\Delta x)v(x)}=$$

$$\frac{[u(x+\Delta x)-u(x)]v(x)-u(x)[v(x+\Delta x)-v(x)]}{v(x+\Delta x)v(x)}=$$

$$\frac{\Delta u v(x)-u(x)\Delta v}{v(x+\Delta x)v(x)},$$

$$y'=\lim_{\Delta x\to 0}\frac{\Delta y}{\Delta x}=\lim_{\Delta x\to 0}\frac{\frac{\Delta u}{\Delta x}v(x)-u(x)\frac{\Delta v}{\Delta x}}{v(x+\Delta x)v(x)}=\frac{\left(\lim\limits_{\Delta x\to 0}\frac{\Delta u}{\Delta x}\right)v(x)-u(x)\lim\limits_{\Delta x\to 0}\frac{\Delta v}{\Delta x}}{\lim\limits_{\Delta x\to 0}v(x+\Delta x)v(x)}=$$

$$\frac{u'v-uv'}{v^2}.$$

所以 $\dfrac{u}{v}$ 在点 x 处可导，且有 $\left(\dfrac{u}{v}\right)'=\dfrac{u'v-uv'}{v^2}(v(x)\neq 0)$。

推论 1 $[cu(x)]'=cu'(x)$（c 是常数）。

证 $[cu(x)]'=c'u(x)+cu'(x)=0\cdot u(x)+cu'(x)=cu'(x).$

推论 1 表明，常数因子可从求导式子中提出来。

推论 2 $\left[\dfrac{1}{v(x)}\right]'=-\dfrac{v'(x)}{v^2(x)}.$

证 $\left[\dfrac{1}{v(x)}\right]'=-\dfrac{1'v(x)-v'(x)}{v^2(x)}=-\dfrac{v'(x)}{v^2(x)}.$

例 9 求 $y=x^2-\sqrt{x}+3$ 的导数。

解 $y'=(x^2-\sqrt{x}+3)'=(x^2)'-(\sqrt{x})'+(3)'=2x-\dfrac{1}{2\sqrt{x}}.$

例 10 求 $y=x^3\cos x$ 的导数。

解 $y'=(x^3\cos x)'=(x^3)'\cos x+x^3(\cos x)'=3x^2\cos x-x^3\sin x.$

例 11 求 $y=xe^x\sin x$ 的导数。

解 $y'=(xe^x\sin x)'=[(xe^x)\sin x]'=(xe^x)'\sin x+(xe^x)(\sin x)'=$

$$[(x)'e^x + x(e^x)']\sin x + (xe^x)(\sin x)' =$$
$$(x)'e^x\sin x + x(e^x)'\sin x + (xe^x)(\sin x)' =$$
$$e^x\sin x + xe^x\sin x + (xe^x)\cos x = e^x(\sin x + x\sin x + x\cos x).$$

例 11 告诉我们,有 n 个函数相乘,那么在它的导函数式子中就有 n 个乘积项;每项是 n 个函数的乘积,其中有一个函数要求导,其余函数不变。

例 12 求 $y = \dfrac{\ln x}{x}$ 的导数。

解 $y' = \left(\dfrac{\ln x}{x}\right)' = \dfrac{(\ln x)'x - \ln x(x)'}{x^2} = \dfrac{\frac{1}{x}\cdot x - \ln x}{x^2} = \dfrac{1-\ln x}{x^2}.$

例 13 求 $y = \tan x$ 的导数。

解 $y' = (\tan x)' = \left(\dfrac{\sin x}{\cos x}\right)' = \dfrac{(\sin x)'\cos x - \sin x(\cos x)'}{\cos^2 x} = \dfrac{\cos^2 x + \sin^2 x}{\cos^2 x} = \dfrac{1}{\cos^2 x}$

$= \sec^2 x.$

例 14 求 $y = \cot x$ 的导数。

解 $y' = (\cot x)' = \left(\dfrac{1}{\tan x}\right)' = -\dfrac{(\tan x)'}{\tan^2 x} = -\dfrac{\sec^2 x}{\tan^2 x} = -\csc^2 x.$

例 15 求 $y = \sec x$ 的导数。

解 $y' = (\sec x)' = \left(\dfrac{1}{\cos x}\right)' = -\dfrac{(\cos x)'}{\cos^2 x} = \dfrac{\sin x}{\cos^2 x} = \sec x \cdot \tan x.$

例 16 求 $y = \csc x$ 的导数。

解 $y' = (\csc x)' = \left(\dfrac{1}{\sin x}\right)' = -\dfrac{(\sin x)'}{\sin^2 x} = -\dfrac{\cos x}{\sin^2 x} = -\csc x \cdot \cot x.$

例 17 求 $y = e^{-x}$ 的导数。

解 $y' = (e^{-x})' = \left(\dfrac{1}{e^x}\right)' = -\dfrac{(e^x)'}{(e^x)^2} = -\dfrac{e^x}{e^{2x}} = -e^{-x}.$

例 18 求 $y = \sinh x$ 的导数。

解 因为 $y = \sinh x = \dfrac{e^x - e^{-x}}{2}$,所以

$$y' = (\sinh x)' = \left(\frac{e^x - e^{-x}}{2}\right)' = \frac{e^x + e^{-x}}{2} = \cosh x.$$

类似地可求得 $(\cosh x)' = \sinh x$。

导数的乘除法则与极限的乘除法则不同,要分清楚,使用时要特别注意。

2.2.2 反函数的导数

定理 3 设函数 $x = \varphi(y)$ 在某区间内单调、可导,且 $\varphi'(y) \neq 0$,则其反函数 $y =$

$f(x)$ 在对应区间内也单调、可导，且有

$$f'(x)=\frac{1}{\varphi'(y)},\quad 或\quad \frac{dy}{dx}=\frac{1}{\frac{dx}{dy}}$$

即在一定条件下，反函数的导数等于正函数的导数的倒数。

证　因为 $x=\varphi(y)$ 在某区间内单调、可导，所以 $x=\varphi(y)$ 在该区间内连续。又因为单调连续函数的反函数 $y=f(x)$ 也是单调连续的，故当 $\Delta x\to 0$ 时，$\Delta y\to 0$，且 $\Delta x\neq 0$ 时，$\Delta y\neq 0$，所以

$$f'(x)=\lim_{\Delta x\to 0}\frac{\Delta y}{\Delta x}=\lim_{\Delta x\to 0}\frac{1}{\frac{\Delta x}{\Delta y}}=\frac{1}{\lim\limits_{\Delta y\to 0}\frac{\Delta x}{\Delta y}}=\frac{1}{\varphi'(y)}.$$

例 19　求 $y=\arcsin x$ 的导数。

解　$y=\arcsin x$ 的反函数 $x=\sin y$ 在 $\left(-\frac{\pi}{2},\frac{\pi}{2}\right)$ 内单调、可导，且 $(\sin y)'=\cos y\neq 0$，所以

$$(\arcsin x)'=\frac{1}{(\sin y)'}=\frac{1}{\cos y}=\frac{1}{\sqrt{1-\sin^2 y}}=\frac{1}{\sqrt{1-x^2}}.$$

同理可得 $(\arccos x)'=-\frac{1}{\sqrt{1-x^2}}$。

例 20　求 $y=\arctan x$ 的导数。

解　$y=\arctan x$ 的反函数 $x=\tan y$ 在 $\left(-\frac{\pi}{2},\frac{\pi}{2}\right)$ 内单调、可导，且 $(\tan y)'=\sec^2 y\neq 0$，所以

$$(\arctan x)'=\frac{1}{(\tan y)'}=\frac{1}{\sec^2 y}=\frac{1}{1+\tan^2 y}=\frac{1}{1+x^2}.$$

同理可得 $(\text{arccot}x)'=-\frac{1}{1+x^2}$。

到这里，我们求得了所有基本初等函数的导数，下面列出基本初等函数的求导公式：

1. $(c)'=0$（c 为常数）；
2. $(x^\alpha)'=\alpha x^{\alpha-1}$（$\alpha$ 为非零常数）；
3. $(a^x)'=a^x\ln a\,(a>0,a\neq 1)$，$(e^x)'=e^x$；
4. $(\log_a x)'=\frac{1}{x\ln a}\,(a>0,a\neq 1)$，$(\ln x)'=\frac{1}{x}$；
5. $(\sin x)'=\cos x$；
6. $(\cos x)'=-\sin x$；
7. $(\tan x)'=\sec^2 x$；

8. $(\cot x)' = -\csc^2 x$;

9. $(\sec x)' = \sec x\tan x$;

10. $(\csc x)' = -\csc x\cot x$;

11. $(\arcsin x)' = \dfrac{1}{\sqrt{1-x^2}}$;

12. $(\arccos x)' = -\dfrac{1}{\sqrt{1-x^2}}$;

13. $(\arctan x)' = \dfrac{1}{1+x^2}$;

14. $(\operatorname{arccot} x)' = -\dfrac{1}{1+x^2}$;

15. $(\sinh x)' = \cosh x$;

16. $(\cosh x)' = \sinh x$.

2.2.3 复合函数的导数

定理4 设 $u=\varphi(x)$ 在点 x 处可导，$y=f(u)$ 在点 u 处可导，则复合函数 $y=f[\varphi(x)]$ 在点 x 处也可导，且有

$$y'_x = y'_u \cdot u'_x = f'(u)\cdot\varphi'(x), \text{或} \frac{\mathrm{d}y}{\mathrm{d}x} = \frac{\mathrm{d}y}{\mathrm{d}u}\cdot\frac{\mathrm{d}u}{\mathrm{d}x}.$$

这里下标是注明对哪个变量求导。

证 设自变量 x 有增量 Δx，相应地变量 u 有增量 $\Delta u=\varphi(x+\Delta x)-\varphi(x)$，变量 y 有增量 $\Delta y=f(u+\Delta u)-f(u)$，因为 $u=\varphi(x)$ 在点 x 处可导，所以在点 x 处连续，因而 $\lim\limits_{\Delta x\to 0}\Delta u=0$。如果 $\Delta u\neq 0$，则

$$\lim_{\Delta x\to 0}\frac{\Delta y}{\Delta x} = \lim_{\Delta x\to 0}\frac{\Delta y}{\Delta u}\cdot\frac{\Delta u}{\Delta x} = \lim_{\Delta x\to 0}\frac{\Delta y}{\Delta u}\cdot\lim_{\Delta x\to 0}\frac{\Delta u}{\Delta x} = \lim_{\Delta u\to 0}\frac{\Delta y}{\Delta u}\cdot\lim_{\Delta x\to 0}\frac{\Delta u}{\Delta x} = f'(u)\cdot\varphi'(x).$$

如果 $\Delta u=0$，可以证明上述结论仍成立。

导数计算中主要问题是求复合函数的导数，用得最多也最容易出错，复合函数的求导规则是一环一环地求下去，而不能丢掉其中的任何一环，因此也称该规则为链锁法则。

例21 求 $y=\sin 3x$ 的导数。

解 $y=\sin 3x$ 可看成 $y=\sin u$，$u=3x$ 的复合，所以

$$y' = (\sin u)'_u(3x)'_x = 3\cos u = 3\cos 3x.$$

例22 求 $y=\ln(1+x^2)$ 的导数。

解 $y=\ln(1+x^2)$ 可看成 $y=\ln u$，$u=1+x^2$ 的复合，所以

$$y' = (\ln u)'_u(1+x^2)'_x = \frac{1}{u}2x = \frac{2x}{1+x^2}.$$

在应用规则时，计算比较熟练后，可以省略中间变量。

例 23 求 $y=e^{x^2}$ 的导数。

解 $y=e^{x^2}$ 可以看成 $y=e^u, u=x^2$ 的复合，在计算时将中间变量 $u=x^2$ 记在心中，$(e^u)'_u=e^u$ 也在心中运算，直接写出下式：

$$y'=e^{x^2}(x^2)'_x=2xe^{x^2}.$$

例 24 求 $y=\ln\tan\dfrac{x}{2}$ 的导数。

解 $$y'=\frac{1}{\tan\frac{x}{2}}\left(\tan\frac{x}{2}\right)'=\frac{1}{\tan\frac{x}{2}}\left(\sec^2\frac{x}{2}\right)\left(\frac{x}{2}\right)'=$$

$$\frac{\cos\frac{x}{2}}{\sin\frac{x}{2}}\cdot\frac{1}{\cos^2\frac{x}{2}}\cdot\frac{1}{2}=\frac{1}{2\sin\frac{x}{2}\cos\frac{x}{2}}=\frac{1}{\sin x}.$$

例 25 求 $y=\sinh(2x+1)$ 的导数。

解 $y'=[\sinh(2x+1)]'=\cosh(2x+1)(2x+1)'=2\cosh(2x+1).$

有时，复合函数求导法则与四则运算求导法则夹杂在一起使用，这时特别容易出错，尤应注意。

例 26 求 $y=\sqrt{x-e^{-x}}$ 的导数。

解 $$y'=\frac{1}{2}(x-e^{-x})^{-\frac{1}{2}}(x-e^{-x})'=\frac{1}{2}(x-e^{-x})^{-\frac{1}{2}}[(x)'-(e^{-x})']=$$

$$\frac{1}{2}(x-e^{-x})^{-\frac{1}{2}}[1-e^{-x}(-x)']=\frac{1}{2}(x-e^{-x})^{-\frac{1}{2}}(1+e^{-x}).$$

注意：本例中对 e^{-x} 求导用的是复合函数求导法则，与例 17 中的方法不同，但结果一样。

例 27 求 $y=x\sec^2x-\tan x$ 的导数。

解 $$y'=(x\sec^2x)'-(\tan x)'=(x)'\sec^2x+x(\sec^2x)'-(\tan x)'=$$

$$\sec^2x+x2\sec x(\sec x)'-\sec^2x=2x\sec^2x\tan x.$$

例 28 求 $y=\dfrac{x}{\sqrt{x^2-1}}$ 的导数，并求 $y'|_{x=2}$。

解 $$y'=\frac{(x)'\sqrt{x^2-1}-x(\sqrt{x^2-1})'}{(\sqrt{x^2-1})^2}=\frac{\sqrt{x^2-1}-x\dfrac{1}{2\sqrt{x^2-1}}(x^2-1)'}{x^2-1}=$$

$$\frac{\sqrt{x^2-1}-\dfrac{2x^2}{2\sqrt{x^2-1}}}{x^2-1}=\frac{-1}{(x^2-1)^{\frac{3}{2}}},$$

$$y'|_{x=2}=\frac{-1}{(2^2-1)^{\frac{3}{2}}}=-\frac{\sqrt{3}}{9}.$$

如果复合函数中含有抽象函数,求导时,只需在该函数上加“ ′ ”,表示已求过导数。

例 29 已知 $f(x)$ 可导,求 $\ln f(x)$, $e^{f(x)}$, $f^3(x)$, $\sin f(x)$ 的导数。

解 $[\ln f(x)]'=\frac{1}{f(x)}[f(x)]'=\frac{f'(x)}{f(x)}$,

$[e^{f(x)}]'=e^{f(x)}[f(x)]'=e^{f(x)}f'(x)$,

$[f^3(x)]'=3f^2(x)[f(x)]'=3f^2(x)f'(x)$,

$[\sin f(x)]'=\cos f(x)[f(x)]'=\cos f(x)f'(x)$.

例 30 已知 $f(u)$ 可导,求 $f(\ln x)$, $f(x^2+1)$ 的导数。

解 $[f(\ln x)]'=f'(\ln x)(\ln x)'=f'(\ln x)\cdot\frac{1}{x}$,

$[f(x^2+1)]'=f'(x^2+1)(x^2+1)'=2xf'(x^2+1)$.

请读者注意抽象函数的导数记号中的一些差别:$[f(x)]'=f'(x)$,但$[f(\ln x)]'\neq f'(\ln x)$。

2.2.4 隐函数及由参数方程所确定的函数的导数

1) 由隐函数所确定的函数的导数

前面所用到的函数都是表示成 $y=f(x)$ 这种形式的,称为显函数。但一个关于 x,y 的方程 $F(x,y)=0$ 往往也可以确定 y 是 x 的函数,只要对于每个 x,由方程 $F(x,y)=0$ 能找到确定的 y 值与之相对应即可。这样的函数关系隐藏在方程 $F(x,y)=0$ 中,称为隐函数。

例如 $y=x+\sqrt{x^2+1}$, $y=\cos^2x$ 为显函数;又例如 x 与 y 通过方程 $e^x-e^y-xy=0$ 确定了函数关系,这种函数就是隐函数。

现在的问题是如何求由方程 $F(x,y)=0$ 所确定的隐函数的导数 y'?可能会想到“先将隐函数显化,然后再求导”,但这不是一个好办法。因为将隐函数显化有时非常困难,甚至是不可能的。可以采用这样的方法,将 $F(x,y)=0$ 中的 y 看成 x 的函数,即 $y=f(x)$,于是 $F(x,y)=0$ 成为一个恒等式,将它两边对 x 求导,并把其中的 y 看作中间变量,利用复合函数求导规则,得到含有 y' 的方程,解出 y' 即可。

例 31 设 $y=f(x)$ 由方程 $e^x-e^y-xy^3=0$ 确定,求 y'。

解 两边同求对 x 的导数,

$$(e^x-e^y-xy^3)'=(0)',$$

得

$$(e^x)'-(e^y)'-(x)'y^3-x(y^3)'=0,$$

即 $$e^x - e^y y' - y^3 - x3y^2y' = 0。$$

这里的$(e^y)'$应看作例29中$[e^{f(x)}]'$,$(y^3)'$应看作例29中的$[f^3(x)]'$,解出y',得

$$y' = \frac{e^x - y^3}{e^y + 3xy^2}.$$

请注意,隐函数的导数式中往往既含自变量x,又含因变量y,这一点与显函数不同。

例32 求圆$x^2 - 6x + y^2 = 3$在点$(1, 2\sqrt{2})$处的切线方程和法线方程。

解 两边同求对x的导数,

$$(x^2 - 6x + y^2)' = (3)',$$

即 $$2x - 6 + 2y \cdot y' = 0.$$

所以$y' = \frac{6 - 2x}{2y} = \frac{3 - x}{y}$,过点$(1,2\sqrt{2})$的切线的斜率为$y'\Big|_{\substack{x=1\\y=2\sqrt{2}}} = \frac{1}{\sqrt{2}}$,切线方程为$y - 2\sqrt{2} = \frac{1}{\sqrt{2}}(x - 1)$,化简后得到$x - \sqrt{2}y + 3 = 0$;法线方程为$y - 2\sqrt{2} = -\sqrt{2}(x - 1)$,化简后得到$\sqrt{2}x + y - 3\sqrt{2} = 0$。

下面再介绍一种求导法。对某些不易求导的函数,可以两边先取对数后再求导数,这种方法称之为对数求导法。

例33 求$y = (1 + x)^{\frac{1}{x}}$的导数。

解 这种函数,由于底数和指数中都含有自变量,所以既不是幂函数,也不是指数函数,通常称为幂指函数。没有现成的求导公式。对$y = (1 + x)^{\frac{1}{x}}$两边取对数,得

$$\ln y = \frac{\ln(1 + x)}{x},$$

上式再求对x的导数,得

$$\frac{1}{y} \cdot y' = \frac{\frac{1}{1 + x} \cdot x - \ln(1 + x)}{x^2},$$

所以

$$y' = y \cdot \frac{x - (1 + x)\ln(1 + x)}{x^2(1 + x)} = (1 + x)^{\frac{1}{x}} \cdot \frac{x - (1 + x)\ln(1 + x)}{x^2(1 + x)}.$$

例34 求由方程$x^y = y^x$确定的隐函数的导数y'。

解 对方程两边取对数,得

$$y\ln x = x\ln y,$$

上式两边再求对x的导数,得

$$y'\ln x + y \cdot \frac{1}{x} = \ln y + x \cdot \frac{1}{y} \cdot y',$$

所以

$$y' = \frac{\ln y - \frac{y}{x}}{\ln x - \frac{x}{y}} = \frac{(x\ln y - y)y}{(y\ln x - x)x}.$$

例 35 求 $y = \sqrt{\frac{(x-3)(x-4)}{(x-1)(x-2)}}$ 的导数。

解 对 $y = \sqrt{\frac{(x-3)(x-4)}{(x-1)(x-2)}}$ 两边取对数，得

$$\ln y = \frac{1}{2}[\ln(x-3) + \ln(x-4) - \ln(x-1) - \ln(x-2)],$$

上式两边求对 x 的导数，得

$$\frac{1}{y} \cdot y' = \frac{1}{2}\left[\frac{1}{x-3} + \frac{1}{x-4} - \frac{1}{x-1} - \frac{1}{x-2}\right],$$

所以

$$y' = \frac{y}{2}\left[\frac{1}{x-3} + \frac{1}{x-4} - \frac{1}{x-1} - \frac{1}{x-2}\right] =$$

$$\frac{1}{2}\sqrt{\frac{(x-3)(x-4)}{(x-1)(x-2)}}\left[\frac{1}{x-3} + \frac{1}{x-4} - \frac{1}{x-1} - \frac{1}{x-2}\right].$$

2) 由参数方程所确定的函数的导数

定理 5 设有参数方程$\begin{cases} x = \varphi(t) \\ y = \psi(t) \end{cases}$（$t$ 为参数）表示的函数 $y = f(x)$，若 $x = \varphi(t)$ 与 $y = \psi(t)$ 都可导，且 $\varphi'(t) \neq 0$，则

$$\frac{dy}{dx} = \frac{y'_t}{x'_t} = \frac{\psi'(t)}{\varphi'(t)}.$$

证 参数方程确定的函数可看成复合函数 $y = \psi(t)$，$t = \varphi^{-1}(x)$，由复合函数求导法则

$$\frac{dy}{dx} = \frac{dy}{dt} \cdot \frac{dt}{dx},$$

又由反函数的求导规则$\frac{dt}{dx} = \frac{1}{\frac{dx}{dt}}$，可得

$$\frac{dy}{dx} = \frac{dy}{dt} \cdot \frac{1}{\frac{dx}{dt}} = \frac{\frac{dy}{dt}}{\frac{dx}{dt}} = \frac{\psi'(t)}{\varphi'(t)}.$$

在求参数方程的导数时，注意不要把分子分母写颠倒。

例 36 设$\begin{cases} x = a\sin^3 t \\ y = a\cos^3 t \end{cases}$，求$\dfrac{dy}{dx}$。

解 $\dfrac{dy}{dx} = \dfrac{y'_t}{x'_t} = \dfrac{(a\cos^3 t)'_t}{(a\sin^3 t)'_t} = \dfrac{-3a\cos^2 t \cdot \sin t}{3a\sin^2 t \cdot \cos t} = -\cot t.$

例 37 求摆线$\begin{cases} x = a(t - \sin t) \\ y = a(1 - \cos t) \end{cases}$在点 $t = \dfrac{\pi}{2}$ 处的切线方程和法线方程。

解 因为$\dfrac{dy}{dx} = \dfrac{[a(1 - \cos t)]'_t}{[a(t - \sin t)]'_t} = \dfrac{a\sin t}{a(1 - \cos t)} = \dfrac{\sin t}{1 - \cos t}$，所以$\left.\dfrac{dy}{dx}\right|_{t=\frac{\pi}{2}} = \dfrac{\sin\dfrac{\pi}{2}}{1 - \cos\dfrac{\pi}{2}}$

$= 1$。当 $t = \dfrac{\pi}{2}$ 时，$x_0 = a\left(\dfrac{\pi}{2} - \sin\dfrac{\pi}{2}\right) = a\left(\dfrac{\pi}{2} - 1\right)$，$y_0 = a\left(1 - \cos\dfrac{\pi}{2}\right) = a$，所以切线方程为$y - a = x - a\left(\dfrac{\pi}{2} - 1\right)$，化简后得到 $x - y - a\left(\dfrac{\pi}{2} - 2\right) = 0$。法线方程为

$y - a = -\left[x - a\left(\dfrac{\pi}{2} - 1\right)\right]$，化简后得到 $x + y - \dfrac{a\pi}{2} = 0$。

2.2.5 高阶导数

本章开始时曾讲过变速直线运动的瞬时速度问题，如果质点的运动方程为 $s = s(t)$，则在时刻 t 的瞬时速度 v 为 s 对 t 的导数，亦即 $v = s' = s'(t)$。速度 v 也是时间 t 的函数，它对时间 t 的导数称为质点在时刻 t 的瞬时加速度 a，记作 $a = v' = (s')' = s''$，称为 s 对 t 的二阶导数。

一般地，如果函数 $y = f(x)$ 的导函数 $f'(x)$ 在点 x 处可导，则称 $f'(x)$ 在点 x 处的导数为函数 $y = f(x)$ 在点 x 处的二阶导数，记作

$$[f'(x)]' = f''(x), y'' \text{ 或 } \frac{d^2 y}{dx^2}.$$

类似地，二阶导数的导函数就称为函数 $y = f(x)$ 的三阶导数，记作

$$[f''(x)]' = f'''(x), y''' \text{ 或 } \frac{d^3 y}{dx^3}.$$

一般地，我们定义 $y = f(x)$ 的 n 阶导数为 $y = f(x)$ 的$(n - 1)$ 阶导数的导数，记作

$$[f^{(n-1)}(x)]' = f^{(n)}(x), y^{(n)} \text{ 或 } \frac{d^n y}{dx^n} (n = 2, 3, \cdots).$$

二阶和二阶以上的导数统称为高阶导数，原来的导数可称为一阶导数。在点 x_0 处函数的各阶导数值记为

$$f'(x_0), f''(x_0), \cdots, f^{(n)}(x_0), \text{或 } y'|_{x=x_0}, y''|_{x=x_0} \cdots, y^{(n)}|_{x=x_0}.$$

例 38 求下列函数指定的高阶导数。

(1) $y = (1+x^2)\arctan x$，求 y'' 及 $y''\big|_{x=0}$；

(2) 已知 $f^{(8)}(x) = 4x^2 - 1$，求 $f^{(10)}(x)$。

解 (1) $y' = [(1+x^2)\arctan x]' = 2x\arctan x + 1$，

$$y'' = (y')' = (2x\arctan x + 1)' = 2\arctan x + \frac{2x}{1+x^2},$$

$$y''\big|_{x=0} = 2\arctan 0 + \frac{2\cdot 0}{1+0^2} = 0;$$

(2) $f^{(9)}(x) = [f^{(8)}(x)]' = (4x^2-1)' = 8x$，

$f^{(10)}(x) = [f^{(9)}(x)]' = (8x)' = 8.$

例 39 求由方程 $x^2 + y^2 = R^2$ 确定的函数 $y = f(x)$ 的二阶导数。

解 这是一个隐函数，由隐函数求导方法，先求 y'。

方程 $x^2 + y^2 = R^2$ 两边求对 x 的导数，得

$$2x + 2y\cdot y' = 0,$$

所以 $y' = -\frac{x}{y}$，再求 y''，得

$$y'' = (y')' = -\frac{y - x\cdot y'}{y^2} = -\frac{y + \frac{x^2}{y}}{y^2} = -\frac{y^2 + x^2}{y^3} = -\frac{R^2}{y^3}.$$

例 40 设 $\begin{cases} x = 1 + \cos t \\ y = \sin t \end{cases}$，求 $\frac{d^2y}{dx^2}$。

解 因为 $y' = \frac{dy}{dx} = \frac{y'_t}{x'_t} = \frac{(\sin t)'_t}{(1+\cos t)'_t} = \frac{\cos t}{-\sin t} = -\cot t$，所以

$$\frac{d^2y}{dx^2} = \frac{dy'}{dx} = \frac{(y')'_t}{(x)'_t}\text{（利用定理 5）} = \frac{(-\cot t)'_t}{(1+\cos t)'_t} = \frac{\csc^2 t}{-\sin t} = -\csc^3 t.$$

在求参数方程的二阶导数时，不要误认为 $\left(\frac{dy}{dx}\right)'_t$ 就是 $\frac{d^2y}{dx^2}$，还要注意 $\frac{d^2y}{dx^2} \neq \frac{y''_t}{x''_t}$。

以上我们介绍了求指定阶数的高阶导数的例子，下面来求 n 阶导数。

在求 n 阶导数时，通常的方法是先求出一阶、二阶、三阶导数或更高阶的导数，从中归纳出 n 阶导数的表达式。因此，求 n 阶导数的关键在于从前面各阶导数中寻找规律。

例 41 设 $y = \frac{1}{1+x}$，求 $y^{(n)}$。

解 $y' = \frac{-1}{(1+x)^2} = \frac{(-1)\cdot 1!}{(1+x)^2}$，

$$y'' = \frac{2}{(1+x)^3} = \frac{(-1)^2\cdot 2!}{(1+x)^3},$$

$$y''' = \frac{-6}{(1+x)^4} = \frac{(-1)^3 \cdot 3!}{(1+x)^4},$$

$$\cdots$$

所以

$$y^{(n)} = \frac{(-1)^n n!}{(1+x)^{n+1}}.$$

例 42 设 $y = a_0 + a_1 x + a_2 x^2 + \cdots + a_n x^n (a_n \neq 0)$，求 $y^{(n)}$。

解 $y' = a_1 + 2a_2 x + \cdots + n a_n x^{n-1}$,

$$y'' = 2a_2 + \cdots + n(n-1) a_n x^{n-2},$$

$$\cdots$$

所以

$$y^{(n)} = n! a_n.$$

可见一个 n 次多项式的 n 阶导数已经是常数了，所以，从 $(n+1)$ 阶导数起，均为常数0。

例 43 设 $y = e^x$，求 $y^{(n)}$。

解 $y' = (e^x)' = e^x, y'' = e^x, \cdots$ 所以 $y^{(n)} = e^x$。

例 44 设 $y = \sin x$，求 $y^{(n)}$。

解 $y' = \cos x = \sin\left(x + \frac{\pi}{2}\right)$,

$$y'' = -\sin x = \sin\left(x + \frac{2\pi}{2}\right),$$

$$y''' = -\cos x = \sin\left(x + \frac{3\pi}{2}\right),$$

$$\cdots$$

所以

$$y^{(n)} = \sin\left(x + \frac{n\pi}{2}\right).$$

习 题 2.2

7. 求下列函数的导数：

(1) $y = 2\sqrt{x} - 3\sqrt[3]{x} + 1$; (2) $y = \frac{4}{x^5} + \frac{7}{x^4} - \frac{2}{x} + 12$;

(3) $y = \frac{x-1}{x^2 + 2x}$; (4) $y = e^x(\cos x + \sin x)$;

(5) $y = 2\tan x + \sec x - 1$; (6) $y = x\ln x - x$;

(7) $y=a^xe^x-\dfrac{\log_a x}{\ln x}$；　(8) $y=2xe^x\cos x$；

(9) $s=\dfrac{1+\sin t}{1+\cos t}$；　(10) $y=\dfrac{(1+x^2)\arctan x}{1+x}$；

(11) $y=\sin x\cdot\cosh x-\cos x\cdot\sinh x$；　(12) $y=\dfrac{2\csc x}{1+x^2}$；

(13) $y=x^2\cdot\ln x\cdot\sin x$；　(14) $y=\dfrac{5x^2-3x+4}{x^2-1}$；

(15) $y=\dfrac{2\ln x+x^3}{3\ln x+x^2}$；

(16) $y=\dfrac{x^2+1}{3(x^2-1)}+(x^2+1)(1-x)$；

(17) $y=\dfrac{x}{4^x}-x\cdot 10^x$.

8. 求下列函数在给定点处的导数：

(1) $y=\sin x-\cos x$，求 $y'\Big|_{x=\frac{\pi}{6}}$ 和 $y'\Big|_{x=\frac{\pi}{4}}$；

(2) $u=v\ln v+e^v$，求 $\dfrac{du}{dv}\Big|_{v=1}$；

(3) $f(x)=\dfrac{3}{5-x}+\dfrac{x^3}{5}$，求 $f'(0)$ 和 $f'(2)$。

9. 求下列函数的导数：

(1) $y=(2x-1)^{10}$；　(2) $y=\sin\left(\dfrac{\pi}{4}-x\right)$；

(3) $y=\cos^2 3x$；　(4) $y=\cot(x^2+1)$；

(5) $y=e^{e^{x^2}}$；　(6) $y=a^{3x-1}$；

(7) $y=\ln(1+x^2)$；　(8) $y=\sqrt[3]{1+\cos x}$；

(9) $y=x\sqrt{x^2-1}$；　(10) $y=x\csc^2 x+\cot x$；

(11) $y=\ln(\sqrt{x^2+4}-x)$；　(12) $y=\arctan\sqrt{\dfrac{1-x}{1+x}}$；

(13) $y=2^{\frac{x}{\ln x}}$；　(14) $y=\sec^3(\ln x)$；

(15) $y=\log_5\left(\dfrac{x}{1-x}\right)$；　(16) $y=\csc\sqrt{1+2x}$；

(17) $y=(\arcsin x)^2$；　(18) $y=\arccos\dfrac{2}{x}$；

(19) $y=e^{\arctan\sqrt{x}}$；　(20) $y=\sqrt{x}\arctan\sqrt{x}$；

(21) $y = \cosh(\sinh x)$;　(22) $y = \sinh x \cdot e^{\cosh x}$;

(23) $y = \sqrt{x^2 - a^2} - a\arccos\dfrac{a}{x}\quad(x > a > 0)$;

(24) $y = \dfrac{x}{2}\sqrt{a^2 - x^2} + \dfrac{a^2}{2}\arcsin\dfrac{x}{a}\quad(a > 0)$;

(25) $y = \arctan\sqrt{x^2 - 1} - \dfrac{\ln x}{\sqrt{x^2 - 1}}$;　(26) $y = \dfrac{x\ln x}{1 + x} - \ln(1 + x)$;

(27) $y = \dfrac{1}{4}\ln\dfrac{1 + x}{1 - x} - \dfrac{1}{2}\arctan x$;　(28) $y = \dfrac{1}{18}\sin^6 3x - \dfrac{1}{24}\sin^8 3x$;

(29) $y = \ln(\cosh x) + \dfrac{1}{2(\cosh x)^2}$;

(30) $y = 3x^3\arcsin x + (x^2 + 2)\sqrt{1 - x^2}$.

10. 求曲线 $y = e^{-x} \cdot \sqrt[3]{x + 1}$ 在点(0,1)及点(-1,0)处的切线方程和法线方程。

11. 求下列隐函数的导数:

(1) $x^3 - y^3 - x - y + xy = 2$;　(2) $\cos(xy) = x + y$;

(3) $xe^y - ye^x = x$;　(4) $\dfrac{x}{y} = \ln(xy)$;

(5) $y\sin x - \cos(x - y) = 0$;　(6) $y^2\cos x = a^2\sin 3x$.

12. 求曲线 $y^3 = 1 + xe^y$ 在与 y 轴交点处的切线方程和法线方程。

13. 求下列函数的导数:

(1) $y = x^{\sqrt{x}}$;　(2) $y = x^{\sin x}$;

(3) $y = \dfrac{x^2 e^{2x}}{(1 + x)\sqrt{2 + x}}$;　(4) $y = \sqrt[3]{\dfrac{(x - 1)(x - 2)^2}{x(x + 1)}}$;

(5) $y = (x - a_1)^{a_1}(x - a_2)^{a_2}\cdots(x - a_n)^{a_n}$;

(6) $y = \dfrac{x^2}{1 - x} \cdot \sqrt[3]{\dfrac{3 - x}{(3 + x)^2}}$.

14. 求下列函数的导数:

(1) $y = f(e^x) \cdot e^{f(x)}$;　(2) $y = f(\sin^2 x) + f(\cos^2 x)$;

(3) $y = \sqrt{f^2(x) + g^2(x)}$.

15. 求下列参数方程所确定的函数的导数:

(1) $\begin{cases} x = \sqrt{1 + t} \\ y = \sqrt{1 - t} \end{cases}$;　(2) $\begin{cases} x = t\cos t \\ y = t\sin t \end{cases}$;

(3) $\begin{cases} x = \dfrac{t}{1 + t^2} \\ y = \dfrac{t^2}{1 + t^2} \end{cases}$;　(4) $\begin{cases} x = t\ln t \\ y = t^2\ln t \end{cases}$.

16. 求由参数方程$\begin{cases} x = 2e^t \\ y = e^{-t} \end{cases}$确定的函数在 $t = 0$ 处的切线方程和法线方程。

17. 设 $f(x)$ 在 $(-\infty, +\infty)$ 内可导,证明:

(1) 若 $f(x)$ 为奇函数,则 $f'(x)$ 为偶函数;

(2) 若 $f(x)$ 为偶函数,则 $f'(x)$ 为奇函数。

18. 求下列函数的二阶导数:

(1) $y = \dfrac{1}{\sqrt{x^2 - 1}}$;　(2) $y = e^{x^2}$;

(3) $y = x\cos x$;　(4) $y = x^2\ln x$;

(5) $y = e^x\sin^2 x$;　(6) $y = x\arctan\sqrt{x-1}$;

(7) $y = \ln\tan x$;　(8) $y = \dfrac{e^x}{\cos x}$.

19. 求下列各题中指定的各阶导数:

(1) $y = (2x - 1)^5$,求 $y^{(5)}$ 与 $y^{(6)}$;

(2) $f(x) = \ln\dfrac{1+x}{1-x}$,求 $f''(0)$;

(3) 已知 $f''(x) = e^{2x}\cos\dfrac{x}{2}$,求 $f^{(4)}(\pi)$。

20. 已知简谐振动的距离 s 与时间 t 的关系为 $s = a\sin\omega t$(其中 a,ω 是常数),试求加速度与时间 t 的关系,并验证$\dfrac{d^2 s}{dt^2} + \omega^2 s = 0$。

21. 验证函数 $y = \cos e^x + \sin e^x$ 满足关系式 $y'' - y' + ye^{2x} = 0$。

22. 求下列由隐函数或参数方程所确定的 y 对 x 的二阶导数:

(1) $\dfrac{x^2}{a^2} + \dfrac{y^2}{b^2} = 1$;　(2) $y = 1 + xe^y$;

(3) $\begin{cases} x = t + t^2 \\ y = t + t^3 \end{cases}$;　(4) $\begin{cases} x = te^t \\ y = t^2 e^t \end{cases}$.

23. 证明由参数方程$\begin{cases} x = \varphi(t) \\ y = \psi(t) \end{cases}$确定的函数当 $\varphi'(t) \neq 0$ 时,有

$$\frac{d^2 y}{dx^2} = \frac{\psi''(t)\varphi'(t) - \psi'(t)\varphi''(t)}{[\varphi'(t)]^3}.$$

24. 求下列函数的 n 阶导数:

(1) $y = a_0x^n + a_1x^{n-1} + \cdots + a_{n-1}x + a_n (a_0 \neq 0)$;

(2) $y = x\ln x$;

(3) $y = xe^x$;

(4) $y = \cos x$.

2.3 函数的微分

2.3.1 微分的定义

先看一个例子。当正方形的边长从 x_0 变到 $x_0 + \Delta x$ 时,相应的面积 S 的增量为

$\Delta S = (x_0 + \Delta x)^2 - {x_0}^2 = 2x_0\Delta x + (\Delta x)^2$(见图 2-5)。$\Delta S$ 可分成两个部分,一部分是 Δx 的线性函数 $2x_0\Delta x$;当 $\Delta x \to 0$ 时,另一部分是关于 Δx 的高阶无穷小量 $(\Delta x)^2 = o(\Delta x)$,所以当 $|\Delta x|$ 很小时,$\Delta S \approx 2x_0\Delta x$。

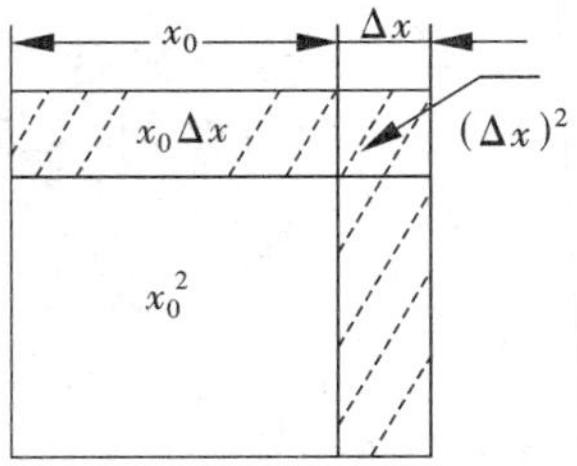

图 2-5

对于一般函数 $y = f(x)$,若给自变量以增量 Δx 时,函数增量 Δy 是否有类似的性质呢?我们先给出以下定义。

定义 设函数 $y = f(x)$ 在点 x_0 的某邻域内有定义,给自变量以增量 Δx,并使 $x_0 + \Delta x$ 仍属于该邻域,若相应的函数增量 $\Delta y = f(x_0 + \Delta x) - f(x_0) = A\Delta x + o(\Delta x)$,其中 A 与 Δx 无关,$o(\Delta x)$ 是比 Δx 高阶的无穷小量,则称 $y = f(x)$ 在点 x_0 处可微,而称 $A\Delta x$ 为 $y = f(x)$ 在点 x_0 处的微分,记为

$$\mathrm{d}y\big|_{x=x_0} \text{或} \mathrm{d}f\big|_{x=x_0},\text{即} \mathrm{d}y\big|_{x=x_0} = A\Delta x.$$

下面来确定 A。

定理 6 $y = f(x)$ 在点 x_0 处可微的充要条件是:$y = f(x)$ 在点 x_0 处可导,此时有

$$\mathrm{d}y\big|_{x=x_0} = f'(x_0)\Delta x.$$

证 (1) 必要性:若 $y = f(x)$ 在点 x_0 处可微,则

$$\Delta y = f(x_0 + \Delta x) - f(x_0) = A\Delta x + o(\Delta x),$$

两边同除以 Δx,得

$$\frac{\Delta y}{\Delta x} = A + \frac{o(\Delta x)}{\Delta x},$$

令 $\Delta x \to 0$,得

$$\lim_{\Delta x\to 0}\frac{\Delta y}{\Delta x} = \lim_{\Delta x\to 0}\left[A + \frac{o(\Delta x)}{\Delta x}\right] = \lim_{\Delta x\to 0}A + \lim_{\Delta x\to 0}\frac{o(\Delta x)}{\Delta x} = A,$$

所以 $f'(x_0) = A$ 存在,即 $y = f(x)$ 在点 x_0 处可导。

(2) 充分性:若 $y = f(x)$ 在点 x_0 处可导,则

$$\lim_{\Delta x\to 0}\frac{\Delta y}{\Delta x} = f'(x_0),$$

故由第 1 章的定理 1,得

$$\frac{\Delta y}{\Delta x}=f'(x_0)+\alpha,$$

其中$\lim\limits_{\Delta x\to 0}\alpha=0$,于是$\Delta y=f'(x_0)\Delta x+\alpha\Delta x$,$f'(x_0)$与$\Delta x$无关,因而$f'(x_0)\Delta x$是$\Delta x$的线性函数,$\alpha\Delta x$是比$\Delta x$高阶的无穷小量,所以$y=f(x)$在点$x_0$处可微,且有

$$\mathrm{d}y\big|_{x=x_0}=f'(x_0)\Delta x.$$

由此可见,微分定义中的$A=f'(x_0)$。

由定理6可知,若函数$y=f(x)$在区间(a,b)内可导,那么函数$y=f(x)$在该区间内每一点必可微,反之亦然。我们把函数$y=f(x)$在区间(a,b)内的微分记作$\mathrm{d}y$或$\mathrm{d}f(x)$,且有$\mathrm{d}y=f'(x)\Delta x$。此时,我们也称函数$y=f(x)$为区间$(a,b)$内的可微函数。

若$y=x$,则$\mathrm{d}y=(x)'\Delta x=\Delta x$,即$\mathrm{d}x=\Delta x$。于是函数$y=f(x)$的微分又可记作

$$\mathrm{d}y=f'(x)\mathrm{d}x,$$

两边同除以$\mathrm{d}x$,得

$$\frac{\mathrm{d}y}{\mathrm{d}x}=f'(x),$$

这就是说,函数的微分$\mathrm{d}y$与自变量的微分$\mathrm{d}x$之商等于该函数的导数。因此,导数也称为“微商”。

例45 已知$y=\ln(x^2-1)$,求$\mathrm{d}y$,$\mathrm{d}y\big|_{x=2}$。

解 $\mathrm{d}y=[\ln(x^2-1)]'\mathrm{d}x=\dfrac{2x}{x^2-1}\mathrm{d}x$,

$$\mathrm{d}y\big|_{x=2}=\frac{4}{3}\mathrm{d}x.$$

有了微分的概念,再回到前面关于正方形面积的增量问题,得到$\Delta S\approx 2x_0\Delta x=\mathrm{d}S\big|_{x=x_0}$。

下面来讨论微分的几何意义。

首先观察图2-6,在图中,对于某个点x_0,曲线$y=f(x)$上有一个对应点M,当自变量有增量Δx时,就得到曲线上另一对应点N。过点M作曲线的切线MT,设它的倾角为α,则此切线的斜率$\tan\alpha=f'(x_0)$,从图中可以看出,曲线上两点M,N的纵坐标之差为Δy,切线上相应的纵坐标之差为$\mathrm{d}y$,当$|\Delta x|$很小时,$\Delta y\approx\mathrm{d}y$,也就是说,在点$M$的附近,可以用切线纵坐标的增量$\mathrm{d}y$来近似代替曲线纵坐标的增量$\Delta y$。

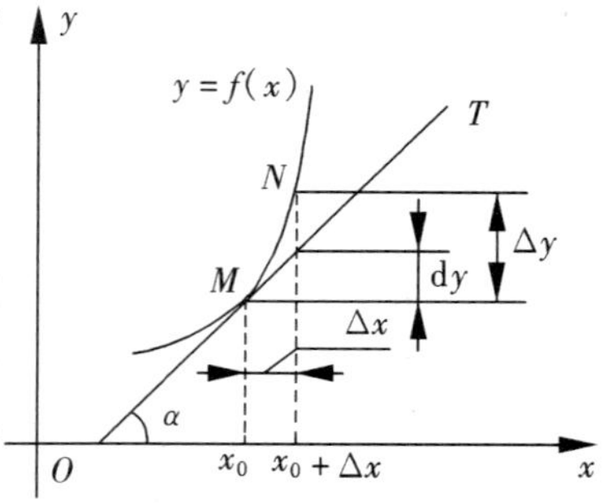

图2-6

2.3.2 微分的公式与运算法则

1) 微分的基本公式

由微分与导数的关系$\mathrm{d}y=f'(x)\mathrm{d}x$,可得到微分的基本公式:

1. $dc = 0$（c 为常数）；
2. $dx^{\alpha} = \alpha x^{\alpha-1}dx$（$\alpha$ 为非零常数）；
3. $da^{x} = a^{x}\ln a dx$（$a > 0, a \neq 1$），特别地 $de^{x} = e^{x}dx$；
4. $d\log_{a}x = \dfrac{1}{x\ln a}dx$（$a > 0,\ a \neq 1$），特别地 $d\ln x = \dfrac{1}{x}dx$；
5. $d\sin x = \cos x dx$；
6. $d\cos x = -\sin x dx$；
7. $d\tan x = \sec^{2}x dx$；
8. $d\cot x = -\csc^{2}x dx$；
9. $d\sec x = \sec x\tan x dx$；
10. $d\csc x = -\csc x\cot x dx$；
11. $d\arcsin x = \dfrac{1}{\sqrt{1-x^{2}}}dx$；
12. $d\arccos x = -\dfrac{1}{\sqrt{1-x^{2}}}dx$；
13. $d\arctan x = \dfrac{1}{1+x^{2}}dx$；
14. $d\mathrm{arccot}\, x = -\dfrac{1}{1+x^{2}}dx$；
15. $d\sinh x = \cosh x dx$；
16. $d\cosh x = \sinh x dx$.

2） 微分的四则运算法则

定理 7 设 $u = u(x)$，$v = v(x)$ 可微，则 $u \pm v$，$u \cdot v$，$\dfrac{u}{v}(v \neq 0)$ 都可微，且

（1） $d(u \pm v) = du \pm dv$；

（2） $d(uv) = vdu + udv$；

（3） $d\left(\dfrac{u}{v}\right) = \dfrac{vdu - udv}{v^{2}}$.

此定理证明留给读者。

例 46 设 $y = \dfrac{x}{e^{x}}$，求 dy。

解 $dy = d\left(\dfrac{x}{e^{x}}\right) = \dfrac{e^{x}dx - xde^{x}}{e^{2x}} = \dfrac{e^{x}dx - xe^{x}dx}{e^{2x}} = \dfrac{1-x}{e^{x}}dx.$

例 47 设 $y = \tan x + x\sec x$，求 dy。

解 $dy = d(\tan x + x\sec x) = d\tan x + d(x\sec x) =$

$$\sec^2 x\mathrm{d}x + \sec x\mathrm{d}x + x\mathrm{d}\sec x = (\sec^2 x + \sec x + x\sec x\tan x)\mathrm{d}x.$$

3) 复合函数的微分

定理 8 设 $y = f(u)$, $u = \varphi(x)$ 都可微,则复合函数 $y = f[\varphi(x)]$ 也可微,且

$$\mathrm{d}y = y'_x\mathrm{d}x = y'_u u'_x\mathrm{d}x = y'_u\mathrm{d}u.$$

从以上定理可知,不论 u 是自变量还是中间变量,y 的微分都有 $\mathrm{d}y = y'_u\mathrm{d}u$ 的形式,这就叫做一阶微分的形式不变性。我们举两个例子说明这个性质在求函数微分中的应用。

例 48 设 $y = \ln\sin 2x$,求 $\mathrm{d}y$。

解 $\mathrm{d}y = \dfrac{1}{\sin 2x}\mathrm{d}\sin 2x = \dfrac{1}{\sin 2x}\cos 2x\mathrm{d}(2x) = 2\cot 2x\mathrm{d}x.$

例 49 设 $y = \sqrt{x^2 + x + 2}$,求 $\mathrm{d}y$。

解 $\mathrm{d}y = \dfrac{1}{2\sqrt{x^2 + x + 2}}\mathrm{d}(x^2 + x + 2) = \dfrac{2x + 1}{2\sqrt{x^2 + x + 2}}\mathrm{d}x.$

2.3.3 微分在近似计算中的应用

在微分的概念与几何意义中,我们已论述了若 $y = f(x)$ 在点 x_0 处可微,且当 $|\Delta x|$ 很小时,$\Delta y \approx \mathrm{d}y$,或写作

$$f(x_0 + \Delta x) - f(x_0) \approx f'(x_0)\Delta x \tag{2.1}$$

再移项可得

$$f(x_0 + \Delta x) \approx f(x_0) + f'(x_0)\Delta x \tag{2.2}$$

误差都是 $o(\Delta x)$. 若记 $x = x_0 + \Delta x$,则 $\Delta x = x - x_0$,上述两式可改写为

$$f(x) - f(x_0) \approx f'(x_0)(x - x_0) \tag{2.3}$$

$$f(x) \approx f(x_0) + f'(x_0)(x - x_0) \tag{2.4}$$

误差都是 $o(x - x_0)$。以上各式可用于一些近似计算。

例 50 推导近似公式 $e^x \approx 1 + x$($|x| \ll 1$,指 $|x|$ 非常小)。

解 取函数 $f(x) = e^x$,$x_0 = 0$,$\Delta x = x$,则 $f(0) = 1$, $f'(x) = e^x$, $f'(0) = 1$。代入公式(2.4)得

$$e^x \approx 1 + x。$$

类似地可推导,当 $|x| \ll 1$ 时

$\sin x \approx x$;

$\ln(1 + x) \approx x$;

$(1 + x)^\alpha \approx 1 + \alpha x.$

这些公式都是很有用的,它使得我们可以把左边较复杂的函数用右边的一个线性函数来近似代替。公式(2.4)的进一步发展就是后面要论述的泰勒公式。

例 51 计算 $\sqrt{2}$ 的近似值。

解 因为$\sqrt{2}=\sqrt{1.96+0.04}$,取函数$f(x)=\sqrt{x}$,$x_0=1.96$,$\Delta x=0.04$,得到$f'(x)=\frac{1}{2\sqrt{x}}$,代入公式(2.2),得

$$\sqrt{2}=\sqrt{1.96+0.04}\approx f(1.96)+f'(1.96)\Delta x=$$
$$\sqrt{1.96}+\frac{1}{2\sqrt{1.96}}\times 0.04=1.4+\frac{0.04}{2.8}\approx 1.4143.$$

例 52 半径为10cm的金属圆片加热后,半径伸长了0.05cm,问面积增大了多少?

解 设圆半径为r,则圆面积为$S=\pi r^2$,取$r_0=10$,$\Delta r=0.05$,得到$S'=2\pi r$,$S'|_{r=10}=20\pi$,应用公式(2.1),得

$$\Delta S\approx \mathrm{d}S=S'|_{r=10}\cdot\Delta x=20\pi\cdot 0.05\approx 3.1416\mathrm{cm}^2.$$

习 题 2.3

25. 求出函数$f(x)=x^2-3x+5$当$x=1$而Δx分别取$\Delta x=1$、$\Delta x=0.1$、$\Delta x=0.01$时的增量Δy及微分$\mathrm{d}y$,并加以比较,能否得出结论:当$|\Delta x|$愈小时,Δy与$\mathrm{d}y$愈近似。

26. 求下列函数的微分:

(1) $y=\frac{1}{x}+2\sqrt{x}$;　(2) $y=x\sin 2x$;

(3) $y=\frac{x}{\sqrt{x^2+1}}$;　(4) $y=[\ln(1-x)]^2$;

(5) $y=x^2e^{2x}$;　(6) $y=e^{-x}\cos(3-x)$;

(7) $y=\arcsin\sqrt{x}$;　(8) $y=\tan\frac{x}{2}$;

(9) $xy=a^2$;　(10) $y=1+xe^y$.

27. 求下列各数的近似值:

(1) $\sqrt[5]{0.95}$;　(2) $\sqrt[3]{8.02}$;

(3) $\ln 1.01$;　(4) $e^{0.05}$;

(5) $\cos 60^0 20'$;　(6) $\arctan 1.02$.

28. 当$|x|$很小时,推导下列近似公式:

(1) $\tan x\approx x$;　(2) $\arcsin x\approx x$.

29. 水管壁的正截面是一个圆环,设它的内半径为R_0,壁厚为h,利用微分来计算这个圆环面积的近似值。

30. 扩音器插头为圆柱形,截面半径r为0.15cm,长度l为4cm,为了提高它的导电性

能,要在它的侧面镀上一层厚为 0.01cm 的纯铜,问每个插头约需多少克纯铜(铜的密度是 $8.9\mathrm{g/cm^3}$)?

2.4 微分中值定理及导数的应用

前面已介绍了导数与微分的概念及计算方法,我们可以把导数和微分作为一个有力的工具,进一步解决各种实际问题。为此,先建立微分学的基本理论。

2.4.1 微分中值定理

微分中值定理在微积分理论中占有重要地位,它建立了导数与函数之间的关系,这些公式对于用导数研究函数是极为重要的。

定理 9(罗尔(Rolle)定理) 设函数 $f(x)$ 在闭区间 $[a, b]$ 上连续、在开区间 (a, b) 内可导,且 $f(a) = f(b)$,则在开区间 (a,b) 内至少存在一点 ξ,使得 $f'(\xi) = 0$。

此定理我们不作理论证明,只给出它的几何意义。

罗尔定理的几何意义是:若 $y = f(x)$ 满足罗尔定理的条件,则在曲线 $y = f(x)$ 上至少能作出一条切线与 x 轴平行(见图 2-7)。

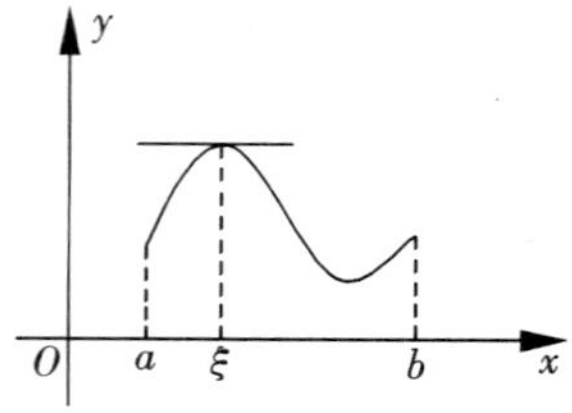

图 2-7

由罗尔定理可推出微分学中最重要的中值定理——拉格朗日(Lagrange)中值定理。

定理 10(拉格朗日中值定理) 设函数 $f(x)$ 在闭区间 $[a, b]$ 上连续,在开区间 (a, b) 内可导,则在开区间 (a, b) 内至少存在一点 ξ,使得

$$f'(\xi) = \frac{f(b) - f(a)}{b - a},$$

上式也常常写作 $f(b) - f(a) = f'(\xi)(b - a)(a < \xi < b)$。

同罗尔定理一样,我们先看拉格朗日中值定理的几何意义。

观察图 2-8,在图中直线 AB 的斜率为 $\frac{f(b) - f(a)}{b - a}$,而过曲线上点 C 的切线斜率为 $f'(\xi)$,因此拉格朗日中值定理的几何意义是:如果 $y = f(x)$ 满足定理的全部条件,则在曲线 $y = f(x)$ 上至少能作出一条切线与直线 AB 平行(见图 2-8)。

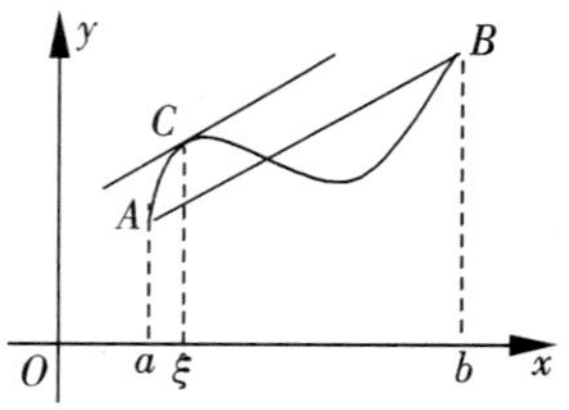

图 2-8

从图 2-8 中还可看出,若将坐标轴进行旋转,使 x 轴与直线 AB 平行,则此时 A 与 B 点的函数值相等,即曲线满足罗尔定理的条件,因此罗尔定理是拉格朗日中值定理的特殊情形。这自然使我们想到利用罗尔定理来证明拉格朗日中值定理。

证 作辅助函数

$$\varphi(x)=f(x)-f(a)-\frac{f(b)-f(a)}{b-a}(x-a),$$

容易验证 $\varphi(a)=\varphi(b)=0$,且 $\varphi(x)$ 在闭区间 $[a,b]$ 上连续,在开区间 (a,b) 内可导,即 $\varphi(x)$ 满足罗尔定理的条件。由罗尔定理知在开区间 (a,b) 内至少存在一点 ξ,使 $\varphi'(\xi)=0$。又因为 $\varphi'(x)=f'(x)-\dfrac{f(b)-f(a)}{b-a}$,所以 $\varphi'(\xi)=f'(\xi)-\dfrac{f(b)-f(a)}{b-a}$,即

$$f'(\xi)-\frac{f(b)-f(a)}{b-a}=0,$$

于是得

$$f'(\xi)=\frac{f(b)-f(a)}{b-a}.$$

作为拉格朗日中值定理的一个应用,我们来导出以后在积分学中很有用的一个结论。

推论 若函数 $f(x)$ 在区间 I 内的导数恒为零,则 $f(x)$ 在区间 I 内恒为常数。

证 在区间 I 内任取两点 $x_1,x_2(x_1<x_2)$,在闭区间 $[x_1,x_2]$ 上对 $f(x)$ 应用拉格朗日中值定理,得

$$f(x_2)-f(x_1)=f'(\xi)(x_2-x_1)\quad(x_1<\xi<x_2),$$

由假设,$f'(\xi)=0$,所以 $f(x_2)-f(x_1)=0$,即

$$f(x_2)=f(x_1).$$

又因为 x_1,x_2 是 I 内任意两点,所以 $y=f(x)$ 在区间 I 内的函数值总是相等的,即 $f(x)$ 在区间 I 内恒为常数。

例 53 试证:当 $0<a<b,n>1$ 时成立不等式 $na^{n-1}(b-a)<b^n-a^n<nb^{n-1}(b-a)$。

证 取函数 $f(x)=x^n$,则 $f(x)$ 在 $[a,b]$ 上满足拉格朗日中值定理的条件,用定理 10 得

$$b^n-a^n=f'(\xi)(b-a)=n\xi^{n-1}(b-a),$$

其中 $0<a<\xi<b$,因而有 $a^{n-1}<\xi^{n-1}<b^{n-1}$,于是有

$$na^{n-1}(b-a)<b^n-a^n<nb^{n-1}(b-a).$$

定理 11(柯西(Cauchy)中值定理) 若函数 $f(x)$ 与 $g(x)$ 在闭区间 $[a,b]$ 上连续、在开区间 (a,b) 内可导,且 $g'(x)\neq0$,则在开区间 (a,b) 内至少存在一点 ξ,使 $\dfrac{f'(\xi)}{g'(\xi)}=\dfrac{f(b)-f(a)}{g(b)-g(a)}$。

此定理也不作证明,只讲述它的几何意义。

设曲线由参数方程$\begin{cases}X=g(x)\\Y=f(x)\end{cases}$ $(x\in[a,b])$表示，观察图2－9，在图中直线AB的斜率为$\dfrac{f(b)-f(a)}{g(b)-g(a)}$，由参数方程所确定的函数的导数公式$\dfrac{\mathrm{d}Y}{\mathrm{d}X}=\dfrac{f'(x)}{g'(x)}$，所以在点$x=\xi$的导数为$\dfrac{f'(\xi)}{g'(\xi)}$，也就是说在曲线上至少能作出一条切线，该切线过点$C$，$C$点对应于参数$x=\xi$，且该切线与直线$AB$平行。

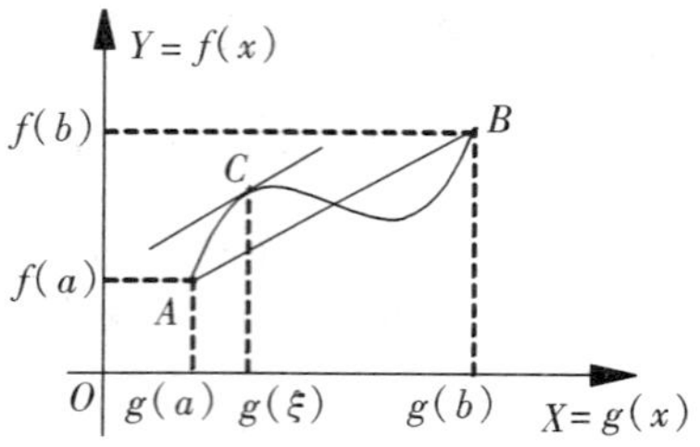

图 2－9

2.4.2　泰勒公式

由微分概念可知，如果函数$y=f(x)$在点x_0处可导，则有（参见公式(2.4)）

$$f(x)=f(x_0)+f'(x_0)(x-x_0)+o(x-x_0),$$

当$|x-x_0|$很小时，有近似公式

$$f(x)\approx f(x_0)+f'(x_0)(x-x_0).$$

此近似式是用曲线$y=f(x)$在点x_0处的切线$y=f(x_0)+f'(x_0)(x-x_0)$近似代替该曲线（见图2－10）。从图形来看，只有x离x_0很近的地方才能较好地逼近，而离x_0稍远的地方，误差就比较大。要提高精确度，当然也不能单用线性函数，而要用曲线去逼近。在实际计算中，多项式是比较简单的函数，因此希望能用多项式。

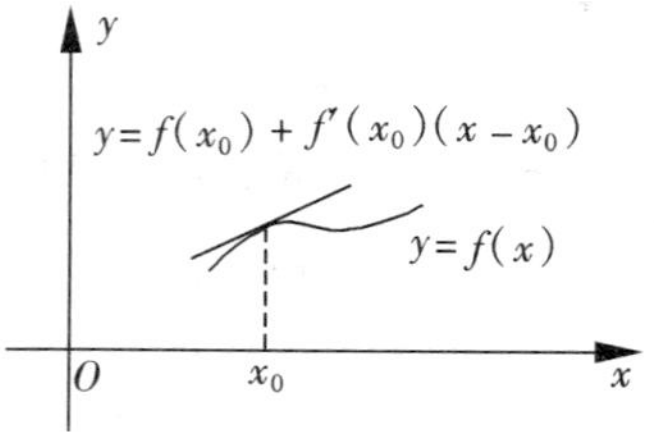

图 2－10

$$P_n(x)=a_0+a_1(x-x_0)+a_2(x-x_0)^2+\cdots+a_n(x-x_0)^n$$

来近似表示$f(x)$，并使得当$x\to x_0$时，$f(x)-P_n(x)$是比$(x-x_0)^n$高阶的无穷小量，还希望能写出$f(x)-P_n(x)$的具体表达式，以便能估计误差。

设$f(x)$在含x_0的某区间(a,b)内有$(n+1)$阶导数，为了使$P_n(x)$与$f(x)$尽可能逼近，令$P_n(x_0)=f(x_0)$，$P'_n(x_0)=f'(x_0)$，$P''_n(x_0)=f''(x_0)$，…，$P_n^{(n)}(x_0)=f^{(n)}(x_0)$。由于

$$P_n(x_0)=a_0,P'_n(x_0)=a_1,P''_n(x_0)=2!a_2,\cdots,P_n^{(n)}(x_0)=n!a_n,\text{所以}$$

$$a_0=f(x_0),a_1=f'(x_0),a_2=\frac{f''(x_0)}{2!},\cdots a_n=\frac{f^{(n)}(x_0)}{n!},$$

从而得到由$f(x)$构造而成的n次多项式，称为$f(x)$的泰勒多项式：

$$P_n(x)=f(x_0)+f'(x_0)(x-x_0)+\frac{f''(x_0)}{2!}(x-x_0)^2+\cdots+\frac{f^{(n)}(x_0)}{n!}(x-x_0)^n.$$

若用多项式$P_n(x)$去逼近$f(x)$，则其余项（误差）$R_n(x)=f(x)-P_n(x)$是否是关于$(x-x_0)^n$的高阶无穷小量？答案是肯定的。

定理 12(泰勒(Taylor)公式) 若函数 $f(x)$ 在含点 x_0 的区间 (a,b) 内具有直至 $(n+1)$ 阶的导数,则当 $x\in(a,b)$ 时,有

$$f(x)=f(x_0)+f'(x_0)(x-x_0)+\frac{f''(x_0)}{2!}(x-x_0)^2+\cdots+\frac{f^{(n)}(x_0)}{n!}(x-x_0)^n+R_n(x) \tag{2.5}$$

其中 $R_n(x)=\dfrac{f^{(n+1)}(\xi)}{(n+1)!}(x-x_0)^{n+1}$,$\xi$ 在 x_0 与 x 之间,$R_n(x)$ 是余项,称之为拉格朗日型余项,表示用泰勒多项式 $P_n(x)$ 代替 $f(x)$ 时产生的误差。

公式(2.5)称为函数 $f(x)$ 在点 x_0 处的 n 阶泰勒公式。我们略去了它的证明。

在泰勒公式中,如果取 $x_0=0$,ξ 在 0 与 x 之间,故可改为 $\xi=\theta x\ (0<\theta<1)$,从而得到泰勒公式的较简单的形式,称为麦克劳林(Maclaurin)公式:

$$f(x)=f(0)+f'(0)x+\frac{f''(0)}{2!}x^2+\cdots+\frac{f^{(n)}(0)}{n!}x^n+\frac{f^{(n+1)}(\theta x)}{(n+1)!}x^{n+1}\quad(0<\theta<1) \tag{2.6}$$

由此得近似公式:

$$f(x)\approx f(0)+f'(0)x+\frac{f''(0)}{2!}x^2+\cdots+\frac{f^{(n)}(0)}{n!}x^n.$$

上式右端的多项式称为 $f(x)$ 的麦克劳林多项式。

例 54 写出函数 $f(x)=\mathrm{e}^x$ 的 n 阶麦克劳林公式。

解 因为 $f'(x)=f''(x)=\cdots=f^{(n)}(x)=f^{(n+1)}(x)=\mathrm{e}^x$,所以

$$f(0)=f'(0)=f''(0)=\cdots=f^{(n)}(0)=1,\ f^{(n+1)}(\theta x)=\mathrm{e}^{\theta x}.$$

应用麦克劳林公式(2.6),得

$$\mathrm{e}^x=1+x+\frac{x^2}{2!}+\cdots+\frac{x^n}{n!}+\frac{\mathrm{e}^{\theta x}}{(n+1)!}x^{n+1}\quad(0<\theta<1),$$

去掉余项,得近似公式

$$\mathrm{e}^x\approx 1+x+\frac{x^2}{2!}+\cdots+\frac{x^n}{n!},$$

这时所产生的误差

$$|R_n(x)|=\left|\frac{\mathrm{e}^{\theta x}}{(n+1)!}x^{n+1}\right|<\frac{\mathrm{e}^{|x|}}{(n+1)!}|x|^{n+1}.$$

如果取 $x=1$,则得无理数 e 的近似值为

$$\mathrm{e}\approx 1+1+\frac{1}{2!}+\cdots+\frac{1}{n!},$$

其误差 $|R_n|<\dfrac{\mathrm{e}}{(n+1)!}\leqslant\dfrac{3}{(n+1)!}$。当 $n=9$ 时,可算出 $\mathrm{e}\approx 2.718282$,且误差

$|R_n| < 10^{-6}$。

例 55 求 $f(x) = \sin x$ 的 n 阶麦克劳林公式。

解 因为 $f'(x) = \cos x$, $f''(x) = -\sin x$, $f'''(x) = -\cos x$, $f^{(4)}(x) = \sin x, \cdots$, $f^{(n)}(x) = \sin\left(x + \frac{n\pi}{2}\right)$,所以 $f(0) = 0$, $f'(0) = 1$, $f''(0) = 0$, $f'''(0) = -1$, $f^{(4)}(0) = 0$ 等等。它们顺序循环地取四个数值 $0,1,0,-1$。令 $n = 2m$,由公式(2.6)得

$$\sin x = x - \frac{x^3}{3!} + \frac{x^5}{5!} - \cdots + (-1)^{m-1}\frac{x^{2m-1}}{(2m-1)!} + R_{2m}(x).$$

其中 $R_{2m}(x) = \dfrac{\sin\left[\theta x + (2m+1)\frac{\pi}{2}\right]}{(2m+1)!}x^{2m+1} \quad (0 < \theta < 1).$

如果取 $m = 1$,则得 $\sin x \approx x$,

如果取 $m = 2$,则得 $\sin x \approx x - \frac{x^3}{3!}$,

如果取 $m = 3$,则得 $\sin x \approx x - \frac{x^3}{3!} + \frac{x^5}{5!}$。

以上三个近似多项式及正弦函数的图形都画在图 2－11 中,读者可以比较它们与正弦函数的逼近程度。

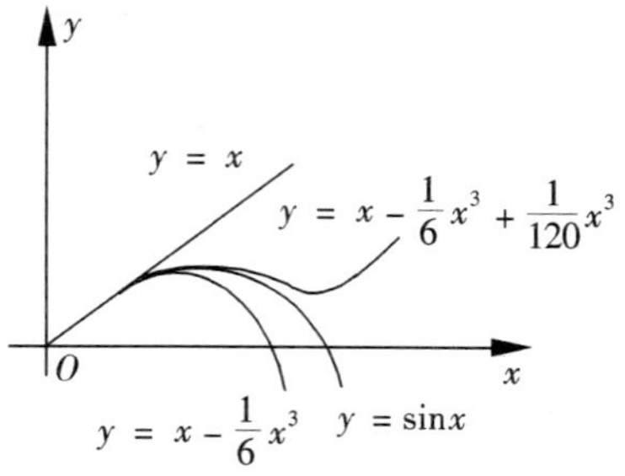

图 2－11

2.4.3 洛必达法则

在求极限 $\lim\frac{f(x)}{g(x)}$ 的过程中,如果当 $x \to x_0$(或 $x \to \infty$)时,两个函数 $f(x)$ 与 $g(x)$ 都趋于零或都趋于无穷大,通常把这种极限称为未定型,并分别简记为“$\frac{0}{0}$”或“$\frac{\infty}{\infty}$”。在第 1 章中对这类极限已作了初步讨论。有了导数这个工具以后,对于这类极限,可以用新的方法进行求解,这就是洛必达(L'Hospital)法则。

定理 13 设在自变量变化过程中(如 $x \to x_0$, $x \to x_0^-$, $x \to x_0^+$;或 $x \to \infty$, $x \to -\infty$, $x \to +\infty$),函数 $f(x)$ 与 $g(x)$ 可导,且 $g'(x) \neq 0$。如果极限 $\lim\frac{f(x)}{g(x)}$ 是“$\frac{0}{0}$”$\left(或“\frac{\infty}{\infty}”\right)$型未定型,且 $\lim\frac{f'(x)}{g'(x)}$ 存在或为 ∞,则

$$\lim\frac{f(x)}{g(x)} = \lim\frac{f'(x)}{g'(x)}.$$

本法则可用柯西中值定理证明,此处从略。

例 56 求 $\lim\limits_{x\to a}\frac{e^x - e^a}{x - a}$。

解 所给极限为“$\frac{0}{0}$”型,由洛必达法则,得

$$\lim_{x\to a}\frac{e^x-e^a}{x-a}=\lim_{x\to a}\frac{(e^x-e^a)'}{(x-a)'}=\lim_{x\to a}\frac{e^x}{1}=e^a.$$

注:本题也可用导数定义的第二种写法直接看出答案。

例 57 求$\lim\limits_{x\to0^+}\frac{\ln(\sin x)}{\ln x}$。

解 所给极限为“$\frac{\infty}{\infty}$”型,由洛必达法则,得

$$\lim_{x\to0^+}\frac{\ln(\sin x)}{\ln x}=\lim_{x\to0^+}\frac{[\ln(\sin x)]'}{(\ln x)'}=\lim_{x\to0^+}\frac{\frac{\cos x}{\sin x}}{\frac{1}{x}}=\lim_{x\to0^+}\frac{1}{\frac{\sin x}{x}}\cdot\cos x=1.$$

例 58 求$\lim\limits_{x\to+\infty}\frac{\frac{1}{x}}{\frac{\pi}{2}-\arctan x}$。

解 所给极限为“$\frac{0}{0}$”型,由洛必达法则,得

$$\lim_{x\to+\infty}\frac{\frac{1}{x}}{\frac{\pi}{2}-\arctan x}=\lim_{x\to+\infty}\frac{\left(\frac{1}{x}\right)'}{\left(\frac{\pi}{2}-\arctan x\right)'}=\lim_{x\to+\infty}\frac{-\frac{1}{x^2}}{-\frac{1}{1+x^2}}=\lim_{x\to+\infty}\frac{1+x^2}{x^2}=1.$$

例 59 求$\lim\limits_{x\to\infty}\frac{\sqrt[3]{x}}{2e^{x^2}+x}$。

解 所给极限为“$\frac{\infty}{\infty}$”型,由洛必达法则,得

$$\lim_{x\to\infty}\frac{\sqrt[3]{x}}{2e^{x^2}+x}=\lim_{x\to\infty}\frac{(\sqrt[3]{x})'}{(2e^{x^2}+x)'}=\lim_{x\to\infty}\frac{\frac{1}{3}x^{-\frac{2}{3}}}{4xe^{x^2}+1}=\lim_{x\to\infty}\frac{1}{3x^{\frac{2}{3}}(4xe^{x^2}+1)}=0.$$

如果利用洛必达法则之后所得到的导数之比的极限仍是“$\frac{0}{0}$”或“$\frac{\infty}{\infty}$”型,且仍满足法则的条件,那么可以继续使用洛必达法则。

例 60 求$\lim\limits_{x\to0^+}\frac{\ln(\tan3x)}{\ln(\tan5x)}$。

解 所给极限为“$\frac{\infty}{\infty}$”型,由洛必达法则,得

$$\lim_{x\to0^+}\frac{\ln(\tan3x)}{\ln(\tan5x)}=\lim_{x\to0^+}\frac{[\ln(\tan3x)]'}{[\ln(\tan5x)]'}=\lim_{x\to0^+}\frac{\frac{1}{\tan3x}\cdot\sec^2 3x\cdot3}{\frac{1}{\tan5x}\cdot\sec^2 5x\cdot5}=$$

$$\frac{3}{5}\lim_{x\to0^+}\frac{\sin10x}{\sin6x}\text{(此极限为“}\frac{0}{0}\text{”型)}=\frac{3}{5}\lim_{x\to0^+}\frac{10\cos10x}{6\cos6x}=1.$$

例 61 求$\lim\limits_{x\to0}\dfrac{x-\sin x}{x^3}$。

解 所给极限为“$\dfrac{0}{0}$”型,由洛必达法则,得

$$\lim_{x\to0}\frac{x-\sin x}{x^3}=\lim_{x\to0}\frac{(x-\sin x)'}{(x^3)'}=\lim_{x\to0}\frac{1-\cos x}{3x^2}=\lim_{x\to0}\frac{(1-\cos x)'}{(3x^2)'}=$$

$$\lim_{x\to0}\frac{\sin x}{6x}=\frac{1}{6}.$$

例 62 求$\lim\limits_{x\to+\infty}\dfrac{x^n}{e^x}$($n>1$,且$n$为正整数)。

解 所给极限为“$\dfrac{\infty}{\infty}$”型,由洛必达法则,得

$$\lim_{x\to+\infty}\frac{x^n}{e^x}=\lim_{x\to+\infty}\frac{(x^n)'}{(e^x)'}=\lim_{x\to+\infty}\frac{nx^{n-1}}{e^x}\text{(此极限为“}\frac{\infty}{\infty}\text{”型)}=$$

$$\lim_{x\to+\infty}\frac{(nx^{n-1})'}{(e^x)'}=\lim_{x\to+\infty}\frac{n(n-1)x^{n-2}}{e^x}$$

$$\text{(此极限为“}\frac{\infty}{\infty}\text{”型)}=\cdots=\lim_{x\to+\infty}\frac{n!}{e^x}=0.$$

在应用洛必达法则时,可结合使用第1章学过的一些求极限技巧,例如等价无穷小代换等,常能简化运算。

例 63 求$\lim\limits_{x\to0}\dfrac{x-\sin x}{x\sin^2x}$。

解 因为分式的分母中$\sin^2x\sim x^2$(当$x\to0$时),所以

$$\lim_{x\to0}\frac{x-\sin x}{x\sin^2x}=\lim_{x\to0}\frac{x-\sin x}{x^3}\text{(即为例 61)}=\frac{1}{6}.$$

在应用洛必达法则时,若函数式中有极限为非零(且非无穷大)的因子,可根据第1章学过的极限的乘法法则,先将其分离出来,单独求极限,不参与洛必达法则运算,常能简化运算。

例 64 求$\lim\limits_{x\to0}\dfrac{x^2\cos x}{1+x-e^x}$。

解 因为分子中$\lim\limits_{x\to0}\cos x=1$,所以先将$\lim\limits_{x\to0}\cos x$分离出来,得

$$\lim_{x\to 0}\frac{x^2\cos x}{1+x-e^x}=\lim_{x\to 0}\cos x\lim_{x\to 0}\frac{x^2}{1+x-e^x}=\lim_{x\to 0}\frac{x^2}{1+x-e^x}=$$

$$\lim_{x\to 0}\frac{(x^2)'}{(1+x-e^x)'}=\lim_{x\to 0}\frac{2x}{1-e^x}=$$

$$\lim_{x\to 0}\frac{(2x)'}{(1-e^x)'}=\lim_{x\to 0}\frac{2}{-e^x}=-2.$$

只有“$\frac{0}{0}$”与“$\frac{\infty}{\infty}$”这两种符合定理条件的未定型才能运用洛必达法则，但不是所有的“$\frac{0}{0}$”与“$\frac{\infty}{\infty}$”型用洛必达法则都奏效。

例 65 求$\lim\limits_{x\to 0}\dfrac{x^2\sin\frac{1}{x}}{x+\sin x}$。

解 所给极限虽然为“$\frac{0}{0}$”型，但

$$\lim_{x\to 0}\frac{\left(x^2\sin\frac{1}{x}\right)'}{(x+\sin x)'}=\lim_{x\to 0}\frac{2x\sin\frac{1}{x}-\cos\frac{1}{x}}{1+\cos x}.$$

此极限既不存在，也不是 ∞，不符合洛必达法则的条件。正确的做法是用第 1 章中的求极限方法。

$$\lim_{x\to 0}\frac{x^2\sin\frac{1}{x}}{x+\sin x}=\lim_{x\to 0}\frac{x\sin\frac{1}{x}}{\frac{x+\sin x}{x}}=\lim_{x\to 0}\frac{x\sin\frac{1}{x}}{1+\frac{\sin x}{x}}=\frac{\lim\limits_{x\to 0}x\sin\frac{1}{x}}{1+\lim\limits_{x\to 0}\frac{\sin x}{x}}=\frac{0}{1+1}=0.$$

例 66 求$\lim\limits_{x\to+\infty}\dfrac{x}{\sqrt{1+x^2}}$。

解 所给极限为“$\frac{\infty}{\infty}$”型，也符合洛必达法则的条件，如果用洛必达法则，则

$$\lim_{x\to+\infty}\frac{x}{\sqrt{1+x^2}}=\lim_{x\to+\infty}\frac{(x)'}{(\sqrt{1+x^2})'}=\lim_{x\to+\infty}\frac{1}{\frac{x}{\sqrt{1+x^2}}}=\lim_{x\to+\infty}\frac{\sqrt{1+x^2}}{x}=$$

$$\lim_{x\to+\infty}\frac{(\sqrt{1+x^2})'}{(x)'}=\lim_{x\to+\infty}\frac{x}{\sqrt{1+x^2}}.$$

如此下去，循环往复，什么结果也得不出来。正确的求法是：

$$\lim_{x\to+\infty}\frac{x}{\sqrt{1+x^2}}=\lim_{x\to+\infty}\frac{1}{\sqrt{1+\frac{1}{x^2}}}=1.$$

除了“$\frac{0}{0}$”与“$\frac{\infty}{\infty}$”型以外，常见的未定型还有“$0\cdot\infty$”、“$\infty-\infty$”等，这些未定型是不能直接应用洛必达法则的，需将函数进行恒等变形，化为“$\frac{0}{0}$”型或“$\frac{\infty}{\infty}$”型，再用洛必达法则。

例 67 求$\lim\limits_{x\to 0^+}\sqrt{x}\ln x$。

解 所给极限为“$0\cdot\infty$”型，不难发现可将其化为“$\frac{\infty}{\infty}$”型，得

$$\lim_{x\to 0^+}\sqrt{x}\ln x=\lim_{x\to 0^+}\frac{\ln x}{\frac{1}{\sqrt{x}}}\text{（已化为“}\frac{\infty}{\infty}\text{”型）}=\lim_{x\to 0^+}\frac{(\ln x)'}{\left(\frac{1}{\sqrt{x}}\right)'}=$$

$$\lim_{x\to 0^+}\frac{\frac{1}{x}}{-\frac{1}{2}x^{-\frac{3}{2}}}=-\lim_{x\to 0^+}2\sqrt{x}=0.$$

例 68 求$\lim\limits_{x\to 1}\left(\frac{x}{x-1}-\frac{1}{\ln x}\right)$。

解 所给极限为“$\infty-\infty$”型，可将其化为“$\frac{0}{0}$”型，得

$$\lim_{x\to 1}\left(\frac{x}{x-1}-\frac{1}{\ln x}\right)=\lim_{x\to 1}\frac{x\ln x-x+1}{(x-1)\ln x}\text{（化为“}\frac{0}{0}\text{”型）}=$$

$$\lim_{x\to 1}\frac{[x\ln x-x+1]'}{[(x-1)\ln x]'}=\lim_{x\to 1}\frac{\ln x+1-1}{\ln x+\frac{x-1}{x}}=$$

$$\lim_{x\to 1}\frac{x\ln x}{x\ln x+x-1}\text{（还是“}\frac{0}{0}\text{”型）}=$$

$$\lim_{x\to 1}\frac{(x\ln x)'}{(x\ln x+x-1)'}=\lim_{x\to 1}\frac{\ln x+1}{\ln x+2}=\frac{1}{2}.$$

2.4.4 函数的单调性和极值

1) 函数的单调性

在初等数学中，讨论函数在指定区间内是否单调是通过比较函数值的大小来实施的。现在有了导数这个工具，是否可以用它来进行判别呢？

我们知道在基本初等函数中 $y=e^x$ 在$(-\infty,+\infty)$内为单调递增函数，而它的导数 $y'=e^x>0$；再如 $y=x^2$ 在$(-\infty,0)$内是单调递减的，而它的导数 $y'=2x<0$。由此可见，函数的单调性与它的导数的符号有着密切的联系。事实上，我们有如下的判定定理：

定理 14 设函数 $y=f(x)$ 在(a,b)内可导。

(1) 如果在 $x \in (a,b)$ 内恒有 $f'(x) > 0$,那么 $f(x)$ 在 (a,b) 内单调递增;

(2) 如果在 $x \in (a,b)$ 内恒有 $f'(x) < 0$,那么 $f(x)$ 在 (a,b) 内单调递减。

证 在区间 (a, b) 内任取两点 x_1, x_2,且 $x_1 < x_2$,在区间 $[x_1, x_2]$ 上应用拉格朗日中值定理可得

$$\frac{f(x_2) - f(x_1)}{x_2 - x_1} = f'(\xi), \xi \in (x_1, x_2).$$

如果在 $x \in (a, b)$ 内恒有 $f'(x) > 0$,则 $\frac{f(x_2) - f(x_1)}{x_2 - x_1} = f'(\xi) > 0$,所以当 $x_1 < x_2$ 时,$f(x_2) - f(x_1) > 0$,即 $f(x_1) < f(x_2)$。由 x_1, x_2 的任意性可知 $f(x)$ 在 (a,b) 内单调递增。

如果在 $x \in (a,b)$ 内恒有 $f'(x) < 0$,则 $\frac{f(x_2) - f(x_1)}{x_2 - x_1} = f'(\xi) < 0$,所以当 $x_1 < x_2$ 时,$f(x_2) - f(x_1) < 0$,即 $f(x_1) > f(x_2)$。由 x_1, x_2 的任意性可知 $f(x)$ 在 (a,b) 内单调递减。

例 69 判别函数 $y = 2x - \sin x$ 在 $(-\infty, +\infty)$ 内的单调性。

解 因为在函数的定义域 $(-\infty, +\infty)$ 内恒有 $y' = 2 - \cos x > 0$,所以 $y = 2x - \sin x$ 在 $(-\infty, +\infty)$ 内单调递增。

有时,一个函数在 (a,b) 内有有限个导数为零的点或导数不存在但函数仍连续的点,在其余各点处导数均为正(或负)时,该函数在 (a,b) 内的单调性不变。

如函数 $y = x^3$ 在 $(-\infty, +\infty)$ 内单调递增,而 $y' = 3x^2$,当 $x = 0$ 时,$y'|_{x=0} = 0$(见图 2-12)。又如函数 $y = \sqrt[3]{x}$ 在 $(-\infty, +\infty)$ 内单调递增,而 $y' = \frac{1}{3}x^{-\frac{2}{3}}$,当 $x = 0$ 时,函数连续但 $y'|_{x=0} = \infty$ 不存在(见图 2-13)。

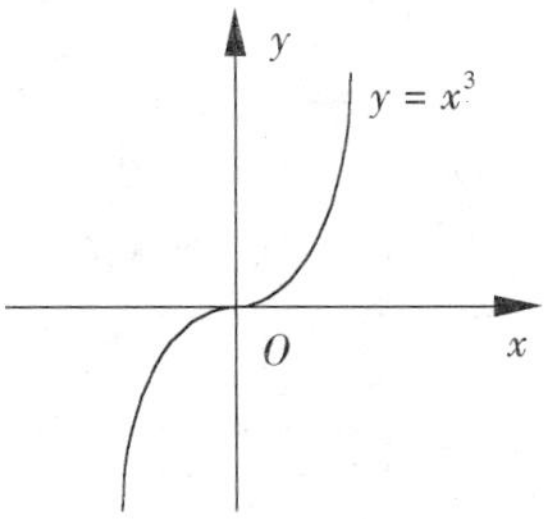

图 2-12

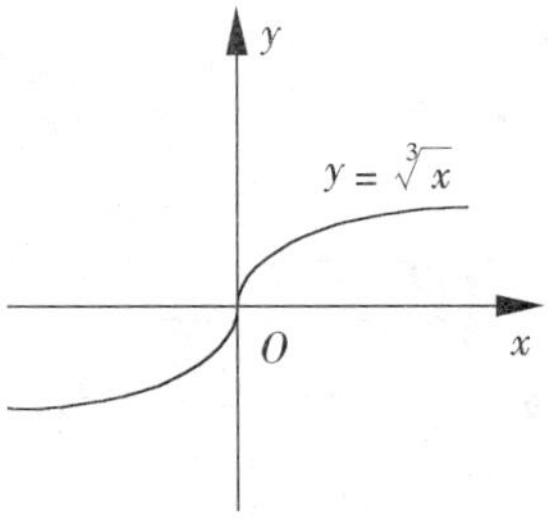

图 2-13

在第 1 章中已经讲过,不是所有的函数都是单调函数,非单调函数在定义域的某个区间内可能有单调性,这种区间称为单调区间,列出这种区间,对于讨论函数的特性有很大的作用。那么如何求出这类区间呢?先看下例。

例 70 求函数 $y = x^2$ 及函数 $y = \sqrt[3]{x^2}$ 的单调区间。

解 $y=x^2$ 的定义域为$(-\infty,+\infty)$，$y'=2x$，显然 $y'|_{x=0}=0$。当 $x\in(-\infty,0)$ 时，$y'<0$，所以 $y=x^2$ 在区间$(-\infty,0)$内单调递减；当 $x\in(0,+\infty)$ 时，$y'>0$，所以 $y=x^2$ 在区间$(0,+\infty)$内单调递增。

$y=\sqrt[3]{x^2}$ 的定义域$(-\infty,+\infty)$，$y'=\frac{2}{3}\cdot\frac{1}{\sqrt[3]{x}}$，显然 $y'|_{x=0}$ 不存在。当 $x\in(-\infty,0)$ 时，$y'<0$，所以 $y=\sqrt[3]{x^2}$ 在区间$(-\infty,0)$内单调递减；当 $x\in(0,+\infty)$ 时，$y'>0$，所以 $y=\sqrt[3]{x^2}$ 在区间$(0,+\infty)$内单调递增。

本题中两个函数在导数等于零的点或导数不存在的连续点恰好为单调递增与单调递减的分界点(见图2-14与图2-15)。

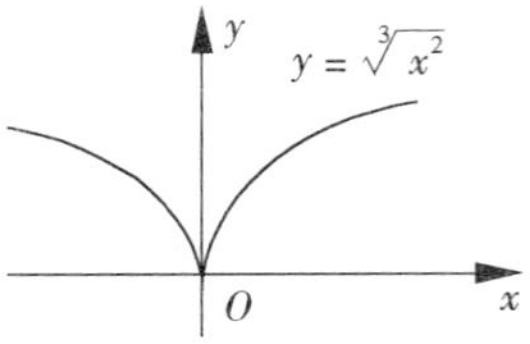

图2-14

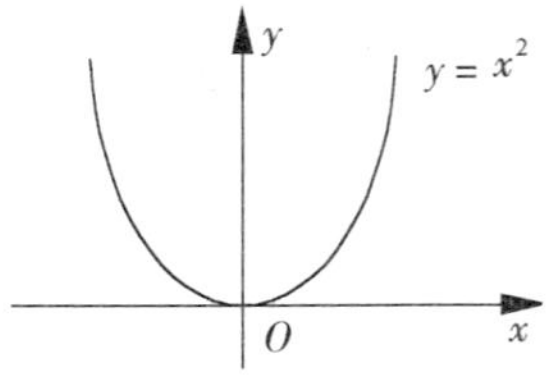

图2-15

观察图2-12至图2-15，可以看出导数等于零的点或导数不存在的连续点可能为函数单调递增与单调递减的分界点，因而可得到求函数的单调区间的步骤：

(1) 确定函数 $f(x)$ 的定义域，求出 $f(x)$ 的导数等于零的点及导数不存在的连续点；

(2) 用所求出的点将定义域分成若干区间，在各区间内应用定理14。

例71 求函数 $y=\frac{2}{3}x-\sqrt[3]{x^2}$ 的单调区间。

解 函数定义域为$(-\infty,+\infty)$，$y'=\frac{2}{3}-\frac{2}{3\cdot\sqrt[3]{x}}=\frac{2}{3}\cdot\frac{\sqrt[3]{x}-1}{\sqrt[3]{x}}$，当 $x=0$ 时，$y'|_{x=0}$ 不存在；当 $x=1$ 时，$y'|_{x=1}=0$。用0,1将定义域分成三个区间，列下表讨论：

x	$(-\infty,0)$	0	$(0,1)$	1	$(1,+\infty)$
y'	+	不存在	−	0	+
y	↗		↘		↗

其中"↗"表示单调递增，"↘"表示单调递减。

定理14也可以用来证明一些不等式。

例72 证明当 $x>0$ 时，$1+\frac{1}{2}x>\sqrt{1+x}$。

证 取函数 $f(x)=1+\frac{1}{2}x-\sqrt{1+x}$，则 $f'(x)=\frac{1}{2}-\frac{1}{2\sqrt{1+x}}=\frac{1}{2}\left(1-\frac{1}{\sqrt{1+x}}\right)$。当 $x>0$ 时，$f'(x)>0$，所以 $f(x)$ 在 $(0,+\infty)$ 内单调递增。又因为 $f(0)=0$，所以 $f(x)>f(0)$，

即 $$1+\frac{1}{2}x-\sqrt{1+x}>0,$$

所以

$$1+\frac{1}{2}x>\sqrt{1+x}.$$

2) 函数的极值

定义 设函数 $f(x)$ 在点 x_0 的某邻域内有定义，如果对该邻域内任何异于 x_0 的 x，都有

(1) $f(x)<f(x_0)$，则称 $f(x_0)$ 为 $f(x)$ 的一个极大值，称 x_0 为 $f(x)$ 的极大值点；

(2) $f(x)>f(x_0)$，则称 $f(x_0)$ 为 $f(x)$ 的一个极小值，称 x_0 为 $f(x)$ 的极小值点。

函数的极大值与极小值统称为函数的极值，极大值点与极小值点统称为极值点。

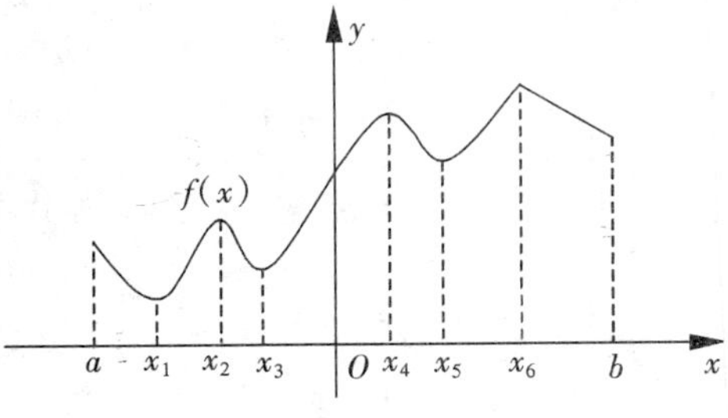

图 2－16

为了对函数的极值有一个直观的了解，先观察图 2－16，容易看出函数 $f(x)$ 在点 x_2,x_4,x_6 处有极大值，在点 x_1,x_3,x_5 处有极小值。从图中又可看出，函数的极值是函数曲线变化过程中的相对高低点，且允许极小值大于极大值（如图中 $f(x_5)>f(x_2)$），因而极值是一个局部性概念。

在图中还可看出，这些极值点恰好为函数单调递增区间与单调递减区间的分界点，在讨论函数的单调性时，我们已经指出这种分界点可能是导数等于零的点或导数不存在的连续点，那么这两种类型的点是否为极值点呢？

观察函数 $y=x^3$、$y=x^2$、$y=\sqrt[3]{x}$、$y=\sqrt[3]{x^2}$ 在点 $x=0$ 处的极值情况。对于函数 $y=x^3$ 与 $y=x^2$，$x=0$ 是其导数等于零的点，从图 2－12 与图 2－15 可看出 $x=0$ 对前者而言不是极值点，而对后者而言是极值点；对于函数 $y=\sqrt[3]{x}$ 与 $y=\sqrt[3]{x^2}$，$x=0$ 是其导数不存在的连续点。从图 2－13 与图 2－14 可看出 $x=0$ 对前者而言不是极值点，而对后者而言是极值点。

从以上观察知导数等于零的点与导数不存在的连续点未必是极值点，因此，必须进一步去判别。

定义 使函数的导数等于零的点，称为该函数的驻点。

例如 $x=0$ 是函数 $y=x^3$，$y=x^2$ 的驻点。

定理 15(极值的必要条件) 设函数 $f(x)$ 在点 x_0 处可导,且 x_0 为 $f(x)$ 的极值点,则 $f'(x_0)=0$。

定理 16(1)(判定极值的第一充分条件) 设函数 $y=f(x)$ 在点 x_0 的去心邻域内可导(在点 x_0 处要求连续),如果

(1) 当 $x<x_0$ 时 $f'(x)>0$;当 $x>x_0$ 时 $f'(x)<0$,则 x_0 为 $f(x)$ 的极大值点;

(2) 当 $x<x_0$ 时 $f'(x)<0$;当 $x>x_0$ 时 $f'(x)>0$,则 x_0 为 $f(x)$ 的极小值点;

(3) 当 $f'(x)$ 在 x_0 的两侧保持相同的符号时,则 x_0 不是 $f(x)$ 的极值点。

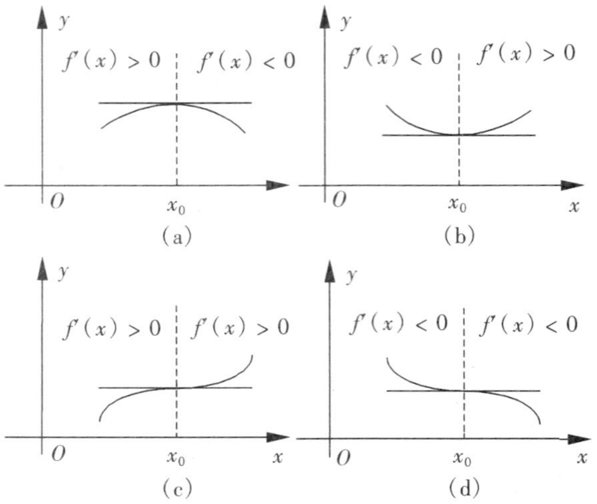

图 2-17

这两条定理不作理论证明,可从图 2-17 加以理解。

例 73 求 $y=\frac{3}{8}x^{\frac{8}{3}}-\frac{3}{2}x^{\frac{2}{3}}$ 的极值点与极值。

解 函数的定义域为 $(-\infty,+\infty)$,$y'=x^{\frac{5}{3}}-x^{-\frac{1}{3}}=\frac{(x+1)(x-1)}{\sqrt[3]{x}}$。令 $y'=0$ 可知,$x_1=-1$,$x_2=1$ 为驻点,又 $x_3=0$ 为导数不存在的连续点,对这三个点可分别用定理 16(1) 判别,现列表讨论如下:

x	$(-\infty,-1)$	-1	$(-1,0)$	0	$(0,1)$	1	$(1,+\infty)$
$f'(x)$	$-$	0	$+$	不存在	$-$	0	$+$
$f(x)$	↘	极小值 $-\frac{9}{8}$	↗	极大值 0	↘	极小值 $-\frac{9}{8}$	↗

例 74 求 $y=3x^4-8x^3+6x^2$ 的极值点与极值。

解 函数的定义域为 $(-\infty,+\infty)$,$y'=12x^3-24x^2+12x=12x(x-1)^2$。令 $y'=0$ 可知,$x_1=0$,$x_2=1$ 为驻点;无导数不存在点,现列表讨论如下:

x	$(-\infty,0)$	0	$(0,1)$	1	$(1,+\infty)$
$f'(x)$	$-$	0	$+$	0	$+$
$f(x)$	↘	极小值 0	↗	无极值	↗

在求极值时，若函数 $f(x)$ 在驻点处存在不为零的二阶导数，则有极值的另一个判别定理。

定理 16(2)（判定极值的第二充分条件） 设函数 $y=f(x)$ 在点 x_0 处存在二阶导数，且 $f'(x_0)=0$，$f''(x_0)\neq 0$，则

(1) 当 $f''(x_0)<0$ 时，x_0 为 $f(x)$ 的极大值点；

(2) 当 $f''(x_0)>0$ 时，x_0 为 $f(x)$ 的极小值点。

证 我们只证明(1)。因为 $f'(x_0)=0$，$f''(x_0)<0$，即

$$\lim_{x\to x_0}\frac{f'(x)-f'(x_0)}{x-x_0}=\lim_{x\to x_0}\frac{f'(x)}{x-x_0}<0.$$

由极限的保号性（见 1.3.2 极限的性质 2）可知，存在 x_0 的某个邻域，在该邻域内也有

$$\frac{f'(x)}{x-x_0}<0.$$

这说明 $f'(x)$ 与 $(x-x_0)$ 异号。故当 $x<x_0$ 时，$f'(x)>0$；当 $x>x_0$ 时，$f'(x)<0$。由定理 16(1) 可知，x_0 为 $f(x)$ 的极大值点。

例 75 求 $y=\frac{1}{4}x^4-\frac{1}{3}x^3-x^2$ 的极值点与极值。

解 函数的定义域为 $(-\infty,+\infty)$，$y'=x^3-x^2-2x=x(x-2)(x+1)$，令 $y'=0$ 可知，$x_1=-1$，$x_2=0$，$x_3=2$ 为驻点，又因为 $y''=3x^2-2x-2$，可得 $y''|_{x=-1}=3>0$，$y''|_{x=0}=-2<0$，$y''|_{x=2}=6>0$，所以 $x_1=-1$，$x_3=2$ 为极小值点，相应的极小值为 $f(-1)=-\frac{5}{12}$，$f(2)=-\frac{8}{3}$；$x_2=0$ 为极大值点，相应的极大值为 $f(0)=0$。

综上所述，求函数 $y=f(x)$ 极值点、极值的一般步骤为：

(1) 求出 $y=f(x)$ 的定义域；

(2) 求出 $f'(x)$ 并令它为零，求出 $f(x)$ 的全部驻点及导数不存在的连续点；

(3) 判定在驻点及导数不存在的点两侧 $f'(x)$ 的符号，利用判定极值的第一充分条件判定其是否为极值点；

(4) 如果驻点处的二阶导数易求，且非零，则也可利用判定极值的第二充分条件判定其是否为极值点。

2.4.5 函数的最大值和最小值

1) 由闭区间上连续函数的性质可知，若 $f(x)$ 在 $[a,b]$ 上连续，则 $f(x)$ 在 $[a,b]$ 上必存在最大值与最小值。$f(x)$ 在 $[a,b]$ 上的最大、最小值与极值是不相同的，前者是一个整体概念，后者是一个局部性概念，但二者之间也有联系。从图 2-16 中观察到 $f(x)$ 在闭区间 $[a,b]$ 上的最大、最小值只能在极值点以及两个端点处取得，据此可得求函数最大值与最小值的方法。

设 $f(x)$ 在闭区间 $[a,b]$ 上连续，求 $f(x)$ 在 $[a,b]$ 上最大值与最小值的步骤为：

（1） 求出 $f(x)$ 在属于 (a,b) 内的所有驻点及导数不存在的连续点，并求出相应的函数值；

（2） 将所求得点的函数值与 $f(x)$ 在两端点的函数值 $f(a)$，$f(b)$ 相比较，最大者即为最大值，最小者即为最小值。

例 76 求 $f(x)=\frac{2}{3}x-\sqrt[3]{x^2}$ 在闭区间 $[-1,2]$ 上的最大值与最小值。

解 函数 $f(x)$ 为 $[-1,2]$ 上的连续函数。令 $f'(x)=\frac{2}{3}\left(1-\frac{1}{\sqrt[3]{x}}\right)=0$，得到在区间 $(-1,2)$ 内的驻点为 $x_1=1$，导数不存在的点为 $x_2=0$，相应的函数值为 $f(1)=-\frac{1}{3}$，$f(0)=0$，而 $f(x)$ 在两端点的函数值为 $f(-1)=-\frac{5}{3}$，$f(2)=\frac{4}{3}-\sqrt[3]{4}$。比较后可知 $f(x)=\frac{2}{3}x-\sqrt[3]{x^2}$ 在闭区间 $[-1,2]$ 上的最大值为 $f(0)=0$，最小值为 $f(-1)=-\frac{5}{3}$。

2） 若 x_0 是函数 $f(x)$ 在 (a,b) 内惟一极值点（极大值点或极小值点），则 $f(x_0)$ 即为 $f(x)$ 在 (a,b) 内的最大值（或最小值）。

例 77 设 $y=2x-5x^2$，问 x 等于多少时 y 的值最大？并求最大值。

解 函数的定义域为 $(-\infty,+\infty)$。因为 $y'=2-10x$，所以在 $(-\infty,+\infty)$ 内仅有 $x_0=\frac{1}{5}$ 为驻点。

又因为 $y''=-10<0$，所以 $x_0=\frac{1}{5}$ 为 $y=2x-5x^2$ 在 $(-\infty,+\infty)$ 内惟一的极大值点，从而函数有最大值 $y\Big|_{x=\frac{1}{5}}=\frac{1}{5}$。

3） 在实际问题中，若 $f(x)$ 有惟一的驻点 x_0，且由问题的性质可断定 $f(x)$ 有最大值（或最小值），则必在 x_0 处取得此值。

例 78 某学校准备设计一张单栏的竖向张贴的长方形海报，它的印刷面积 128dm^2，上下空白各 2dm，两边空白各 1dm，如何确定海报尺寸可使四周空白面积为最小？

解 设印刷面积由从上到下长 $x$dm，从左到右宽 $y$dm，四周空白面积 $S\text{dm}^2$，则

$$S=2x+4y+4\cdot 2,$$

又因为 $xy=128$，从而 $y=\frac{128}{x}$，得

$$S=2x+4\cdot\frac{128}{x}+4\cdot 2=2x+\frac{512}{x}+8,\ 0<x<+\infty,$$

$$S'=2-\frac{512}{x^2},$$

令 $S' = 0$,得驻点 $x = 16$。

又因为四周空白面积必存在最小值,所以,当海报印刷部分为从上到下长 16dm,从左到右宽 8dm 时,可使四周空白面积为最小,最小值为 72dm^2。

例 79 一房地产公司有 50 套公寓要出租。当租金定为每月 720 元时,公寓会全部租出去;当租金每月增加 40 元时,就有一套公寓租不出去,而租出去的房子每月需花费 80 元的整修维护费。试问房租定为多少可获得最大收入?

解 设租金为 x 元/月,租出的公寓有 $50-\left(\dfrac{x-720}{40}\right)$套,又设月总收入为 $R(x)$,则

$$R(x) = (x-80)\left(50-\frac{x-720}{40}\right) = (x-80)\left(68-\frac{x}{40}\right),$$

从而得

$$R'(x) = \left(68-\frac{x}{40}\right) + (x-80)\left(-\frac{1}{40}\right) = 70-\frac{x}{20}.$$

令 $R'(x) = 0$,得惟一驻点 $x = 1400$,又因为房租收入必存在最大值,所以当月租金为每月 1400 元时,可获得最大收入,最大月总收入为 43560 元。

2.4.6 曲线的凹凸性与拐点

函数还有一个特性是它的凹凸性。那么,什么是函数的凹凸性呢?先观察曲线 $y = x^3$ 的图形(见图 2-18),虽然在 $(-\infty, +\infty)$ 上,曲线都是单调递增的,但负半轴和正半轴图形差别比较大。在区间 $(-\infty, 0)$ 内,曲线形状是上凸的;在 $(0, +\infty)$ 内,曲线形状是上凹的;原点 $(0, 0)$ 是上凹与上凸的分界点。下面我们给出定义。

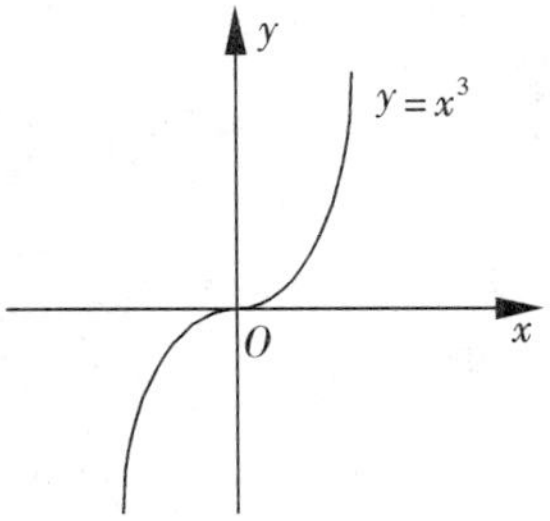

图 2-18

定义 若在某区间 I 内,曲线总在它每一点的切线的上方,则称此曲线在区间 I 内是上凹的;若在某区间 I 内,曲线总在它每一点的切线的下方,则称此曲线在区间 I 内是上凸的。上凹与上凸的分界点称为曲线的拐点。

判别一个函数的凹凸性有如下判别法则:

定理 17 设函数 $f(x)$ 在区间 (a, b) 内有二阶连续导数 $f''(x)$。

(1) 若在 (a, b) 内恒有 $f''(x) > 0$,则 $f(x)$ 在区间 (a, b) 内是上凹的;

(2) 若在 (a, b) 内恒有 $f''(x) < 0$,则 $f(x)$ 在区间 (a, b) 内是上凸的。

证 我们只证明(1)。设 x_0 和 x 是 (a, b) 内的任意两点,且 $x \neq x_0$,$f(x)$ 在 x_0 处的一阶泰勒公式为

$$f(x) = f(x_0) + f'(x_0)(x-x_0) + \frac{f''(\xi)}{2!}(x-x_0)^2 \,(\xi \text{ 在 } x_0 \text{ 与 } x \text{ 之间}),$$

其中 $f(x_0)+f'(x_0)(x-x_0)$ 正是点 x_0 处的切线在点 x 处的纵坐标，$f(x)$ 是曲线在点 x 处的纵坐标（见图2－19）。若 $f''(x)>0$，即有 $\frac{f''(\xi)}{2!}(x-x_0)^2>0$，于是

$$f(x)>f(x_0)+f'(x_0)(x-x_0),$$

这表明曲线在切线的上方，所以曲线是上凹的。

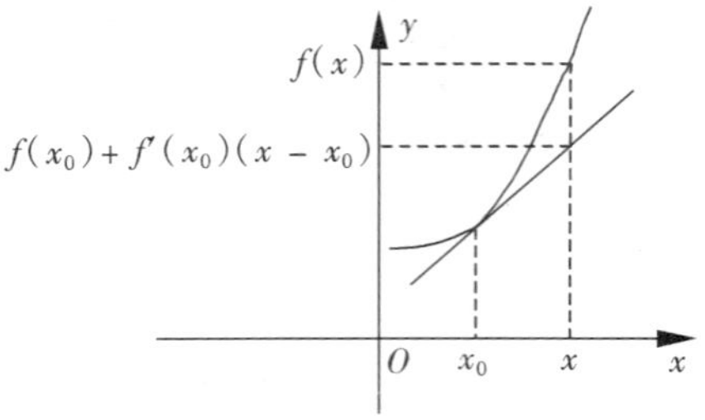

图 2－19

例 80 判别曲线 $y=\sqrt[3]{x}$ 的凹凸性，并求拐点。

解 函数的定义域为 $(-\infty,+\infty)$，因为 $y'=\frac{1}{3x^{\frac{2}{3}}}$，$y''=-\frac{2}{9x^{\frac{5}{3}}}$，所以当 $x<0$ 时，$y''>0$，即在区间 $(-\infty,0)$ 内，曲线是上凹的；当 $x>0$ 时，$y''<0$，即在区间 $(0,+\infty)$ 内，曲线是上凸的。由于曲线上点 $(0,0)$ 是上凹与上凸的分界点，所以是曲线 $y=\sqrt[3]{x}$ 的拐点。

一般情况下，$f(x)$ 的二阶导数等于零的点与二阶导数不存在的连续点可能成为拐点，请看下面两例。

例 81 判别曲线 $y=3x^4-4x^3+1$ 的凹凸性，并求拐点。

解 函数的定义域为 $(-\infty,+\infty)$，因为 $y'=12x^3-12x^2$，$y''=36x^2-24x$，令 $y''=0$，得二阶导数等于零的点 $x_1=0$，$x_2=\frac{2}{3}$。现列表讨论如下：

x	$(-\infty,0)$	0	$\left(0,\frac{2}{3}\right)$	$\frac{2}{3}$	$\left(\frac{2}{3},+\infty\right)$
y''	+	0	−	0	+
y	∪	拐点	∩	拐点	∪

其中"∪"表示上凹；"∩"表示上凸。

例 82 判别曲线 $y=(x-1)\cdot\sqrt[3]{x^5}$ 的凹凸性，并求拐点。

解 函数的定义域为 $(-\infty,+\infty)$，因为 $y'=x^{\frac{5}{3}}+(x-1)\cdot\frac{5}{3}\cdot x^{\frac{2}{3}}=\frac{8}{3}x^{\frac{5}{3}}-\frac{5}{3}\cdot x^{\frac{2}{3}}$，$y''=\frac{40}{9}x^{\frac{2}{3}}-\frac{10}{9}x^{-\frac{1}{3}}=\frac{10}{9}\cdot\frac{4x-1}{\sqrt[3]{x}}$。

从上式知，$x_1=\frac{1}{4}$ 为二阶导数等于零的点，$x_2=0$ 为二阶导数不存在的连续点。现列表讨论如下：

x	$(-\infty,0)$	0	$\left(0,\frac{1}{4}\right)$	$\frac{1}{4}$	$\left(\frac{1}{4},+\infty\right)$
y''	+	不存在	−	0	+
y	∪	拐点	∩	拐点	∪

从上述例子可以看出,求函数在定义域上的凹凸性与拐点,可以分下列步骤:

(1) 求出属于 $f(x)$ 定义域内的二阶导数等于零的点与二阶导数不存在的连续点;

(2) 用所求出的点将定义域分段,然后作出判别。

2.4.7 函数图形的描绘

若能作出函数的图形,那么在图形中可以直观地看出函数的形态。因此,作图对于研究函数有很大的帮助。前面对函数的单调性、函数的极值、曲线的凹凸性的讨论可以帮助我们比较正确地了解函数的形态。为了描绘出函数的图形,我们先介绍渐近线的概念与求法。

1) 渐近线

定义 动点 M 沿曲线 $y=f(x)$ 无限远离坐标原点时,若点 M 与某定直线 L 之间的距离无限趋于零,则称直线 L 为曲线 $y=f(x)$ 的一条渐近线(见图 2-20)。

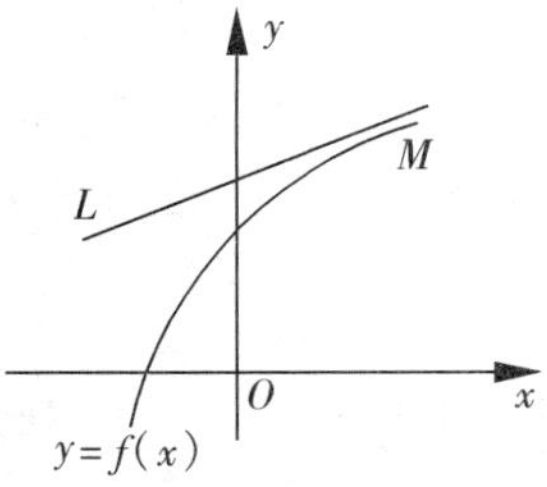

图 2-20

在平面直角坐标系中,渐近线根据其位置可分为水平渐近线、铅垂渐近线和斜渐近线三种。在此我们只讨论水平渐近线与铅垂渐近线。

(1) 若渐近线 L 与 x 轴平行,则称直线 L 为曲线 $y=f(x)$ 的水平渐近线(见图 2-21)。

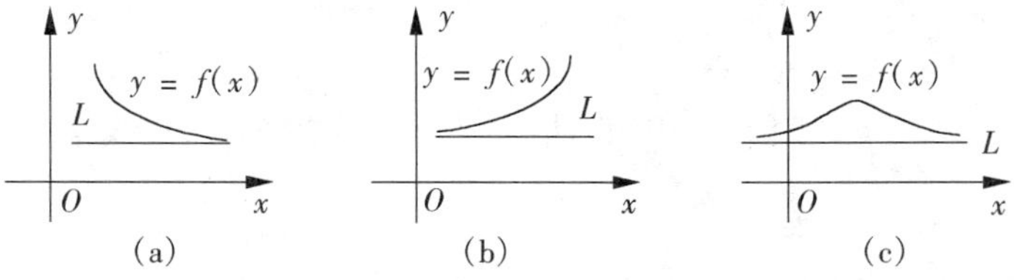

图 2-21

由渐近线定义,再结合图 2-21,容易看出,当且仅当下列三种情形之一成立时,直线 $y=c$ 为曲线 $y=f(x)$ 的水平渐近线。

$$\lim_{x\to+\infty} f(x)=c,\quad \lim_{x\to-\infty} f(x)=c,\quad \lim_{x\to\infty} f(x)=c.$$

(2) 若渐近线 L 与 x 轴垂直,则称 L 为曲线 $y=f(x)$ 的铅垂渐近线(见图 2-22)。

由渐近线定义,再结合图 2-22,容易看出,当且仅当下列三种情形之一成立时,直线 $x=x_0$ 为曲线 $y=f(x)$ 的铅垂渐近线。

$$\lim_{x\to x_0^+} f(x)=\infty,\ \lim_{x\to x_0^-} f(x)=\infty,\ \lim_{x\to x_0} f(x)=\infty.$$

例 83 求曲线 $y=\dfrac{x}{x^2-3x+2}$ 的水平渐近线和铅垂渐近线。

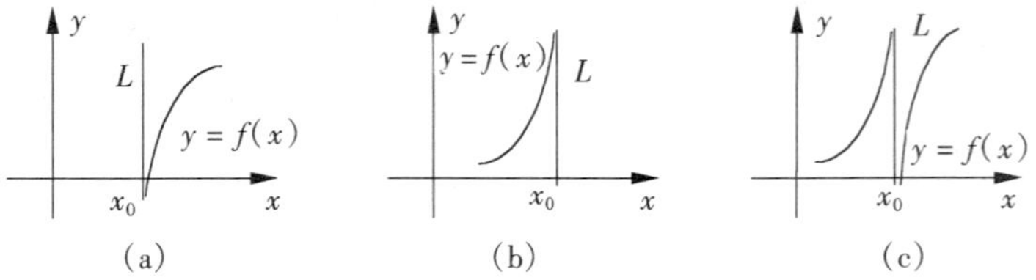

图 2－22

解　因为$\lim\limits_{x\to\infty}\dfrac{x}{x^2-3x+2}=\lim\limits_{x\to\infty}\dfrac{1}{x-3+\dfrac{2}{x}}=0$，所以 $y=0$ 为曲线 $y=\dfrac{x}{x^2-3x+2}$ 的水平渐近线。

又因为$\lim\limits_{x\to1}\dfrac{x}{x^2-3x+2}=\lim\limits_{x\to1}\dfrac{x}{(x-1)(x-2)}=\infty$，

$\lim\limits_{x\to2}\dfrac{x}{x^2-3x+2}=\lim\limits_{x\to2}\dfrac{x}{(x-1)(x-2)}=\infty$，

所以 $x=1$，$x=2$ 为曲线 $y=\dfrac{x}{x^2-3x+2}$ 的铅垂渐近线。

例 84　求曲线 $y=\dfrac{\ln x}{x}$ 的水平渐近线与铅垂渐近线。

解　因为 $\lim\limits_{x\to+\infty}\dfrac{\ln x}{x}=\lim\limits_{x\to+\infty}\dfrac{\frac{1}{x}}{1}=0$，所以 $y=0$ 为曲线 $y=\dfrac{\ln x}{x}$ 的水平渐近线。

又因为$\lim\limits_{x\to0^+}\dfrac{\ln x}{x}=\infty$，所以 $x=0$ 为曲线 $y=\dfrac{\ln x}{x}$ 的铅垂渐近线。

2)　函数的作图

作出函数图形的一般步骤为：

(1)　确定函数 $y=f(x)$ 的定义域；

(2)　判定函数 $y=f(x)$ 的奇偶性及周期性。如果函数 $y=f(x)$ 为奇函数或偶函数，只需研究当 $x\geqslant0$ 时函数的性质，作出其图形，另一半曲线的图形可由对称性得出；如果函数 $y=f(x)$ 为周期函数，只需研究其在一个周期内的性质，作出其图形，其余部分利用周期性得出；

(3)　求出函数 $y=f(x)$ 的一阶导数、二阶导数，据此求出属于定义域内的驻点、导数不存在的连续点以及使二阶导数等于零的点、二阶导数不存在的连续点；

(4)　用上述所求得的点将定义域分成若干部分，列表讨论函数的单调性、极值点、极值、凹凸性、拐点；

(5)　确定曲线的渐近线；

(6) 根据以上讨论出来的函数的性质,描绘出函数的图形。

注意:为了把函数图形描绘得准确些,可适当补充一些曲线上的点。

例 85 作出函数 $y=x^3-x^2-x+1$ 的图形。

解 函数的定义域为 $(-\infty,+\infty)$,是连续的非奇非偶函数,非周期函数,

$$y'=3x^2-2x-1=(3x+1)(x-1),$$

令 $y'=0$,求得驻点 $x_1=-\frac{1}{3}$,$x_2=1$。$y''=6x-2$,

令 $y''=0$,求得 $x_3=\frac{1}{3}$。

以 $-\frac{1}{3}$,$\frac{1}{3}$,1 为分点把定义域分成四个区间,现列表讨论:

x	$\left(-\infty,-\frac{1}{3}\right)$	$-\frac{1}{3}$	$\left(-\frac{1}{3},\frac{1}{3}\right)$	$\frac{1}{3}$	$\left(\frac{1}{3},1\right)$	1	$(1,+\infty)$
y'	+	0	−		−	0	+
y''	−		−	0	+		+
y	↗∩	极大值	↘∩	拐点	↘∪	极小值	↗∪
		$\frac{32}{27}$		$\frac{16}{27}$		0	

该函数无渐近线。

为准确描绘函数图形,再补充曲线上的三点 $(-1,0)$,$(0,1)$,$\left(\frac{3}{2},\frac{5}{8}\right)$,作出函数的图形(见图 2-23)。

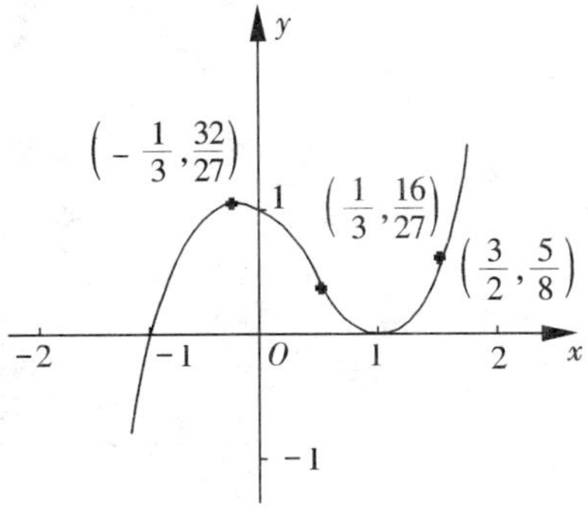

图 2-23

例 86 作函数 $y=\frac{4(x+1)}{x^2}-2$ 的图形。

解 函数定义域为 $(-\infty,0)\cup(0,+\infty)$,非奇非偶函数,非周期函数。

$$y'=-\frac{4(x+2)}{x^3},$$

令 $y'=0$,求得驻点 $x_1=-2$。

$$y''=\frac{8(x+3)}{x^4},$$

令 $y''=0$,求得 $x_2=-3$。

以 −3,−2 为分点,将定义域分段,列下表讨论:

x	$(-\infty,-3)$	-3	$(-3,-2)$	-2	$(-2,0)$	$(0,+\infty)$
y'	$-$		$-$	0	$+$	$-$
y''	$-$	0	$+$		$+$	$+$
y	↘ ∩	拐点	↘ ∪	极小值	↗ ∪	↘ ∪
		$-\frac{26}{9}$		-3		

因为$\lim\limits_{x\to\infty}\left[\frac{4(x+1)}{x^2}-2\right]=-2$，所以 $y=-2$ 是水平渐近线。

又因为$\lim\limits_{x\to0}\left[\frac{4(x+1)}{x^2}-2\right]=\infty$，所以 $x=0$ 是铅垂渐近线。

再补充曲线上的点 $A(-1,-2)$，$B(1,6)$，$C(2,1)$，$D\left(3,-\frac{2}{9}\right)$，作出函数图形(见图 2－24)。

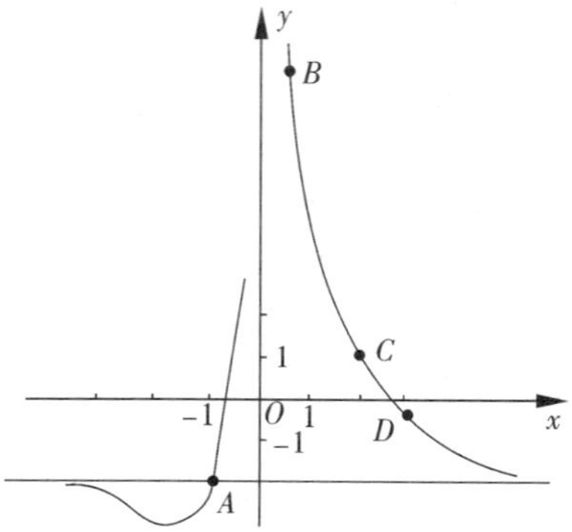

图 2－24

例 87 作函数 $\varphi(x)=\frac{1}{\sqrt{2\pi}}e^{-\frac{x^2}{2}}$ 的图形。

解 函数的定义域为$(-\infty,+\infty)$，是偶函数，因此只讨论$[0,+\infty)$上该函数的图形。$\varphi'(x)=-\frac{1}{\sqrt{2\pi}}xe^{-\frac{x^2}{2}}$，令 $\varphi'(x)=0$，求得驻点 $x_1=0$。

$$\varphi''(x)=-\frac{1}{\sqrt{2\pi}}\left[e^{-\frac{x^2}{2}}+xe^{-\frac{x^2}{2}}(-x)\right]=$$

$$\frac{1}{\sqrt{2\pi}}e^{-\frac{x^2}{2}}(x^2-1),$$

令 $\varphi''(x)=0$，求得 $x_2=1$。

以 0，1 为分点将$[0,+\infty)$分段，列下表讨论：

x	0	$(0,1)$	1	$(1,+\infty)$
$\varphi'(x)$	0	$-$		$-$
$\varphi''(x)$		$-$	0	$+$
$\varphi(x)$	极大值	↗ ∩	拐点	↗ ∪
	$\frac{1}{\sqrt{2\pi}}$		$\frac{1}{\sqrt{2\pi e}}$	

因为 $\lim\limits_{x\to+\infty}\frac{1}{\sqrt{2\pi}}e^{-\frac{x^2}{2}}=0$，所以 $y=0$ 为水平渐近线，无铅垂渐近线。

再补充曲线上的点$\left(2,\frac{1}{\sqrt{2\pi e^2}}\right)$，作出函数的图形（见图 2－25）。

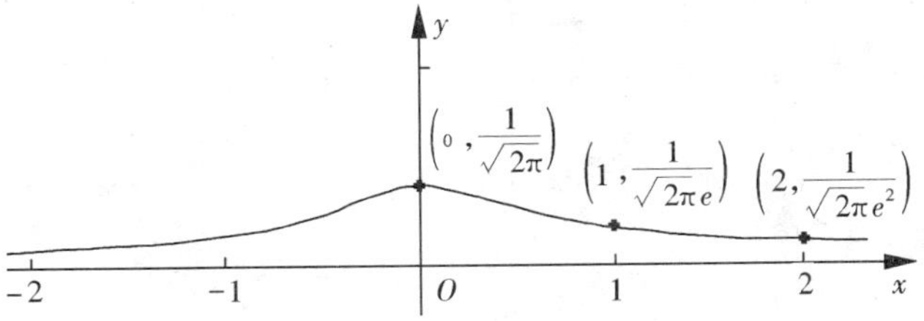

图 2－25

注意：这个函数在概率论与数理统计中非常重要。

*2.4.8 曲率

曲线的凹凸性定性地描述了曲线弯曲的形状，在实际工作中，如道路的弯曲、齿轮的轮廓曲线等等，还需要定量地研究它们弯曲的程度，这就是我们要讨论的曲率概念。

1） 弧微分

设函数 $f(x)$ 在 (a,b) 内具有连续导数，在曲线 $y=f(x)$ 上取定一点 $M_0(x_0,y_0)$ 作为度量弧长的起点（见图 2－26），并规定以 x 增大的方向作为曲线的正向。

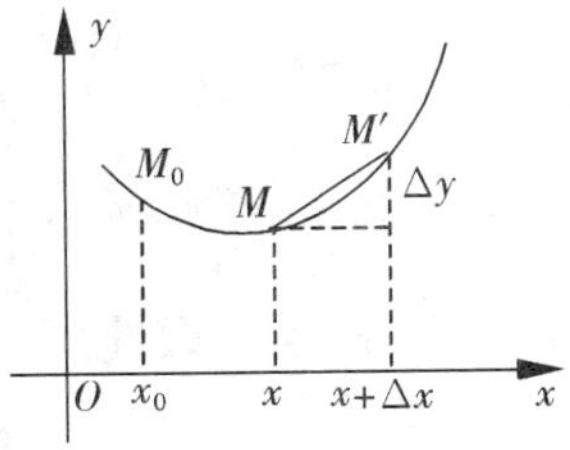

图 2－26

设 $M(x,y)$ 为该曲线弧上任意一点，规定有向弧段$\overset{\frown}{M_0M}$的值 $s=\overset{\frown}{M_0M}$ 如下：

s 的绝对值 $|s|=|\overset{\frown}{M_0M}|$ 等于这弧段的长度，当有向弧段 $\overset{\frown}{M_0M}$ 的方向与曲线的正向一致时，$s>0$；相反时，$s<0$。于是 $s=\overset{\frown}{M_0M}$ 是 x 的函数，记作 $s=s(x)$，$s(x)$ 是单调递增函数，现在来求 s' 及 $\mathrm{d}s$。给自变量 x 以增量 Δx，设 $(x+\Delta x)$ 对应于曲线弧上的点为 M'，弧长 s 的增量为 $\Delta s=\overset{\frown}{M_0M'}-\overset{\frown}{M_0M}=\overset{\frown}{MM'}$，并记 $|\overline{MM'}|$ 为弦 $\overline{MM'}$ 的长。

$$\left(\frac{\Delta s}{\Delta x}\right)^2=\left(\frac{\overset{\frown}{MM'}}{\Delta x}\right)^2=\left(\frac{\overset{\frown}{MM'}}{|\overline{MM'}|}\right)^2\cdot\frac{|\overline{MM'}|^2}{(\Delta x)^2}=\left(\frac{\overset{\frown}{MM'}}{|\overline{MM'}|}\right)^2\cdot\frac{\Delta x^2+\Delta y^2}{(\Delta x)^2}=$$

$$\left(\frac{\overset{\frown}{MM'}}{|\overline{MM'}|}\right)^2\cdot\left[1+\left(\frac{\Delta y}{\Delta x}\right)^2\right],$$

得$\frac{\Delta s}{\Delta x}=\sqrt{\left(\frac{\overset{\frown}{MM'}}{|\overline{MM'}|}\right)^2\cdot\left[1+\left(\frac{\Delta y}{\Delta x}\right)^2\right]}$ （因为 $s(x)$ 是单调递增函数，所以根号前应取正号）。

当 $\Delta x \to 0$ 时，$M' \to M$，此时可以证明 $\lim\limits_{\Delta x\to 0}\dfrac{|\overset{\frown}{MM'}|}{|MM'|} = 1$，因此，

$$\frac{\mathrm{d}s}{\mathrm{d}x} = \lim_{\Delta x\to 0}\frac{\Delta s}{\Delta x} = \lim_{\Delta x\to 0}\sqrt{\left(\frac{\overset{\frown}{MM'}}{|MM'|}\right)^2\cdot\left[1+\left(\frac{\Delta y}{\Delta x}\right)^2\right]} = \sqrt{1+(y')^2}$$

从而得到 $\mathrm{d}s = \sqrt{1+(y')^2}\,\mathrm{d}x$，称 $\mathrm{d}s$ 为弧微分。

2)　曲率与它的计算公式

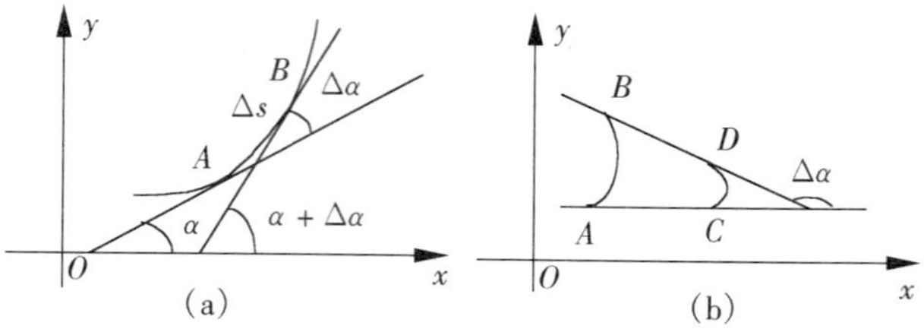

图 2－27

为了定量研究曲线弧的弯曲程度，先来分析与曲线弧的弯曲程度有关的因素。先观察图2－27(a)，考虑曲线上的一段弧$\overset{\frown}{AB}$，当动点沿弧由 A 点移到 B 点时，曲线上 A 点的切线相应地变动到 B 点的切线，记切线转过的角度（简称转角）为 $\Delta\alpha$，如果弧长保持不变，转角 $\Delta\alpha$ 越大，弧$\overset{\frown}{AB}$ 弯曲得越厉害。其次，从图 2－27(b) 中可以看出，弧$\overset{\frown}{AB}$ 与$\overset{\frown}{CD}$ 的切线转角相等，但较短的弧$\overset{\frown}{CD}$ 比较长的弧$\overset{\frown}{AB}$ 更加弯曲，由以上分析，我们引出曲率的概念。

定义　若弧$\overset{\frown}{AB}$ 的切线转角 $\Delta\alpha$ 与它的弧长 Δs 比的绝对值 $\left|\dfrac{\Delta\alpha}{\Delta s}\right|$ 当点 B 沿曲线趋向于点 A 时的极限存在，则称此极限为曲线在点 A 处的曲率，记为 k，即 $k = \lim\limits_{B\to A}\left|\dfrac{\Delta\alpha}{\Delta s}\right|$。

显然 $B \to A$ 时，$\Delta s \to 0$，因此 $k = \lim\limits_{B\to A}\left|\dfrac{\Delta\alpha}{\Delta s}\right| = \lim\limits_{\Delta s\to 0}\left|\dfrac{\Delta\alpha}{\Delta s}\right| = \left|\dfrac{\mathrm{d}\alpha}{\mathrm{d}s}\right|$。

下面，我们进一步导出曲率 k 的计算公式。

由导数概念知 $y' = \tan\alpha$，$\alpha = \arctan y'$，α 为切线的倾角，于是

$$\mathrm{d}\alpha = \mathrm{d}\arctan y' = \frac{y''}{1+(y')^2}\mathrm{d}x,$$

又因为 $\mathrm{d}s = \sqrt{1+(y')^2}\,\mathrm{d}x$，所以

$$k = \left|\frac{\mathrm{d}\alpha}{\mathrm{d}s}\right| = \frac{\left|\dfrac{y''}{1+(y')^2}\mathrm{d}x\right|}{\left|\sqrt{1+(y')^2}\,\mathrm{d}x\right|} = \left|\frac{\dfrac{y''}{1+(y')^2}\mathrm{d}x}{\sqrt{1+(y')^2}\,\mathrm{d}x}\right| = \frac{|y''|}{[1+(y')^2]^{\frac{3}{2}}},$$

上式即为曲率的计算公式。

例 88 求双曲线 $xy=1$ 在点(1,1)处的曲率。

解 因为 $y=\frac{1}{x},y'=-\frac{1}{x^2},y''=\frac{2}{x^3}$,所以 $y'|_{x=1}=-1,y''|_{x=1}=2$,代入曲率计算公式得到

$$k=\frac{|2|}{[1+(-1)^2]^{\frac{3}{2}}}=\frac{\sqrt{2}}{2}.$$

例 89 证明直线与圆的曲率都为常数。

证 设直线方程为 $y=ax+b$,x_0 为直线上任一点。因为 $y'=a,y''=0$,所以 $y'|_{x=x_0}=a,y''|_{x=x_0}=0$,代入曲率计算公式,得到

$$k=\frac{|0|}{(1+a^2)^{\frac{3}{2}}}=0.$$

所以直线上任一点的曲率为常数0,这个结论与"直线不弯曲"的直觉是一致的。

又设圆方程为 $x^2+y^2=R^2$,利用隐函数求导法,得到

$$y'=-\frac{x}{y},\quad y''=-\frac{R^2}{y^3},$$

代入曲率计算公式,得到

$$k=\frac{\left|-\frac{R^2}{y^3}\right|}{\left[1+\left(-\frac{x}{y}\right)^2\right]^{\frac{3}{2}}}=\frac{\left|\frac{R^2}{y^3}\right|}{\left[\frac{x^2+y^2}{y^2}\right]^{\frac{3}{2}}}=\frac{\left|\frac{R^2}{y^3}\right|}{\left[\frac{R^2}{y^2}\right]^{\frac{3}{2}}}=\frac{1}{R}.$$

所以圆的曲率为常数且等于其半径的倒数。这个结论与"圆的弯曲程度处处相同,半径较小的圆弯曲程度较大"的直觉也一致。

3) 曲率圆与曲率半径

许多力学和工程技术问题往往还涉及曲率半径、曲率中心和曲率圆的讨论。

设曲线 $y=f(x)$ 在点 $M(x,y)$ 处的曲率为 $k(k\neq 0)$,在点 M 处的曲线的法线上,在曲线上凹的一侧取一点 D,使 $|DM|=\frac{1}{k}=\rho$。以 D 为圆心,ρ 为半径作圆(见图2-28),这个圆叫做曲线在点 M 处的曲率圆,曲率圆的圆心 D 叫做曲线在点 M 处的曲率中心,曲率圆的半径叫做曲线在点 M 处的曲率半径。

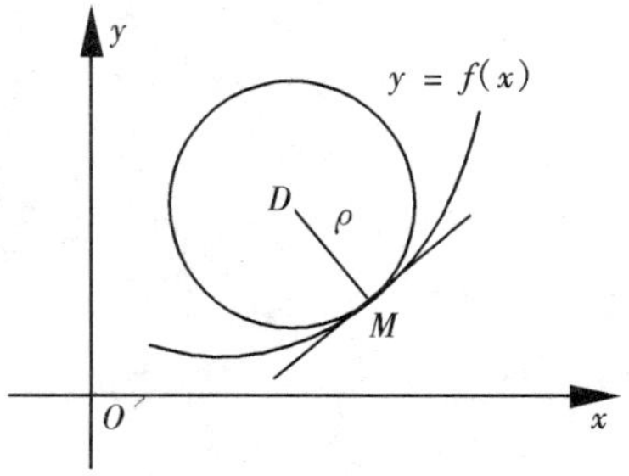

图 2-28

由上述规定可知,曲率圆与曲线在点 M 有相同的切线和曲率,且在点 M 附近有相同的上凹向。因此,在实际问题中,常常用曲率圆在点 M 附近的一段弧来近似代替曲线弧。

例 90 设工件内表面的截线为抛物线 $y=0.4x^2$(见图2-29),现要用砂轮磨削其内

表面,问用半径多大的砂轮才比较合适?

解 为了在磨削时不使砂轮与工件接触处附近的那部分工件磨去太多,砂轮的半径应不大于抛物线上各点处曲率半径的最小值,即曲率的最大值。

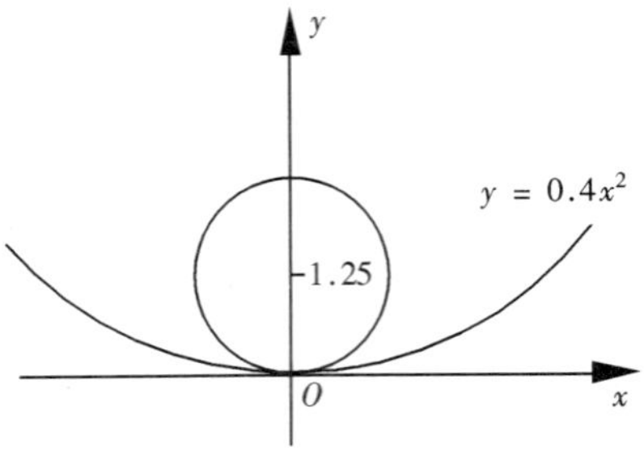

图 2-29

因为 $y' = 0.8x, y'' = 0.8$,所以曲率 $k = \dfrac{0.8}{(1+0.64x^2)^{\frac{3}{2}}}$,从 k 的表达式不难看出,当 $x = 0$ 时,k 值最大,为 0.8,即 $k = 0.8$ 为抛物线上各点曲率的最大值,于是曲率半径的最小值为 $\rho = \dfrac{1}{k} = 1.25$,所以应选半径不超过 1.25 的砂轮才比较合适。

*2.4.9 一元函数微分学在经济中的应用

在经济学中,一元函数微分学也有着广泛的应用,我们重点讨论边际函数与弹性。

1) 边际函数

若依据实际问题建立了一个可微函数 $y = f(x)$,则称导函数 $f'(x)$ 为边际函数,简称边际。那么边际有什么直观意义呢?

在论述微分的几何意义时,我们指出过,在点 x_0 处给自变量以增量 Δx 后,$f(x)$ 相应的增量 $\Delta y \approx dy = f'(x_0)\Delta x$,若取 $\Delta x = \pm 1$,则 $\Delta y \approx dy = \pm f'(x_0)$。它表示在点 x_0 处,当自变量产生一个单位的改变值时,y 近似地改变了 $f'(x_0)$ 个单位。

下面我们介绍一些常见的经济函数及相应的边际函数。

(1) 需求函数

"需求"是指在一定价格条件下,消费者愿意并且有支付能力购买的商品量。消费者对某种商品的需求是由多种因素决定的,但商品的价格是影响需求的一个主要因素。若不考虑其他因素,设 P 表示商品价格,Q 表示需求量,则需求函数为 $Q = f(P)$,边际需求函数为 $Q' = f'(P)$。

商品价格 P 的高低会影响需求量 Q。一般说来,P 大,则 Q 小;P 小,则 Q 大。因此,$Q = f(P)$ 为单调递减函数。在实际应用中,可用一些简单的初等函数来拟合需求函数,建立经验曲线。常用的经验曲线有:

线性函数 $Q = a - bP, a > 0, b > 0$;

反比函数 $Q = \dfrac{k}{P}, k > 0, P \neq 0$;

幂函数 $Q = \dfrac{k}{P^{\alpha}}, \alpha, k > 0, P \neq 0$;

指数函数　$Q = ae^{-bP}, a > 0, b > 0$。

例91　设需求函数 $Q = 1000 - 100P$，则边际需求函数为 $Q' = -100$，这表示当价格 P 每上涨(下跌)1个单位时，需求量 Q 将减少(增加)100个单位。

(2)　成本函数

某产品的总成本是指生产一定数量的产品所需的全部经济资源投入(如劳力、原料、设备等)的价格或费用的总额，它由固定成本与可变成本组成。

设 C 为总成本，C_F 为固定成本，C_V 为可变成本，Q 为产量。在一定的条件下，总成本函数为 $C = C(Q) = C_F + C_V(Q)$；平均成本函数为 $\bar{C} = \bar{C}(Q) = \dfrac{C(Q)}{Q}$；边际成本函数为 $C' = C'(Q)$。它表示当产量达到 Q 时，生产 Q 前最后一个单位产品所增加的成本。

在经济学中有一重要结论：能使边际成本等于平均成本的生产水平是使平均成本为最小的生产水平。

这是因为 $C(Q) = Q\bar{C}(Q)$，$C'(Q) = \bar{C}(Q) + Q\bar{C}'(Q)$。设 Q_0 为使平均成本为最小的生产量，由极值点的必要条件，得 $\bar{C}'(Q_0) = 0$，所以 $C'(Q_0) = \bar{C}(Q_0)$。

例92　设总成本函数 $C(Q) = 27 + 9Q + 3Q^2$，求使平均成本为最小的生产量。

解　因为 $\bar{C}(Q) = \dfrac{C(Q)}{Q} = \dfrac{27}{Q} + 9 + 3Q$，$C'(Q) = 9 + 6Q$，令 $C'(Q) = \bar{C}(Q)$，得 $Q = 3$。所以当 $Q = 3$ 时，能使平均成本最小。

(3)　收益函数

总收益是生产者出售一定量产品所得到的全部收入。设 R 为总收益，Q 为销售量，在一定的条件下，总收益函数为 $R = R(Q)$；平均收益函数为 $\bar{R} = \dfrac{R(Q)}{Q}$；边际收益函数为 $R' = R'(Q)$。

此外，还有一个关系式 $R = PQ$，即总收益等于价格与销售量的乘积。

例93　设销售收入 R(百万元)是销售量 Q(千台)的函数，总收益函数为 $R = 3\sqrt{Q}$，生产成本 C(百万元)也是 Q 的函数，总成本函数为 $C = \dfrac{1}{4}Q^2 + 1$，试求能使总利润 $L = R - C$ 达到最大的 Q 值。

解　先求出总利润函数 $L = R - C = 3\sqrt{Q} - \dfrac{1}{4}Q^2 - 1$，所以 $L' = \dfrac{3}{2\sqrt{Q}} - \dfrac{Q}{2}$，令 $L' = 0$，得驻点为 $Q = \sqrt[3]{9} \approx 2.08$，又因为 $L'' = -\dfrac{3}{4\sqrt{Q^3}} - \dfrac{1}{2}$，$L''\big|_{Q=\sqrt[3]{9}} = -\dfrac{3}{4} < 0$。

所以 $Q = \sqrt[3]{9} \approx 2.08$ 是使总利润达到最大的销量，此时最大利润约为224.5万元。

以上我们只是讨论了经济学中的三个函数，在实际应用中，经济学中的许多问题，同样可转化为相应的定量函数，用导数这个工具作相应的定量分析。

2） 函数的弹性

前面所讲的函数增量与函数变化率（导数）是绝对改变量与绝对变化率，我们从实践中体会到，仅仅研究函数的绝对改变量与绝对变化率是不够的。例如，甲、乙两种商品，若甲每单位售价为10元，乙每单位售价为100元，两种商品均涨价1元，则两种商品价格的绝对改变量都是1元，但各与其原价相比，两者涨价的百分比却有很大的不同，商品甲涨了10%，而商品乙仅涨了1%。因此，我们还有必要研究函数的相对改变量与相对变化率。

定义 设函数 $y=f(x)$ 在点 x_0 处可导，函数的相对改变量 $\dfrac{\Delta y}{y_0}=\dfrac{f(x_0+\Delta x)-f(x_0)}{f(x_0)}$ 与自变量的相对改变量 $\dfrac{\Delta x}{x_0}$ 之比 $\dfrac{\frac{\Delta y}{y_0}}{\frac{\Delta x}{x_0}}$，称为函数 $f(x)$ 从 x_0 到 $x_0+\Delta x$ 两点间的相对变化率，或称两点间的弹性. 当 $\Delta x\to 0$ 时，$\dfrac{\frac{\Delta y}{y_0}}{\frac{\Delta x}{x_0}}$ 的极限称为函数 $f(x)$ 在点 x_0 处的相对变化率，或称弹性。记作 $e_{yx}\big|_{x=x_0}$，即

$$e_{yx}\Big|_{x=x_0}=\lim_{\Delta x\to 0}\frac{\frac{\Delta y}{y_0}}{\frac{\Delta x}{x_0}}=\lim_{\Delta x\to 0}\frac{\Delta y}{\Delta x}\cdot\frac{x_0}{f(x_0)}=f'(x_0)\frac{x_0}{f(x_0)}.$$

若 $f(x)$ 为可导函数，则

$$e_{yx}=\lim_{\Delta x\to 0}\frac{\frac{\Delta y}{y}}{\frac{\Delta x}{x}}=\lim_{\Delta x\to 0}\frac{\Delta y}{\Delta x}\cdot\frac{x}{y}=y'\cdot\frac{x}{y}=f'(x)\frac{x}{f(x)}$$

是 x 的函数，称为函数 $f(x)$ 的弹性函数。

例94 已知 $y=100e^{-2x}$，求弹性函数及在点 $x=2$ 处的弹性。

解 弹性函数为

$$e_{yx}=f'(x)\frac{x}{f(x)}=-200e^{-2x}\frac{x}{100e^{-2x}}=-2x,$$

函数在点 $x=2$ 处的弹性为

$$e_{yx}\Big|_{x=2}=f'(2)\frac{2}{f(2)}=-2\times 2=-4.$$

由(2.7)式可得，当 $|\Delta x|$ 很小时，

$$\frac{\Delta y}{y} \approx e_{yx} \frac{\Delta x}{x}.$$

所以，若$\frac{\Delta x}{x} = \pm 1\%$，则$\frac{\Delta y}{y} \approx \pm e_{yx}\%$。这表明，当$x$产生1%的相对改变时，函数$f(x)$近似地相对改变了$e_{yx}\%$。在实际应用中，我们略去“近似”二字。

例 95 某商品需求函数为

$$Q = 10 - \frac{P}{2},$$

求：(1) 需求对价格的弹性函数；

(2) 当$P = 3$时的需求弹性，并说明其经济意义；

(3) 总收益对价格的弹性与需求对价格的弹性之间的关系式；

(4) 当$P = 3$时总收益对价格的弹性，并说明其经济意义。

解 (1) $e_{QP} = \frac{dQ}{dP} \cdot \frac{P}{Q} = -\frac{1}{2} \cdot \frac{P}{10 - \frac{P}{2}} = -\frac{P}{20 - P}$;

(2) $e_{QP}\Big|_{P=3} = -\frac{3}{20 - 3} = -\frac{3}{17} \approx -0.18$，这说明当价格上涨（下跌）1%时需求量将减少（增加）0.18%；

(3) 总收益为$R = PQ$，因为

$$\frac{dR}{dP} = Q + P\frac{dQ}{dP} = Q + P \cdot e_{QP}\frac{Q}{P} = Q(1 + e_{QP}),$$

所以，

$$e_{RP} = \frac{dR}{dP} \cdot \frac{P}{R} = Q(1 + e_{QP})\frac{P}{PQ} = 1 + e_{QP} \tag{2.8}$$

(4) $e_{RP}\Big|_{P=3} = 1 + \left(-\frac{3}{17}\right) = \frac{14}{17} \approx 0.82$，这说明当价格上涨（下跌）1%时总收益将增加（减少）0.82%。

下面我们对(2.8)式的经济意义作一般性的讨论：

(1) 若$-1 < e_{QP} < 0$，则$e_{RP} > 0$。说明当需求弹性的绝对值小于1时，价格上涨时总收益将增加；价格下跌时总收益将减少。此时我们称商品的需求对价格缺乏弹性（如上例）；

(2) 若$e_{QP} = -1$，则$e_{RP} = 0$。说明当需求弹性的绝对值等于1时，无论价格上涨还是下跌，总收益都不变，此时我们称商品具有单位弹性；

(3) 若$e_{QP} < -1$，则$e_{RP} < 0$。说明当需求弹性的绝对值大于1时，价格上涨时总收益将减少；价格下跌时总收益将增加，此时我们称商品的需求对价格富有弹性。

习　题　2.4

31. 选出符合题意的项填入括号中：

(1) $y = \cos x$ 在 $[0, 2\pi]$ 上符合罗尔定理条件的 $\xi =$ (　)。

A：0；　B：$\frac{\pi}{2}$；　C：π；　D：$\frac{3}{2}\pi$.

(2) 下列各函数在 $[-1, 2]$ 上满足拉格朗日中值定理的有(　)。

A：$f(x) = x^3$；　B：$f(x) = x^{\frac{1}{3}}$；

C：$f(x) = \frac{1}{x-1}$；　D：$f(x) = e^{x^2}$.

(3) 下列各极限不能使用洛必达法则的有(　)。

A：$\lim\limits_{x\to 0}\frac{x^2\cos\frac{1}{x}}{\sin x}$；　B：$\lim\limits_{x\to\infty}\frac{x+\sin x}{x-\sin x}$；

C：$\lim\limits_{x\to+\infty} x\cdot(2^{\frac{1}{x}}-1)$；　D：$\lim\limits_{x\to+\infty}\frac{\sin(x-1)}{x-1}$.

32. 应用拉格朗日中值定理证明下列不等式：

(1) 当 $x > 0$ 时，$e^x > 1 + x$；

(2) 当 $x > 0$ 时，$\frac{x}{1+x} < \ln(1+x) < x$。

33. 当 $x_0 = -1$ 时，求函数 $y = \frac{1}{x}$ 的 n 阶泰勒展开式。

34. 求出下列函数给定阶数的麦克劳林展开式：

(1) $f(x) = \tan x$ 的二阶麦克劳林展开式；

(2) $f(x) = \frac{1}{1+x}$ 的 n 阶麦克劳林展开式；

(3) $f(x) = xe^x$ 的 n 阶麦克劳林展开式；

(4) $f(x) = \sin^2 x$ 的 $2n$ 阶麦克劳林展开式。

35. 利用洛必达法则求下列极限：

(1) $\lim\limits_{x\to 0}\frac{e^x - e^{-x}}{x}$；　(2) $\lim\limits_{x\to 0}\frac{e^x - x - 1}{x^2}$；

(3) $\lim\limits_{x\to 0}\frac{\sin x - x}{x - \tan x}$；　(4) $\lim\limits_{x\to+\infty}\frac{\ln(1+2x^2)}{\ln(1+3x^3)}$；

(5) $\lim\limits_{x\to\frac{\pi}{2}^+}\frac{\ln\left(x-\frac{\pi}{2}\right)}{\tan x}$；　(6) $\lim\limits_{x\to+\infty}\frac{\ln\left(1-\frac{1}{x}\right)}{\arctan x - \frac{\pi}{2}}$；

(7) $\lim\limits_{x\to\pi}\dfrac{\sin 3x}{\tan 5x}$;　　(8) $\lim\limits_{x\to 0}\dfrac{\tan x - x}{x^2(e^{2x}-1)}$;

(9) $\lim\limits_{x\to 0^+} xe^{\frac{1}{x}}$;　　(10) $\lim\limits_{x\to 0^+}\ln x\ln(1+x)$;

(11) $\lim\limits_{x\to\frac{\pi}{2}}(\sec x - \tan x)$;　　(12) $\lim\limits_{x\to 0}\left[\dfrac{1}{\ln(1+x)}-\dfrac{1}{x}\right]$.

36. 证明下列函数在定义域内为单调函数：

(1) $y = x - \ln(1+x^2)$;　　(2) $y = \cos x - 2x$.

37. 求下列函数的单调区间：

(1) $y = x^4 - 2x^2 - 5$;　　(2) $y = x - e^x$;

(3) $y = \dfrac{1}{2}x^2 - \dfrac{3}{2}x^{\frac{2}{3}}$;　　(4) $y = 2x^2 - \ln x$.

38. 求下列函数的极值：

(1) $y = x^3 - 3x^2 + 7$;　　(2) $y = (x-1)\cdot\sqrt[3]{x^2}$;

(3) $y = \dfrac{2x}{1+x^2}$;　　(4) $y = 3 - \sqrt[3]{(x-2)^2}$;

(5) $y = x - \ln(1+x^2)$;　　(6) $y = \dfrac{x}{\ln x}$.

39. 利用二阶导数，求下列函数的极值：

(1) $y = (x-3)^2(x-2)$;　　(2) $y = e^x + e^{-x}$.

40. 求下列函数在给定区间上的最大值和最小值：

(1) $y = x^4 - 2x^2 + 5, x \in [-2, 2]$;　　(2) $y = \dfrac{x^2}{1+x}, x \in \left[-\dfrac{1}{2}, 1\right]$;

(3) $y = x + \sqrt[3]{x^2}, x \in [-1, 4]$;　　(4) $y = \sin 2x - x, x \in \left[-\dfrac{\pi}{2}, \dfrac{\pi}{2}\right]$.

41. 设 $y = x^2 - 2x - 1$，问 x 等于多少时，y 的值最小？并求出最小值。

42. 设 $y = 3x - \dfrac{5}{2}x^2$，问 x 等于多少时，y 的值最大？并求出最大值。

43. 从一块边长为 a 的正方形铁皮的各角截去相等的方块，把各边折起，做成无盖的盒子。问怎样才能得出有最大容积的盒子？

44. 求内接于椭圆 $\dfrac{x^2}{a^2} + \dfrac{y^2}{b^2} = 1$，并有最大面积的矩形。

45. 某车间靠墙壁要盖一间长方形小屋，现有存砖只够砌 20m 长的墙壁。问应围成怎样的长方形才能使这间小屋的面积最大？

46. 用某种仪器测量某零件的长度 n 次，所得的数据为 $x_1, x_2, \cdots x_n$，验证：当平均长度 $\bar{x} = \dfrac{x_1 + x_2 + \cdots + x_n}{n}$ 时，使下列平方和 $(x_1 - \bar{x})^2 + (x_2 - \bar{x})^2 + \cdots + (x_n - \bar{x})^2$

为最小。

47. 求习题1.1中第13题磁盘存储区半径等于多少时,磁盘有最大储存量。又目前广泛使用的3.5寸双面磁盘的半径$R=39.5\text{mm}$,$\rho_t=0.184\text{mm}$,$\rho_b=0.0158\text{mm}$,求其最大储存量。

48. 铁路上AB段的距离为100km,工厂C距A处为20km,AC垂直于AB(见题图2.4-1)。为了运输需要,要在AB线上选定一点D向工厂修筑一条公路,已知铁路每公里货运的运费与公路上每公里货运的运费之比为3∶5,为了使货物从供应站B运到工厂C的运费最省,问D点应选在何处?

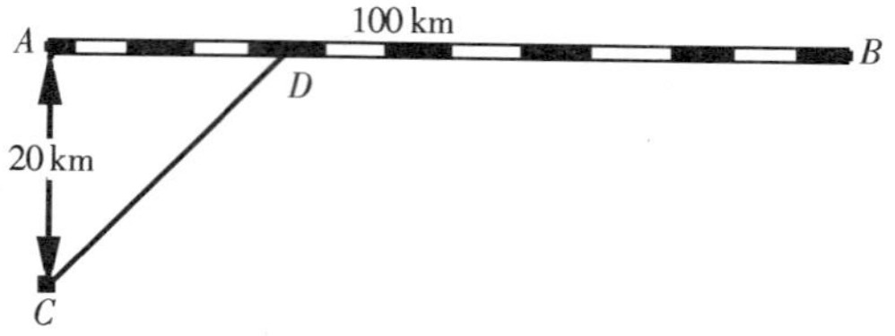

题图 2.4-1

49. 设某商品的销售额Q依赖于价格P,有关系式$Q=10000-10P$,求能使销售收入$R=QP$达到最大的P值。

50. 某单位准备举行一次游园会,据估计,若票价为每人8元,观众将有300人;若票价每降低一元,观众将增加60人,把门票收入作为票价的连续函数,试表达其函数关系,并确定能使门票收入为最大的票价。

51. 讨论下列函数的凹凸性,并求拐点:

(1) $y=3x^5+5x^4+3x-5$;　　(2) $y=\ln(1+x^3)$;

(3) $y=\sqrt[3]{1-x^2}$;　　(4) $y=\dfrac{1}{\sqrt{2\pi}}e^{-\frac{x^2}{2}}$.

52. 求下列曲线的水平渐近线和垂直渐近线:

(1) $y=x\sin\dfrac{1}{x}$;　　(2) $y=\dfrac{2x^2+3x-4}{x^2}$;

(3) $y=xe^{\frac{1}{x^2}}$;　　(4) $y=\ln(x^2-1)$.

53. 作出下列函数的图形:

(1) $y=x-\ln(x+1)$;

(2) $y=2x^3-3x^2$;

(3) $y=\ln|x|$.

*54. 求曲线$y=x^2+x$的弧微分。

*55. 计算下列函数在指定点的曲率:

(1) $y=x^2$在点$(\sqrt{2},2)$处;　　(2) $y=\ln(1+x+x^2)$在点$(0,0)$处。

* 56. 求抛物线 $y = x^2 - 4x + 3$ 上曲率半径最小的点及相应的曲率半径。

* 57. 设某产品 x 单位的生产成本 C 有下式：

$$C = 900 + 20x + x^2,$$

确定使平均成本为最小的 x 值，并给出最小平均成本。

* 58. 设某产品销售 x 单位的收入 R 服从下式：

$$R = 400x - x^2 - 900,$$

确定使平均收入为最大的 x 值，并求出最大平均收入。

* 59. 某商品的价格 P 与需求量 Q 的关系为 $P = 10 - \frac{Q}{5}$,

(1) 求需求量为 20 及 30 时的总收益 R、平均收益 $\bar{R}$ 及边际收益 R'；

(2) Q 为多少时，总收益最大。

* 60. 某厂每批生产某种商品 x 单位的费用为 $C(x) = 5x + 200$（元），得到的收益为 $R(x) = 10x - 0.01x^2$（元），问每批生产多少时才能使利润最大？最大利润为多少？

* 61. 求函数 $y = 3 + 2x$ 在 $x = 3$ 处的弹性。

* 62. 求幂函数 $y = x^\alpha$（α 为常数）的弹性函数。

* 63. 设某商品的需求函数为 $Q = e^{-\frac{P}{5}}$，求

(1) 需求弹性函数；

(2) $P = 3, P = 5, P = 6$ 时的需求弹性，并说明其经济意义。

3 一元函数积分学

在第2章中,我们讨论了求已知函数的导数(或微分)的问题,在本章中要反过来解决已知导数求原函数的问题,以及由计算曲边梯形面积引出的求和式极限的问题,并揭示这两个问题之间密切的内在联系。这就是我们要讨论的积分学。积分学分为不定积分和定积分两部分。

3.1 不定积分的概念与性质

3.1.1 原函数与不定积分的概念

1) *原函数*

在第2章讨论导数时,已得到质点在时刻 t 的瞬时速度 $v(t)$ 是路程函数 $s(t)$ 的导数,即 $v(t)=s'(t)$。反过来,如果已知时刻 t 的速度 $v(t)$,要求它的路程函数 $s(t)$,这就引出了原函数的概念。

定义 设函数 $f(x)$ 定义在某区间 I 内,如果存在函数 $F(x)$,满足

$$F'(x)=f(x),\text{或 } \mathrm{d}F(x)=f(x)\mathrm{d}x,x\in I,$$

则称 $F(x)$ 为 $f(x)$ 在区间 I 内的一个原函数。

例1 求 $f(x)=\sin x$ 的一个原函数。

解 因为 $(-\cos x)'=\sin x,x\in(-\infty,+\infty)$,所以 $-\cos x$ 为 $\sin x$ 在 $(-\infty,+\infty)$ 内的一个原函数。

必须指出,一个函数只要存在一个原函数,就有许许多多原函数,如例1中,显然 $(-\cos x+1)'=\sin x$, $(-\cos x-2)'=\sin x$,所以 $-\cos x+1$, $-\cos x-2$ 都是 $\sin x$ 在区间 $(-\infty,+\infty)$ 内的原函数。

一般地,若 $f(x)$ 有一个原函数 $F(x)$,显然函数族 $F(x)+C$(C 为任意常数)都是 $f(x)$ 的原函数,因为 $(F(x)+C)'=F'(x)=f(x)$。

我们自然要问,若函数 $f(x)$ 的一个原函数是 $F(x)$,那么它的全部原函数是否都包括在函数族 $F(x)+C$ 中呢?

定理1 设 $f(x)$ 在区间 I 内存在一个原函数 $F(x)$,则 $F(x)+C$ 是 $f(x)$ 在区间 I 内的全部原函数,其中 C 为任意常数。

证 假设 $G(x)$ 是 $f(x)$ 在区间 I 内的另一个原函数,即 $G'(x)=f(x)$,所以 $[G(x)$

$-F(x)]' = G'(x) - F'(x) = f(x) - f(x) = 0, x \in I$。根据一元函数微分学中拉格朗日中值定理的推论,得到

$$G(x) - F(x) = C_0, x \in I, C_0 \text{ 为某常数},$$

即 $$G(x) = F(x) + C_0, x \in I.$$

这就证明了 $f(x)$ 的全部原函数一定是 $F(x) + C$ 的形式。

2) 不定积分

定义 在区间 I 内的函数 $f(x)$ 的全体原函数称为函数 $f(x)$ 的不定积分,记作

$$\int f(x)\,\mathrm{d}x$$

其中$\int$称为积分号,$f(x)$ 称为被积函数,$f(x)\,\mathrm{d}x$ 称为被积表达式,x 称为积分变量。

由定理 1 知,如果 $F(x)$ 是 $f(x)$ 在区间 I 内的一个原函数,则有

$$\int f(x)\,\mathrm{d}x = F(x) + C,$$

C 为任意常数,称为积分常数。此时我们称 $f(x)$ 在区间 I 内可积。

总之,求不定积分,只要先求出 $f(x)$ 的一个原函数 $F(x)$,然后再加上任意常数 C 即可。

那么,满足什么条件的函数为可积函数呢?后面 3.5 节将告诉我们,区间 I 内的连续函数必存在原函数,从而是可积函数。因此,以下我们的所有例题和习题都是求连续函数的不定积分。

例 2 求$\int 2x\,\mathrm{d}x$。

解 因为$(x^2)' = 2x$,所以$\int 2x\,\mathrm{d}x = x^2 + C$。

例 3 求$\int \frac{1}{x}\mathrm{d}x$。

解 因为当 $x > 0$ 时,$(\ln x)' = \frac{1}{x}$,所以

$$\int \frac{1}{x}\mathrm{d}x = \ln x + C.$$

又因为当 $x < 0$ 时,$[\ln(-x)]' = \frac{1}{-x}\cdot(-1) = \frac{1}{x}$,所以

$$\int \frac{1}{x}\mathrm{d}x = \ln(-x) + C.$$

合并上面两式,得

$$\int \frac{1}{x}\mathrm{d}x = \ln|x| + C, x \in (-\infty, 0) \cup (0, +\infty).$$

3）　不定积分的几何意义

函数 $f(x)$ 的一个原函数 $F(x)$ 的图形叫做函数 $f(x)$ 的积分曲线。$f(x)$ 的不定积分是 $F(x)+C$，对于每一个确定的 C，积分曲线 $F(x)+C$ 可由积分曲线 $F(x)$ 沿着 y 轴平移常数 C 得到。因此，$f(x)$ 的不定积分是积分曲线 $F(x)$ 沿着 y 轴上下移动所得到的积分曲线族。而积分曲线族中每一曲线在任一点 x 处的切线的斜率都等于 $f(x)$。换句话说，积分曲线族中每一曲线在同一点 x 处的切线是平行的，如图 3－1 所示。

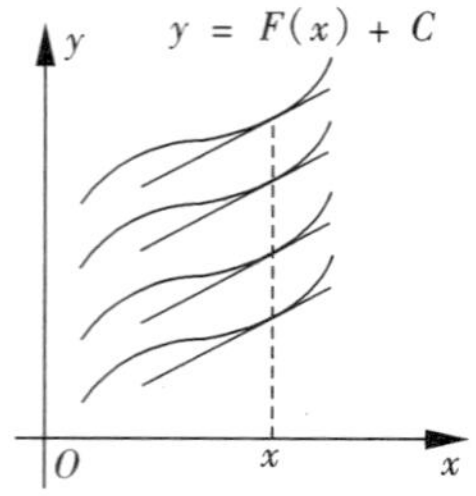

图 3－1

如果已知 $f(x)$ 的一个原函数满足条件：在点 x_0 处原函数的值为 y_0，就可以确定常数 C 的值，从而找到一个特定的原函数。方法是将点 (x_0, y_0) 代入 $y=F(x)+C$ 中，得到 $C=y_0-F(x_0)$，于是所求的积分曲线为 $y=F(x)+[y_0-F(x_0)]$。

例 4　求通过点 $(\sqrt{3}, 5\sqrt{3})$，而它的切线斜率为 $5x^2$ 的曲线。

解　因为 $\left(\frac{5}{3}x^3\right)'=5x^2$，所以有

$$\int 5x^2\,\mathrm{d}x=\frac{5}{3}x^3+C,$$

因此切线斜率为 $5x^2$ 的积分曲线族是 $y=\frac{5}{3}x^3+C$，其中过点 $(\sqrt{3}, 5\sqrt{3})$ 的积分曲线应满足

$$5\sqrt{3}=\frac{5}{3}(\sqrt{3})^3+C,$$

求得 $C=0$，所求的曲线为 $y=\frac{5}{3}x^3$。

例 5　某工厂生产某种产品，每日生产的产品的总成本 y 的变化率（即边际成本）是日产量 x 的函数 $y'=7+\frac{25}{\sqrt{x}}$，已知固定成本为 1 000 元，求总成本与日产量的函数关系。

解　因为总成本是边际成本 y' 的原函数，而 $(7x+50\sqrt{x})'=7+\frac{25}{\sqrt{x}}$，所以有

$$y=\int\left(7+\frac{25}{\sqrt{x}}\right)\mathrm{d}x=7x+50\sqrt{x}+C.$$

已知固定成本为 1 000 元，即当 $x=0$ 时，$y=1\,000$，因此有 $1\,000=7\times 0+50\times\sqrt{0}+C$，得 $C=1\,000$，所以总成本函数为 $y=1\,000+7x+50\sqrt{x}$。

3.1.2　不定积分的性质

性质 1　求不定积分与求导数（或微分）互为逆运算，即

(1) $\left[\int f(x)\mathrm{d}x\right]' = f(x)$,或 $\mathrm{d}\int f(x)\mathrm{d}x = f(x)\mathrm{d}x$;

(2) $\int F'(x)\mathrm{d}x = F(x) + C$,或$\int \mathrm{d}F(x) = F(x) + C$.

性质 2 被积函数中不为零的常数因子可以移到积分号的前面,即

$$\int k f(x)\mathrm{d}x = k\int f(x)\mathrm{d}x \quad (k \text{ 是常数且不为零})。$$

证 因为$\left[k\int f(x)\mathrm{d}x\right]' = k\left[\int f(x)\mathrm{d}x\right]' = k f(x)$,恰好是$\int k f(x)\mathrm{d}x$中的被积函数,从而可知 $k\int f(x)\mathrm{d}x$ 是 $k f(x)$ 的不定积分。

性质 3 两个函数的代数和的不定积分等于各函数不定积分的代数和,即

$$\int [f(x) \pm g(x)]\mathrm{d}x = \int f(x)\mathrm{d}x \pm \int g(x)\mathrm{d}x.$$

要证明这个等式,只需验证等式右端的导数等于左端的被积函数即可,这里不再一一论证。

3.1.3 基本积分公式

因为求不定积分是求导数的逆运算,所以由基本初等函数求导公式,对应地得到基本积分公式。

1. $\int 0\mathrm{d}x = C$;

2. $\int x^{\alpha}\mathrm{d}x = \dfrac{1}{\alpha+1}x^{\alpha+1} + C \quad (\alpha \neq -1)$;

3. $\int \dfrac{1}{x}\mathrm{d}x = \ln|x| + C$;

4. $\int a^{x}\mathrm{d}x = \dfrac{a^{x}}{\ln a} + C \quad (a > 0, a \neq 1)$;

5. $\int \mathrm{e}^{x}\mathrm{d}x = \mathrm{e}^{x} + C$;

6. $\int \sin x\mathrm{d}x = -\cos x + C$;

7. $\int \cos x\mathrm{d}x = \sin x + C$;

8. $\int \sec^{2}x\mathrm{d}x = \tan x + C$;

9. $\int \csc^{2}x\mathrm{d}x = -\cot x + C$;

10. $\int \sec x \cdot \tan x \mathrm{d}x = \sec x + C$;

11. $\int \csc x \cdot \cot x \mathrm{d}x = -\csc x + C$;

12. $\int \frac{1}{\sqrt{1-x^2}} \mathrm{d}x = \arcsin x + C$;

13. $\int \frac{1}{1+x^2} \mathrm{d}x = \arctan x + C$;

14. $\int \sinh x \mathrm{d}x = \cosh x + C$;

15. $\int \cosh x \mathrm{d}x = \sinh x + C$.

例 6 求$\int (3x^3 - 4x^2 + 2\sqrt{x} - 5)\mathrm{d}x$。

解 $\int (3x^3 - 4x^2 + 2\sqrt{x} - 5)\mathrm{d}x = \int 3x^3 \mathrm{d}x - \int 4x^2 \mathrm{d}x + \int 2\sqrt{x}\mathrm{d}x - \int 5\mathrm{d}x =$

$$3\int x^3 \mathrm{d}x - 4\int x^2 \mathrm{d}x + 2\int \sqrt{x}\mathrm{d}x - 5\int \mathrm{d}x =$$

$$3\left(\frac{1}{4}x^4 + C_1\right) - 4\left(\frac{1}{3}x^3 + C_2\right) + 2\left(\frac{2}{3}x^{\frac{3}{2}} + C_3\right) - 5(x + C_4) =$$

$$\frac{3}{4}x^4 + \frac{3}{4}C_1 - \frac{4}{3}x^3 - 4C_2 + \frac{4}{3}x^{\frac{3}{2}} + 2C_3 - 5x - 5C_4 =$$

$$\frac{3}{4}x^4 - \frac{4}{3}x^3 + \frac{4}{3}x^{\frac{3}{2}} - 5x + \frac{3}{4}C_1 - 4C_2 + 2C_3 - 5C_4 =$$

$$\frac{3}{4}x^4 - \frac{4}{3}x^3 + \frac{4}{3}x^{\frac{3}{2}} - 5x + C.$$

其中 $C = \frac{3}{4}C_1 - 4C_2 + 2C_3 - 5C_4$。

此题中被积函数拆成了四项分别求不定积分,会得到四个积分常数。通常把这四个积分常数合并为一个积分常数,也就是在求出各个不定积分的原函数并构成代数和后只加一个积分常数 C 即可,以后在求不定积分时都这样处理。

例 7 求$\int (3^x - 4\sin x)\mathrm{d}x$。

解 $\int (3^x - 4\sin x)\mathrm{d}x = \int 3^x \mathrm{d}x - \int 4\sin x \mathrm{d}x = \int 3^x \mathrm{d}x - 4\int \sin x \mathrm{d}x = \frac{3^x}{\ln 3} + 4\cos x + C$.

例 8 求$\int \sin^2 \frac{x}{2} \mathrm{d}x$。

解 $\int \sin^2 \frac{x}{2}\mathrm{d}x = \int \frac{1-\cos x}{2}\mathrm{d}x = \frac{1}{2}\int \mathrm{d}x - \frac{1}{2}\int \cos x \mathrm{d}x = \frac{1}{2}x - \frac{1}{2}\sin x + C$.

例 9 求$\int \tan^2 x\mathrm{d}x$。

解 $\int \tan^2 x\mathrm{d}x = \int (\sec^2 x - 1)\mathrm{d}x = \int \sec^2 x\mathrm{d}x - \int \mathrm{d}x = \tan x - x + C.$

例 10 求$\int \sec x(\sec x - \tan x)\mathrm{d}x$。

解 $\int \sec x(\sec x - \tan x)\mathrm{d}x = \int (\sec^2 x - \sec x \cdot \tan x)\mathrm{d}x =$

$$\int \sec^2 x\mathrm{d}x - \int \sec x \cdot \tan x\mathrm{d}x = \tan x - \sec x + C.$$

有时,我们需要把被积函数拆成若干项凑成可以用基本积分表的形式。

例 11 求$\int \frac{x^2}{1+x^2}\mathrm{d}x$。

解 $\int \frac{x^2}{1+x^2}\mathrm{d}x = \int \frac{x^2+1-1}{1+x^2}\mathrm{d}x = \int \left(1 - \frac{1}{1+x^2}\right)\mathrm{d}x = x - \arctan x + C.$

例 12 求$\int \frac{1+2x^2}{x^2(1+x^2)}\mathrm{d}x$。

解 $\int \frac{1+2x^2}{x^2(1+x^2)}\mathrm{d}x = \int \frac{(1+x^2)+x^2}{x^2(1+x^2)}\mathrm{d}x = \int \left[\frac{1}{x^2} + \frac{1}{1+x^2}\right]\mathrm{d}x = -\frac{1}{x} + \arctan x + C.$

例 13 求$\int \frac{\cos 2x}{\sin^2 x \cdot \cos^2 x}\mathrm{d}x$。

解 $\int \frac{\cos 2x}{\sin^2 x \cdot \cos^2 x}\mathrm{d}x = \int \frac{\cos^2 x - \sin^2 x}{\sin^2 x \cdot \cos^2 x}\mathrm{d}x = \int \left(\frac{1}{\sin^2 x} - \frac{1}{\cos^2 x}\right)\mathrm{d}x = -\cot x - \tan x + C.$

习　题　3.1

1. 下列 12 个函数,其中 6 个是另外 6 个的原函数,试一一找出。

(1) $\frac{1}{x^2}$,　　(2) $\frac{2x}{\sqrt{1+x^2}}$,　　(3) $2\sqrt{1+x^2}$,

(4) $1 - \frac{1}{x}$,　　(5) $4x(1+x^2)$,　　(6) $3 \cdot \sqrt[3]{x}$,

(7) $4x^3$,　　(8) $x^{-\frac{2}{3}}$,　　(9) $\ln(1+x^2)$,

(10) $\frac{2x}{1+x^2}$,　　(11) $1+(x^2)^2$,　　(12) $(1+x^2)^2$.

2. 验证下列函数是同一个函数的原函数:

(1) $y = \ln x, y = \ln(ax)\ (a > 0), y = \ln(bx) + c\ (b > 0)$;

(2) $y = (\mathrm{e}^x + \mathrm{e}^{-x})^2, y = (\mathrm{e}^x - \mathrm{e}^{-x})^2$.

3. 解下列问题：

(1) 已知曲线上任一点 x 处的切线的斜率为 $4x^3$，且曲线经过点(0，3)，求此曲线的方程；

(2) 已知质点在时刻 t 的速度为 $v=3t-2$，且 $t=0$ 时，$s=5$，求此质点的运动方程 $s=s(t)$；

(3) 已知某产品产量的变化率是时间 t 的函数 $at+b$(a、b 为常数)，设此产品在 t 时的产量函数为 $P(t)$；又已知 $P(0)=0$，求 $P(t)$。

4. 求下列不定积分：

(1) $\int(2-x)^3\mathrm{d}x$；　　(2) $\int(\sqrt{x}-1)(\sqrt[3]{x}+1)\mathrm{d}x$；

(3) $\int\dfrac{x^2-\sqrt{x}+1}{x\sqrt{x}}\mathrm{d}x$；　　(4) $\int\sqrt{x\sqrt{x\sqrt{x}}}\,\mathrm{d}x$；

(5) $\int\dfrac{\mathrm{e}^{2x}-2^x}{\mathrm{e}^x}\mathrm{d}x$；　　(6) $\int\left(\dfrac{3}{1+x^2}-\dfrac{2}{\sqrt{1-x^2}}\right)\mathrm{d}x$；

(7) $\int\dfrac{2+x^2}{x^2(1+x^2)}\mathrm{d}x$；　　(8) $\int\dfrac{x^4}{1+x^2}\mathrm{d}x$；

(9) $\int\dfrac{\cos2x}{\sin x+\cos x}\mathrm{d}x$；　　(10) $\int\cos^2\dfrac{x}{2}\mathrm{d}x$；

(11) $\int\cot^2x\mathrm{d}x$；　　(12) $\int\csc x(\csc x-\cot x)\mathrm{d}x$.

3.2 换元积分法

在求导方法中，除了有“数乘”、“加减”运算法则外，还有“乘除”、“复合”运算法则。有了这些法则，一切初等函数都可以求导数。作为求导的逆运算不定积分，虽然有“数乘”、“加减”两个简单的运算法则，但没有直接的“乘除”、“复合”运算法则。由于这个原因，不定积分的计算要比求导数复杂与困难。尽管如此，不定积分的计算还是有规律可循的。

3.2.1 第一类换元积分法

定理 2(第一类换元积分法) 设 $\int f(u)\mathrm{d}u=F(u)+C$，$u=\varphi(x)$ 有连续导数，则

$$\int f[\varphi(x)]\varphi'(x)\mathrm{d}x=F[\varphi(x)]+C.$$

证 只要证明 $\{F[\varphi(x)]+C\}'=f[\varphi(x)]\varphi'(x)$ 即可。因为

$\{F[\varphi(x)]+C\}'=\{F[\varphi(x)]\}'+(C)'=\{F[\varphi(x)]\}'=F'(u)\varphi'(x)=$

$$f(u)\varphi'(x) = f[\varphi(x)]\varphi'(x),$$

所以

$$\int f[\varphi(x)]\varphi'(x)\mathrm{d}x = F[\varphi(x)] + C.$$

例 14 求$\int \frac{1}{\sqrt{2+5x}}\mathrm{d}x$。

解 令 $u = 2 + 5x$,则 $\mathrm{d}u = 5\mathrm{d}x, \mathrm{d}x = \frac{1}{5}\mathrm{d}u$,所以有

$$\int \frac{1}{\sqrt{2+5x}}\mathrm{d}x = \int u^{-\frac{1}{2}}\frac{1}{5}\mathrm{d}u = \frac{1}{5}\int u^{-\frac{1}{2}}\mathrm{d}u = \frac{2}{5}u^{\frac{1}{2}} + C = \frac{2}{5}(2+5x)^{\frac{1}{2}} + C.$$

例 15 求$\int \tan x\mathrm{d}x$。

解 令 $u = \cos x$,则 $\mathrm{d}u = -\sin x\mathrm{d}x$,所以有

$$\int \tan x\mathrm{d}x = \int \frac{1}{\cos x}\sin x\mathrm{d}x = -\int \frac{1}{u}\mathrm{d}u = -\ln|u| + C = -\ln|\cos x| + C.$$

类似地,可求得$\int \cot x\mathrm{d}x = \ln|\sin x| + C$。

第一类换元积分法主要应用在被积函数含有复合函数的积分中,它分为换元 — 积分 — 还原三个过程,关键是换元。在被积函数中作变量代换 $u = \varphi(x)$ 后,还需要在被积式中再凑出 $\varphi'(x)\mathrm{d}x$,即 $\mathrm{d}\varphi(x)$,也就是 $\mathrm{d}u$,这就是所谓的"凑微分"。在余下的运算中我们是以 u 为积分变量来求积分的。

当运算熟练以后,可以不必把中间变量 u 写出来,而直接进行计算。

例 16 求$\int \sec x\mathrm{d}x$。

解 $$\int \sec x\mathrm{d}x = \int \frac{\sec x(\sec x + \tan x)}{\sec x + \tan x}\mathrm{d}x = \int \frac{\sec^2 x + \sec x \cdot \tan x}{\sec x + \tan x}\mathrm{d}x =$$

$$\int \frac{1}{\sec x + \tan x}\mathrm{d}(\sec x + \tan x) = \ln|\sec x + \tan x| + C.$$

类似地有$\int \csc x\mathrm{d}x = \ln|\csc x - \cot x| + C$。

在例 16 中 $\mathrm{d}(\sec x + \tan x) = (\sec^2 x + \sec x \cdot \tan x)\mathrm{d}x$,我们把 $\sec x + \tan x$ 作为一个中间变量来处理。今后也不再写出中间变量。

在不定积分中把

$$\int \tan x\mathrm{d}x = -\ln|\cos x| + C;$$

$$\int \cot x\mathrm{d}x = \ln|\sin x| + C;$$

$$\int \sec x \mathrm{d}x = \ln|\sec x + \tan x| + C;$$

$$\int \csc x \mathrm{d}x = \ln|\csc x - \cot x| + C,$$

也作为基本积分公式。

下面介绍一些常见的"凑微分"类型。

1. 当被积表达式为 $f(ax+b)\mathrm{d}x \quad (a \neq 0)$ 型时,

$$\int f(ax+b)\mathrm{d}x = \frac{1}{a}\int f(ax+b)\mathrm{d}(ax+b).$$

例 17 求 $\int (3x-1)^{10}\mathrm{d}x$。

解 $\int (3x-1)^{10}\mathrm{d}x = \frac{1}{3}\int (3x-1)^{10}\mathrm{d}(3x-1) = \frac{1}{33}(3x-1)^{11} + C.$

例 18 求 $\int \frac{1}{5x+4}\mathrm{d}x$。

解 $\int \frac{1}{5x+4}\mathrm{d}x = \frac{1}{5}\int \frac{1}{5x+4}\mathrm{d}(5x+4) = \frac{1}{5}\ln|5x+4| + C.$

例 19 求 $\int \cosh(2x-1)\mathrm{d}x$。

解 $\int \cosh(2x-1)\mathrm{d}x = \frac{1}{2}\int \cosh(2x-1)\mathrm{d}(2x-1) = \frac{1}{2}\sinh(2x-1) + C.$

2. 当被积表达式为 $f(x^2)x\mathrm{d}x$ 型时,

$$\int f(x^2)x\mathrm{d}x = \frac{1}{2}\int f(x^2)\mathrm{d}x^2.$$

例 20 求 $\int x\mathrm{e}^{x^2}\mathrm{d}x$。

解 $\int x\mathrm{e}^{x^2}\mathrm{d}x = \frac{1}{2}\int \mathrm{e}^{x^2}\mathrm{d}x^2 = \frac{1}{2}\mathrm{e}^{x^2} + C.$

例 21 求 $\int \frac{x}{1+x^4}\mathrm{d}x$。

解 $\int \frac{x}{1+x^4}\mathrm{d}x = \frac{1}{2}\int \frac{1}{1+(x^2)^2}\mathrm{d}x^2 = \frac{1}{2}\arctan x^2 + C.$

类似地,也可计算 $\int f(x^3)x^2\mathrm{d}x$、$\int f(x^4)x^3\mathrm{d}x$、$\int f(\sqrt{x})\frac{1}{\sqrt{x}}\mathrm{d}x$、$\int f\left(\frac{1}{x}\right)\frac{1}{x^2}\mathrm{d}x$ 等 $\varphi(x)$ 的次数比 $\varphi'(x)$ 的次数高一次的类型。

例 22 求 $\int \frac{x^2}{\sqrt{1-x^6}}\mathrm{d}x$。

解 $\int \frac{x^2}{\sqrt{1-x^6}}dx = \frac{1}{3}\int \frac{1}{\sqrt{1-(x^3)^2}}dx^3 = \frac{1}{3}\arcsin x^3 + C.$

例 23 求$\int \frac{dx}{(1+x)\sqrt{x}}$。

解 $\int \frac{dx}{(1+x)\sqrt{x}} = 2\int \frac{1}{1+(\sqrt{x})^2}d\sqrt{x} = 2\arctan\sqrt{x} + C.$

例 24 求$\int \frac{\cos\frac{1}{x}}{x^2}dx$。

解 $\int \frac{\cos\frac{1}{x}}{x^2}dx = -\int \cos\frac{1}{x}d\frac{1}{x} = -\sin\frac{1}{x} + C.$

3. 当被积表达式为$f(e^x)e^x dx$、$f(\ln x)\frac{1}{x}dx$型时，

$$\int f(e^x)e^x dx = \int f(e^x)de^x、\int f(\ln x)\frac{1}{x}dx = \int f(\ln x)d\ln x.$$

例 25 求$\int e^{e^x+x}dx$。

解 $\int e^{e^x+x}dx = \int e^{e^x}\cdot e^x dx = \int e^{e^x}de^x = e^{e^x} + C.$

例 26 求$\int \frac{\ln x}{x}dx$。

解 $\int \frac{\ln x}{x}dx = \int \ln x d\ln x = \frac{1}{2}(\ln x)^2 + C.$

4. 当被积表达式为$f(\sin x)\cos x dx$、$f(\cos x)\sin x dx$、$f(\tan x)\sec^2 x dx$、$f(\cot x)\csc^2 x dx$型时，

$$\int f(\sin x)\cos x dx = \int f(\sin x)d\sin x;$$

$$\int f(\cos x)\sin x dx = -\int f(\cos x)d\cos x;$$

$$\int f(\tan x)\sec^2 x dx = \int f(\tan x)d\tan x;$$

$$\int f(\cot x)\csc^2 x dx = -\int f(\cot x)d\cot x.$$

例 27 求$\int \sin^5 x\cos x dx$。

解 $\int \sin^5 x\cos x dx = \int \sin^5 x d\sin x = \frac{1}{6}\sin^6 x + C.$

例 28 求$\int\cos^4x\sin^3x\mathrm{d}x$。

解 $\int\cos^4x\sin^3x\mathrm{d}x=\int\cos^4x\sin^2x\sin x\mathrm{d}x=$

$$-\int\cos^4x(1-\cos^2x)\mathrm{d}\cos x=$$

$$-\int\cos^4x\mathrm{d}\cos x+\int\cos^6x\mathrm{d}\cos x=$$

$$-\frac{1}{5}\cos^5x+\frac{1}{7}\cos^7x+C.$$

一般地,形如$\int\cos^mx\sin^{2n+1}x\mathrm{d}x$、$\int\sin^mx\cos^{2n+1}x\mathrm{d}x$的积分可类似地计算。

例 29 求$\int\tan^3x\mathrm{d}x$。

解 $\int\tan^3x\mathrm{d}x=\int\tan x\tan^2x\mathrm{d}x=\int\tan x(\sec^2x-1)\mathrm{d}x=$

$$\int\tan x\sec^2x\mathrm{d}x-\int\tan x\mathrm{d}x=\int\tan x\mathrm{d}\tan x+\ln|\cos x|=$$

$$\frac{1}{2}\tan^2x+\ln|\cos x|+C.$$

5. 当被积表达式为$f(\arcsin x)\frac{1}{\sqrt{1-x^2}}\mathrm{d}x$、 $f(\arctan x)\frac{1}{1+x^2}\mathrm{d}x$型时,

$$\int f(\arcsin x)\frac{1}{\sqrt{1-x^2}}\mathrm{d}x=\int f(\arcsin x)\mathrm{d}\arcsin x;$$

$$\int f(\arctan x)\frac{1}{1+x^2}\mathrm{d}x=\int f(\arctan x)\mathrm{d}\arctan x.$$

例 30 求$\int\frac{\mathrm{e}^{\arcsin x}}{\sqrt{1-x^2}}\mathrm{d}x$。

解 $\int\frac{\mathrm{e}^{\arcsin x}}{\sqrt{1-x^2}}\mathrm{d}x=\int\mathrm{e}^{\arcsin x}\mathrm{d}\arcsin x=\mathrm{e}^{\arcsin x}+C.$

例 31 求$\int\frac{\sqrt{\arctan x}}{1+x^2}\mathrm{d}x$。

解 $\int\frac{\sqrt{\arctan x}}{1+x^2}\mathrm{d}x=\int\sqrt{\arctan x}\mathrm{d}\arctan x=\frac{2}{3}(\arctan x)^{\frac{3}{2}}+C.$

6. 如果被积函数为正弦(或余弦)函数的$2n$次方幂(n为正整数),先用$\sin^2x=\frac{1-\cos2x}{2}\left(\text{或}\cos^2x=\frac{1+\cos2x}{2}\right)$作恒等变换,直至将所有含有正弦(或余弦)函数的次数都化为1,然后求不定积分。

例 32 求$\int \sin^2 3x\mathrm{d}x$。

解 $\int \sin^2 3x\mathrm{d}x = \int \frac{1-\cos 6x}{2}\mathrm{d}x = \frac{1}{2}\int \mathrm{d}x - \frac{1}{2}\int \cos 6x\mathrm{d}x =$

$$\frac{1}{2}x - \frac{1}{12}\int \cos 6x\mathrm{d}6x = \frac{1}{2}x - \frac{1}{12}\sin 6x + C.$$

例 33 求$\int \sin^4 \frac{x}{2}\mathrm{d}x$。

解 $\int \sin^4 \frac{x}{2}\mathrm{d}x = \int \left(\frac{1-\cos x}{2}\right)^2\mathrm{d}x = \int \left[\frac{1}{4} - \frac{1}{2}\cos x + \frac{\cos^2 x}{4}\right]\mathrm{d}x =$

$$\int \left[\frac{1}{4} - \frac{1}{2}\cos x + \frac{1+\cos 2x}{8}\right]\mathrm{d}x =$$

$$\int \left[\frac{3}{8} - \frac{1}{2}\cos x + \frac{\cos 2x}{8}\right]\mathrm{d}x =$$

$$\frac{3}{8}\int \mathrm{d}x - \frac{1}{2}\int \cos x\mathrm{d}x + \frac{1}{8}\int \cos 2x\mathrm{d}x =$$

$$\frac{3}{8}\int \mathrm{d}x - \frac{1}{2}\int \cos x\mathrm{d}x + \frac{1}{16}\int \cos 2x\mathrm{d}2x =$$

$$\frac{3}{8}x - \frac{1}{2}\sin x + \frac{1}{16}\sin 2x + C.$$

7. 在初等函数中，若一个分式函数的分子与分母都是多项式，则称此函数为有理函数。如果有理函数为假分式，可通过多项式除法先化为一个多项式和一个真分式之和。前者积分很容易，于是我们只需研究真分式的不定积分。

若有理真分式的分子为一个常数，分母为一个在实数范围内可分解因式的二次多项式，先将分母因式分解，然后拆项处理，通常称为分解成部分分式之和。

例 34 求$\int \frac{3}{4x^2-5x+1}\mathrm{d}x$。

解 $\int \frac{3}{4x^2-5x+1}\mathrm{d}x = 3\int \frac{1}{(4x-1)(x-1)}\mathrm{d}x = 3\int \frac{1}{3}\left[\frac{1}{x-1} - \frac{4}{4x-1}\right]\mathrm{d}x =$

$$\int \frac{1}{x-1}\mathrm{d}x - 4\int \frac{1}{4x-1}\mathrm{d}x = \int \frac{1}{x-1}\mathrm{d}(x-1) - \int \frac{1}{4x-1}\mathrm{d}(4x-1) =$$

$$\ln|x-1| - \ln|4x-1| + C.$$

若有理函数的分子为一个常数，分母为一个在实数范围内不可分解因式的二次多项式，先将分母配方，再凑微分后套用公式$\int \frac{1}{1+u^2}\mathrm{d}u = \arctan u + C$。

例 35 求$\int \frac{1}{x^2+x+1}\mathrm{d}x$。

解 $\int \frac{1}{x^2+x+1}dx = \int \frac{1}{\frac{3}{4}+\left(x+\frac{1}{2}\right)^2}dx = \frac{4}{3}\int \frac{1}{1+\left(\frac{2x+1}{\sqrt{3}}\right)^2}dx =$

$$\frac{4}{3}\cdot\frac{\sqrt{3}}{2}\int \frac{1}{1+\left(\frac{2x+1}{\sqrt{3}}\right)^2}d\,\frac{2x+1}{\sqrt{3}} = \frac{2\sqrt{3}}{3}\arctan\frac{2x+1}{\sqrt{3}}+C.$$

对于更复杂的有理函数,可以用数学软件 Mathematica 来求积分。

还需要说明的是,计算某些积分时,由于选择不同的恒等变形或不同的凑微分形式,求出的不定积分在形式上可能不同,但它们之间至多只相差一个常数项。

例 36 求$\int \sin 2x dx$。

解法一 $\int \sin 2x dx = \frac{1}{2}\int \sin 2x d2x = -\frac{1}{2}\cos 2x + C$;

解法二 $\int \sin 2x dx = 2\int \sin x\cos x dx = 2\int \sin x d\sin x = \sin^2 x + C$;

解法三 $\int \sin 2x dx = 2\int \sin x\cos x dx = -2\int \cos x d\cos x = -\cos^2 x + C.$

总之,第一类换元积分法的基本思路是用一阶微分形式的不变性将包含有复合函数的被积函数剥离一重(或多重)函数关系,然后套用基本积分公式。

3.2.2 第二类换元积分法

在讲第一类换元积分法时,令 $u=\varphi(x)$,得到公式$\int f[\varphi(x)]\varphi'(x)dx = \int f(u)du$。该公式可以把左边的积分通过换元化为容易计算的右边的积分。但有时情况与此正好相反,该公式右边的积分化为左边的积分反而易求,这就是我们要介绍的第二类换元积分法。

定理 3 设 $x=\varphi(t)$ 是单调的、有连续导数的函数,并且 $\varphi'(t)\neq 0$,又若 $\int f[\varphi(t)]\varphi'(t)dt = F(t)+C$,则

$$\int f(x)dx = F[\varphi^{-1}(x)]+C.$$

证 因为 $x=\varphi(t)$ 是单调的、有连续导数的函数,并且 $\varphi'(t)\neq 0$,所以 $x=\varphi(t)$ 存在反函数 $t=\varphi^{-1}(x)$,且$\frac{dt}{dx}=\frac{1}{\varphi'(t)}$,按不定积分定义,得

$$\{F[\varphi^{-1}(x)]+C\}' = \{F[\varphi^{-1}(x)]\}' = \frac{dF}{dt}\cdot\frac{dt}{dx} = f[\varphi(t)]\varphi'(t)\frac{1}{\varphi'(t)} =$$

$$f[\varphi(t)] = f(x),$$

所以 $\int f(x)\mathrm{d}x = F[\varphi^{-1}(x)] + C.$

例 37 求$\int \frac{1}{1+\sqrt{x}}\mathrm{d}x$。

解 作变量代换，令$\sqrt{x}=t$，则 $x=t^2$，$\mathrm{d}x=2t\mathrm{d}t$，于是得

$$\int \frac{1}{1+\sqrt{x}}\mathrm{d}x = \int \frac{1}{1+t}\cdot 2t\mathrm{d}t = 2\int \frac{t}{1+t}\mathrm{d}t = 2\int\left(1-\frac{1}{1+t}\right)\mathrm{d}t =$$

$$2\int \mathrm{d}t - 2\int \frac{1}{1+t}\mathrm{d}t = 2t - 2\ln|1+t| + C =$$

$$2\sqrt{x} - 2\ln\left|1+\sqrt{x}\right| + C \text{（回到原变量 } x\text{）}.$$

请注意：在通过第二类换元法求出不定积分后，必须还原成原变量。

用第二类换元积分法求不定积分时，关键是选择适当的变量代换 $x=\varphi(t)$。那么应如何去选择变量代换 $x=\varphi(t)$ 呢？

在不定积分中，当被积函数含有根式又不能用现成的积分公式解决时，往往就要选择一个适当的变量代换（换元），消去被积函数中的根式，然后再进行积分。下面介绍几种用变量代换消根式的类型。

1. 当被积函数中含有 $\sqrt[n]{ax+b}$（n 为正整数，$a\neq 0$）时，令 $t=\sqrt[n]{ax+b}$。

例 38 求$\int x\cdot\sqrt[3]{(2+x)^2}\mathrm{d}x$。

解 令 $t=\sqrt[3]{2+x}$，则 $x=t^3-2$，$\mathrm{d}x=3t^2\mathrm{d}t$，于是得

$$\int x\cdot\sqrt[3]{(2+x)^2}\mathrm{d}x = \int (t^3-2)\cdot t^2\cdot 3t^2\mathrm{d}t =$$

$$3\int (t^7-2t^4)\mathrm{d}t = \frac{3}{8}t^8 - \frac{6}{5}t^5 + C =$$

$$\frac{3}{8}(2+x)^{\frac{8}{3}} - \frac{6}{5}(2+x)^{\frac{5}{3}} + C.$$

例 39 求$\int \frac{1}{\sqrt{x}(1+\sqrt[3]{x})}\mathrm{d}x$。

解 被积函数中含有$\sqrt{x}$ 与$\sqrt[3]{x}$，为使作了变量代换后，被积函数中不再含有根式，应令 $t=\sqrt[6]{x}$，则 $x=t^6$，$\mathrm{d}x=6t^5\mathrm{d}t$，于是得

$$\int \frac{1}{\sqrt{x}(1+\sqrt[3]{x})}\mathrm{d}x = \int \frac{1}{t^3(1+t^2)}6t^5\mathrm{d}t = 6\int \frac{t^2}{1+t^2}\mathrm{d}t = 6\int\left(1-\frac{1}{1+t^2}\right)\mathrm{d}t =$$

$$6t - 6\arctan t + C = 6\cdot\sqrt[6]{x} - 6\arctan\sqrt[6]{x} + C.$$

2. 当被积函数中含有$\sqrt[n]{\frac{ax+b}{cx+d}}$（$n$ 为正整数，$a,c\neq 0$）时，令$t=\sqrt[n]{\frac{ax+b}{cx+d}}$。

例 40 求$\int \frac{1}{x}\sqrt{\frac{x}{2-x}}\mathrm{d}x$。

解 令 $t=\sqrt{\frac{x}{2-x}}$,则 $x=\frac{2t^2}{1+t^2}$,$\mathrm{d}x=\frac{4t}{(1+t^2)^2}\mathrm{d}t$,于是得

$$\int \frac{1}{x}\sqrt{\frac{x}{2-x}}\mathrm{d}x=\int \frac{1+t^2}{2t^2}\cdot t\cdot \frac{4t}{(1+t^2)^2}\mathrm{d}t=2\int \frac{1}{1+t^2}\mathrm{d}t=2\arctan t+C=2\arctan\sqrt{\frac{x}{2-x}}+C.$$

3. 当被积函数中含有 $\sqrt{a^2-x^2}\,(a>0)$,令 $x=a\sin t\left(-\frac{\pi}{2}<t<\frac{\pi}{2}\right)$;

当被积函数中含有 $\sqrt{a^2+x^2}\,(a>0)$,令 $x=a\tan t\left(-\frac{\pi}{2}<t<\frac{\pi}{2}\right)$;

当被积函数中含有 $\sqrt{x^2-a^2}\,(a>0)$,令 $x=a\sec t\left(0<t<\frac{\pi}{2}\right)$。

在二次根式中含有关于 x 的二次多项式时,作上述三角函数代换,目的是为了套用 $\sin^2x+\cos^2x=1$ 与 $1+\tan^2x=\sec^2x$ 这两个公式消去根式。

例 41 求$\int \sqrt{a^2-x^2}\mathrm{d}x\,(a>0)$。

解 令 $x=a\sin t\left(-\frac{\pi}{2}<t<\frac{\pi}{2}\right)$,则 $\mathrm{d}x=a\cos t\mathrm{d}t$,$\sqrt{a^2-x^2}=a\sqrt{1-\sin^2t}=a\cos t$,于是得

$$\int \sqrt{a^2-x^2}\mathrm{d}x=\int a\cos t\cdot a\cos t\mathrm{d}t=a^2\int \cos^2t\mathrm{d}t=a^2\int \frac{1+\cos 2t}{2}\mathrm{d}t=$$
$$\frac{a^2}{2}t+\frac{a^2}{4}\sin 2t+C=\frac{a^2}{2}t+\frac{a^2}{2}\sin t\cdot\cos t+C.$$

因为 $x=a\sin t$,所以 $t=\arcsin\frac{x}{a}$,$\cos t=\sqrt{1-\sin^2t}=\sqrt{1-\left(\frac{x}{a}\right)^2}=\frac{\sqrt{a^2-x^2}}{a}$。又因 $\sin t=\frac{x}{a}$,故也可用图 3-2 所示的直角三角形直接写出上述变量的还原,所以

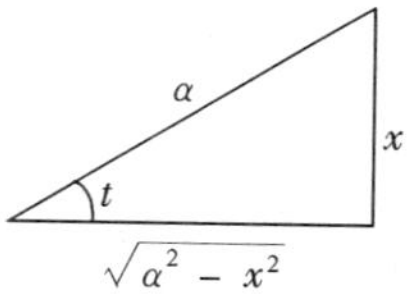

图 3-2

$$\int \sqrt{a^2-x^2}\mathrm{d}x=\frac{a^2}{2}\arcsin\frac{x}{a}+\frac{x\sqrt{a^2-x^2}}{2}+C.$$

例 42 求$\int \frac{\mathrm{d}x}{\sqrt{a^2+x^2}}\quad(a>0)$。

解 令 $x=a\tan t\left(-\frac{\pi}{2}<t<\frac{\pi}{2}\right)$,则 $\sqrt{a^2+x^2}=a\sqrt{1+\tan^2t}=a\sec t$,$\mathrm{d}x=$

$a\sec^2 t\mathrm{d}t$，于是得

$$\int \frac{\mathrm{d}x}{\sqrt{a^2+x^2}} = \int \frac{1}{a\sec t} a\sec^2 t\mathrm{d}t = \int \sec t\mathrm{d}t = \ln|\sec t + \tan t| + C.$$

与上例类似，因为 $x = a\tan t$，所以 $\tan t = \frac{x}{a}$，可以作辅助三角形（见图 3－3），得

$\sec t = \frac{\sqrt{a^2+x^2}}{a}$，从而得

$$\int \frac{\mathrm{d}x}{\sqrt{a^2+x^2}} = \ln\left|\frac{x}{a} + \frac{\sqrt{a^2+x^2}}{a}\right| + C_1 = \ln\left|x + \sqrt{a^2+x^2}\right| + C,$$

其中　$C = C_1 - \ln a$。

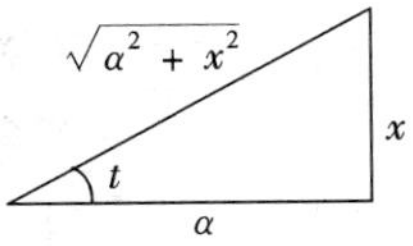

图 3－3

例 43　求 $\int \frac{\mathrm{d}x}{\sqrt{(x^2-a^2)^3}}$　$(a>0)$。

解　令 $x = a\sec t\left(0 < t < \frac{\pi}{2}\right)$，则 $\mathrm{d}x = a\sec t\cdot\tan t\mathrm{d}t$，$\sqrt{x^2-a^2} = a\sqrt{\sec^2 t - 1} = a\tan t$，于是得

$$\int \frac{\mathrm{d}x}{\sqrt{(x^2-a^2)^3}} = \int \frac{a\sec t\cdot\tan t\mathrm{d}t}{a^3\tan^3 t} = \frac{1}{a^2}\int\frac{\cos t}{\sin^2 t}\mathrm{d}t = \frac{1}{a^2}\int\frac{\mathrm{d}\sin t}{\sin^2 t} = -\frac{1}{a^2}\cdot\frac{1}{\sin t} + C.$$

因为 $x = a\sec t$，所以 $\sec t = \frac{x}{a}$，作辅助三角形（见图 3－4），得 $\sin t = \frac{\sqrt{x^2-a^2}}{x}$，从而得

$$\int \frac{\mathrm{d}x}{\sqrt{(x^2-a^2)^3}} = -\frac{x}{a^2\sqrt{x^2-a^2}} + C.$$

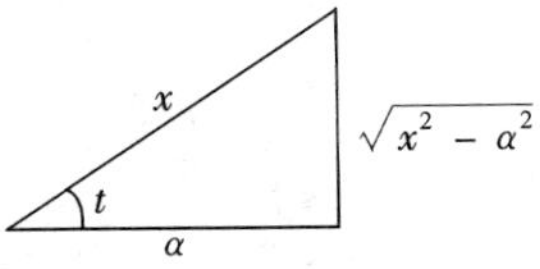

图 3－4

若被积函数中包含有根式 $\sqrt{ax^2+bx+c}$，可先把根式中 ax^2+bx+c 配方，化为上述类型，再作相应的三角函数的代换。

例 44　求 $\int \frac{\mathrm{d}x}{\sqrt{x^2-2x+3}}$。

解

$$\int \frac{\mathrm{d}x}{\sqrt{x^2-2x+3}} = \int \frac{\mathrm{d}x}{\sqrt{(x-1)^2+2}} \xlongequal{令 u = x-1} \int \frac{\mathrm{d}u}{\sqrt{u^2+2}} \xlongequal{令 u = \sqrt{2}\tan t}$$

$$\int \frac{\sqrt{2}\sec^2 t\mathrm{d}t}{\sqrt{2(1+\tan^2 t)}} = \int \sec t\mathrm{d}t = \ln|\sec t + \tan t| + C_1 =$$

$$\ln\left|\frac{u+\sqrt{u^2+2}}{\sqrt{2}}\right| + C_1 = \ln\left|x - 1 + \sqrt{x^2-2x+3}\right| + C,$$

其中 $C = C_1 - \frac{1}{2}\ln 2$。

习　　题　3.2

5. 在下列各式的横线上填入适当的系数,使等式成立:

(1) $dx =$ ________ $d(2+3x)$;

(2) $x dx =$ ________ $d(5x^2-4)$;

(3) $x^2 dx =$ ________ $d(2-3x^3)$;

(4) $\frac{1}{x^2}dx =$ ________ $d\left(-\frac{1}{x}-1\right)$;

(5) $\frac{1}{\sqrt{x}}dx =$ ________ $d(1-\sqrt{x})$;

(6) $\frac{1}{x}dx =$ ________ $d(2\ln x-1)$;

(7) $e^x dx =$ ________ $d(2e^x+1)$;

(8) $\sin x dx =$ ________ $d(3\cos x+4)$;

(9) $\frac{1}{1+9x^2}dx =$ ________ $d(\arctan 3x)$;

(10) $\sin\frac{x}{2}dx =$ ________ $d\cos\frac{x}{2}$.

6. 求下列不定积分:

(1) $\int(5x-4)^4 dx$;　　(2) $\int\frac{dx}{\sqrt{1-3x}}$;

(3) $\int\frac{dx}{2x-1}$;　　(4) $\int e^{-3x+1}dx$;

(5) $\int\sinh(5x-1)dx$;　　(6) $\int\cosh\left(1-\frac{1}{2}x\right)dx$;

(7) $\int\cos^2 5x dx$;　　(8) $\int\cos^4 x dx$;

(9) $\int\tan(2x-5)dx$;　　(10) $\int\frac{1}{x^2-3x+2}dx$;

(11) $\int\frac{1}{4x^2-8x+3}dx$;　　(12) $\int\frac{1}{x^2-4}dx$;

(13) $\int\frac{1}{4x^2+1}dx$;　　(14) $\int\frac{1}{9x^2+6x+2}dx$;

(15) $\int \frac{1}{\sqrt{16-25x^2}}\mathrm{d}x$;　　(16) $\int x\mathrm{e}^{-\frac{x^2}{2}}\mathrm{d}x$;

(17) $\int \frac{x}{1+x^2}\mathrm{d}x$;　　(18) $\int \frac{x}{\sqrt{2x^2+3}}\mathrm{d}x$;

(19) $\int \frac{x^2}{(4+x^3)^2}\mathrm{d}x$;　　(20) $\int \mathrm{e}^x \sin \mathrm{e}^x \mathrm{d}x$;

(21) $\int \frac{\mathrm{e}^x}{1+\mathrm{e}^x}\mathrm{d}x$;　　(22) $\int \frac{\sin\sqrt{x}}{\sqrt{x}}\mathrm{d}x$;

(23) $\int \frac{\mathrm{e}^{\sqrt{x}}}{\sqrt{x}}\mathrm{d}x$;　　(24) $\int \frac{3^{\frac{1}{x}}}{x^2}\mathrm{d}x$;

(25) $\int \frac{\sec^2\frac{1}{x}}{x^2}\mathrm{d}x$;　　(26) $\int \frac{\ln^2 x}{x}\mathrm{d}x$;

(27) $\int \frac{\sqrt{1+\ln x}}{x}\mathrm{d}x$;　　(28) $\int \frac{1}{x(\ln x+1)}\mathrm{d}x$;

(29) $\int \sin^3 x\mathrm{d}x$;　　(30) $\int \sin^4 x\cos^3 x\mathrm{d}x$;

(31) $\int (1-\sin x)^5\cos x\mathrm{d}x$;　　(32) $\int \frac{\sin x}{2+\cos x}\mathrm{d}x$;

(33) $\int \frac{\tan x}{\cos^2 x}\mathrm{d}x$;　　(34) $\int \cot^3 x\mathrm{d}x$;

(35) $\int \frac{2\cot x+3}{\sin^2 x}\mathrm{d}x$;　　(36) $\int \cos 3x\cos 2x\mathrm{d}x$;

(37) $\int \sin 3x\sin 5x\mathrm{d}x$;　　(38) $\int \frac{(\arctan x)^2}{1+x^2}\mathrm{d}x$;

(39) $\int \frac{1}{(\arcsin x)^2\sqrt{1-x^2}}\mathrm{d}x$.

7. 求下列不定积分:

(1) $\int x\sqrt{1+x}\mathrm{d}x$;　　(2) $\int \frac{\mathrm{d}x}{\sqrt{2x-3}+1}$;

(3) $\int \frac{\mathrm{d}x}{\sqrt{x+1}+2}$;　　(4) $\int \frac{\sqrt{x}}{\sqrt{x}-1}\mathrm{d}x$;

(5) $\int \frac{\mathrm{d}x}{\sqrt[3]{x}+1}$;　　(6) $\int \frac{\mathrm{d}x}{\sqrt{x}+\sqrt[3]{x^2}}$;

(7) $\int \sqrt{\frac{1-x}{1+x}}\cdot\frac{1}{x}\mathrm{d}x$.

8. 求下列不定积分：

(1) $\int \sqrt{1-x^2}\,\mathrm{d}x$；　(2) $\int \frac{\mathrm{d}x}{x^2\sqrt{1-x^2}}$；

(3) $\int \frac{\mathrm{d}x}{\sqrt{1+x^2}}$；　(4) $\int (1+x^2)^{-\frac{3}{2}}\mathrm{d}x$；

(5) $\int \frac{1}{x\sqrt{x^2-1}}\mathrm{d}x$；　(6) $\int \frac{\sqrt{x^2-1}}{x}\mathrm{d}x$；

(7) $\int \frac{2x-1}{\sqrt{9x^2-4}}\mathrm{d}x$；　(8) $\int \frac{\mathrm{d}x}{\sqrt{1+x-x^2}}$.

3.3 分部积分法

应用微分的乘法法则可得到又一种新的积分方法，即分部积分法。

设函数 $u=u(x)$ 及 $v=v(x)$ 具有连续导数，则

$$\mathrm{d}(uv)=v\mathrm{d}u+u\mathrm{d}v，或 u\mathrm{d}v=\mathrm{d}(uv)-v\mathrm{d}u.$$

对上式两边求不定积分，得

$$\int u\mathrm{d}v=uv-\int v\mathrm{d}u \tag{3.1}$$

公式(3.1)称为分部积分公式。分部积分法主要用于被积函数是两种不同类型函数之积的情形。

例 45 求$\int x\ln x\mathrm{d}x$。

解 令 $u=\ln x, \mathrm{d}v=x\mathrm{d}x=\mathrm{d}\left(\frac{1}{2}x^2\right)$，得 $\mathrm{d}u=\frac{1}{x}\mathrm{d}x, v=\frac{1}{2}x^2$，于是得

$$\int x\ln x\mathrm{d}x=\frac{1}{2}x^2\ln x-\frac{1}{2}\int x\mathrm{d}x=\frac{1}{2}x^2\ln x-\frac{1}{4}x^2+C。$$

例 46 求$\int x\sin x\mathrm{d}x$。

解 令 $u=x, \mathrm{d}v=\sin x\mathrm{d}x=\mathrm{d}(-\cos x)$，得 $\mathrm{d}u=\mathrm{d}x, v=-\cos x$，于是得

$$\int x\sin x\mathrm{d}x=-x\cos x+\int\cos x\mathrm{d}x=-x\cos x+\sin x+C.$$

应用分部积分公式的关键是如何选取 u 和 $\mathrm{d}v$，在选取 u 和 $\mathrm{d}v$ 时一般要遵循两个原则：

(1) 在被积函数中确定了 u 和 $\mathrm{d}v$ 以后，v 要容易求得；

(2) $\int v\mathrm{d}u$ 要比$\int u\mathrm{d}v$ 容易积分。

如在例45中，若令 $u = x, \mathrm{d}v = \ln x\mathrm{d}x$，则 v 不容易求得。又如在例46中，若令 $u = \sin x$，$\mathrm{d}v = x\mathrm{d}x$，则 $\mathrm{d}u = \cos x\mathrm{d}x, v = \frac{1}{2}x^2$，此时 $\int v\mathrm{d}u = \int \frac{1}{2}x^2\cos x\mathrm{d}x$ 要比 $\int u\mathrm{d}v = \int x\sin x\mathrm{d}x$ 难积。

在不定积分中，使用分部积分公式是有一定规律可循的，下面介绍一些常见的分部积分类型。

1. 积分类型为 $\int x^n \times$（指数函数）$\mathrm{d}x$，选取 x^n（n 为正整数）为 u。

例 47 求 $\int x\mathrm{e}^x\mathrm{d}x$。

解 令 $u = x, \mathrm{d}v = \mathrm{e}^x\mathrm{d}x$，得 $\mathrm{d}u = \mathrm{d}x, v = \mathrm{e}^x$，于是得

$$\int x\mathrm{e}^x\mathrm{d}x = x\mathrm{e}^x - \int \mathrm{e}^x\mathrm{d}x = x\mathrm{e}^x - \mathrm{e}^x + C.$$

例 48 求 $\int x^2\mathrm{e}^x\mathrm{d}x$。

解 令 $u = x^2, \mathrm{d}v = \mathrm{e}^x\mathrm{d}x$，得 $\mathrm{d}u = 2x\mathrm{d}x, v = \mathrm{e}^x$，于是得

$$\int x^2\mathrm{e}^x\mathrm{d}x = x^2\mathrm{e}^x - 2\int x\mathrm{e}^x\mathrm{d}x = x^2\mathrm{e}^x - 2(x\mathrm{e}^x - \mathrm{e}^x) + C\text{（利用例 47 的结果）} =$$
$$x^2\mathrm{e}^x - 2x\mathrm{e}^x + 2\mathrm{e}^x + C.$$

这里 $\int x^2\mathrm{e}^x\mathrm{d}x$ 与 $\int x\mathrm{e}^x\mathrm{d}x$ 相比，x 的幂次降低了一次，再用一次分部积分就可以了。下面有几种类型也是这样。

2. 积分类型为 $\int x^n \times$（三角函数）$\mathrm{d}x$，选取 x^n（n 为正整数）为 u。

例 49 求 $\int x^2\sin 3x\mathrm{d}x$。

解 令 $u = x^2, \mathrm{d}v = \sin 3x\mathrm{d}x$，得 $\mathrm{d}u = 2x\mathrm{d}x, v = -\frac{1}{3}\cos 3x$，于是得

$$\int x^2\sin 3x\mathrm{d}x = -\frac{1}{3}x^2\cos 3x + \frac{2}{3}\int x\cos 3x\mathrm{d}x,$$

对于 $\int x\cos 3x\mathrm{d}x$，令 $u = x, \mathrm{d}v = \cos 3x\mathrm{d}x$，得 $\mathrm{d}u = \mathrm{d}x, v = \frac{1}{3}\sin 3x$，于是得

$$\int x\cos 3x\mathrm{d}x = \frac{1}{3}x\sin 3x - \frac{1}{3}\int \sin 3x\mathrm{d}x = \frac{1}{3}x\sin 3x + \frac{1}{9}\cos 3x + C_1,$$

所以

$$\int x^2\sin 3x\mathrm{d}x = -\frac{1}{3}x^2\cos 3x + \frac{2}{3}\left(\frac{1}{3}x\sin 3x + \frac{1}{9}\cos 3x + C_1\right) = -\frac{1}{3}x^2\cos 3x +$$
$$\frac{2}{9}x\sin 3x + \frac{2}{27}\cos 3x + C,$$

其中 $C=\frac{2}{3}C_1$。

例 50 求 $\int x\sec^2 x\mathrm{d}x$。

解 令 $u=x,\mathrm{d}v=\sec^2 x\mathrm{d}x$，得 $\mathrm{d}u=\mathrm{d}x,v=\tan x$，于是得

$$\int x\sec^2 x\mathrm{d}x=x\tan x-\int\tan x\mathrm{d}x=x\tan x+\ln|\cos x|+C.$$

3. 积分类型为 $\int x^\alpha\times$（对数函数）$\mathrm{d}x$，（α 为实数），选取对数函数为 u。

例 51 求 $\int\ln x\mathrm{d}x$。

解 令 $u=\ln x,\mathrm{d}v=\mathrm{d}x$，得 $\mathrm{d}u=\frac{1}{x}\mathrm{d}x,v=x$，于是得

$$\int\ln x\mathrm{d}x=x\ln x-\int\mathrm{d}x=x\ln x-x+C.$$

例 52 求 $\int x(\ln x)^2\mathrm{d}x$。

解 令 $u=(\ln x)^2,\mathrm{d}v=x\mathrm{d}x$，得 $\mathrm{d}u=\frac{2\ln x}{x}\mathrm{d}x,v=\frac{1}{2}x^2$，于是得

$$\int x(\ln x)^2\mathrm{d}x=\frac{1}{2}(x\ln x)^2-\int x\ln x\mathrm{d}x=$$

$$\frac{1}{2}(x\ln x)^2-\left(\frac{1}{2}x^2\ln x-\frac{1}{4}x^2+C_1\right)\text{（利用例 45 的结果）}=$$

$$\frac{1}{2}(x\ln x)^2-\frac{1}{2}x^2\ln x+\frac{1}{4}x^2+C,$$

其中 $C=-C_1$。

4. 积分类型为 $\int x^n\times$（反三角函数）$\mathrm{d}x$，选取反三角函数为 u。

例 53 求 $\int\arcsin x\mathrm{d}x$。

解 令 $u=\arcsin x,\mathrm{d}v=\mathrm{d}x$，得 $\mathrm{d}u=\frac{1}{\sqrt{1-x^2}}\mathrm{d}x,v=x$，于是得

$$\int\arcsin x\mathrm{d}x=x\arcsin x-\int\frac{x}{\sqrt{1-x^2}}\mathrm{d}x=x\arcsin x+\frac{1}{2}\int\frac{\mathrm{d}(1-x^2)}{\sqrt{1-x^2}}=$$

$$x\arcsin x+\sqrt{1-x^2}+C.$$

例 54 求 $\int x^3\arctan x\mathrm{d}x$。

解 令 $u=\arctan x,\mathrm{d}v=x^3\mathrm{d}x$，得 $\mathrm{d}u=\frac{1}{1+x^2},v=\frac{1}{4}x^4$，于是得

$$\int x^3\arctan x\mathrm{d}x = \frac{1}{4}x^4\arctan x - \frac{1}{4}\int\frac{x^4}{1+x^2}\mathrm{d}x = \frac{1}{4}x^4\arctan x - \frac{1}{4}\int\frac{x^4-1+1}{1+x^2}\mathrm{d}x =$$

$$\frac{1}{4}x^4\arctan x - \frac{1}{4}\int\left(x^2-1+\frac{1}{1+x^2}\right)\mathrm{d}x = \frac{1}{4}x^4\arctan x - \frac{1}{12}x^3 +$$

$$\frac{1}{4}x - \frac{1}{4}\arctan x + C.$$

5. 积分类型为$\int$(指数函数)×(三角函数)$\mathrm{d}x$,可任选一个函数为 u。

例 55 求$\int \mathrm{e}^x\cos x\mathrm{d}x$。

解 令 $u = \mathrm{e}^x, \mathrm{d}v = \cos x\mathrm{d}x$,得 $\mathrm{d}u = \mathrm{e}^x\mathrm{d}x, v = \sin x$,于是得

$$\int \mathrm{e}^x\cos x\mathrm{d}x = \mathrm{e}^x\sin x - \int \mathrm{e}^x\sin x\mathrm{d}x.$$

对于$\int \mathrm{e}^x\sin x\mathrm{d}x$,令 $u = \mathrm{e}^x, \mathrm{d}v = \sin x\mathrm{d}x$,得 $\mathrm{d}u = \mathrm{e}^x\mathrm{d}x, v = -\cos x$,于是得

$$\int \mathrm{e}^x\sin x\mathrm{d}x = -\mathrm{e}^x\cos x + \int \mathrm{e}^x\cos x\mathrm{d}x,$$

所以

$$\int \mathrm{e}^x\cos x\mathrm{d}x = \mathrm{e}^x\sin x + \mathrm{e}^x\cos x - \int \mathrm{e}^x\cos x\mathrm{d}x.$$

经过两次分部积分之后,在上式右端又出现了所求的积分$\int \mathrm{e}^x\cos x\mathrm{d}x$,这样便出现了含有不定积分$\int \mathrm{e}^x\cos x\mathrm{d}x$ 的方程式。只要将等式右端的$\int \mathrm{e}^x\cos x\mathrm{d}x$ 移项到左端,得

$$2\int \mathrm{e}^x\cos x\mathrm{d}x = \mathrm{e}^x\sin x + \mathrm{e}^x\cos x + C_1.$$

移项之后,右端已没有积分号了,所以应加任意常数,因此

$$\int \mathrm{e}^x\cos x\mathrm{d}x = \frac{1}{2}(\mathrm{e}^x\sin x + \mathrm{e}^x\cos x) + C,\text{其中}\quad C = \frac{C_1}{2}。$$

注意:因为要使用两次分部积分法,两次选取 u 与 $\mathrm{d}v$ 应保持一致,否则不可能出现含所求不定积分的方程式。此方法可以推广,请看下面的例子。

例 56 求$\int \sec^3 x\mathrm{d}x$。

解 令 $u = \sec x, \mathrm{d}v = \sec^2 x\mathrm{d}x$,得 $\mathrm{d}u = \sec x\tan x\mathrm{d}x, v = \tan x$,于是得

$$\int \sec^3 x\mathrm{d}x = \sec x\tan x - \int \sec x\tan^2 x\mathrm{d}x = \sec x\tan x - \int \sec x(\sec^2 x - 1)\mathrm{d}x =$$

$$\sec x\tan x - \int \sec^3 x\mathrm{d}x + \int \sec x\mathrm{d}x,$$

与例 55 类似,得 $2\int \sec^3 x\mathrm{d}x = \sec x\tan x + \int \sec x\mathrm{d}x$,所以得

$$\int \sec^3 x\mathrm{d}x = \frac{1}{2}\left(\sec x\tan x + \int \sec x\mathrm{d}x\right) = \frac{1}{2}\left(\sec x\tan x + \ln|\sec x + \tan x|\right) + C.$$

以上在应用分部积分公式时，都详细列出了 u 与 $\mathrm{d}v$。当公式使用比较熟练以后，可以省略令 u 与 $\mathrm{d}v$ 这一步，直接在求解过程中套用分部积分公式。

例 57 求 $\int x\sin^2 x\mathrm{d}x$。

解 $\int x\sin^2 x\mathrm{d}x = \int x\frac{1-\cos 2x}{2}\mathrm{d}x = \frac{1}{2}\int x\mathrm{d}x - \frac{1}{2}\int x\cos 2x\mathrm{d}x =$

$$\frac{1}{4}x^2 - \frac{1}{2}\int x\mathrm{d}\,\frac{1}{2}\sin 2x = \frac{1}{4}x^2 - \frac{1}{2}\left[\frac{1}{2}x\sin 2x - \frac{1}{2}\int \sin 2x\mathrm{d}x\right] =$$

$$\frac{1}{4}x^2 - \frac{1}{4}x\sin 2x - \frac{1}{8}\cos 2x + C.$$

至此，我们已经讲完了不定积分的求法。最后，必须指出，并不是任何一个初等函数的不定积分仍是初等函数。例如 $\int \frac{\sin x}{x}\mathrm{d}x$，$\int \mathrm{e}^{-x^2}\mathrm{d}x$，$\int \cos x^2\mathrm{d}x$，$\int \sqrt{1-\varepsilon^2\sin^2 x}\,\mathrm{d}x\,(0<\varepsilon<1)$ 都不是初等函数，这类积分俗称为“积不出的”，但并非不可积。这样，继第 1 章讲过的分段函数之后，又增加了一类新的非初等函数。

习 题 3.3

9. 求下列不定积分：

(1) $\int x\mathrm{e}^{-x}\mathrm{d}x$； (2) $\int x\sin 2x\mathrm{d}x$；

(3) $\int \arctan x\mathrm{d}x$； (4) $\int (x^2+1)\ln x\mathrm{d}x$；

(5) $\int x\ln(x-1)\mathrm{d}x$； (6) $\int x\sin x\cos x\mathrm{d}x$；

(7) $\int x^2\cos^2\frac{x}{2}\mathrm{d}x$； (8) $\int \mathrm{e}^{2x}\sin x\mathrm{d}x$；

(9) $\int \mathrm{e}^{x}\sin^2 x\mathrm{d}x$； (10) $\int \mathrm{e}^{\sqrt[3]{x}}\mathrm{d}x$.

10. 已知 $f(x)$ 的一个原函数为 $\frac{\sin x}{x}$，证明：

$$\int x f'(x)\mathrm{d}x = \cos x - \frac{2\sin x}{x} + C.$$

3.4 定积分的概念与性质

3.4.1 定积分的引例

引例1 求曲边梯形的面积。

在初等数学中,我们会计算矩形、梯形、三角形等图形的面积,如果是任意曲线所围成的平面图形的面积,就不会计算了。为解决这个问题,我们先讨论曲边梯形的面积。

在直角坐标系中,由连续曲线 $y = f(x)$(并设 $f(x) \geq 0$),直线 $x = a$,$x = b$ 及 x 轴所围成的图形 $AabB$(见图 3-5),叫做曲边梯形。

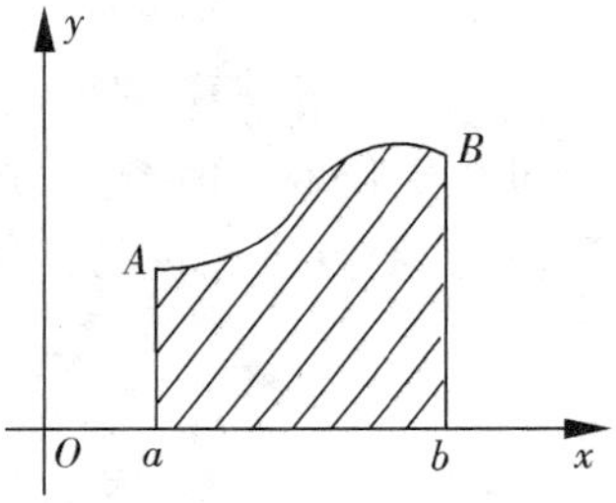

图 3-5

如何求曲边梯形 $AabB$ 的面积呢?在微积分中,其思路是:在$[a, b]$内添加若干分点,过分点作 x 轴的垂线,这样就将曲边梯形 $AabB$ 划分成许多个小曲边梯形,每个小曲边梯形可用一个小矩形作近似代替,而矩形的面积是容易计算的。我们就以所有这些小矩形面积之和作为曲边梯形面积的近似值,再把曲边梯形无限细分下去,使得每个小曲边梯形的底边长都趋于零,此时所有小矩形面积之和的极限就是曲边梯形的面积。我们把这个过程详述如下:

(1) 分割:用分点 $a = x_0 < x_1 < x_2 < \cdots < x_{n-1} < x_n = b$ 将区间$[a,b]$任意分成 n 个小区间$[x_0, x_1]$,$[x_1, x_2]$,$\cdots$,$[x_{n-1}, x_n]$。这些小区间的长度为 $\Delta x_i = x_i - x_{i-1}$ $(i = 1, 2, \cdots, n)$。经过每一个分点 x_i $(i = 1, 2, \cdots, n)$ 作 x 轴的垂线,把曲边梯形 $AabB$ 划分成 n 个小曲边梯形(见图3-6)。用 S 表示曲边梯形 $AabB$ 的面积,ΔS_i 表示第 i 个小曲边梯形的面积,则有

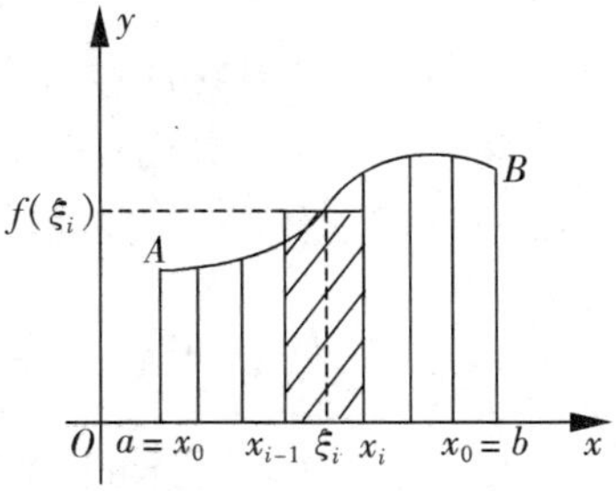

图 3-6

$$S = \sum_{i=1}^{n} \Delta S_i;$$

(2) 作近似代替:在每个小区间$[x_{i-1}, x_i]$上任取一点 ξ_i $(i = 1,2,\cdots,n)$,用以 Δx_i 为底,$f(\xi_i)$ 为高的小矩形的面积近似代替第 i 个小曲边梯形的面积,即 $\Delta S_i \approx f(\xi_i)\Delta x_i$;

(3) 求和:$S = \sum\limits_{i=1}^{n} \Delta S_i \approx \sum\limits_{i=1}^{n} f(\xi_i)\Delta x_i$;

(4) 取极限:令 $\lambda = \max\limits_{1 \leq i \leq n}\{\Delta x_i\}$,它表示所有小区间长度的最大值,当分点数 n 无限增大,且 $\lambda \to 0$ 时取上述和式的极限,得曲边梯形 $AabB$ 的面积为

$$S = \lim_{\lambda \to 0} \sum_{i=1}^{n} f(\xi_i)\Delta x_i.$$

引例 2 求质点作变速直线运动时所经过的路程。

如果质点作匀速直线运动，则有公式"路程 = 速度 × 时间"。但在实际中，速度通常是时间 t 的连续函数 $v = v(t)$，此时，要求质点从时刻 a 到时刻 $b(a < b)$ 所经过的路程 s，就不能直接套用这个公式了。我们也可以按求曲边梯形面积的思路来求 s。

(1) 分割：用分点 $a = t_0 < t_1 < t_2 < \cdots < t_{n-1} < t_n = b$ 将区间 $[a,b]$ 任意分成 n 个小时段 $[t_0, t_1]$，$[t_1, t_2]$，…，$[t_{n-1}, t_n]$，这些小时段的长度为 $\Delta t_i = t_i - t_{i-1}(i = 1,2,\cdots,n)$；

(2) 近似代替：由于速度是连续变化的，在每一小段 $[t_{i-1} - t_i]$ 内，速度变化不大，故可从中任取一时刻 ξ_i，并近似地认为质点以速度 $v(\xi_i)$ 作匀速直线运动，于是在这一小时段内，质点所经过的路程 $\Delta s_i \approx v(\xi_i)\Delta t_i$；

(3) 求和：$s = \sum\limits_{i=1}^{n} \Delta s_i \approx \sum\limits_{i=1}^{n} v(\xi_i)\Delta t_i$；

(4) 取极限：令 $\lambda = \max\limits_{1 \leqslant i \leqslant n}\{\Delta t_i\} \to 0$，则

$$s = \lim_{\lambda \to 0}\sum_{i=1}^{n} v(\xi_i)\Delta t_i.$$

以上两例都是分割整体为局部，对局部进行近似代替，再求和，以求得整体的近似值，最后在无限细分的极限过程中，求得整体的精确值，由此抽象出定积分的概念。

3.4.2 定积分的定义

定义 设函数 $f(x)$ 定义在区间 $[a,b]$ 上，用分点 $a = x_0 < x_1 < x_2 < \cdots < x_{n-1} < x_n = b$ 将 $[a,b]$ 任意分成 n 个小区间 $[x_{i-1},x_i]$，记其长度为 $\Delta x_i = x_i - x_{i-1}(i = 1,2,\cdots,n)$，在每个小区间上任取一点 $\xi_i \in [x_{i-1},x_i]$，作出和式

$$\sum_{i=1}^{n} f(\xi_i)\Delta x_i,$$

记 $\lambda = \max\limits_{1 \leqslant i \leqslant n}\{\Delta x_i\}$，如果极限 $\lim\limits_{\lambda \to 0}\sum\limits_{i=1}^{n} f(\xi_i)\Delta x_i$ 存在，则称 $f(x)$ 在 $[a,b]$ 上可积，极限值称为 $f(x)$ 在 $[a, b]$ 上的定积分，记作 $\int_a^b f(x)\mathrm{d}x$，即

$$\int_a^b f(x)\mathrm{d}x = \lim_{\lambda \to 0}\sum_{i=1}^{n} f(\xi_i)\Delta x_i,$$

其中 $f(x)$ 称为被积函数，$f(x)\mathrm{d}x$ 称为被积表达式，x 称为积分变量，a 称为积分下限，b 称为积分上限，$[a, b]$ 称为积分区间。

由定积分的定义，引例 1 中曲边梯形的面积可表示为 $S = \int_a^b f(x)\mathrm{d}x$，引例 2 中质点作变速直线运动所经过的路程可表示为 $s = \int_a^b v(x)\mathrm{d}x$。

关于定积分的定义,要作如下说明:

(1) 和式极限$\lim\limits_{\lambda\to 0}\sum\limits_{i=1}^{n} f(\xi_i)\Delta x_i$存在与否与$[a,b]$的分法,$\xi_i$的取法无关,只与函数$f(x)$和闭区间$[a,b]$有关;

(2) 可以证明,闭区间上的连续函数或只有有限个间断点的有界函数是可积的;

(3) 因为定积分是一个极限,因此,积分变量记号的更改不影响定积分的值,即

$$\int_a^b f(x)\,\mathrm{d}x = \int_a^b f(t)\,\mathrm{d}t;$$

(4) 容易证明,$\int_a^b f(x)\,\mathrm{d}x = -\int_b^a f(x)\,\mathrm{d}x$;当$a = b$时,规定$\int_a^b f(x)\,\mathrm{d}x = 0$。

下面讨论定积分的几何意义。

在$[a,b]$上,$f(x) \geqslant 0$时,定积分$\int_a^b f(x)\,\mathrm{d}x$表示引例1中曲边梯形$AabB$的面积。

在$[a,b]$上,$f(x) \leqslant 0$时,$\int_a^b f(x)\,\mathrm{d}x$表示$x$轴下方的曲边梯形的面积的相反数(见图3-7)。

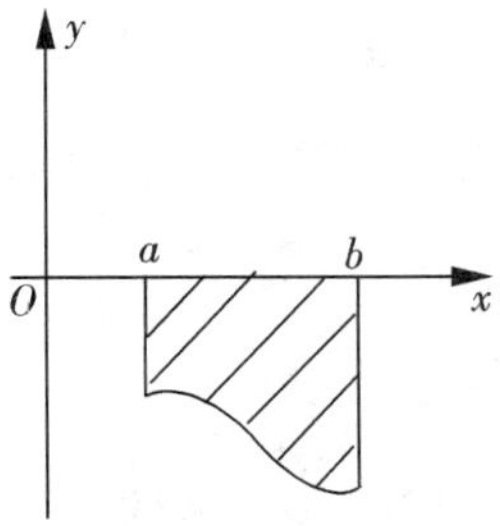

图3-7

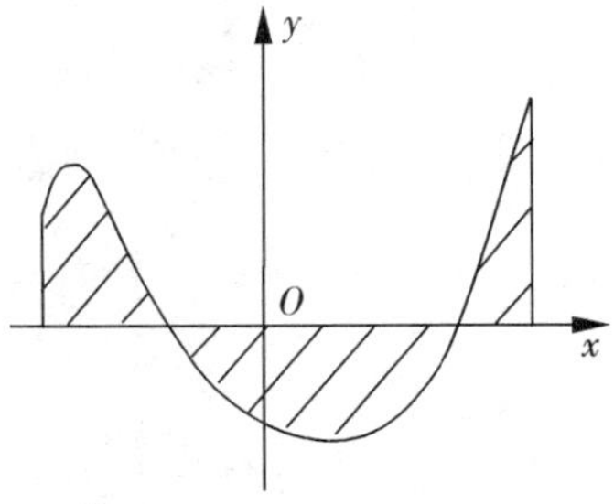

图3-8

在$[a,b]$上,$f(x)$既取得正值又取得负值时,函数$f(x)$的图形某些部分在x轴的上方,而其他部分在x轴的下方(见图3-8)。如果我们对面积赋予正负号,即在x轴的上方的图形面积赋予正号,在x轴的下方的图形面积赋予负号,则定积分$\int_a^b f(x)\,\mathrm{d}x$是各部分面积的代数和。

3.4.3 定积分的性质

下面各性质中的函数都假定是可积的。

性质1 两个函数和(或差)的定积分等于它们定积分的和(或差),即

$$\int_a^b [f(x) \pm g(x)]\,\mathrm{d}x = \int_a^b f(x)\,\mathrm{d}x \pm \int_a^b g(x)\,\mathrm{d}x.$$

证　根据定义$\int_a^b[f(x)\pm g(x)]\mathrm{d}x=\lim\limits_{\lambda\to 0}\sum\limits_{i=1}^{n}[f(\xi_i)\pm g(\xi_i)]\Delta x_i=$

$$\lim_{\lambda\to 0}\sum_{i=1}^{n}f(\xi_i)\Delta x_i\pm\lim_{\lambda\to 0}\sum_{i=1}^{n}g(\xi_i)\Delta x_i=\int_a^b f(x)\mathrm{d}x\pm\int_a^b g(x)\mathrm{d}x.$$

性质2　被积函数的常数因子可以提到积分号外面，即

$$\int_a^b kf(x)\mathrm{d}x=k\int_a^b f(x)\mathrm{d}x\ (k\text{ 为常数}).$$

性质3（定积分的区间可加性）　如果积分区间$[a,b]$被点c分成两个区间$[a,c]$和$[c,b]$，则

$$\int_a^b f(x)\mathrm{d}x=\int_a^c f(x)\mathrm{d}x+\int_c^b f(x)\mathrm{d}x.$$

证　因为函数$f(x)$在$[a,b]$上可积，所以定积分与区间$[a,b]$的分法无关，因而点c可作为一个分点。若取$x_k=c$，则和式为

$$\sum_{i=1}^{n}f(\xi_i)\Delta x_i=\sum_{i=1}^{k}f(\xi_i)\Delta x_i+\sum_{i=k+1}^{n}f(\xi_i)\Delta x_i,$$

上式两端取极限，即得

$$\int_a^b f(x)\mathrm{d}x=\int_a^c f(x)\mathrm{d}x+\int_c^b f(x)\mathrm{d}x.$$

注意：性质3中的点c在$[a,b]$之外时，其结论仍成立。事实上，当$a<b<c$时，由于

$$\int_a^c f(x)\mathrm{d}x=\int_a^b f(x)\mathrm{d}x+\int_b^c f(x)\mathrm{d}x,$$

于是得

$$\int_a^b f(x)\mathrm{d}x=\int_a^c f(x)\mathrm{d}x-\int_b^c f(x)\mathrm{d}x=\int_a^c f(x)\mathrm{d}x+\int_c^b f(x)\mathrm{d}x.$$

当$c<a<b$时，证法类似。

性质4　如果在区间$[a,b]$上$f(x)\leqslant g(x)$，则有

$$\int_a^b f(x)\mathrm{d}x\leqslant\int_a^b g(x)\mathrm{d}x.$$

推论　$\left|\int_a^b f(x)\mathrm{d}x\right|\leqslant\int_a^b|f(x)|\mathrm{d}x.$

性质5　设M及m是函数$f(x)$在区间$[a,b]$上的最大值及最小值，则

$$m(b-a)\leqslant\int_a^b f(x)\mathrm{d}x\leqslant M(b-a)\ (a<b).$$

性质6（积分中值定理）　如果函数$f(x)$在区间$[a,b]$上连续，则在积分区间$[a,b]$上至少存在一点ξ，使得

$$\int_a^b f(x)\mathrm{d}x=f(\xi)(b-a).$$

积分中值定理可作如下几何解释：如果$y=f(x)$为连续曲线，则在区间$[a,b]$上至

少存在一个点 ξ，使得以区间 $[a,b]$ 为底边、以曲线 $y=f(x)$ 为曲边的曲边梯形的面积等于同一底边而高为 $f(\xi)$ 的一个矩形的面积（见图 3－9）。顺便指出，我们把 $\frac{1}{b-a}\int_a^b f(x)\mathrm{d}x$ 称为 $f(x)$ 在 $[a,b]$ 上的平均值。

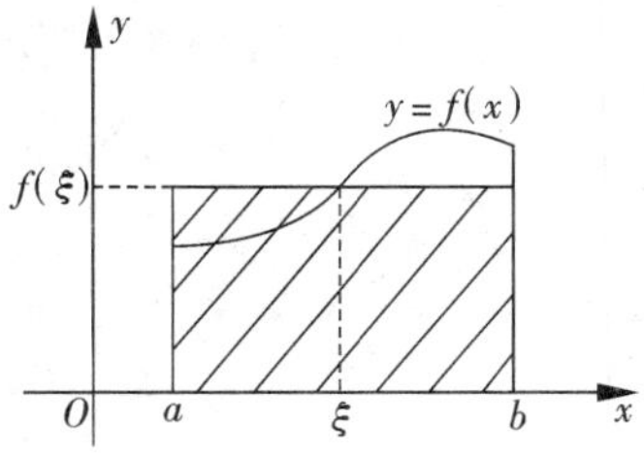

图 3－9

习　题　3.4

11. 试用定积分表示下列几何量或物理量（例如，由抛物线 $y=x^2+1$，直线 $x=-1$、$x=3$ 及 x 轴围成的曲边梯形的面积 $S=\int_{-1}^{3}(x^2+1)\mathrm{d}x$）。

（1） 由抛物线 $y=x^2$，直线 $x=2$ 及 x 轴所围成的曲边梯形的面积 $S=$ ________。

（2） 一物体受与位移同方向的力 F 的作用而作直线运动，力 F 是位移 s 的函数 $F=s^2+1$，则物体由 $s=2$ 移到 $s=5$ 时，变力对物体所做的功 $W=$ ________。

（3） 一物体作直线运动，其速度 $v=4+t^2$，则从 $t=0$ 到 $t=3$ 的时间内，该物体所走的路程 $s=$ ________。

12. 利用定积分的几何意义，求下列定积分：

（1） $\int_1^3 x\mathrm{d}x$　　（2） $\int_0^a \sqrt{a^2-x^2}\mathrm{d}x\ (a>0)$.

13. 选择正确的答案填在括号里：

（1） $\int_{\frac{1}{e}}^{e}|\ln x|\mathrm{d}x=$（　　）。

A：$\int_{\frac{1}{e}}^{e}\ln x\mathrm{d}x+\int_1^e \ln x\mathrm{d}x$；　　B：$\int_{\frac{1}{e}}^{1}\ln x\mathrm{d}x-\int_1^e \ln x\mathrm{d}x$；

C：$-\int_{\frac{1}{e}}^{1}\ln x\mathrm{d}x+\int_1^e \ln x\mathrm{d}x$；　　D：$-\int_{\frac{1}{e}}^{1}\ln x\mathrm{d}x-\int_1^e \ln x\mathrm{d}x$.

（2） 设 $f(x)$ 在 $[a,b]$ 上连续，则 $f(x)$ 在 $[a,b]$ 上的平均值为（　　）。

A：$\frac{f(a)+f(b)}{2}$；　　B：$\int_a^b f(x)\mathrm{d}x$；

C：$\frac{1}{2}\int_a^b f(x)\mathrm{d}x$；　　D：$\frac{1}{b-a}\int_a^b f(x)\mathrm{d}x$.

（3） 函数 $f(x)$ 在 $[-1,2]$ 上连续，且平均值为 6，则 $\int_{-1}^{2}f(x)\mathrm{d}x=$（　　）。

A：$\frac{1}{2}$；　　B：6；　　C：12；　　D：18.

14. 利用定积分的性质或几何意义比较下列各组积分值的大小：

（1） $\int_{1}^{2} x^{2} \mathrm{d}x$ 与 $\int_{1}^{2} x^{3} \mathrm{d}x$；

（2） $\int_{1}^{2} \ln x \mathrm{d}x$ 与 $\int_{1}^{2} \ln^{2} x \mathrm{d}x$；

（3） $\int_{-\pi}^{0} \sin x \mathrm{d}x$ 与 $\int_{0}^{\pi} \sin x \mathrm{d}x$；

（4） $\int_{0}^{\frac{\pi}{2}} x \mathrm{d}x$ 与 $\int_{0}^{\frac{\pi}{2}} \sin x \mathrm{d}x$.

3.5 微积分的基本定理

前面论述了定积分的定义及性质，从中可以看出，定积分是一个和式的极限，但要直接计算这个极限相当复杂，是否可以用简便的方法求定积分呢？在本节中，我们将揭示定积分和不定积分之间的内在联系 —— 微积分基本定理，从而找到了计算定积分的基本方法。

3.5.1 变上限定积分及其导数

设函数 $f(x)$ 在区间 $[a,b]$ 上可积，x 为 $[a,b]$ 上任意一点，考虑定积分 $\int_{a}^{x} f(t) \mathrm{d}t$。因为 $f(x)$ 在区间 $[a,b]$ 上可积，所以对任意的 $x \in [a,b]$，$\int_{a}^{x} f(t) \mathrm{d}t$ 都存在，因而定义了一个 x 的函数，记为 $\Phi(x)$，即 $\Phi(x) = \int_{a}^{x} f(t) \mathrm{d}t$。这是一个定义在 $[a,b]$ 上的函数，称为变上限定积分。

变上限定积分有下面重要的结论。

定理 4 若函数 $f(x)$ 在区间 $[a,b]$ 上连续，则变上限定积分 $\Phi(x) = \int_{a}^{x} f(t) \mathrm{d}t$ 在 $[a,b]$ 上可导，它的导数是

$$\Phi'(x) = \left[\int_{a}^{x} f(t) \mathrm{d}t\right]' = f(x), x \in [a, b].$$

证 给自变量 x 以增量 Δx，使得 $(x + \Delta x) \in [a,b]$，则

$$\Delta \Phi = \Phi(x + \Delta x) - \Phi(x) = \int_{a}^{x+\Delta x} f(t) \mathrm{d}t - \int_{a}^{x} f(t) \mathrm{d}t =$$

$$\int_{a}^{x} f(t) \mathrm{d}t + \int_{x}^{x+\Delta x} f(t) \mathrm{d}t - \int_{a}^{x} f(t) \mathrm{d}t = \int_{x}^{x+\Delta x} f(t) \mathrm{d}t.$$

由定积分性质 6（积分中值定理）知，在 x 与 $(x + \Delta x)$ 之间至少存在一点 ξ，使得

$$\Delta\Phi = \int_x^{x+\Delta x} f(t)\,dt = f(\xi)\Delta x.$$

又因为 $f(x)$ 在闭区间 $[a,b]$ 上连续，所以当 $\Delta x \to 0$ 时，即 $\xi \to x$ 时，有 $f(\xi) \to f(x)$，从而有

$$\Phi'(x) = \lim_{\Delta x\to 0}\frac{\Delta\Phi}{\Delta x} = \lim_{\Delta x\to 0}\frac{f(\xi)\Delta x}{\Delta x} = \lim_{\xi\to x}f(\xi) = f(x).$$

例 58 已知 $\Phi(x) = \int_0^x e^{t^2}dt$，求 $\Phi'(x)$。

解 由定理4，$\Phi'(x) = \left[\int_0^x e^{t^2}dt\right]' = e^{x^2}$。顺便指出，$\int_0^x e^{t^2}dt$ 是一个非初等函数，因为它“积不出”。

例 59 已知 $y = \int_0^{\sqrt{x}}\cos t^2\,dt$，求 y'。

解 $y = \int_0^{\sqrt{x}}\cos t^2\,dt$ 是由 $y = \int_0^u \cos t^2\,dt$，$u = \sqrt{x}$ 两个函数复合而成的，所以由定理 4 与复合函数求导规则得

$$y' = \left[\int_0^{\sqrt{x}}\cos t^2\,dt\right]_x' = \left[\int_0^u \cos t^2\,dt\right]_u'(\sqrt{x})'_x = \cos u^2\,\frac{1}{2\sqrt{x}} = \frac{\cos x}{2\sqrt{x}}.$$

例 60 已知 $y = \int_x^{x^2}\sqrt{1+t^3}\,dt$，求 y'。

解 这是一个积分的上、下限都是变量的函数，要使用定理4，先要用定积分的区间可加性拆成两个积分之和：

因为 $$y = \int_x^{x^2}\sqrt{1+t^3}\,dt = \int_x^c\sqrt{1+t^3}\,dt + \int_c^{x^2}\sqrt{1+t^3}\,dt,$$

$$\left(\int_x^c\sqrt{1+t^3}\,dt\right)' = \left(-\int_c^x\sqrt{1+t^3}\,dt\right)' = -\sqrt{1+x^3},$$

$$\left(\int_c^{x^2}\sqrt{1+t^3}\,dt\right)' = \sqrt{1+(x^2)^3}\cdot(x^2)' = 2x\sqrt{1+x^6},$$

所以

$$y' = -\sqrt{1+x^3} + 2x\sqrt{1+x^6}.$$

由定理 4 立即可得下面的原函数存在定理。

定理 5 如果函数 $f(x)$ 在区间 $[a,b]$ 上连续，则函数 $\Phi(x) = \int_a^x f(t)\,dt$ 是 $f(x)$ 在区间 $[a,b]$ 上的一个原函数。

这个定理很重要，它既肯定了连续函数必存在原函数，又揭示了定积分与原函数之间的联系，使得我们有可能通过原函数来计算定积分。

3.5.2 牛顿—莱布尼兹公式

定理 6 设函数 $f(x)$ 在区间 $[a,b]$ 上连续，$F(x)$ 为 $f(x)$ 在区间 $[a,b]$ 上的一个原函数，则

$$\int_a^b f(x)\,\mathrm{d}x = F(b) - F(a) \tag{3.2}$$

证 由定理 5 知 $\Phi(x) = \int_a^x f(t)\,\mathrm{d}t$ 为 $f(x)$ 的一个原函数，又由已知条件，$F(x)$ 为 $f(x)$ 的另一个原函数，则由定理 1

$$\Phi(x) = F(x) + C \text{ 或} \int_a^x f(t)\,\mathrm{d}t = F(x) + C \tag{3.3}$$

在式(3.3)中取 $x = a$，得 $C = \int_a^a f(t)\,\mathrm{d}t - F(a) = -F(a)$，于是式(3.3)可写作

$$\int_a^x f(t)\,\mathrm{d}t = F(x) - F(a),$$

上式中再令 $x = b$ 并把积分变量 t 换成 x 得

$$\int_a^b f(x)\,\mathrm{d}x = F(b) - F(a).$$

为方便起见，以后把 $F(b) - F(a)$ 记成 $[F(x)]_a^b$ 或 $F(x)\big|_a^b$，于是

$$\int_a^b f(x)\,\mathrm{d}x = [F(x)]_a^b = F(x)\big|_a^b = F(b) - F(a).$$

公式(3.2)以它的发现者，微积分学的两位创始人牛顿(Newton)和莱布尼兹(Leibniz)命名，它揭示了积分学两大部分——不定积分和定积分之间的内在联系，公式(3.2)又表明 $F(x)$ 在区间 $[a,b]$ 上的增量等于其导数 $f(x)$ 在该区间上的定积分，因而它又沟通了微分学与积分学的联系，成了整个微积分学的枢纽。由于这个原因，我们称它为微积分基本定理。

例 61 求 $\int_0^1 x^2\,\mathrm{d}x$。

解 由于 $\frac{1}{3}x^3$ 是 x^2 的一个原函数，所以由定理 6，得

$$\int_0^1 x^2\,\mathrm{d}x = \frac{1}{3}x^3\Big|_0^1 = \frac{1}{3} - 0 = \frac{1}{3}.$$

本例的几何解释就是我们在第 1 章中介绍过的阿基米德求曲边三角形面积的问题。

例 62 求 $\int_1^2 x\mathrm{e}^{x^2}\,\mathrm{d}x$。

解 $\int_1^2 x\mathrm{e}^{x^2}\,\mathrm{d}x = \frac{1}{2}\int_1^2 \mathrm{e}^{x^2}\,\mathrm{d}x^2 = \frac{1}{2}\mathrm{e}^{x^2}\Big|_1^2 = \frac{1}{2}(\mathrm{e}^4 - \mathrm{e}).$

例 63 求$\int_1^4 |x-2|\mathrm{d}x$。

解 因为$|x-2| = \begin{cases} 2-x & 1 \leqslant x \leqslant 2 \\ x-2 & 2 \leqslant x \leqslant 4 \end{cases}$,由定积分的性质3,得

$$\int_1^4 |x-2|\mathrm{d}x = \int_1^2 (2-x)\mathrm{d}x + \int_2^4 (x-2)\mathrm{d}x =$$
$$-\int_1^2 (2-x)\mathrm{d}(2-x) + \int_2^4 (x-2)\mathrm{d}(x-2) =$$
$$-\frac{1}{2}(2-x)^2\Big|_1^2 + \frac{1}{2}(x-2)^2\Big|_2^4 = \frac{5}{2}.$$

例 64 求$\int_0^{\pi} \sqrt{1+\cos 2x}\,\mathrm{d}x$。

解 $$\int_0^{\pi} \sqrt{1+\cos 2x}\,\mathrm{d}x = \int_0^{\pi} \sqrt{2\cos^2 x}\,\mathrm{d}x = \sqrt{2}\int_0^{\pi} |\cos x|\mathrm{d}x =$$
$$\sqrt{2}\left[\int_0^{\frac{\pi}{2}} \cos x\mathrm{d}x + \int_{\frac{\pi}{2}}^{\pi} (-\cos x)\mathrm{d}x\right]\text{(这里与例 63 相类似)} =$$
$$\sqrt{2}\left[\sin x\Big|_0^{\frac{\pi}{2}} - \sin x\Big|_{\frac{\pi}{2}}^{\pi}\right] = 2\sqrt{2}.$$

例 65 已知$f(x) = \begin{cases} 2x & x \leqslant 2 \\ 1+x^2 & x > 2 \end{cases}$, 求$\int_{-1}^4 f(x)\mathrm{d}x$。

解 $$\int_{-1}^4 f(x)\mathrm{d}x = \int_{-1}^2 f(x)\mathrm{d}x + \int_2^4 f(x)\mathrm{d}x = \int_{-1}^2 2x\mathrm{d}x + \int_2^4 (1+x^2)\mathrm{d}x =$$
$$x^2\Big|_{-1}^2 + \left(x + \frac{1}{3}x^3\right)\Big|_2^4 = \frac{71}{3}.$$

在上述三个例子中,被积函数在积分区间内为分段函数,首先应用定积分的区间可加性,把它分为几个定积分,每个积分中被积函数均连续,然后再用牛顿 — 莱布尼兹公式求解。

在使用牛顿 — 莱布尼兹公式时还应注意,若$f(x)$在区间$[a,b]$上不连续,则定理6不能使用。

例 66 求$\int_{-1}^1 \frac{1}{x^2}\mathrm{d}x$。

解 如果套用牛顿 — 莱布尼兹公式,则

$$\int_{-1}^1 \frac{1}{x^2}\mathrm{d}x = -\frac{1}{x}\Big|_{-1}^1 = -2.$$

这个做法是错误的。这是因为$f(x) = \frac{1}{x^2}$在$[-1,1]$上无界,是不可积的。这类积分要用后面论述的广义积分来处理。

习　题　3.5

15. 计算下列各导数：

(1) $\Phi(x)=\int_0^x\cos(t^2)\mathrm{d}t$；　　(2) $y=\int_x^1\frac{1}{\sqrt{1+t^2}}\mathrm{d}t$；

(3) $y=\int_0^{x^2}\sqrt{1+t^2}\mathrm{d}t$；　　(4) $y=\int_{\sin x}^{\cos x}\cos(\pi t^2)\mathrm{d}t$.

16. 已知 $\Phi(x)=\int_0^x\sin t\mathrm{d}t$，求 $\Phi'(0)$ 及 $\Phi'\left(\frac{\pi}{4}\right)$。

17. 求由参数表示式 $\begin{cases}x=\int_0^t\sin u\mathrm{d}u\\y=\int_0^t\cos u\mathrm{d}u\end{cases}$ 所给定的函数 y 对 x 的导数。

18. 求由 $\int_0^y e^t\mathrm{d}t+\int_0^x\cos t\mathrm{d}t=0$ 所确定的隐函数 y 对 x 的导数。

19. 计算下列各定积分：

(1) $\int_0^1(3x^2-x+1)\mathrm{d}x$；　　(2) $\int_1^2\left(x^2+\frac{1}{x^4}\right)\mathrm{d}x$；

(3) $\int_4^9\sqrt{x}(1+\sqrt{x})\mathrm{d}x$；　　(4) $\int_{\frac{1}{\sqrt{3}}}^{\sqrt{3}}\frac{\mathrm{d}x}{1+x^2}$；

(5) $\int_{-\frac{1}{2}}^{\frac{1}{2}}\frac{\mathrm{d}x}{\sqrt{1-x^2}}$；　　(6) $\int_0^{\sqrt{3}a}\frac{\mathrm{d}x}{a^2+x^2}$；

(7) $\int_0^1\frac{\mathrm{d}x}{\sqrt{4-x^2}}$；　　(8) $\int_0^{\frac{\pi}{4}}\tan^2x\mathrm{d}x$.

20. 求下列各定积分：

(1) $\int_0^{2\pi}|\sin x|\mathrm{d}x$；　　(2) $\int_0^2|1-x|\mathrm{d}x$；

(3) $\int_{\frac{1}{e}}^{e}\frac{|\ln x|}{x}\mathrm{d}x$；　　(4) $\int_0^{2\pi}\sqrt{1+\cos 2x}\mathrm{d}x$；

(5) $\int_{-\frac{\pi}{2}}^{\frac{\pi}{2}}\sqrt{\cos^3x-\cos^5x}\mathrm{d}x$；

(6) $\int_0^2 f(x)\mathrm{d}x$，其中 $f(x)=\begin{cases}x+1 & x\leqslant 1\\ \frac{1}{2}x^2 & x>1\end{cases}$.

21. 设函数 $f(x)=\begin{cases}2x+1 & |x|\leqslant 2\\ 1+x^2 & 2<x\leqslant 4\end{cases}$，求 k 的值，使 $\int_k^3 f(x)\mathrm{d}x=\frac{40}{3}$。

3.6 定积分的换元积分法与分部积分法

计算不定积分有换元积分法与分部积分法，计算定积分亦有相应的方法。

3.6.1 定积分的换元积分法

定理7 设函数 $f(x)$ 在区间 $[a,b]$ 上连续，令 $x=\varphi(t)$，如果 $\varphi(t)$ 在区间 $[\alpha,\beta]$ 上单调且有连续的导数 $\varphi'(t)$；$\varphi(\alpha)=a,\varphi(\beta)=b$，则

$$\int_a^b f(x)\mathrm{d}x=\int_\alpha^\beta f[\varphi(t)]\varphi'(t)\mathrm{d}t.$$

证 设 $\int f(x)\mathrm{d}x=F(x)+C$，则由不定积分的换元积分法得到

$$\int f[\varphi(t)]\varphi'(t)\mathrm{d}t=F[\varphi(t)]+C,$$

于是得

$$\int_a^b f(x)\mathrm{d}x=F(b)-F(a)=F[\varphi(\beta)]-F[\varphi(\alpha)]=\int_\alpha^\beta f[\varphi(t)]\varphi'(t)\mathrm{d}t.$$

例67 求 $\int_0^4\frac{x}{\sqrt{2x+1}}\mathrm{d}x$。

解 令 $t=\sqrt{2x+1}$，则 $x=\frac{1}{2}(t^2-1)$，$\mathrm{d}x=t\mathrm{d}t$。当 $x=0$ 时，$t=1$；当 $x=4$ 时，$t=3$，所以

$$\int_0^4\frac{x}{\sqrt{2x+1}}\mathrm{d}x=\int_1^3\frac{\frac{1}{2}(t^2-1)}{t}t\mathrm{d}t=\frac{1}{2}\int_1^3(t^2-1)\mathrm{d}t=\frac{1}{2}\left(\frac{1}{3}t^3-t\right)\Big|_1^3=\frac{10}{3}.$$

例68 求 $\int_0^2\sqrt{4-x^2}\mathrm{d}x$。

解 令 $x=2\sin t$，$\mathrm{d}x=2\cos t\mathrm{d}t$。当 $x=0$ 时，$t=0$；当 $x=2$ 时，$t=\frac{\pi}{2}$，所以

$$\int_0^2\sqrt{4-x^2}\mathrm{d}x=\int_0^{\frac{\pi}{2}}\sqrt{4-4\sin^2t}\cdot2\cos t\mathrm{d}t=4\int_0^{\frac{\pi}{2}}\cos^2t\mathrm{d}t=$$

$$2\int_0^{\frac{\pi}{2}}(\cos2t+1)\mathrm{d}t=(\sin2t+2t)\Big|_0^{\frac{\pi}{2}}=\pi.$$

例69 求 $\int_e^{e^3}\frac{\sqrt{\ln x}}{x}\mathrm{d}x$。

解 令 $t=\ln x$，则 $x=e^t$，$\mathrm{d}x=e^t\mathrm{d}t$，当 $x=e$ 时，$t=1$；当 $x=e^3$ 时，$t=3$，所以

$$\int_{e}^{e^3}\frac{\sqrt{\ln x}}{x}dx=\int_{1}^{3}\sqrt{t}\,dt=\frac{2}{3}t^{\frac{3}{2}}\bigg|_{1}^{3}=\frac{2}{3}(3\sqrt{3}-1)=2\sqrt{3}-\frac{2}{3}.$$

应用定积分的换元积分公式时应注意：

(1) 用定积分的换元法换元后，积分上、下限也要作相应的变换，即“换元必换限”。在换元之后，按新的积分变量做下去，不必还原成原变量；

(2) 若作了换元 $x=\varphi(t)$ 后，则新的下限 $\alpha=\varphi^{-1}(a)$，上限 $\beta=\varphi^{-1}(b)$；

(3) 若定积分的被积函数为不定积分中第一类换元积分（即凑微分）类型时，仍可以用凑微分法求定积分，不作变量代换，也不改变上、下限。

例 70 求$\int_{0}^{\frac{\pi}{2}}\sin^5 x\cos x\,dx$。

解 $\int_{0}^{\frac{\pi}{2}}\sin^5 x\cos x\,dx=\int_{0}^{\frac{\pi}{2}}\sin^5 x\,d\sin x=\frac{1}{6}\sin^6 x\bigg|_{0}^{\frac{\pi}{2}}=\frac{1}{6}.$

下面，我们再列举一些换元积分法的例子，借以说明，定积分的换元法较之不定积分的换元法用途更为广泛。

例 71 设 $f(x)$ 在$[-a,a]$上可积，试证明：

(1) 当 $f(x)$ 为偶函数时，$\int_{-a}^{a}f(x)dx=2\int_{0}^{a}f(x)dx$；

(2) 当 $f(x)$ 为奇函数时，$\int_{-a}^{a}f(x)dx=0$。

证 因为$\int_{-a}^{a}f(x)dx=\int_{-a}^{0}f(x)dx+\int_{0}^{a}f(x)dx$，对于$\int_{-a}^{0}f(x)dx$，令 $x=-t$，则 $dx=-dt$。当 $x=-a$ 时，$t=a$；当 $x=0$ 时，$t=0$，所以

$$\int_{-a}^{0}f(x)dx=-\int_{a}^{0}f(-t)dt=\int_{0}^{a}f(-t)dt.$$

当 $f(x)$ 为偶函数时，$f(-t)=f(t)$，故$\int_{0}^{a}f(-t)dt=\int_{0}^{a}f(t)dt=\int_{0}^{a}f(x)dx$，于是

$$\int_{-a}^{a}f(x)dx=2\int_{0}^{a}f(x)dx.$$

当 $f(x)$ 为奇函数时，$f(-t)=-f(t)$，故$\int_{0}^{a}f(-t)dt=-\int_{0}^{a}f(t)dt=-\int_{0}^{a}f(x)dx$，于是

$$\int_{-a}^{a}f(x)dx=0.$$

利用例 71 的结论，常可简化计算偶函数、奇函数在对称于原点的区间上的定积分。

例 72 求$\int_{-1}^{1}\frac{1+x}{1+x^2}dx$。

解 因为$\frac{1}{1+x^2}$在$[-1,1]$上是偶函数，$\frac{x}{1+x^2}$在$[-1,1]$上是奇函数，所以

$$\int_{-1}^{1}\frac{1+x}{1+x^2}dx=\int_{-1}^{1}\frac{1}{1+x^2}dx+\int_{-1}^{1}\frac{x}{1+x^2}dx=2\int_{0}^{1}\frac{1}{1+x^2}dx=2\arctan x\Big|_0^1=\frac{\pi}{2}.$$

例 73 设 $f(x)$ 是周期为 T 的连续函数,试证明

$$\int_{a}^{a+T}f(x)dx=\int_{0}^{T}f(x)dx\ (a\text{ 为任意常数})。$$

证 $\displaystyle\int_{a}^{a+T}f(x)dx=\int_{a}^{0}f(x)dx+\int_{0}^{T}f(x)dx+\int_{T}^{a+T}f(x)dx,$

在最后一个积分中,令 $x=t+T$,则 $dx=dt$,当 $x=T$ 时,$t=0$;而当 $x=a+T$ 时,$t=a$。因为 $f(x)$ 是周期为 T 的连续函数,所以

$$\int_{T}^{a+T}f(x)dx=\int_{0}^{a}f(t+T)dt=\int_{0}^{a}f(t)dt=\int_{0}^{a}f(x)dx=-\int_{a}^{0}f(x)dx,$$

所以

$$\int_{a}^{a+T}f(x)dx=\int_{0}^{T}f(x)dx.$$

3.6.2 定积分的分部积分法

设函数 $u=u(x)$,$v=v(x)$ 在 $[a,b]$ 上有连续导数,则有 $d(uv)=vdu+udv$,或 $udv=d(uv)-vdu$,将等式两端在 $[a,b]$ 上积分,得

$$\int_{a}^{b}udv=uv\Big|_a^b-\int_{a}^{b}vdu \tag{3.4}$$

我们称上式为定积分的分部积分公式。

例 74 求 $\displaystyle\int_{1}^{4}\frac{\ln x}{\sqrt{x}}dx$。

解 令 $u=\ln x$,$dv=\dfrac{1}{\sqrt{x}}dx$,得 $du=\dfrac{1}{x}dx$,$v=2\sqrt{x}$,于是得

$$\int_{1}^{4}\frac{\ln x}{\sqrt{x}}dx=2\sqrt{x}\ln x\Big|_1^4-2\int_{1}^{4}\frac{1}{\sqrt{x}}dx=8\ln 2-4\sqrt{x}\Big|_1^4=8\ln 2-4.$$

与不定积分的分部积分一样,当运算熟练以后,可以省略令 u 和 dv。

例 75 求 $\displaystyle\int_{0}^{1}xe^x dx$。

解 $\displaystyle\int_{0}^{1}xe^x dx=\int_{0}^{1}x de^x=xe^x\Big|_0^1-\int_{0}^{1}e^x dx=e-e^x\Big|_0^1=1.$

例 76 求 $\displaystyle\int_{0}^{\frac{\pi}{2}}e^x\sin x dx$。

解 $\displaystyle\int_{0}^{\frac{\pi}{2}}e^x\sin x dx=\int_{0}^{\frac{\pi}{2}}\sin x de^x=e^x\sin x\Big|_0^{\frac{\pi}{2}}-\int_{0}^{\frac{\pi}{2}}e^x d\sin x=$

$$e^{\frac{\pi}{2}}-\int_{0}^{\frac{\pi}{2}}e^x\cos x dx=e^{\frac{\pi}{2}}-\int_{0}^{\frac{\pi}{2}}\cos x de^x=$$

$$e^{\frac{\pi}{2}} - e^x\cos x\Big|_0^{\frac{\pi}{2}} + \int_0^{\frac{\pi}{2}} e^x \mathrm{d}\cos x =$$

$$e^{\frac{\pi}{2}} + 1 - \int_0^{\frac{\pi}{2}} e^x \sin x \mathrm{d}x.$$

所以

$$\int_0^{\frac{\pi}{2}} e^x \sin x \mathrm{d}x = \frac{1}{2}(e^{\frac{\pi}{2}} + 1).$$

在上例中,定积分不是直接计算所得,而是运用定积分的分部积分法构造一个含原定积分的方程式,把原定积分看作未知量,求解方程得到。

习　题　3.6

22. 利用换元积分法求下列各定积分:

(1) $\int_1^5 \frac{\sqrt{x-1}}{x}\mathrm{d}x$;　　(2) $\int_0^8 \frac{1}{1+\sqrt[3]{x}}\mathrm{d}x$;

(3) $\int_0^{\ln 2} \sqrt{e^x - 1}\mathrm{d}x$;　　(4) $\int_1^{e^2} \frac{\mathrm{d}x}{x\sqrt{1+\ln x}}$;

(5) $\int_0^1 \frac{\mathrm{d}x}{\sqrt{1+x^2}}$;　　(6) $\int_{\frac{1}{2}}^{\frac{1}{\sqrt{2}}} \frac{x^2\mathrm{d}x}{1-x^2}$;

(7) $\int_{-1}^1 \frac{\mathrm{d}x}{(1+x^2)^2}$.

23. 利用函数的奇偶性,求下列各定积分:

(1) $\int_{-2}^2 \frac{x^3\sin^2 x}{x^4+3x^2+1}\mathrm{d}x$;　　(2) $\int_{-1}^1 x e^{-x^2}\mathrm{d}x$;

(3) $\int_{-1}^1 \frac{\sin x + (\arctan x)^2}{1+x^2}\mathrm{d}x$.

(4) $\int_{-\pi}^{\pi} \sin mx \sin nx \mathrm{d}x$($m \neq n$, m, n 为正整数).

24. 设 $f(x)$ 是连续函数,又 $F(x) = \int_0^x f(t)\mathrm{d}t$,证明:

(1) 若 $f(x)$ 是奇函数,则 $F(x)$ 是偶函数;

(2) 若 $f(x)$ 是偶函数,则 $F(x)$ 是奇函数。

25. 证明:(1) 当 n 为奇数时,$\int_0^{\frac{\pi}{2}} \sin^n x\mathrm{d}x = \int_0^{\frac{\pi}{2}} \cos^n x\mathrm{d}x = \frac{(n-1)(n-3)\cdots 2}{n(n-2)\cdots 3\cdot 1}$;

(2) 当 n 为偶数时,$\int_0^{\frac{\pi}{2}} \sin^n x\mathrm{d}x = \int_0^{\frac{\pi}{2}} \cos^n x\mathrm{d}x = \frac{(n-1)(n-3)\cdots 3\cdot 1}{n(n-2)\cdots 2}\frac{\pi}{2}$.

(提示:记积分为 I_n,利用分部积分法建立递推公式 $I_n = \frac{n-1}{n}I_{n-2}$)。

26. 用分部积分法求下列各定积分:

(1) $\int_0^1 xe^{2x}dx$;　　(2) $\int_0^1 x\ln(x+1)dx$;

(3) $\int_0^{\frac{\pi}{2}} x^2\cos x dx$;　　(4) $\int_0^{2\pi} e^{2x}\cos x dx$;

(5) $\int_0^1 \ln(x^2+1)dx$;　　(6) $\int_0^{\frac{1}{2}} x\arcsin x dx$.

3.7 广义积分

在定积分中,我们会遇到积分区间为无穷区间或被积函数为无界函数的积分,这就是我们要讨论的广义积分。相应地,前面讨论的定积分称为常义积分。

3.7.1 无穷区间上的广义积分

无穷区间可分为三类,分别为$[a,+\infty)$,$(-\infty,b]$及$(-\infty,+\infty)$。我们分别讨论在这三类区间上的积分。

定义 设函数 $f(x)$ 在区间$[a,+\infty)$上连续,如果极限 $\lim\limits_{b\to+\infty}\int_a^b f(x)dx$ 存在,则称此极限为 $f(x)$ 在无穷区间$[a,+\infty)$上的广义积分,记作

$$\int_a^{+\infty} f(x)dx = \lim_{b\to+\infty}\int_a^b f(x)dx,$$

这时也称广义积分 $\int_a^{+\infty} f(x)dx$ 收敛。如果极限 $\lim\limits_{b\to+\infty}\int_a^b f(x)dx$ 不存在,就称广义积分 $\int_a^{+\infty} f(x)dx$ 发散。类似地,可以定义 $f(x)$ 在$(-\infty,b]$上的广义积分为

$$\int_{-\infty}^{b} f(x)dx = \lim_{a\to-\infty}\int_a^b f(x)dx,$$

定义 $f(x)$ 在$(-\infty,+\infty)$上的广义积分为

$$\int_{-\infty}^{+\infty} f(x)dx = \int_{-\infty}^{c} f(x)dx + \int_{c}^{+\infty} f(x)dx,$$

它收敛的充要条件是$\int_{-\infty}^{c} f(x)dx$ 与$\int_{c}^{+\infty} f(x)dx$ 都收敛(c 为任一常数,通常取 $c=0$)。

例 77 求广义积分$\int_0^{+\infty} xe^{-x^2}dx$。

解 $\int_0^{+\infty} xe^{-x^2}dx = \lim\limits_{b\to+\infty}\int_0^b xe^{-x^2}dx = -\frac{1}{2}\lim\limits_{b\to+\infty}\int_0^b e^{-x^2}d(-x^2) =$

$$-\frac{1}{2}\lim_{b\to+\infty} e^{-x^2}\Big|_0^b = -\frac{1}{2}\lim_{b\to+\infty}(e^{-b^2}-1) = \frac{1}{2}.$$

例 78 求$\int_{-\infty}^{-1}\frac{1}{x^2}dx$。

解 $\int_{-\infty}^{-1}\frac{1}{x^2}dx = \lim_{a\to-\infty}\int_a^{-1}\frac{1}{x^2}dx = \lim_{a\to-\infty}\left(-\frac{1}{x}\right)\Big|_a^{-1} = \lim_{a\to-\infty}\left(1+\frac{1}{a}\right) = 1.$

在广义积分中,有时为了方便,可记$\lim_{b\to+\infty}\int_a^b f(x)dx = F(x)\Big|_a^{+\infty}$,即$\int_a^{+\infty}f(x)dx = F(x)\Big|_a^{+\infty}$,其中 $F(x)$ 为 $f(x)$ 的原函数。类似地,可记$\int_{-\infty}^{b}f(x)dx = F(x)\Big|_{-\infty}^{b}$,$\int_{-\infty}^{+\infty}f(x)dx = F(x)\Big|_{-\infty}^{+\infty}$。

例 79 求广义积分$\int_{-\infty}^{+\infty}\frac{dx}{x^2+4x+9}$。

解 $$\int_{-\infty}^{+\infty}\frac{dx}{x^2+4x+9} = \int_{-\infty}^{+\infty}\frac{dx}{5+(x+2)^2} = \frac{1}{\sqrt{5}}\int_{-\infty}^{+\infty}\frac{d\frac{x+2}{\sqrt{5}}}{1+\left(\frac{x+2}{\sqrt{5}}\right)^2} =$$

$$\frac{1}{\sqrt{5}}\arctan\frac{x+2}{\sqrt{5}}\Big|_{-\infty}^{+\infty} = \frac{1}{\sqrt{5}}\left[\frac{\pi}{2}-\left(-\frac{\pi}{2}\right)\right] = \frac{\pi}{\sqrt{5}}.$$

例 80 证明广义积分$\int_1^{+\infty}\frac{1}{x^\alpha}dx$当 $\alpha>1$ 时收敛,当 $\alpha\leqslant 1$ 时发散。

证 当 $\alpha=1$ 时,

$$\int_1^{+\infty}\frac{1}{x^\alpha}dx = \int_1^{+\infty}\frac{1}{x}dx = \ln x\Big|_1^{+\infty} = +\infty;$$

当 $\alpha\neq 1$ 时,

$$\int_1^{+\infty}\frac{1}{x^\alpha}dx = \frac{1}{1-\alpha}x^{1-\alpha}\Big|_1^{+\infty} = \begin{cases} +\infty & \alpha<1 \\ \frac{1}{\alpha-1} & \alpha>1 \end{cases},$$

因此,结论成立。

例 81 求$\int_{-\infty}^{+\infty}p(x)dx$,其中 $p(x) = \begin{cases}\lambda e^{-\lambda x} & x>0 \\ 0 & x\leqslant 0\end{cases}$($\lambda>0$ 为常数)。

解 $\int_{-\infty}^{+\infty}p(x)dx = \int_{-\infty}^{0}0dx + \int_0^{+\infty}\lambda e^{-\lambda x}dx = 0 - e^{-\lambda x}\Big|_0^{+\infty} = 0-(0-1) = 1.$

运用无穷区间上广义积分的概念,我们要讨论一个在概率论和其他数学课程中经常遇到的含参变量的广义积分$\int_0^{+\infty}x^{\alpha-1}e^{-x}dx$ ($\alpha>0$)。可以证明,这个广义积分是收敛的,因而

是参变量 α 的函数,称为 Γ 函数,记作 $\Gamma(\alpha)$,即 $\Gamma(\alpha)=\int_0^{+\infty}x^{\alpha-1}e^{-x}dx\ (\alpha>0)$。$\Gamma$ 函数也是一个非初等函数。

对 $\Gamma(\alpha+1)$ 运用一次分部积分,得

$$\Gamma(\alpha+1)=\int_0^{+\infty}x^{\alpha}e^{-x}dx=-\int_0^{+\infty}x^{\alpha}de^{-x}=-x^{\alpha}e^{-x}\Big|_0^{+\infty}+\alpha\int_0^{+\infty}x^{\alpha-1}e^{-x}dx=$$
$$\alpha\int_0^{+\infty}x^{\alpha-1}e^{-x}dx=\alpha\,\Gamma(\alpha),$$

所以 $\Gamma(\alpha+1)=\alpha\Gamma(\alpha)$,这是一个递推公式。请看运用递推公式的例子。

例 82 求 $\Gamma(4.2)$。

解
$$\Gamma(4.2)=\Gamma(3.2+1)=3.2\times\Gamma(3.2)=3.2\times\Gamma(2.2+1)=$$
$$3.2\times2.2\times\Gamma(2.2)=3.2\times2.2\times\Gamma(1.2+1)=$$
$$3.2\times2.2\times1.2\times\Gamma(1.2)=3.2\times2.2\times1.2\times\Gamma(0.2+1)=$$
$$3.2\times2.2\times1.2\times0.2\times\Gamma(0.2).$$

从上例可知计算 Γ 函数的任意一个函数值都可化为求 Γ 函数在 $(0,1]$ 上的函数值。特别地,当 α 为正整数时,

$$\Gamma(n+1)=n\Gamma(n)=n(n-1)\Gamma(n-1)=\cdots=n!\Gamma(1)=$$
$$n!\int_0^{+\infty}x^{1-1}e^{-x}dx=n!(-e^{-x})\Big|_0^{+\infty}=n!.$$

例 83 计算下列各值:

$$(1)\ \frac{\Gamma\left(\frac{3}{2}\right)}{\Gamma\left(\frac{1}{2}\right)};\quad(2)\ \frac{\Gamma(4)}{\Gamma(2)};\quad(3)\ \int_0^{+\infty}x^2e^{-x}dx.$$

解 (1) $\dfrac{\Gamma\left(\frac{3}{2}\right)}{\Gamma\left(\frac{1}{2}\right)}=\dfrac{\frac{1}{2}\Gamma\left(\frac{1}{2}\right)}{\Gamma\left(\frac{1}{2}\right)}=\dfrac{1}{2}$;

(2) $\dfrac{\Gamma(4)}{\Gamma(2)}=\dfrac{3!}{1!}=6$;

(3) $\int_0^{+\infty}x^2e^{-x}dx=\Gamma(3)=2!=2.$

Γ 函数是一个运用很广泛的函数,若在 Γ 函数中令 $x=u^2$,则

$$\Gamma(\alpha)=\int_0^{+\infty}(u^2)^{\alpha-1}e^{-u^2}du^2=2\int_0^{+\infty}u^{2\alpha-1}e^{-u^2}du.$$

当 $\alpha=\frac{1}{2}$ 时,$\Gamma(\frac{1}{2})=2\int_0^{+\infty}e^{-u^2}du$,右边的广义积分就是概率论中常用的泊松

(Poisson) 积分,用后面的二重积分方法可求得$\int_0^{+\infty} e^{-u^2} du = \frac{\sqrt{\pi}}{2}$,从而 $\Gamma(\frac{1}{2}) = \sqrt{\pi}$。

3.7.2 无界函数的广义积分

与无穷区间上的广义积分一样,无界函数的广义积分也分为三种类型,分别为 $f(x)$ 在 $[a,b]$ 的 a 点无界或 b 点无界或 c 点无界($a < c < b$))时,$f(x)$ 在 $[a,b]$ 上的广义积分。

定义 设函数 $f(x)$ 在 $(a,b]$ 上连续,当 $x \to a^+$ 时 $f(x)$ 无界,如果 $\lim\limits_{\varepsilon \to 0^+}\int_{a+\varepsilon}^b f(x)\,dx$ 存在,就称此极限为无界函数 $f(x)$ 在 $[a,b]$ 上的广义积分,记作

$$\int_a^b f(x)\,dx = \lim_{\varepsilon \to 0^+}\int_{a+\varepsilon}^b f(x)\,dx,$$

这时也称广义积分$\int_a^b f(x)\,dx$ 收敛。如果极限 $\lim\limits_{\varepsilon \to 0^+}\int_{a+\varepsilon}^b f(x)\,dx$ 不存在,则称广义积分发散。类似地,可以定义 $f(x)$ 在 $[a,b)$ 上连续,当 $x \to b^-$ 时,$f(x)$ 无界的广义积分为

$$\int_a^b f(x)\,dx = \lim_{\varepsilon \to 0^+}\int_a^{b-\varepsilon} f(x)\,dx,$$

$f(x)$ 在 $[a,b]$ 上除 c 点外都连续,而当 $x \to c$ 时,$f(x)$ 无界的广义积分为

$$\int_a^b f(x)\,dx = \int_a^c f(x)\,dx + \int_c^b f(x)\,dx,$$

显然,该广义积分收敛的充要条件是:广义积分$\int_a^c f(x)\,dx$ 与$\int_c^b f(x)\,dx$ 同时收敛。

例 84 求广义积分$\int_0^1 \frac{x}{\sqrt{1-x^2}}dx$。

解 因为 $x \to 1^-$ 时,$\lim\limits_{x \to 1^-}\frac{x}{\sqrt{1-x^2}} = \infty$,所以

$$\int_0^1 \frac{x}{\sqrt{1-x^2}}dx = \lim_{\varepsilon \to 0^+}\int_0^{1-\varepsilon}\frac{x}{\sqrt{1-x^2}}dx = -\frac{1}{2}\lim_{\varepsilon \to 0^+}\int_0^{1-\varepsilon}\frac{d(1-x^2)}{\sqrt{1-x^2}} =$$

$$-\lim_{\varepsilon \to 0^+}\sqrt{1-x^2}\Big|_0^{1-\varepsilon} = -\lim_{\varepsilon \to 0^+}[\sqrt{1-(1-\varepsilon)^2} - 1] = 1.$$

例 85 求广义积分$\int_{-1}^1 \frac{1}{x^2}dx$。

解 因为$\lim\limits_{x \to 0}\frac{1}{x^2} = \infty$,所以

$$\int_{-1}^1 \frac{1}{x^2}dx = \int_{-1}^0 \frac{1}{x^2}dx + \int_0^1 \frac{1}{x^2}dx,$$

又因为

$$\int_{-1}^{0}\frac{1}{x^2}dx = \lim_{\varepsilon\to0^+}\int_{-1}^{0-\varepsilon}\frac{1}{x^2}dx = \lim_{\varepsilon\to0^+} -\frac{1}{x}\Big|_{-1}^{-\varepsilon} = \lim_{\varepsilon\to0^+}(\frac{1}{\varepsilon}-1) = \infty,$$

所以广义积分$\int_{-1}^{1}\frac{1}{x^2}dx$ 发散。

习　题　3.7

27. 求下列广义积分：

(1) $\int_{-\infty}^{0}e^{2x}dx$；　　(2) $\int_{1}^{+\infty}\frac{dx}{\sqrt{x}}$；

(3) $\int_{-\infty}^{+\infty}e^{-|x|}dx$；　　(4) $\int_{-\infty}^{+\infty}\frac{1}{9+x^2}dx$；

(5) $\int_{-\infty}^{+\infty}p(x)dx$，其中 $p(x)=\begin{cases}\frac{x}{c}e^{-\frac{x^2}{2c}} & x\geqslant0\\ 0 & x<0\end{cases}(c>0)$；

(6) $\int_{-\infty}^{0}\cos x dx$；

(7) $\int_{-1}^{0}\frac{x}{\sqrt{1-x^2}}dx$；　　(8) $\int_{0}^{1}\frac{1}{(1-x)^2}dx$；

(9) $\int_{0}^{1}\ln x dx$；　　(10) $\int_{-1}^{1}\frac{1}{x^3}dx$.

28. 计算下列各式：

(1) $\frac{\Gamma(7)}{2\Gamma(4)\Gamma(3)}$；　　(2) $\frac{\Gamma(3)\Gamma(\frac{3}{2})}{\Gamma(\frac{9}{2})}$；

(3) $\int_{0}^{+\infty}x^4e^{-x}dx$；　　(4) $\int_{0}^{+\infty}x^2e^{-2x^2}dx$.

29. 利用 $\Gamma(\frac{1}{2})$ 计算：

(1) $\int_{0}^{+\infty}e^{-(ax)^2}dx(a>0)$；　　(2) $\int_{-\infty}^{+\infty}\frac{1}{\sqrt{2\pi}}e^{-\frac{x^2}{2}}dx$.

3.8　定积分的应用

定积分在几何、物理、工程技术及经济学中有着广泛的应用，在这些应用中，产生定积分的简便方法是微元法。下面我们先介绍什么是微元法。

在引入定积分概念时，我们介绍了两个引例。不管是求曲边梯形的面积，还是求质点经过的路程，总的思路都是先将所求问题进行划分，然后对细分部分进行近似代替，作和式，最后求极限。

一般地，如果某一实际问题中的所求量 A 符合下列条件：

(1) A 是与某个区间 $[a,b]$ 有关的量；

(2) A 对于区间 $[a,b]$ 具有可加性，就是说，如果把区间 $[a,b]$ 任意划分成许多部分区间，则 A 相应地分成许多部分量 ΔA_i，而 A 等于所有部分量之和。

在这种情况下，就可以考虑用定积分来求 A。

现在，我们来介绍用微元法产生定积分求 A 的步骤。

(1) 由具体问题，选定积分变量 x，并确定它的取值区间为 $[a,b]$；

(2) 在 $[a,b]$ 上任取一个小区间，记为 $[x,x+\mathrm{d}x]$，并记在该区间上 A 的部分量为 ΔA。如果 ΔA 能近似地表示为一个连续函数 $f(x)$ 在 x 处的值与 $\mathrm{d}x$ 的乘积，即 $\Delta A \approx f(x)\mathrm{d}x$，记 $\mathrm{d}A = f(x)\mathrm{d}x$，$\Delta A - \mathrm{d}A$ 是一个比 $\mathrm{d}x$ 高阶的无穷小量，称 $\mathrm{d}A$ 为对应于所求量 A 的微元；

(3) 以所求量 A 的微元 $dA = f(x)\mathrm{d}x$ 为被积表达式，在区间 $[a,b]$ 上作定积分，得

$$A = \int_a^b f(x)\mathrm{d}x.$$

下面我们应用这种方法求解实际问题。

3.8.1 平面图形的面积

1) 直角坐标系中平面图形的面积

在直角坐标系下平面图形的形状是多种多样的，先考虑一些简单的情形。

设 $f(x)$，$g(x)$ 为 $[a,b]$ 上的连续函数，且 $f(x) \geqslant g(x)$，要计算由曲线 $y=f(x)$，$y=g(x)$ 以及直线 $x=a$，$x=b(a<b)$ 所围成的平面图形的面积 S（见图 3-10）。

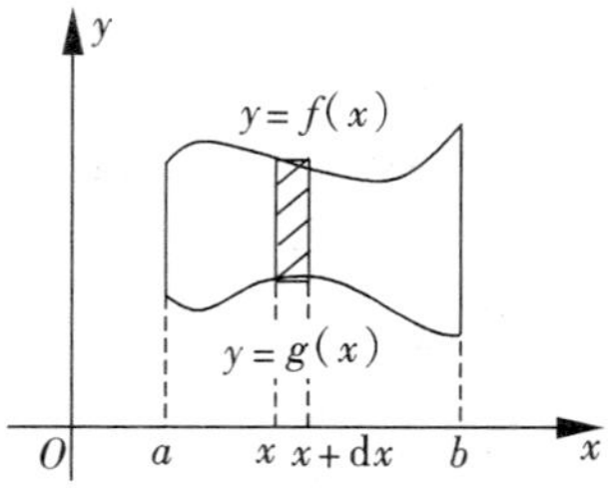

图 3-10

取横坐标 x 为积分变量，它的取值区间为 $[a,b]$，闭区间 $[a,b]$ 上任一小区间 $[x,x+\mathrm{d}x]$ 上的窄条的面积近似于高为 $f(x)-g(x)$ 底宽为 $\mathrm{d}x$ 的小矩形的面积，即面积 S 的微元为 $\mathrm{d}S = [f(x)-g(x)]\mathrm{d}x$，以 $\mathrm{d}S = [f(x)-g(x)]\mathrm{d}x$ 为被积表达式，在闭区间 $[a,b]$ 上作定积分，得

$$S = \int_a^b [f(x)-g(x)]\mathrm{d}x.$$

若在 $[a,b]$ 上 $f(x) \geqslant g(x)$ 不成立，可以证明

$$S = \int_a^b |f(x) - g(x)| \mathrm{d}x \tag{3.5}$$

若平面图形是由连续曲线 $x = \varphi(y)$，$x = \psi(y)$ 以及直线 $y = c$，$y = d(c < d)$ 围成（见图 3－11），同样可证得

$$S = \int_c^d |\varphi(y) - \psi(y)| \mathrm{d}y \tag{3.6}$$

对于任意曲线所围成的平面图形，可用平行于坐标轴的直线分割后，转化为上述两种情形进行处理。

例 86 求由曲线 $y = \frac{1}{x}$ 与直线 $y = x$，$x = 2$ 所围成的平面图形的面积。

解 作出这块平面图形（见图 3－12）。

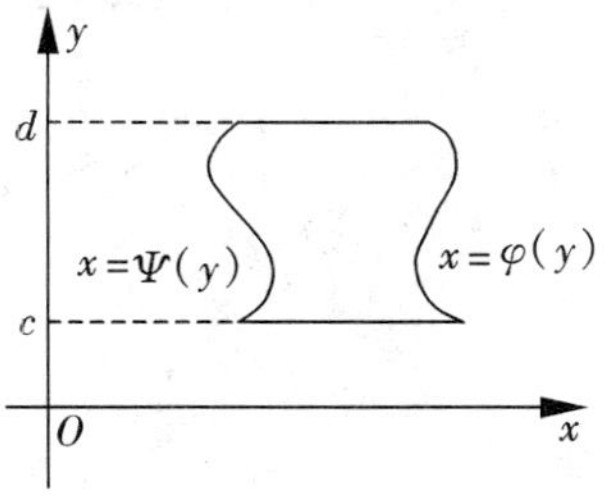

图 3－11

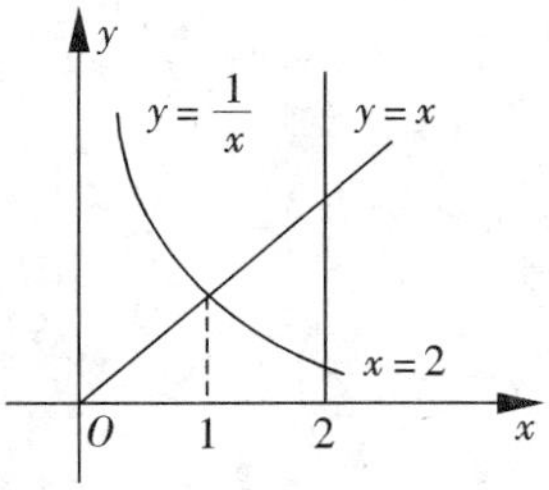

图 3－12

曲线 $y = \frac{1}{x}$ 与直线 $y = x$ 的交点为 $(1,1)$，过该点的直线 $x = 1$ 即为该平面图形的左边界，直线 $x = 2$ 为图形的右边界，套用公式(3.5)得

$$S = \int_1^2 \left| x - \frac{1}{x} \right| \mathrm{d}x = \int_1^2 \left(x - \frac{1}{x}\right) \mathrm{d}x = \left(\frac{1}{2}x^2 - \ln x\right) \Big|_1^2 = \frac{3}{2} - \ln 2.$$

例 87 求由曲线 $y = \frac{x^2}{2}$，$y = \frac{1}{1 + x^2}$ 与直线 $x = -\sqrt{3}$，$x = \sqrt{3}$ 所围成的图形的面积。

解 作出这块平面图形（见图 3－13）。

该图形关于 y 轴对称，故只要求 y 轴右边图形的面积。$y = \frac{x^2}{2}$ 与 $y = \frac{1}{1 + x^2}$ 右边的交点为 $\left(1, \frac{1}{2}\right)$，右边界为直线 $x = \sqrt{3}$，套用公式(3.5)得

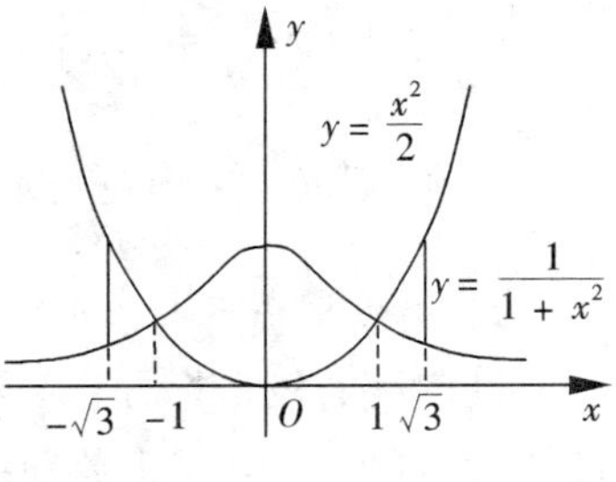

图 3－13

$$S = 2\int_0^{\sqrt{3}} \left| \frac{x^2}{2} - \frac{1}{1 + x^2} \right| \mathrm{d}x =$$

$$2\int_0^1 \left[\frac{1}{1 + x^2} - \frac{x^2}{2}\right] \mathrm{d}x + 2\int_1^{\sqrt{3}} \left[\frac{x^2}{2} - \frac{1}{1 + x^2}\right] \mathrm{d}x =$$

$$2\left(\arctan x-\frac{x^3}{6}\right)\Big|_0^1+2\left(\frac{x^3}{6}-\arctan x\right)\Big|_1^{\sqrt{3}}=$$

$$\frac{1}{3}(\pi+3\sqrt{3}-2).$$

例 88 求抛物线 $y^2=2x$ 与直线 $y=x-4$ 所围成的图形的面积。

解 作出这块平面图形(见图 3-14)。

抛物线 $y^2=2x$ 与直线 $y=x-4$ 的交点为(8,4),(2,-2),该图形可看作由曲线 $x=\frac{1}{2}y^2$ 以及直线 $x=y+4, y=-2, y=4$ 所围成,因而此题套用公式(3.6)计算较为简单。

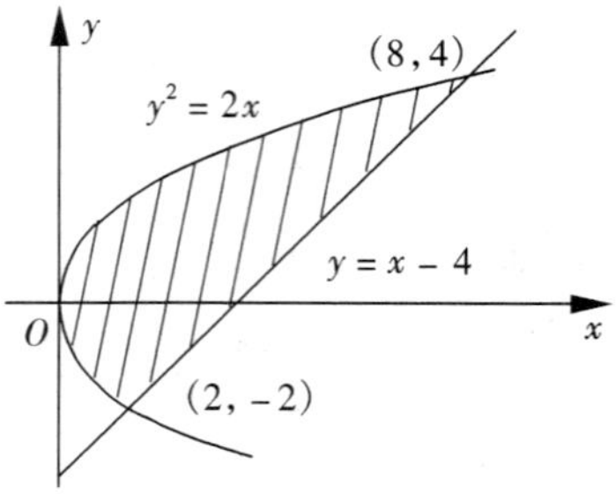

图 3-14

$$S=\int_{-2}^{4}\left|y+4-\frac{y^2}{2}\right|\mathrm{d}y=$$

$$\int_{-2}^{4}\left(y+4-\frac{y^2}{2}\right)\mathrm{d}y=$$

$$\left(\frac{y^2}{2}+4y-\frac{y^3}{6}\right)\Big|_{-2}^{4}=18.$$

例 89 求椭圆 $\frac{x^2}{a^2}+\frac{y^2}{b^2}=1$ 的面积。

解 由对称性可知,椭圆面积等于它在第一象限内图形(见图 3-15)面积的 4 倍,而这个图形是由曲线 $y=\frac{b}{a}\sqrt{a^2-x^2}$,直线 $x=0, x=a$ 以及 x 轴所围成的曲边梯形,所以

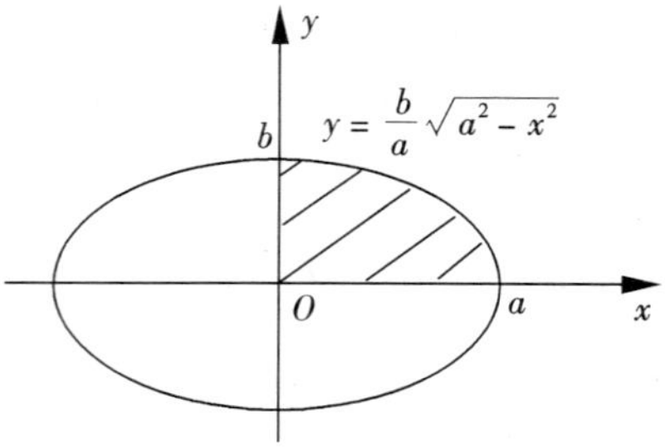

图 3-15

$$s=4\int_0^a\frac{b}{a}\sqrt{a^2-x^2}\mathrm{d}x=\pi ab\text{(利用例41的结论)。}$$

特别,当 $a=b$ 时,得到半径为 a 的圆面积公式 $S=\pi a^2$。

2) 极坐标系①中平面图形的面积

设曲线的极坐标方程为 $r=r(\theta)$,$r(\theta)$ 在区间 $[\alpha,\beta]$ 上连续,且 $r(\theta)\geqslant 0$,求由此曲线与射线 $\theta=\alpha, \theta=\beta$ 所围成的曲边扇形(见图 3-16)的面积。

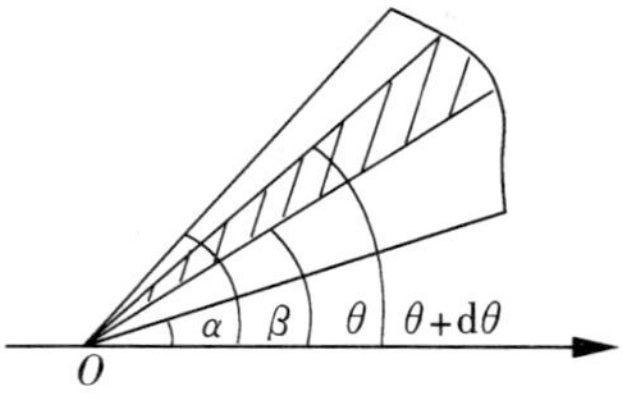

图 3-16

在区间 $[\alpha,\beta]$ 上任取一小区间 $[\theta,\theta+\mathrm{d}\theta]$,设此小区间上的曲边扇形的面积为 ΔS,则 ΔS 近似于半径为 $r(\theta)$、中心

① 关于极坐标系,请参阅本书附录一。

角为 $d\theta$ 的圆扇形面积，从而得到面积微元为 $dS = \frac{1}{2}r^2(\theta)d\theta$，以 $\frac{1}{2}r^2(\theta)d\theta$ 为被积表达式，在区间 $[\alpha,\beta]$ 上作定积分，就是曲边扇形的面积，即

$$S = \frac{1}{2}\int_{\alpha}^{\beta} r^2(\theta)d\theta \tag{3.7}$$

例 90 求阿基米德螺线 $r = a\theta(a > 0)$ 上相应于 θ 从 0 变到 2π 的一段弧与极轴所围成的图形（见图 3－17）的面积。

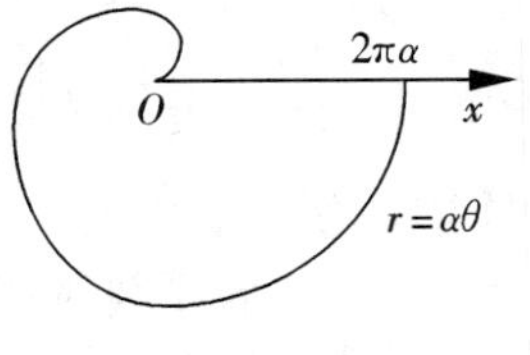

图 3－17

解 所求图形的面积可看作是由曲线 $r = a\theta$ 与射线 $\theta = 0$ 与 $\theta = 2\pi$ 所围成的曲边扇形的面积。

由公式(3.7)得

$$S = \int_0^{2\pi} \frac{1}{2}(a\theta)^2 d\theta = \frac{a^2}{2}\cdot\frac{\theta^3}{3}\bigg|_0^{2\pi} = \frac{4}{3}a^2\pi^3.$$

例 91 求双纽线 $(x^2 + y^2)^2 = 2a^2xy$（见图 3－18）所围成的图形的面积。

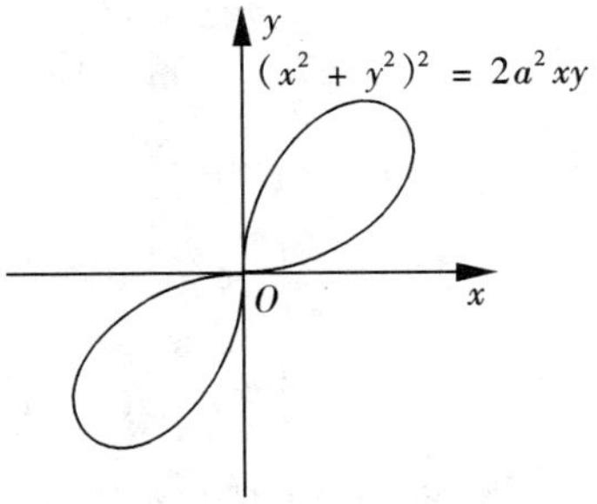

图 3－18

解 这里曲线方程是用直角坐标表示，若用直角坐标系中求面积的公式，需把 y 或 x 解出，计算很复杂。我们可以把曲线方程化为极坐标的形式，令

$$\begin{cases} x = r\cos\theta \\ y = r\sin\theta \end{cases}$$

则双纽线 $(x^2 + y^2)^2 = 2a^2xy$ 可化为

$$[(r\cos\theta)^2 + (r\sin\theta)^2]^2 = 2a^2(r\cos\theta)(r\sin\theta),$$

故双纽线的极坐标方程为 $r^2 = a^2\sin2\theta$。由公式(3.7)，再由图形的对称性，得到面积为

$$S = 2\int_0^{\frac{\pi}{2}} \frac{1}{2}\cdot r^2 d\theta = 2\cdot\frac{1}{2}\int_0^{\frac{\pi}{2}} a^2\sin2\theta d\theta = -\frac{1}{2}a^2\cos2\theta\bigg|_0^{\frac{\pi}{2}} = a^2.$$

3.8.2 体积、平面曲线的弧长

1) 体积

空间中的一些几何体的体积也可用定积分来计算。我们先讨论平行截面面积为已知的立体体积的求法。

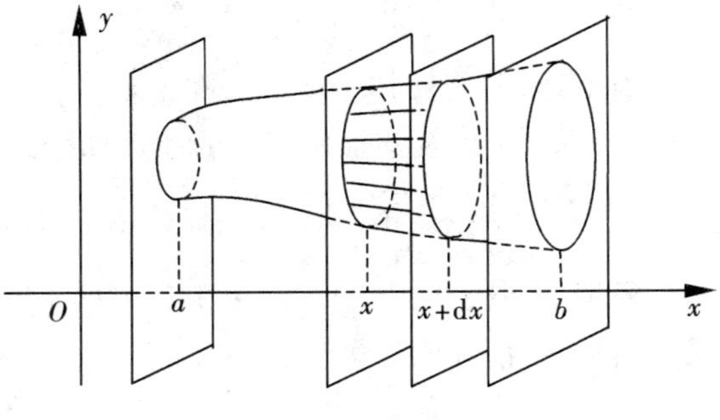

图 3－19

设空间立体由一曲面及垂直于 x 轴的两个平面 $x = a, x = b(a < b)$ 所围（见图 3－19），并设过 $[a,b]$ 上任一点垂直于 x 轴的平面与该立体相交的截面面积是 x 的连续函数 $S(x)$，要计算这个立

体的体积 V。

取 x 为积分变量，它的取值区间为 $[a,b]$，立体中相应于 $[a,b]$ 上任一小区间 $[x,x+\mathrm{d}x]$ 的薄片体积近似等于底面积为 $S(x)$，高为 $\mathrm{d}x$ 的扁柱体的体积，体积微元 $\mathrm{d}V=S(x)\mathrm{d}x$，以 $S(x)\mathrm{d}x$ 为被积表达式，在区间上 $[a,b]$ 作定积分，便得到

$$V=\int_a^b S(x)\mathrm{d}x \tag{3.8}$$

例 92 求以半径为 R 的圆为底，平行且等于底圆直径的线段为顶，高为 h 的正劈锥体的体积。

解 取底圆所在的平面为坐标平面，圆心为原点，并使 x 轴与正劈锥体的顶平行（见图 3-20），底圆的方程为 $x^2+y^2=R^2$，过 x 轴上的点 x 作垂直于 x 轴的平面，截面为等腰三角形，面积为

$$S(x)=\frac{1}{2}h\cdot 2y=h\sqrt{R^2-x^2}.$$

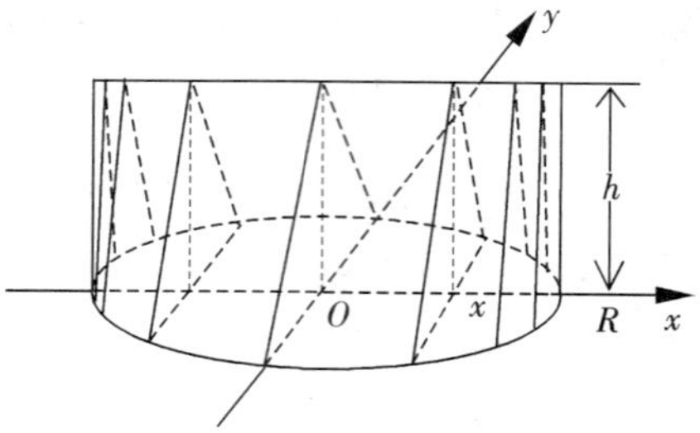

图 3-20

套用公式(3.8)得

$$V=\int_{-R}^{R}S(x)\mathrm{d}x=\int_{-R}^{R}h\sqrt{R^2-x^2}\mathrm{d}x=\frac{\pi R^2h}{2}.$$

特别地，要求由曲线 $y=f(x)$，直线 $x=a$，$x=b\ (a<b)$ 以及 x 轴所围成的曲边梯形绕 x 轴旋转一周得到的旋转体（见图 3-21）的体积，可在 $[a,b]$ 上任一点 x 作垂直于 x 轴的平面，该平面与旋转体相交的截面是半径为 $|f(x)|$ 的圆，因而截面面积为 $S(x)=\pi y^2=\pi f^2(x)$，由公式(3.8)得该旋转体的体积为

$$V=\int_a^b \pi y^2\mathrm{d}x=\int_a^b \pi f^2(x)\mathrm{d}x \tag{3.9}$$

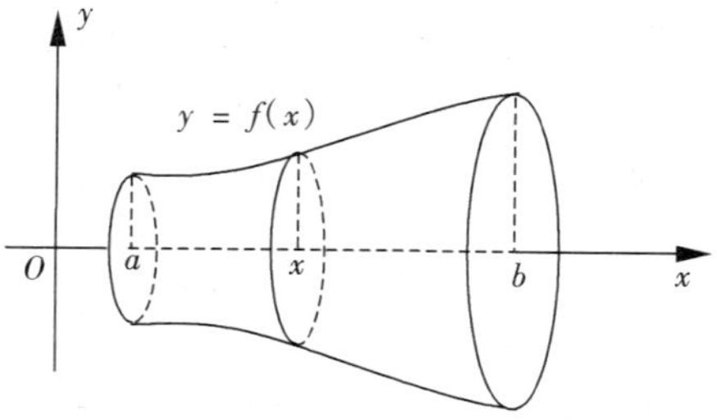

图 3-21

类似地，若旋转体是由定义在 y 轴 $[c,d]$ 上的曲线 $x=\varphi(y)$，直线 $y=c$，$y=d(c<d)$ 以及 y 轴所围成的曲边梯形绕 y 轴旋转一周所得，它的体积为

$$V=\int_c^d \pi x^2\mathrm{d}y=\int_c^d \pi\varphi^2(y)\mathrm{d}y \tag{3.10}$$

根据上述公式，我们可用定积分来推出圆柱、圆锥、圆台、球体等旋转体的体积。

例 93 推导圆锥体体积公式。

解 底半径为 R、高为 h 的圆锥体，可看作由直线 $y=\dfrac{R}{h}x$，$x=h$ 以及 x 轴所围成的

曲边梯形绕 x 轴旋转一周所得到的旋转体(见图 3-22)。套用公式(3.9)得

$$V = \int_0^h \pi y^2 \mathrm{d}x = \int_0^h \pi\left(\frac{R}{h}x\right)^2 \mathrm{d}x = \frac{\pi R^2}{h^2}\cdot\frac{x^3}{3}\Big|_0^h = \frac{\pi R^2 h}{3}.$$

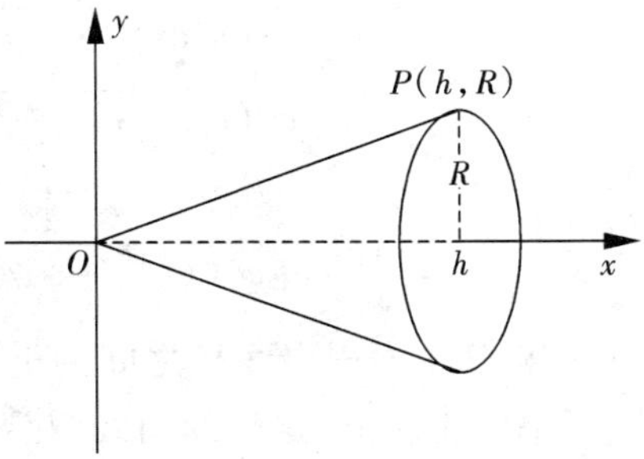

图 3-22

例 94 计算由椭圆 $\frac{x^2}{a^2}+\frac{y^2}{b^2}=1$ 绕 y 轴旋转一周所得到的旋转体(称为旋转椭球体)的体积。

解 此旋转体的图形见图 3-23。这是典型的公式(3.10)的情形,因此

$$V = \int_{-b}^{b} \pi x^2 \mathrm{d}y = \int_{-b}^{b} \pi a^2\left(1-\frac{y^2}{b^2}\right)\mathrm{d}y = \frac{2\pi a^2}{b^2}\int_0^b (b^2-y^2)\mathrm{d}y = \frac{2\pi a^2}{b^2}\left[b^2 y-\frac{1}{3}y^3\right]\Big|_0^b = \frac{4}{3}\pi a^2 b.$$

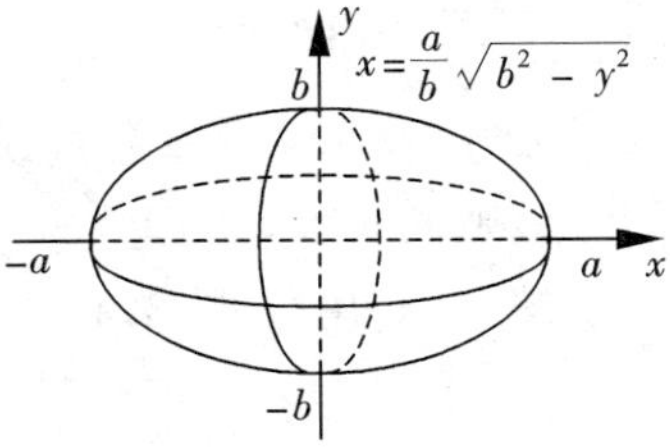

图 3-23

特别地,当 $a=b$ 时,得到半径为 a 的球体积公式 $V=\frac{4}{3}\pi a^3$。

2) 平面曲线的弧长

设平面曲线弧 $\overset{\frown}{AB}$ 的方程为 $y=f(x)$,$x\in[a,b]$,其中 $f(x)$ 在 $[a,b]$ 上有连续导数,$x=a$ 对应于弧上点 A,$x=b$ 对应弧上点 B,求弧长 $\overset{\frown}{AB}$(见图 3-24)。

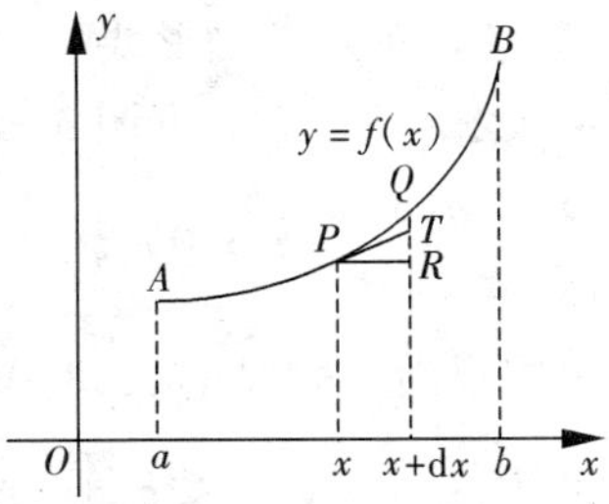

图 3-24

取 x 为积分变量,它的取值区间为 $[a,b]$,在区间 $[a,b]$ 的任一小区间 $[x,x+\mathrm{d}x]$ 上,相对应的弧 $\overset{\frown}{PQ}$ 的长 $\Delta l\approx \mathrm{d}l$,$\mathrm{d}l$ 即为第 2 章中所讲过的弧微分,故有 $\mathrm{d}l=\sqrt{1+(y')^2}\mathrm{d}x$,所以曲线 $\overset{\frown}{AB}$ 的弧长为

$$l = \int_a^b \sqrt{1+(y')^2}\mathrm{d}x \tag{3.11}$$

若曲线弧 $\overset{\frown}{AB}$ 由参数方程 $\begin{cases} x=\varphi(t) \\ y=\psi(t)\end{cases}$ $(\alpha\leqslant t\leqslant\beta)$ 给出,则

$$\mathrm{d}l = \sqrt{1+(y')^2}\mathrm{d}x = \sqrt{(\mathrm{d}x)^2+(\mathrm{d}y)^2} =$$

$$\sqrt{[\varphi'(t)\mathrm{d}t]^2+[\psi'(t)\mathrm{d}t]^2}=$$
$$\sqrt{[\varphi'(t)]^2+[\psi'(t)]^2}\mathrm{d}t,$$

所以

$$l=\int_{\alpha}^{\beta}\sqrt{[\varphi'(t)]^2+[\psi'(t)]^2}\mathrm{d}t \tag{3.12}$$

例 95 两根电线杆之间的电线，由于其本身的重量下垂成曲线形，这样的曲线叫悬链线。适当选取坐标系后悬链线的方程为

$$y=c\cosh\frac{x}{c},$$

其中 c 为常数。试计算悬链线上介于 $x=-b$ 与 $x=b$ 之间一段弧的长度（见图 3－25）。

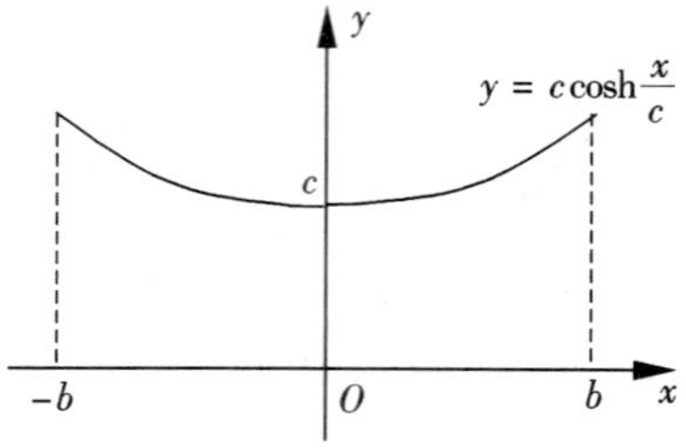

图 3－25

解 套用公式(3.11)并利用对称性得

$$l=2\int_0^b\sqrt{1+[(c\cosh\frac{x}{c})']^2}\mathrm{d}x=$$
$$2\int_0^b\sqrt{1+(\sinh\frac{x}{c})^2}\mathrm{d}x=$$
$$2\int_0^b\cosh\frac{x}{c}\mathrm{d}x=2c(\sinh\frac{x}{c})\Big|_0^b=$$
$$2c\sinh\frac{b}{c}.$$

例 96 求星形线 $x^{\frac{2}{3}}+y^{\frac{2}{3}}=a^{\frac{2}{3}}(a>0)$ 的弧长。

解 星形线见图 3－26，它的方程可表示为参数方程 $\begin{cases}x=a\cos^3 t\\ y=a\sin^3 t\end{cases}(a>0)$，由于星形线的对称性，因此只需求第一象限中一段弧的长，取参数 t 为积分变量，它的取值区间为 $[0,\frac{\pi}{2}]$，$\mathrm{d}x=-3a\cos^2t\sin t\mathrm{d}t$，$\mathrm{d}y=3a\sin^2t\cos t\mathrm{d}t$，由公式(3.12)得

$$l=4\int_0^{\frac{\pi}{2}}\sqrt{(-3a\cos^2t\sin t)^2+(3a\sin^2t\cos t)^2}\mathrm{d}t=$$
$$4\int_0^{\frac{\pi}{2}}3a\sin t\cos t\mathrm{d}t=6a\sin^2t\Big|_0^{\frac{\pi}{2}}=6a.$$

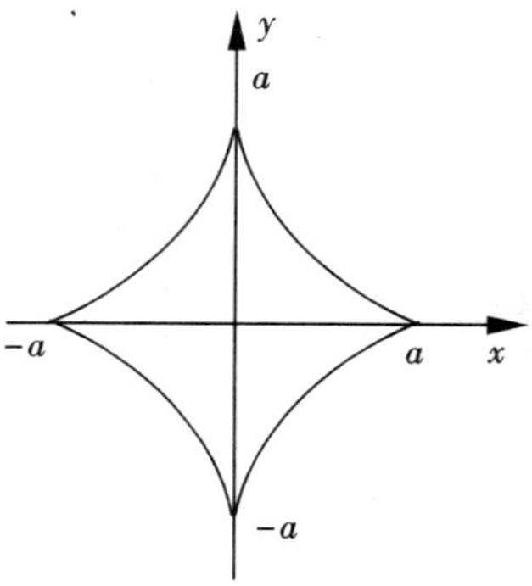

图 3－26

3.8.3 定积分在物理中的应用举例

定积分在物理学中应用很广泛，可求变力沿直线所做的功、水的静压力、引力、力矩、重心等等，在这里只介绍变力沿直线所做的功。

如果物体在作直线运动的过程中受常力 F 作用，且力的方向与物体运动的方向一致，则在物体移动了距离 s 后，力 F 对物体所做的功为

$$W = F \cdot s$$

若作用在物体上的不是常力，而是一个连续变化的变力，则应如何求功 W?这个问题与前面讨论的面积、体积、弧长类似，可用微元法处理。

设物体在一个与 x 轴平行的连续力 F 作用下沿 x 轴由 $x = a$ 移到 $x = b$(见图3-27)，并设力 F 是位移 x 的连续函数 $F = F(x)$，求功 W。

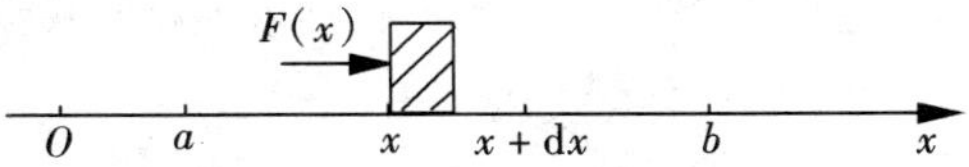

图 3-27

取 x 为积分变量，它的取值区间为 $[a,b]$，在 $[a,b]$ 的任一小区间 $[x,x+\mathrm{d}x]$ 上，变力 F 可近似看作在点 x 的常力 $F(x)$，所以 $\Delta W \approx F(x)\mathrm{d}x$，即功的微元为 $\mathrm{d}W = F(x)\mathrm{d}x$。以 $F(x)\mathrm{d}x$ 为被积表达式，在区间 $[a,b]$ 上作定积分，便得功

$$W = \int_a^b F(x)\mathrm{d}x.$$

例 97 一圆柱形气缸的半径为 a(cm)，长为 l(cm)，其中充满气体时压强为 p_0($\mathrm{kg/cm^2}$)，如果温度保持不变，求推动活塞从开始位置到 $\frac{1}{3}l$ 处时作用在活塞上的力所做的功(见图 3-28)。

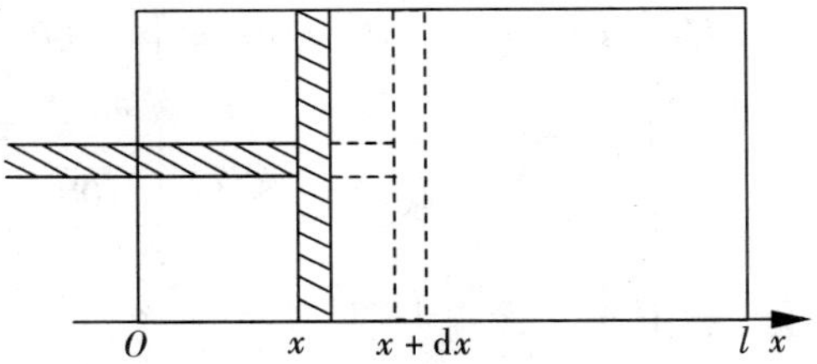

图 3-28

解 设活塞移动到 x 处的气体的压强为 $p(x)$，气体的体积为 $V(x) = \pi(l-x)a^2$，由物理学知识得知，在恒温条件下，气体压强与气体的体积的乘积为常数，即

$$p(x) \cdot V(x) = k,$$

由已知条件 $p(0) = p_0$ 以及 $V(0) = \pi a^2 l$ 可求得

$$k = p(0) \cdot V(0) = p_0 \pi a^2 l,$$

于是得到

$$p(x) = \frac{k}{V(x)} = \frac{p_0 \pi a^2 l}{\pi(l-x)a^2} = \frac{l}{l-x}p_0,$$

从而作用在活塞上的力为

$$F(x) = p(x) \cdot \pi a^2 = \frac{l}{l-x} p_0 \pi a^2,$$

所以

$$W = \int_0^{\frac{l}{3}} F(x)\,dx = \int_0^{\frac{l}{3}} \frac{l}{l-x} p_0 \pi a^2\,dx = \pi a^2 p_0 l \ln \frac{3}{2}.$$

3.8.4 定积分在经济学中的应用举例

定积分在经济学中也有广泛的应用，最简单的就是由边际函数求总函数。

例 98 若一企业的边际成本是产量 Q 的函数 $C'(Q) = 2e^{0.2Q}$，假定固定成本 $C_F = 90$，求总成本函数 $C(Q)$。

解 设 C_V 为可变成本，则 $C(Q) = C_F + C_V$。因为 C_F 为常数，所以 $C'(Q) = C'_V$，先求 C'_V。

$$C_V = \int_0^Q C'_V\,dt = \int_0^Q C'(t)\,dt = \int_0^Q 2e^{0.2t}\,dt = 10(e^{0.2Q} - 1),$$

所以

$$C(Q) = C_F + C_V = 90 + 10(e^{0.2Q} - 1) = 10e^{0.2Q} + 80.$$

例 99 已知生产某产品 x 单位时，边际收益函数为 $R'(x) = 200 - \frac{x}{50}$（元/单位）。试求生产 x 单位时总收益 $R(x)$ 以及平均单位收益 $\overline{R}(x)$。

解 $R(x) = \int_0^x R'(t)\,dt = \int_0^x \left(200 - \frac{t}{50}\right) dt = \left(200t - \frac{t^2}{100}\right)\Big|_0^x = 200x - \frac{x^2}{100}$,

$$\overline{R}(x) = \frac{R(x)}{x} = \frac{200x - \frac{x^2}{100}}{x} = 200 - \frac{x}{100}.$$

例 100 设某厂生产某种产品 x 单位时的边际成本和边际收益分别为 $C' = x^2 - 14x + 111$，$R'(x) = 100 - 2x$。试确定厂商的最大利润。

解 先要确定获得最大利润时的产量是多少。设利润函数为 $L(x)$，则 $L(x) = R(x) - C(x)$，得

$$L'(x) = R'(x) - C'(x) = 100 - 2x - (x^2 - 14x + 111) = -11 + 12x - x^2.$$

令 $L'(x) = 0$，得驻点 $x_1 = 1$，$x_2 = 11$。又因为 $L''(x) = 12 - 2x$，所以 $L''(1) = 10 > 0$，$L''(11) = -10 < 0$。由第2章内容知 $x_2 = 11$ 是极大值点，即获得最大利润时的产量，从而得最大利润为

$$L(11) = \int_0^{11} L'(x)\,dx = \int_0^{11} (-11 + 12x - x^2)\,dx =$$

$$\left(-11x + 6x^2 - \frac{1}{3}x^3\right)\Big|_0^{11} = \frac{484}{3}.$$

例 101 设在口岸处的批发公司将成批收到的货物分配给各个零售店。假设每单位货物的成本是 5 元，在将货物分配下去时，每单位货物运输 100km 的运费为 1 元，运费也要由批发公司负担。由于其他批发公司的竞争，零售店付给批发公司的货款一律是每单位 10 元。这样，这个批发公司不可能把货分到离口岸 500km 以外的地区去。而且在 500km 以内，零售店离口岸的距离愈远，公司的每单位货物的利润就愈低。假设口岸在一理想的直海岸线上，批发公司的销售区域是以公司所在地为圆心，半径为500km的一个半圆形区域(见图3-29)。又假设零售店是均匀分布的，每 20(km)^2 有一处，还假定每店从批发公司能得到 50 单位货物，求批发公司批发该批货物所能获得的利润 L。

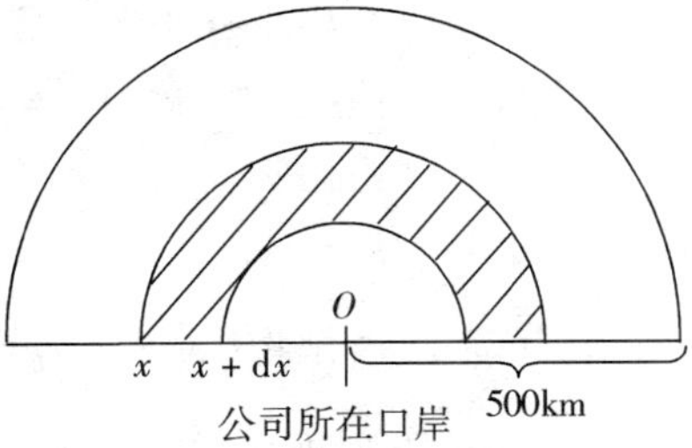

图 3-29

解 先考虑位于半径为 x 及 $(x+\mathrm{d}x)$ 二个半圆弧之间的区域。这一区域的面积可用一个长为 πx，宽为 $\mathrm{d}x$ 的小矩形近似代替，即 $\Delta s \approx \pi x \mathrm{d}x$，在图 3-29 中阴影区域的店数近似为 $\frac{\pi x \mathrm{d}x}{20}$，这个区域内零售店收到的货物近似为 $50\left(\frac{\pi x \mathrm{d}x}{20}\right) = \frac{5}{2}\pi x \mathrm{d}x$。

从批发公司所在的口岸每运一单位货物到阴影区域内零售店的运费为 $0.01x$ 元，所以得到利润微元为

$$\mathrm{d}L = (5 - 0.01x)\frac{5}{2}\pi x \mathrm{d}x = \frac{5}{2}\pi x(5 - 0.01x)\mathrm{d}x,$$

以 $\frac{5}{2}\pi x(5-0.01x)\mathrm{d}x$ 为被积表达式，在 $[0,500]$ 上求定积分，得利润

$$L = \int_0^{500} \frac{5}{2}\pi x(5 - 0.01x)\mathrm{d}x =$$

$$\frac{5}{2}\pi\left(\frac{5}{2}x^2 - 0.01 \cdot \frac{1}{3}x^3\right)\Bigg|_0^{500} \approx$$

$$1636246(\text{元}).$$

习 题 3.8

30. 求下列各题中平面图形的面积：

(1) 曲线 $y = x^2 + 3$ 在区间 $[0, 1]$ 上的曲边梯形；

(2) 曲线 $y = x^2$ 与 $y = 2 - x^2$ 所围成的图形；

(3) 曲线 $y = x^3$ 与直线 $y = -1, y = 1$ 及 y 轴所围成的图形；

(4) 曲线 $y = x^2 - 8$ 与直线 $2x + y + 8 = 0$ 所围成的图形；

(5) 分别求介于抛物线 $y^2 = 2x$ 与圆 $y^2 = 4x - x^2$ 之间的三块图形;
(6) 曲线 $y = x^2, 4y = x^2$ 及直线 $y = 1$ 所围成的图形;
(7) 由抛物线 $y = -x^2 + 4x - 3$ 及其点$(0, -3)$和$(3,0)$处的切线所围的图形;
(8) 由抛物线 $y^2 = 2px(p > 0)$ 及其点$(\frac{p}{2}, p)$处的法线所围的图形。

31. 求由下列极坐标方程 $a > 0$ 所表示的曲线围成的面积:
(1) 对数螺线 $r = ae^{\theta}$ 及射线 $\theta = -\pi, \theta = \pi$ 所围成的图形;
(2) 双曲线 $r^2\cos 2\theta = a^2$ 和射线 $\theta = 0, \theta = \frac{\pi}{6}$ 所围成的图形;
(3) 曲线 $r = 2a\cos\theta$ 所围的图形;
(4) 曲线 $r = 2a(2 + \cos\theta)$ 所围的图形;
(5) 曲线 $x^2 + y^2 = a^2$ 所围的图形;
(6) 曲线 $y^2 = x^2 - x^4$ 所围的图形。

32. 求下列各题中的体积:
(1) 设有一截体,其高为 h,上、下底均为椭圆,椭圆的轴长分别为 $2a$、$2b$ 和 $2A$、$2B$,求这截锥体的体积;
(2) 计算底面是半径为 R 的圆,而垂直于底面上一条固定直径的所有截面都是等边三角形的立体体积。

33. 求由下列平面图形绕 x 轴旋转产生的立体体积:
(1) 曲线 $y = \sqrt{x}$ 与直线 $x = 1, x = 4, y = 0$ 所围成的图形;
(2) 曲线 $xy = 1$ 和直线 $y = 4x, x = 2, y = 0$ 所围成的图形。

34. 求由下列平面图形绕 y 轴旋转产生的立体体积:
(1) 曲线 $y = x^2$ 与 $x = y^2$ 所围成的图形;
(2) 曲线 $y = e^{-x}$ 与直线 $x = 0, x = 1$ 所围成的图形。

35. 计算以下曲线的弧长:
(1) 计算 $y = \frac{2}{3}x^{\frac{3}{2}}$ 上相应于 x 从 3 到 8 的一段弧的长;
(2) 计算 $y = \ln x$ 上相应于 $\sqrt{3} \leqslant x \leqslant \sqrt{8}$ 的一段弧的长;
(3) 计算圆周线 $\begin{cases} x = a\cos\theta \\ y = a\sin\theta \end{cases}$ 的全长;
(4) 计算摆线 $\begin{cases} x = a(\theta - \sin\theta) \\ y = a(1 - \cos\theta) \end{cases}$ 的一拱$(0 \leqslant \theta \leqslant 2\pi)$的长度(题图 3.8-1);
(5) 求心形线 $r = a(1 + \cos\theta)$ 的全长(题图 3.8-2)。

36. 一物体按规律 $x = ct^3$ 作直线运动,媒质的阻力与速度的平方成正比。计算物体

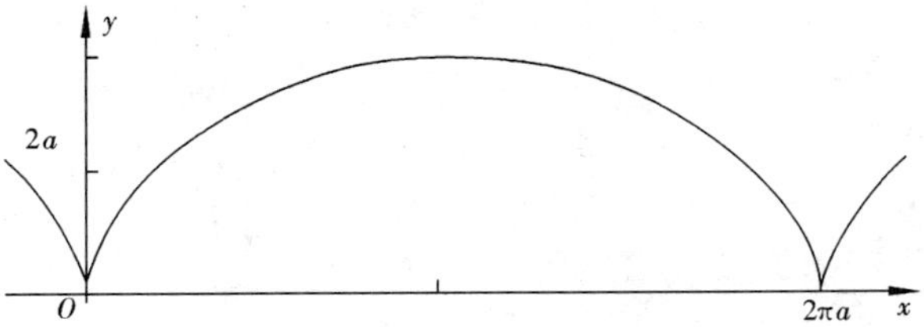

题图 3.8－1

由 $x=0$ 移到 $x=a$ 时，克服媒质阻力所做的功。

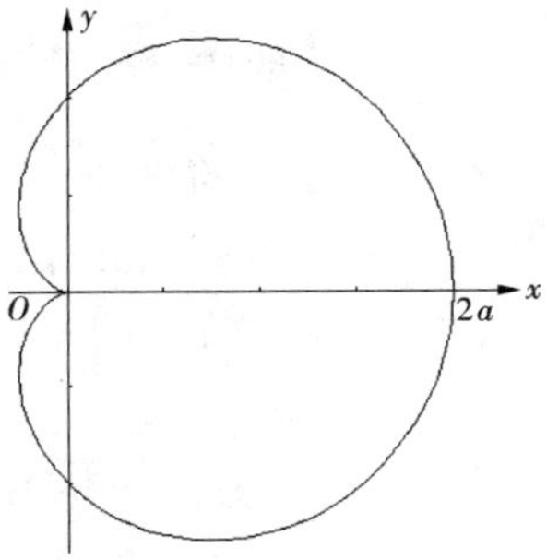

题图 3.8－2

37. 直径为 20cm，高为 80cm 的圆柱形容器内，充满压强为 10kg/cm^2 的蒸汽，设温度保持不变，要使蒸汽的体积缩小一半，问需要作多少功？

＊38. 已知某产品总产量的变化率是时间 t(单位:年)的函数，$f(t)=2t+5$，求第一个五年和第二个五年的总产量各为多少？

＊39. 设某产品在时刻 t 总产量的变化率为 $f(t)=100+12t-0.0t^2$(单位/小时)，求从 $t=2$，$t=4$ 这两小时的总产量。

＊40. 设某种商品每天生产 x 单位时固定成本为 20 元，边际成本函数为 $C'(x)=0.4x+2$(元/单位)，求总成本函数 $C(x)$。

＊41. 某产品的总成本 C(万元)的变化率(边际成本)$C'=1$，总收入 R(万元)的变化率(边际收入)为生产量 x(百台)的函数 $R'=5-x$，求：

(1) 生产量等于多少时，总利润 $L=R-C$ 为最大？

(2) 从利润最大的生产量又生产了 100 台，总利润减少了多少？

＊42. 一零售商收到一船共 10 万千克大米，这批大米以常量每月 2 万千克运走，要用 5 个月时间。如果贮存费是每月每千克0.02元，5 个月之后，这位零售商需支付贮存费多少元？

4 微分方程

在许多实际问题中,人们常常需要寻求变量之间的函数关系。有时这种关系无法直接建立起来,但是可以建立起该函数的导数所满足的关系式,这种关系式就是微分方程。

最简单的微分方程具有形式$\frac{dy}{dx}=f(x)$,其中$f(x)$为已知函数。它的解就是前面学过的不定积分。我们知道求不定积分会遇到“积不出”的情形,所以一般的微分方程找不到其解是常有的事,这是需要指出的。本章将介绍微分方程的一些基本概念以及几类最简单又很有实用价值的微分方程的解法。

4.1 微分方程的基本概念

先看一个例子。设质量为m的物体从高处自由下落,空气阻力与下落速度成正比(比例系数$\lambda>0$),求下落速度与时间之间的函数关系$v(t)$。

先建立坐标系,以下落处为坐标原点,向下为正方向。根据牛顿第二定律,有关系式

$$m\frac{dv}{dt}=mg-\lambda v$$

记$k=\frac{\lambda}{m}$,整理后得

$$\frac{dv}{dt}=g-kv.$$

这个方程含有未知函数$v(t)$的导数,称为微分方程。

定义 一个方程中如果含有未知函数的导数(或微分),则称为微分方程。未知函数是一元函数的微分方程称为常微分方程;未知函数是多元函数的微分方程称为偏微分方程。本章只讨论常微分方程,简称为微分方程或方程。

需要强调的是微分方程中可以不显含未知函数自身,但必须显含未知函数的导数或微分。

我们从以下一组微分方程中引出其基本概念:

(1) $y'+2y+3=0$;

(2) $(y^2-3xy)dx+x^2dy=0$;

(3) $x^2y''+3xy'+2y=e^x$;

(4) $y'''-3y''+3y'-y=x$;

(5) $\begin{cases} y'' + 4y = 0 \\ y(0) = 1 \quad y'(0) = 0 \end{cases}$;

(6) $y'' + y^2 - e^x = 1$.

上述微分方程属于不同的类型,因而也有不同的解法。为此必须先掌握下列定义:

定义 微分方程中所含未知函数的导数的最高阶数称为方程的阶。

上述微分方程中(1)、(2) 都是一阶方程,(3)、(5)、(6) 都是二阶方程,(4) 为三阶方程。

定义 微分方程中若未知函数及其各阶导数的次数均为一次,且不存在它们的乘积项,则称为线性微分方程。

上述微分方程中(1)、(3)、(4)、(5) 均为线性微分方程,(2)、(6) 则不是。

定义 若线性微分方程中未知函数及其各阶导数前的系数均为常数,则称为常系数线性微分方程。

上述微分方程中(1)、(4)、(5) 均为常系数线性微分方程。

定义 若将一个已知函数代入微分方程后,能使方程成为恒等式,则称这个函数为微分方程的解。

n 阶微分方程中含有 n 个相互独立的任意常数(即这些常数不能相互合并)的解,称为方程的通解。

例如二阶微分方程 $y'' + 4y = 0$ 有通解 $y = C_1\cos2x + C_2\sin2x$,$C_1$,$C_2$ 为任意常数。但是在实际问题中往往需要根据某些数值条件确定这些任意常数。

定义 确定 n 阶微分方程通解中的 n 个任意常数的 n 个初始数值条件,称为微分方程的初始条件。求解带有初始条件的微分方程称为微分方程的初值问题,所求出的解称为方程的特解。

例如上述方程(5) 即为一个二阶方程的初值问题,在通解 $y = C_1\cos2x + C_2\sin2x$ 中代入初始条件,求得 $C_1 = 1$,$C_2 = 0$,即特解为 $y = \cos2x$。

习 题 4.1

1. 问下列微分方程是几阶方程?是否是线性方程?是否是常系数线性方程?

(1) $xy' + 2xy + \sin x = 0$;

(2) $y'' + xyy' + x^3 = 0$;

(3) $3x^4y'' + 4x^2y' + 5x = 0$;

(4) $y' = \dfrac{1}{2x - y^2}$;

(5) $4y''' - 3y'' + 2y' + y + e^x = 0$;

(6) $(x^2 + 2xy)\mathrm{d}y + (y - 3xy)\mathrm{d}x = 0$.

2. 验证下列函数是否是对应微分方程的解?若是的话,是否是通解?

(1) $x^2 + y^2 = c \quad (c > 0)$, $y' = -\dfrac{x}{y}$;

(2) $y = x\int \dfrac{e^x}{x}dx + cx$, $xy' - y = xe^x$;

(3) $C_1e^x + C_2e^{3x} + \dfrac{1}{9}x^3 + \dfrac{4}{9}x^2 + \dfrac{26}{27}x$, $y''' - 4y'' + 3y' = x^2$;

(4) $x = \int_0^y e^{-\frac{1}{2}t^2}dt + c$, $y' = e^{\frac{1}{2}y^2}$.

3. 用观察法考虑方程 $y'^2 + y^2 = 0$ 有解吗?有通解吗?而方程 $y'^2 + y^2 = 1$ 情况一样吗?

4.2 一阶微分方程

一阶微分方程的最一般形式为 $F(x,y,y') = 0$,如能从中解出 y',得到

$$y' = G(x,y) \tag{4.1}$$

则称为导数可解出的一阶微分方程。本节只讨论如(4.1)形式的方程。

4.2.1 可分离变量方程

当 $G(x,y) = P(x)Q(y)$ 时,方程(4.1)成为

$$\frac{dy}{dx} = P(x)Q(y) \tag{4.2}$$

称为可分离变量的一阶方程。求解方法分两步:

第一步 分离变量,将方程(4.2)变形为$\dfrac{dy}{Q(y)} = P(x)dx$;

第二步 等式两边分别积分 $\int \dfrac{1}{Q(y)}dy = \int P(x)dx + C$。

在解微分方程时,我们约定不定积分式只表示被积函数的一个原函数,而将任意常数另外写出。上述两个不定积分的两个任意常数可以合并,所以只要写出一个。

例 1 求解微分方程 $y' = e^{2x}\sqrt{1 - y^2}$。

解 先分离变量,然后两边积分

$$\int \frac{1}{\sqrt{1 - y^2}}dy = \int e^{2x}dx + C,$$

得通积分

$$\arcsin y = \frac{1}{2}e^{2x} + C.$$

用分离变量法求解上述方程时，应该要求 $\sqrt{1-y^2}\neq 0$。但我们发现当 $\sqrt{1-y^2}=0$ 即 $y=\pm 1$ 也是原方程的两个特解，但这样的特解一般不包含在通解中，所以方程的通解与全部解是两个不同的概念。另外，当通解为隐函数形式时，也称为通积分。

例 2 求解微分方程 $(x-1)\mathrm{d}y+(y+1)\mathrm{d}x=0$。

解 先分离变量，然后两边分别积分

$$\int\frac{1}{y+1}\mathrm{d}y=-\int\frac{1}{x-1}\mathrm{d}x,$$

得

$$\ln|y+1|=-\ln|x-1|+C_1,$$

经恒等变形及整理后有 $(x-1)(y+1)=\pm\mathrm{e}^{C_1}$，$\pm\mathrm{e}^{C_1}$ 可用任意常数 C 表示，即 $(x-1)(y+1)=C$ 或 $y=\dfrac{C}{x-1}-1$ 是为通解。从整理过程可以看出，如果在积分时就取任意常数为 $\ln C$，且在对数函数中不取绝对值，即

$$\ln(y+1)=-\ln(x-1)+\ln C,$$

那么可以简化整理过程，很快得到通解：

$$y=\frac{C}{x-1}-1.$$

有一些方程，自身并非可分离变量方程，但通过作未知函数的变量代换可以转化为可分离变量方程。

例 3 求解微分方程 $y'=\dfrac{2xy}{x^2+y^2}$。

解 将右端函数变形为 $y'=\dfrac{2\dfrac{y}{x}}{1+\left(\dfrac{y}{x}\right)^2}$，引进新的函数 $u(x)=\dfrac{y}{x}$，即 $y=x\cdot u$，等式两边对 x 求导，得 $y'=u+x\cdot u'$，代入原方程便有

$$x\cdot u'=\frac{2u}{1+u^2}-u=\frac{u-u^3}{1+u^2}.$$

对新的未知函数 $u(x)$ 来说，这是一个可分离变量方程，用分离变量法求得通积分：

$$\int\frac{1+u^2}{u-u^3}\mathrm{d}u=\int\frac{\mathrm{d}x}{x},$$

$$\int\left(\frac{1}{u}+\frac{2u}{1-u^2}\right)\mathrm{d}u=\int\frac{\mathrm{d}x}{x},$$

$$\ln u-\ln(1-u^2)=\ln x+\ln C,$$

$$\frac{u}{1-u^2}=Cx.$$

再将 $u=\dfrac{y}{x}$ 代回，整理即得原方程通积分 $y=C(x^2-y^2)$。

将上例推广，形如 $y'=f\left(\dfrac{y}{x}\right)$ 的方程称为一阶齐次微分方程，都可以通过上述变量代换化为新的未知函数变量方程 $xu'=f(u)-u$，从而进行求解。

4.2.2　一阶线性微分方程

一阶线性微分方程的标准形式为

$$y'+P(x)y=Q(x) \tag{4.3}$$

式中 $P(x)$ 与 $Q(x)$ 是两个已知的连续函数。令 $Q(x)\equiv 0$，则

$$y'+P(x)y=0 \tag{4.4}$$

为与式(4.3)对应的一阶线性齐次方程。此时(4.3)式也称为与(4.4)式对应的非齐次方程。

1)　一阶线性齐次方程的解法

(4.4)式实际上是一个可分离变量方程，先分离变量

$$\frac{1}{y}\mathrm{d}y=-P(x)\mathrm{d}x$$

再两边积分，得

$$Y(x)=Ce^{-\int P(x)\mathrm{d}x} \tag{4.5}$$

例 4　求微分方程 $y'-y\cos x=0$ 的通解。

解　先分离变量，再两边分别积分

$$\int\frac{\mathrm{d}y}{y}=\int\cos x\mathrm{d}x,$$

$$\ln y=\sin x+\ln C,$$

得到通解 $y=Ce^{\sin x}$。

2)　一阶线性非齐次方程的解法

非齐次方程(4.3)式与齐次方程(4.4)式有着对应关系，可以设想(4.3)式的解与(4.4)式的解之间应该有着某种联系。为了揭示这种联系，我们介绍(4.3)式的一种解法——常数变易法。

第一步　先求解对应的线性齐次方程(4.4)式，得通解(4.5)式；

第二步　将(4.5)式中的任意常数 C 改为待定函数 $C(x)$，即用 $y=C(x)e^{-\int P(x)\mathrm{d}x}$ 表示(4.3)式的形式解，通过把这个形式解代入(4.3)式来确定 $C(x)$：

$$C'(x)e^{-\int P(x)\mathrm{d}x}+C(x)e^{-\int P(x)\mathrm{d}x}(-P(x))+P(x)C(x)e^{-\int P(x)\mathrm{d}x}=Q(x),$$

所以

$$C(x)=\int Q(x)e^{\int P(x)dx}dx+C.$$

将 $C(x)$ 的表达式代回形式解，得到(4.3)式的求解公式：

$$y=Ce^{-\int P(x)dx}+e^{-\int P(x)dx}\int Q(x)e^{\int P(x)dx}dx \tag{4.6}$$

由上式可以看出，一阶线性非齐次方程(4.3)式的通解由两部分之和组成：第一部分是对应齐次方程(4.4)式的通解；第二部分是(4.3)式自身的一个特解(当 $C=0$ 时)，这是一阶线性非齐次方程通解的结构。

还需要指出的是，求解非齐次方程(4.4)式时，读者不必去背公式(4.6)，应该用常数变易法。

例 5　求微分方程 $y'-y\cos x=\sin 2x$ 的通解。

解　由例 4 知，对应齐次方程的通解为：$Y(x)=Ce^{\sin x}$。

下面用常数变易法求非齐次方程的通解，令 $y=C(x)e^{\sin x}$，代入原方程：

$$C'(x)e^{\sin x}+C(x)e^{\sin x}\cos x-C(x)e^{\sin x}\cos x=\sin 2x,$$

$$C'(x)=\sin 2x\cdot e^{-\sin x}.$$

于是

$$C(x)=\int\sin 2x\cdot e^{-\sin x}dx+C=-2\int\sin x de^{-\sin x}+C=-2(1+\sin x)e^{-\sin x}+C,$$

代回形式解，得到原方程的通解为 $y=Ce^{\sin x}-2(1+\sin x)$.

例 6　求微分方程 $y'=\dfrac{1}{2x-y^2}$ 的通解。

解　这个方程本身(以 y 为未知函数)不是一阶线性方程，但是如果把 x 看作未知函数，把 y 看作自变量，则得到

$$\frac{dx}{dy}=2x-y^2 \tag{4.7}$$

这是以 x 为未知函数的一阶线性方程。

对应齐次方程 $\dfrac{dx}{dy}-2x=0$ 的通解为 $X(y)=Ce^{2y}$。

下面用常数变易法求非齐次方程的通解：

令　$x=C(y)e^{2y}$，代入方程(4.7)得

$$C'(y)e^{2y}+C(y)e^{2y}2-2C(y)e^{2y}=-y^2,$$

于是

$$C(y)=-\int y^2e^{2y}dy+C=\left(\frac{1}{2}y^2+\frac{1}{2}y+\frac{1}{4}\right)e^{-2y}+C,$$

最后得到

$$x=Ce^{2y}+\left(\frac{1}{2}y^2+\frac{1}{2}y+\frac{1}{4}\right).$$

上述解也是原方程的通解，只是以反函数的形式表示而已，常称为通积分。

例 7 求微分方程 $y' - y\tan x + y^2\cos x = 0$ 的通解。

解 这个方程也不是一阶线性方程，但容易看出方程两边同乘以 y^{-2} 后，得到

$$y^{-2}y' - y^{-1}\tan x = -\cos x,$$

再作变量代换 $u = y^{-1}$，方程变形为

$$u' + u\tan x = \cos x,$$

这是关于未知函数 u 的一阶线性方程。本题的解法请读者自己完成，答案为

$$y(x + C) = \sec x。$$

上述方法可以推广到形如 $y' + P(x)y = Q(x)y^n \quad (n \neq 0,1)$ 的方程（称为贝努利方程）中去，只需作变量代换 $u = y^{1-n}$。

由例6及例7知，有一些一阶微分方程本身不是一阶线性方程，但经过适当的变量代换，也可以转化为一阶线性方程来求解。

4.2.3 可降阶的二阶微分方程

有些二阶微分方程可以降阶为一阶微分方程，以下举两个常见类型。

1) $y'' = f(x,y')$ 型

这类微分方程的特点是不显含未知函数 y，可以作变量代换 $y' = z$，将 z 看作新的 x 的未知函数，这时方程变形为 $z' = f(x,z)$。如果这个一阶方程可解，则问题解决了。

例 8 求二阶微分方程 $y'' = \dfrac{1}{1-x}y' + \dfrac{1}{1-x}$ 的通解。

解 令 $y' = z$，得到 $z' = \dfrac{1}{1-x}z + \dfrac{1}{1-x} = \dfrac{z+1}{1-x}$，这是例 2 中的方程。由例 2 知 $z = \dfrac{C_1}{x-1} - 1$，将 $y' = z$ 代回，得 $y' = \dfrac{C_1}{x-1} - 1$，再积分一次，得原方程通解：

$$y = C_1\ln|x-1| - x + C_2.$$

如果这类方程中还不显含 y'，变为 $y'' = f(x)$，那么只要积分两次便得通解：

$$y' = \int f(x)\,dx + C_1;$$

$$y = \int\left(\int f(x)\,dx\right)dx + C_1x + C_2.$$

2) $y'' = f(y,y')$ 型

这类微分方程的特点是不显含自变量 x，此时的变量代换要复杂一些，先将 y 看作新的自变量，再令 $y' = z$ 看作新的未知函数。此时 $y'' = \dfrac{d}{dx}y' = \dfrac{d}{dx}z = \dfrac{dz}{dy}\dfrac{dy}{dx} = z\dfrac{dz}{dy}$，原方程变形为 $z\dfrac{dz}{dy} = f(y,z)$。这是以 y 为自变量，以 z 为未知函数的一阶微分方程。

例 9 求解初值问题$\begin{cases} y''y^3 = 1 \\ y(0) = 1 \quad y'(0) = 0。\end{cases}$

解 将 y 看作自变量、$y' = z$ 看作未知函数,方程转化为

$$z\frac{dz}{dy} = \frac{1}{y^3},$$

这是可分离变量方程。由$\int z dz = \int y^{-3} dy$ 解得$\frac{1}{2}z^2 = \frac{-1}{2}y^{-2} + C_1$。代回初始条件,知 $x = 0$ 时 $y' = z = 0, y = 1$,故有 $C_1 = \frac{1}{2}$ 方程化简为

$$z^2 = 1 - y^{-2} \text{ 或 } z = \pm \frac{1}{y}\sqrt{y^2 - 1},$$

将 $y' = z$ 代回,得到$\frac{dy}{dx} = \pm \frac{1}{y}\sqrt{y^2 - 1}$,这又是一个可分离变量方程,经积分得到

$$\sqrt{y^2 - 1} = \pm x + C_2,$$

再由初始条件 $x = 0$ 时 $y = 1$ 得 $C_2 = 0$,最后得到初值问题的特解为

$$y^2 - x^2 = 1.$$

需指出的是 $y'' = f(x, y)$ 类型的方程,即方程中不显含 y' 时,一般是无法降为一阶方程的,所以能用降阶方法降为一阶方程的二阶方程仅是很少一部分。

习　题　4.2

4. 求下列方程的通解或通积分:

(1) $x^2y' = (x - 1)y$;　　(2) $y' = e^{x-y}$;

(3) $y' = \frac{x(1 + y^2)}{y(1 + x^2)}$;　　(4) $2x\sqrt{1 - y^2}dx + ydy = 0$;

(5) $\cot y dy - \tan x dx = 0$.

5. 求下列初值问题的特解:

(1) $y'\sin^2 x = y\ln y, y\left(\frac{\pi}{4}\right) = e$;

(2) $\sin y \cos x dy = \cos y \sin x dx, y(0) = \frac{\pi}{4}$.

6. 求下列方程的通解或通积分:

(1) $y' = e^{-\frac{y}{x}} + \frac{y}{x}$;　　(2) $xy' + y = 2\sqrt{xy}$;

(3) $xyy' - x^2y' = y^2$;　　(4) $y' + \frac{1}{y - x} = 1$ (令 $y - x = u$);

(5) $(y^4 - 3x^2)\mathrm{d}y + xy\mathrm{d}x = 0$ （令 $y^2 = u$）.

7. 求解积分方程 $y(x) = \cos x + \int_0^x \sin t \cdot y(t)\mathrm{d}t$（提示：方程两边对 x 求导，初始条件为 $y(0) = 1$）。

8. 求下列方程的通解或通积分：

(1) $y' + 2xy = xe^{-x^2}$；　(2) $(x^2 - 1)y' - xy + 1 = 0$；

(3) $y'\cos x + y\sin x = 1$；　(4) $y'(\arctan y - x) = 1 + y^2$；

(5) $(x - 2xy - y^2)y' + y^2 = 0$；　(6) $y' = \dfrac{1}{x\cos y + \sin 2y}$.

9. 求下列初值问题的解：

(1) $y' - y = e^x$, $y(0) = 1$；　(2) $y' + \dfrac{y}{x} = \dfrac{\sin x}{x}$, $y(\pi) = 1$；

(3) $y' + \dfrac{3}{x}y = \dfrac{2}{x^3}$, $y(1) = 1$；　(4) $y' - y\tan x = \sec x$, $y(0) = 0$.

10. 求下列方程的通解或通积分：

(1) $y' + xy = x^3y^3$；　(2) $y'\cos x - y\sin x - y^4 = 0$；

(3) $y' + \dfrac{1}{x+1}y + y^2 = 0$.

11. 求已给方程的通解：

(1) $x = y'' + 1$；　(2) $y'' = \dfrac{1}{x^2 + 1}$；

(3) $x^2y'' = y'^2$；　(4) $y'' = -(1 + y'^2)^{\frac{3}{2}}$；

(5) $y''(1 + e^x) + y' = 0$；　(6) $y''y^3 = 1$.

12. 求初值问题的特解：

$$y'' = \frac{1}{2}\sqrt{1 + y'^2},\quad y(0) = 2\quad y'(0) = 0.$$

13. 求 $\begin{cases} y'' - 3y' + 2y = 1 \\ y(0) = \dfrac{3}{2},\quad y'(0) = 1 \end{cases}$ 的特解。

4.3 常系数线性微分方程

4.3.1 线性微分方程解的结构

n 阶线性微分方程的一般形式为

$$y^{(n)}+p_1(x)y^{(n-1)}+\cdots+p_{n-1}(x)y'+p_n(x)y=f(x) \tag{4.8}$$

其中 $p_1(x),p_2(x),\cdots,p_n(x)$ 及 $f(x)$ 都是在某个区间上的已知连续函数，$f(x)$ 称为自由项. 这时

$$y^{(n)}+p_1(x)y^{(n-1)}+\cdots+p_{n-1}(x)y'+p_n(x)y=0 \tag{4.9}$$

称为与(4.8)式对应的线性齐次方程，而(4.8)式称为与(4.9)式对应的非齐次方程。

由于线性微分方程的解具有相同的结构和类似的解法，今后我们着重讨论二阶线性非齐次方程：

$$y''+p(x)y'+q(x)y=f(x) \tag{4.10}$$

及对应的线性齐次方程

$$y''+p(x)y'+q(x)y=0 \tag{4.11}$$

关于二阶线性微分方程的解，容易证明具有下列性质：

1. 若 $y_1(x),y_2(x)$ 都是方程(4.11)的解，则 $C_1y_1(x)+C_2y_2(x)$ 也是(4.11)的解，其中 C_1,C_2 是任意常数；

2. 若 $y_1^*(x)$，$y_2^*(x)$ 都是方程(4.10)的解，则 $y_1^*(x)-y_2^*(x)$ 是(4.11)的解。

3. 若 $Y(x)$ 是(4.11)的解，$y^*(x)$ 是(4.10)的解，则 $Y(x)+y^*(x)$ 也是(4.10)的解。

4. 若 $y''+p_1(x)y'+p_2(x)y=f_1(x)$ 有解 $y_1^*(x)$；$y''+p_1(x)y'+p_2(x)y=f_2(x)$ 有解 $y_2^*(x)$，则方程 $y''+p_1(x)y'+p_2(x)y=f_1(x)+f_2(x)$ 有解 $y_1^*(x)+y_2^*(x)$。

这4条性质的证明作为习题留给读者。从证明中可以看到，这4条性质实际上对方程(4.8)与(4.9)也是对应成立的，即 n 阶线性方程也有同样的性质。

关于性质3，我们在一阶线性方程中已经提到，现在知道这是任何阶线性方程共有的性质。

关于 n 阶线性齐次方程式(4.9)的通解概念，由于涉及到 n 个函数线性无关的概念，我们在这里不作介绍。但对于两个函数 $y_1(x)$ 及 $y_2(x)$，若 $\dfrac{y_1(x)}{y_2(x)}\neq$ 常数，则称 $y_1(x)$ 与 $y_2(x)$ 线性无关；否则就线性相关。例如 e^x 与 e^{2x}、e^x 与 xe^x、$e^x\cos x$ 与 $e^x\sin x$ 都线性无关；$\sin 2x$ 与 $\sin x\cos x$ 线性相关。有了线性无关的概念之后，就可以建立下列线性微分方程通解结构的定理。

定理1　若 $y_1(x)$ 与 $y_2(x)$ 是方程(4.11)的两个线性无关的解，则

$$Y(x)=C_1y_1(x)+C_2y_2(x)$$

是方程(4.11)的通解，其中 C_1,C_2 是两个任意常数。

定理2　若 $Y(x)$ 是方程(4.11)的通解，$y^*(x)$ 是方程(4.10)的任意一个特解，则

$$Y(x)+y^*(x)$$

是方程(4.10)的通解。

证明从略。由上述定理知,方程(4.10)与式(4.11)通解的表达式并不是惟一的。

4.3.2 二阶常系数线性齐次微分方程

在方程(4.11)中,如果 $p(x)$ 和 $q(x)$ 都是常数,即方程成为

$$y'' + py' + qy = 0 \tag{4.12}$$

称为二阶常系数线性齐次微分方程,其中 p 与 q 均为常数。

不难验证,这个方程具有形如 e^{rx} 的解(r 为待定系数)。将这个形式解代入方程,得 $e^{rx}(r^2 + pr + q) = 0$,因为 $e^{rx} \neq 0$,所以,当 r 满足 $r^2 + pr + q = 0$ 时 e^{rx} 即为(4.12)的解。

定义 称 $r^2 + pr + q = 0$ 为方程(4.12)的特征方程,由此解出的两个根 r_1 与 r_2 称为特征根。

下面讨论由特征根的不同情况如何构成方程(4.12)的通解:

1)当 $\Delta = p^2 - 4q > 0$ 时,特征方程有相异实根 r_1 与 r_2。这时 e^{r_1x} 与 e^{r_2x} 都是方程(4.12)的解且线性无关,故方程(4.12)的通解为 $Y(x) = C_1e^{r_1x} + C_2e^{r_2x}$。

2)当 $\Delta = p^2 - 4q = 0$ 时,特征方程有重根 $r = \frac{-p}{2}$。这时 e^{rx} 为方程(4.12)的解,且容易验证 xe^{rx} 也是方程(4.12)的解。显然,这两个解是线性无关的,故方程(4.12)的通解为 $Y(x) = e^{rx}(C_1 + C_2x)$。

3)当 $\Delta = p^2 - 4q < 0$ 时,特征方程有一对共轭复根①,记为 $\alpha \pm i\beta$,这时方程(4.12)有两个解 $e^{(\alpha \pm i\beta)x}$。我们不希望出现复数解。由欧拉(Euler)公式

$$e^{i\theta} = \cos\theta + i\sin\theta$$

可知,上述两个解可以写成 $e^{\alpha x}(\cos\beta x \pm i\sin\beta x)$,容易验证它们的实部 $e^{\alpha x}\cos\beta x$ 与虚部 $e^{\alpha x}\sin\beta x$ 都是方程(4.12)的解且线性无关,从而方程(4.12)的通解为

$$Y(x) = e^{\alpha x}(C_1\cos\beta x + C_2\sin\beta x).$$

我们把判断情况与通解形式列于表4-1。

表4-1

$\Delta = p^2 - 4q$	特征根	方程(4.12)的通解 $Y(x)$
$\Delta > 0$	r_1 与 r_2	$Y(x) = C_1e^{r_1x} + C_2e^{r_2x}$
$\Delta = 0$	r	$Y(x) = e^{rx}(C_1 + C_2x)$
$\Delta < 0$	$\alpha \pm i\beta$	$Y(x) = e^{\alpha x}(C_1\cos\beta x + C_2\sin\beta x)$

例10 求方程 $y'' - 3y' + 2y = 0$ 的通解。

解 特征方程为 $r^2 - 3r + 2 = 0$,特征根为 $r_1 = 1, r_2 = 2$,所以方程通解为 $Y(x) =$

① 关于复数,请参阅本书附录二。

$C_1e^x+C_2e^{2x}$。

例 11 求方程 $y''+4y'+13y=0$ 的通解。

解 特征方程为 $r^2+4r+13=0$,特征根为 $-2\pm 3i$,所以方程的通解为

$$Y(x)=e^{-2x}(C_1\cos 3x+C_2\sin 3x).$$

例 12 求方程 $y''+4y'=0$ 的通解。

解 特征方程为 $r^2+4r=0$,特征根为 $r_1=0, r_2=-4$,所以方程的通解为 $Y(x)=C_1+C_2e^{-4x}$.

例 13 求方程 $y''-3y+2=0$ 的通解。

注意:如果误认为特征方程为 $r^2-3r+2=0$,就会产生错误结果。因为这个方程是二阶常系数线性非齐次方程,不是齐次方程,其解法在下一段介绍。当然也可以用上节降阶的方法求解,但比较繁。

4.3.3 二阶常系数线性非齐次方程

形如

$$y''+py'+qy=f(x) \tag{4.13}$$

的方程称为二阶常系数线性非齐次方程,与它对应的线性齐次方程为上节的方程式(4.12)。

我们在4.3.1节中已经介绍过方程(4.13)的通解结构,所以求解方程(4.13)的关键在于求出方程(4.13)自身的一个特解,以下对自由项 $f(x)$ 的不同情况,介绍求特解的待定系数法。

1) $f(x)=P_n(x)$,其中 $P_n(x)$ 为 x 的 n 次多项式。

这时不难验证方程式(4.13)有特解形式

$$y^*(x)=x^kQ_n(x)。$$

这里 $Q_n(x)$ 是与自由项 $P_n(x)$ 同次的多项式,系数待定;当 $r=0$ 为对应齐次方程的 k 重特征根时,k 取相对应的值($k=0,1,2$)。

例 14 求方程 $y''-3y'+2y=x^2+1$ 的一个特解。

解 方程的自由项是二次多项式,对应齐次方程的特征根都不为0,由1)的规定,应设

$$y^*(x)=x^0(Ax^2+Bx+C)=Ax^2+Bx+C,$$

代入原方程,决定系数 A,B,C:

$$(Ax^2+Bx+C)''-3(Ax^2+Bx+C)'+2(Ax^2+Bx+C)=x^2+1,$$

$$2A-3(2Ax+B)+2(Ax^2+Bx+C)=x^2+1,$$

化简后比较等式两边各相应项的系数,得到方程组

$$\begin{cases}2A=1\\2B-6A=0\\2C-3B+2A=1\end{cases}$$

解得

$$A=\frac{1}{2},\quad B=\frac{3}{2},\quad C=\frac{9}{4},$$

所以 $y^*(x)=\frac{1}{2}x^2+\frac{3}{2}x+\frac{9}{4}$ 是该方程的一个特解。

例 15 求方程 $y''-3y'=x^2+1$ 的一个特解。

解 对应齐次方程的特征根为 0 与 3,其中 0 为单根,由 1) 的规定,应设

$$y^*(x)=x^1(Ax^2+Bx+C)=Ax^3+Bx^2+Cx,$$

代入原方程决定系数 A,B,C,可得

$$\begin{cases}-9A=1\\6B-6A=0\\-3C+2B=1\end{cases}$$

解得

$$A=\frac{-1}{9},\quad B=\frac{-1}{9},\quad C=\frac{-11}{27},$$

所以 $y^*(x)=-\frac{1}{9}x^3-\frac{1}{9}x^2-\frac{11}{27}x$ 是该方程的一个特解。

2) $f(x)=Ae^{ax}$,其中 A 与 a 均为常数。

这时不难验证方程(4.13)有特解形式 $y^*(x)=Bx^ke^{ax}$,其中 B 为待定常数,当 a 是对应齐次方程的 k 重特征根时,k 取相对应的值($k=0,1,2$)。

例 16 求方程 $y''+y'+y=2e^{2x}$ 的一个特解。

解 对应齐次方程的特征方程为 $r^2+r+1=0$,2 不是特征根,由 2) 的规定,应设

$$y^*(x)=Bx^0e^{2x}=Be^{2x},$$

代入原方程决定系数 $B=\frac{3}{7}$,所以 $y^*(x)=\frac{3}{7}e^{2x}$。

例 17 求微分方程初值问题 $\begin{cases}y''-2y'+y=2e^x\\y(0)=3,y'(0)=0\end{cases}$ 的特解。

解 第一步 对应齐次方程的特征方程为 $r^2-2r+1=0$, $r=1$ 为其二重根,故对应齐次方程的通解为 $Y(x)=C_1e^x+C_2xe^x$;

第二步 $r=1$ 为其二重根,由 2) 的规定,应设 $y^*(x)=Bx^2e^x$,代入原方程决定系数,经计算得到 $B=1$,所以 $y^*(x)=x^2e^x$;

第三步 通解为 $y(x)=C_1e^x+C_2xe^x+x^2e^x$;

第四步 将初始条件 $y(0)=3$ 代入通解,可求得 $C_1=3$,于是通解成为

$$y(x)=3e^x+C_2xe^x+x^2e^x,$$

将上式求导后代入初始条件 $y'(0)=1$,可求得 $C_2=-2$,故初值问题的特解为:

$$y(x) = 3e^x - 2xe^x + x^2e^x.$$

3) $f(x) = e^{\alpha x}(A\cos\beta x + B\sin\beta x)$。

同样可以验证方程(4.13)有特解形式 $y^*(x) = x^k e^{\alpha x}(C\cos\beta x + D\sin\beta x)$，其中 C，D 是待定常数，当 $\alpha \pm i\beta$ 不是或是对应齐次方程的特征根时，k 分别取 0 或 1。

例 18 求方程 $y'' - 3y' + 2y = e^x\cos 2x$ 的一个特解。

解 对应齐次方程的特征方程为 $r^2 - 3r + 2 = 0$，所以 $1 \pm 2i$ 不是特征根，由 3) 的规定，应设

$$y^*(x) = x^0 e^x(C\cos 2x + D\sin 2x),$$

代入原方程，决定 C 与 D，得到方程组

$$\begin{cases} -2D - 4C = 1 \\ -4D + 2C = 0 \end{cases}$$

解得 $C = -\dfrac{1}{5}$，$D = -\dfrac{1}{10}$，所以特解为

$$y^*(x) = e^x\left(-\frac{1}{5}\cos 2x - \frac{1}{10}\sin 2x\right).$$

例 19 求方程 $y'' + 4y = \cos 2x$ 的一个特解。

解 对应齐次方程的特征方程为 $r^2 + 4 = 0$，特征根为 $0 \pm 2i$，由 3) 的规定，应设

$$y^*(x) = x^1 e^{0x}(C\cos 2x + D\sin 2x) = x(C\cos 2x + D\sin 2x),$$

代入该方程，决定 C 与 D，经计算得到 $C = 0, D = \dfrac{1}{4}$，所以特解为

$$y^*(x) = \frac{1}{4}x\sin 2x.$$

我们把求常系数线性非齐次方程(4.13)的特解的待定系数法归纳列于下表。

表 4-2

$f(x)$(已知)	特征根	特解 $y^*(x)$形式	待定系数
$P_n(x)$	0 不是特征根	$Q_n(x)$	n 次多项式
	0 是特征根且单根	$xQ_n(x)$	$Q_n(x)$
	0 是特征根且重根	$x^2Q_n(x)$	中各个系数
Ae^{ax}	a 不是特征根	Be^{ax}	B
	a 是特征根且单根	Bxe^{ax}	
	a 是特征根且重根	Bx^2e^{ax}	
$e^{\alpha x}(A\cos\beta x + B\sin\beta x)$	$\alpha \pm i\beta$ 不是特征根	$e^{\alpha x}(C\cos\beta x + D\sin\beta x)$	C 与 D
	$\alpha \pm i\beta$ 是特征根	$xe^{\alpha x}(C\cos\beta x + D\sin\beta x)$	

最后，介绍两个综合例子作为本段的结束。

例 20 求 $y''-3y'+2y=e^x\cos2x+x^2+1$ 的通解。

解 第一步 先求对应齐次方程 $y''-3y'+2y=0$ 的通解，由例 10 知：

$$Y(x)=C_1e^x+C_2e^{2x}.$$

第二步 求 $y''-3y'+2y=e^x\cos2x$ 的一个特解，由例 18 知：

$$y_1^*(x)=e^x\left(-\frac{1}{5}\cos2x-\frac{1}{10}\sin2x\right);$$

第三步 求 $y''-3y'+2y=x^2+1$ 的一个特解，由例 14 知：

$$y_2^*(x)=\frac{1}{2}x^2+\frac{3}{2}x+\frac{9}{4};$$

第四步 由 4.3.1 节线性微分方程解的性质 4 知：$y_1^*(x)+y_2^*(x)$ 是原方程的一个特解。

第五步 由 4.3.1 节线性微分方程解的性质 3° 知：$Y(x)+y_1^*(x)+y_2^*(x)$ 是原方程的通解。

例 21 求方程 $y'''-4y''+5y'-2y=e^x$ 的通解。

解 这是一个三阶线性方程，但解法完全是二阶线性方程的推广。对应齐次方程的特征方程为

$$(r^3-4r^2+5r-2)=(r-1)^2(r-2)=0,$$

特征根为 1,1,2，所以齐次方程的通解为

$$Y(x)=C_1e^x+C_2xe^x+C_3e^{2x};$$

非齐次方程的一个特解应设为 $y^*(x)=Bx^2e^x$，将这个形式解代入原方程，经计算后可得 $B=-\frac{1}{2}$，故原方程的通解为

$$y(x)=C_1e^x+C_2xe^x+C_3e^{2x}-\frac{1}{2}x^2e^x.$$

*4.3.4 常系数线性差分方程

随着计算机科学的迅猛发展与广泛应用，对离散量的研究变得日益重要。如果说微分方程是求解连续变量函数的重要工具，那么差分方程则是求解离散变量函数的重要工具，但它们的解法却是一脉相承的。

考虑定义在自然数集 N 上的离散变量函数 $y=y(k)\quad(k\in N)$，记

$$\Delta y(k)=y(k+1)-y(k),$$

称为一阶差分。记

$$\begin{aligned}\Delta^2y(k)&=\Delta(\Delta y(k))=\Delta(y(k+1)-y(k))=\\&(y(k+2)-y(k+1))-(y(k+1)-y(k))=\\&y(k+2)-2y(k+1)+y(k),\end{aligned}$$

称为二阶差分。依此类推,可以确定更高阶的差分。

定义 一个方程中如果含有未知函数的差分,则称为差分方程。如果差分方程关于未知函数及其各阶差分均为一次且不出现它们的乘积项,则称为线性差分方程。

在线性差分方程中,如果各阶差分前的系数均为常数,则称为常系数线性差分方程。例如

$$\Delta^2 y(k) + P(k)\Delta y(k) + Q(k)y(k) = f(k)$$

(其中 $P(k)$, $Q(k)$, $f(k)$ 均为已知的离散变量函数)称为二阶线性差分方程。这时我们常说这个差分方程反映的离散系统是一个线性时变系统。当 $P(k)$ 与 $Q(k)$ 分别取常数 a 与 b,即

$$\Delta^2 y(k) + a\Delta y(k) + by(k) = f(k),$$

则称为线性非时变系统或线性定常系统。

对于差分方程,我们经常把它们的差分表达式代入方程,整理成另一个形式:

$$\begin{aligned}\Delta^2 y(k) + a\Delta y(k) + by(k) = &(y(k+2) - 2y(k+1) + y(k)) + \\ &a(y(k+1) - y(k)) + by(k) = \\ &y(k+2) + (a-2)y(k+1) + \\ &(1-a+b)y(k) = f(k).\end{aligned}$$

我们把上式记为

$$y(k+2) + py(k+1) + qy(k) = f(k) \tag{4.14}$$

称为二阶常系数线性非齐次差分方程。而把

$$y(k+2) + py(k+1) + qy(k) = 0 \tag{4.15}$$

称为与方程(4.14)对应的齐次差分方程。

齐次差分方程(4.15)的解法与齐次微分方程(4.12)的解法完全类同,令 $y(k) = r^k$ 代入差分方程(4.15),得 $r^k(r^2 + pr + q) = 0$。同样,我们称$(r^2 + pr + q) = 0$为特征方程,其根称为特征根。余下的解法步骤与微分方程(4.12)基本一致,现举例说明。

例 22 求差分方程 $y(k+2) + 3y(k+1) + 2y(k) = 0$ 的通解。

解 特征方程为 $r^2 + 3r + 2 = 0$,特征根为 $r_1 = -1$ 及 $r_2 = -2$,所以差分方程的通解为

$$Y(k) = C_1(-1)^k + C_2(-2)^k.$$

例 23 求差分方程 $y(k+2) + 4y(k+1) + 4y(k) = 0$ 的通解。

解 特征方程为 $r^2 + 4r + 4 = 0$,特征根为 $r = -2$ 是重根,此时方程通解为

$$Y(k) = C_1(-2)^k + C_2 k(-2)^k.$$

例 24 求差分方程 $y(k+2) + 4y(k+1) + 5y(k) = 0$ 的通解。

解 特征方程为 $r^2 + 4r + 5 = 0$,特征根为 $-2 \pm i$。这时,两个特解应为$(-2+i)^k$ 及$(-2-i)^k$,是复数形式。但因为 $-2 \pm i = \sqrt{5}\mathrm{e}^{\pm i\varphi}$,其中 $\varphi = \pi - \arctan\dfrac{1}{2}$,所以

$(-2\pm i)^k=\sqrt{5}^k e^{ik\varphi}=\sqrt{5}^k(\cos k\varphi\pm i\sin k\varphi)$。

根据线性齐次方程的线性性质，其实部、虚部均为解，所以$\sqrt{5}^k\cos k\varphi$ 及$\sqrt{5}^k\sin k\varphi$ 都是所求方程的解。从而通解为

$$Y(k)=C_1\sqrt{5}^k\cos k\varphi+C_2\sqrt{5}^k\sin k\varphi,$$

其中 $\varphi=\pi-\arctan\frac{1}{2}$。

我们把判断情况与通解形式列于表 4－3。

表 4－3

$\Delta=p^2-4q$	特征根	方程(4.15)的通解 $Y(k)$
$\Delta>0$	r_1 与 r_2	$C_1r_1^k+C_2r_2^k$
$\Delta=0$	r	$r^k(C_1+C_2k)$
$\Delta<0$	$\alpha\pm i\beta$	$\sqrt{\alpha^2+\beta^2}^k(C_1\cos k\varphi+C_2\sin k\varphi)$ $\tan\varphi=\frac{\beta}{\alpha}$

关于线性非齐次方程(4.14)的特解求法，类似地也可以用待定系数法。我们仅举一例说明，有兴趣的读者可参阅有关差分方程的参考书。

例 25 求差分方程 $y(k+2)-3y(k+1)+2y(k)=2^k$ 的通解。

解 特征方程为 $r^2-3r+2=0$，特征根为 1 及 2，对应齐次方程的通解为 $Y(k)=C_11^k+C_22^k$。因为自由项 $f(k)=2^k$ 与一个特解相同，所以原方程特解应设为 $y^*(k)=Bk2^k$，代入原方程，经计算得 $B=\frac{1}{2}$。所以，原方程通解为

$$y(k)=C_1+C_22^k+\frac{1}{2}k2^k.$$

下面介绍一个一阶常系数线性差分方程解法的例子，其解法也是与微分方程平行的。这个例子的实际背景为房贷模型，见本章例 32。

例 26 求一阶差分方程初值问题的特解：

$$\begin{cases}y(k+1)-(1+\lambda)y(k)=-x\\ y(0)=y_0\end{cases};\text{其中 }\lambda,x,y_0\text{ 均为常数},\lambda\neq 0。$$

解 第一步 求 $y(k+1)-(1+\lambda)y(k)=0$ 的通解。其特征方程为 $r-(1+\lambda)=0$，由此得 $r=1+\lambda$，从而通解为 $Y(k)=C(1+\lambda)^k$；

第二步 求对应非齐次方程的特解，也可类似于二阶方程，用待定系数法。方程的非齐次项可理解为 $-x\cdot 1^k$，故 $y^*(k)=A\cdot 1^k=A$，代入方程得 $A-(1+\lambda)A=-x$，解得 $A=\frac{x}{\lambda}$。

第三步　由通解结构写出通解：$y(k)=C(1+\lambda)^k+\dfrac{x}{\lambda}$，$C$ 为任意常数。

第四步　由初始条件：$C(1+\lambda)^0+\dfrac{x}{\lambda}=y_0$ 得 $C=y_0-\dfrac{x}{\lambda}$，初值问题特解为

$$y(k)=y_0(1+\lambda)^k-\frac{x}{\lambda}[(1+\lambda)^k-1]$$

若取 $y_0=20$ 万元，$\lambda=0.0045$，$k=300$（个月），$y(300)=0$，可算得 $x=1216.26$ 元。

最后，再作两点说明：

（1）上述差分方程中，我们采用的步长为 1，其实步长可以采用任何 T 值（$T>0$），这时 函数记为 $y(kT)$，其余一样讨论。

（2）正像常系数线性微分方程的初值问题可以用拉普拉斯变换求解一样，常系数线性差分方程的初值问题可以用 Z 变换求解，读者可参阅介绍 Z 变换的参考书。

习　题　4.3

14.　证明 4.3.1 节中所述线性方程解的 4 条性质。

15.　求下列方程的通解或特解：

（1）$3y''-2y'-8y=0$；　（2）$\begin{cases}y''-4y'+3y=0\\y(0)=6,y'(0)=10;\end{cases}$

（3）$\begin{cases}y''-2y'+2y=0\\y(0)=0,y'(0)=1;\end{cases}$　（4）$\begin{cases}y''-2y'+3y=0\\y(0)=1,y'(0)=3.\end{cases}$

16.　求下列方程的通解：

（1）$2y'''-3y''+y'=0$；　（2）$y'''-8y=0$；

（3）$y'''-3y'-2y=0$.

17.　写出下列方程特解的形式，系数不必确定。

（1）$y''-10y'+25y=e^{5x}$；　（2）$4y''-3y'=x$；

（3）$y''-y'-2y=e^x+e^{-2x}$；　（4）$y''+4y'+8y=e^{2x}(\sin2x-\cos2x)$；

（5）$y''+4y=\sin x\sin3x$；　（6）$y''+2y'+2y=e^{-x}(\cos x+1)$；

（7）$y'''-y''+y'-y=x^2+x$；　（8）$y^{(4)}+2y'''+y''=e^{-x}$.

18.　求下列方程通解：

（1）$y''+2y'+y=-2$；　（2）$y''+4y'+4y=8e^{-2x}$；

（3）$7y''-y'=14x$；　（4）$y''+2y'+2y=1+x$；

（5）$y''-2ky'+k^2y=e^x$；　（6）$y''+2y'+5y=e^{-x}\sin2x$.

19.　求解积分方程 $y(x)=e^x-\int_0^x(x-t)y(t)\,dt$。

提示:上式两端分别对 x 求导,转换为微分方程初值问题。

20. 证明若 $y_1^*(x), y_2^*(x), y_3^*(x)$ 是 $y'' + P(x)y' + Q(x)y = f(x)$ 的 3 个特解,且 $\dfrac{y_2^*(x) - y_1^*(x)}{y_3^*(x) - y_1^*(x)} \neq$ 常数,则该方程的任何一个解都可以表示为

$y = k_1 y_1^*(x) + k_2 y_2^*(x) + k_3 y_3^*(x)$;其中 $k_1 + k_2 + k_3 = 0$。

*21. 求下列二阶常系数线性齐次差分方程的初值问题:

(1) $y(k+2) + 3y(k+1) + 2y(k) = 0,\quad y(0) = 1,\quad y(1) = 2$;

(2) $y(k+2) + 4y(k+1) + 4y(k) = 0,\quad y(0) = 1,\quad y(1) = 2$;

(3) $y(k+2) + 4y(k+1) + 5y(k) = 0,\quad y(0) = 1,\quad y(1) = 2.$

*22. 求下列二阶常系数线性非齐次差分方程的通解:

(1) $y(k+2) - 5y(k+1) + 4y(k) = 4^k$;

(2) $y(k+2) + 8y(k+1) + 12y(k) = 21k^2 - k + 44.$

4.4 微分方程在数学建模中的应用

4.4.1 几何应用

利用微分方程求解几何问题的数学建模,主要是利用导数的几何意义,即函数 $y = f(x)$ 的导数 y' 等于函数所表示曲线上点 $(x, f(x))$ 处切线的斜率。

例 27 已知一条曲线通过点(1,3),且曲线上任何一点 (x,y) 处切线介于 x 轴及 $y = x + 1$ 之间的线段正好被切点所平分(见图 4-1),求该曲线的方程。

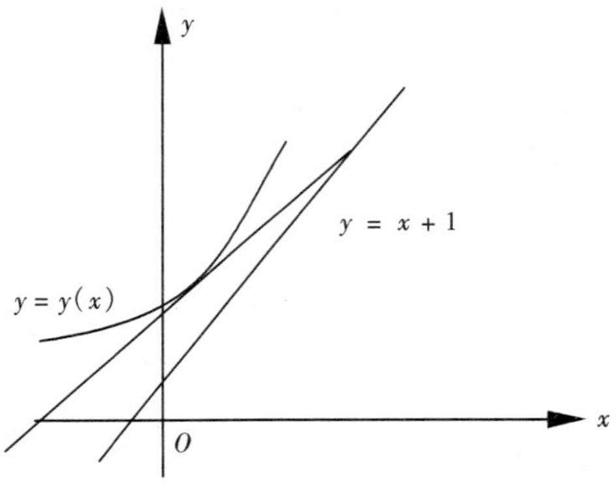

图 4-1

解 设该曲线的表示式为 $y = y(x)$,则过任意点 (x,y) 的切线方程可表示为

$$Y - y = y'(X - x),$$

它与 x 轴的交点为 $\left(\dfrac{xy' - y}{y'}, 0\right)$,它与已知直线 $Y = X + 1$ 的交点为 $\left(\dfrac{xy' - y + 1}{y' - 1}, \dfrac{xy' - y + y'}{y' - 1}\right)$(这里,切线与直线上的流动坐标都用 (X,Y) 表示)。

由已知条件 $0 + \dfrac{xy' - y + y'}{y' - 1} = 2y$,经整理得 $y' = \dfrac{y}{2y - x - 1}$,再变形为初值问题

$$\begin{cases}\dfrac{\mathrm{d}x}{\mathrm{d}y}+\dfrac{1}{y}x=2-\dfrac{1}{y}\\ y(3)=1\end{cases}$$

这是一个一阶线性方程,计算过程由读者作为习题完成,答案是 $y^2-xy-y=3$。

注:本题方程也可由 $\dfrac{xy'-y}{y'}+\dfrac{xy'-y+1}{y'-1}=2x$ 得出,经过整理得到同样的微分方程。

4.4.2 物理应用

微分方程物理应用的范围很广,几乎涉及物理学每个分支,但用得较多的是动力学及电学。在动力学中主要用牛顿(Newton)第二定律,在电路分析中主要用克希霍夫(Kirchhoff)定律。

例 28 从地球表面垂直向上发射一枚质量为 m 的火箭,考虑火箭所受空气阻力可忽略不计的理想状态,设火箭初速为 v_0,求火箭能克服地球引力发射到无穷远去的最小速度。

解 现以地球表面为起点垂直向上引一条 y 轴,由牛顿第二定律及万有引力定律可知,火箭运动的路程函数 $y=y(t)$ 应满足方程 $m\dfrac{\mathrm{d}^2y}{\mathrm{d}t^2}=-k\dfrac{mM}{(R+y)^2}$;初始条件为 $y(0)=0$,$y'(0)=v_0$,其中 M 为地球质量,R 为地球半径。因为在地球表面成立着 $mg=k\dfrac{mM}{R^2}$,所以 $kM=gR^2$ 代入方程并化简得

$$\frac{\mathrm{d}^2y}{\mathrm{d}t^2}=-\frac{gR^2}{(R+y)^2}.$$

这是一个形如 $y''=f(y,y')$ 不显含自变量的二阶微分方程,可降阶为一阶方程。

记 $\dfrac{\mathrm{d}y}{\mathrm{d}t}=v$,则 $\dfrac{\mathrm{d}^2y}{\mathrm{d}t^2}=\dfrac{\mathrm{d}v}{\mathrm{d}t}=\dfrac{\mathrm{d}v}{\mathrm{d}y}\dfrac{\mathrm{d}y}{\mathrm{d}t}=v\dfrac{\mathrm{d}v}{\mathrm{d}y}$,于是方程变形为

$$v\frac{\mathrm{d}v}{\mathrm{d}y}=-\frac{gR^2}{(R+y)^2}.$$

上述方程经分离变量、积分得通解 $\dfrac{1}{2}v^2=gR^2\dfrac{1}{(R+y)}+C$。由初始条件 $t=0$ 时,$y=0$,$v=v_0$ 得 $C=\dfrac{1}{2}v_0^2-gR$;代入化简后有

$$v=\sqrt{v_0^2-2gR\frac{y}{R+y}}.$$

在上式中令 $y\to\infty$ 时 $v\to 0$(这表示火箭克服地球引力发射到无穷远去的最小速度),得 $v_0=\sqrt{2gR}$。

$v_0=\sqrt{2gR}\approx 11.2\mathrm{km/s}$ 通常称为第二宇宙速度。实际情况中,因为火箭受空气阻力

的缘故，发射火箭要脱离地球轨道，初速应大于第二宇宙速度。

例 29 在 RLC 串联电路中串接交流电源 $E_0\sin\omega t$，求回路电流 $i(t)$（见图 4-2）。

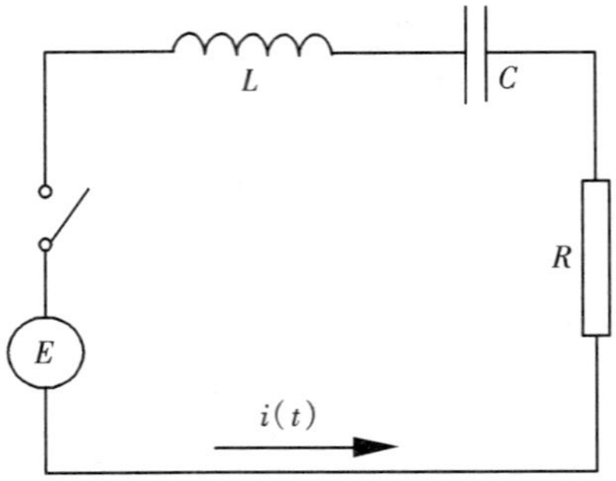

图 4-2

解 由克希霍夫定律：$u_R+u_L+u_C=e(t)$，其中 $u_R=Ri(t)$，$u_L=L\dfrac{di}{dt}$，$u_C=\dfrac{1}{C}\int_0^t i(t)\,dt$，$e(t)=E_0\sin\omega t$。于是有

$$L\frac{di}{dt}+Ri+\frac{1}{C}\int_0^t i(t)\,dt=E_0\sin\omega t.$$

这是积分-微分方程，经求导再整理得

$$L\frac{d^2i}{dt^2}+R\frac{di}{dt}+\frac{1}{C}i=E_0\omega\cos\omega t \tag{4.16}$$

特征方程为

$$Lr^2+Rr+\frac{1}{C}=0.$$

（1） 当 $\Delta=R^2-\dfrac{4L}{C}>0$ 时，齐次方程通解为 $I(t)=C_1e^{r_1t}+C_2e^{r_2t}$；(4.16) 的通解为

$$i(t)=C_1e^{r_1t}+C_2e^{r_2t}+\frac{RE_0\omega^2}{\left(\frac{1}{C}-L\omega^2\right)^2+R^2\omega^2}\sin\omega t+\frac{\left(\frac{1}{C}-L\omega^2\right)E_0\omega}{\left(\frac{1}{C}-L\omega^2\right)^2+R^2\omega^2}\cos\omega t.$$

（2） 当 $\Delta=R^2-\dfrac{4L}{C}=0$ 时，(4.16) 的通解为

$$i(t)=C_1e^{-\frac{R}{2L}t}+C_2te^{-\frac{R}{2L}t}+\frac{RE_0\omega^2}{\left(\frac{1}{C}-L\omega^2\right)^2+R^2\omega^2}\sin\omega t+$$

$$\frac{\left(\frac{1}{C}-L\omega^2\right)E_0\omega}{\left(\frac{1}{C}-L\omega^2\right)^2+R^2\omega^2}\cos\omega t.$$

（3） 当 $\Delta=R^2-\dfrac{4L}{C}<0$ 时，一般情况比较繁杂，现特别讨论 $R=0$，即电路为 LC 串联电路。这时，特征根为 $\pm\sqrt{\dfrac{1}{LC}}i$，记为 $\pm\omega_0 j$（在电路中常用 j 表示虚数单位），对应的齐次方程通解为 $I(t)=C_1\cos\omega_0t+C_2\sin\omega_0t$。

当 $\omega \neq \omega_0$ 时，非齐次方程(4.16)的通解为

$$i(t) = C_1\cos\omega_0 t + C_2\sin\omega_0 t + \frac{E_0\omega}{\frac{1}{C} - L\omega^2}\cos\omega t;$$

当 $\omega = \omega_0$ 时，非齐次方程(4.16)的通解为

$$i(t) = C_1\cos\omega_0 t + C_2\sin\omega_0 t + \frac{E_0}{2L}t\sin\omega_0 t.$$

由解的结果分析可知，当 $\omega \neq \omega_0$ 时，回路电流 $i(t)$ 是一个周期振荡的电流；当 $\omega = \omega_0$ 时，由于特解中含有 $t\sin\omega_0 t$ 项，当 $t\to\infty$ 时振幅可趋于无穷，这就是共振现象。

* **例 30** 考虑如图 4-3 所示的网络系统。设输入电压为 $e(t)$，求输出电压 $x(t)$。

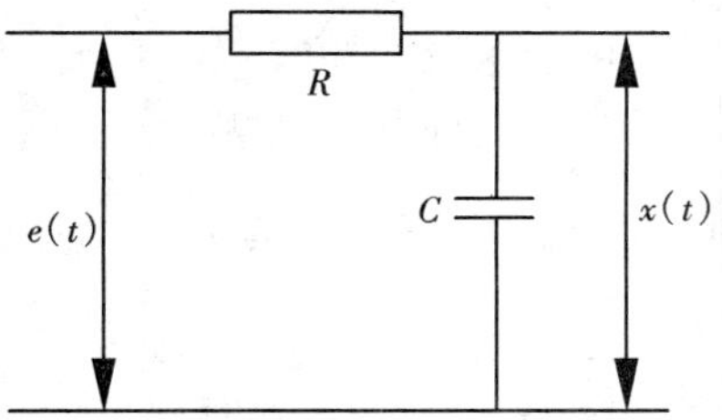

图 4-3

解 记时刻 t 电容器上的电量为 $q(t)$，由克希霍夫定律得：

$$Rq'(t) + \frac{1}{C}q(t) = e(t).$$

记 $x(t) = \frac{1}{C}q(t)$，代入上述方程得到满足 $x(t)$ 的微分方程

$$CRx'(t) + x(t) = e(t).$$

下面讨论 $e(t)$ 的两种情形：

(1) $e(t)$ 为常量，即 $e(t) = E$。由一阶线性方程求解方法知

$$x(t) = E + (x(0) - E)e^{-t/CR};$$

(2) $e(t)$ 为一组如图 4-4 所示的断续常量的脉冲信号，即

$$e(t) = k \quad (k \leqslant t < k+1),$$

则当 $k \leqslant t < k+1$ 时 $CRx'(t) + x(t) = e(t)$ 成立。

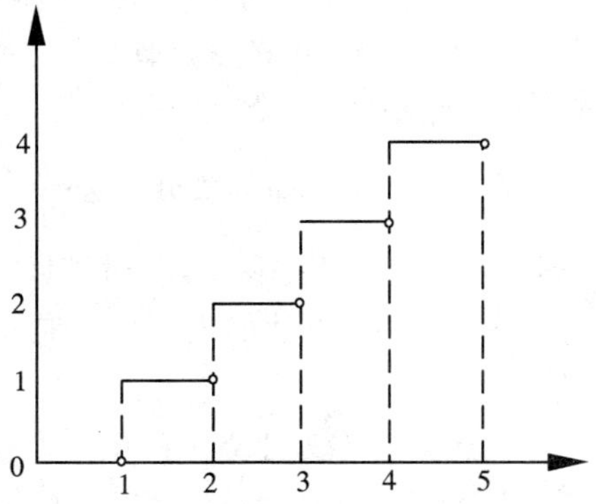

图 4-4

求解这个方程得

$$x(t) = k + (x(k) - k)e^{-(t-k)/CR} \quad (k \leqslant t < k+1) \tag{4.17}$$

但此解中初值 $x(k)$ 实际并未知，为求解 $x(k)$，注意到 $x(t)$ 的连续性，应有

$$x(k+1) = k + (x(k) - k)e^{-1/CR}.$$

将上式整理得差分方程

$$x(k+1) - e^{-1/CR}x(k) = (1 - e^{-1/CR})k.$$

下面求解这个差分方程：

第一步　求对应的齐次方程的通解,得 $X(k) = C_1 e^{-k/CR}$　(C_1 表示任意常数);

第二步　用待定系数法求非齐次方程的一个特解,令 $x^*(k) = Ak + B$ 代入方程定出 $A = 1, B = -(1 - e^{-1/CR})^{-1}$,于是

$$x(k) = C_1 e^{-k/CR} + k - (1 - e^{-1/CR})^{-1}.$$

将上式代入式(4.17)式,有

$$x(t) = k + (C_1 e^{-k/CR} - (1 - e^{-1/CR})^{-1}) e^{-(t-k)/CR} \quad (k \leqslant t < k+1),$$

其中　$C_1 = x(0) + (1 - e^{-1/CR})^{-1}$。

4.4.3　其他应用

由于函数的导数 $y'(x)$ 表示该函数的变化率,所以很多涉及变化率的实际问题都可通过建立微分方程来解决。例如,在经济问题中,$y(x)$ 的变化率 $y'(x)$ 称为 $y(x)$ 的边际函数,$y'(x)\dfrac{x}{y(x)}$ 称为 $y(x)$ 的弹性函数等等。另外,差分方程在概率论及经济模型中也有广泛的应用。

例 31　某城市在时刻 t 的人口函数用 $p = p(t)$ 表示,m 及 n 分别表示该城市的出生率及死亡率,在时间段 Δt 内出生人口与死亡人口都与 Δt 成正比。求在不发生意外的情况下,该城市的人口函数。

解　考虑在时间段 $[t, t+\Delta t]$ 内人口的变化:$(m-n)$ 应表示人口的自然增长率,一方面,$(m-n)p(t)\Delta t$ 应近似表示这个时间段内人口的变化;另一方面,$\Delta p = p(t+\Delta t) - p(t)$ 精确表示了这个时间段内人口的变化,由此 $\Delta p \approx (m-n)p(t)\Delta t$。

现令 $\Delta t \to 0$,即得微分方程 $\dfrac{dp}{dt} = (m-n)p$。用分离变量法解这个方程,即得 $p(t) = p_0 e^{(m-n)t}$,其中 p_0 表示 $t = 0$ 时该城市的人口数。

注:　生物群体的生灭变化是一个随机过程,本题给出的只是一个简化的近似模型。

上述方法称为建立一阶微分方程的微元法。

例 32　房贷模型　某客户向银行申请住房贷款,贷款本金为 $y_0 = 20$ 万元,贷款月利率为 $\lambda = 0.0045$,协议贷款时间为 300 个月,问该客户平均每月应向银行还贷本息为多少?(银行利息需计复利)

解　记 $y(k)$ 为第 k 个月还款后尚欠银行本息数,x 为每月还贷金额(为常数),则可建立方程 $y(k+1) = (1+\lambda)y(k) - x$,初始条件为 $y(0) = y_0$,这是线性差分方程的初值问题:

$$\begin{cases} y(k+1) - (1+\lambda)y(k) = -x \\ y(0) = y_0 \end{cases}$$

其解法见本章例 26,得 $x = 1216.26$ 元。

对于没有学过差分方程解法的读者，可将差分方程近似为微分方程来求解，方法是将离散变量函数 $y(k)$ 用连续变量函数 $y(t)$ 近似；将差分 $\Delta y(k) = y(k+1) - y(k)$ 用导数 $\frac{dy}{dt}$ 近似（要求 k 的取值范围较大），于是得微分方程

$$\begin{cases} \frac{dy}{dt} - \lambda y(t) = -x \\ y(0) = y_0 \end{cases}.$$

这是一阶线性常系数微分方程的初值问题，请读者自己求解，可得

$$y(t) = y_0 e^{\lambda t} - \frac{x}{\lambda}(e^{\lambda t} - 1),$$

将已知条件代入，取 $t = 300$，$y(300) = 0$，可求得 $x = 1214.97$ 元，由此可知，近似情况还是比较好的。

习　题　4.4

23. 一曲线通过点(2,3)，它在第一象限中的点 (x,y) 的切线被坐标轴所截的切线段均被切点所平分，求该曲线方程。

24. 求具有下列性质的通过坐标原点的曲线：过其上每一点 (x,y) 作平行于坐标轴的直线，得一矩形，此曲线分该矩形为两部分，其面积之比为1∶3，又知此曲线过(1,1)点。

25. 微分方程 $y'' + 9y = 0$ 的一个特解 $y = y(x)$ 所表示的曲线过点 $(\pi, -1)$，且在该点与直线 $y + 1 = x - \pi$ 相切，求该曲线方程。

26. 已知镭的裂变速率与它在该时刻的质量成正比，比例常数为 $k = 0.000436$/年。设 $t = 0$ 时镭的质量为 m_0，求它的半衰期（从 m_0 衰变为 $\frac{1}{2}m_0$ 时所需的时间）。

27. 在某一人群中推广新技术。设该人群总数为 N，在 $t = 0$ 时已掌握新技术的人数为 y_0；在任意时刻 t，已掌握新技术的人数为 $y(t)$。又已知 $y(t)$ 的变化率与该时刻已掌握新技术人数及未掌握新技术人数之积成正比，比例系数为 k，求 $y(t)$。

28. 设有 RC 电路，如题图4.4-1所示。先把开关 K 向左拨，电容器充电，待稳定后（这时电容器上的电压为 E），再把开关 K 向右拨，电容器放电。求放电过程中电容器上电压的变化规律。

29. 把一水平放置的弹簧左端固定，右端与一质量为 M 的物体相连。用力把物体向右拉，使弹簧伸长 $a = 8$cm，然后轻轻放开。由于弹性恢复力的作用（恢复系数为 $K = 25 \times 10^{-5}$N/cm），物体左右振动；又设物体所受阻力与速度成正比，比例系数为 $h = 6$g/s，若 $M = 1$g，摩擦力忽略不计，求物体的运动规律。

*30. 一质量均匀的链条挂在无摩擦的钉子上，运动开始时，链条一边下垂8m，另一边

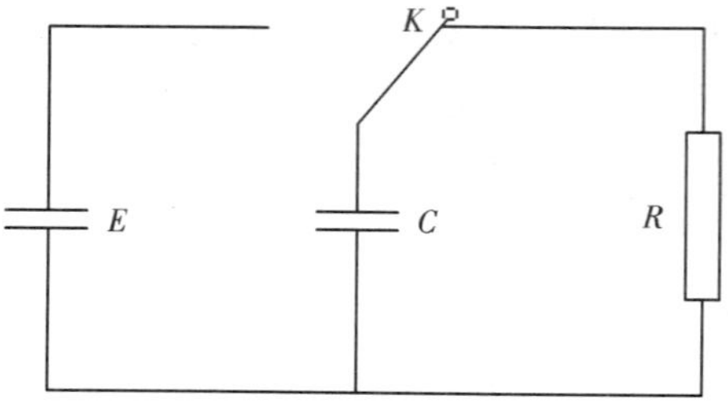

题图 4.4－1

下垂 10m。试求整个链条滑过钉子所需的时间。(提示:利用牛顿第二定律建立方程,记每米链条质量为 M)。

＊31. 求平面直角坐标系中一条曲线 $y = f(x)$,过其上任一点 $M(x,y)$,作曲线的切线,又过 M 点作与坐标原点的连线,要求该两线与 Y 轴一起围成一个以 M 为顶点的等腰三角形(已知该曲线过定点(4,2))。

＊32. 一容器在开始时盛有盐水 100L, 其中含净盐 10kg。现以每分钟 3L 的速度注入清水, 同时以每分钟 2L 的速度将冲淡的溶液放出。容器中装有搅拌器使其溶液始终保持均匀, 求过程开始后 100 分钟溶液的含盐量.(提示:设 t 时刻溶液含盐量为 $y(t)$, 考虑 $[t,t+\Delta t]$ 时间段中溶液含盐量的变化,参看例 31)

＊33. (1) 在上题中,若注入的溶液不是清水,而是浓度为 1%(即 100L 溶液中含有 1kg 盐) 的盐溶液,则过程开始后 100 分钟,溶液的含盐量为多少?

(2) 何时溶液中含盐量达到最小值?

＊34. 设有盛满水的长方体蓄水池,高为 2m,长为 50m,宽为 6m, 池底有面积为 2m^2 的孔, 孔塞拔掉后水自孔口流出. 试求水流出时间与水位高度之间的函数关系。由实验知流速 v 与水位高度 h 之间的关系为 $v = 0.62\sqrt{2gh}$。(提示:用微元法,考虑高度为 $[h,h+\Delta h]$ 的薄层水流出所需时间)

5 向量代数　空间解析几何

本章由两大部分组成。第一部分在空间直角坐标系中讨论向量的概念、代数运算及其应用。第二部分介绍空间解析几何的基本知识，先利用向量建立平面和空间直线的方程；再建立一些重要的曲面和空间曲线的方程，为下面学习多元函数微积分作好准备。

5.1　空间直角坐标系及向量

5.1.1　空间直角坐标系

过空间某定点 O 作三条相互垂直的数轴，分别称为 x 轴、y 轴和 z 轴（也称为横轴、纵轴和竖轴），它们都以 O 为原点，通常取相同的长度单位，x,y,z 轴的相互位置遵循右手法则（若伸直右手的大拇指和食指，分别指向 x 轴与 y 轴，则中指正好可以指向 z 轴），如此定义了一个空间直角坐标系 $Oxyz$，如图 5－1 所示。这样的坐标系称为右手系。类似地可以定义左手系，但本书采用右手系。

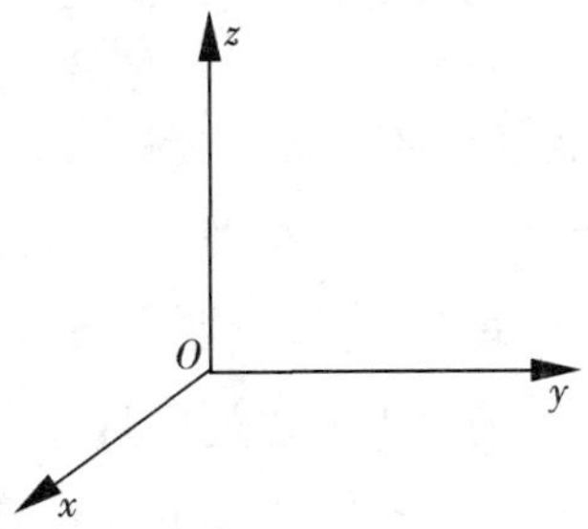

图 5－1

在这个空间直角坐标系中，O 点称为原点，每两条坐标轴确定的平面称为坐标平面，相应地称为 xy 坐标平面、yz 坐标平面、zx 坐标平面。这三个坐标面把空间分成八个部分，每一部分称为一个卦限。上半空间（$z>0$）为第一到第四卦限，它们分别位于 xy 坐标面的四个象限的上方；下半空间为第五到第八卦限，它们分别位于第一到第四卦限的下方。

设 M 为空间任意一点，过点 M 作三个平面，分别垂直于三条坐标轴，并交 x 轴、y 轴、z 轴于点 P,Q,R。点 P,Q,R 称为点 M 在三条坐标轴上的投影（见图 5－2）。设 P 在 x 轴上的坐标为 x，Q 在 y 轴上的坐标为 y，R 在 z 轴上的坐标为 z，则称有序数组 (x,y,z) 为点 M 在空间直角坐标系中的坐标，容易看出，在空间直角坐标系中，点与它的坐标之间有着一一对应关系。

5.1.2　向量及其坐标表示

1）　向量的概念

（1）　向量的表示法

一个既有大小又有方向的量称为向量。向量通常有两种表示法：一种是用小写字母表示，为区别于数，其上打箭头，例如 $\vec{a}$，$\vec{b}$ 等；另一种是用两个大写字母表示，前一个表示向量起点，后一个表示向量终点，例如 $\overrightarrow{PQ}$，$\overrightarrow{EF}$ 等。

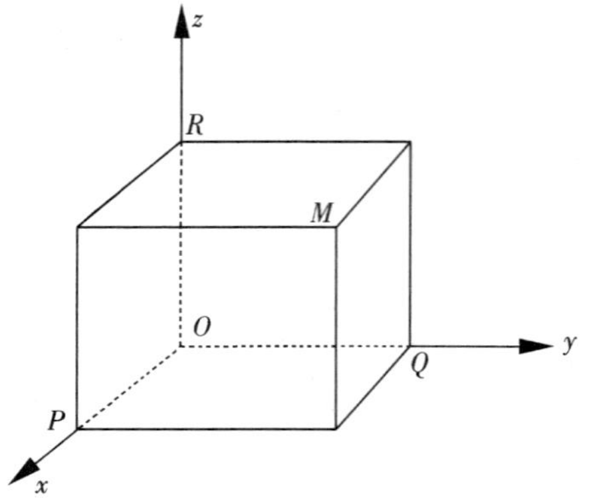

图 5－2

在几何上，向量可用一根有向线段表示，线段的长度称为向量的模，向量 $\vec{a}$ 的模记为 $|\vec{a}|$；模为 1 的向量称为单位向量。有向线段所指的方向称为向量的方向，与向量 $\vec{a}$ 同方向的单位向量记为 $\vec{a}^0$；与向量 $\vec{a}$ 的模相等而方向相反的向量称为 $\vec{a}$ 的负向量，记为 $-\vec{a}$；模为 0 的向量称为零向量，记为 $\vec{0}$，零向量的方向不定。

我们规定，对向量只考虑其模及方向，而不考虑其起点的位置，即向量可以平行移动，这样的向量称为自由向量。本章只讨论自由向量。

(2)　向量的加法及数乘运算

定义　设有两个向量 $\vec{a}$，$\vec{b}$，将 $\vec{b}$ 平移，使它的起点与 $\vec{a}$ 的终点重合，此时从 $\vec{a}$ 的起点到 $\vec{b}$ 的终点所连的向量称为 $\vec{a}$ 与 $\vec{b}$ 的和，记为 $\vec{a}+\vec{b}$，这就是向量加法的三角形法则，见图 5－3。当然，由平面几何可知，向量 $\vec{a}$ 与 $\vec{b}$ 相加也可由图 5－4 的平行四边形法则给出。

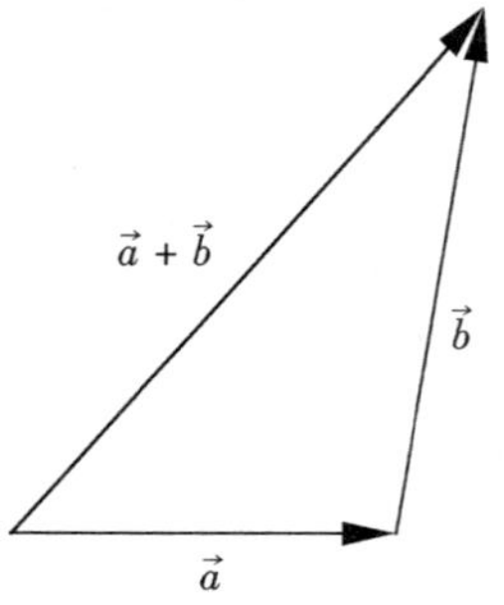

图 5－3

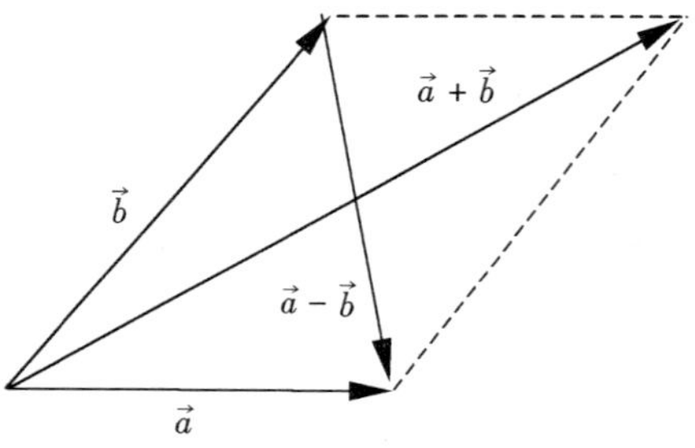

图 5－4

定义　向量 $\vec{a}$ 与 $\vec{b}$ 的差规定为 $\vec{a}-\vec{b}=\vec{a}+(-\vec{b})$。

根据上述两向量和的定义，容易看出向量 $\vec{a}-\vec{b}$ 就是当 $\vec{a}$ 与 $\vec{b}$ 的起点重合时，从 $\vec{b}$ 的终点到 $\vec{a}$ 的终点所连的向量，见图 5－4。

定义　设有向量 $\vec{a}$ 与常数 λ，则 $\lambda\vec{a}$ 也表示一个向量，称为向量的数乘。它的模为 $|\lambda\vec{a}|=|\lambda||\vec{a}|$。它的方向如此规定：当 $\lambda>0$ 时，与 $\vec{a}$ 同方向；当 $\lambda<0$ 时，与 $\vec{a}$ 方向相

反;当 $\lambda = 0$ 时,$\lambda\vec{a} = \vec{0}$。特别地,$(-1)\vec{a} = -\vec{a}$。

向量的加法与数乘有几条简单的运算规律,我们把它们的验证留给读者:

$$\vec{a} + \vec{b} = \vec{b} + \vec{a};$$

$$(\vec{a} + \vec{b}) + \vec{c} = \vec{a} + (\vec{b} + \vec{c});$$

$$\mu(\lambda\vec{a}) = (\mu\lambda)\vec{a} \qquad (\lambda,\mu \text{ 为实数});$$

$$\lambda(\vec{a} + \vec{b}) = \lambda\vec{a} + \lambda\vec{b};$$

$$(\lambda + \mu)\vec{a} = \lambda\vec{a} + \mu\vec{a}.$$

若 $\vec{a}$ 是非零向量,由以上性质易知 $\vec{a}^0 = \frac{1}{|\vec{a}|}\vec{a}$ 或 $\vec{a} = |\vec{a}|\vec{a}^0$。

2) 向量的坐标表示

现在我们把向量放到空间直角坐标系中,研究向量及其运算的坐标表示。

(1) 起点在原点的向量的坐标表示

在空间直角坐标系 $Oxyz$ 中,分别记 x,y,z 轴上与坐标轴的正方向同向的单位向量为 $\vec{i},\vec{j},\vec{k}$,并称它们为基本单位向量。

在 x 轴上任取一点 P,设其横坐标为 x,构造向量 $\overrightarrow{OP}$,由上一段向量数乘定义可知,$\overrightarrow{OP} = x\vec{i}$,对 y 轴与 z 轴上的点也有类似结论。

现在考虑向量 $\vec{a}$,将它平移,使与坐标原点 O 重合,设终点为 M,又设点 M 的坐标为 (x,y,z),P,Q,R 分别是点 M 在三条坐标轴上的投影,它们在各坐标轴上的坐标分别为 x,y,z。由上面的分析可知

$$\overrightarrow{OP} = x\vec{i};$$

$$\overrightarrow{OQ} = y\vec{j};$$

$$\overrightarrow{OR} = z\vec{k}.$$

但根据向量加法(参见图 5-5)有

$$\vec{a} = \overrightarrow{OM} = \overrightarrow{OP} + \overrightarrow{PM'} + \overrightarrow{M'M}$$

$$= \overrightarrow{OP} + \overrightarrow{OQ} + \overrightarrow{OR} = x\vec{i} + y\vec{j} + z\vec{k}.$$

上面的分析指出了一个重要的事实:在空间直角坐标系中,起点在坐标原点 O,终点在 M 点的向量 $\overrightarrow{OM} = x\vec{i} + y\vec{j} + z\vec{k}$,称为向量 $\overrightarrow{OM}$ 的坐标表示。其中 (x,y,z) 正好是 M 点在空间直角坐标系中的坐标。

上述向量的坐标表示可以简记为 $\overrightarrow{OM} = \{x,y,z\}$, x, y, z 也分别称为向量 $\overrightarrow{OM}$ 的三个坐标。注意:向量的坐标表示要用花括号,以区别于点的坐标表示用圆括号。

特别地,三个基本单位向量的坐标表示为 $\vec{i} = \{1,0,0\}$, $\vec{j} = \{0,1,0\}$, $\vec{k} = \{0,0,1\}$。

有了向量的坐标表示，再来看向量 $\vec{a}_1$ 与 $\vec{a}_2$ 的加法的坐标表示。

将 $\vec{a}_1$ 与 $\vec{a}_2$ 的起点移到坐标原点，记

$$\vec{a}_1 = x_1\vec{i} + y_1\vec{j} + z_1\vec{k},$$

$$\vec{a}_2 = x_2\vec{i} + y_2\vec{j} + z_2\vec{k},$$

根据向量的加法与数乘的运算规律，有

$$\begin{aligned}\vec{a}_1 + \vec{a}_2 = &(x_1\vec{i} + y_1\vec{j} + z_1\vec{k}) + \\ &(x_2\vec{i} + y_2\vec{j} + z_2\vec{k}) = \\ &(x_1 + x_2)\vec{i} + (y_1 + y_2)\vec{j} + \\ &(z_1 + z_2)\vec{k} = \\ &\{x_1 + x_2, y_1 + y_2, z_1 + z_2\}.\end{aligned}$$

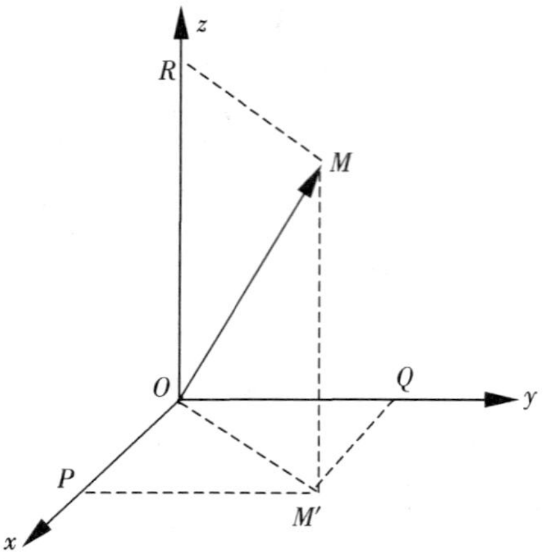

图 5-5

可见，在向量的坐标表示下，两个向量相加恰好等于它们对应坐标相加，这是很方便的。

两个向量相减及向量的数乘也有类似的情形：

$$\begin{aligned}\vec{a}_1 - \vec{a}_2 = &(x_1\vec{i} + y_1\vec{j} + z_1\vec{k}) - (x_2\vec{i} + y_2\vec{j} + z_2\vec{k}) = \\ &(x_1 - x_2)\vec{i} + (y_1 - y_2)\vec{j} + (z_1 - z_2)\vec{k} = \{x_1 - x_2, y_1 - y_2, z_1 - z_2\}.\end{aligned}$$

$$\lambda\vec{a}_1 = \lambda(x_1\vec{i} + y_1\vec{j} + z_1\vec{k}) = (\lambda x_1)\vec{i} + (\lambda y_1)\vec{j} + (\lambda z_1)\vec{k} = \{\lambda x_1, \lambda y_1, \lambda z_1\}.$$

进而又可得到两个向量数乘后相加（称为两向量的线性组合）的坐标表示：

$$\lambda\vec{a}_1 + \mu\vec{a}_2 = \{\lambda x_1 + \mu x_2, \lambda y_1 + \mu y_2, \lambda z_1 + \mu z_2\}.$$

(2)　起点不在原点的向量的坐标表示

定理 1　设在空间直角坐标系 $Oxyz$ 中，向量 $\overrightarrow{PQ}$ 的起点 P 的坐标为 (x_1, y_1, z_1)，终点 Q 的坐标为 (x_2, y_2, z_2)，则 $\overrightarrow{PQ} = \{x_2 - x_1, y_2 - y_1, z_2 - z_1\}$.

证　将原点 O 分别与 P、Q 连接，引进两个辅助向量 $\overrightarrow{OP}$，$\overrightarrow{OQ}$，（见图 5-6）。由前面的分析可知

$$\overrightarrow{OP} = \{x_1, y_1, z_1\},$$

$$\overrightarrow{OQ} = \{x_2, y_2, z_2\},$$

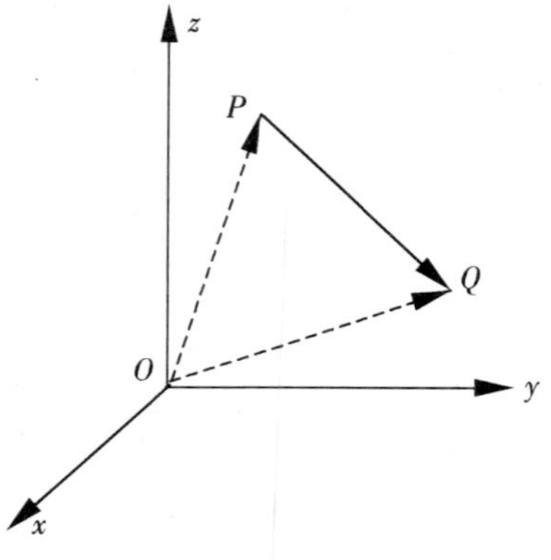

图 5-6

于是得到

$$\overrightarrow{PQ} = \overrightarrow{OQ} - \overrightarrow{OP} = \{x_2 - x_1, y_2 - y_1, z_2 - z_1\}.$$

例 1　已知向量 $\vec{a} = \{3, 1, 2\}$，$\vec{b} = \{-2, -1, 5\}$，求向量 $3\vec{a} + 2\vec{b}$ 及 $2\vec{a} - 5\vec{b}$。

解 $3\vec{a}+2\vec{b}=3\{3,1,2\}+2\{-2,-1,5\}=\{9,3,6\}+\{-4,-2,10\}=\{5,1,16\}$;

$2\vec{a}-5\vec{b}=2\{3,1,2\}-5\{-2,-1,5\}=\{6,2,4\}-\{-10,-5,25\}=\{16,7,-21\}$.

我们在此指出,向量在空间平行移动不会改变它的坐标。

3) 向量的模及方向余弦

引进向量的坐标表示后,不但可以用代数方法进行向量的加法与数乘运算,而且也可以用代数方法确定向量的模与方向。

先考虑向量起点在原点的情况。仍设 $\vec{a}=\overrightarrow{OM}=\{x,y,z\}$,参见图 5-5,显然有

$$|\vec{a}|=|\overrightarrow{OM}|=\sqrt{|\overrightarrow{OM'}|^2+|\overrightarrow{M'M}|^2}=\sqrt{|\overrightarrow{OP}|^2+|\overrightarrow{OQ}|^2+|\overrightarrow{OR}|^2}=\sqrt{x^2+y^2+z^2}.$$

再考虑向量起点不在原点的情况。沿用定理 1 中的记号,此时 $\overrightarrow{PQ}=\{x_2-x_1,y_2-y_1,z_2-z_1\}$,前面已经指出,向量平行移动,坐标不变,故可把它当作起点在原点的向量,从而也有

$$|\overrightarrow{PQ}|=\sqrt{(x_2-x_1)^2+(y_2-y_1)^2+(z_2-z_1)^2}.$$

上式同时也是空间两点 $P(x_1,y_1,z_1)$, $Q(x_2,y_2,z_2)$ 之间的距离公式。

再讨论用坐标表示向量的方向。同样由于自由向量的缘故,我们把向量起点放置到原点,设非零向量 $\vec{a}=\overrightarrow{OM}=\{x,y,z\}$,向量 $\vec{a}$ 与 x 轴、y 轴、z 轴正向间的夹角 α,β,γ 称为 $\vec{a}$ 的三个方向角,并规定 $0\leqslant\alpha,\beta,\gamma\leqslant\pi$(见图 5-7),参照图 5-5,我们有

$$\cos\alpha=\frac{x}{|\vec{a}|}=\frac{x}{\sqrt{x^2+y^2+z^2}};$$

$$\cos\beta=\frac{y}{|\vec{a}|}=\frac{y}{\sqrt{x^2+y^2+z^2}};\qquad(5.1)$$

$$\cos\gamma=\frac{z}{|\vec{a}|}=\frac{z}{\sqrt{x^2+y^2+z^2}};$$

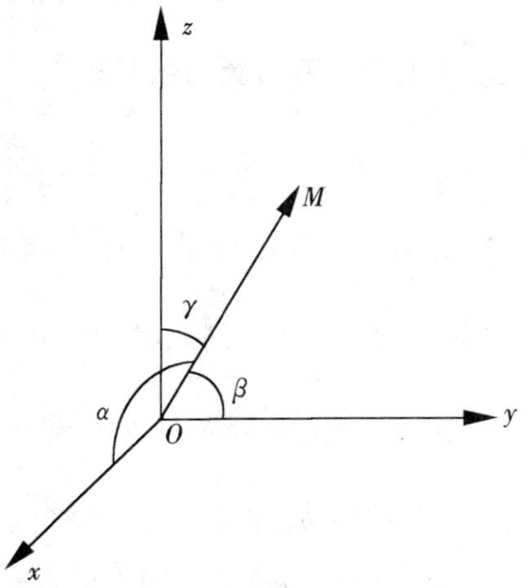

图 5-7

$\cos\alpha,\cos\beta,\cos\gamma$ 称为向量 $\vec{a}$ 的方向余弦,容易验证

$$\cos^2\alpha+\cos^2\beta=\cos^2\gamma=1.$$

因为 $\vec{a}$ 的方向与单位向量 $\vec{a}^0 = \dfrac{\vec{a}}{|\vec{a}|}$ 的方向一致，将 $\vec{a}$ 的坐标表示代入，得

$$\vec{a}^0 = \frac{x}{|\vec{a}|}\vec{i} + \frac{y}{|\vec{a}|}\vec{j} + \frac{z}{|\vec{a}|}\vec{k}$$

于是有 $\vec{a}^0 = \cos\alpha\vec{i} + \cos\beta\vec{j} + \cos\gamma\vec{k}$.

今后，我们常用 $\vec{a}$ 的三个方向余弦表示 $\vec{a}$ 的方向。

例 2 已知 $P = (1,3,2)$，$Q = (3,4,0)$，求向量$\overrightarrow{PQ}$的模及方向。

解 $\overrightarrow{PQ} = \{3-1, 4-3, 0-2\} = \{2,1,-2\}$；

$$|\overrightarrow{PQ}| = \sqrt{2^2 + 1^2 + (-2)^2} = 3;$$

$$\cos\alpha = \frac{2}{3}, \cos\beta = \frac{1}{3}, \cos\gamma = -\frac{2}{3}.$$

于是$\left\{\dfrac{2}{3}, \dfrac{1}{3}, -\dfrac{2}{3}\right\}$表示与$\overrightarrow{PQ}$同方向的单位向量，代表$\overrightarrow{PQ}$的方向。

例 3 向量 $\vec{a}$ 的两个方向余弦为 $\cos\alpha = \dfrac{3}{5}$，$\cos\gamma = \dfrac{2}{5}$，且 $|\vec{a}| = 5$，求 $\vec{a}$ 的坐标表示。

解 设 $\vec{a}$ 的坐标表示为 $\{x,y,z\}$，由公式(5.1)知 $x = |\vec{a}|\cos\alpha = 5 \cdot \dfrac{3}{5} = 3$，$z = |\vec{a}|\cos\gamma = 5 \cdot \dfrac{2}{5} = 2$，又因为 $|\vec{a}| = \sqrt{x^2 + y^2 + z^2} = \sqrt{3^2 + y^2 + 2^2} = 5$，所以 $y = \pm\sqrt{12} = \pm 2\sqrt{3}$，即 $\vec{a}$ 的坐标为 $\{3, 2\sqrt{3}, 2\}$ 或 $\{3, -2\sqrt{3}, 2\}$。

5.1.3 两向量的数量积

1) 数量积的定义

设有两个非零向量 $\vec{a}$ 与 $\vec{b}$，将其中一个向量平移，使得两向量的起点重合，把 $\vec{a}$ 与 $\vec{b}$ 之间的夹角记为 $(\widehat{\vec{a},\vec{b}})$，并规定 $0 \leq (\widehat{\vec{a},\vec{b}}) \leq \pi$.

定义 两向量 $\vec{a}$ 与 $\vec{b}$ 的模及 $\cos(\widehat{\vec{a},\vec{b}})$ 的连乘积称为向量 $\vec{a}$ 与 $\vec{b}$ 的数量积（或点积），记为 $\vec{a} \cdot \vec{b}$，即 $\vec{a} \cdot \vec{b} = |\vec{a}||\vec{b}|\cos(\widehat{\vec{a},\vec{b}})$。

由数量积的定义立即可以得到如下的重要结论：

两个非零向量 $\vec{a}$ 与 $\vec{b}$ 垂直的充要条件为 $\vec{a} \cdot \vec{b} = 0$。

众所周知，一个质点在常力 $\vec{f}$ 作用下，从点 A 移到点 B 所做的功为 $W = |\vec{f}||\overrightarrow{AB}|\cos(\widehat{\vec{f},\overrightarrow{AB}})$，按数量积的定义有 $W = \vec{f} \cdot \overrightarrow{AB}$，这是数量积定义的一个典型的物

理背景。

2） 数量积的运算规律

（1） 交换律 $\vec{a}\cdot\vec{b}=\vec{b}\cdot\vec{a}$;

（2） 与数的结合律 $\lambda(\vec{a}\cdot\vec{b})=(\lambda\vec{a})\cdot\vec{b}$;

（3） 分配律 $\vec{a}\cdot(\vec{b}+\vec{c})=\vec{a}\cdot\vec{b}+\vec{a}\cdot\vec{c}$.

上述几条性质请读者利用数量积定义自行证明。要指出的是字符串$(\vec{a}\cdot\vec{b})\cdot\vec{c}$是无意义的，因为$\vec{a}\cdot\vec{b}$是一个数而不是向量，但字符串$(\vec{a}\cdot\vec{b})\vec{c}$表示一个向量，是有意义的。

例 4 已知$|\vec{a}|=5$，$|\vec{b}|=2$及$(\widehat{\vec{a},\vec{b}})=\dfrac{\pi}{3}$，求向量$\vec{u}=2\vec{a}-3\vec{b}$的模。

解 $|\vec{u}|^2=\vec{u}\cdot\vec{u}=(2\vec{a}-3\vec{b})\cdot(2\vec{a}-3\vec{b})=4\vec{a}\cdot\vec{a}-12\vec{a}\cdot\vec{b}+9\vec{b}\cdot\vec{b}=76$，

其中$\vec{a}\cdot\vec{b}=5\cdot2\cdot\cos\dfrac{\pi}{3}=5$，故$|\vec{u}|=\sqrt{76}$。

3） 数量积的坐标表示

定理 2 若$\vec{a}=a_x\vec{i}+a_y\vec{j}+a_z\vec{k}$，$\vec{b}=b_x\vec{i}+b_y\vec{j}+b_z\vec{k}$，则

$$\vec{a}\cdot\vec{b}=a_xb_x+a_yb_y+a_zb_z.$$

证 先考虑三条坐标轴上的三个单位向量$\vec{i},\vec{j},\vec{k}$，利用数量积的定义，可知这些单位向量间的数量积运算如表 5－1 所示。

表 5－1

$\cdot$	$\vec{i}$	$\vec{j}$	$\vec{k}$
$\vec{i}$	1	0	0
$\vec{j}$	0	1	0
$\vec{k}$	0	0	1

再由数量积对于加法的分配律可得

$$\begin{aligned}\vec{a}\cdot\vec{b}=(a_x\vec{i}+a_y\vec{j}+a_z\vec{k})\cdot(b_x\vec{i}+b_y\vec{j}+b_z\vec{k})=\\ a_xb_x\vec{i}\cdot\vec{i}+a_yb_x\vec{j}\cdot\vec{i}+a_zb_x\vec{k}\cdot\vec{i}+\\ a_xb_y\vec{i}\cdot\vec{j}+a_yb_y\vec{j}\cdot\vec{j}+a_zb_y\vec{k}\cdot\vec{j}+\\ a_xb_z\vec{i}\cdot\vec{k}+a_yb_z\vec{j}\cdot\vec{k}+a_zb_z\vec{k}\cdot\vec{k}=\\ a_xb_x+a_yb_y+a_zb_z.\end{aligned}$$

例 5 设有两个非零向量$\vec{a}=a_x\vec{i}+a_y\vec{j}+a_z\vec{k}$及$\vec{b}=b_x\vec{i}+b_y\vec{j}+b_z\vec{k}$，求两向量之间夹角的余弦。

解 由数量积定义$\vec{a}\cdot\vec{b}=|\vec{a}||\vec{b}|\cos(\widehat{\vec{a},\vec{b}})$；又$\vec{a}\cdot\vec{a}=|\vec{a}||\vec{a}|\cos0=|\vec{a}|^2$，所以$|\vec{a}|=\sqrt{\vec{a}\cdot\vec{a}}$。类似有$|\vec{b}|=\sqrt{\vec{b}\cdot\vec{b}}$。由此可得

$$\cos(\widehat{\vec{a},\vec{b}}) = \frac{\vec{a}\cdot\vec{b}}{|\vec{a}||\vec{b}|} = \frac{\vec{a}\cdot\vec{b}}{\sqrt{\vec{a}\cdot\vec{a}}\sqrt{\vec{b}\cdot\vec{b}}} = \frac{a_x b_x + a_y b_y + a_z b_z}{\sqrt{a_x^2+a_y^2+a_z^2}\sqrt{b_x^2+b_y^2+b_z^2}}.$$

本例的结论可作为公式使用。

例 6 求与向量 $\vec{a}=\{5,6,8\}$ 及 $\vec{b}=\{-1,4,1\}$ 分别垂直的单位向量。

解 记所求向量为 $\vec{c}=\{x,y,z\}$，则应满足

$$\begin{cases}|\vec{c}|=1\\ \vec{a}\cdot\vec{c}=0\\ \vec{b}\cdot\vec{c}=0\end{cases} \quad \text{即} \quad \begin{cases}x^2+y^2+z^2=1\\ 5x+6y+8z=0\\ -x+4y+z=0\end{cases}$$

解这个方程组，得 $\vec{c}=\left\{\frac{2}{3},\frac{1}{3},-\frac{2}{3}\right\}$或 $\vec{c}=\left\{-\frac{2}{3},-\frac{1}{3},\frac{2}{3}\right\}$。

定义 数 $|\vec{a}|\cos(\widehat{\vec{a},\vec{b}})$ 称为向量 $\vec{a}$ 在 $\vec{b}$ 上的投影，记为 $\mathrm{Prj}_{\vec{b}}\vec{a}$（见图 5－8），由定义可知 $\mathrm{Prj}_{\vec{b}}\vec{a}=\dfrac{\vec{a}\cdot\vec{b}}{|\vec{b}|}$。

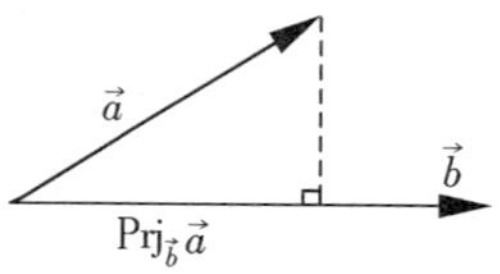

图 5－8

例 7 已知向量 $\vec{a}=a_x\vec{i}+a_y\vec{j}+a_z\vec{k}$，求该向量在各坐标轴上的投影。

解 求向量 $\vec{a}$ 在 x 轴上的投影，即求在单位向量 $\vec{i}$ 上的投影。于是有

$$\mathrm{Prj}_{\vec{i}}\vec{a}=\frac{\vec{a}\cdot\vec{i}}{|\vec{i}|}=a_x.$$

类似地有 $\mathrm{Prj}_{\vec{j}}\vec{a}=a_y$； $\mathrm{Prj}_{\vec{k}}\vec{a}=a_z$.

可见向量坐标表示式中的三个坐标分量就是它在三条坐标轴上的投影。

5.1.4 两向量的向量积

1） 向量积的定义

定义 两个非零向量 $\vec{a}$ 与 $\vec{b}$ 的向量积是按下列规则构造的新向量 $\vec{c}$：

（1） $|\vec{c}|=|\vec{a}||\vec{b}|\sin(\widehat{\vec{a},\vec{b}})$；

（2） $\vec{c}$ 垂直于 $\vec{a}$ 与 $\vec{b}$ 所决定的平面，且 $\vec{a},\vec{b},\vec{c}$ 的相互位置遵循右手法则（见 5.1.1 段）。此时称 $\vec{c}$ 为 $\vec{a}$ 与 $\vec{b}$ 的向量积（或叉积），记为 $\vec{a}\times\vec{b}$。

由向量积的定义立即可以推出：两个非零向量 $\vec{a}$ 与 $\vec{b}$ 平行的充要条件为 $\vec{a}\times\vec{b}=\vec{0}$。

注：在两个向量的数量积及向量积的定义中，我们规定 $\vec{a}$ 与 $\vec{b}$ 都是非零向量，如果 $\vec{a}$

与 $\vec{b}$ 中有一个为零向量，则沿用上面的定义，有 $\vec{a}\cdot\vec{b}=0,\vec{a}\times\vec{b}=\vec{0}$。

设直线 L 上的 P 点受力 $\vec{F}$ 的作用，由力学知，力 $\vec{F}$ 对 L 上某支点 O 的力矩 $\vec{M}$ 正好为

$$\vec{M}=\overrightarrow{OP}\times\vec{F}.$$

这是向量积运算的一个典型的物理背景。

需要强调的是两个向量的数量积是一个数，而两个向量的向量积是一个向量。分别记住它们典型的物理背景，可以帮助读者理解这两个概念。

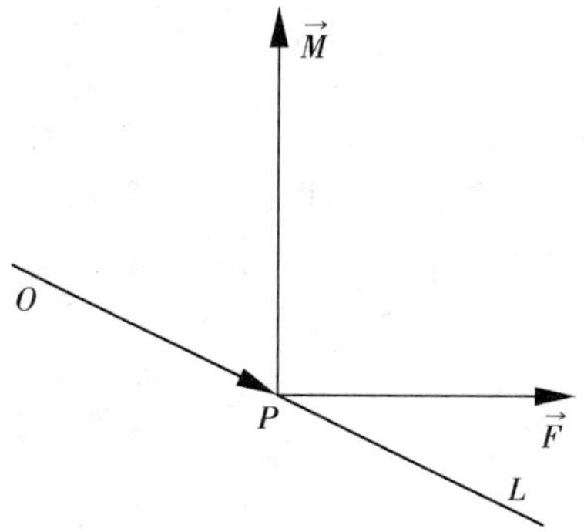

图 5－9

2） 向量积的运算规律

（1） $\vec{a}\times\vec{b}=-\vec{b}\times\vec{a}$；

（2） $(\lambda\vec{a})\times\vec{b}=\vec{a}\times(\lambda\vec{b})=\lambda(\vec{a}\times\vec{b})$，其中 λ 为数；

（3） $\vec{a}\times(\vec{b}+\vec{c})=\vec{a}\times\vec{b}+\vec{a}\times\vec{c}$.

性质(1) 表明，向量积不满足交换律。这些性质均可由向量积的定义证明，此处从略。

3） 向量积的坐标计算式

为找出向量积的坐标计算式，先做一点准备工作。

（1） 二阶、三阶行列式的计算公式

表达式

$$\begin{vmatrix} a_{11} & a_{12} \\ a_{21} & a_{22} \end{vmatrix}$$

称为一个二阶行列式，其中诸 a_{ij} 叫做行列式的元素。表达式

$$\begin{vmatrix} a_{11} & a_{12} & a_{13} \\ a_{21} & a_{22} & a_{23} \\ a_{31} & a_{32} & a_{33} \end{vmatrix}$$

称为一个三阶行列式。二阶、三阶行列式都可以求出其值，计算方法如下：

$$\begin{vmatrix} a_{11} & a_{12} \\ a_{21} & a_{22} \end{vmatrix}=a_{11}a_{22}-a_{12}a_{21};$$

$$\begin{vmatrix} a_{11} & a_{12} & a_{13} \\ a_{21} & a_{22} & a_{23} \\ a_{31} & a_{32} & a_{33} \end{vmatrix}=a_{11}(-1)^{1+1}\begin{vmatrix} a_{22} & a_{23} \\ a_{32} & a_{33} \end{vmatrix}+a_{12}(-1)^{1+2}\begin{vmatrix} a_{21} & a_{23} \\ a_{31} & a_{33} \end{vmatrix}+$$

$$a_{13}(-1)^{1+3}\begin{vmatrix} a_{21} & a_{22} \\ a_{31} & a_{32} \end{vmatrix} =$$

$$a_{11}(a_{22}a_{33}-a_{23}a_{32})-a_{12}(a_{21}a_{33}-a_{23}a_{31})+$$

$$a_{13}(a_{21}a_{32}-a_{22}a_{31}).$$

这个方法叫做行列式按第一行展开法，当然也可以按其他行或其他列展开（参看《线性代数》教材）。

例 8　计算三阶行列式$\begin{vmatrix} 2 & 1 & 3 \\ -3 & 0 & 1 \\ -1 & -4 & 2 \end{vmatrix}$。

解　$$\begin{vmatrix} 2 & 1 & 3 \\ -3 & 0 & 1 \\ -1 & -4 & 2 \end{vmatrix} = 2\begin{vmatrix} 0 & 1 \\ -4 & 2 \end{vmatrix} - 1\begin{vmatrix} -3 & 1 \\ -1 & 2 \end{vmatrix} + 3\begin{vmatrix} -3 & 0 \\ -1 & -4 \end{vmatrix} =$$

$$8-(-5)+36=49.$$

例 9　计算行列式$\begin{vmatrix} \vec{i} & \vec{j} & \vec{k} \\ 5 & 6 & 8 \\ -1 & 4 & 1 \end{vmatrix}$。

解　$$\begin{vmatrix} \vec{i} & \vec{j} & \vec{k} \\ 5 & 6 & 8 \\ -1 & 4 & 1 \end{vmatrix} = \vec{i}\begin{vmatrix} 6 & 8 \\ 4 & 1 \end{vmatrix} - \vec{j}\begin{vmatrix} 5 & 8 \\ -1 & 1 \end{vmatrix} + \vec{k}\begin{vmatrix} 5 & 6 \\ -1 & 4 \end{vmatrix} =$$

$$-26\vec{i}-13\vec{j}+26\vec{k}.$$

表 5－2

$\times$	$\vec{i}$	$\vec{j}$	$\vec{k}$
$\vec{i}$	$\vec{0}$	$\vec{k}$	$-\vec{j}$
$\vec{j}$	$-\vec{k}$	$\vec{0}$	$\vec{i}$
$\vec{k}$	$\vec{j}$	$-\vec{i}$	$\vec{0}$

（2）　三个坐标轴上的单位向量 $\vec{i},\vec{j},\vec{k}$ 相互之间的向量积由表 5－2 给出。

（3）　下面给出向量积的坐标表示式：

定理 3　设 $\vec{a}=a_x\vec{i}+a_y\vec{j}+a_z\vec{k}$，　$\vec{b}=b_x\vec{i}+b_y\vec{j}+b_z\vec{k}$，则

$$\vec{a}\times\vec{b}=\begin{vmatrix} \vec{i} & \vec{j} & \vec{k} \\ a_x & a_y & a_z \\ b_x & b_y & b_z \end{vmatrix}=(a_yb_z-a_zb_y)\vec{i}-(a_xb_z-a_zb_x)\vec{j}+(a_xb_y-a_yb_x)\vec{k}.$$

证　由向量积的运算律并利用表 5－2 的结论可知

$$\vec{a}\times\vec{b}=(a_x\vec{i}+a_y\vec{j}+a_z\vec{k})\times(b_x\vec{i}+b_y\vec{j}+b_z\vec{k})=$$

$$a_xb_x\vec{i}\times\vec{i}+a_xb_y\vec{i}\times\vec{j}+a_xb_z\vec{i}\times\vec{k}+a_yb_x\vec{j}\times\vec{i}+a_yb_y\vec{j}\times\vec{j}+$$

$$a_yb_z\vec{j}\times\vec{k}+a_zb_x\vec{k}\times\vec{i}+a_zb_y\vec{k}\times\vec{j}+a_zb_z\vec{k}\times\vec{k}=$$

$$(a_yb_z-a_zb_y)\vec{i}-(a_xb_z-a_zb_x)\vec{j}+(a_xb_y-a_yb_x)\vec{k}=$$

$$\begin{vmatrix} \vec{i} & \vec{j} & \vec{k} \\ a_x & a_y & a_z \\ b_x & b_y & b_z \end{vmatrix}。$$

把向量积用行列式表示，目的是便于记忆。

4) 两个非零向量垂直与平行的充要条件的坐标表示

前面由数量积与向量积的定义已经得到了两个非零向量垂直与平行的充要条件，结合它们的坐标表示，我们写成一个定理形式：

定理 4 两非零向量 $\vec{a} = \{a_x, a_y, a_z\}$ 和 $\vec{b} = \{b_x, b_y, b_z\}$ 垂直的充要条件为

$$a_x b_x + a_y b_y + a_z b_z = 0 \tag{5.2}$$

平行的充要条件为

$$\frac{a_x}{b_x} = \frac{a_y}{b_y} = \frac{a_z}{b_z} \tag{5.3}$$

其中某个分母为 0 时，约定对应的分子也为 0。

例 10 换一种方法求解例 6。

解 在例 6 中我们利用数量积求得计算结果，该例也可以利用向量积来计算。

因为所求向量既垂直于 $\vec{a} = \{5,6,8\}$，又垂直于 $\vec{b} = \{-1,4,1\}$，所以必处在 $\pm\vec{a}\times\vec{b}$ 方向上。由例 9 知 $\pm\vec{a}\times\vec{b} = \pm\{-26, -13, 26\} = \mp 13\{2,1,-2\}$。我们所要求解的是这两个方向的单位向量，即

$$\pm\frac{\vec{a}\times\vec{b}}{|\vec{a}\times\vec{b}|} = \mp\left\{\frac{2}{3}, \frac{1}{3}, -\frac{2}{3}\right\}。$$

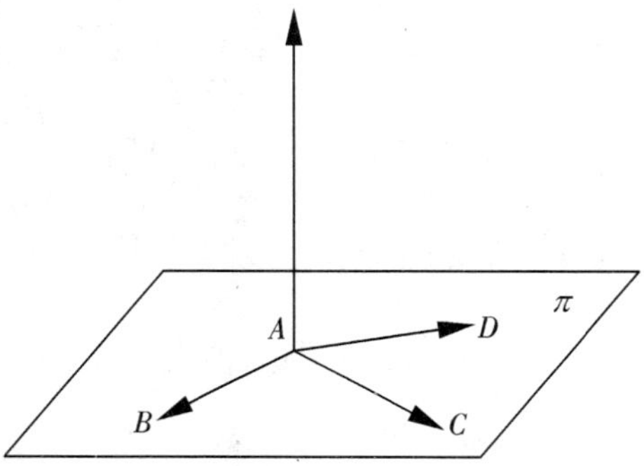

图 5－10

例 11 证明四点 $A(1,0,1)$，$B(4,4,6)$，$C(2,2,3)$，$D(10,14,17)$ 在同一平面上。

解 过点 A,B,C 作一个平面 π，本题只要证 D 点在平面 π 上，也即直线 AD 在平面 π 上。

但直线 AD 在平面 π 上，当且仅当向量 $\overrightarrow{AD}$ 与平面 π 的法线（与 π 垂直的直线）垂直，而平面 π 的法线方向可由向量 $\overrightarrow{AB}\times\overrightarrow{AC}$ 表示，所以本题只要证 $(\overrightarrow{AB}\times\overrightarrow{AC})\cdot\overrightarrow{AD} = 0$。这个结果由读者自己验证。

习　　题　5.1

1. 已知两点 $M_1(x_1,y_1,z_1)$，$M_2(x_2,y_2z_2)$，设 M 为线段 M_1M_2 上的一点，且 $\overrightarrow{MM_1} = \lambda\,\overrightarrow{MM_2}$，求 M 点的坐标。又，当给定 $M_1(3,7,8)$，$M(8,2,3)$，$\lambda = \dfrac{5}{2}$，求 M_2 的坐标。

2. 已知 $A(4,1,9)$，$B(2,4,3)$，$C(10,-1,6)$，证明 ΔABC 为等腰三角形。

3. 设 M 为线段 AB 的中点，证明对任何一点 C 均成立 $\overrightarrow{CM} = \dfrac{1}{2}(\overrightarrow{CA} + \overrightarrow{CB})$。

4. 已知 $|\vec{a}| = 11$，$|\vec{b}| = 23$，$|\vec{a} - \vec{b}| = 30$，求 $|\vec{a} + \vec{b}|$。

5. 设有非零向量 $\vec{a}$ 与 $\vec{b}$，问 $\vec{a}$ 与 $\vec{b}$ 满足什么条件时，下列等式成立：

   (1)　$|\vec{a} + \vec{b}| = |\vec{a} - \vec{b}|$；

   (2)　$|\vec{a} + \vec{b}| = |\vec{a}| + |\vec{b}|$；

   (3)　$|\vec{a} - \vec{b}| = |\vec{a}| + |\vec{b}|$.

6. 设向量与三个坐标轴夹角分别为 α,β,γ，

   (1)　已知 $\alpha = \dfrac{\pi}{3}$，$\beta = \dfrac{2}{3}\pi$，求 γ。

   (2)　已知 $\alpha = \dfrac{3}{4}\pi$，$\gamma = \dfrac{\pi}{3}$，求 β。

7. 已知向量 $\vec{r} = (\vec{a}\cdot\vec{c})\vec{b} - (\vec{a}\cdot\vec{b})\vec{c}$，求证 $\vec{r} \perp \vec{a}$。

8. 给定 $|\vec{a}| = 3$，$|\vec{b}| = 4$ 且 $(\widehat{\vec{a},\vec{b}}) = \dfrac{2}{3}\pi$，求

   (1)　$(\vec{a} + \vec{b})^2$（即 $(\vec{a} + \vec{b})\cdot(\vec{a} + \vec{b})$）；　　(2)　$(\vec{a} - \vec{b})^2$；

   (3)　$|3\vec{a} - 2\vec{b}|$；　　(4)　$(3\vec{a} - 2\vec{b})\cdot(\vec{a} + 2\vec{b})$.

9. 已知 $|\vec{a}| = 3$，$|\vec{b}| = 5$，且 $\vec{a}$ 与 $\vec{b}$ 不共线，求常数 k，使 $(\vec{a} + k\vec{b}) \perp (\vec{a} - k\vec{b})$。

10. 已知向量 $\vec{a} = \{2,-1,3\}$，求向量 $\vec{b}$，使 $\vec{b} \parallel \vec{a}$，且 $|\vec{b}| = 3|\vec{a}|$。

11. 已知向量 $\vec{a} = \{-2,3,\beta\}$，$\vec{b} = \{\alpha,6,2\}$，且 $\vec{b} \parallel \vec{a}$，求 α 及 β。

12. 已知向量 $\vec{a} = \{3,1,5\}$，$\vec{b} = \{1,2,-3\}$，试求向量 $\vec{c}$，使 $\vec{c} \perp z$ 轴，$\vec{c}\cdot\vec{a} = 9$，$\vec{c}\cdot\vec{b} = -4$。

13. 下列推断是否正确？若正确，给予证明；若不正确，举出反例。

    (1)　如果 $\vec{a}\cdot\vec{c} = \vec{b}\cdot\vec{c}$，且 $\vec{c} \neq \vec{0}$，则 $\vec{a} = \vec{b}$；

    (2)　如果 $\vec{a}\times\vec{c} = \vec{b}\times\vec{c}$，且 $\vec{c} \neq \vec{0}$，则 $\vec{a} = \vec{b}$。

14. 已知$|\vec{a}| = 3$,$|\vec{b}| = 26$,$|\vec{a} \times \vec{b}| = 72$,求$\vec{a} \cdot \vec{b}$。

15. 已知$|\vec{a}| = 3$,$|\vec{b}| = 4$,且$\vec{a} \perp \vec{b}$,求

(1) $|(\vec{a} + \vec{b}) \times (\vec{a} - \vec{b})|$; (2) $|(\vec{a} - 2\vec{b}) \times (3\vec{a} - \vec{b})|$.

16. 已知三角形三个顶点坐标$A(0,1,-1)$,$B(-2,-1,-4)$,$C(4,1,5)$,利用向量积计算三角形面积。

17. 求以$A(3,4,1)$,$B(2,3,0)$,$C(3,5,1)$,$D(2,4,0)$为顶点的四边形面积。

18. 求与向量$\vec{a} = \{2,2,1\}$及$\vec{b} = \{-8,-10,-6\}$均垂直的单位向量。

19. 已知$\vec{a} = \{2,1,1\}$,$\vec{b} = \{3,-1,0\}$,$\vec{c} = \{1,0,-1\}$,求$(\vec{a} \times \vec{b}) \cdot \vec{c}$。

20. 判断下列两组向量是否共面?

(1) $\vec{a} = \{2,3,-1\}$,$\vec{b} = \{1,-1,3\}$,$\vec{c} = \{1,9,-11\}$;

(2) $\vec{a} = \{3,-2,1\}$,$\vec{b} = \{2,1,2\}$,$\vec{c} = \{3,-1,-2\}$.

21. 已知$A(1,2,0)$,$B(-1,3,4)$,$C(-1,-2,-3)$,$D(0,-1,3)$,

(1) 证明A,B,C,D四点不共面;

(2) 求四点构成的四面体的体积。

22. 证明$(2\vec{a} + \vec{b}) \times (\vec{c} - \vec{a}) + (\vec{b} + \vec{c}) \times (\vec{a} \times \vec{b}) = \vec{a} \times \vec{c}$.

5.2 平面及其方程

在立体几何中,我们学习了平面的概念,在空间解析几何中,我们要建立平面的方程。若有包含三个变量的方程$f(x,y,z) = 0$,使得平面π上任意一点的坐标(x,y,z)满足该方程;反之,满足该方程的点(x,y,z)也都在这个平面上,则称$f(x,y,z) = 0$为这个平面的方程。

5.2.1 平面的点法式方程

我们称垂直于平面的任意一条非零向量为平面的法向量。

由立体几何知道,过空间一点且垂直于一条定直线的平面是惟一确定的。其实,并不一定要知道已知直线的位置,只要知道平面的一条法向量就可以了。

建立平面方程的过程如下:

设已知点为$M_0(x_0,y_0,z_0)$,平面π的法向量为$\vec{n} = \{A,B,C\}$(A,B,C不全为零),设$M(x,y,z)$为平面上任意一点,则应满足$\overrightarrow{M_0M} \perp \vec{n}$。根据定理(4)的(5.2)式,可得

$$A(x - x_0) + B(y - y_0) + C(z - z_0) = 0.$$

说明平面上任意一点的坐标满足该方程;反过来可推知满足方程的点也必在该平面上(见图5-11)。

这个方程称为平面的点法式方程。这是建立平面方程的最基本方法,其他方法都可由此诱导出来。

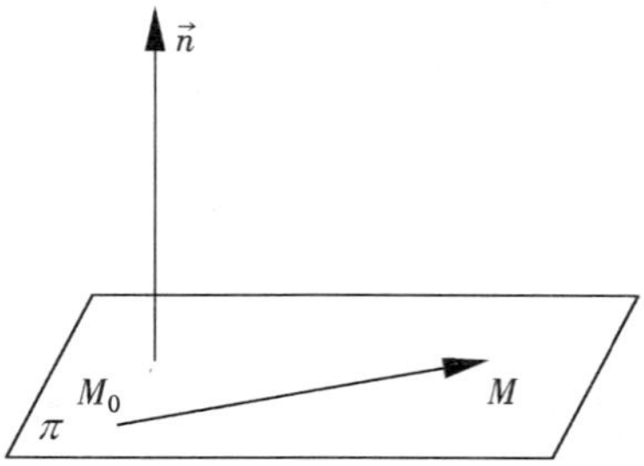

图 5－11

例 12 求过三个点 $M_1(2,1,1)$, $M_2(5,1,0)$, $M_3(-3,2,2)$ 的平面方程。

解 由立体几何知,不在同一直线上的三点决定一个平面。为找这个平面,只要知道该平面上一个点及该平面的法向量。现在点有三个,可任取一个,关键是要找法向量 $\vec{n}$。但只要知道与 $\vec{n}$ 垂直的两个向量,它们的向量积即可表示 $\vec{n}$,故可取

$$\vec{n}=\overrightarrow{M_1M_2}\times\overrightarrow{M_1M_3}=\begin{vmatrix}\vec{i}&\vec{j}&\vec{k}\\3&0&-1\\-5&1&1\end{vmatrix}=\{1,2,3\};$$

得平面的点法式方程为 $(x-2)+2(y-1)+3(z-1)=0$,化简后得 $x+2y+3z-7=0$(见图 5－12)。

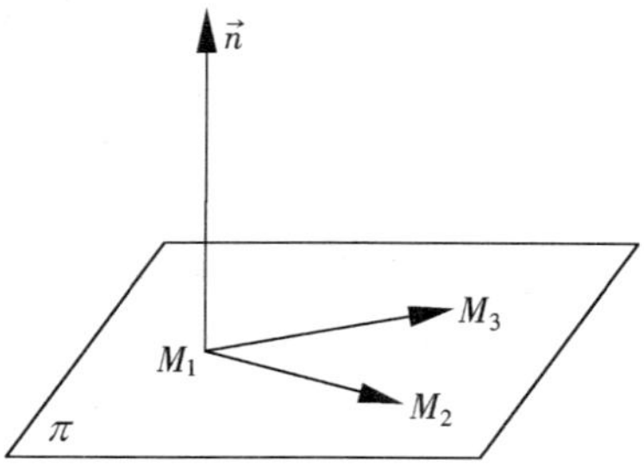

图 5－12

例 13 求过点 $M_1(1,2,-1)$, $M_2(2,3,1)$ 且与平面 π_0:$(x-2)+2(y-1)+3(z-1)=0$ 垂直的平面 π(见图 5－13)。

解 关键是求平面 π 的法向量 $\vec{n}$。

因为 $\vec{n}\perp\overrightarrow{M_1M_2}$ 且 $\vec{n}\perp\vec{n}_0$,故可取

$$\vec{n}=\overrightarrow{M_1M_2}\times\vec{n}_0,$$

已知 $\overrightarrow{M_1M_2}=\{1,1,2\}$, $\vec{n}_0=\{1,2,3\}$,

所以 $\vec{n}=\{1,1,2\}\times\{1,2,3\}=\{-1,-1,1\}$,

故平面方程为

$$-(x-1)-(y-2)+(z+1)=0,$$

化简后得

$$x+y-z-4=0.$$

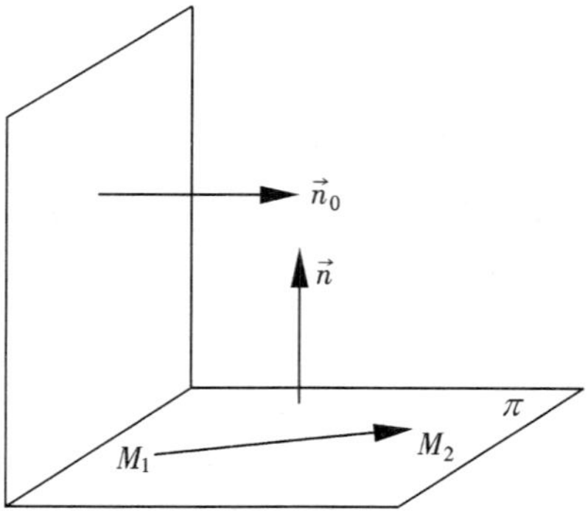

图 5－13

5.2.2 平面的一般方程

将平面的点法式方程 $A(x-x_0)+B(y-y_0)+C(z-z_0)=0$ 进行整理得:

$$Ax+By+Cz+(-Ax_0-By_0-Cz_0)=0,$$

最后一项是一个常数,记为 D,于是平面的点法式方程可写为

$$Ax+By+Cz+D=0.$$

反过来，一个 x,y,z 的一次方程是否表示一个平面呢？上面这个方程含有无穷多个解，设 x_0,y_0,z_0 是其中一个解，则有 $D=-(Ax_0+By_0+Cz_0)$，故 $Ax+By+Cz+(-Ax_0-By_0-Cz_0)=0$，整理后即得平面的点法式方程。

由以上分析可知，任何一个三元一次方程 $Ax+By+Cz+D=0$（A,B,C 不全为零）都表示一个平面的方程，我们称之为平面的一般方程或一般式。

下面讨论平面一般式中的一些特殊情况：

(1) $D=0$ 时，平面 $Ax+By+Cz=0$ 通过原点 $O(0,0,0)$；

(2) $C=0$ 时，$\vec{n}=\{A,B,0\}\perp\vec{k}$，该平面平行于 z 轴；

(3) $C=D=0$ 时，表示该平面通过 z 轴；

(4) $B=C=0$ 时，$\vec{n}=\{A,0,0\}//\vec{i}$，表示平面平行于 yz 坐标平面；

(5) $B=C=D=0$ 时，得平面方程为 $x=0$，即为 yz 坐标平面。

其余情况可以类似讨论。

对于一些特殊的平面，也可利用平面方程一般式来建立其方程。

例 14 已知一平面通过 z 轴及一个点 $M_0=(1,-1,5)$，求该平面方程。

解 方法一 平面过原点 O 及 $M_0=(1,-1,5)$，平面法向量 $\vec{n}\perp\overrightarrow{OM}$；又平面通过 z 轴，有 $\vec{n}\perp\vec{k}$，故 $\vec{n}=\{0,0,1\}\times\{1,-1,5\}=\{1,1,0\}$，利用平面点法式得 $1(x-0)+1(y-0)+0(z-0)=0$，化简后得 $x+y=0$。

方法二 通过 z 轴的平面可表示为 $Ax+By=0$，因为平面过 $M_0=(1,-1,5)$，所以 $A\cdot1+B(-1)=0$，即 $B=A$，代入得 $A(x+y)=0$，消去 A（A 必不为 0），有 $x+y=0$.

例 15 设有两个平面 $\pi_1: A_1x+B_1y+C_1z+D_1=0$，

$$\pi_2: A_2x+B_2y+C_2z+D_2=0,$$

求 π_1 与 π_2 之间的夹角。

解 在空间解析几何中，两平面的夹角由它们法向量的夹角定义，现在

$$\vec{n}_1=\{A_1,B_1,C_1\},\quad \vec{n}_2=\{A_2,B_2,C_2\},$$

故

$$\cos(\widehat{\vec{n}_1,\vec{n}_2})=\frac{\vec{n}_1\cdot\vec{n}_2}{|\vec{n}_1||\vec{n}_2|}=\frac{A_1A_2+B_1B_2+C_1C_2}{\sqrt{A_1^2+B_1^2+C_1^2}\sqrt{A_2^2+B_2^2+C_2^2}},$$

当求出了 $\cos(\widehat{\vec{n}_1,\vec{n}_2})$，因为 $0\leqslant(\widehat{\vec{n}_1,\vec{n}_2})\leqslant\pi$，所以夹角可惟一确定。

从两平面 π_1 与 π_2 的夹角余弦的定义也可推知：

平面 π_1 与 π_2 垂直的充要条件为 $A_1A_2+B_1B_2+C_1C_2=0$；

平面 π_1 与 π_2 平行的充要条件为 $\dfrac{A_1}{A_2}=\dfrac{B_1}{B_2}=\dfrac{C_1}{C_2}$，其中分母为 0 时，分子也取 0。

最后，作为向量运算的应用，我们来推导平面外一点 $M_1(x_1,y_1,z_1)$ 到平面 $\pi:Ax+By+Cz+D=0$ 的距离 d 的公式。

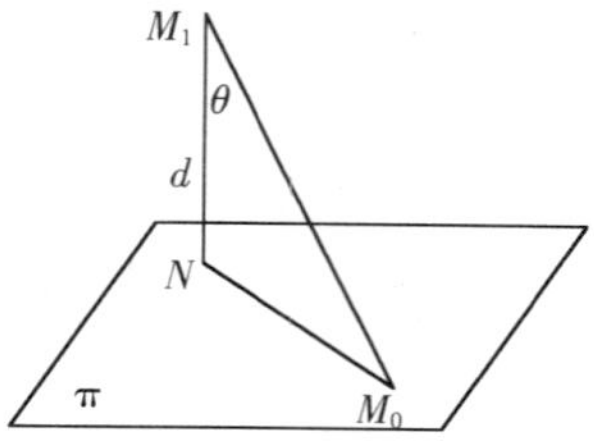

图 5-14

由图 5-14，设 $M_0(x_0,y_0,z_0)$ 为平面 π 上一点，则应满足：$Ax_0+By_0+Cz_0+D=0$。平面的法向量为 $\vec{n}=\{A,B,C\}$，点 M_1 到平面 π 的距离 $d=|M_1N|$，就是 $\overrightarrow{M_0M_1}$ 在 $\vec{n}$ 上的投影的绝对值。所以，

$$d=\left|\,|\overrightarrow{M_0M_1}|\cos\theta\right|=\left|\frac{\overrightarrow{M_0M_1}\cdot\vec{n}}{|\vec{n}|}\right|=$$

$$\left|\frac{A(x_1-x_0)+B(y_1-y_0)+C(z_1-z_0)}{\sqrt{A^2+B^2+C^2}}\right|=$$

$$\frac{|Ax_1+By_1+Cz_1+D|}{\sqrt{A^2+B^2+C^2}}.$$

习　　题　5.2

23. 求下列平面方程：

(1) 过点 $M(7,2,-1)$，且法向量 $\vec{n}=\{2,-4,3\}$；

(2) 过点 $A(3,-1,2)$，$B(4,-1,-1)$，$C(2,0,2)$；

(3) 过点 $A(a,0,0)$，$B(0,b,0)$，$C(0,0,c)$ $(abc\neq 0)$；

(4) 过点 $M(1,-2,3)$，且与平面 $4x-3y+z-5=0$ 平行；

(5) 过点 $A(2,-1,2)$，且与向量 $\vec{AB}$ 垂直，其中 $B(3,-7,5)$。

24. 求下列平面方程：

(1) 过点 $M(-3,1,-2)$，且通过 z 轴；

(2) 过点 $M(-4,9,5)$，且在 x,y,z 轴上的截距比为 $2:3:5$；

(3) 过点 $M(1,1,1)$，且同时垂直于平面 $x-y+z-7=0$ 及 $3x+2y-12z+5=0$；

(4) 过点 $M(-2,-1,3)$，$N(0,-1,2)$ 且平行于 z 轴。

25. 求下列各对平面间的夹角 $(0\leqslant\theta\leqslant\pi)$：

(1) $2x-y+z=6$，$x+y+2z=3$；

(2) $3x+4y-5z-9=0$，$2x+6y+6z-7=0$.

26. 在空间直角坐标系中画出下列平面(部分)：

(1) $2x+3y+z-6=0$；　　(2) $4x+3z+2=0$；

(3) $3y+2=0$；　　(4) $3x-2y+z=0$.

27. 已知平面方程为 $x+2(y-2)+2(z-3)=0$,求点 $(2,3,-5)$ 到该平面的距离。

5.3 空间直线及其方程

5.3.1 空间直线的点向式方程

与直线平行的任何非零向量都称为该直线的方向向量。

由立体几何知道,过空间一点且平行于一个已知向量(即方向向量),可以惟一确定一条直线。建立直线方程的过程如下:

设已知点为 $M_0(x_0,y_0,z_0)$,方向向量为 $\vec{s}=\{m,n,p\}$(m,n,p 不全为0),设 $M(x,y,z)$ 为直线上任意点,则应满足 $\overrightarrow{M_0M}\parallel\vec{s}$,根据定理4的(5.3)式,可得

$$\frac{x-x_0}{m}=\frac{y-y_0}{n}=\frac{z-z_0}{p}.$$

上述方程组称为直线的点向式方程。要注意的是方程中有两个等号,实际上是一个方程组。

记点向式方程的比值为 t,即 $\frac{x-x_0}{m}=\frac{y-y_0}{n}=\frac{z-z_0}{p}=t$,就得到直线的参数方程:

$$\begin{cases}x=x_0+mt\\y=y_0+nt\\z=z_0+pt\end{cases}\quad 其中\quad t\ 为参数(-\infty<t<\infty)。$$

例 16 求过点 $M_1(x_1,y_1,z_1)$ 及 $M_2(x_2,y_2,z_2)$ 的直线方程。

解 此时直线的方向向量可由向量 $\overrightarrow{M_1M_2}=\{x_2-x_1,y_2-y_1,z_2-z_1\}$ 表示,于是直线方程可表示为

$$\frac{x-x_1}{x_2-x_1}=\frac{y-y_1}{y_2-y_1}=\frac{z-z_1}{z_2-z_1}.$$

这个方程称为直线的两点式方程。

例 17 求过直线 $L:\frac{x-1}{-1}=\frac{y-2}{1}=\frac{z-3}{-2}$ 与平面 $\pi:2x+y-z-5=0$ 的交点且垂直于平面 π 的直线。

解 此时平面的法向量 $\vec{n}=\{2,1,-1\}$,即可看作所求直线的方向向量。余下的问题要求出直线与平面的交点,可将直线 L 改为参数方程

$$\begin{cases}x=1-t\\y=2+t\ ,\\z=3-2t\end{cases}$$

并代入平面方程 π,求出交点的参数:

$$2(1-t)+(2+t)-(3-2t)-5=0,$$

解得 $t=4$。故交点的坐标为 $(-3,6,-5)$，于是所求直线方程为

$$\frac{x+3}{2}=\frac{y-6}{1}=\frac{z+5}{-1}.$$

5.3.2 空间直线的一般方程

空间直线可以看作两个平面的交线，设有两个平面

$$\pi_1: A_1x+B_1y+C_1z+D_1=0, \qquad \pi_2: A_2x+B_2y+C_2z+D_2=0,$$

只要它们的法向量不平行，则两个平面必相交，此时方程组

$$\begin{cases}A_1x+B_1y+C_1z+D_1=0\\A_2x+B_2y+C_2z+D_2=0\end{cases}$$

就代表交线的方程，称为空间直线的一般方程或一般式。

空间直线的点向式与一般式可以互相转化，若先给出直线的点向式方程

$$\frac{x-x_0}{m}=\frac{y-y_0}{n}=\frac{z-z_0}{p},$$

则它的一般式即为

$$\begin{cases}n(x-x_0)-m(y-y_0)=0\\p(x-x_0)m(z-z_0)=0\end{cases},$$

此时，构成交线的两个平面都是特殊的平面，它们分别平行于 z 轴与 y 轴。若先给出直线的一般式方程，我们通过例子来说明如何转化为点向式方程。

例 18 已知直线 L 的一般式方程 $\begin{cases}2x-y+2z-4=0\\x+3y+5z-5=0\end{cases}$，将它转化为点向式方程。

解 直线由三元一次方程组给出，它有无穷多解，不妨取定 $z_0=-1$，得

$$\begin{cases}2x-y-6=0\\x+3y-10=0\end{cases}$$

由此解得

$$x_0=4, y_0=2,$$

这样找到直线 L 上一点 $M_0(4,2,-1)$。

因为两个平面的交线应该分别与这两个平面的法向量 $\vec{n}_1$ 与 $\vec{n}_2$ 垂直，所以可取直线 L 的方向向量为

$$\vec{s}=\vec{n}_1\times\vec{n}_2=\begin{vmatrix}\vec{i}&\vec{j}&\vec{k}\\2&-1&2\\1&3&5\end{vmatrix}=\{-11,-8,7\},$$

从而直线 L 的点向式可表示为

$$\frac{x-4}{-11}=\frac{y-2}{-8}=\frac{z+1}{7}.$$

例 19 一直线过点(1,3,-2)且与直线$\begin{cases}2x-y+2z-4=0\\x+3y+5z-5=0\end{cases}$平行,求该直线。

解 先求出直线的方向向量,由例18知$\vec{s}=\vec{n}_1\times\vec{n}_2=\begin{vmatrix}\vec{i}&\vec{j}&\vec{k}\\2&-1&2\\1&3&5\end{vmatrix}=\{-11,-8,7\}$,于是所求直线方程为$\dfrac{x-1}{-11}=\dfrac{y-3}{-8}=\dfrac{z+2}{7}$.

例 20 求过点$M_1(1,3,-2)$及直线$L:\begin{cases}2x-y+2z-4=0\\x+3y+5z-5=0\end{cases}$的平面方程。

解 方法一 将直线L转化为点向式(见例18):$\dfrac{x-4}{-11}=\dfrac{y-2}{-8}=\dfrac{z+1}{7}$;记直线上的点(4,2,-1)为$M_2$,记方向向量$\{-11,-8,7\}$为$\vec{s}$,于是所求平面法向量为

$$\vec{n}=\vec{s}\times\overrightarrow{M_2M_1}=\begin{vmatrix}\vec{i}&\vec{j}&\vec{k}\\-11&-8&7\\-3&1&-1\end{vmatrix}=\{1,-32,-35\},$$

故所求平面为$(x-1)-32(y-3)-35(z+2)=0$,化简后得

$$x-32y-35z+25=0.$$

方法二 构造下列方程:$(2x-y+2z-4)+\lambda(x+3y+5z-5)=0$,经整理后为

$$(2+\lambda)x+(-1+3\lambda)y+(2+5\lambda)z+(-4-5\lambda)=0. \qquad (5.4)$$

(5.4)式表示一个平面方程,且不论参数λ取何值,直线L都处在平面上(显然直线L上的点都满足这个方程)。我们把(5.4)式称为通过直线的平面束方程。现从这个平面束中取出一个,使它通过点$M_1(1,3,-2)$,即为我们要求的平面方程。为此,将点M_1的坐标代入式(5.4),得

$$(2+\lambda)+(-1+3\lambda)3+(2+5\lambda)(-2)+(-4-5\lambda)=0,$$

由此求得$\lambda=-\dfrac{9}{5}$,将其代入式(5.4),整理后得 $x-32y-35z+25=0$。

例 21 设有两条直线

$$L_1:\ \frac{x-x_1}{m_1}=\frac{y-y_1}{n_1}=\frac{z-z_1}{p_1}$$

$$L_2:\ \frac{x-x_2}{m_2}=\frac{y-y_2}{n_2}=\frac{z-z_2}{p_2},$$

求L_1与L_2之间的夹角。

解 两直线之间的夹角由它们方向向量 $\vec{s}_1,\vec{s}_2$ 之间的夹角定义，故有

$$\cos(\widehat{\vec{s}_1,\vec{s}_2})=\frac{\vec{s}_1\cdot\vec{s}_2}{|\vec{s}_1||\vec{s}_2|}=\frac{m_1m_2+n_1n_2+p_1p_2}{\sqrt{m_1^2+n_1^2+p_1^2}\sqrt{m_2^2+n_2^2+p_2^2}}$$

从两直线 L_1 与 L_2 夹角余弦的公式也可推知：

L_1 与 L_2 垂直（包括异面垂直）的充要条件为 $m_1m_2+n_1n_2+p_1p_2=0$，

L_1 与 L_2 平行的充要条件为 $\frac{m_1}{m_2}=\frac{n_1}{n_2}=\frac{p_1}{p_2}$（其中分母为 0 时规定对应分子也取 0）。

习　　题　5.3

28. 求下列直线方程：
   (1) 过点 $M(4,1,2)$ 且平行于向量 $\vec{s}=\{-3,2,1\}$；
   (2) 过点 $M(3,0,-2)$ 且平行于 z 轴；
   (3) 过点 $M(-2,2,1)$ 且与向量 $\vec{a}=\{-1,1,1\}$ 及 $\vec{b}=\{1,0,-1\}$ 均垂直；
   (4) 过两点 $A(1,2,3)$ 及 $B(2,3,4)$；
   (5) 过点 $M(1,-1,-3)$ 且平行于直线 $\begin{cases}5(x-1)-2(y-3)=0\\z=1\end{cases}$。

29. 将下列直线一般式化为点向式：
   (1) $\begin{cases}x-2y+3z-4=0\\3x+2y-4z-8=0\end{cases}$；　(2) $\begin{cases}5x+y+z=0\\2x+3y-2z+5=0\end{cases}$；
   (3) $\begin{cases}3x+2z-1=0\\y+z=0\end{cases}$；　(4) $\begin{cases}x=2y+2\\y=z-4\end{cases}$.

30. 求下列直线方程：
   (1) 过点 $(3,3-1)$ 且与平面 $x+3y-z-1=0$ 及平面 $2x+4y+z+3=0$ 分别平行；
   (2) 经过两直线 $\frac{x-1}{-1}=\frac{y}{8}=\frac{z-5}{-3}$ 及 $\frac{x-3}{4}=\frac{y-21}{5}=\frac{z+11}{-10}$ 的交点且与两直线分别垂直；
   (3) 过直线 $\frac{x-1}{1}=\frac{y+1}{-1}=\frac{z-1}{2}$ 与平面 $x+y-3z+15=0$ 的交点且与该平面垂直；
   *(4) 过点 $(1,0,-4)$，平行于平面 $3x-4y+z-10=0$，与直线 $\frac{x+1}{3}=\frac{y-3}{1}=\frac{z}{2}$ 相交。

31. 求下列平面方程：

(1) 过点$(-1,3,-2)$和直线$\frac{x-1}{2}=\frac{y+2}{-1}=\frac{z}{-2}$；

(2) 过点$(1,3,1)$和直线$\begin{cases}x+2y-4z-1=0\\5x-2y-z=0\end{cases}$；

(3) 过直线$\begin{cases}x-3y+z+4=0\\x-2z-4=0\end{cases}$且与直线$\begin{cases}z=y-6\\x=y+4\end{cases}$平行；

(4) 过两条平行直线$\frac{x+3}{3}=\frac{y+2}{-2}=\frac{z}{1}$及$\frac{x+3}{3}=\frac{y+4}{-2}=\frac{z+1}{1}$；

(5) 过直线$\frac{x+5}{-3}=\frac{y+4}{4}=\frac{z-1}{-1}$且垂直于平面$x+y+z-6=0$。

32. 求两直线之间的夹角：

$$\begin{cases}5x-3y+3z-9=0\\3x-2y+z-1=0\end{cases} \quad 和 \quad \begin{cases}2x+2y-z+23=0\\3x+8y+z-18=0\end{cases}.$$

33. 判断直线$\frac{x-2}{-11}=\frac{y+5}{17}=\frac{z-3}{13}$与直线$\begin{cases}2x-y+3z-1=0\\5x+4y-z-7=0\end{cases}$是否共面？

34. 求到点$(3,0,0)$，$(0,2,0)$及$(0,0,1)$距离相等的点的轨迹方程。

*35. 求下列两平面所成两面角$(0\leqslant\theta\leqslant\pi)$的平分面：

$2x-y+z-7=0, x+y+2z-11=0.$

(提示:将平分面用平面束方程表示)

*36. (1) 已知M_0为直线L上的一点，直线的方向向量为$\vec{s}$，证明直线L外一点M_1到直线的距离

$$d=\frac{|\overrightarrow{M_0M_1}\times\vec{s}|}{|\vec{s}|};$$

(2) 求点$M(0,-1,1)$到直线$\begin{cases}x+1=0\\x+2z-7=0\end{cases}$的距离。

*37. 一平面过x轴，且空间一点$M(5,4,13)$到它的距离为8，求该平面。

*38. 已知直线L:$\frac{x}{2}=\frac{y}{-3}=\frac{z}{6}$，平面$\pi$:$3x+4y+5z=0$，过点$P(1,2,5)$作一条直线$L_1$，使$L_1$与$L$相交，且平行于$\pi$，求$L_1$的方程。

*39. (1) 求直线$\frac{x-x_1}{m_1}=\frac{y-y_1}{n_1}=\frac{z-z_1}{p_1}$与直线$\frac{x-x_2}{m_2}=\frac{y-y_2}{n_2}=\frac{z-z_2}{p_2}$相交的条件。

(2) 一直线过点$(-1,0,4)$，平等于平面$3x-4y+z=10$，且与直线$x+1=y-3=\frac{1}{2}z$相交，求该直线方程。

(3) 一直线过点(1,1,1)且与两条直线 L_1 及 L_2 分别相交:

$$L_1:\frac{x}{1}=\frac{y}{2}=\frac{z}{3},\qquad L_2:\frac{x-1}{2}=\frac{y-2}{1}=\frac{z-3}{4},$$

建立它的方程。

5.4 空间曲面与曲线简介

5.4.1 二次曲面

正如平面曲线视作平面上满足一定条件的点的轨迹,我们把空间曲面 Σ 定义为空间中满足一定条件的点的轨迹。在空间直角坐标系中,如果曲面 Σ 上任一点的坐标 (x,y,z) 满足方程 $F(x,y,z)=0$;反过来,满足该方程的点 (x,y,z) 也都在这个曲面上,则称 $F(x,y,z)=0$ 为曲面 Σ 的方程。最简单的曲面为平面,可用三元一次方程 $Ax+By+Cz+D=0$ 表示。而由三元二次方程 $F(x,y,z)=0$ 表示的曲面则称为二次曲面。下面介绍最常用的二次曲面及其方程。

1) 球面与椭球面

方程

$$(x-x_0)^2+(y-y_0)^2+(z-z_0)^2=R^2$$

表示球心在点 $M_0(x_0,y_0,z_0)$、半径为 R 的球面。事实上,记球面上的任一点坐标为 $M(x,y,z)$,则 M 应满足 $|\overrightarrow{M_0M}|=R$,经过整理即得上述球面方程。

将球面方程展开后可以记为如下形式:

$$x^2+y^2+z^2+Ax+By+Cz+D=0 \tag{5.5}$$

这个方程的特点是三个平方项前的系数相等,且不存在变元之间的乘积项。

将(5.5)式进行配方得

$$\left(x+\frac{A}{2}\right)^2+\left(y+\frac{B}{2}\right)^2+\left(z+\frac{C}{2}\right)^2=\frac{A^2+B^2+C^2}{4}-D,$$

若等式右端为正,则可知(5.5)式表示球心在 $\left(-\frac{A}{2},-\frac{B}{2},-\frac{C}{2}\right)$,且半径为 $\sqrt{\frac{A^2+B^2+C^2}{4}-D}$ 的球面。

当球心为原点时,球面方程为 $x^2+y^2+z^2=R^2$,称为球面的标准方程。

将球面方程推广为 $\frac{x^2}{a^2}+\frac{y^2}{b^2}+\frac{z^2}{c^2}=1(a>0,b>0,c>0)$,称为椭球面的标准方程。

2) 柱面

如果方程 $F(x,y,z)=0$ 中缺少一个变量，例如缺少为量 z，方程转化为 $F(x,y)=0$。由平面解析几何可知，$F(x,y)=0$ 在 xy 坐标平面上表示一条曲线 C。让一条平行于 z 轴的动直线 L 沿 C 平行移动，所得轨迹构成一个曲面，称之为柱面。我们称 C 为柱面的准线，动直线 L 为柱面的母线。下面推导这个柱面方程。

过柱面上任一点 $M(x,y,z)$ 作一条平行于 z 轴的母线，它与准线 C 交于点 $M_0(x,y,0)$，于是点 M_0 满足方程 $F(x,y)=0$，但这个方程中不显含变量 z，故点 $M(x,y,z)$ 的坐标也满足方程 $F(x,y)=0$。

这样，方程 $F(x,y)=0$ 在空间代表一个柱面，在 xy 坐标平面上代表柱面对应的准线 C_0 为区别起见，今后在空间直角坐标系中将准线 C 记为

$$\begin{cases} F(x,y)=0 \\ z=0 \end{cases}$$

(参见 5.4.2 空间曲线)。

例 22 方程 $y-x^2=0$ 在空间代表如图 5-15 的柱面，它的母线平行于 z 轴。这个柱面与 xy 坐标平面的交线即为准线，这条准线是我们熟知的抛物线，所以称这个柱面称为抛物柱面。

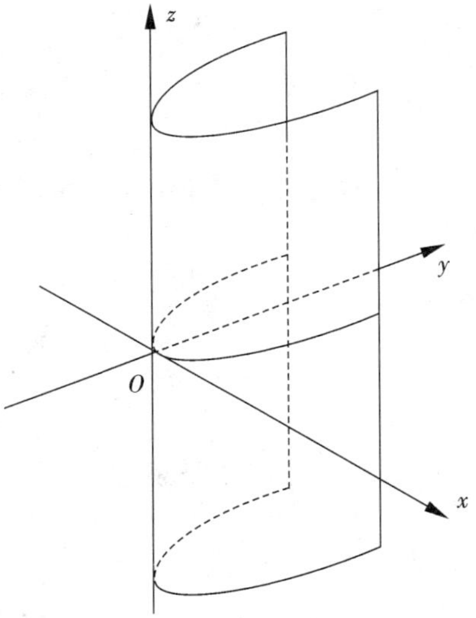

图 5-15

按照上面分析，以 z 轴为中心轴的圆柱面方程为 $x^2+y^2=R^2$，这个圆柱面是大家非常熟悉的。

当方程中缺少变量 y 或 z 时，也是柱面方程，只要把上述结果相应地变通。

3) 旋转曲面

平面曲线 C 绕同一平面上的定直线 L 旋转所形成的曲面称为旋转曲面，定直线 L 称为旋转轴，C 称为母线。

现以 yz 坐标平面上曲线 $C:f(y,z)=0$ 绕 z 轴旋转所成的旋转曲面为例来推导其方程(见图 5-16)：

过旋转曲面上任一点 $M(x,y,z)$ 作垂直于 z 轴的平面，交 z 轴于点 $P(0,0,z)$，交曲线 C 于点 $M_0(0,y_0,z)$(其中 y_0 待定)。

因为 $|\overrightarrow{PM_0}|=|\overrightarrow{PM}|$，故 $|y_0|=\sqrt{x^2+y^2}$ 或 $y_0=\pm\sqrt{x^2+y^2}$。但 $M_0(0,y_0,z)$ 在 C 上，应满足方程 $f(y_0,z)=0$，于是点 $M(x,y,z)$ 应满足方程

$$f(\pm\sqrt{x^2+y^2},z)=0$$

考虑到 M 是曲面上任意一点,故 $f(\pm\sqrt{x^2+y^2},z)=0$ 表示旋转曲面的方程。

建立绕其他坐标轴的旋转曲面方程,只要认准曲线 C 及旋转轴所在位置进行变通,例如 yz 坐标平面上曲线 C: $f(y,z)=0$ 绕 y 轴旋转所得曲面为 $f(y,\pm\sqrt{x^2+z^2})=0$ 等等。

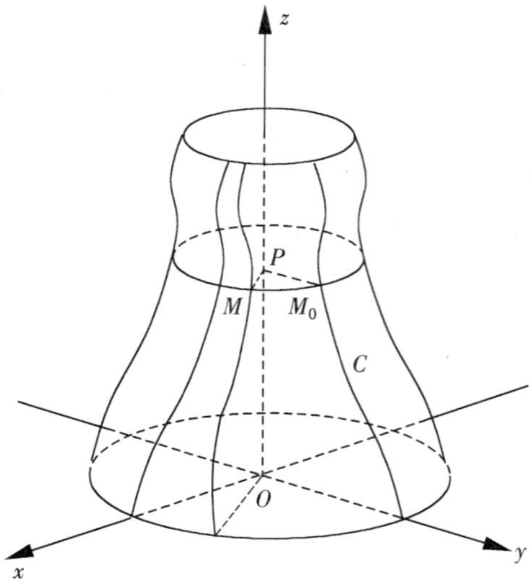

图 5-16

例 23 求下列坐标平面上的曲线绕指定坐标轴旋转所得的旋转曲面方程。

(1) 在 yz 坐标平面上的直线 $z=\dfrac{y}{a}$,绕 z 轴;

(2) 在 yz 坐标平面上的抛物线 $z=\dfrac{y^2}{a^2}$,绕 z 轴;

(3) 在 yz 坐标平面上的椭圆 $\dfrac{y^2}{b^2}+\dfrac{z^2}{c^2}=1$,绕 z 轴;

(4) 在 yz 坐标平面上的双曲线 $\dfrac{y^2}{b^2}-\dfrac{z^2}{c^2}=1$,绕 z 轴;

(5) 在 yz 坐标平面上的双曲线 $-\dfrac{y^2}{b^2}+\dfrac{z^2}{c^2}=1$,绕 z 轴。

解(1) 旋转曲面为 $z=\dfrac{1}{a}(\pm\sqrt{x^2+y^2})$,整理后得 $z^2=\dfrac{1}{a^2}(x^2+y^2)$,这个曲面称为圆锥面,见图 5-17。

(2) 旋转曲面为 $z=\dfrac{(\pm\sqrt{x^2+y^2})^2}{a^2}$,即 $z=\dfrac{x^2}{a^2}+\dfrac{y^2}{a^2}$。这个曲面称为旋转抛物面,见图 5-18。

(3) 旋转曲面为 $\dfrac{(\pm\sqrt{x^2+y^2})^2}{b^2}+\dfrac{z^2}{c^2}=1$,即 $\dfrac{x^2}{b^2}+\dfrac{y^2}{b^2}+\dfrac{z^2}{c^2}=1$。这个曲面称为旋转椭球面,见图 5-19。

(4) 旋转曲面为 $\dfrac{(\pm\sqrt{x^2+y^2})^2}{b^2}-\dfrac{z^2}{c^2}=1$,即 $\dfrac{x^2}{b^2}+\dfrac{y^2}{b^2}-\dfrac{z^2}{c^2}=1$。这个曲面称为旋转单叶双曲面,见图 5-20。

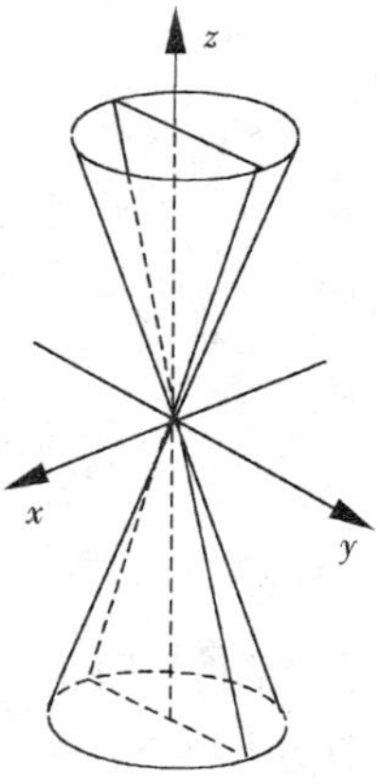

图 5 - 17

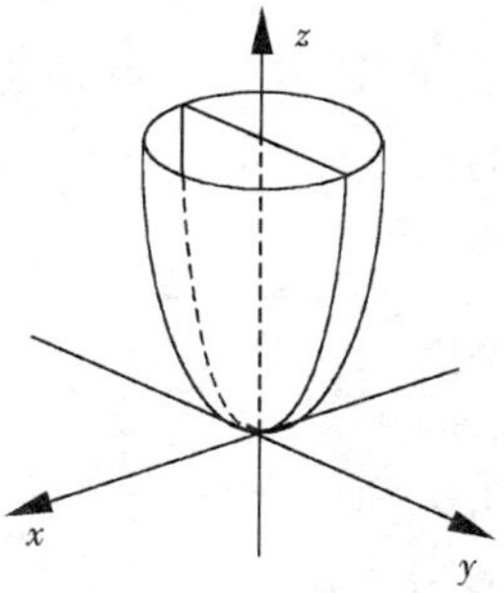

图 5 - 18

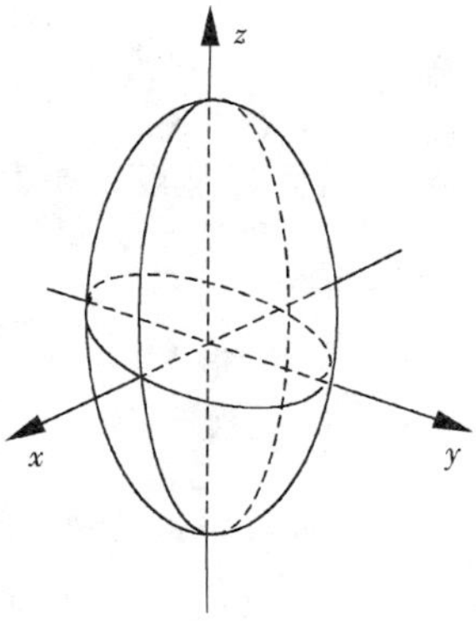

图 5 - 19

(5) 旋转曲面为 $-\frac{(\pm\sqrt{x^2+y^2})^2}{b^2}+\frac{z^2}{c^2}=1$,即 $-\frac{x^2}{b^2}-\frac{y^2}{b^2}+\frac{z^2}{c^2}=1$。这个曲面称为旋转双叶双曲面,见图 5 - 21。

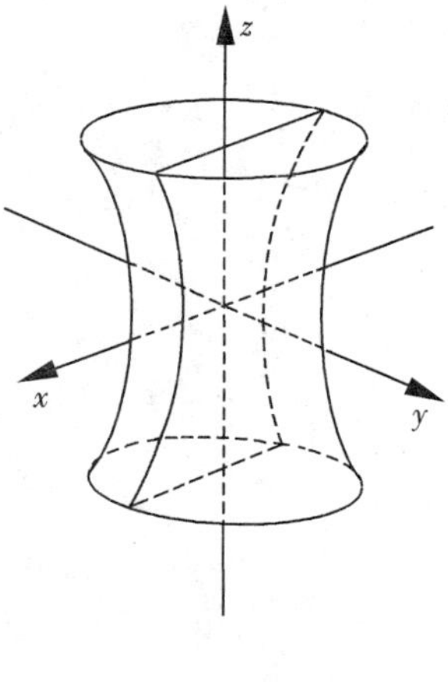

图 5 - 20

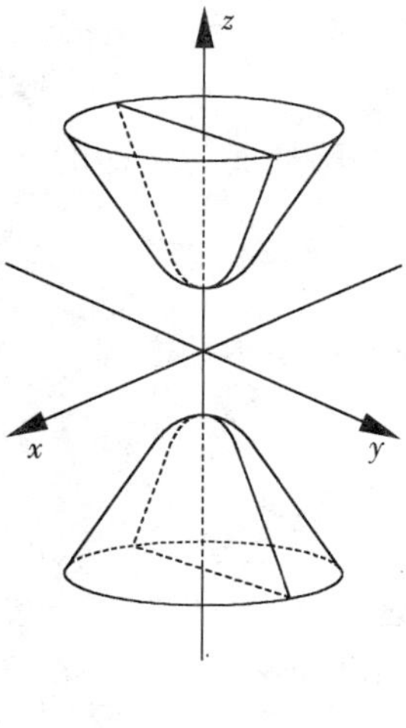

图 5 - 21

注:将上述旋转曲面进行推广,容易得到与它们类似的非旋转曲面的标准方程:

(1) 椭球面:$\frac{x^2}{a^2}+\frac{y^2}{b^2}+\frac{z^2}{c^2}=1$;

(2) 椭圆抛物面:$z=\frac{x^2}{a^2}+\frac{y^2}{b^2}$;

(3) 单叶双曲面:$\frac{x^2}{a^2}+\frac{y^2}{b^2}-\frac{z^2}{c^2}=1$;

(4)　双叶双曲面：$-\frac{x^2}{a^2}-\frac{y^2}{b^2}+\frac{z^2}{c^2}=1$；

(5)　椭圆锥面：$z^2=\frac{x^2}{a^2}+\frac{y^2}{b^2}$。

(2)至(5)的曲面都是以 z 轴为其轴线的，如以其他坐标轴为轴线则可相应变通。

5.4.2　空间曲线

1)　空间曲线的一般方程

我们知道，空间直线可以看作两个平面的交线，从而得出空间直线的一般方程。作为推广，空间曲线也可以看作两个曲面的交线，从而得出其一般方程为

$$\begin{cases}F(x,y,z)=0\\G(x,y,z)=0\end{cases}.$$

例 24　方程 $\begin{cases}x^2+y^2+z^2=16\\z=3\end{cases}$ 表示球面与垂直于 z 轴的平面 $z=3$ 的交线。将 $z=3$ 代入第一个方程，把方程改写为

$$\begin{cases}x^2+y^2=7\\z=3\end{cases},$$

因而它也可以理解为圆柱面与平面的交线，这条曲线显然是一个圆周。

2)　空间曲线的参数方程

一条空间曲线也可由参数方程

$$\begin{cases}x=\varphi(t)\\y=\psi(t)\\z=\chi(t)\end{cases}$$

给出，其中 t 为参数。

例 25　求两圆柱面 $x^2+y^2=R^2$ 和 $x^2+z^2=R^2$ 在第一卦限内的交线的方程。

解　容易得出这条交线的一般方程为

$$\begin{cases}x^2+y^2=R^2\\x^2+z^2=R^2\end{cases}.$$

但从一般方程中能够得到这条曲线的信息比较少，我们将它改为参数方程：

$$\begin{cases}x=R\cos t\\y=R\sin t\\z=R\sin t\end{cases}\left(0\leqslant t\leqslant\frac{\pi}{2}\right)$$

由此可知 $y=z$，也即用垂直于 x 轴的平面去截这两个圆柱体的相交部分，截得的都是正

方形(见图 5－22)。

例 26 求空间曲线$\begin{cases} z = x^2 + y^2 \\ 3x + 5y - z = 0 \end{cases}$在各个坐标平面上的投影。

解 由两个方程消去一个变量(找比较容易消的),例如 z,得 $x^2 + y^2 - 3x - 5y = 0$;经配方有

$$\left(x - \frac{3}{2}\right)^2 + \left(y - \frac{5}{2}\right)^2 = \frac{17}{2}.$$

这是一个母线平行于 z 轴的圆柱面方程,通常称为空间曲线关于 xy 坐标面的投影柱面。它与 xy 坐标面的交线

$$\begin{cases} \left(x - \frac{3}{2}\right)^2 + \left(y - \frac{5}{2}\right)^2 = \frac{17}{2} \\ z = 0 \end{cases}$$

就是该空间曲线在 xy 坐标面上的投影曲线。这是一个以点$\left(\frac{3}{2}, \frac{5}{2}\right)$为圆心,以$\sqrt{\frac{17}{2}}$为半径的圆周。

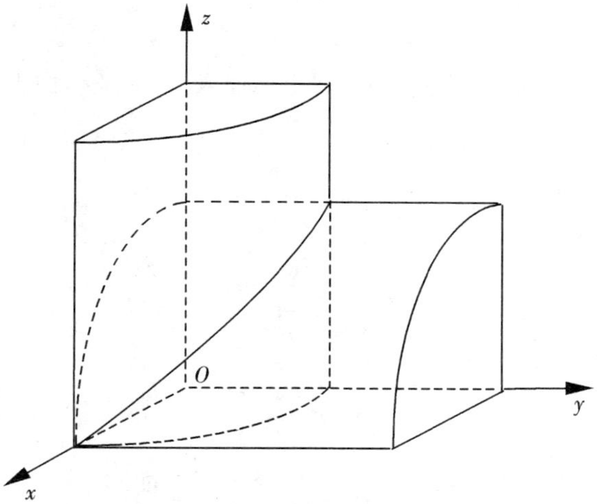

图 5－22

为求该曲线在其他两个坐标面上的投影,可以利用上述投影柱面,因为本题的空间曲线也可改写为

$$\begin{cases} \left(x - \frac{3}{2}\right)^2 + \left(y - \frac{5}{2}\right)^2 = \frac{17}{2} \\ 3x + 5y - z = 0 \end{cases}$$

于是,与建立平面上圆的参数方程的方法一样,可以建立该空间曲线的参数方程:

$$\begin{cases} x = \frac{3}{2} + \sqrt{\frac{17}{2}}\cos t \\ y = \frac{5}{2} + \sqrt{\frac{17}{2}}\sin t \qquad (0 \leqslant t \leqslant 2\pi) \\ z = 17 + 3\sqrt{\frac{17}{2}}\cos t + 5\sqrt{\frac{17}{2}}\sin t \end{cases}$$

再由上述参数方程容易知道,为求曲线在 xy 坐标平面上的投影,只要在参数方程中将 z 坐标取为 0 即可得

$$\begin{cases} x = \dfrac{3}{2} + \sqrt{\dfrac{17}{2}}\cos t \\ y = \dfrac{5}{2} + \sqrt{\dfrac{17}{2}}\sin t \\ z = 0 \end{cases}$$

同理，该曲线在 zx 坐标面及在 yz 坐标面上的投影分别为

$$\begin{cases} x = \dfrac{3}{2} + \sqrt{\dfrac{17}{2}}\cos t \\ y = 0 \\ z = 17 + 3\sqrt{\dfrac{17}{2}}\cos t + 5\sqrt{\dfrac{17}{2}}\sin t \end{cases} \quad 和 \quad \begin{cases} x = 0 \\ y = \dfrac{5}{2} + \sqrt{\dfrac{17}{2}}\sin t \\ z = 17 + 3\sqrt{\dfrac{17}{2}}\cos t + 5\sqrt{\dfrac{17}{2}}\sin t \end{cases}$$

习　　题　5.4

40. 判断下列方程是否代表球面？如果代表球面，求出球心与半径。

(1) $x^2 + y^2 + z^2 - 4x - 2y + 2z - 19 = 0$;

(2) $2x^2 + 2y^2 + 2z^2 - 6x + 4y + 5 = 0$;

(3) $x^2 + y^2 + z^2 - 4x + 5 = 0$.

41. 由下列条件求出球面方程：

(1) 球心在 $(2, -2, 1)$，且球面过原点；

(2) 球面过点 $A(2, -3, 5)$ 及 $B(4, 1, -3)$，且线段 AB 是球的直径；

(3) 球心在直线 $\dfrac{x-4}{2} = \dfrac{y+8}{-4} = z - 2$ 上，且球面过点 $(2, -3, 6)$ 与 $(6, 3, -2)$；

(4) 球心在原点，且球面与平面 $2x - 2y + z - 9 = 0$ 相切。

42. 求过点 $(0,0,0)$，$(0,1,-1)$，$(-1,2,0)$ 及 $(1,2,3)$ 的球面方程。

43. 证明以 $A(x_1, y_1, z_1)$ 及 $B(x_2, y_2, z_2)$ 两点连线为直径的球面方程为

$$(x - x_1)(x - x_2) + (y - y_1)(y - y_2) + (z - z_1)(z - z_2) = 0.$$

44. 下列方程组各表示什么曲线？

(1) $\begin{cases} x^2 + y^2 + z^2 - 2z = 24 \\ x = 3 \end{cases}$;　　(2) $\begin{cases} x^2 + 4y^2 + 9z^2 = 36 \\ y = 1 \end{cases}$;

(3) $\begin{cases} x^2 + 4y^2 = 8z \\ z = 2 \end{cases}$;　　(4) $\begin{cases} x^2 - y^2 + z^2 = 1 \\ y = 2 \end{cases}$.

45. 写出下列曲线的参数方程，并求在指定坐标平面上的投影曲线。

(1) $\begin{cases}\dfrac{x^2}{16}+\dfrac{y^2}{12}-\dfrac{z^2}{4}=1\\ x=2\end{cases}$ yz 坐标平面；

*(2) $\begin{cases}x^2+y^2-z^2=0\\ 2x-z^2+3=0\end{cases}$ xy 坐标平面；

*(3) $\begin{cases}x^2+4y^2-z^2=16\\ 4x^2+y^2+z^2=29\end{cases}$ xy 坐标平面。

46. 求下列曲线绕指定坐标轴旋转所得旋转曲面方程，并指出这些曲面的名称。

(1) $\begin{cases}4x^2+9y^2=36\\ z=0\end{cases}$ 分别绕 x 轴及 y 轴旋转；

(2) $\begin{cases}y=kx \quad (k\neq 0)\\ z=0\end{cases}$ 绕 x 轴旋转；

(3) $\begin{cases}z=\sqrt{y}\\ x=0\end{cases}$ 绕 y 轴旋转；

(4) $\begin{cases}y^2-z^2=1\\ x=0\end{cases}$ 分别绕 y 轴及 z 轴旋转。

47. 求以两曲面交线 $\begin{cases}x^2+y^2+4z^2=1\\ x^2=y^2+z^2\end{cases}$ 为准线，且母线平行于 z 轴的柱面方程。

48. 曲面 $\dfrac{x^2}{4^2}-\dfrac{y^2}{3^2}-\dfrac{z^2}{5^2}=1$ 分别被平面 $x=6, z=3, y=5$ 所截的截口曲线是什么形状的曲线？

49. 求到点 $(a,0,0)$ 与 $(-a,0,0)$ 的距离平方之和等于 $4a^2$ 点的轨迹，并指出其图形。

*50. 求到点 $(c,0,0)$ 与 $(-c,0,0)$ 距离之和等到于常数 $2a(a>c)$ 的点的轨迹，并指出其图形。

*51. 写出曲线 $\begin{cases}y^2=4z\\ 4x+z^2=0\end{cases}$ 的参数方程，并求曲线在各坐标面上的投影。

6 多元函数微分学

前面我们讨论了一元函数的微分学和积分学。但是在自然科学与工程技术的很多实际问题中,常常会遇到多个变量之间的相互依赖、相互制约的关系,反映到数学上,就产生了多元函数的概念。本章讨论多元函数微分学。值得注意的是,一元函数微分学的一些重要结论不能简单地推广到多元函数中去,因此在学习过程中必须注意二者之间的异同之处。在讨论中我们将以二元函数为主,因为一般说来我们可以将二元函数的有关结论类推到二元以上的多元函数。

6.1 多元函数的概念 二元函数的极限和连续性

6.1.1 多元函数的概念

1) 二元函数的定义

例 1 圆锥体的体积 V 和它的底圆半径 r 以及高 h 之间有关系式 $V=\frac{1}{3}\pi r^2 h$,其中 r 和 h 是两个独立变量。当变量 r、h 在一定范围($r>0,h>0$)内分别取定一组数值时,通过上面的关系式,V 总有一个确定的值与它们对应。

例 2 直流电路中,电流 I、电压 V 与电阻 R 之间有关系式 $I=\frac{V}{R}$,其中 V 和 R 是两个独立的变量,当 V、R 在一定范围($V>0,R>0$)内分别取定一组数值时,根据给定的关系式,I 总有一个确定值与它们对应。

上述两个例子的具体意义虽然各不相同,但它们具有共同的属性,由此可引出二元函数的概念。

定义 设有三个变量 x、y、z,如果存在某种对应法则 f,使得对某取值范围 D 内任意取定的一组数值 (x,y),变量 z 总有惟一确定的值与它们对应,则称 z 是 x,y 的二元函数,记作 $z=f(x,y)$,并称 x,y 为自变量,z 为因变量。自变量的取值范围 D 称为二元函数的定义域。

当自变量 x,y 取定一组数值 (x_0,y_0) 时,对应的函数值记作

$f(x_0,y_0)\left(或\ z\Big|_{(x_0,y_0)},\ z\Big|_{\substack{x=x_0\\y=y_0}}\right)$。

和一元函数一样，二元函数也只与函数的定义域和对应法则有关，而与用什么字母表示变量无关。

类似地，可以定义三元函数 $u=f(x,y,z)$，乃至 n 元函数 $u=f(x_1,x_2,x_3,\cdots,x_n)$。我们 将二元及二元以上的函数统称为多元函数。

2) 二元函数的定义域

对于直接从实际问题中产生的二元函数，其定义域应根据它的实际意义确定，如例 1 及例 2 中的自变量均取正值；而对于用抽象的数学式子表示的函数，则为使这个式子有意义的自变量的取值范围，称为自然定义域。具体求法与一元函数类似。

例 3 求下列函数的定义域：

(1) $z=\dfrac{1}{\sqrt{x^2+y^2-4}}+\ln(9-x^2-y^2)$；

(2) $z=\arcsin(\dfrac{x^2}{4}+\dfrac{y^2}{2})-\sqrt{4x-y^2}$.

解 (1) 要使函数表达式有意义，自变量 x,y 必须同时满足

$$\begin{cases}x^2+y^2-4>0\\9-x^2-y^2>0\end{cases}$$

即函数的定义域为

$$4<x^2+y^2<9.$$

(2) 要使函数表达式有意义，自变量 x,y 必须同时满足

$$\begin{cases}\left|\dfrac{x^2}{4}+\dfrac{y^2}{2}\right|\leqslant 1\\4x-y^2\geqslant 0\end{cases},$$

即函数的定义域为

$$\begin{cases}\dfrac{x^2}{4}+\dfrac{y^2}{2}\leqslant 1\\y^2\leqslant 4x\end{cases}.$$

二元函数的定义域可以用平面几何图形来直观地表示。由于自变量 x,y 取得的一组数值 (x_0,y_0) 对应于 xy 坐标平面上的一个点 $P_0(x_0,y_0)$，因此，二元函数 $z=f(x,y)$ 的定义域一般可以表示为：或者是整个 xy 坐标平面；或者是 xy 坐标平面内由若干条曲线所围成的一部分，我们把它们都称为区域，而将围成区域的曲线称为区域的边界。不包含边界在内的区域称为开区域（简称区域）；包含边界在内的区域称为闭区域。另外，我们将总可以被一个以原点为圆心，以适当长度为半径的圆包围在内的区域称为有界区域；否则称为无界区域。

因此，例3(1) 的定义域 D 是以曲线 $x^2+y^2=9$ 及 $x^2+y^2=4$ 为边界的有界开区域（图

6－1)；例3(2)的定义域D是以曲线$\frac{x^2}{4}+\frac{y^2}{2}=1$及$y^2=4x$为边界的有界闭区域(图6－2)。

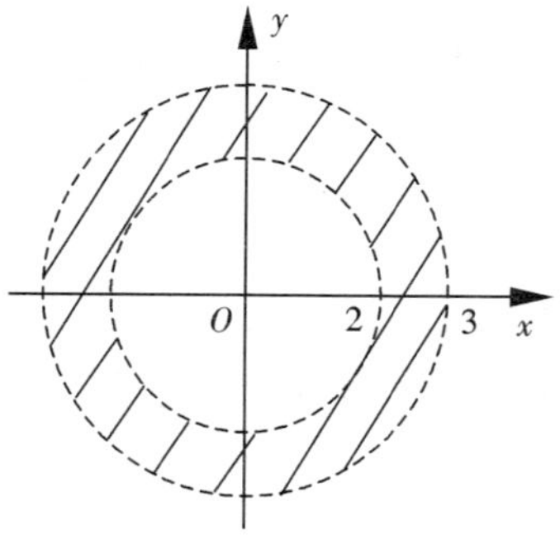

图 6－1

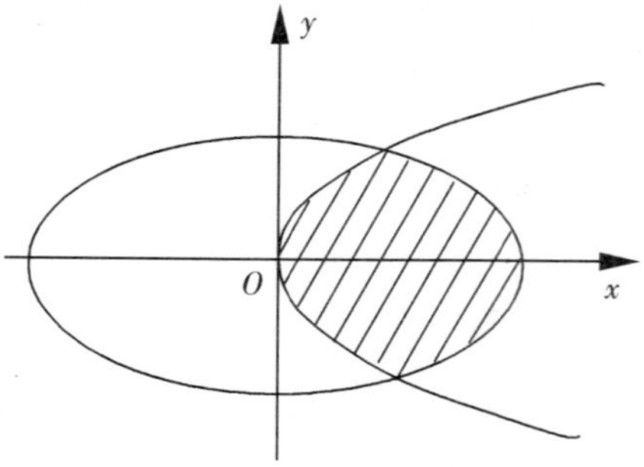

图 6－2

3) 二元函数的几何意义

我们知道一元函数$y=f(x)$表示平面直角坐标系中的一条曲线。由空间解析几何知识可知，二元函数$z=f(x,y)$表示空间直角坐标系中的一张曲面。事实上，设点$P_0(x_0,y_0)$是二元函数$z=f(x,y)$的定义域D中的任意一点，记对应的函数值为$z_0=f(x_0,y_0)$，于是就得到空间一点$M_0(x_0,y_0,z_0)$，这些点的全体形成一张空间曲面，称为二元函数$z=f(x,y)$的图形(见图6－3)。显然，这张曲面在xy坐标平面上的投影区域就是二元函数$z=f(x,y)$的定义域D。

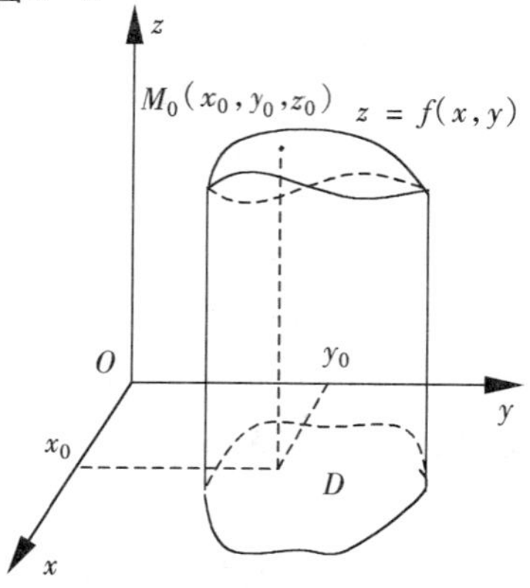

图 6－3

例如：二元函数$z=3(x^2+y^2)$的图形是旋转抛物面(图6－4)；而二元函数$z=\sqrt{3-x^2-y^2}$的图形是球心在原点，半径为$\sqrt{3}$的上半球面(图6－5)。

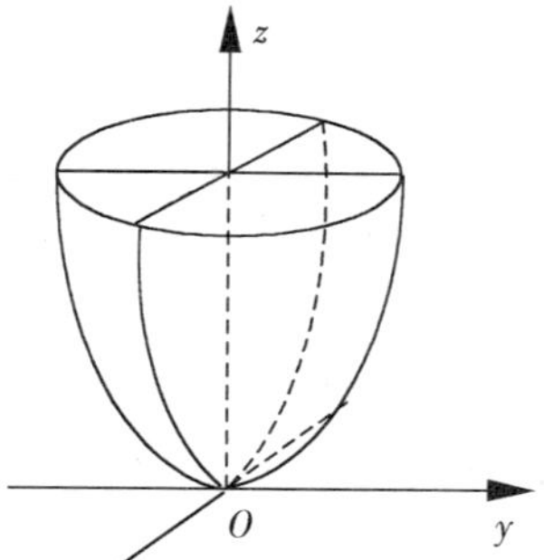

图 6－4

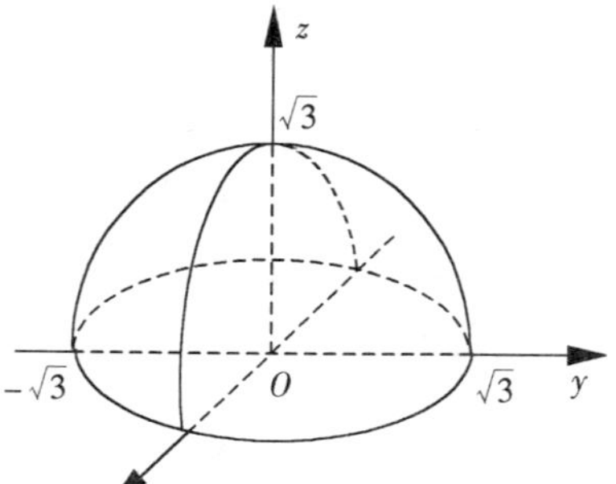

图 6－5

6.1.2 二元函数的极限

与一元函数的极限类似，对于二元函数 $z=f(x,y)$，我们也需要讨论当点 $P(x,y)$ 无限趋近于一个定点 $P_0(x_0,y_0)$ 时，函数 $z=f(x,y)$ 的变化趋势，这就是下面要讨论的二元函数的极限。

定义 设函数 $z=f(x,y)$ 在点 $P_0(x_0,y_0)$ 的附近有定义(点 P_0 本身可以除外)，如果当异于 P_0 的点 $P(x,y)$ 以任何方式无限趋于点 $P_0(x_0,y_0)$ 时，函数 $z=f(x,y)$ 无限趋于常数 A，则称 A 为函数 $z=f(x,y)$ 当 $x\to x_0,y\to y_0$(或 $P(x,y)\to P_0(x_0,y_0)$)时的极限。记作

$$\lim_{\substack{x\to x_0\\y\to y_0}}f(x,y)=A\ (\text{或}\lim_{(x,y)\to(x_0,y_0)}f(x,y)=A,\ \lim_{P\to P_0}f(x,y)=A.)$$

从几何上看，$P(x,y)\to P_0(x_0,y_0)$，就是点 $P(x,y)$ 与点 $P_0(x_0,y_0)$ 之间的距离 $\sqrt{(x-x_0)^2+(y-y_0)^2}\to 0$。于是，我们同样可以用"$\varepsilon-\delta$"语言描述二元函数的极限概念。

定义 如果对于任意给定的正数 ε(不管多么小)，总存在正数 δ，使得对于函数定义域内满足 $0<\sqrt{(x-x_0)^2+(y-y_0)^2}<\delta$ 的点 (x,y)，恒有 $|f(x,y)-A|<\varepsilon$ 成立，则称常数 A 为函数 $f(x,y)$ 当 $x\to x_0,y\to y_0$ 时的极限，记作

$$\lim_{\substack{x\to x_0\\y\to y_0}}f(x,y)=A.$$

为了区别于一元函数的极限，我们把二元函数的极限叫作二重极限。

值得注意的是：点 $P(x,y)$ 在 xy 平面上趋向于定点 $P_0(x_0,y_0)$ 的方式是多种多样的。所谓二重极限存在，必须要求 $P(x,y)$ 在 xy 平面上以任何方式趋向于 $P_0(x_0,y_0)$ 时，函数都能无限地趋近于惟一的常数 A。因此，如果点 $P(x,y)$ 仅以某些特殊方式(例如沿某条定直线或定曲线)趋近于 $P_0(x_0,y_0)$ 时，函数 $f(x,y)$ 能无限趋近某一确定值，我们还不能由此断定函数的极限存在。

由此，我们也可以得到判定函数 $f(x,y)$ 极限不存在的方法：如果 $P(x,y)$ 沿两条不同的路径趋于 $P_0(x_0,y_0)$ 时，函数 $f(x,y)$ 趋向于两个不同的值，则函数 $f(x,y)$ 的二重极限一定不存在。

二元函数的极限有着与一元函数类似的运算法则，这里就不再重复。

例 4 求 $\lim\limits_{\substack{x\to 0\\y\to 0}}\dfrac{x^2+y^2}{\sqrt{x^2+y^2+1}-1}$。

解 本题为 $\dfrac{0}{0}$ 型未定式。

$$\lim_{\substack{x\to 0\\y\to 0}}\frac{x^2+y^2}{\sqrt{x^2+y^2+1}-1}=\lim_{\substack{x\to 0\\y\to 0}}\frac{(x^2+y^2)(\sqrt{x^2+y^2+1}+1)}{(x^2+y^2+1)-1}=$$

$$\lim_{\substack{x\to 0\\y\to 0}}(\sqrt{x^2+y^2+1}+1)=2.$$

例 5 已知 $f(x,y)=\begin{cases}\dfrac{x^2y}{x^4+y^2} & x^2+y^2\neq 0\\ 0 & x^2+y^2=0\end{cases}$，求 $\lim\limits_{\substack{x\to 0\\y\to 0}}f(x,y)$。

解 因为当点 (x,y) 沿直线 $y=x$ 趋近于点 $(0,0)$ 时

$$\lim_{\substack{x\to 0\\y\to 0}}f(x,y)=\lim_{\substack{x\to 0\\y\to 0}}\frac{x^2y}{x^4+y^2}=\lim_{\substack{x\to 0\\y=x\to 0}}\frac{x^2y}{x^4+y^2}=\lim_{x\to 0}\frac{x^3}{x^4+x^2}=\lim_{x\to 0}\frac{x}{x^2+1}=0,$$

又当点 (x,y) 沿曲线 $y=x^2$ 趋近于点 $(0,0)$ 时

$$\lim_{\substack{x\to 0\\y\to 0}}f(x,y)=\lim_{\substack{x\to 0\\y\to 0}}\frac{x^2y}{x^4+y^2}=\lim_{\substack{x\to 0\\y=x^2\to 0}}\frac{x^2y}{x^4+y^2}=\lim_{x\to 0}\frac{x^4}{x^4+x^4}=\lim_{x\to 0}\frac{x^4}{2x^4}=\frac{1}{2},$$

所以 $\lim\limits_{\substack{x\to 0\\y\to 0}}f(x,y)$ 不存在。

6.1.3 二元函数的连续性

和一元函数一样，有了二元函数极限的定义，我们不难给出二元函数连续的定义。

定义 设二元函数 $z=f(x,y)$ 在点 $P_0(x_0,y_0)$ 的附近有定义，且满足

$$\lim_{\substack{x\to x_0\\y\to y_0}}f(x,y)=f(x_0,y_0) \tag{6.1}$$

则称函数 $z=f(x,y)$ 在点 $P_0(x_0,y_0)$ 处连续；否则称 $f(x,y)$ 在点 $P_0(x_0,y_0)$ 处间断。此时点 $P_0(x_0,y_0)$ 为 $f(x,y)$ 的间断点。

若令 $x=x_0+\Delta x, y=y_0+\Delta y$，则当 $x\to x_0, y\to y_0$ 时有 $\Delta x\to 0,\Delta y\to 0$，于是(6.1)式可改写为

$$\lim_{\substack{\Delta x\to 0\\\Delta y\to 0}}[f(x_0+\Delta x,y_0+\Delta y)-f(x_0,y_0)]=0.$$

记 $\Delta z=f(x_0+\Delta x,y_0+\Delta y)-f(x_0,y_0)$，称 Δz 为 $f(x,y)$ 在点 $P_0(x_0,y_0)$ 处的全增量，这样 $f(x,y)$ 在点 $P_0(x_0,y_0)$ 处连续也可以表述为如下的等价定义。

定义 设二元函数 $z=f(x,y)$ 在点 $P_0(x_0,y_0)$ 的附近有定义，如果 $\lim\limits_{\substack{\Delta x\to 0\\\Delta y\to 0}}\Delta z=0$，则称 $f(x,y)$ 在点 $P_0(x_0,y_0)$ 处连续。

如果二元函数 $z=f(x,y)$ 在区域 D 内每一点处都连续，则称函数 $z=f(x,y)$ 在区域 D 内连续。显然二元连续函数的图形是空间的一张连续曲面。

二元函数 $z=f(x,y)$ 的间断点可以是区域内某些孤立点，也可以是某些曲线。例如由例 5 可知 $f(x,y)=\begin{cases}\dfrac{x^2y}{x^4+y^2} & x^2+y^2\neq 0\\ 0 & x^2+y^2=0\end{cases}$，当 $x\to 0,y\to 0$ 时极限不存在，所以点

(0,0) 是它的一个间断点;而函数 $f(x,y)=\dfrac{1}{x^2+y^2-3}$ 在圆周 $x^2+y^2=3$ 上无定义,所以该曲线上所有点都是 $f(x,y)$ 的间断点。

有界闭区域上的二元连续函数具有如下性质(证明从略):

定理1(最大值和最小值定理) 设 $z=f(x,y)$ 是有界闭区域 D 上的二元连续函数,则 $f(x,y)$ 在 D 上一定存在最大值和最小值。

定理2(介值定理) 设 $z=f(x,y)$ 在有界闭区域 D 上连续,则它在 D 内必能取得介于最大值和最小值之间的任何数值。

同样地,二元初等函数在其定义区域内都是连续的。利用这一结论,我们容易求出二元初等函数在其定义区域内的某个点处的极限。例如

$$\lim_{\substack{x\to3\\y\to4}}\ln(x+y-2)=\ln(3+4-2)=\ln5,$$

$$\lim_{\substack{x\to1\\y\to0}}\frac{\ln(x+e^y)}{\sqrt{x^2+y^2}}=\frac{\ln(1+e^0)}{\sqrt{1+0}}=\ln2。$$

以上关于二元函数极限与连续的讨论完全可以推广到 n 元函数中去。

习　　题　6.1

1. 求下列函数的定义域 D:

(1) $z=\sqrt{x-\sqrt{y}}$;　　(2) $z=\dfrac{\sqrt{x}}{x^2+y^2}$;

(3) $z=\dfrac{1}{\sqrt{x+y}}+\dfrac{1}{\sqrt{x-y}}$;　　(4) $z=\sqrt{1-\dfrac{x^2}{a^2}-\dfrac{y^2}{b^2}}$;

(5) $z=\ln(y^2-2x+1)$;　　(6) $u=\arccos\dfrac{z}{\sqrt{x^2+y^2}}$;

(7) $z=\ln(y-x)+\dfrac{\sqrt{x}}{\sqrt{1-x^2-y^2}}$;

(8) $z=\arcsin\dfrac{x^2+y^2}{4}+\arccos\dfrac{1}{x^2+y^2}$;

(9) $u=\sqrt{R^2-x^2-y^2-z^2}+\dfrac{1}{\sqrt{x^2+y^2+z^2-r^2}}$　$(R>r>0)$.

2. 设 $f(x,y)=\dfrac{x^2-y^2}{2xy}$,求

(1) 在点 $(-2,3)$ 和点 $(a,a)(a>0)$ 处的函数值;

(2) $\dfrac{f(1+\Delta x,1)-f(1,1)}{\Delta x}$;

(3) $f\left(1,\dfrac{y}{x}\right)$及$f(tx,ty)$.

3. 设$f(x+y,x-y)=xy+y^2$,求$f(x,y)$。

4. 设$f(2x+y,3x-4y)=(x+y)^2-1$,求$f(x,y)$。

5. 设$z=f(x+y)+x-y$,若当$x=0$时,$z=y^2$,求函数$f(x)$及z。

6. 求下列函数的极限:

(1) $\lim\limits_{\substack{x\to 0\\ y\to 1}}\dfrac{1-xy}{x^2+y^2}$;　　(2) $\lim\limits_{\substack{x\to 2\\ y\to 0}}\dfrac{\sin(xy)}{y}$;

(3) $\lim\limits_{\substack{x\to 0\\ y\to 0}}\dfrac{xy}{\sqrt{xy+1}-1}$;　　(4) $\lim\limits_{\substack{x\to 0\\ y\to 0}}\dfrac{2-\sqrt{xy+4}}{xy}$;

(5) $\lim\limits_{\substack{x\to 0\\ y\to \frac{1}{2}}}\arccos\sqrt{x^2+y^2}$;　　(6) $\lim\limits_{\substack{x\to 0\\ y\to 0}}\dfrac{1-\cos(x^2+y^2)}{(x^2+y^2)e^{x^2y^2}}$.

7. 证明下列函数极限不存在:

(1) $\lim\limits_{\substack{x\to 0\\ y\to 0}}\dfrac{x^2}{x^2+y}$;　　(2) $\lim\limits_{\substack{x\to 0\\ y\to 0}}\dfrac{xy}{x^2+y^2}$;

(3) $\lim\limits_{\substack{x\to 0\\ y\to 0}}\dfrac{x+y}{x-y}$;　　(4) $\lim\limits_{\substack{x\to 0\\ y\to 0}}\dfrac{x^2y^2}{x^2y^2+(x-y)^2}$.

6.2 偏导数

在一元函数微分学中,我们把函数$y=f(x)$关于自变量x的变化率称为导数,对于多元函数,同样有必要讨论函数关于自变量的变化率问题。但是由于多元函数的自变量不止一个,如果同时考虑函数关于多个自变量的变化率,那么问题将变得十分困难。所以,我们让其中一个自变量变化,而将其他自变量看作常量,考虑函数关于该自变量的变化率,这就产生了多元函数偏导数的概念。

6.2.1 二元函数偏导数的定义及其计算

1) 二元函数偏导数的定义

先引进一个概念,我们称以点$P_0(x_0,y_0)$为中心,δ为半径的圆形开区域$\sqrt{(x-x_0)^2+(y-y_0)^2}<\delta$为点$P_0$的$\delta$邻域.

对于二元函数 $z=f(x,y)$，如果固定 $y=y_0$，而让 x 变化，那么函数 $z=f(x,y)$ 就成为自变量 x 的一元函数 $f(x,y_0)$。此时它关于自变量 x 的导数，就称为二元函数 $z=f(x,y)$ 关于 x 的偏导数。我们有如下的定义：

定义 设二元函数 $z=f(x,y)$ 在点 $P_0(x_0,y_0)$ 的某一邻域内有定义，固定 $y=y_0$，而让 x 变化，如果极限 $\lim\limits_{\Delta x\to 0}\dfrac{f(x_0+\Delta x,y_0)-f(x_0,y_0)}{\Delta x}$ 存在，则称此极限值为函数 $z=f(x,y)$ 在点 $P_0(x_0,y_0)$ 处关于 x 的偏导数，记作

$$f_x'(x_0,y_0)\quad\left(\text{或}\frac{\partial f(x_0,y_0)}{\partial x},\ \frac{\partial z}{\partial x}\bigg|_{\substack{x=x_0\\y=y_0}},\ z_x'\bigg|_{\substack{x=x_0\\y=y_0}}\right)$$

即

$$f_x'(x_0,y_0)=\lim_{\Delta x\to 0}\frac{f(x_0+\Delta x,y_0)-f(x_0,y_0)}{\Delta x}.$$

同样，固定 $x=x_0$，而让 y 变化，如果极限 $\lim\limits_{\Delta y\to 0}\dfrac{f(x_0,y_0+\Delta y)-f(x_0,y_0)}{\Delta y}$ 存在，则称此极限值为函数 $z=f(x,y)$ 在点 $P_0(x_0,y_0)$ 处关于 y 的偏导数，记作

$$f_y'(x_0,y_0)\quad\left(\text{或}\frac{\partial f(x_0,y_0)}{\partial y},\ \frac{\partial z}{\partial y}\bigg|_{\substack{x=x_0\\y=y_0}},\ z_y'\bigg|_{\substack{x=x_0\\y=y_0}}\right)$$

即

$$f_y'(x_0,y_0)=\lim_{\Delta y\to 0}\frac{f(x_0,y_0+\Delta y)-f(x_0,y_0)}{\Delta y}.$$

由定义可知，$f_x'(x_0,y_0)$ 表示当 $y=y_0$ 时，函数 $f(x,y)$ 在点 $P_0(x_0,y_0)$ 处关于自变量 x 的变化率；同样，$f'_y(x_0,y_0)$ 表示当 $x=x_0$ 时，函数 $f(x,y)$ 在点 $P_0(x_0,y_0)$ 处关于自变量 y 的变化率。

如果函数 $z=f(x,y)$ 在区域 D 内的每一点 $P(x,y)$ 处关于 x 的偏导数都存在，则称 $f(x,y)$ 在 D 内关于自变量 x 可导。这个偏导数仍然是 x,y 的二元函数，称为 $f(x,y)$ 关于 x 的偏导函数，记作 $f_x'(x,y)$（或 $\dfrac{\partial z}{\partial x},\dfrac{\partial f}{\partial x},z_x'$），即

$$f_x'(x,y)=\lim_{\Delta x\to 0}\frac{f(x+\Delta x,y)-f(x,y)}{\Delta x}.$$

同样地，可以定义函数 $z=f(x,y)$ 关于 y 的偏导函数，记作 $f_y'(x,y)\left(\text{或}\dfrac{\partial z}{\partial y},\dfrac{\partial f}{\partial y},z_y'\right)$

即

$$f_y'(x,y)=\lim_{\Delta y\to 0}\frac{f(x,y+\Delta y)-f(x,y)}{\Delta y}.$$

如同一元函数的导函数一样，在不致混淆的情况下，我们也把偏导函数简称为偏导

数。由偏导函数概念可知

$$f_x'(x_0,y_0)=f_x'(x,y)\Big|_{\substack{x=x_0\\y=y_0}},$$

$$f_y'(x_0,y_0)=f_y'(x,y)\Big|_{\substack{x=x_0\\y=y_0}}.$$

2） 偏导数的求法

由偏导数定义可知，求二元函数偏导数的问题其实可归结为一元函数求导数问题，因此并不需要建立新的运算法则，求$\frac{\partial z}{\partial x}$时，只要把$y$暂时看作常数，对$x$求导即可；同样地，求$\frac{\partial z}{\partial y}$时，则把$x$暂时看作常数，而对$y$求导即可。

例 6 求$z=e^{-2x}\cos y$在点$(0,\frac{\pi}{6})$处的偏导数。

解 因为$\frac{\partial z}{\partial x}=-2e^{-2x}\cos y$，$\frac{\partial z}{\partial y}=-e^{-2x}\sin y$，所以

$$\frac{\partial z}{\partial x}\Big|_{\substack{x=0\\y=\frac{\pi}{6}}}=(-2e^{-2x}\cos y)\Big|_{\substack{x=0\\y=\frac{\pi}{6}}}=-\sqrt{3},$$

$$\frac{\partial z}{\partial y}\Big|_{\substack{x=0\\y=\frac{\pi}{6}}}=(-e^{-2x}\sin y)\Big|_{\substack{x=0\\y=\frac{\pi}{6}}}=-\frac{1}{2}.$$

例 7 求$z=(\sin x)^y$的偏导数。

解 $\frac{\partial z}{\partial x}=y(\sin x)^{y-1}(\sin x)'_x=y(\sin x)^{y-1}\cos x$,

$\frac{\partial z}{\partial y}=(\sin x)^y\ln(\sin x)$.

例 8 求$z=5^x\tan(xy^2)$的偏导数。

解 $\frac{\partial z}{\partial x}=5^x\ln 5\tan(xy^2)+5^x\sec^2(xy^2)y^2=5^x[\ln 5\tan(xy^2)+y^2\sec^2(xy^2)]$,

$\frac{\partial z}{\partial y}=2xy5^x\sec^2(xy^2)$.

例 9 求$z=(1+xy)^y$的偏导数$\frac{\partial z}{\partial x},\frac{\partial z}{\partial y}$。

解 $\frac{\partial z}{\partial x}=y(1+xy)^{y-1}y=y^2(1+xy)^{y-1}$.

求$\frac{\partial z}{\partial y}$时要使用对数求导法：两边取对数，得

$$\ln z = y\ln(1+xy),$$

两边对 y 求偏导数，得

$$\frac{1}{z}\frac{\partial z}{\partial y} = \ln(1+xy) + y\frac{x}{1+xy},$$

所以

$$\frac{\partial z}{\partial y} = z\left[\ln(1+xy) + y\frac{x}{1+xy}\right] = (1+xy)^y\left[\ln(1+xy) + \frac{xy}{1+xy}\right].$$

例 10 已知 $z = xe^{\frac{y}{x}}$，求证 $x\frac{\partial z}{\partial x} + y\frac{\partial z}{\partial y} = z$。

证 因为 $\frac{\partial z}{\partial x} = e^{\frac{y}{x}} + xe^{\frac{y}{x}}\left(-\frac{y}{x^2}\right) = e^{\frac{y}{x}}\left(1-\frac{y}{x}\right)$，$\frac{\partial z}{\partial y} = xe^{\frac{y}{x}}\frac{1}{x} = e^{\frac{y}{x}}$，所以

$$x\frac{\partial z}{\partial x} + y\frac{\partial z}{\partial y} = xe^{\frac{y}{x}}\left(1-\frac{y}{x}\right) + ye^{\frac{y}{x}} = xe^{\frac{y}{x}} = z.$$

例 11 已知 $f(x,y) = \begin{cases} \dfrac{x^2y}{x^4+y^2} & x^2+y^2 \neq 0 \\ 0 & x^2+y^2 = 0 \end{cases}$，求 $f_x'(0,0)$，$f_y'(0,0)$。

解 由偏导数的定义可得

$$f_x'(0,0) = \lim_{\Delta x\to 0}\frac{f(0+\Delta x,0)-f(0,0)}{\Delta x} = \lim_{\Delta x\to 0}\frac{\frac{(\Delta x)^2\cdot 0}{(\Delta x)^4+0}-0}{\Delta x} = \lim_{\Delta x\to 0}\frac{0}{\Delta x} = 0,$$

$$f_y'(0,0) = \lim_{\Delta y\to 0}\frac{f(0,0+\Delta y)-f(0,0)}{\Delta y} = \lim_{\Delta y\to 0}\frac{\frac{0\cdot\Delta y}{0+(\Delta y)^2}-0}{\Delta y} = \lim_{\Delta y\to 0}\frac{0}{\Delta y} = 0.$$

本例中，$f(x,y)$ 在点 $(0,0)$ 处两个偏导数都是存在的。但是，我们在上一节中（见例 5）又已经知道这函数在点 $(0,0)$ 是不连续的。一般地，对于二元函数 $f(x,y)$ 而言，$f(x,y)$ 在点 $P_0(x_0,y_0)$ 处偏导数存在，并不能保证函数在该点连续，这和一元函数有着重大的区别；另一方面，如果 $f(x,y)$ 在点 (x_0,y_0) 处连续，同样不能保证 $f(x,y)$ 在点 (x_0,y_0) 处的偏导数存在。例如 $z = \sqrt{x^2+y^2}$ 在点 $(0,0)$ 处连续，但由定义易知 $f_x'(0,0)$，$f_y'(0,0)$ 不存在。

例 12 已知理想气态方程 $PV = RT$（R 是常数），试证明 $\frac{\partial P}{\partial V}\cdot\frac{\partial V}{\partial T}\cdot\frac{\partial T}{\partial P} = -1$。

证 因为 $P = \frac{RT}{V}$，$\frac{\partial P}{\partial V} = -\frac{RT}{V^2}$；

$$V = \frac{RT}{P},\ \frac{\partial V}{\partial T} = \frac{R}{P};$$

$$T = \frac{PV}{R},\ \frac{\partial T}{\partial P} = \frac{V}{R},$$

所以

$$\frac{\partial P}{\partial V}\cdot\frac{\partial V}{\partial T}\cdot\frac{\partial T}{\partial P}=-\frac{RT}{V^2}\cdot\frac{R}{P}\cdot\frac{V}{R}=-\frac{RT}{PV}=-1.$$

本例告诉我们，偏导数记号是一个整体，不能看作分子除以分母，这和一元函数 $y=f(x)$ 的导数$\frac{\mathrm{d}y}{\mathrm{d}x}$可看作微分 $\mathrm{d}y$ 与 $\mathrm{d}x$ 之商是不同的。

3） 偏导数的几何意义

由偏导数定义，我们知道 $f_x'(x_0,y_0)$ 即为二元函数 $z=f(x,y)$ 中将 y 固定为 y_0 时形成的一元函数 $z=f(x,y_0)$ 在 $x=x_0$ 处关于 x 的导数。而从几何上来看，$z=f(x,y_0)$ 表示空间曲面 $z=f(x,y)$ 被平面 $y=y_0$ 所截而得的一条空间曲线 $L:\begin{cases}z=f(x,y)\\y=y_0\end{cases}$。于是由一元函数导数的几何意义可知，二元函数的偏导数 $f_x'(x_0,y_0)$ 的几何意义是：它表示该曲线 L 上点 $(x_0,y_0,f(x_0,y_0))$ 处的切线关于 x 轴的斜率；同样，$f_y'(x_0,y_0)$ 的几何意义是：它表示空间曲面 $z=f(x,y)$ 被平面 $x=x_0$ 所截得的空间曲线 $C:\begin{cases}z=f(x,y)\\x=x_0\end{cases}$ 在点 $(x_0,y_0,f(x_0,y_0))$ 处关于 y 轴的切线的斜率（图 6－6）。

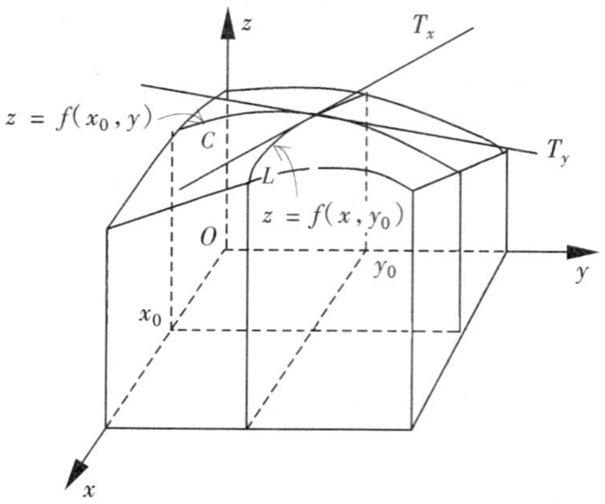

图 6－6

6.2.2 高阶偏导数

设 $z=f(x,y)$ 在区域 D 内具有偏导数$\frac{\partial z}{\partial x}=f_x'(x,y)$，$\frac{\partial z}{\partial y}=f_y'(x,y)$，这两个偏导数仍然是 D 内的二元函数。如果它们关于 x,y 的偏导数也存在，则称为 $z=f(x,y)$ 的二阶偏导数。按照对 x,y 的求导次序的不同，这种二阶偏导数共有四个，分别记作

$$\frac{\partial^2 z}{\partial x^2}=f''_{xx}=z''_{xx}=\frac{\partial}{\partial x}\left(\frac{\partial z}{\partial x}\right),\qquad \frac{\partial^2 z}{\partial x\partial y}=f''_{xy}=z''_{xy}=\frac{\partial}{\partial y}\left(\frac{\partial z}{\partial x}\right),$$

$$\frac{\partial^2 z}{\partial y\partial x}=f''_{yx}=z''_{yx}=\frac{\partial}{\partial x}\left(\frac{\partial z}{\partial y}\right),\qquad \frac{\partial^2 z}{\partial y^2}=f''_{yy}=z''_{yy}=\frac{\partial}{\partial y}\left(\frac{\partial z}{\partial y}\right).$$

其中第二、第三两个偏导数$\frac{\partial^2 z}{\partial x\partial y}$，$\frac{\partial^2 z}{\partial y\partial x}$称为二阶混合偏导数。同样还可以定义三阶、四阶乃至 n 阶偏导数，例如$\frac{\partial^3 z}{\partial x^3}=\frac{\partial}{\partial x}\left(\frac{\partial^2 z}{\partial x^2}\right)$，$\frac{\partial^3 z}{\partial x\partial y^2}=\frac{\partial}{\partial y}\left(\frac{\partial^2 z}{\partial x\partial y}\right)$等等。我们将二阶以及二阶以上

的偏导数统称为高阶偏导数。

例 13 设 $z = y\ln(x+y)$，求$\frac{\partial^2 z}{\partial x^2}, \frac{\partial^2 z}{\partial x \partial y}, \frac{\partial^2 z}{\partial y \partial x}, \frac{\partial^2 z}{\partial y^2}$。

解 因为 $\frac{\partial z}{\partial x} = \frac{y}{x+y}$, $\quad \frac{\partial z}{\partial y} = \ln(x+y) + \frac{y}{x+y}$,

所以

$$\frac{\partial^2 z}{\partial x^2} = -\frac{y}{(x+y)^2},$$

$$\frac{\partial^2 z}{\partial x \partial y} = \frac{\partial}{\partial y}\left(\frac{\partial z}{\partial x}\right) = \frac{(x+y)-y}{(x+y)^2} = \frac{x}{(x+y)^2},$$

$$\frac{\partial^2 z}{\partial y \partial x} = \frac{\partial}{\partial x}\left(\frac{\partial z}{\partial y}\right) = \frac{1}{x+y} - \frac{y}{(x+y)^2} = \frac{x}{(x+y)^2},$$

$$\frac{\partial^2 z}{\partial y^2} = \frac{\partial}{\partial y}\left(\frac{\partial z}{\partial y}\right) = \frac{1}{x+y} + \frac{(x+y)-y}{(x+y)^2} = \frac{2x+y}{(x+y)^2}.$$

例 14 求 $z = \sin^2(ax+by)$ 的二阶偏导数。

解 因为 $\frac{\partial z}{\partial x} = 2\sin(ax+by)\cos(ax+by)a = a \cdot \sin 2(ax+by)$,

$$\frac{\partial z}{\partial y} = b \cdot \sin 2(ax+by),$$

所以

$$\frac{\partial^2 z}{\partial x^2} = 2a^2\cos 2(ax+by), \qquad \frac{\partial^2 z}{\partial x \partial y} = 2ab\cos 2(ax+by),$$

$$\frac{\partial^2 z}{\partial y \partial x} = 2ab\cos 2(ax+by), \qquad \frac{\partial^2 z}{\partial y^2} = 2b^2\cos 2(ax+by).$$

例 15 设 $u = \frac{1}{\sqrt{x^2+y^2+z^2}}$，求证$\frac{\partial^2 u}{\partial x^2} + \frac{\partial^2 u}{\partial y^2} + \frac{\partial^2 u}{\partial z^2} = 0$。

解 设 $r = \sqrt{x^2+y^2+z^2}$，于是 $u = \frac{1}{r}$,

$$\frac{\partial u}{\partial x} = -\frac{1}{r^2} \cdot \frac{2x}{2r} = -\frac{x}{r^3}, \qquad \frac{\partial^2 u}{\partial x^2} = -\frac{1}{r^3} + x \cdot \frac{3}{r^4} \cdot \frac{x}{r} = -\frac{1}{r^3} + \frac{3x^2}{r^5},$$

同理可得

$$\frac{\partial^2 u}{\partial y^2} = -\frac{1}{r^3} + \frac{3y^2}{r^5}, \qquad \frac{\partial^2 u}{\partial z^2} = -\frac{1}{r^3} + \frac{3z^2}{r^5},$$

所以

$$\frac{\partial^2 u}{\partial x^2} + \frac{\partial^2 u}{\partial y^2} + \frac{\partial^2 u}{\partial z^2} = -\frac{3}{r^3} + \frac{3(x^2+y^2+z^2)}{r^5} = -\frac{3}{r^3} + \frac{3}{r^3} = 0.$$

上述例13及例14两例中两个二阶混合偏导数是相等的，即有$\frac{\partial^2 z}{\partial x\partial y}=\frac{\partial^2 z}{\partial y\partial x}$。但在另外一些情况下，它们并不相等，这就是说$\frac{\partial^2 z}{\partial x\partial y}$，$\frac{\partial^2 z}{\partial y\partial x}$两者相等是要有一定条件的。那么在什么条件下它们相等呢？我们有如下的定理（证明从略）。

定理3 若函数$z=f(x,y)$的两个二阶混合偏导数$\frac{\partial^2 z}{\partial x\partial y}$，$\frac{\partial^2 z}{\partial y\partial x}$在区域$D$内连续，那么在区域$D$内有$\frac{\partial^2 z}{\partial x\partial y}=\frac{\partial^2 z}{\partial y\partial x}$。

本定理表明，在二阶混合偏导数连续的条件下，其求导结果与求导次序无关。

习　题　6.2

8. 求下列函数的偏导数：

(1) $z=e^x\cos y$；
(2) $z=\cos(e^{xy})$；
(3) $z=y^2\ln(x^3+y^5)$；
(4) $z=x^{\sqrt{y}}$；
(5) $z=x^3y+xy^3$；
(6) $z=y^2+\cos xy$；
(7) $z=\arctan\frac{y}{x}$；
(8) $z=e^{\frac{x}{y}}\cos(x+y)$；
(9) $z=\frac{1}{2}\ln(x^2+y^2)$；
(10) $z=\sqrt{x}\sin\frac{y}{x}$；
(11) $z=\arctan(\sqrt{xy})$；
(12) $z=x+\sqrt{y+x^2}$；
(13) $z=\ln(y+\sqrt{x^2+y^2})$；
(14) $z=\ln(x+\ln y)$；
(15) $z=\sin\frac{x}{y}+xe^{-xy}$；
(16) $u=x^{\frac{y}{z}}$；
(17) $z=\sin(xy)+\cos^2(xy)$；
(18) $u=e^{x^2y+3y^2x+5z^2}$.

9. 设$f(x,y)=xy+\frac{x}{x^2+y^2}$，求$f_x'(0,1)$，$f_y'(0,1)$。

10. 设$z=\ln\left(x+\frac{y}{2x}\right)$，求$\left.\frac{\partial z}{\partial x}\right|_{(1,1)}$，$\left.\frac{\partial z}{\partial y}\right|_{(1,1)}$。

11. 设$z=\frac{x\cos y-y\cos x}{1+\sin x+\sin y}$，求$\left.\frac{\partial z}{\partial x}\right|_{\substack{x=0\\y=0}}$，$\left.\frac{\partial z}{\partial y}\right|_{\substack{x=0\\y=0}}$。

12. 设$z=(1+xy)^x$，求$\left.\frac{\partial z}{\partial x}\right|_{(1,1)}$，$\left.\frac{\partial z}{\partial y}\right|_{(1,1)}$。

13. 求下列函数的偏导数：

(1) $z = xF(xy)$; (2) $z = \ln F\left(\frac{y}{x}\right)$.

14. 设 $f(x+y, xy) = x^2 + y^2 - 2xy$，求 $f_x'(x,y)$，$f_y'(x,y)$。

15. 设 $f(x+y, x-y) = x^2 - y^2$，求 $f_x'(x,y) + f_y'(x,y)$。

16. 已知 $f\left(\frac{1}{x}, \frac{1}{y}\right) = xy$，求 $\frac{\partial f}{\partial x} + \frac{\partial f}{\partial y}$。

17. 设 $z = \frac{y}{x}\arcsin\frac{x}{y}$，求证 $x\frac{\partial z}{\partial x} + y\frac{\partial z}{\partial y} = 0$。

18. 设 $z = \arctan\frac{y}{x}$，求证 $x\frac{\partial z}{\partial y} - y\frac{\partial z}{\partial x} = 1$。

19. 设 $z = \mathrm{e}^{\frac{x}{2y}}$，求证 $x\frac{\partial z}{\partial x} + y\frac{\partial z}{\partial y} = 0$。

20. 设 $z = \ln(\sqrt{x} + \sqrt{y})$，求证 $x\frac{\partial z}{\partial x} + y\frac{\partial z}{\partial y} = \frac{1}{2}$。

21. 设 $z = \left(\frac{1}{3}\right)^{-\frac{y}{x}}$，证明 $x\frac{\partial z}{\partial x} + y\frac{\partial z}{\partial y} = 0$。

22. 设 $z = x^y (x > 0, x \neq 1)$，证明 $\frac{x}{y}\frac{\partial z}{\partial x} + \frac{1}{\ln x}\frac{\partial z}{\partial y} = 2z$。

23. 设 $z = \mathrm{e}^{-\left(\frac{1}{x}+\frac{1}{y}\right)}$，求证 $x^2\frac{\partial z}{\partial x} + y^2\frac{\partial z}{\partial y} = 2z$。

24. 求下列函数的二阶偏导数：

(1) $z = \frac{\cos x^2}{y}$; (2) $z = \tan\frac{x^2}{y}$;

(3) $z = 3x^2y + 2xy^2 + x\sin y$; (4) $z = y^{\ln x}$;

(5) $z = x^4 + y^4 - 4x^2y^2$;

(6) $z = \mathrm{e}^{ax+by} + \ln(x + y^2)$ （a,b 为常数）;

(7) $z = \mathrm{e}^x\cos(x+y) + \mathrm{e}^y\sin(x+y)$;

(8) $z = x^2\arctan\frac{y}{x} + y^2\arctan\frac{x}{y}$.

25. 证明函数 $z = e^x\cos y$ 满足方程 $\frac{\partial^2 z}{\partial x^2} + \frac{\partial^2 z}{\partial y^2} = 0$。

26. 证明 $z = \ln(\mathrm{e}^x + \mathrm{e}^y)$ 满足方程 $\frac{\partial^2 z}{\partial x^2} \cdot \frac{\partial^2 z}{\partial y^2} = \left(\frac{\partial^2 z}{\partial x \partial y}\right)^2$。

6.3 全微分及其在近似计算中的应用

6.3.1 全微分的定义

我们已经学过一元函数 $y = f(x)$ 的微分 $dy = f'(x)dx$,它可以用来近似代替函数增量Δy,即$\Delta y \approx dy$。在二元函数$z = f(x,y)$中,当两个自变量x,y分别有增量Δx、Δy时,函数在点(x,y)处的全增量Δz的结构一般来说比较复杂,因此我们希望如同一元函数一样能用自变量增量$\Delta x,\Delta y$的线性函数来近似代替全增量Δz。这就是下面要引入的二元函数全微分概念。

定义 设二元函数 $z = f(x,y)$ 在点 $P(x,y)$ 的某邻域内有定义,如果函数在点$P(x,y)$处的全增量 $\Delta z = f(x + \Delta x, y + \Delta y) - f(x,y)$ 可以表示为

$$\Delta z = A\Delta x + B\Delta y + o(\rho),$$

其中 A,B 仅与 x,y 有关而与 $\Delta x,\Delta y$ 无关,$o(\rho)$ 是当 $\Delta x \to 0$、$\Delta y \to 0$ 时比 $\rho = \sqrt{(\Delta x)^2 + (\Delta y)^2}$ 高阶的无穷小量,则称函数 $z = f(x,y)$ 在点 $P(x,y)$ 处可微,且称$A\Delta x + B\Delta y$ 为函数 $z = f(x,y)$ 在点 $P(x,y)$ 处的全微分,记作 dz 或 $df(x,y)$。即

$$dz = A\Delta x + B\Delta y.$$

因此,全微分dz是全增量Δz的近似值,即$\Delta z \approx dz$,其误差为$o(\sqrt{(\Delta x)^2 + (\Delta y)^2})$。

如果二元函数$z = f(x,y)$在区域D内每一点都可微,则称函数$z = f(x,y)$在D内可微。

下面讨论函数 $z = f(x,y)$ 在点 $P(x,y)$ 可微的条件。

定理4(可微的必要条件) 如果函数 $z = f(x,y)$ 在点 $P(x,y)$ 处可微,则函数$f(x,y)$ 在点 $P(x,y)$ 处的两个偏导数$\frac{\partial z}{\partial x},\frac{\partial z}{\partial y}$必定存在,且 $A = \frac{\partial z}{\partial x}, B = \frac{\partial z}{\partial y}$。

证 由 $z = f(x,y)$ 在点 $P(x,y)$ 可微,故有

$$\Delta z = f(x + \Delta x,\ y + \Delta y) - f(x,y) = A\Delta x + B\Delta y + o(\sqrt{(\Delta x)^2 + (\Delta y)^2}).$$

上式对任意的 Δx、Δy 都成立,所以当 $\Delta y = 0$ 时,等式也成立,从而有

$$f(x + \Delta x, y) - f(x,y) = A\Delta x + o(\Delta x),$$

上式两边同除以 Δx,得

$$\frac{f(x + \Delta x, y) - f(x,y)}{\Delta x} = A + \frac{o(\Delta x)}{\Delta x}.$$

令 $\Delta x \to 0$,取极限得

$$\lim_{\Delta x \to 0}\frac{f(x + \Delta x, y) - f(x,y)}{\Delta x} = \lim_{\Delta x \to 0}(A + \frac{o(\Delta x)}{\Delta x}) = A.$$

可见$\frac{\partial z}{\partial x}$存在，且有$A=\frac{\partial z}{\partial x}$；同理可证$B=\frac{\partial z}{\partial y}$。

由此可知$f(x,y)$在点$P(x,y)$处的全微分可以表示为

$$dz=\frac{\partial z}{\partial x}\Delta x+\frac{\partial z}{\partial y}\Delta y,$$

类似一元函数，我们有$\Delta x=dx,\Delta y=dy$，从而有

$$dz=\frac{\partial z}{\partial x}dx+\frac{\partial z}{\partial y}dy \tag{6.2}$$

特别地，在已知点$P_0(x_0,y_0)$处有

$$dz\bigg|_{\substack{x=x_0\\y=y_0}}=\frac{\partial z}{\partial x}\bigg|_{\substack{x=x_0\\y=y_0}}dx+\frac{\partial z}{\partial y}\bigg|_{\substack{x=x_0\\y=y_0}}dy \tag{6.3}$$

应当注意，二元函数$z=f(x,y)$的两个偏导数存在，只是函数$z=f(x,y)$在点$P(x,y)$可微的必要条件，而不是充分条件。也就是说，由函数$z=f(x,y)$在点$P(x,y)$处偏导数$\frac{\partial z}{\partial x},\frac{\partial z}{\partial y}$存在并不能保证$z=f(x,y)$可微。这与一元函数中可导是可微的充分必要条件有很大不同。

例如，容易验证函数$f(x,y)=\begin{cases}\frac{xy}{\sqrt{x^2+y^2}} & x^2+y^2\neq 0\\ 0 & x^2+y^2=0\end{cases}$在点$(0,0)$处偏导数存在，且$f_x'(0,0)=f_y'(0,0)=0$，但是$z=f(x,y)$在点$(0,0)$处并不可微。这是因为此时

$$\frac{\Delta z-f_x'(0,0)\Delta x-f_y'(0,0)\Delta y}{\rho}=$$

$$\frac{\frac{\Delta x\Delta y}{\sqrt{(\Delta x)^2+(\Delta y)^2}}-0-0\Delta x-0\Delta y}{\sqrt{(\Delta x)^2+(\Delta y)^2}}=\frac{\Delta x\Delta y}{(\Delta x)^2+(\Delta y)^2}.$$

上式当$\rho\to 0$时并不趋于0。事实上，当点$(\Delta x,\Delta y)$沿着直线$y=x$趋于点$(0,0)$时，有$\Delta y=\Delta x$，从而

$$\frac{\Delta x\Delta y}{(\Delta x)^2+(\Delta y)^2}=\frac{(\Delta x)^2}{2(\Delta x)^2}\to\frac{1}{2}\neq 0.$$

可见$\Delta z-f_x'(0,0)\Delta x-f_y'(0,0)\Delta y$并不是$\rho$的高阶无穷小，所以$f(x,y)$在点$(0,0)$处不可微。

定理5（可微的充分条件）　如果函数$z=f(x,y)$的偏导数$\frac{\partial z}{\partial x},\frac{\partial z}{\partial y}$在点$P(x,y)$处存在且连续，则函数$z=f(x,y)$在点$(x,y)$处可微。

证明从略。

定理 6 如果二元函数 $z=f(x,y)$ 在点 $P(x,y)$ 可微,则必在点 $P(x,y)$ 处连续。

证 由 $z=f(x,y)$ 在点 (x,y) 处可微,可得

$$\Delta z=A\Delta x+B\Delta y+o(\sqrt{(\Delta x)^2+(\Delta y)^2}),$$

所以

$$\lim_{\substack{\Delta x\to 0\\ \Delta y\to 0}}\Delta z=\lim_{\substack{\Delta x\to 0\\ \Delta y\to 0}}(A\Delta x+B\Delta y+o(\sqrt{(\Delta x)^2+(\Delta y)^2}))=0,$$

从而函数 $f(x,y)$ 在点 (x,y) 处连续。

定理 6 说明:如果函数 $z=f(x,y)$ 在 $P(x,y)$ 处不连续,则 $z=f(x,y)$ 在点 $P(x,y)$ 处必不可微。

上节中我们知道 $z=f(x,y)$ 在 $P(x,y)$ 处偏导数存在并不能保证 $z=f(x,y)$ 在点 $P(x,y)$ 连续。但由定理 5 及定理 6,可以进一步知道:如果 $z=f(x,y)$ 在点 $P(x,y)$ 处偏导数存在且连续,那么 $z=f(x,y)$ 在点 $P(x,y)$ 处连续。

例 16 求函数 $z=\ln(x+y^2)$ 的全微分。

解 因为 $\frac{\partial z}{\partial x}=\frac{1}{x+y^2}$, $\frac{\partial z}{\partial y}=\frac{2y}{x+y^2}$,

所以

$$dz=\frac{1}{x+y^2}dx+\frac{2y}{x+y^2}dy.$$

例 17 计算函数 $z=e^{xy^2}$ 在点 $(2,1)$ 处的全微分。

解 因为 $\frac{\partial z}{\partial x}=y^2e^{xy^2}$, $\frac{\partial z}{\partial y}=2xye^{xy^2}$,

$$\left.\frac{\partial z}{\partial x}\right|_{\substack{x=2\\ y=1}}=e^2,\qquad \left.\frac{\partial z}{\partial y}\right|_{\substack{x=2\\ y=1}}=4e^2,$$

所以

$$\left.dz\right|_{\substack{x=2\\ y=1}}=e^2dx+4e^2dy.$$

以上关于二元函数全微分的概念和理论完全可以推广到 n 元函数中去。例如,三元函数 $u=f(x,y,z)$ 的全微分为

$$du=\frac{\partial u}{\partial x}dx+\frac{\partial u}{\partial y}dy+\frac{\partial u}{\partial z}dz.$$

6.3.2 全微分在近似计算中的应用

由二元函数 $z=f(x,y)$ 全微分定义及全微分存在的充分条件,我们知道当 $\frac{\partial z}{\partial x}$, $\frac{\partial z}{\partial y}$ 在点 $P_0(x_0,y_0)$ 存在、连续且 $|\Delta x|$、$|\Delta y|$ 较小时,$z=f(x,y)$ 在点 (x_0,y_0) 处的全增量 Δz 与

全微分 dz 之间具有关系 $\Delta z \approx dz$,从而得到近似公式

$$\Delta z = f(x_0 + \Delta x, y_0 + \Delta y) - f(x_0, y_0) \approx f_x'(x_0, y_0)\Delta x + f_y'(x_0, y)\Delta y \qquad (6.4)$$

或

$$f(x_0 + \Delta x, y_0 + \Delta y) \approx f(x_0, y_0) + f_x'(x_0, y_0)\Delta x + f_y'(x_0, y_0)\Delta y \qquad (6.5)$$

例 18 有一圆柱体,它的底半径 r 由 2cm 增加到 2.05cm;其高 h 由 10cm 减少到 9.8cm,试求体积变化的近似值。

解 体积的计算公式为 $V = \pi r^2 h$, 取 $r_0 = 2$, $h_0 = 10$; $\Delta r = 0.05$, $\Delta h = -0.2$。因为

$$\left.\frac{\partial V}{\partial r}\right|_{\substack{r=2\\h=10}} = 2\pi rh\Big|_{\substack{r=2\\h=10}} = 40\pi, \qquad \left.\frac{\partial V}{\partial h}\right|_{\substack{r=2\\h=10}} = \pi r^2\Big|_{\substack{r=2\\h=10}} = 4\pi,$$

由公式(6.4) 得

$$\Delta V \approx 40\pi \times 0.05 + 4\pi \times (-0.2) = 1.2\pi \approx 3.8.$$

即体积约增加 3.8(cm^3)。

例 19 计算$(10.1)^{2.03}$ 的近似值。

解 取函数 $f(x,y) = x^y$。显然要计算的值是在 $x = 10.1, y = 2.03$ 时的函数值 $f(10.1, 2.03)$。取 $x_0 = 10, y_0 = 2$; $\Delta x = 0.1, \Delta y = 0.03$,

因为

$$\frac{\partial f}{\partial x} = yx^{y-1}, \qquad \frac{\partial f}{\partial y} = x^y \ln x,$$

$$\left.\frac{\partial f}{\partial x}\right|_{\substack{x=10\\y=2}} = yx^{y-1}\Big|_{\substack{x=10\\y=2}} = 20, \qquad \left.\frac{\partial f}{\partial y}\right|_{\substack{x=10\\y=2}} = x^y \ln x\Big|_{\substack{x=10\\y=2}} = 100\ln 10,$$

由公式(6.5),得

$$(10.1)^{2.03} \approx 10^2 + 20 \times 0.1 + 100\ln 10 \times 0.03 = 102 + 3\ln 10 \approx 108.9.$$

习 题 6.3

27. 求下列函数的全微分:

(1) $z = ye^{2x+y}$;

(2) $z = x^{\sqrt{y}}$;

(3) $z = e^{\sin x}\cos y$;

(4) $u = x + \sin\dfrac{y}{2} + e^{yz}$;

(5) $z = x^3 e^{y^2}$;

(6) $z = e^{\sin(xy)}$;

(7) $z = \cos(x^2 y)$;

(8) $z = x^2 y + y^2$;

(9) $z = \dfrac{y}{x^2 + y^2}$;

(10) $u = \ln(3x - 2y + e^z)$.

28. 求 $z = \ln(x + \sqrt{1 + x^2 + y^2})$ 在点(2,2) 处的全微分。

29. 求 $z = e^{xy}$ 当 $x = 2, y = 1, dx = 0.1, dy = 0.2$ 时的全微分和全增量。

30. 求 $z = \dfrac{1+x}{y}$ 当 $x = 1, y = 2, dx = 0.2, dy = 0.1$ 时的全微分和全增量。

31. 设 $z = xyF(x^2 - y^2)$，其中 F 为连续可导函数，试求 dz。

32. 计算 $\sqrt{(1.02)^3 + (1.97)^3}$ 的近似值。

33. 计算 $\ln(\sqrt[3]{1.03} + \sqrt[4]{0.98} - 1)$ 的近似值。

34. 计算 $\sin 29° \tan 46°$ 的近似值。

35. 计算 $(0.98)^{2.02}$ 的近似值。

36. 设有无盖圆柱形容器，容器的壁与底的厚度均为 0.1cm，内高为 20cm，内半径为 4cm，求容器外壳体积的近似值。

37. 已知边长 $x = 8$m 与 $y = 6$m 的矩形，如果 x 边减少 15cm，y 边增加 10cm，问这个矩形的对角线的近似变化怎样？

38. 扇形的中心角 $\alpha = 60°$，半径 $R = 20$m，如果将中心角增加 $1°$，为了使扇形面积仍然不变，应把扇形半径减少若干？

39. 有一半径 $r = 5$cm，高 $h = 20$cm 的金属圆柱体，现要在圆柱体表面镀一层厚度为 $d = 0.05$cm 的镍，估计需要多少镍（镍的密度为 8.8g/cm^3）？

40. 当圆锥体形变时，它的底半径 R 由 30cm 增加到 30.1cm，高 H 由 60cm 减少到 59.5cm，试求体积变化的近似值。

6.4 多元复合函数与隐函数的求导法

6.4.1 多元复合函数的求导法

我们已经掌握了一元复合函数的求导法则，这是求导的一个非常重要的法则。本节中，我们将把这个法则推广到多元复合函数中来。由于多元复合函数的中间变量和自变量往往不止一个，且复合关系也远比一元函数复杂，因此准确掌握变量之间的复合关系对复合函数求导是至关重要的。

1) 多元复合函数的基本形式

如上所述，多元复合函数的复合关系一般比较复杂，但是掌握了复合关系的基本形式后，比较复杂的复合关系也就容易掌握了。以下均假设变量之间可以复合。

基本形式中含有两个中间变量，两个自变量。

设 $z = f(u,v)$，$u = \varphi(x,y)$，$v = \psi(x,y)$，则复合函数表达式为

$$z = f[\varphi(x,y), \psi(x,y)]。$$

其中 x,y 称为自变量；u,v 称为中间变量；变量 z 是 x,y 的复合函数。

例如　$z=\sin(u-v^2)$，$u=x+y$，$v=xy$，则复合函数可表示为

$$z=\sin[(x+y)-x^2y^2]。$$

为了直观地反映变量间的复合关系，便于分析和记忆，可以画出它们的复合关系图，图中变量之间用线段连接的表示它们之间有函数关系。并按中间变量，自变量之间的复合关系分层次表示出来。图 6－7 即为复合函数基本形式的复合关系图。

作为基本形式的特例，有下面三种情形：

（情形 1）　两个中间变量，一个自变量。设 $z=f(u,v)$，$u=\varphi(x)$，$v=\psi(x)$，则复合函数可表示为 $z=f[\varphi(x),\psi(x)]$。此时，变量 z 是关于 x 的一元复合函数，其复合关系图可见图 6－8。

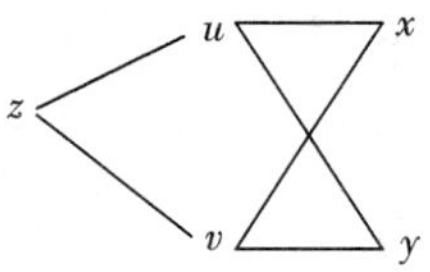

图 6－7

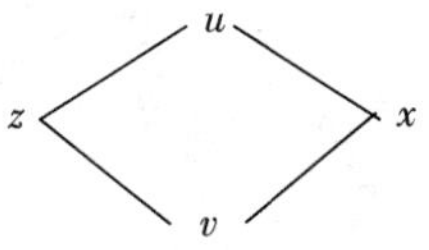

图 6－8

（情形 2）　一个中间变量，两个自变量。设 $z=f(u)$，$u=\varphi(x,y)$。则复合函数可表示为 $z=f[\varphi(x,y)]$。此时，变量 z 是关于 x,y 的二元复合函数，其复合关系图可见图 6－9。

（情形 3）　某变量既是中间变量，又是自变量的情形。设 $z=f(x,u)$，$u=\varphi(x,y)$，则复合函数可表示为 $z=f[x,\varphi(x,y)]$。其中，可将 $z=f(x,u)$ 中的变量 x 看作是函数关系 $x=\psi(x,y)=x$。此时，变量 z 是关于 x,y 的二元复合函数。这样，我们看到变量 x 既是中间变量，又是自变量，函数的复合关系图可见图 6－10。

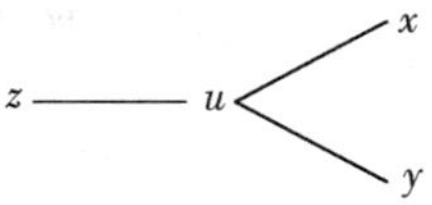

图 6－9

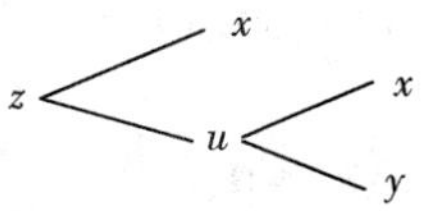

图 6－10

复合函数的情形还可推广到中间变量和自变量多于 2 个的情形。

例如：

$$z=f(u,v,w),\ u=u(x,y,t),$$
$$v=v(x,y,t),\ w=w(x,y,t).$$

则复合函数表示为 $z=f[u(x,y,t),v(x,y,t),w(x,y,t)]$。此时，变量 z 是关于 x,y,t 的三元复合函数，其复合关系图可见图 6－11。

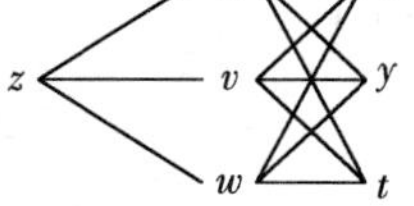

图 6－11

2） 多元复合函数求导法

为了方便起见，我们从较为简单的，有两个中间变量及一个自变量的复合函数开始，讨论其关于自变量的导数的求法。

定理7 设函数 $u=\varphi(x),v=\psi(x)$ 在点 x 处可导，函数 $z=f(u,v)$ 在对应点 (u,v) 处可微，则复合函数 $z=f[\varphi(x),\psi(x)]$ 在点 x 处可导，且有

$$\frac{\mathrm{d}z}{\mathrm{d}x}=\frac{\partial z}{\partial u}\frac{\mathrm{d}u}{\mathrm{d}x}+\frac{\partial z}{\partial v}\frac{\mathrm{d}v}{\mathrm{d}x} \tag{6.6}$$

证 给 x 以增量 Δx，这时 $u=\varphi(x),v=\psi(x)$ 的相应增量为 $\Delta u,\Delta v$。从而 $z=f(u,v)$ 在对应点 (u,v) 处获得全增量 Δz。根据假设 $z=f(u,v)$ 在对应点 (u,v) 处可微，所以

$$\Delta z=\frac{\partial z}{\partial u}\Delta u+\frac{\partial z}{\partial v}\Delta v+o\left(\sqrt{(\Delta u)^2+(\Delta v)^2}\right),$$

或记为

$$\Delta z=\frac{\partial z}{\partial u}\Delta u+\frac{\partial z}{\partial v}\Delta v+\alpha\sqrt{(\Delta u)^2+(\Delta v)^2},$$

其中 $\lim\limits_{\substack{\Delta u\to 0\\ \Delta v\to 0}}\alpha=0$。将上式两边同除以 Δx，可得

$$\frac{\Delta z}{\Delta x}=\frac{\partial z}{\partial u}\frac{\Delta u}{\Delta x}+\frac{\partial z}{\partial v}\frac{\Delta v}{\Delta x}+\alpha\frac{\sqrt{(\Delta u)^2+(\Delta v)^2}}{\Delta x},$$

当 $\Delta x\to 0$ 时取极限

$$\lim_{\Delta x\to 0}\frac{\Delta z}{\Delta x}=\lim_{\Delta x\to 0}\left(\frac{\partial z}{\partial u}\frac{\Delta u}{\Delta x}+\frac{\partial z}{\partial v}\frac{\Delta v}{\Delta x}+\alpha\frac{\sqrt{(\Delta u)^2+(\Delta v)^2}}{\Delta x}\right).$$

因为 $u=\varphi(x),v=\psi(x)$ 在 x 处可导，所以 $u=\varphi(x),v=\psi(x)$ 在 x 处连续，故 $\Delta x\to 0$ 时，有

$$\Delta u\to 0,\quad \Delta v\to 0,$$

从而 $\alpha\to 0$，且

$$\lim_{\Delta x\to 0}\frac{\Delta u}{\Delta x}=\frac{\mathrm{d}u}{\mathrm{d}x},\quad \lim_{\Delta x\to 0}\frac{\Delta v}{\Delta x}=\frac{\mathrm{d}v}{\mathrm{d}x}.$$

由于

$$\lim_{\Delta x\to 0}\frac{\sqrt{(\Delta u)^2+(\Delta v)^2}}{|\Delta x|}=\lim_{\Delta x\to 0}\sqrt{\left(\frac{\Delta u}{\Delta x}\right)^2+\left(\frac{\Delta v}{\Delta x}\right)^2}=\sqrt{\left(\frac{\partial u}{\partial x}\right)^2+\left(\frac{\partial v}{\partial x}\right)^2},$$

从而

$$\lim_{\Delta x\to 0}\alpha\cdot\frac{\sqrt{(\Delta u)^2+(\Delta v)^2}}{\Delta x}=0,$$

所以

$$\lim_{\Delta x \to 0} \frac{\Delta z}{\Delta x} = \frac{\partial z}{\partial u}\frac{\mathrm{d}u}{\mathrm{d}x} + \frac{\partial z}{\partial v}\frac{\mathrm{d}v}{\mathrm{d}x},$$

即

$$\frac{\mathrm{d}z}{\mathrm{d}x} = \frac{\partial z}{\partial u}\frac{\mathrm{d}u}{\mathrm{d}x} + \frac{\partial z}{\partial v}\frac{\mathrm{d}v}{\mathrm{d}x}.$$

我们称$\frac{\mathrm{d}z}{\mathrm{d}x}$为 $z = f[\varphi(x), \psi(x)]$ 的全导数。

例 20 设 $z = \mathrm{e}^u \sin v, u = x^2, v = \sqrt{x}$,求$\frac{\mathrm{d}z}{\mathrm{d}x}$。

解 因为 $\frac{\partial z}{\partial u} = \mathrm{e}^u \sin v$, $\frac{\partial z}{\partial v} = \mathrm{e}^u \cos v$,

$\frac{\mathrm{d}u}{\mathrm{d}x} = 2x$, $\frac{\mathrm{d}v}{\mathrm{d}x} = \frac{1}{2\sqrt{x}}$,

所以

$$\frac{\mathrm{d}z}{\mathrm{d}x} = \mathrm{e}^u \sin v \cdot 2x + \mathrm{e}^u \cos v \cdot \frac{1}{2\sqrt{x}} =$$

$$\mathrm{e}^{x^2}\left(2x\sin\sqrt{x} + \frac{\cos\sqrt{x}}{2\sqrt{x}}\right).$$

上述定理可推广到前面所述各种不同情形中去。

定理 8 设 $z = f(u,v)$ 可微,$u = \varphi(x,y), v = \psi(x,y)$ 关于 x,y 的两个一阶偏导数存在,则复合函数 $z = f[\varphi(x,y), \psi(x,y)]$ 关于 x,y 的偏导数一定存在,且有

$$\frac{\partial z}{\partial x} = \frac{\partial z}{\partial u}\frac{\partial u}{\partial x} + \frac{\partial z}{\partial v}\frac{\partial v}{\partial x} \tag{6.7}$$

$$\frac{\partial z}{\partial y} = \frac{\partial z}{\partial u}\frac{\partial u}{\partial y} + \frac{\partial z}{\partial v}\frac{\partial v}{\partial y} \tag{6.8}$$

事实上,求$\frac{\partial z}{\partial x}$时将 y 看作常量,因此中间变量 u,v 都可看成 x 的一元函数,从而可以利用上述定理 7 求出$\frac{\partial z}{\partial x}$;同理可以求出$\frac{\partial z}{\partial y}$。需要注意的是,此时要把公式(6.6)中的导数记号相应改成偏导数记号。

定理9 设 $z = f(u)$ 可微,$u = \varphi(x,y)$ 关于 x,y 的一阶偏导数存在,则复合函数 $z = f[\varphi(x,y)]$ 关于 x,y 的偏导数一定存在,且有

$$\frac{\partial z}{\partial x} = \frac{\mathrm{d}z}{\mathrm{d}u}\frac{\partial u}{\partial x} \tag{6.9}$$

$$\frac{\partial z}{\partial y} = \frac{\mathrm{d}z}{\mathrm{d}u}\frac{\partial u}{\partial y} \tag{6.10}$$

公式(6.6)、(6.7)、(6.8)、(6.9)、(6.10)统称为多元复合函数求导的链锁法则。使

用该法则时，首先要分清哪些变量是中间变量，哪些变量是自变量；其次要判明每个中间变量又是哪些自变量的函数。这样在求函数关于某自变量的偏导数（或全导数）时，就应通过一切与该变量有关的中间变量来进行，不能发生疏漏。

为了便于准确地求出复合函数 z 关于自变量的偏导数，可在具体求导时辅以函数的复合关系图（参见图6－5至图6－11）。从图中分析：由函数 z 到某一自变量有几条可能的"路径"；在每一条路径中，又由中间变量构成几个复合层次。这样求导时就可作到心中有数：有几条路径，则求导的结果就是几项之和；而每条路径有几个复合层次，则该项中就有几个因子相乘。

特别值得注意的是：复合函数中有的变量既是中间变量又是自变量，由于它有双重地位，在使用导数记号时，为避免混淆，应当加以区别。

例如 $z=f(x,y,u)$，$u=\varphi(x,y)$，则复合函数为 $z=f[x,y,\varphi(x,y)]$。其中，变量 x,y 既是中间变量又是自变量。当使用定理8对 x,y 求偏导数时，为避免混淆，可表示为

$$\frac{\partial z}{\partial x}=\frac{\partial f}{\partial u}\frac{\partial u}{\partial x}+\frac{\partial f}{\partial x} \tag{6.11}$$

$$\frac{\partial z}{\partial y}=\frac{\partial f}{\partial u}\cdot\frac{\partial u}{\partial y}+\frac{\partial f}{\partial y} \tag{6.12}$$

（6.11）式中的 $\frac{\partial z}{\partial x}$ 与 $\frac{\partial f}{\partial x}$ 是有区别的，前者是函数 z 关于自变量 x 求导，后者是 z 关于中间变量 x 求导；（6.12）式中的 $\frac{\partial z}{\partial y}$ 与 $\frac{\partial f}{\partial y}$ 也是同样情况。

例21 设 $z=u^2\ln v$，$u=\frac{x}{y}$，$v=3x-2y$，求 $\frac{\partial z}{\partial x},\frac{\partial z}{\partial y}$。

解 $\frac{\partial z}{\partial u}=2u\ln v,\quad \frac{\partial z}{\partial v}=\frac{u^2}{v},$

$$\frac{\partial u}{\partial x}=\frac{1}{y},\quad \frac{\partial u}{\partial y}=-\frac{x}{y^2},\quad \frac{\partial v}{\partial x}=3,\quad \frac{\partial v}{\partial y}=-2.$$

由公式（6.7）及（6.8），得

$$\frac{\partial z}{\partial x}=2u\ln v\cdot\frac{1}{y}+\frac{u^2}{v}\cdot 3=\frac{2x}{y^2}\ln(3x-2y)+\frac{3x^2}{y^2(3x-2y)}=$$

$$\frac{x}{y^2}\left[2\ln(3x-2y)+\frac{3x}{3x-2y}\right];$$

$$\frac{\partial z}{\partial y}=2u\ln v\cdot\left(-\frac{x}{y^2}\right)+\frac{u^2}{v}\cdot(-2)=-\frac{2x^2}{y^3}\left[\ln(3x-2y)+\frac{y}{3x-2y}\right].$$

本题也可将 u,v 代入 z 复合而成 $z=\left(\frac{x}{y}\right)^2\ln(3x-2y)$，再按偏导数求法直接求之，但是这样做有时会比较繁。

例 22 设 $z=(x^2+y^2)^{xy}$,求$\frac{\partial z}{\partial x},\frac{\partial z}{\partial y}$。

解 本题也可直接求偏导数,但要使用对数求导法。若引入中间变量看作复合函数做,则比较简单。

令

$$u=x^2+y^2,\qquad v=xy,$$

则

$$z=u^v,$$

所以

$$\frac{\partial z}{\partial x}=vu^{v-1}(2x)+u^v(\ln u)y=2x^2y(x^2+y^2)^{xy-1}+y\ln(x^2+y^2)(x^2+y^2)^{xy},$$

$$\frac{\partial z}{\partial y}=vu^{v-1}(2y)+u^v(\ln u)x=2xy^2(x^2+y^2)^{xy-1}+x\ln(x^2+y^2)(x^2+y^2)^{xy}.$$

例 23 设 $z=f(x,y,u)=y^2\sin(xu),u=e^{xy}$,求$\frac{\partial z}{\partial x},\frac{\partial z}{\partial y}$。

解 因为 $\frac{\partial f}{\partial u}=xy^2\cos(xu),\qquad \frac{\partial f}{\partial x}=uy^2\cos(xu),\qquad \frac{\partial f}{\partial y}=2y\sin(xu),$

$$\frac{\partial u}{\partial x}=ye^{xy},\qquad \frac{\partial u}{\partial y}=xe^{xy},$$

由公式(6.11)及(6.12)得

$$\frac{\partial z}{\partial x}=xy^2\cos(xu)\cdot ye^{xy}+uy^2\cos(xu)=y^2e^{xy}\cos(xe^{xy})(xy+1),$$

$$\frac{\partial z}{\partial y}=xy^2\cos(xu)\cdot xe^{xy}+2y\sin(xu)=y[yx^2e^{xy}\cos(xe^{xy})+2\sin(xe^{xy})].$$

例 24 设 $z=f(xy,\frac{x}{y})$,求 dz。

解 令 $u=xy,v=\frac{x}{y}$,于是 $z=f(u,v)$。因为

$$\frac{\partial u}{\partial x}=y,\quad \frac{\partial u}{\partial y}=x,\quad \frac{\partial v}{\partial x}=\frac{1}{y},\quad \frac{\partial v}{\partial y}=-\frac{x}{y^2},$$

所以

$$\frac{\partial z}{\partial x}=f_u'\cdot y+f_v'\cdot\frac{1}{y}=yf_1'+\frac{1}{y}f_2',$$

$$\frac{\partial z}{\partial y}=f_u'\cdot x+f_v'\cdot(-\frac{x}{y^2})=xf_1'-\frac{x}{y^2}f_2',$$

从而得到

$$dz=\left(yf_1'+\frac{1}{y}f_2'\right)dx+(xf_1'-\frac{x}{y^2}f_2')dy.$$

式中 $f_i'(i=1,2)$,表示 z 对第 i 个中间变量的偏导数($i=1,2$)。今后,在求抽象函数的导数时,为简便起见,不一定要明显地写出中间变量 u,v,可简记为 f_1', f_2'。

例 25 设 $z=x^2f(e^x\cos y,e^x\sin y)$,求$\frac{\partial z}{\partial x},\frac{\partial z}{\partial y}$。

解 $$\frac{\partial z}{\partial x}=2xf(e^x\cos y,e^x\sin y)+x^2e^x(f_1'\cdot\cos y+f_2'\cdot\sin y),$$

$$\frac{\partial z}{\partial y}=x^2e^x(f_2'\cdot\cos y-f_1'\cdot\sin y).$$

例 26 设 $z=xy+xF(u)$,而 $u=\frac{y}{x}$,$F(u)$ 为可微函数,求证:$x\frac{\partial z}{\partial x}+y\frac{\partial z}{\partial y}=z+xy$。

证 因为 $$\frac{\partial f}{\partial u}=xF'(u),\quad \frac{\partial f}{\partial x}=y+F(u),\quad \frac{\partial f}{\partial y}=x,$$

$$\frac{\partial u}{\partial x}=-\frac{y}{x^2},\quad \frac{\partial u}{\partial y}=\frac{1}{x},$$

所以

$$\frac{\partial z}{\partial x}=xF'(u)(-\frac{y}{x^2})+y+F(u)=-\frac{y}{x}F'(u)+y+F(u),$$

$$\frac{\partial z}{\partial y}=xF'(u)\cdot\frac{1}{x}+x=F'(u)+x,$$

故得

$$x\frac{\partial z}{\partial x}+y\frac{\partial z}{\partial y}=-yF'(u)+xy+xF(u)+yF'(u)+xy=$$
$$[xy+xF(u)]+xy=z+xy.$$

例 27 已知 $z=f(x^2y^3,e^{x+y})$,f 具有二阶连续偏导数,求 $\frac{\partial^2 z}{\partial x\partial y}$。

解 $\frac{\partial z}{\partial x}=f_1'\cdot 2xy^3+f_2'\cdot e^{x+y}$(注意 f_1', f_2' 与 f 一样,仍然是 x,y 的复合函数)。

$$\frac{\partial^2 z}{\partial x\partial y}=2x[(f_1')_y'y^3+3y^2f_1']+[(f_2')_y'e^{x+y}+f_2'e^{x+y}]=$$
$$2x[(f_{11}''3x^2y^2+f_{12}''e^{x+y})y^3+3y^2f_1']+$$
$$[(f_{21}''3x^2y^2+f_{22}''e^{x+y})e^{x+y}+f_2'e^{x+y}]=$$
$$6x^3y^5f_{11}''+2xy^3e^{x+y}f_{12}''+6xy^2f_1'+3x^2y^2e^{x+y}f_{21}''+e^{2(x+y)}f_{22}''+f_2'e^{x+y}=$$
$$6x^3y^5f_{11}''+xy^2e^{x+y}(2y+3x)f_{12}''+e^{2(x+y)}f_{22}''+6xy^2f_1'+e^{x+y}f_2'.$$

利用多元复合函数求导法则,我们可以证明多元函数全微分同样具有形式不变性。设 $z=f(u,v)$ 可微,则无论 u,v 是自变量还是中间变量,都有下述等式成立:

$$dz=\frac{\partial z}{\partial u}du+\frac{\partial z}{\partial v}dv \tag{6.13}$$

这是因为当 u,v 是自变量时，显然有 $dz = \frac{\partial z}{\partial u}du + \frac{\partial z}{\partial v}dv$ 成立；当 u,v 是中间变量时，设 $u = \varphi(x,y), v = \psi(x,y)$ 可微，则有

$$dz = \frac{\partial z}{\partial x}dx + \frac{\partial z}{\partial y}dy = \left(\frac{\partial z}{\partial u}\frac{\partial u}{\partial x} + \frac{\partial z}{\partial v}\frac{\partial v}{\partial x}\right)dx + \left(\frac{\partial z}{\partial u}\frac{\partial u}{\partial y} + \frac{\partial z}{\partial v}\frac{\partial v}{\partial y}\right)dy =$$

$$\frac{\partial z}{\partial u}\left(\frac{\partial u}{\partial x}dx + \frac{\partial u}{\partial y}dy\right) + \frac{\partial z}{\partial v}\left(\frac{\partial v}{\partial x}dx + \frac{\partial v}{\partial y}dy\right) =$$

$$\frac{\partial z}{\partial u}du + \frac{\partial z}{\partial v}dv.$$

可见，函数 $z = f(u,v)$ 中无论 u,v 是自变量还是中间变量，等式(6.13)都成立，即二元函数全微分具有形式不变性。

例 28　利用全微分形式不变性求函数 $z = e^{xy^2}\cos(2x + 3y)$ 的全微分。

解　将 xy^2 看作 u，将 $(2x + 3y)$ 看作 v，

$$dz = e^{xy^2}\cos(2x + 3y)d(xy^2) + e^{xy^2}(-\sin(2x + 3y))d(2x + 3y) =$$

$$e^{xy^2}\cos(2x + 3y)(y^2dx + 2xydy) - e^{xy^2}\sin(2x + 3y)(2dx + 3dy) =$$

$$e^{xy^2}[y^2\cos(2x + 3y) - 2\sin(2x + 3y)]dx + e^{xy^2}[2xy\cos(2x + 3y) - 3\sin(2x + 3y)]dy.$$

6.4.2　隐函数的求导法

在第二章中我们已经学过了一元隐函数的求导方法，但是没有、也不可能给出一般的求导公式。现在利用多元复合函数求导法则，我们就可以得到一元隐函数的一般求导公式，并将它推广到多元隐函数的求导中去。

设有方程

$$F(x,y) = 0 \tag{6.14}$$

其中 $F(x,y)$ 具有一阶连续偏导数 F_x'、F_y' 且 $F_y' \neq 0$，又设该方程确定了隐函数 $y = f(x)$，将 $y = f(x)$ 代入方程(6.14)得到恒等式

$$F[x, f(x)] = 0 \tag{6.15}$$

由多元复合函数求导法则，将(6.15)式两边对 x 求导数(图 6-12)，可得

$$F_x' + F_y'\frac{dy}{dx} = 0,$$

由此得到一元隐函数的求导公式为

$$\frac{dy}{dx} = -\frac{F_x'}{F_y'} \tag{6.16}$$

同样地，设有方程

$$F(x,y,z) = 0 \tag{6.17}$$

其中 $F(x,y,z)$ 有一阶连续偏导数 F_x', F_y', F_z' 且 $F_z' \neq 0$,又设该方程确定了隐函数 $z = f(x,y)$,将 $z = f(x,y)$ 代入方程(6.17)得到恒等式

$$F[x,y,f(x,y)] = 0 \tag{6.18}$$

显然,变量 x,y 既是中间变量又是自变量,将(6.18)式两边分别对 x,y 求偏导数(见图6-13),可得

$$F_x' + F_z'\frac{\partial z}{\partial x} = 0, \quad F_y' + F_z'\frac{\partial z}{\partial y} = 0 \tag{6.19}$$

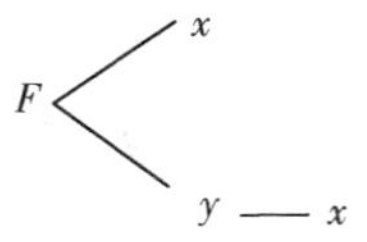

图 6-12

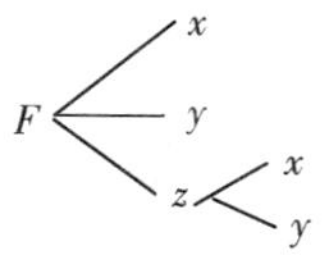

图 6-13

由此得到二元函数隐函数的一般求导公式为

$$\frac{\partial z}{\partial x} = -\frac{F_x'}{F_z'}, \quad \frac{\partial z}{\partial y} = -\frac{F_y'}{F_z'} \tag{6.20}$$

在利用公式(6.20)时应该注意的是:对所给定的方程一定要先通过移项将其整理为 $F(x,y,z) = 0$ 的形式,以便确定函数 $F(x,y,z)$;其次,公式中的 F_x', F_y', F_z' 是由 $F(x,y,z)$ 分别对中间变量 x,y,z 求偏导数所得,此时 x,y,z 地位平等,均作为自变量,因此求 F_x', F_y', F_z' 之一时,应将另外两个变量看作常数。

例 29 设 $e^{-xy} - 2z + e^z = 0$,求$\frac{\partial z}{\partial x}, \frac{\partial z}{\partial y}$。

解 令 $F(x,y,z) = e^{-xy} - 2z + e^z$,因为

$$F_x' = -ye^{-xy}, \quad F_y' = -xe^{-xy}, \quad F_z' = -2 + e^z,$$

所以

$$\frac{\partial z}{\partial x} = -\frac{F_x'}{F_z'} = -\frac{-ye^{-xy}}{-2+e^z} = \frac{ye^{-xy}}{e^z - 2},$$

$$\frac{\partial z}{\partial y} = -\frac{F_y'}{F_z'} = -\frac{-xe^{-xy}}{-2+e^z} = \frac{xe^{-xy}}{e^z - 2}.$$

例 30 设$\frac{x}{z} = \ln\frac{z}{y}$,求 dz。

解 令 $F(x,y,z) = \frac{x}{z} - \ln\frac{z}{y} = \frac{x}{z} - \ln z + \ln y$,因为

$$F_x' = \frac{1}{z}, \quad F_y' = \frac{1}{y}, \quad F_z' = -\frac{x}{z^2} - \frac{1}{z} = -\frac{x+z}{z^2},$$

所以

$$\frac{\partial z}{\partial x}=-\frac{F'_x}{F'_z}=-\frac{\frac{1}{z}}{-\frac{x+z}{z^2}}=\frac{z}{x+z},\qquad \frac{\partial z}{\partial y}=-\frac{F'_y}{F'_z}=-\frac{\frac{1}{y}}{-\frac{x+z}{z^2}}=\frac{z^2}{y(x+z)},$$

故

$$\mathrm{d}z=\frac{z}{x+z}\mathrm{d}x+\frac{z^2}{y(x+z)}\mathrm{d}y.$$

注:本题也可采用微分形式不变性直接求全微分。解法如下:

对方程两边求全微分,得 $\mathrm{d}\left(\frac{x}{z}\right)=\mathrm{d}(\ln z-\ln y)$,即

$$\frac{z\mathrm{d}x-x\mathrm{d}z}{z^2}=\frac{\mathrm{d}z}{z}-\frac{\mathrm{d}y}{y},$$

移项,得

$$\frac{x+z}{z^2}\mathrm{d}z=\frac{1}{z}\mathrm{d}x+\frac{1}{y}\mathrm{d}y,$$

从而

$$\mathrm{d}z=\frac{z}{x+z}\mathrm{d}x+\frac{z^2}{y(x+z)}\mathrm{d}y.$$

例 31 设 $x+z=yf(x^2-z^2)$,其中 f 可微,求证 $z\frac{\partial z}{\partial x}+y\frac{\partial z}{\partial y}=x$。

证 令 $F(x,y,z)=x+z-yf(x^2-z^2)$,因为

$$F'_x=1-yf'(x^2-z^2)2x=1-2xyf'(x^2-z^2),$$

$$F'_y=-f(x^2-z^2),$$

$$F'_z=1+2yzf'(x^2-z^2),$$

所以

$$\frac{\partial z}{\partial x}=-\frac{F'_x}{F'_z}=-\frac{1-2xyf'(x^2-z^2)}{1+2yzf'(x^2-z^2)}=\frac{2xyf'(x^2-z^2)-1}{1+2yzf'(x^2-z^2)},$$

$$\frac{\partial z}{\partial y}=-\frac{F'_y}{F'_z}=-\frac{-f(x^2-z^2)}{1+2yzf'(x^2-z^2)}=\frac{f(x^2-z^2)}{1+2yzf'(x^2-z^2)},$$

故

$$z\frac{\partial z}{\partial x}+y\frac{\partial z}{\partial y}=\frac{2xyzf'(x^2-z^2)-z}{1+2yzf'(x^2-z^2)}+\frac{yf(x^2-z^2)}{1+2yzf'(x^2-z^2)}=$$

$$\frac{2xyzf'(x^2-z^2)-z+yf(x^2-z^2)}{1+2yzf'(x^2-z^2)}=\frac{2xyzf'(x^2-z^2)+x}{1+2yzf'(x^2-z^2)}=$$

$$\frac{[2yzf'(x^2-z^2)+1]x}{1+2yzf'(x^2-z^2)}=x.$$

习　　题　6.4

41. 设 $z=\frac{y}{x}, x=e^{t}, y=1-e^{2t}$，求 $\frac{dz}{dt}$。

42. 设 $z=\tan(3t+2x^{2}-y^{2}), x=\frac{1}{t^{2}}, y=\sqrt{t}$，求 $\frac{dz}{dt}$。

43. $z=\sin(uv), u=2\sin t, v=\cos t$，求 $\frac{dz}{dt}$。

44. $z=u^{v}, u=3x+y, v=x+3y$，求 $\frac{\partial z}{\partial x}, \frac{\partial z}{\partial y}$。

45. 设 $z=\frac{u^{2}}{v}, u=x-2y, v=y+2x$，求 $\frac{\partial z}{\partial x}, \frac{\partial z}{\partial y}$。

46. 设 $z=u^{2}v-uv^{2}$, $u=x\cos y$, $v=x\sin y$，求 $\frac{\partial z}{\partial x}, \frac{\partial z}{\partial y}$。

47. 设 $z=e^{u}\cos v$, $u=xy$, $v=x-y$，求 $\frac{\partial z}{\partial x}, \frac{\partial z}{\partial y}$。

48. 设 $z=u^{2}\ln v, u=\frac{y}{x}, v=x^{2}+y^{2}$，求 $\frac{\partial z}{\partial x}, \frac{\partial z}{\partial y}$。

49. 设 $z=\frac{v}{u}, u=e^{x+y}, v=\sin x$，求 $\frac{\partial z}{\partial x}, \frac{\partial z}{\partial y}$。

50. 设 $z=e^{u+v}, u=\sin(x+y), v=\ln y$，求 $\frac{\partial z}{\partial x}, \frac{\partial z}{\partial y}$。

51. 设 $z=\ln(u^{2}+v)$, $u=e^{x+y^{2}}$, $v=x^{2}+y$, 求 $\frac{\partial z}{\partial x}, \frac{\partial z}{\partial y}$。

52. 设 $z=e^{x}\cos y$, $x=\sin y$, 求 $\frac{dz}{dy}$。

53. 设 $z=\arctan(xy), y=e^{x}$，求 $\frac{dz}{dx}$。

54. 设 $z=\tan(3t+2x^{2}-y), x=\frac{1}{t}, y=\sqrt{t}$，求 $\frac{dz}{dt}$。

55. 设 $z=u^{3}\cos(y^{2}e^{x}), u=x-y$，求 $\frac{\partial z}{\partial x}, \frac{\partial z}{\partial y}$。

56. 设 $u=x^{2}+y^{2}+z^{2}$, $z=\tan(xy)$，求 $\frac{\partial u}{\partial x}, \frac{\partial u}{\partial y}$。

57. 设 $z=f(x^{2}-y^{2}, e^{xy})$，求 $\frac{\partial z}{\partial x}, \frac{\partial z}{\partial y}$。

58. 设 $u=f(\frac{x}{y}, \frac{y}{z})$，其中 $f(v,t)$ 为可微函数，求 $\frac{\partial u}{\partial x}, \frac{\partial u}{\partial y}, \frac{\partial u}{\partial z}$。

59. 设 $z=\varphi(x^2+y^2)$，其中 $\varphi(u)$ 为可微函数，证明 $y\frac{\partial z}{\partial x}-x\frac{\partial z}{\partial y}=0$。

60. 证明函数 $z=x^2f(\frac{y}{x^2})$，（其中 $f(u)$ 为可微函数）满足方程 $x\frac{\partial z}{\partial x}+2y\frac{\partial z}{\partial y}=2z$。

61. 若 $z=\frac{y^2}{3x}+f(xy)$，证明 $x^2\frac{\partial z}{\partial x}-xy\frac{\partial z}{\partial y}+y^2=0$。

62. 若 $z=\frac{y}{f(x^2-y^2)}$，其中 $f(u)$ 为可微函数，证明 $\frac{1}{x}\frac{\partial z}{\partial x}+\frac{1}{y}\frac{\partial z}{\partial y}=\frac{z}{y^2}$。

63. 已知 $z=f(3x+2y,\frac{x}{y})$，求 $\frac{\partial^2 z}{\partial x^2},\frac{\partial^2 z}{\partial x\partial y}$。

64. 已知 $z=f(x^2y^3,xe^y)$，求 $\frac{\partial^2 z}{\partial y^2},\frac{\partial^2 z}{\partial x\partial y}$。

65. 设 $z=xf(\frac{y}{x})+(x-1)y\ln x$，其中 $f(u)$ 为任意的二阶可微函数，

求证 $x^2\frac{\partial^2 z}{\partial x^2}-y^2\frac{\partial^2 z}{\partial y^2}=(x+1)y$。

66. 已知 $x^2+y^2=e^{xy}$，求 $\frac{dy}{dx}$。

67. 设 $\sin y+e^x-xy^2=0$，求 $\frac{dy}{dx}$。

68. 已知 $\ln(x+y)=x+y^2$，求 $\frac{dy}{dx}$。

69. 设方程 $e^z=xyz$，求 $\frac{\partial z}{\partial x},\frac{\partial z}{\partial y}$。

70. 设 $x+2y+z-2\sqrt{xyz}=0$，求 $\frac{\partial z}{\partial x},\frac{\partial z}{\partial y}$。

71. 设 $z=f(x,y)$ 由方程 $F(x+y,y+z)=0$ 所确定，求 $\frac{\partial z}{\partial x},\frac{\partial z}{\partial y}$。

72. 证明由方程 $F(x-az,y-bz)=0$ 所确定的函数 z 满足 $a\frac{\partial z}{\partial x}+b\frac{\partial z}{\partial y}=1$。

73. 设 $2\sin(x+2y-3z)=x+2y-3z$，证明 $\frac{\partial z}{\partial x}+\frac{\partial z}{\partial y}=1$。

74. 设 $x+z=yf(x^2-y^2)$，证明 $y\frac{\partial z}{\partial x}+x\frac{\partial z}{\partial y}=xf(x^2-y^2)-y$。

75. 设 $z=f(x,y)$ 由方程 $x^2+y^2+z^2=y\varphi\left(\frac{z}{y}\right)$ 所确定（其中 $\varphi(u)$ 为可微函数），

证明 $(x^2-y^2-z^2)\frac{\partial z}{\partial x}+2xy\frac{\partial z}{\partial y}=2xz$。

6.5 偏导数的应用

6.5.1 偏导数的几何应用

1) 空间曲线的切线与法平面

定义 设 M_0 是空间曲线 Γ 上的定点，M 是曲线 Γ 上的动点，当点 M 沿着曲线 Γ 无限趋近于 M_0 时，割线 M_0M 的极限位置 M_0T 称为曲线 Γ 在点 M_0 处的切线。

下面我们来建立空间曲线 Γ 在点 M_0 处的切线的方程(见图 6－14)。

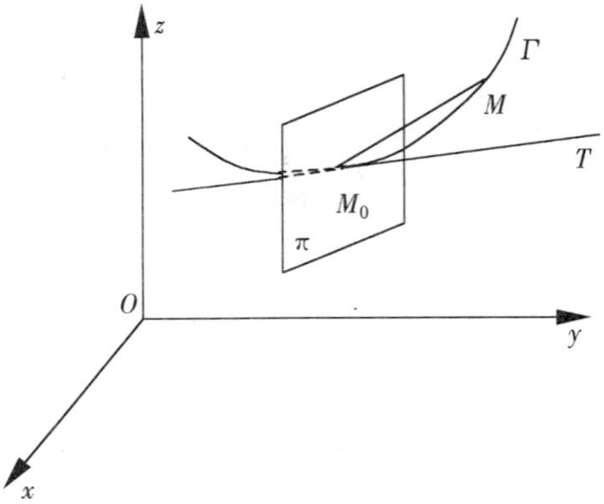

图 6－14

设空间曲线 Γ 的参数方程为 $x=\varphi(t)$，$y=\psi(t)$，$z=\omega(t)$ $(a\leqslant t\leqslant b)$，$M_0(x_0,y_0,z_0)$ 为曲线 Γ 上对应于 $t=t_0$ 的一点，且 $\varphi'(t_0)$，$\psi'(t_0)$，$\omega'(t_0)$ 不同时为零；$M(x_0+\Delta x,y_0+\Delta y,z_0+\Delta z)$ 为对应于 $t=t_0+\Delta t$ 的一点，则割线 $\overline{M_0M}$ 的方程为

$$\frac{x-x_0}{\Delta x}=\frac{y-y_0}{\Delta y}=\frac{z-z_0}{\Delta z},$$

上式中分母分别除以 Δt，得

$$\frac{x-x_0}{\frac{\Delta x}{\Delta t}}=\frac{y-y_0}{\frac{\Delta y}{\Delta t}}=\frac{z-z_0}{\frac{\Delta z}{\Delta t}},$$

当点 M 沿着曲线 Γ 无限趋近于 M_0，即 $\Delta t\to 0$ 时对上式取极限，得

$$\frac{x-x_0}{\lim\limits_{\Delta t\to 0}\frac{\Delta x}{\Delta t}}=\frac{y-y_0}{\lim\limits_{\Delta t\to 0}\frac{\Delta y}{\Delta t}}=\frac{z-z_0}{\lim\limits_{\Delta t\to 0}\frac{\Delta z}{\Delta t}},$$

从而有

$$\frac{x-x_0}{\varphi'(t_0)}=\frac{y-y_0}{\psi'(t_0)}=\frac{z-z_0}{\omega'(t_0)} \tag{6.21}$$

此即空间曲线 Γ 在点 $M_0(x_0,y_0,z_0)$ 处的切线方程。

由此可见切线的方向向量为 $\vec{s}=\{\varphi'(t_0),\psi'(t_0),\omega'(t_0)\}$。

定义 设 M_0 是空间曲线 Γ 上的一点，过点 M_0 且与曲线在 M_0 处的切线垂直的平面称为空间曲线 Γ 在点 M_0 处的法平面(见图 6－14)。

由定义可知，空间曲线 Γ 在点 M_0 处的法平面的法向量为

$$\vec{n}=\vec{s}=\{\varphi'(t_0),\psi'(t_0),\omega'(t_0)\}$$

所以,空间曲线 Γ 在点 M_0 处的法平面的方程为

$$\varphi'(t_0)(x-x_0)+\psi'(t_0)(y-y_0)+\omega'(t_0)(z-z_0)=0 \tag{6.22}$$

例 32 求曲线 $x=e^t\sin3t,y=e^t\cos3t,z=2e^t$ 在对应于 $t=0$ 的点处的切线及法平面方程。

解 当 $t=0$ 时,有 $x_0=0,y_0=1,z_0=2$。

因为

$$x'=e^t\sin3t+3e^t\cos3t=e^t(\sin3t+3\cos3t),$$
$$y'=e^t\cos3t-3e^t\sin3t=e^t(\cos3t-3\sin3t),$$
$$z'=2e^t,$$

所以

$$x'\Big|_{t=0}=3,\quad y'\Big|_{t=0}=1,\quad z'\Big|_{t=0}=2,$$

于是曲线在对应 $t=0$ 的点(0,1,2)处的切线方程为

$$\frac{x-0}{3}=\frac{y-1}{1}=\frac{z-2}{2},$$

化简后得

$$\frac{x}{3}=y-1=\frac{z-2}{2}.$$

曲线在对应 $t=0$ 的点处的法平面方程为

$$3(x-0)+1(y-1)+2(z-2)=0,$$

化简后得

$$3x+y+2z-5=0.$$

例 33 求曲线 $x=-2t,y=3t^2,z=-e^t$ 在点 $M_0(-4,12,-e^2)$ 处的切线及法平面方程。

解 点 $M_0(-4,12,-e^2)$ 对应于参数 $t=2$,因为

$$x'\Big|_{t=2}=-2,\quad y'\Big|_{t=2}=6t\Big|_{t=2}=12,\quad z'\Big|_{t=2}=-e^t\Big|_{t=2}=-e^2,$$

所以,所求切线方程为

$$\frac{x+4}{-2}=\frac{y-12}{12}=\frac{z+e^2}{-e^2},$$

法平面方程为

$$-2(x+4)+12(y-12)-e^2(z+e^2)=0,$$

化简后得

$$2x-12y+e^2z+152+e^4=0.$$

2)　空间曲面的切平面与法线

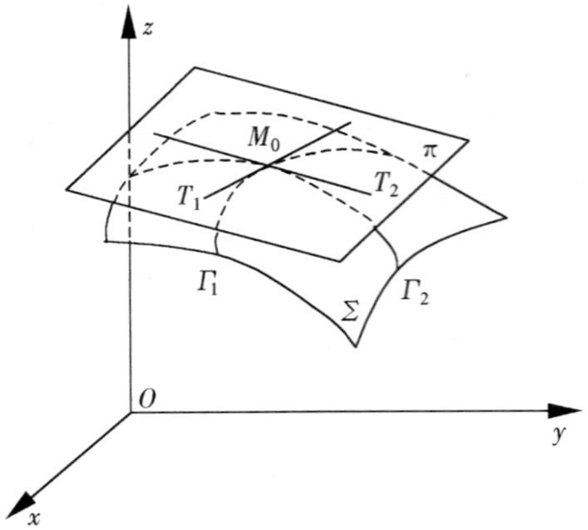

图 6－15

设空间曲面 Σ 的方程为 $F(x,y,z)=0$，点 $M_0(x_0,y_0,z_0)$ 是曲面 Σ 上的一点，又设 $F(x,y,z)$ 在点 $M_0(x_0,y_0,z_0)$ 处可微且一阶偏导数 F_x',F_y',F_z' 不同时为零。在曲面 Σ 上过点 $M_0(x_0,y_0,z_0)$ 任意引两条曲线 Γ_1,Γ_2，分别作出它们的切线 $\overline{M_0T_1},\overline{M_0T_2}$，则由 $\overline{M_0T_1},\overline{M_0T_2}$ 确定一个平面 π（见图6－15）。可以证明对于曲面 Σ 上过点 $M_0(x_0,y_0,z_0)$ 的任何曲线，它们在点 $M_0(x_0,y_0,z_0)$ 的切线都在同一个平面 π 上，而且该平面的法向量为

$$\vec{n}=\{F_x'(x_0,y_0,z_0),F_y'(x_0,y_0,z_0),F_z'(x_0,y_0,z_0)\}.$$

由此，我们引出曲面 Σ 在点 $M_0(x_0,y_0,z_0)$ 处的切平面及法线的定义。

定义　曲面 Σ 上过点 $M_0(x_0,y_0,z_0)$ 的一切曲线在点 $M_0(x_0,y_0,z_0)$ 处的切线所在的同一平面称为曲面 Σ 在点 $M_0(x_0,y_0,z_0)$ 处的切平面；过点 $M_0(x_0,y_0,z_0)$ 而垂直于切平面的直线称为曲面 Σ 在点 $M_0(x_0,y_0,z_0)$ 处的法线。

由平面点法式方程可得到切平面方程为

$$F_x'(x_0,y_0,z_0)(x-x_0)+F_y'(x_0,y_0,z_0)(y-y_0)+F_z'(x_0,y_0,z_0)(z-z_0)=0 \tag{6.23}$$

因为法线的方向向量 $\vec{s}$ 就是切平面的法向量 $\vec{n}$，所以法线方程为

$$\frac{x-x_0}{F_x'(x_0,y_0,z_0)}=\frac{y-y_0}{F_y'(x_0,y_0,z_0)}=\frac{z-z_0}{F_z'(x_0,y_0,z_0)} \tag{6.24}$$

如果曲面 Σ 的方程由显函数 $z=f(x,y)$ 给出，可令

$$F(x,y,z)=z-f(x,y)\quad(\text{或 } F(x,y,z)=f(x,y)-z),$$

所以

$$F_x'(x_0,y_0,z_0)=-f_x'(x_0,y_0),\ F_y'(x_0,y_0,z_0)=-f_y'(x_0,y_0),\ F_z'(x_0,y_0,z_0)=1,$$

此时曲面 Σ 在点 $M_0(x_0,y_0,z_0)$ 的法向量为

$$\vec{n}=\{-f_x'(x_0,y_0),-f_y'(x_0,y_0),1\}\quad(\text{或 }\vec{n}=\{f_x'(x_0,y_0),f_y'(x_0,y_0),-1\}),$$

所以曲面 Σ 在点 $M_0(x_0,y_0,z_0)$ 的切平面方程是

$$-f_x'(x_0,y_0)(x-x_0)-f_y'(x_0,y_0)(y-y_0)+(z-z_0)=0 \tag{6.25}$$

而曲面 Σ 在点 $M_0(x_0,y_0,z_0)$ 的法线方程为

$$\frac{x-x_0}{-f_x'(x_0,y_0)}=\frac{y-y_0}{-f_y'(x_0,y_0)}=\frac{z-z_0}{1} \tag{6.26}$$

例 34 求曲面 $z = \arctan\frac{y}{x}$ 在点 $M_0\left(1,1,\frac{\pi}{4}\right)$ 处的切平面方程及法线方程。

解 令 $F(x,y,z) = z - \arctan\frac{y}{x}$,因为

$$\left.\frac{\partial F}{\partial x}\right|_{M_0} = -\left.\frac{-\frac{y}{x^2}}{1+\left(\frac{y}{x}\right)^2}\right|_{(1,1,\frac{\pi}{4})} = \left.\frac{y}{x^2+y^2}\right|_{\substack{x=1\\y=1}} = \frac{1}{2},$$

$$\left.\frac{\partial F}{\partial y}\right|_{M_0} = -\left.\frac{\frac{1}{x}}{1+\left(\frac{y}{x}\right)^2}\right|_{(1,1,\frac{\pi}{4})} = \left.\frac{-x}{x^2+y^2}\right|_{\substack{x=1\\y=1}} = -\frac{1}{2},$$

$$\left.\frac{\partial F}{\partial z}\right|_{M_0} = 1,$$

所以,点 $M_0\left(1,1,\frac{\pi}{4}\right)$ 处的切平面方程为

$$\frac{1}{2}(x-1) - \frac{1}{2}(y-1) + \left(z-\frac{\pi}{4}\right) = 0,$$

化简后得 $2x - 2y + 4z - \pi = 0$,

点 $M_0(1,1,\frac{\pi}{4})$ 处的法线方程为

$$\frac{x-1}{\frac{1}{2}} = \frac{y-1}{-\frac{1}{2}} = \frac{z-\frac{\pi}{4}}{1},$$

化简后得

$$\frac{x-1}{1} = \frac{y-1}{-1} = \frac{z-\frac{\pi}{4}}{2}.$$

例 35 求与曲面 $x^2 + 2y^2 + 3z^2 = 21$ 相切且平行于平面 $x + 4y + 6z = 0$ 的切平面方程。

解 设切点为 $M_0(x_0,y_0,z_0)$,令 $F(x,y,z) = x^2 + 2y^2 + 3z^2 - 21$,因为

$$F_x'(x_0,y_0,z_0) = 2x_0, \quad F_y'(x_0,y_0,z_0) = 4y_0, \quad F_z'(x_0,y_0,z_0) = 6z_0,$$

又因为曲面的切平面平行于平面 $x + 4y + 6z = 0$,所以有

$$\frac{2x_0}{1} = \frac{4y_0}{4} = \frac{6z_0}{6},$$

解得

$$y_0 = z_0 = 2x_0,$$

由于切点 M_0 在曲面上，所以有 $x_0^2 + 8x_0^2 + 12x_0^2 = 21$，
解得 $x_0 = \pm 1$，于是，切点为(1,2,2)及(-1,-2,-2)，所求切平面方程为

$$2(x-1)+8(y-2)+12(z-2)=0,$$

和

$$-2(x+1)-8(y+2)-12(z+2)=0,$$

化简后得

$$2x+8y+12z-42=0,$$

和

$$2x+8y+12z+42=0.$$

6.5.2 多元函数的极值

在第二章中，我们利用导数研究了一元函数的极值及最大、最小值问题。在本节中，我们主要介绍如何利用偏导数求二元函数的极值及最大、最小值，并用来解决一些实际问题。

1） 二元函数的极值

与一元函数的极值类似，我们有如下的定义：

定义 设函数 $z = f(x,y)$ 在点 (x_0,y_0) 的某邻域内有定义，如果对于该邻域内异于 (x_0,y_0) 的点 (x,y)，都满足不等式 $f(x,y) < f(x_0,y_0)$，则称函数 $f(x,y)$ 在点 (x_0,y_0) 有极大值 $f(x_0,y_0)$；如果都满足不等式 $f(x,y) > f(x_0,y_0)$，则称函数 $f(x,y)$ 在点 (x_0,y_0) 有极小值 $f(x_0,y_0)$。

极大值、极小值统称为极值；使函数取得极值的点称为极值点。

定理10（极值存在的必要条件） 设函数 $z = f(x,y)$ 在点 (x_0,y_0) 处的偏导数存在，且在点 (x_0,y_0) 取得极值，则它在该点处的偏导数必然为零，即

$$f_x'(x_0,y_0)=0,\quad f_y'(x_0,y_0)=0.$$

证 因为 $z = f(x,y)$ 在点 (x_0,y_0) 处取得极值，那么固定 $y = y_0$ 时，一元函数 $z = f(x,y_0)$ 在 $x = x_0$ 处也取得极值。根据一元函数取得极值的必要条件得 $f_x'(x_0,y_0) = 0$；同样可得 $f'_y(x_0,y_0) = 0$。

和一元函数一样，我们把满足方程组 $\begin{cases} f_x'(x,y)=0 \\ f_y'(x,y)=0 \end{cases}$ 的点 (x,y) 称为二元函数 $z = f(x,y)$ 的驻点。由定理10可知，在偏导数存在的条件下，极值点必定是驻点，但是驻点不一定是极值点。另外必须注意，当函数 $z = f(x,y)$ 在点 (x_0,y_0) 的一阶偏导数不存在时，函数在该点仍有可能取得极值。例如，虽然 $z = \sqrt[3]{x^2+y^2}$ 在原点(0,0)处的一阶偏导数 $\dfrac{\partial z}{\partial x},\dfrac{\partial z}{\partial y}$ 不存在，但是容易看出(0,0)是极小点，因此在考虑函数极值问题时，除了函数的

驻点外,还应考虑函数的一阶偏导数不存在的点。

定理 11(极值存在的充分条件) 设函数 $z = f(x,y)$ 在点 (x_0, y_0) 的某邻域内有连续的一阶及二阶偏导数点,(x_0, y_0) 是函数的驻点,令 $A = f''_{xx}(x_0, y_0)$, $B = f''_{xy}(x_0, y_0)$, $C = f''_{yy}(x_0, y_0)$,则

(1) 当 $B^2 - AC < 0$ 时,$f(x,y)$ 在点 (x_0, y_0) 有极值,且当 $A < 0$ 时有极大值,当 $A > 0$ 时有极小值;

(2) 当 $B^2 - AC > 0$ 时,$f(x,y)$ 在点 (x_0, y_0) 没有极值;

(3) 当 $B^2 - AC = 0$ 时,$f(x,y)$ 在点 (x_0, y_0) 可能有极值也可能没有极值。

证明从略。

综上所述,若函数 $z = f(x,y)$ 具有二阶连续偏导数,可按下列步骤求函数的极值:

(1) 求出 $f(x,y)$ 的一阶、二阶偏导数;

(2) 解方程组 $\begin{cases} f_x'(x,y) = 0 \\ f_y'(x,y) = 0 \end{cases}$,求出全部驻点;

(3) 对于每个驻点,求出二阶偏导数的值 A, B, C;

(4) 定出 $B^2 - AC$ 的符号,据此判定极值。

当驻点较多时,采用列表的方式判定极值较为简便。

例 36 求函数 $f(x,y) = x^3 + y^3 - 2xy$ 的极值。

解 $f_x'(x,y) = 3x^2 - 2y$, $\quad f_y'(x,y) = 3y^2 - 2x$,

$f''_{xx}(x,y) = 6x$, $\quad f''_{xy}(x,y) = -2$,

$f''_{yy}(x,y) = 6y.$

由方程组 $\begin{cases} f_x' = 3x^2 - 2y = 0 \\ f_y' = 3y^2 - 2x = 0 \end{cases}$ 解得驻点为 $(0,0)$, $\left(\dfrac{2}{3}, \dfrac{2}{3}\right)$。

对于点 $(0,0)$,因为 $A = 0, B = -2, C = 0$,有 $B^2 - AC = (-2)^2 - 0 = 4 > 0$,所以 $f(x,y)$ 在 $(0,0)$ 处不取得极值;

对于点 $\left(\dfrac{2}{3}, \dfrac{2}{3}\right)$,因为 $A = 4, B = -2, C = 4$,有

$$B^2 - AC = (-2)^2 - 4^2 = -12 < 0 \text{ 且 } A = 4 > 0,$$

所以 $f(x,y)$ 在 $\left(\dfrac{2}{3}, \dfrac{2}{3}\right)$ 处取得极小值,且极小值为 $f\left(\dfrac{2}{3}, \dfrac{2}{3}\right) = -\dfrac{8}{27}$。

本题也可以用列表的方式来判定极值:

驻点	A	B	C	B^2-AC	判定结果
$(0,0)$	0	-2	0	$4>0$	$f(0,0)$ 不是极值
$\left(\frac{2}{3},\frac{2}{3}\right)$	4	-2	4	$-12<0$	$f\left(\frac{2}{3},\frac{2}{3}\right)=-\frac{8}{27}$ 为极小值

2) 最大值与最小值

本章第一节中已经指出，如果 $f(x,y)$ 在有界闭区域 D 上连续，则 $f(x,y)$ 在 D 上必定存在最大值和最小值。与一元函数的情形类似，能使 $f(x,y)$ 取得最大值、最小值的点既可能是位于区域 D 的内部的驻点，或是使 $f(x,y)$ 的一阶偏导数中至少有一个不存在的点，也可能是区域 D 的边界上的点。因此求闭区域 D 上连续函数 $f(x,y)$ 的最大值、最小值的方法同样是：首先求出 $f(x,y)$ 在 D 内的全部驻点及一阶偏导数不存在的点，并求出这些点上的函数值；其次求出函数在 D 的边界上的最大值、最小值；然后将这些值加以比较，其中最大的值（或最小的值）即为 $f(x,y)$ 的最大值（或最小值）。

但是，这种做法由于需要求出 $f(x,y)$ 在边界上的最大值和最小值，所以往往是相当复杂和困难的。在实际问题中，如果根据问题的实际意义可以断定 $f(x,y)$ 的最大值（或最小值）一定能在 D 内取到，而 $f(x,y)$ 在区域 D 内可微，且只有惟一驻点，则该驻点处的函数值即为最大值（或最小值）。

例 37 要造一个容积等于定数 K 的长方体无盖水池，应如何选择水池的尺寸，方可使它的表面积最小？

解 设水池的长为 x，宽为 y，高为 z，水池表面积为 S，所以有

$$S=xy+2(xz+yz)$$

又由题意 $xyz=K$，从中解得 $z=\frac{K}{xy}$，故有

$$S=xy+2(xz+yz)=xy+2\left(x\frac{K}{xy}+y\frac{K}{xy}\right)=xy+\frac{2K}{y}+\frac{2K}{x}\quad(x>0,y>0),$$

由 $\begin{cases}S_x'=y-\frac{2K}{x^2}=0\\S_y'=x-\frac{2K}{y^2}=0\end{cases}$ 解得驻点为 $(\sqrt[3]{2K},\ \sqrt[3]{2K})$。

由问题的实际意义可知，函数 S 当 $x>0,y>0$ 时确有最小值，而 S 只有一个驻点，所以当取长、宽均为 $\sqrt[3]{2K}$，高为 $\frac{\sqrt[3]{2K}}{2}$ 时，水池表面积最小。

3) 条件极值，拉格朗日乘数法

在上面讨论的极值问题中，对于函数 $z=f(x,y)$ 除了限制自变量 x,y 在其定义域 D

内变化之外，再无其他任何限制，我们称它为无条件极值。但是在实际问题中，也常常遇到对函数的自变量还有一些约束条件的极值问题，称为条件极值。一般而言，当约束条件比较简单时，可以把条件极值问题化为无条件极值。例如例 37 其实也是条件极值问题，但是当从约束条件 $xyz = K$ 中解出 $z = \dfrac{K}{xy}$ 并代入函数后，S 的条件极值问题就转化为无条件极值问题了。不过在很多情况下，将条件极值转化为无条件极值并非易事。

下面我们介绍一种直接求条件极值的方法，称为拉格朗日乘数法。

设条件极值问题的目标函数为 $f(x,y)$，约束条件为 $\varphi(x,y) = 0$，拉格朗日乘数法的具体步骤如下：

首先，构造一个辅助函数 $F(x,y,\lambda) = f(x,y) + \lambda\varphi(x,y)$，称为拉格朗日函数，其中 λ 称为拉格朗日乘数；其次，解方程组

$$\begin{cases} F_x' = f_x'(x,y) + \lambda\varphi_x'(x,y) = 0 \\ F_y' = f_y'(x,y) + \lambda\varphi_y'(x,y) = 0 \\ F_\lambda' = \varphi(x,y) = 0 \end{cases}$$

可得 $F(x,y,\lambda)$ 的驻点 (x_0,y_0,λ_0)，则 (x_0,y_0) 就是 $z = f(x,y)$ 在约束条件 $\varphi(x,y) = 0$ 下的可能的极值点。至于 (x_0,y_0) 是否确为 $z = f(x,y)$ 的极值点，在实际问题中往往可由其实际意义加以判定。

例 38 某学校要求设计一张包括左右两栏的横向张贴的海报，它的印刷面积为 180dm^2，要求四周留下空白宽 2dm，还要留 1dm 宽的竖直中缝，问如何确定海报尺寸可使空白面积最小？

解 本题可用拉格朗日乘数法解决。设左栏印刷面积从上到下长 $x$dm，从左到右宽 $y$dm$(x > 0, y > 0)$，由对称性可得 $xy - 90 = 0$，由对称性可得 $xy - 90 = 0$，由题意，空白面积为

$$z = 4(x + 4) + 4(2y + 1) + x = 5x + 8y + 20,$$

作拉格朗日函数

$$F(x,y,\lambda) = 5x + 8y + 20 + \lambda(xy - 90),$$

解方程组

$$\begin{cases} \dfrac{\partial F}{\partial x} = 5 + \lambda y = 0 & (6.27) \\ \dfrac{\partial F}{\partial y} = 8 + \lambda x = 0 & (6.28) \\ \dfrac{\partial F}{\partial \lambda} = xy - 90 = 0 & (6.29) \end{cases}$$

由式(6.27)，(6.28) 得 $\dfrac{5}{y} = \dfrac{8}{x}$，代入式(6.29) 解得

$$x = 12,\quad y = 7.5.$$

由问题的实际意义可知,空白面积的最小值是存在的,且只有惟一一个驻点,所以当印刷面积每栏由上到下长 12dm 和从左到右宽 7.5dm 时,可使空白面积最小。

例 39 某厂为促销产品需作两种手段的广告宣传,当广告费分别为 x, y 时,销售量为 $Q = \dfrac{200x}{x+5} + \dfrac{100y}{y+10}$;若销售产品所得利润 $L = \dfrac{1}{5}Q - (x+y)$,两种手段的广告费共 25(千元)。问应如何分配两种手段的广告费才能使利润最大?

解 目标函数为 $L = \dfrac{1}{5}Q - (x+y) = \dfrac{40x}{x+5} + \dfrac{20y}{y+10} - (x+y) \quad (x > 0, y > 0)$,约束条件为 $x + y - 25 = 0$,作拉格朗日函数

$$F(x,y,\lambda) = \frac{40x}{x+5} + \frac{20y}{y+10} - (x+y) + \lambda(x+y-25),$$

解方程组 $\begin{cases} F_x' = \dfrac{200}{(x+5)^2} - 1 + \lambda = 0 \\ F_y' = \dfrac{200}{(y+10)^2} - 1 + \lambda = 0 \\ F_\lambda' = x + y - 25 = 0 \end{cases}$,可得驻点为(15,10)。

由问题的实际意义可知,利润的最大值是存在的,且只有惟一一个驻点,所以当两种广告费分别为 $x = 15$(千元),$y = 10$(千元)时利润最大。

上述方法还可推广到两个以上自变量及约束条件多于一个的情形. 例如,目标函数为 $f(x,y,z)$,约束条件为 $\varphi(x,y,z) = 0$ 和 $\psi(x,y,z) = 0$,则可构造拉格朗日函数

$$F(x,y,z,\lambda_1,\lambda_2) = f(x,y,z) + \lambda_1\varphi(x,y,z) + \lambda_2\psi(x,y,z).$$

此时方程组为

$$\begin{cases} F'_x = f'_x(x,y,z) + \lambda_1\varphi'_x(x,y,z) + \lambda_2\psi'_x(x,y,z) = 0 \\ F'_y = f'_y(x,y,z) + \lambda_1\varphi'_y(x,y,z) + \lambda_2\psi'_y(x,y,z) = 0 \\ F'_z = f'_z(x,y,z) + \lambda_1\varphi'_z(x,y,z) + \lambda_2\psi'_z(X,y,z) = 0 \\ F'_{\lambda_1} = \varphi(x,y,z) = 0 \\ F'_{\lambda_2} = \psi(x,y,z) = 0 \end{cases}$$

解之,可得 $f(x,y,z)$ 的驻点 (x_0, y_0, z_0)。

例 40 求一个内接于原点为球心、半径为 a 的球面且体积最大的长方体。

解 设长方体在第一卦限的一个顶点为 (x,y,z),则长方体三条棱长分别为 $2x, 2y, 2z$,其体 积可以表示为 $V = 8xyz$。由题意 x, y, z 满足球面方程 $x^2 + y^2 + z^2 = a^2$,构造拉格朗日函数

$$F(x,y,z,\lambda) = 8xyz + \lambda(x^2 + y^2 + z^2 - a^2).$$

解方程组

$$\begin{cases} F_x' = 8yz + 2x\lambda = 0 & (6.30) \\ F_y' = 8xz + 2y\lambda = 0 & (6.31) \\ F_z' = 8xy + 2z\lambda = 0 & (6.32) \\ F_\lambda' = x^2 + y^2 + z^2 - a^2 = 0 & (6.33) \end{cases}$$

由方程(6.30)、(6.31)、(6.32)可得

$$\frac{y}{x} = \frac{x}{y}、\frac{z}{y} = \frac{y}{z}、\frac{z}{x} = \frac{x}{z}$$

所以 $x = y = z$，代入方程(6.33)可得驻点为$\left(\frac{\sqrt{3}a}{3},\frac{\sqrt{3}a}{3},\frac{\sqrt{3}a}{3}\right)$。

由问题的实际意义可知，内接于原点为球心、半径为 a 的球面的长方体的体积最大值必然存在，且只有惟一一个驻点，所以当长方体三条棱长 $2x = 2y = 2z = \frac{2\sqrt{3}a}{3}$ 时，长方体的体积最大。

习　　题　6.5

76. 求曲线 $x = t, y = 6t^2, z = 12t^2$ 在 $M_0\left(\frac{1}{2},\frac{3}{2},3\right)$点处的切线方程和法平面方程。

77. 求曲线 $x = \frac{t}{1+t}, y = \frac{1+t}{t}, z = t^2$ 在 $t = 1$ 点处的切线方程和法平面方程。

78. 求曲线 $x = a\cos a\cos t, y = a\sin a\cos t, z = a\sin t$ 在 $t = t_0$ 点处的切线和法平面方程。

79. 求曲线 $x = t - \sin t, y = 1 - \cos t, z = 4\sin\frac{t}{2}$ 在点 $M_0\left(\frac{\pi}{2} - 1, 1, 2\sqrt{2}\right)$处的切线方程和法平面方程。

80. 在曲线 $x = t, y = t^2, z = t^3$ 上求出一点，使在该点的切线平行于平面 $x + 2y + z - 4 = 0$。

81. 求下列各曲面在指定点处的切平面方程和法线方程：

    (1)　$z = x^2 + y^2 - 1$ 在点 $M_0(2,1,4)$；

    (2)　$x^2 + y^2 + z^2 = 14$ 在点 $M_0(1,2,3)$。

82. 求曲面 $e^z - z + xy = 3$ 在点 $M_0(2,1,0)$ 处的切平面方程和法线方程。

83. 求椭球面 $x^2 + 2y^2 + z^2 = 1$ 上平行于平面 $x - y + 2z = 0$ 的切平面方程。

84. 求函数 $f(x,y) = xy(a - x - y)$ 的极值。

85. 求函数 $f(x,y) = x^2 - xy + y^2 + 9x - 6y + 20$ 的极值。

86. 求函数 $f(x,y) = x^3 + 4x^2 + 2xy - y^2$ 的极值。

87. 求函数 $z = \sin x + \cos y + \cos(x - y)$ 在区域 $0 \leqslant x \leqslant \frac{\pi}{2}, 0 \leqslant y \leqslant \frac{\pi}{2}$ 内的极值。

88. 求函数 $f(x,y) = (x-1)^2 + y^2$ 的极值。

89. 求函数 $f(x,y) = 4(x-y) - x^2 - y^2$ 的极值。

90. 求函数 $f(x,y) = (6x - x^2)(4y - y^2)$ 的极值。

91. 求函数 $f(x,y) = e^{2x}(x + y^2 + 2y)$ 的极值。

92. 求函数 $f(x,y) = x^3 + y^3 - 3xy$ 的极值。

93. 求函数 $f(x,y) = 2xy - 3x^2 - 2y^2$ 的极值。

94. 求函数 $f(x,y) = xy + \frac{50}{x} + \frac{20}{y}, (x > 0, y > 0)$ 的极值。

95. 求函数 $z = x^3 + y^3 - 3(x^2 + y^2)$ 的极值。

96. 求表面积为 a^2,而体积为最大的长方体的体积。

97. 求抛物线 $y = x^2$ 到直线 $x - y - 2 = 0$ 之间的距离。

98. 将正数 a 分成四个正数之和,使它们的倒数之和为最小。

99. 求三个正数,使它们的和为 60,而它们的积最大。

100. 一帐篷,下部为圆柱形,上部覆以锥形的篷顶,设帐篷的容积为一定数 K,今要使篷布最少,试证篷布尺寸间应有关系式:$R = \sqrt{5}H, h = 2H$,其中 R, H 各为圆柱的底半径及高,h 为圆锥的高。

101. 从斜边之长为 l 的直角三角形中,求有最大周长的直角三角形。

102. 某农场欲围一个面积为 60m^2 的矩形场地,正面所用材料每米造价 10 元,其余三面每米造价 5 元,求场地长、宽各为多少米时,所用的材料费最少?

103. 设某工厂生产甲产品的数量 S(吨)与所用两种原料 A, B 的数量 x, y(吨)间有关系式:$S(x,y) = 0.005x^2y$。现准备向银行贷款150万元购原料,已知 A, B 原料每吨单价分别为 1 万元和 2 万元,问怎样购进两种原料,才能使生产的数量最多?

7 多元函数积分学

在一元函数积分学中,定积分是某种确定形式的和式的极限,将这种和式的极限推广到多元函数情形,便得到重积分、曲线积分和曲面积分等概念。本章着重介绍二重积分和平面曲线积分的概念、计算以及它们的一些应用。

7.1 二重积分的概念与性质

7.1.1 二重积分的概念

与从曲边梯形的面积引入定积分概念类似,以下我们通过计算曲顶柱体体积和平面薄片的质量两个实例,引入二重积分的概念。

1) 引例

引例 1 曲顶柱体的体积

设有一立体,它的底是 xy 平面上的有界闭区域 D,侧面是以 D 的边界曲线为准线而母线平行于 z 轴的柱面,它的顶是二元连续函数 $z = f(x,y)$ ($f(x,y) \geqslant 0$) 所表示的曲面,我们将这种立体称为曲顶柱体(见图 7-1)。

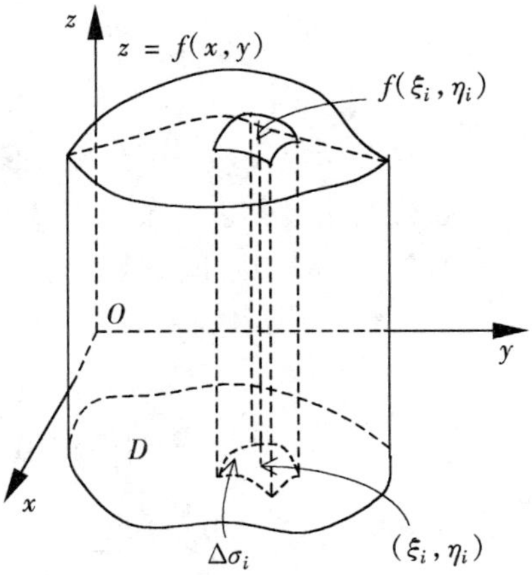

图 7-1

显然,曲顶柱体由于其顶是曲面,因此其体积不能按照大家所熟悉的平顶柱体体积公式"体积 = 高 × 底面积"进行计算。我们可采用与求曲边梯形面积相类似的方法来求曲顶柱体的体积。具体步骤为:

(1) 分割 用一组曲线将区域 D 任意分成 n 个小区域 $\Delta\sigma_i (i = 1,2,3,\cdots,n)$,并以 $\Delta\sigma_i$ 表示第 i 个小区域的面积,分别以每个小区域的边界曲线为准线,作母线平行于 z 轴的柱面,这些柱面将整个曲顶柱体分成了 n 个小曲顶柱体,它们的顶都是曲面 $z = f(x,y)$ 的一部分。

(2) 近似代替 在每个小曲顶柱体的底 $\Delta\sigma_i$ 上任取一点 $(\xi_i,\eta_i)(i = 1,2,3,\cdots,$

n)，以 $f(\xi_i,\eta_i)$ 为高，以 $\Delta\sigma_i$ 为底，作小平顶柱体近似代替小曲顶柱体，则小曲顶柱体体积为

$$\Delta V_i \approx f(\xi_i,\eta_i)\Delta\sigma_i (i = 1,2,3,\cdots,n).$$

(3) 求和 将这 n 个小曲顶柱体体积的近似值相加，得到原曲顶柱体体积 V 的近似值

$$V = \sum_{i=1}^{n} \Delta V_i \approx \sum_{i=1}^{n} f(\xi_i,\eta_i)\Delta\sigma_i.$$

(4) 取极限 当分割无限变细，即 n 个小区域的最大直径 $\lambda \to 0$ 时(区域上任意两点间距离的最大值通常称为该区域的直径)，将和式取极限，便得到曲顶柱体体积

$$V = \lim_{\lambda\to 0}\sum_{i=1}^{n} f(\xi_i,\eta_i)\Delta\sigma_i.$$

引例2 平面薄片的质量

设有一平面薄片占有 xy 平面上的有界闭区域 D，其上每一点 (x,y) 处的面密度为二元连续函数 $\rho(x,y)$，求此平面薄片的质量。

我们知道，如果平面薄片的质量是均匀分布的，即面密度为常数，那么它的质量可由公式"质量 = 面密度 × 薄片面积"计算。现在，它的面密度 $\rho(x,y)$ 是变量，不能直接用这个公式计算，所以我们仍采用与上例相同的方法。具体做法如下：

(1) 分割 将平面薄片占有的区域 D 任意分割成 n 个小区域 $\Delta\sigma_i (i = 1,2,3,\cdots,n)$，并以 $\Delta\sigma_i$ 表示第 i 个小区域的面积(见图 7-2)。

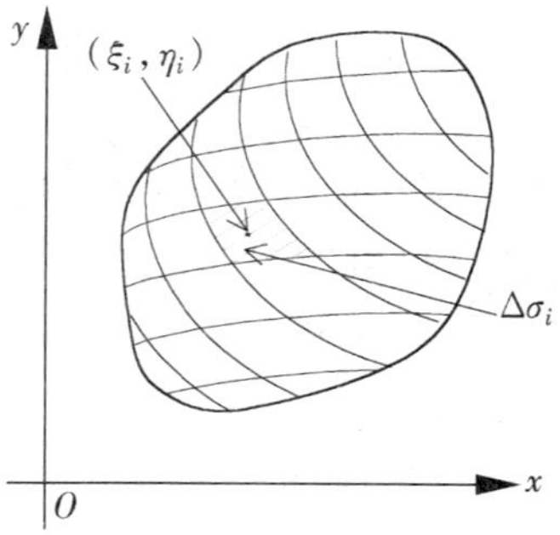

图 7-2

(2) 近似代替 由于 $\rho(x,y)$ 在 D 上连续，当小区域 $\Delta\sigma_i$ 的直径很小时，小区域上各点的面密度变化不大，可以看作质量均匀分布。在 $\Delta\sigma_i$ 上任取一点 (ξ_i,η_i) $(i = 1,2,\cdots,n)$，则小区域 $\Delta\sigma_i$ 的质量为

$$\Delta M_i \approx \rho(\xi_i,\eta_i)\Delta\sigma_i.$$

(3) 求和 将这 n 个小区域质量的近似值相加，就得到平面薄片质量 M 的近似值

$$M = \sum_{i=1}^{n} \Delta M_i \approx \sum_{i=1}^{n} \rho(\xi_i,\eta_i)\Delta\sigma_i.$$

(4) 取极限 当分割无限变细，且 n 个小区域的最大直径 $\lambda \to 0$ 时将上述和式取极限，便得到所求平面薄片的质量

$$M = \lim_{\lambda\to 0}\sum_{i=1}^{n} \rho(\xi_i,\eta_i)\Delta\sigma_i.$$

由上面的两个引例可以看到，虽然它们具有不同的实际意义，但是解决问题的方法是完全相同的，都可归结为求二元函数 $f(x,y)$ 在区域 D 上的具有同一形式的和式的极

限，由此引出下述二重积分的定义。

2） 二重积分的定义

定义 设 $f(x,y)$ 是定义在有界闭区域 D 上的二元函数，将 D 任意分成 n 个小区域 $\Delta\sigma_i(i=1,2,3,\cdots,n)$，$\Delta\sigma_i$ 同时也表示其面积。在每个小区域 $\Delta\sigma_i$ 上任取一点 (ξ_i,η_i)，并作和式 $\sum\limits_{i=1}^{n} f(\xi_i,\eta_i)\Delta\sigma_i$。如果当各小区域的直径中的最大值 $\lambda\to 0$ 时，这个和式的极限值存在，且极限值与 D 的分割方式和点 (ξ_i,η_i) 的取法无关，则称二元函数 $f(x,y)$ 在 D 上可积，并称此极限值为函数 $f(x,y)$ 在闭区域 D 上的二重积分，记作 $\iint\limits_D f(x,y)\,\mathrm{d}\sigma$，即

$$\iint\limits_D f(x,y)\,\mathrm{d}\sigma = \lim_{\lambda\to 0}\sum_{i=1}^{n} f(\xi_i,\eta_i)\Delta\sigma_i,$$

其中 $f(x,y)$ 称为被积函数；$f(x,y)\,\mathrm{d}\sigma$ 为被积表达式；$\mathrm{d}\sigma$ 称为面积元素，x,y 称为积分变量；D 称为积分区域。

根据上述定义，我们可以将曲顶柱体体积和平面薄片的质量分别表示为

$$V = \iint\limits_D f(x,y)\,\mathrm{d}\sigma,$$

$$M = \iint\limits_D \rho(x,y)\,\mathrm{d}\sigma.$$

可以证明，有界闭区域 D 上的连续函数 $f(x,y)$ 在 D 上的二重积分必定存在。

3） 二重积分的几何意义

当 $f(x,y)\geqslant 0$ 时，二重积分 $\iint\limits_D f(x,y)\,\mathrm{d}\sigma$ 等于曲顶柱体的体积；当 $f(x,y)\leqslant 0$ 时，曲顶柱体在 xy 平面的下方，二重积分 $\iint\limits_D f(x,y)\,\mathrm{d}\sigma$ 等于柱体体积的相反数；当 $f(x,y)$ 在区域 D 的部分区域上为正，在其余部分为负时，二重积分 $\iint\limits_D f(x,y)\,\mathrm{d}\sigma$ 就是这些部分区域上的柱体体积的代数和。

7.1.2 二重积分的性质

二重积分具有与定积分完全类似的性质，以下各性质中的函数都假定是可积的。

性质 1 两个函数的和（或差）的二重积分等于它们的二重积分的和（或差）。

$$\iint\limits_D [f(x,y)\pm g(x,y)]\,\mathrm{d}\sigma = \iint\limits_D f(x,y)\,\mathrm{d}\sigma \pm \iint\limits_D g(x,y)\,\mathrm{d}\sigma.$$

本性质可以推广到有限个函数代数和的情形。

性质 2 被积函数中的常数因子可以提到二重积分号的外面

$$\iint\limits_D kf(x,y)\mathrm{d}\sigma = k\iint\limits_D f(x,y)\mathrm{d}\sigma \quad (k\text{ 为常数}).$$

性质 3(二重积分关于积分区域的可加性) 如果区域 D 被分成两个不相交的区域 D_1 和 D_2,则有

$$\iint\limits_D f(x,y)\mathrm{d}\sigma = \iint\limits_{D_1} f(x,y)\mathrm{d}\sigma + \iint\limits_{D_2} f(x,y)\mathrm{d}\sigma.$$

性质 4 如果在区域 D 上 $f(x,y)=1$,且 D 的面积为 σ,则有

$$\iint\limits_D \mathrm{d}\sigma = \sigma.$$

性质 5 如果在区域 D 上 $f(x,y)\leqslant g(x,y)$,则有

$$\iint\limits_D f(x,y)\mathrm{d}\sigma \leqslant \iint\limits_D g(x,y)\mathrm{d}\sigma.$$

性质 6(估值定理) 设 M,m 分别为函数 $f(x,y)$ 在闭区域 D 上的最大值和最小值,σ 是 D 的面积,则有

$$m\sigma \leqslant \iint\limits_D f(x,y)\mathrm{d}\sigma \leqslant M\sigma.$$

性质 7(二重积分中值定理) 设函数 $f(x,y)$ 在有界闭区域 D 上连续,σ 是 D 的面积,则在 D 上至少存在一点(ξ,η),使得

$$\iint\limits_D f(x,y)\mathrm{d}\sigma = f(\xi,\eta)\sigma.$$

习 题 7.1

1. 试用二重积分表达下列曲顶柱体的体积,并画出积分区域的图形:

(1) 由平面$\frac{x}{2}+\frac{y}{5}+\frac{z}{7}=1,x=0,y=0,z=0$所围成的立体;

(2) 椭圆抛物面 $z=3-(5x^2+2y^2)$ 及平面 $z=0$ 所围成的立体;

(3) 由上半球面 $z=\sqrt{4-x^2-y^2}$、圆柱面 $x^2+y^2=1$ 及平面 $z=0$ 所围成的立体;

(4) 由上半球面 $z=\sqrt{25-x^2-y^2}$、旋转抛物面 $z=\frac{4}{9}(x^2+y^2)$ 所围成的立体。

2. 利用二重积分的几何意义,不经计算直接给出下列二重积分的值:

(1) $\iint\limits_D \mathrm{d}\sigma$, $D: x^2+y^2\leqslant 1$;

(2) $\iint\limits_D \sqrt{R^2 - x^2 - y^2}\,\mathrm{d}\sigma$, $D: x^2 + y^2 \leqslant R^2$.

3. 设闭区域 D 关于 y 轴对称（即,若 $(x,y) \in D$,则有 $(-x,y) \in D$）,$f(x,y)$ 在 D 上连续,且对 D 上的任意点满足:

(1) $f(x,y) = -f(-x,y)$,求 $\iint\limits_D f(x,y)\,\mathrm{d}\sigma$;

(2) $f(x,y) = f(-x,y)$,建立 $\iint\limits_{D_1} f(x,y)\,\mathrm{d}\sigma$ 与 $\iint\limits_D f(x,y)\,\mathrm{d}\sigma$ 之间的关系式。其中 D_1 为由 y 轴分割 D 所得的一半区域。

4. 设 $I_1 = \iint\limits_{D_1} (x^2 + y^2)^3\,\mathrm{d}\sigma$,其中 D_1 是矩形闭区域 $-1 \leqslant x \leqslant 1$, $-2 \leqslant y \leqslant 2$。

又设 $I_2 = \iint\limits_{D_2} (x^2 + y^2)^3\,\mathrm{d}\sigma$,其中 D_2 是矩形闭区域 $0 \leqslant x \leqslant 1, 0 \leqslant y \leqslant 2$。试利用二重积分的几何意义说明 I_1 与 I_2 的关系。

5. 设有一平面薄片（不计其厚度）占有 xy 平面上的区域 D,薄片上分布有面密度为 $\mu(x,y)$ 的电荷,且 $\mu(x,y)$ 在 D 上连续。试给出薄片上电荷 Q 的二重积分表达式。

7.2 二重积分的计算法

直接利用二重积分的定义计算二重积分一般的函数是很困难的。本节中将介绍两种实际可行的计算方法,其实质是将二重积分转化为两次定积分来计算。

7.2.1 直角坐标系下二重积分的计算法

当 $f(x,y)$ 在 D 上可积时,由二重积分定义,我们知道积分值 $\iint\limits_D f(x,y)\,\mathrm{d}\sigma$ 与区域 D 的分割方式无关,因此在直角坐标系中可以采用一种特殊的分割方式:用分别平行于两条坐标轴的直线族来分割区域 D,所得小区域一般均为矩形。设其边长分别为 $\Delta x_k, \Delta y_l$,则小区域面积为 $\Delta\sigma_i = \Delta x_k \cdot \Delta y_l$（见图 7-3）,因此在直角坐标系中,面积元素为 $\mathrm{d}\sigma = \mathrm{d}x\mathrm{d}y$。这样,二重积分可以记为

$$\iint\limits_D f(x,y)\,\mathrm{d}x\mathrm{d}y.$$

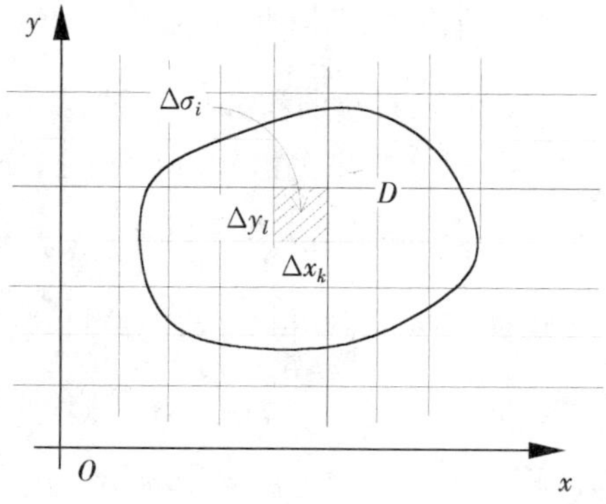

图 7-3

先设积分区域 D 可以用不等式组表示为

$$D:\begin{cases}a\leqslant x\leqslant b\\ \varphi_1(x)\leqslant y\leqslant \varphi_2(x)\end{cases},$$

（其中，x 为自变量）

此时，穿过 D 内部且平行于 y 轴的任一直线与 D 的边界的交点不多于两点（见图 7－4）。

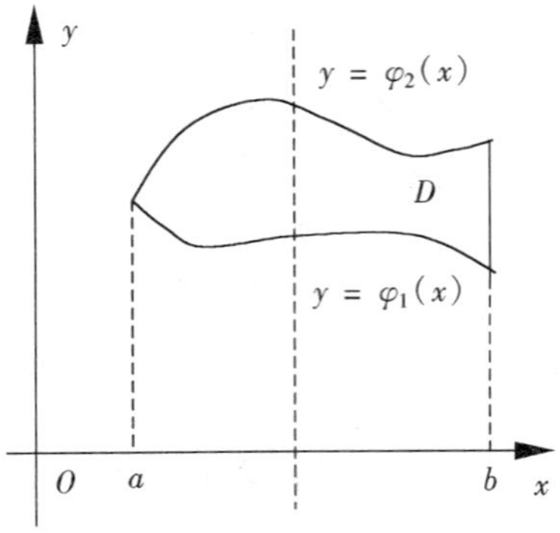

图 7－4

下面我们根据二重积分的几何意义并利用 3.8.2 节中介绍的计算“平行截面面积为已知的立体体积”的方法，寻找二重积分的计算法，所得结果对于一般的二重积分也是适用的。

在区间 $[a,b]$ 上任取一点 x，过点 x 作平行于 yz 面的平面，设平面与曲顶柱体相交，所得截面面积为 $A(x)$（见图 7－5 中打斜线的部分），所以曲顶柱体体积可以表示为

$$V=\int_a^b A(x)\,\mathrm{d}x \tag{7.1}$$

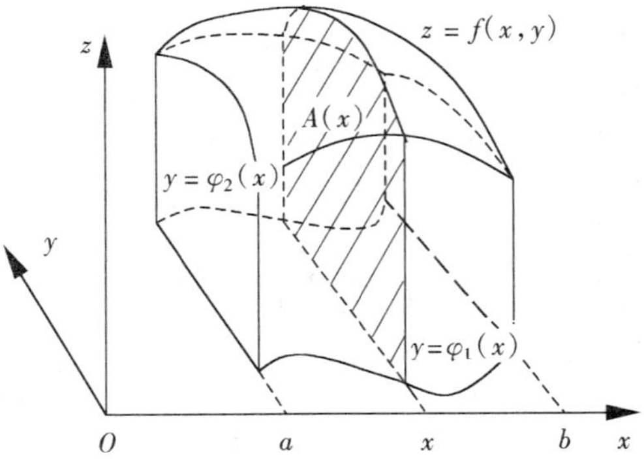

图 7－5

但是平行截面形状为曲边梯形，其面积为

$$A(x)=\int_{\varphi_1(x)}^{\varphi_2(x)} f(x,y)\,\mathrm{d}y,$$

将 $A(x)$ 代入式(7.1)，得

$$V=\int_a^b\left[\int_{\varphi_1(x)}^{\varphi_2(x)} f(x,y)\,\mathrm{d}y\right]\mathrm{d}x,$$

于是，得到二重积分的计算公式：

$$\iint_D f(x,y)\,\mathrm{d}\sigma=\int_a^b\left[\int_{\varphi_1(x)}^{\varphi_2(x)} f(x,y)\,\mathrm{d}y\right]\mathrm{d}x \tag{7.2}$$

(7.2)式右端的积分称为“先对 y，后对 x”的二次积分（或称为累次积分），这个公式称为二重积分的二次积分（或累次积分）公式，它也可表示为

$$\iint_D f(x,y)\,\mathrm{d}\sigma=\int_a^b\mathrm{d}x\int_{\varphi_1(x)}^{\varphi_2(x)} f(x,y)\,\mathrm{d}y \tag{7.3}$$

由此可见，二重积分的计算可以转化为两次定积分的计算，先把变量 x 看作常数，对变量 y 求定积分 $\int_{\varphi_1(x)}^{\varphi_2(x)} f(x,y)\,\mathrm{d}y$，它的积分限常与 x 有关，积分的结果是 x 的一元函数，然后将此函数对变量 x 由 a 到 b 第二次求定积分即可。

类似地，如果积分区域 D 可以用不等式组表示为

$$D:\begin{cases}\psi_1(y)\leqslant x\leqslant \psi_2(y)\\ c\leqslant y\leqslant d\end{cases}\quad（其中，y 为自变量），$$

此时，穿过 D 内部且平行于 x 轴的任一直线与 D 的边界的交点不多于两点（见图 7－6），我们有

$$\iint_D f(x,y)\,\mathrm{d}\sigma = \int_c^d \left[\int_{\psi_1(y)}^{\psi_2(y)} f(x,y)\,\mathrm{d}x\right]\mathrm{d}y \tag{7.4}$$

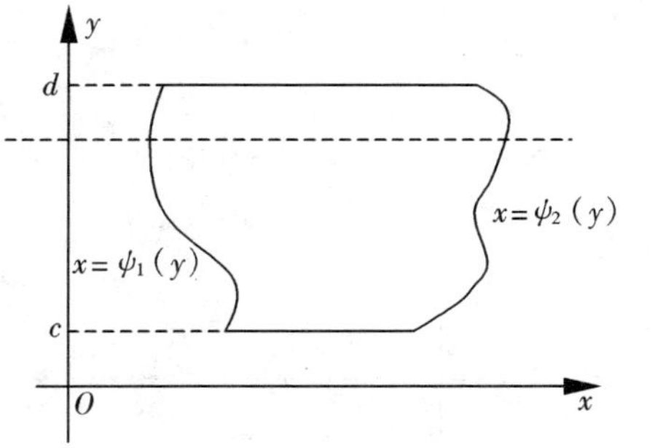

图 7－6

（7.4）式右端积分称为“先对 x，后对 y”的二次积分（或累次积分），这个公式也可表示为

$$\iint_D f(x,y)\,\mathrm{d}\sigma = \int_c^d \mathrm{d}y\int_{\psi_1(y)}^{\psi_2(y)} f(x,y)\,\mathrm{d}x \tag{7.5}$$

应当注意的是：

（1） 两种积分次序的选定，应视积分区域 D 的不同情况适当选取。关键是看平行于哪条坐标轴的直线与边界的交点不多于两点，如果是 y 轴，则先对 y 后对 x；如果是 x 轴，则先对 x 后对 y。换言之，在 D 的不等式组表示中，哪个变量定为自变量，则关于该变量的定积分后做，而关于另一变量的定积分要先做。

（2） 二重积分化为两次定积分计算时，确定每个定积分的上、下限是关键。定限的方法可按下述步骤进行（以“先对 y 后对 x”为例）：

第一步，将积分区域 D 投影到 x 轴上得到闭区间 $[a,b]$；

第二步，在 $[a,b]$ 上任取一点 x，过 x 画一条与 y 轴平行且同向的直线（见图7－4），自下而上依次求得直线与 D 的边界曲线的两个交点的纵坐标为 $\varphi_1(x)$，$\varphi_2(x)$，那么 $\varphi_1(x)$，$\varphi_2(x)$ 就是第一次对变量 y 积分时的积分下限和上限；

第三步，a，b 则是第二次对变量 x 时的积分下限和上限。

（3） 如果区域的边界比较复杂，可以作平行于 x 轴或 y 轴的辅助线将 D 分割成若干个不相交的小区域（见图7－7），使得每个小区域都满足上述要求。此时，根据二重积分性质 3，D 上的二重积分就是这些小区域上的二重积分之和。

例 1 试将二重积分 $\iint\limits_D f(x,y)\,\mathrm{d}x\mathrm{d}y$ 化为两种不同次序的二次积分，其中 D 是由直线 $x=a, x=b\,(a<b), y=c, y=d\,(c<d)$ 所围成的矩形区域。

解 作出积分区域 D 的图形（见图 7－8），积分区域可表示为

$$D:\begin{cases} a \leqslant x \leqslant b \\ c \leqslant y \leqslant d \end{cases}。$$

方法一 （先对 y，后对 x），则有

$$\iint_D f(x,y)\,\mathrm{d}x\mathrm{d}y = \int_a^b \mathrm{d}x\int_c^d f(x,y)\,\mathrm{d}y.$$

方法二 （先对 x，后对 y），则有

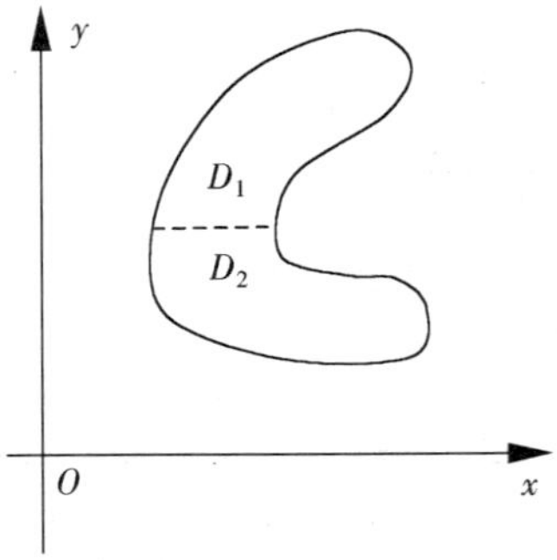

图 7－7

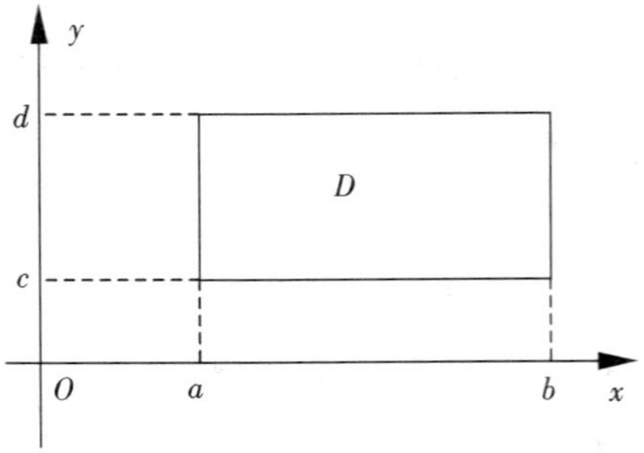

图 7－8

$$\iint_D f(x,y)\,\mathrm{d}x\mathrm{d}y = \int_c^d \mathrm{d}y\int_a^b f(x,y)\,\mathrm{d}x.$$

例 2 试将二重积分 $\iint\limits_D f(x,y)\,\mathrm{d}x\mathrm{d}y$ 化为两种不同次序的二次积分，其中 D 是由 $x^2+y^2=2y$，$y=x$ 及 y 轴所围成的在第一象限的区域。

解 作出积分区域 D 的图形(图 7－9(a))。

方法一 (先对 y，后对 x)，对应的积分区域可表示为

$$D:\begin{cases}0\leqslant x\leqslant 1\\ x\leqslant y\leqslant 1+\sqrt{1-x^2},\end{cases}$$

所以

$$\iint_D f(x,y)\,\mathrm{d}x\mathrm{d}y = \int_0^1 \mathrm{d}x\int_x^{1+\sqrt{1-x^2}} f(x,y)\,\mathrm{d}y.$$

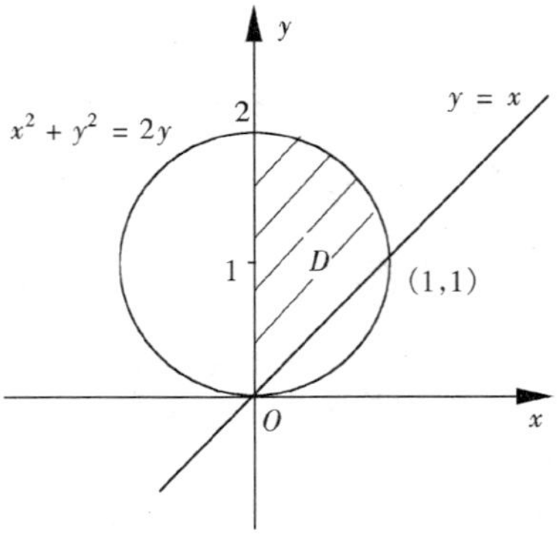

(a)

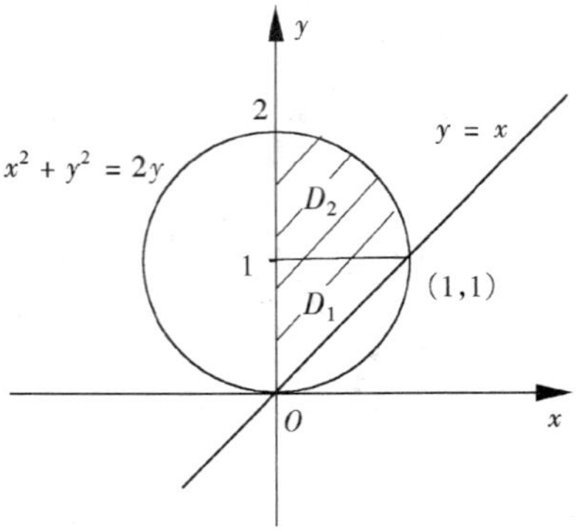

(b)

图 7－9

方法二 (先对 x，后对 y)，因为区域的右边界由两段不同的曲线组成，所以作直线 $y=1$ 将 D 分成两个不相交的小区域 D_1，D_2(图 7－9 (b))，其中

$$D_1:\begin{cases}0\leqslant x\leqslant y,\\0\leqslant y\leqslant 1\end{cases}\qquad D_2:\begin{cases}0\leqslant x\leqslant \sqrt{2y-y^2},\\1\leqslant y\leqslant 2\end{cases}$$

所以

$$\iint_D f(x,y)\,\mathrm{d}x\mathrm{d}y=\int_0^1\mathrm{d}y\int_0^y f(x,y)\,\mathrm{d}x+\int_1^2\mathrm{d}y\int_0^{\sqrt{2y-y^2}}f(x,y)\,\mathrm{d}x.$$

例 3 计算$\iint_D xy^2\,\mathrm{d}x\mathrm{d}y$,其中 D 是由 $y=2,y=x,y=2x$ 所围成的区域。

解 作出积分区域 D 的图形(图 7－10(a))。

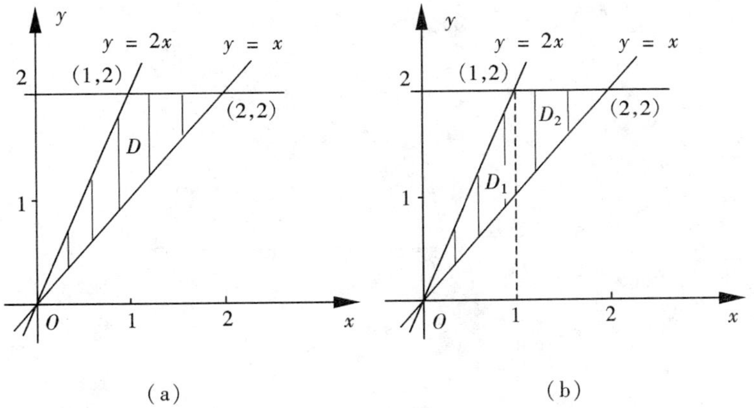

图 7－10

方法一 (先对 x,后对 y),积分区域 D 可表示为

$$D:\begin{cases}\dfrac{y}{2}\leqslant x\leqslant y,\\0\leqslant y\leqslant 2\end{cases}$$

所以

$$\iint_D xy^2\,\mathrm{d}x\mathrm{d}y=\int_0^2\mathrm{d}y\int_{\frac{y}{2}}^{y}xy^2\,\mathrm{d}x=\int_0^2\left(\frac{x^2y^2}{2}\bigg|_{\frac{y}{2}}^{y}\right)\mathrm{d}y=\frac{3}{8}\int_0^2 y^4\,\mathrm{d}y=\frac{12}{5}.$$

方法二 (先对 y,后对 x),作直线 $x=1$ 将积分区域 D 分为两个不相交的小区域 D_1,D_2(图 7－10(b)),其中 D_1:

$$\begin{cases}0\leqslant x\leqslant 1,\\x\leqslant y\leqslant 2x\end{cases}\qquad D_2:\begin{cases}1\leqslant x\leqslant 2,\\x\leqslant y\leqslant 2\end{cases}$$

所以

$$\iint_D xy^2\,\mathrm{d}x\mathrm{d}y=\int_0^1\mathrm{d}x\int_x^{2x}xy^2\,\mathrm{d}y+\int_1^2\mathrm{d}x\int_x^2 xy^2\,\mathrm{d}y=$$

$$\int_0^1\left(\frac{xy^3}{3}\bigg|_x^{2x}\right)\mathrm{d}x+\int_1^2\left(\frac{xy^3}{3}\bigg|_x^{2}\right)\mathrm{d}x=$$

$$\frac{7}{3}\int_0^1 x^4 dx + \frac{1}{3}\int_1^2 (8x - x^4) dx = \frac{12}{5}.$$

例 4 计算 $\iint\limits_D xy dxdy$，其中 D 为由 $y^2 = 2x, y = x - 4$ 所围成的区域。

解 作出积分区域 D 的图形(见图 7－11)。将积分区域投影到 y 轴上得到区间 $[-2,4]$，积分区域 D 可表示为

$$D:\begin{cases}\frac{y^2}{2} \leqslant x \leqslant 4 + y \\ -2 \leqslant y \leqslant 4\end{cases},$$

所以

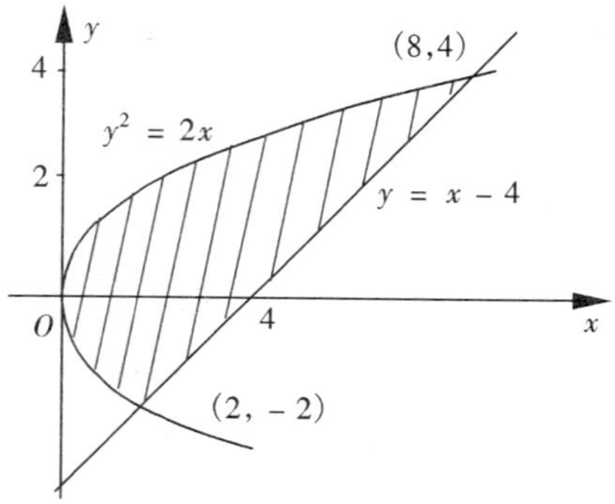

图 7－11

$$\iint\limits_D xy dxdy = \int_{-2}^4 dy\int_{\frac{y^2}{2}}^{y+4} xy dx = \frac{1}{2}\int_{-2}^4 \left(yx^2 \Big|_{\frac{y^2}{2}}^{y+4}\right) dy =$$

$$\frac{1}{2}\int_{-2}^4 \left[y\cdot(4+y)^2 - y\cdot\frac{y^4}{4}\right] dy = 90.$$

例 5 计算 $\iint\limits_D x\sin\frac{y}{x} dxdy$，其中 D 为由 $y = x, y = 0, x = 1$ 所围成的区域。

解 若先对 x，后对 y 积分，则内层积分 $\int x\sin\frac{y}{x} dx$ 的原函数不能用初等函数表示出来，故只能采用先对 y，后对 x 的积分次序。

作出积分区域 D 的图形(见图 7－12)，积分区域 D 表示为

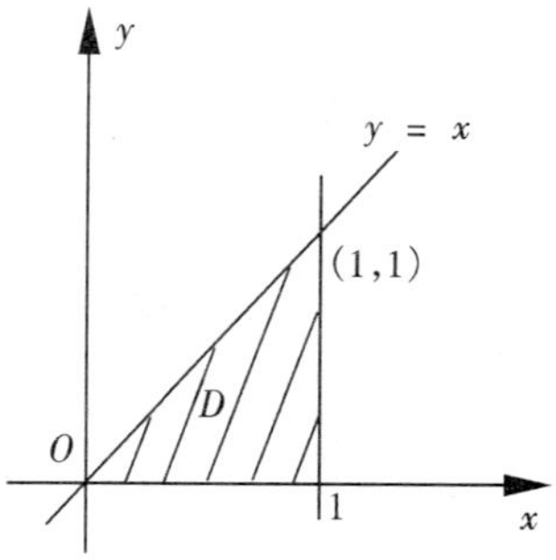

图 7－12

$$D:\begin{cases}0 \leqslant x \leqslant 1 \\ 0 \leqslant y \leqslant x\end{cases},$$

所以

$$\iint_D x\sin\frac{y}{x}\mathrm{d}x\mathrm{d}y = \int_0^1 \mathrm{d}x\int_0^x x\sin\frac{y}{x}\mathrm{d}y =$$

$$\int_0^1\left[x^2\left(-\cos\frac{y}{x}\right)\Big|_0^x\right]\mathrm{d}x =$$

$$\int_0^1(1-\cos 1)x^2\mathrm{d}x = \frac{1}{3}(1-\cos 1).$$

作为二重积分的初步应用,下面我们先来讨论,给定一个二次积分,如何交换它的积分次序。其一般步骤是:

(1) 依给定的二次积分限写出对应的二重积分区域 D 的不等式组表示式;

(2) 确定区域 D 的边界曲线,求出它们的交点,并画出积分区域 D 的图形;

(3) 由积分区域 D 的图形,确定 D 的另一形式的不等式组表示式,从而确定新的二次积分限。

例 6 交换积分次序 $I = \int_0^4 \mathrm{d}y\int_{-\sqrt{4-y}}^{\sqrt{4y-y^2}} f(x,y)\mathrm{d}x$。

解 对应的积分区域为

$$D:\begin{cases}-\sqrt{4-y}\leqslant x\leqslant\sqrt{4y-y^2},\\ 0\leqslant y\leqslant 4\end{cases}$$

画出 D 的图形,并将 D 分为 D_1 和 D_2 两部分(见图 7-13),其中

$$D_1:\begin{cases}-2\leqslant x\leqslant 0\\ 0\leqslant y\leqslant 4-x^2\end{cases},$$

$$D_2:\begin{cases}0\leqslant x\leqslant 2\\ 2-\sqrt{4-x^2}\leqslant y\leqslant 2+\sqrt{4-x^2}\end{cases}.$$

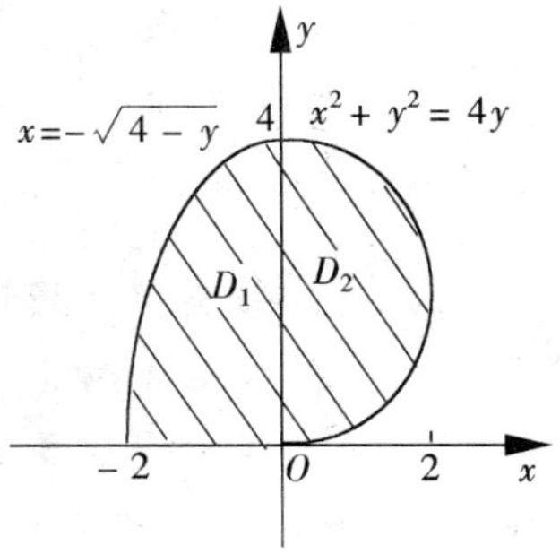

图 7-13

所以

$$I = \int_{-2}^0 \mathrm{d}x\int_0^{4-x^2} f(x,y)\mathrm{d}y + \int_0^2 \mathrm{d}x\int_{2-\sqrt{4-x^2}}^{2+\sqrt{4-x^2}} f(x,y)\mathrm{d}y.$$

例 7 交换积分次序 $I = \int_{-1}^0 \mathrm{d}y\int_0^{y+1} f(x,y)\mathrm{d}x + \int_0^1 \mathrm{d}y\int_0^{\sqrt{1-y^2}} f(x,y)\mathrm{d}x$。

解 积分区域 D 分为 D_1, D_2 两部分,其中

$$D_1:\begin{cases}0\leqslant x\leqslant y+1\\ -1\leqslant y\leqslant 0\end{cases},\qquad D_2:\begin{cases}0\leqslant x\leqslant\sqrt{1-y^2}\\ 0\leqslant y\leqslant 1\end{cases}$$

画出 D 的图形(见图 7-14),于是 D 又可表示为

$$D:\begin{cases}0\leqslant x\leqslant 1\\ x-1\leqslant y\leqslant\sqrt{1-x^2}\end{cases},$$

所以

$$I=\int_0^1\mathrm{d}x\int_{x-1}^{\sqrt{1-x^2}}f(x,y)\mathrm{d}y.$$

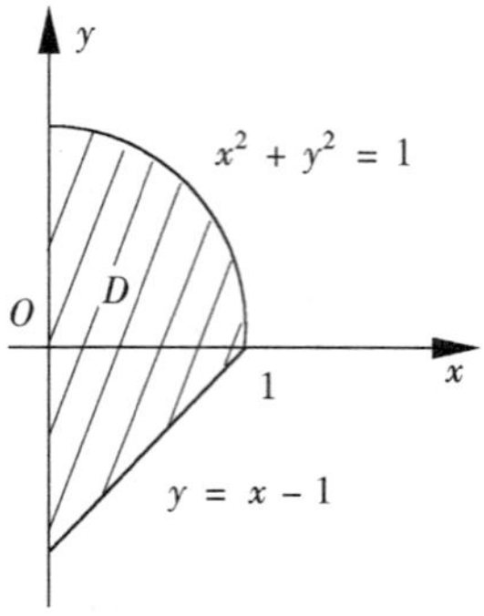

图 7－14

例 8 计算 $I=\int_0^1\mathrm{d}x\int_x^{\sqrt{x}}\frac{\sin y}{y}\mathrm{d}y$。

解 因为$\int\frac{\sin y}{y}\mathrm{d}y$的原函数不能用初等函数表示，所以可考虑交换积分次序，对应的积分区域 D 可表示为

$$D:\begin{cases}0\leqslant x\leqslant 1\\ x\leqslant y\leqslant\sqrt{x}\end{cases},$$

画出 D 的图形(图 7－15)，于是 D 又可表示为

$$D:\begin{cases}y^2\leqslant x\leqslant y\\ 0\leqslant y\leqslant 1\end{cases},$$

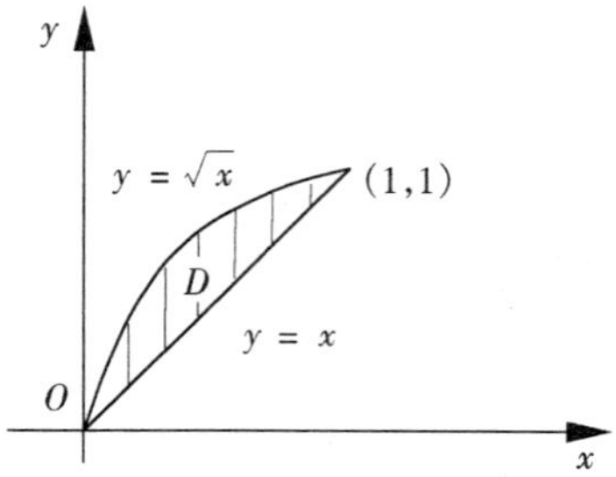

图 7－15

所以

$$I=\int_0^1\mathrm{d}y\int_{y^2}^{y}\frac{\sin y}{y}\mathrm{d}x=\int_0^1\left(\frac{\sin y}{y}\cdot x\Big|_{y^2}^{y}\right)\mathrm{d}y=$$

$$\int_0^1\frac{\sin y}{y}\cdot(y-y^2)\mathrm{d}y=1-\sin 1.$$

例 9 计算 $I=\int_1^3\mathrm{d}y\int_y^3\frac{1}{y\ln x}\mathrm{d}x$。

解 本题直接计算较为困难，可交换积分次序。对应的积分区域 D 可表示为

$$D:\begin{cases}y\leqslant x\leqslant 3\\ 1\leqslant y\leqslant 3\end{cases},$$

画出 D 的图形(见图 7－16)，于是 D 又可表示为

$$D:\begin{cases}1\leqslant x\leqslant 3\\ 1\leqslant y\leqslant x\end{cases},$$

所以

$$I=\int_1^3\mathrm{d}x\int_1^x\frac{1}{y\ln x}\mathrm{d}y=\int_1^3\left(\frac{1}{\ln x}\cdot\ln y\Big|_1^x\right)\mathrm{d}x=$$

$$\int_1^3\frac{1}{\ln x}\cdot(\ln x-0)\mathrm{d}x=\int_1^3\mathrm{d}x=2.$$

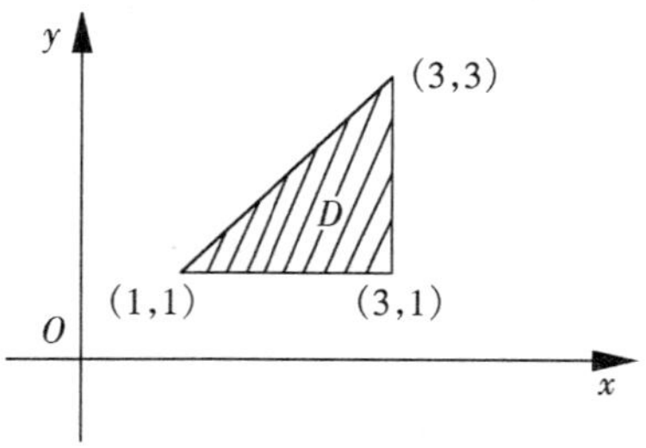

图 7－16

利用二重积分，我们还可以求出一些较为特殊的立体体积。

例10 求由抛物面$z=2-x^2-y^2$与$z=x^2+y^2$所围成的立体体积(见图7-17(a))。

解 两曲面交线在xy面上的投影曲线为积分区域D的边界曲线,

由$\begin{cases} z=2-x^2-y^2 \\ z=x^2+y^2 \end{cases}$消去$z$,解得投影曲线为$\begin{cases} x^2+y^2=1 \\ z=0 \end{cases}$。

由对称性,所求体积为立体在第一卦限部分体积的4倍,故可将积分区域D_1(见图7-17(b))表示为

$$D_1:\begin{cases} 0\leqslant x\leqslant 1 \\ 0\leqslant y\leqslant \sqrt{1-x^2} \end{cases}$$

所求体积V为

$$V=4V_1=4\left[\iint_{D_1}(2-x^2-y^2)\,dxdy-\iint_{D_1}(x^2+y^2)\,dxdy\right]=$$

$$8\iint_{D_1}(1-x^2-y^2)\,dxdy=8\int_0^1 dx\int_0^{\sqrt{1-x^2}}(1-x^2-y^2)\,dy=$$

$$\frac{16}{3}\int_0^1(1-x^2)^{\frac{3}{2}}dx=\pi.$$

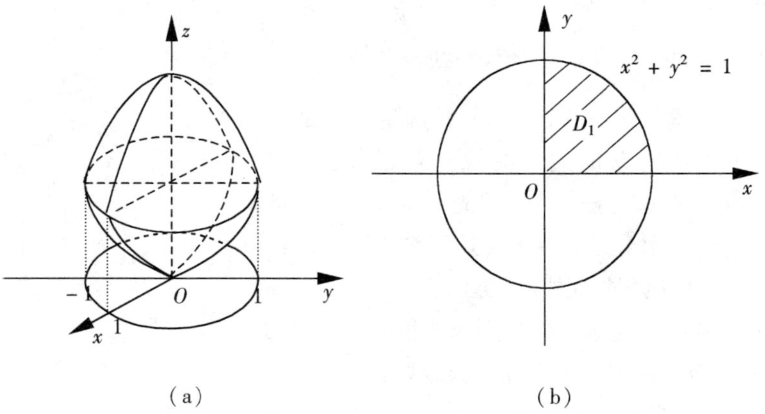

图7-17

7.2.2 极坐标系下二重积分的计算法

有些二亘积分,积分区域的边界曲线用极坐标方程表示比较简单,而且被积函数用极坐标变量r,θ表示也比较简单,这时在极坐标系下计算二重积分往往较之在直角坐标系下计算更加简便。下面我们就来介绍二重积分在极坐标系下的二次积分法。

要将二重积分$\iint_D f(x,y)\,d\sigma$化为极坐标形式,主要要解决下面三个问题:

首先,如何将函数$f(x,y)$用极坐标变量r,θ表示。根据直角坐标与极坐标之间的关系

$$\begin{cases} x = r\cos\theta, \\ y = r\sin\theta \end{cases}$$

显然有

$$f(x,y) = f(r\cos\theta, r\sin\theta).$$

其次，面积元素 $d\sigma$ 如何用 r,θ 表示。根据极坐标系的特点，我们可以选取一族以原点为圆心的同心圆 r = 常数（同心圆族）以及另一族由极点发出的射线 θ = 常数（射线族）分割区域 D，将 D 分成 n 个小区域，这些小区域除了靠近边界的一些小区域外，绝大多数都是扇形域（如图 7－18）。当 D 被分割得很细密时，小扇形区域 $\Delta\sigma$ 的面积近似地等于以 $r\Delta\theta$ 为长，Δr 为宽的矩形面积 $r\Delta r\Delta\theta$，因此，极坐标系中的面积元素 $d\sigma$ 可表示为

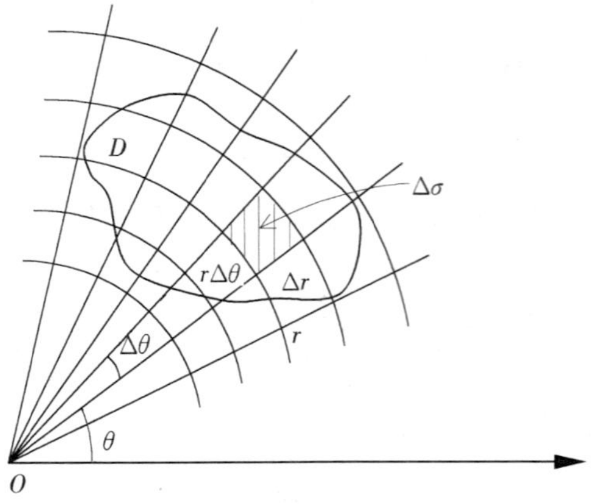

图 7－18

$$d\sigma = r dr d\theta,$$

这样，在极坐标系中的二重积分可以表示为

$$\iint\limits_D f(x,y)\,d\sigma = \iint\limits_D f(r\cos\theta, r\sin\theta)\,r dr d\theta.$$

最后，将二重积分化为二次积分，并确定积分的次序和积分限。由于区域 D 的边界曲线一般用方程 $r = r(\theta)$ 表示，因此计算中一般均采用"先对 r，后对 θ"的积分次序。为了确定积分限，可分以下几种情形考虑：

（1）　极点 O 在区域 D 外部（见图 7－19）。设区域 D 上点的极角的最小值和最大值分别为 α 和 β，在 α,β 之间任作一条极角为 θ 的射线和 D 的边界线先后交于两点，它们的极径分别为 $r_1(\theta), r_2(\theta)$ $(r_1(\theta) \leqslant r_2(\theta))$，那么区域 D 可用不等式组表示为

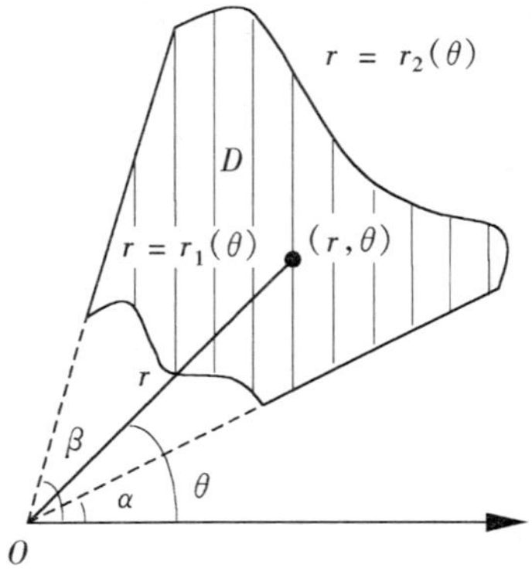

图 7－19

$$D: \begin{cases} \alpha \leqslant \theta \leqslant \beta \\ r_1(\theta) \leqslant r \leqslant r_2(\theta) \end{cases}$$

这样 α,β 分别是对变量 θ 积分时的下限、上限，而 $r_1(\theta)$，$r_2(\theta)$ 则分别是对变量 r 积分时的积分下限和上限，二重积分可化为如下的二次积分：

$$\iint\limits_D f(x,y)\,d\sigma = \int_\alpha^\beta d\theta \int_{r_1(\theta)}^{r_2(\theta)} f(r\cos\theta, r\sin\theta)\,r dr \tag{7.6}$$

（2）　极点 O 在区域 D 内部（见图 7－20）。可把 D 看成上述（1）中的特殊情况，即 D 可以用不等式组表示为

$$D:\begin{cases}0 \leqslant r \leqslant r(\theta)\\0 \leqslant \theta \leqslant 2\pi\end{cases}$$

于是二重积分可化为如下的二次积分：

$$\iint_D f(x,y)\,\mathrm{d}\sigma = \int_0^{2\pi}\mathrm{d}\theta\int_0^{r(\theta)} f(r\cos\theta, r\sin\theta)\,r\mathrm{d}r \tag{7.7}$$

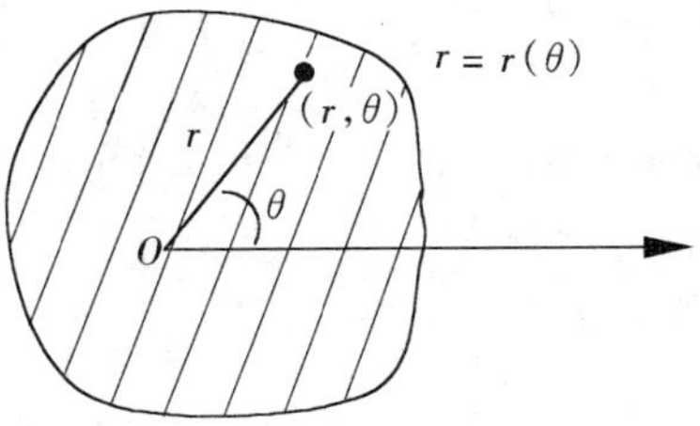

图 7－20

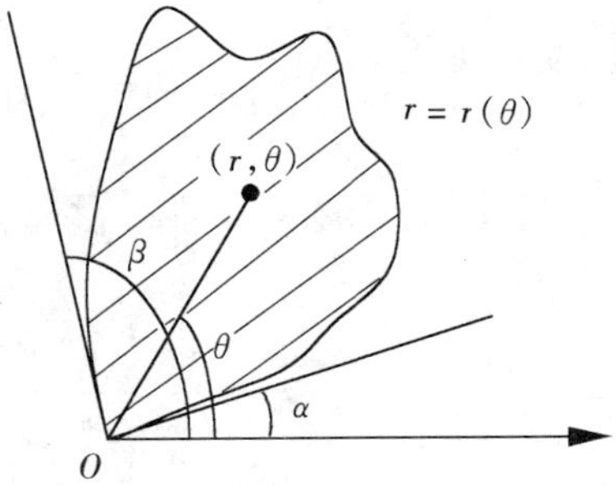

图 7－21

（3） 极点 O 在区域 D 的边界上（见图 7－21）。这也是情形（1）的特例，D 可用不等式组表示为

$$D:\begin{cases}0 \leqslant r \leqslant r(\theta)\\\alpha \leqslant \theta \leqslant \beta\end{cases}$$

于是二重积分可化为如下的二次积分

$$\iint_D f(x,y)\,\mathrm{d}\sigma = \int_\alpha^{\beta}\mathrm{d}\theta\int_0^{r(\theta)} f(r\cos\theta, r\sin\theta)\,r\mathrm{d}r \tag{7.8}$$

例 11 计算 $\iint\limits_D \arctan\dfrac{y}{x}\mathrm{d}x\mathrm{d}y$，其中 D 为：$1 \leqslant x^2 + y^2 \leqslant 4,\ 0 \leqslant y \leqslant x$。

解 可采用极坐标系，令 $x = r\cos\theta$，$y = r\sin\theta$，画出 D 的图形（见图 7－22）。本例属于情形（1），积分区域 D 表示为

$$D:\begin{cases}1 \leqslant r \leqslant 2\\0 \leqslant \theta \leqslant \dfrac{\pi}{4}\end{cases}$$

所以

$$\iint_D \arctan\frac{y}{x}\mathrm{d}x\mathrm{d}y = \int_0^{\frac{\pi}{4}}\mathrm{d}\theta\int_1^2 \theta r\mathrm{d}r = \frac{3\pi^2}{64}.$$

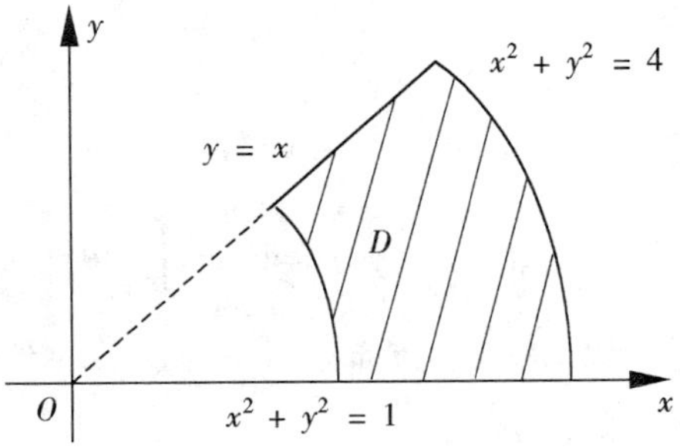

图 7－22

例 12 计算 $\iint\limits_D \sqrt{a^2-x^2-y^2}\,\mathrm{d}x\mathrm{d}y$，其中 D 为圆心在原点，半径为 a 的圆域。

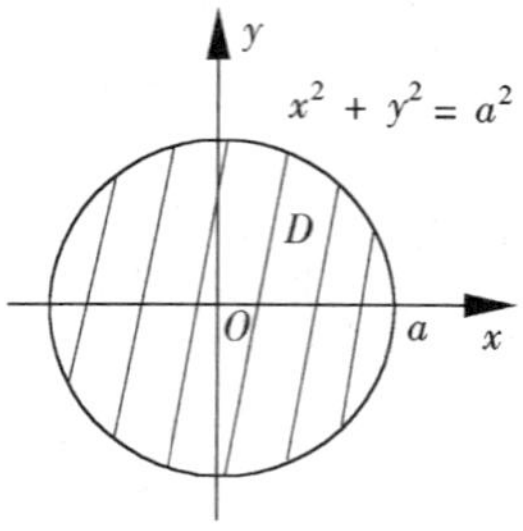

图 7 - 23

解 可采用极坐标系，令 $x=r\cos\theta, y=r\sin\theta$，画出 D 的图形(见图 7-23)。本例属于情形(2)，积分区域 D 表示为

$$D:\begin{cases}0\leqslant r\leqslant a\\0\leqslant\theta\leqslant 2\pi\end{cases}$$

所以

$$\iint\limits_D \sqrt{a^2-x^2-y^2}\,\mathrm{d}x\mathrm{d}y=\iint\limits_D \sqrt{a^2-r^2}\,r\mathrm{d}r\mathrm{d}\theta=$$

$$-\frac{1}{2}\int_0^{2\pi}\mathrm{d}\theta\int_0^a\sqrt{a^2-r^2}\,\mathrm{d}(a^2-r^2)=$$

$$-\frac{1}{2}\cdot 2\pi\cdot\frac{2}{3}(a^2-r^2)^{\frac{3}{2}}\Big|_0^a=\frac{2\pi a^3}{3}.$$

本例的几何意义是半径为 a 的上半球体的体积，从而球体体积是 $\frac{4\pi a^3}{3}$。

例 13 计算 $\iint\limits_D (x^2+y^2)\,\mathrm{d}x\mathrm{d}y$，其中 D 为由 $y=\sqrt{2x-x^2}, y=\sqrt{4-x^2}, x=0$ 所围成的区域。

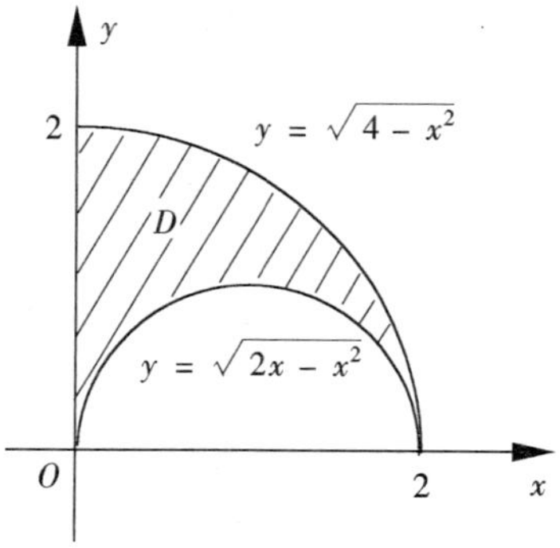

图 7 - 24

解 可采用极坐标系，令 $x=r\cos\theta, y=r\sin\theta$，画出 D 的图形(见图 7-24)。本例属于情形(3)，积分区域 D 表示为

$$D:\begin{cases}2\cos\theta\leqslant r\leqslant 2\\0\leqslant\theta\leqslant\dfrac{\pi}{2}\end{cases}$$

所以

$$\iint\limits_D (x^2+y^2)\,\mathrm{d}x\mathrm{d}y=\int_0^{\frac{\pi}{2}}\mathrm{d}\theta\int_{2\cos\theta}^2 r^2\cdot r\mathrm{d}r=4\int_0^{\frac{\pi}{2}}(1-\cos^4\theta)\,\mathrm{d}\theta=\frac{5\pi}{4}.$$

例 14 求球面 $x^2+y^2+z^2=R^2$ 与圆柱面 $x^2+y^2=Rx$ 所围立体体积(包含在圆柱面内的部分)。

解 两曲面交线在 xy 面上的投影曲线 $\begin{cases}x^2+y^2=Rx\\z=0\end{cases}$ 为积分区域的边界曲线(见图 7-25)，由对称性可知，所求体积为立体在第一卦限部分体积的 4 倍，该部分立体是由曲面为 $z=\sqrt{R^2-x^2-y^2}$，底面为圆 $x^2+y^2=Rx$ 在第一象限与 x 轴围成的半圆区域 D，侧

面为圆柱面 $x^2+y^2=Rx$ 的曲顶柱体，其体积可用二重积分计算，所以可将积分区域 D(图 7－26) 表示为

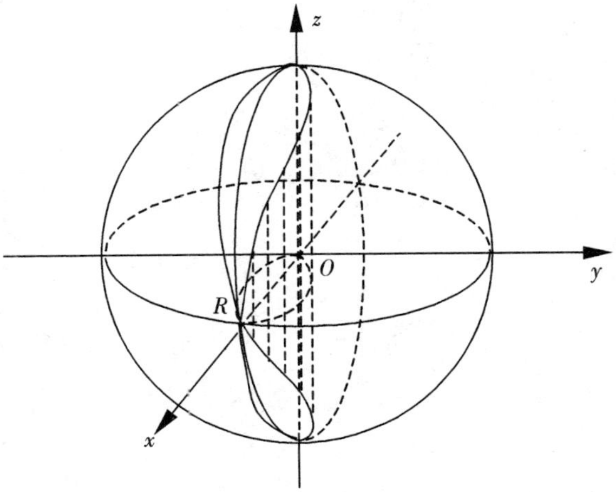

图 7－25

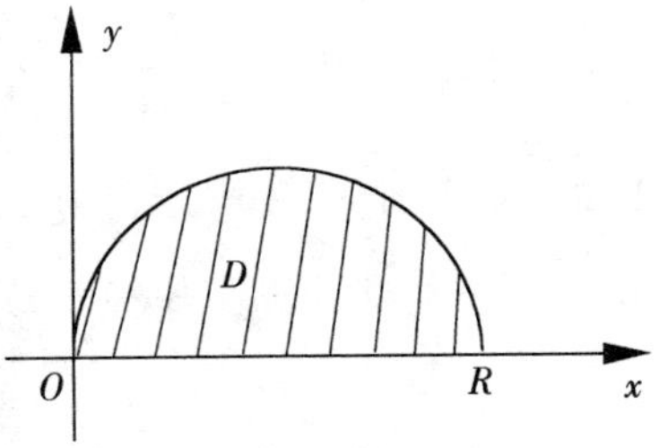

图 7－26

$$D:\begin{cases}0\leqslant r\leqslant R\cos\theta\\ 0\leqslant\theta\leqslant\dfrac{\pi}{2}\end{cases}$$

所求体积为

$$V=4\iint\limits_D\sqrt{R^2-x^2-y^2}\,\mathrm{d}x\mathrm{d}y=4\iint\limits_D\sqrt{R^2-r^2}\,r\mathrm{d}r\mathrm{d}\theta=$$

$$4\int_0^{\frac{\pi}{2}}\mathrm{d}\theta\int_0^{R\cos\theta}\left(-\frac{1}{2}\right)\sqrt{R^2-r^2}\,\mathrm{d}(R^2-r^2)=$$

$$\frac{4}{3}R^3\int_0^{\frac{\pi}{2}}(1-\sin^3\theta)\mathrm{d}\theta=$$

$$\frac{2R^3}{3}\left(\pi-\frac{4}{3}\right).$$

*例 15　利用二重积分计算广义积分 $I=\int_0^{+\infty}\mathrm{e}^{-x^2}\mathrm{d}x$(Poisson 积分)。

解　$I^2=\int_0^{+\infty}\mathrm{e}^{-x^2}\mathrm{d}x\cdot\int_0^{+\infty}\mathrm{e}^{-y^2}\mathrm{d}y=\iint\limits_D\mathrm{e}^{-(x^2+y^2)}\mathrm{d}x\mathrm{d}y.$

容易看出，积分区域 D 为 xy 坐标平面上的第一象限，这是一个广义二重积分，可用极坐标把 D 表示为

$$D:\begin{cases}0\leqslant r<+\infty\\ 0\leqslant\theta\leqslant\dfrac{\pi}{2}\end{cases}$$

于是

$$I^2=\int_0^{\frac{\pi}{2}}\mathrm{d}\theta\int_0^{+\infty}\mathrm{e}^{-r^2}r\mathrm{d}r=\frac{\pi}{2}\left[-\frac{1}{2}\mathrm{e}^{-r^2}\right]_0^{+\infty}=\frac{\pi}{4},$$

最后得到

$$I=\int_0^{+\infty}\mathrm{e}^{-x^2}\mathrm{d}x=\sqrt{\frac{\pi}{4}}=\frac{\sqrt{\pi}}{2}.$$

有趣的是，这个广义积分在第三章中是无法求出的，因为$\int\mathrm{e}^{-x^2}\mathrm{d}x$“积不出”，但是应用二重积分的极坐标计算法却轻而易举地把它解决了。

习　　题　7.2

6. 化二重积分$\iint\limits_D f(x,y)\mathrm{d}\sigma$为二次积分（两种积分次序都要），其中积分区域$D$由下列曲线所围成：

(1) $y=x,y^2=4x$;

(2) $y=x,x=2,y=\dfrac{1}{x}\quad(x>0)$;

(3) $x+y=1,x-y=1,x=0$;

(4) $y=x,y=3x,x=1,x=3$;

(5) $y=x^2,y=4-x^2$;

(6) $x^2+y^2=r^2\quad(y\geqslant0),y=0$.

7. 计算下列二重积分：

(1) $\iint\limits_D(x^2+y^2)\mathrm{d}x\mathrm{d}y$，其中$D$是矩形闭区域$|x|\leqslant1,|y|\leqslant1$;

(2) $\iint\limits_D(3x+2y)\mathrm{d}x\mathrm{d}y$，其中$D$是两坐标轴及直线$x+y=2$所围成的闭区域；

(3) $\iint\limits_D(x^3+3x^2y+y^3)\mathrm{d}\sigma$，其中$D$是矩形闭区域$0\leqslant x\leqslant1,0\leqslant y\leqslant1$;

(4) $\iint\limits_D xy^2\mathrm{d}\sigma$，其中$D$是由圆周$x^2+y^2=4$及$y$轴所围成的右半闭区域；

(5) $\iint\limits_D(x^2+y)\mathrm{d}x\mathrm{d}y$，其中$D$是由两条抛物线$y^2=x,y=x^2$所围成的闭区域；

(6) $\iint\limits_D \frac{x^2}{y^2}\mathrm{d}x\mathrm{d}y$,其中$D$是由直线$y=2$,$y=x$及双曲线$xy=1$所围成的闭区域;

(7) $\iint\limits_D (x^2+y^2-x)\mathrm{d}x\mathrm{d}y$,其中$D$是由直线$y=2$,$y=x$及$y=2x$所围成的闭区域;

(8) $\iint\limits_D x\cos(x+y)\mathrm{d}\sigma$,其中$D$是顶点分别为$(0,0)$,$(\pi,0)$和$(\pi,\pi)$的三角形闭区域;

(9) $\iint\limits_D xy\mathrm{d}x\mathrm{d}y$,其中$D$是由曲线$y^2=8x$和$y=x^2$所围成的闭区域;

(10) $\iint\limits_D x\sqrt{y}\mathrm{d}\sigma$,其中$D$是由两条抛物线$y=\sqrt{x}$,$y=x^2$所围成的闭区域;

(11) $\iint\limits_D y\mathrm{d}x\mathrm{d}y$,其中$D$是由曲线$x=y^2+1$和直线$x=0$,$y=0$,$y=1$所围成的闭区域;

(12) $\iint\limits_D xy^2\mathrm{d}x\mathrm{d}y$,其中$D$是由直线$y=1$,$x=2$及$y=x$所围成的闭区域;

(13) $\iint\limits_D (x+y)\mathrm{d}x\mathrm{d}y$,其中$D$是由曲线$y=x^2$及$y=1$所围成的闭区域;

(14) $\iint\limits_D \mathrm{e}^{-y^2}\mathrm{d}x\mathrm{d}y$,其中$D$是由直线$y=x$,$y=1$及$y$轴所围成的闭区域;

(15) $\iint\limits_D 3x^2y^2\mathrm{d}x\mathrm{d}y$,其中$D$是由曲线$y=1-x^2$及$x$轴、$y$轴所围成的第一象限内的闭区域;

(16) $\iint\limits_D (3x^2+y^2)\mathrm{d}x\mathrm{d}y$,其中$D$是由直线$y=x$,$y=3$及$y=3x$所围成的闭区域;

(17) $\iint\limits_D (x^2-y^2)\mathrm{d}x\mathrm{d}y$,其中$D$是闭区域$0\leqslant y\leqslant \sin x$,$0\leqslant x\leqslant \pi$。

8. 改变下列二重积分的积分次序:

(1) $\int_0^1\mathrm{d}y\int_0^y f(x,y)\mathrm{d}x$;　　(2) $\int_1^{\mathrm{e}}\mathrm{d}x\int_0^{\ln x} f(x,y)\mathrm{d}y$;

(3) $\int_0^1\mathrm{d}y\int_{1-y}^1 f(x,y)\mathrm{d}x$;　　(4) $\int_0^1\mathrm{d}y\int_y^{\sqrt{y}} f(x,y)\mathrm{d}x$;

(5) $\int_0^1\mathrm{d}x\int_0^{\mathrm{e}^x} f(x,y)\mathrm{d}y$;　　(6) $\int_0^1\mathrm{d}x\int_{\sqrt{2+x^2}}^{\sqrt{4-x^2}} f(x,y)\mathrm{d}y$;

(7) $\int_0^2\mathrm{d}y\int_{y^2}^{2y} f(x,y)\mathrm{d}x$;　　(8) $\int_0^1\mathrm{d}y\int_0^{2y} f(x,y)\mathrm{d}x+\int_1^3\mathrm{d}y\int_0^{3-y} f(x,y)\mathrm{d}x$;

(9) $\int_{-a}^{0}\mathrm{d}x\int_{-x}^{0}f(x,y)\mathrm{d}y+\int_{0}^{\sqrt{a}}\mathrm{d}x\int_{x^2}^{a}f(x,y)\mathrm{d}y\quad(a>0)$;

(10) $\int_{-2}^{0}\mathrm{d}x\int_{0}^{\frac{2+x}{2}}f(x,y)\mathrm{d}y+\int_{0}^{2}\mathrm{d}x\int_{0}^{\frac{2-x}{2}}f(x,y)\mathrm{d}y$.

9. 利用极坐标计算下列积分:

(1) $\iint\limits_D e^{x^2+y^2}\mathrm{d}x\mathrm{d}y$,其中 D 是由圆周 $x^2+y^2=4$ 所围成的闭区域;

(2) $\iint\limits_D\sqrt{x^2+y^2}\mathrm{d}x\mathrm{d}y$,其中 D 是圆环形闭区域:$a^2\leqslant x^2+y^2\leqslant b^2$;

(3) $\iint\limits_D\sqrt{a^2-x^2-y^2}\mathrm{d}x\mathrm{d}y$,其中 D 是 $x^2+y^2\leqslant ax$;

(4) $\iint\limits_D y\mathrm{d}x\mathrm{d}y$,其中 D 是 $x^2+y^2=2x$ 与 x 轴围成的上半圆域;

(5) $\iint\limits_D\sin(x^2+y^2)\mathrm{d}x\mathrm{d}y$,其中 D 是 $x^2+y^2\leqslant\pi$ 在 x 轴上方的部分;

(6) $\iint\limits_D\arctan\left(\frac{y}{x}\right)\mathrm{d}x\mathrm{d}y$,其中 D 是 $1\leqslant x^2+y^2\leqslant 4, x\geqslant 0, y\geqslant 0$;

(7) $\iint\limits_D x\mathrm{d}x\mathrm{d}y$,其中 D 是由圆周 $x^2+y^2=2y$ 所围成的闭区域;

(8) $\iint\limits_D\sqrt{R^2-x^2-y^2}\mathrm{d}x\mathrm{d}y$,其中 D 是由圆周 $x^2+y^2=Rx$ 所围成的第一象限内的闭区域。

10. 求由三个坐标平面及平面 $x+y+z=1$ 所围成的立体的体积。

11. 求由曲面 $z=x^2+y^2$ 和平面 $z=4$ 所围成的立体的体积。

12. 求由平面 $x+y+z=2$,圆柱面 $x^2+y^2=2$ 及三个坐标面所围成的第一象限内立体的体积。

13. 求由平面 $x+y=4$,旋转抛物面 $z=x^2+y^2$ 及三个坐标面所围成的立体的体积。

14. 求由 xy 面上的圆周 $x^2+y^2=x$ 围成的闭区域为底,而以曲面 $z=x^2+y^2$ 为顶的立体的体积。

15. 求球体 $x^2+y^2+z^2\leqslant 4a^2$ 被圆柱面 $x^2+y^2\leqslant 2ax(a>0)$ 所截得的含在圆柱面内部分立体的体积。

16. 求两个底圆半径相等的直交圆柱面所围立体的体积。

17. 求由平面 $y=0, y=kx(k>0), z=0$ 以及球心在原点、半径为 R 的上半球面所围成的在第一象限内的立体的体积。

18. 计算由四个平面 $x=0, y=0, x=1, y=1$ 所围的柱体被平面 $2x+3y+z=6$ 及

平面 $z=0$ 截得的立体的体积。

19. 求由平面 $x=0$, $y=0$, $x+y=1$ 所围的柱体被平面 $z=0$ 及抛物面 $x^2+y^2=6-z$ 截得的立体的体积。

20. 设平面薄片所占闭区域为 $D:x^2+y^2\leqslant 1$ 在第一象限的部分,其密度函数为 $\rho(x,y)=x^2+y^2$,求这平面薄片的质量。

21. 设平面薄片所占闭区域 D 是由抛物线 $y=x^2$ 及直线 $y=x$ 所围成,它在点 (x,y) 处的面密度为 $\rho(x,y)=x^2y$,求这一平面薄片的质量。

22. 半径为 R 的平面圆形薄板,设它的面密度与点到薄板中心距离成正比,K 为比例常数,求这一平面薄片的质量。

23. 设平面薄片所占闭区域 D 是由螺线 $r=2\theta$ 上一段弧 $\left(0\leqslant\theta\leqslant\frac{\pi}{2}\right)$ 与直线 $\theta=\frac{\pi}{2}$ 所围成,它的面密度为 $\rho(x,y)=x^2+y^2$,求这一平面薄片的质量。

7.3 二重积分的应用

通过前面的学习,我们看到二重积分可应用于计算平面区域的面积,空间立体的体积和平面薄片的质量,本节再介绍二重积分在几何和物理上的其他一些应用。

在定积分的应用中,我们介绍了微元法,这种方法也可推广到二重积分的应用中来。一般地,如果所要计算的量 U 对于闭区域 D 具有可加性,那么可先在闭区域 D 上任取一个直径很小的闭区域 $\mathrm{d}\sigma$,求出量 U 在 $\mathrm{d}\sigma$ 上相应的部分量 ΔU,如果它可以近似表示为 $\mathrm{d}U=f(x,y)\mathrm{d}\sigma$,其中 $(x,y)\in\mathrm{d}\sigma$,则称 $\mathrm{d}U$ 为所求量 U 的微元。所求量 U 就是 $\mathrm{d}U$ 在闭区域 D 上的积分,即

$$U=\iint_D \mathrm{d}U=\iint_D f(x,y)\,\mathrm{d}\sigma.$$

7.3.1 曲面的面积

设曲面 S 的方程为 $z=f(x,y)$,它在 xy 面上的投影区域为 D,并设 $f(x,y)$ 在 D 上有连续偏导数,求曲面 S 的面积 A。

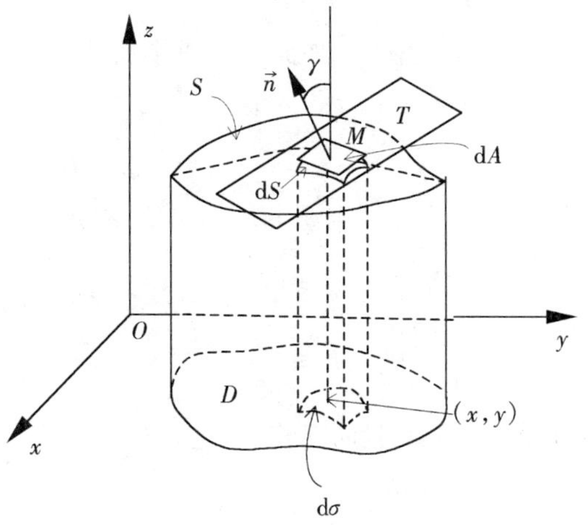

图 7－27

在闭区域 D 上任取一个直径很小的闭区域 $\mathrm{d}\sigma$($\mathrm{d}\sigma$ 也表示其面积),在 $\mathrm{d}\sigma$ 上任取一点 (x,y),对应地在曲面上就有一点 $M(x,y,f(x,y))$,过点 M 作曲面 S 的切平面 T,以 $\mathrm{d}\sigma$ 的边界为准线,作母线平行于 z 轴的柱面,截曲面 S 得相应的小曲

面为 dS（dS 也表示其面积），且又截切平面 T 得相应的小平面为 dA（dA 也表示其面积）。由于 $d\sigma$ 直径很小，从而有 $dS \approx dA$，即曲面 S 的面积微元 dS 可用切面的面积微元 dA 近似代替。

设曲面 S 上点 $M(x,y,f(x,y))$ 处的法线指向朝上，且法向量 $\vec{n}$ 与 z 轴所成夹角为 γ，由图 7－27 可见

$$dA = \frac{d\sigma}{\cos\gamma}.$$

因为

$$\vec{n} = \{-f'_x(x,y), -f'_y(x,y), 1\}, \vec{k} = \{0,0,1\},$$

所以

$$\cos\gamma = \frac{\vec{n}\cdot\vec{k}}{|\vec{n}|\cdot|\vec{k}|} = \frac{1}{\sqrt{1+f_x'^2+f_y'^2}},$$

于是

$$dA = \sqrt{1+f_x'^2+f_y'^2}\,d\sigma,$$

因此曲面面积为

$$A = \iint_D dA = \iint_D \sqrt{1+f_x'^2+f_y'^2}\,d\sigma \tag{7.9}$$

例 16 求旋转抛物面 $z = x^2+y^2$ 被柱面 $x^2+y^2=1$ 所截部分的面积。

解 设旋转抛物面在第一卦限中被截部分的面积是 S_1（见图 7－28）。因为截面为 $f(x,y) = x^2+y^2$，所以

$$f'_x = 2x, f'_y = 2y,$$

又二曲面交线在 xy 平面上的投影曲线为

$$\begin{cases} x^2+y^2 = 1 \\ z = 0 \end{cases}$$

令 $\begin{cases} x = r\cos\theta \\ y = r\sin\theta \end{cases}$ 则积分区域可表示为：

$$D_1:\begin{cases} 0 \leqslant r \leqslant 1 \\ 0 \leqslant \theta \leqslant \dfrac{\pi}{2} \end{cases}$$

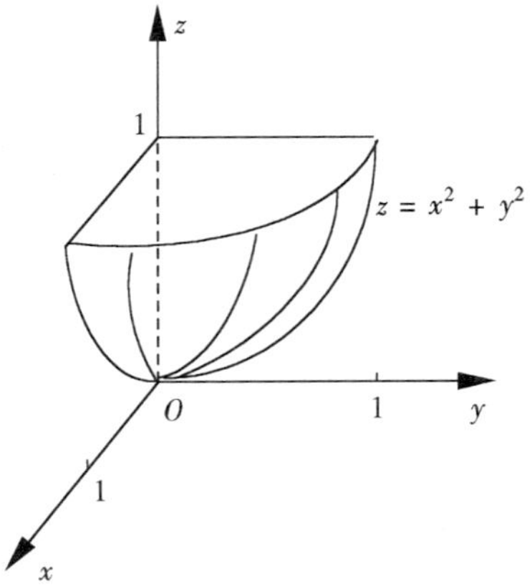

图 7－28

由对称性，所求截面面积为

$$A = 4S_1 =$$

$$4\int_0^{\frac{\pi}{2}} d\theta\int_0^1 \sqrt{1+4r^2}\cdot r dr =$$

$$\frac{1}{2}\int_0^{\frac{\pi}{2}}\mathrm{d}\theta\int_0^1\sqrt{1+4r^2}\,\mathrm{d}(1+4r^2)=$$

$$\frac{1}{3}\int_0^{\frac{\pi}{2}}\left[(1+4r^2)^{\frac{3}{2}}\Big|_0^1\right]\mathrm{d}\theta=$$

$$\frac{1}{3}\int_0^{\frac{\pi}{2}}(5^{\frac{3}{2}}-1)\,\mathrm{d}\theta=$$

$$\frac{\pi}{6}(5\sqrt{5}-1).$$

例 17 半球面 $z=\sqrt{R^2-x^2-y^2}$ 被圆柱面 $x^2+y^2-Ry=0$ 和 $x^2+y^2+Ry=0$ 割出两个窗口,求在这半球面上剩下部分的面积。

解 设半球面在第一卦限中被割去部分的面积是 S_1(见图 7－29)。

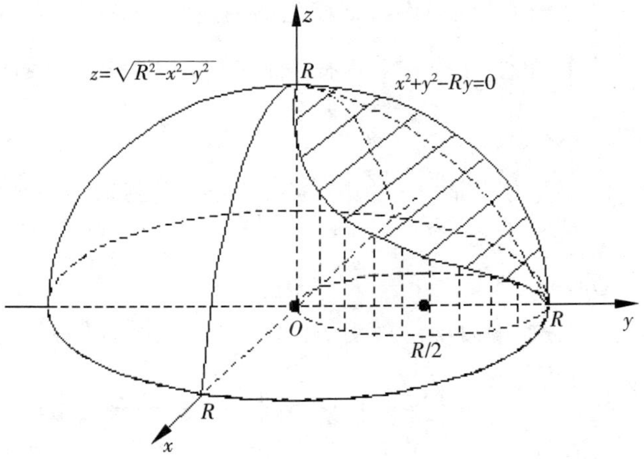

图 7－29

因为截面为

$$f(x,y)=\sqrt{R^2-x^2-y^2},$$

所以

$$f'_x=\frac{-x}{\sqrt{R^2-x^2-y^2}},$$

$$f'_y=\frac{-y}{\sqrt{R^2-x^2-y^2}},$$

二曲面交线在 xy 平面上的投影曲线为

$$\begin{cases}x^2+y^2=Ry\\ z=0\end{cases}\quad(x\geqslant 0)$$

令$\begin{cases} x = r\cos\theta \\ y = r\sin\theta \end{cases}$则积分区域可表示为

$$D_1:\begin{cases} 0 \leqslant r \leqslant R\sin\theta \\ 0 \leqslant \theta \leqslant \dfrac{\pi}{2} \end{cases}$$

由对称性,所求截面面积为

$$S = 4S_1 = 4R\int_0^{\frac{\pi}{2}} d\theta \int_0^{R\sin\theta} \frac{1}{\sqrt{R^2 - r^2}} \cdot r dr = 4R\int_0^{\frac{\pi}{2}} R(1 - \cos\theta)\ d\theta =$$

$$2R^2(\pi - 2).$$

剩下部分的面积为

$$A = 2\pi R^2 - 2R^2(\pi - 2) = 4R^2.$$

例 18 设在海湾中,海潮的高潮与低潮之间的差距是2m,一个小岛的陆地高度表示为$z = 30\left(1 - \dfrac{x^2 + y^2}{10^6}\right)$(单位为 m),并设水平面$z = 0$对应于低潮的位置,求高潮与低潮时小岛露出水面的面积之比。

解 由题意,曲面的方程是$z = 30\left(1 - \dfrac{x^2 + y^2}{10^6}\right)$,低潮时可取$z = 0$,即

$$30\left(1 - \frac{x^2 + y^2}{10^6}\right) = 0,$$

解得 $x^2 + y^2 = 10^6$,故低潮时的区域为$D:x^2 + y^2 \leqslant 10^6$,此时小岛面积为

$$S_1 = \iint_D \sqrt{1 + \left(\frac{\partial z}{\partial x}\right)^2 + \left(\frac{\partial z}{\partial y}\right)^2} dxdy = \iint_D \sqrt{1 + \frac{36(x^2 + y^2)}{10^{10}}} dxdy,$$

令 $\begin{cases} x = r\cos\theta \\ y = r\sin\theta \end{cases}$,所以

$$S_1 = \int_0^{2\pi} d\theta \int_0^{10^3} \sqrt{1 + \frac{36r^2}{10^{10}}} rdr = 2\pi\frac{10^{10}}{72}\int_0^{10^3} \sqrt{1 + \frac{36r^2}{10^{10}}} d\left(1 + \frac{36r^2}{10^{10}}\right) =$$

$$\frac{10^{10}}{36}\pi\frac{2}{3}\left(1 + \frac{36r^2}{10^{10}}\right)^{\frac{3}{2}}\Bigg|_0^{10^3} = \frac{2\pi}{27}(5018\sqrt{2509} - 250000) \times 10^4;$$

又高潮时可取$z = 2$,所以

$$30\left(1 - \frac{x^2 + y^2}{10^6}\right) = 2, \quad 解得 \quad x^2 + y^2 = \frac{14}{15}10^6,$$

故高潮时的区域为$D:x^2 + y^2 \leqslant \dfrac{14}{15}10^6$,此时小岛面积为

$$S_2 = \iint_D \sqrt{1 + \left(\frac{\partial z}{\partial x}\right)^2 + \left(\frac{\partial z}{\partial y}\right)^2} dxdy = \iint_D \sqrt{1 + \frac{36(x^2 + y^2)}{10^{10}}} dxdy =$$

$$\int_0^{2\pi}\mathrm{d}\theta\int_0^{10\sqrt[3]{\frac{14}{15}}}\sqrt{1+\frac{36r^2}{10^{10}}}\,r\mathrm{d}r = 2\pi\frac{10^{10}}{72}\int_0^{10\sqrt[3]{\frac{14}{15}}}\sqrt{1+\frac{36r^2}{10^{10}}}\,\mathrm{d}\left(1+\frac{36r^2}{10^{10}}\right) =$$

$$\frac{10^{10}}{36}\pi\,\frac{2}{3}\left(1+\frac{36r^2}{10^{10}}\right)^{\frac{3}{2}}\Bigg|_0^{10\sqrt[3]{\frac{14}{15}}} = \frac{2\pi}{27}(1003.36\sqrt{62710}-250000)\times 10^4,$$

所以,面积之比为

$$\frac{S_2}{S_1}\approx 0.9333.$$

7.3.2 平面薄片的重心

设一平面薄片占有 xy 平面上的闭区域 D,在点 (x,y) 处薄片的面密度为 $\rho(x,y)$,且 $\rho(x,y)$ 在 D 上连续,求平面薄片的重心坐标 $(\bar{x},\bar{y})$。

设想平面薄片的质量 M 全部集中在点 $(\bar{x},\bar{y})$ 处。由物理学知道,点 $(\bar{x},\bar{y})$ 由以下关系式确定

$$M\bar{y}=M_x,\qquad M\bar{x}=M_y \tag{7.10}$$

其中 M_x, M_y 分别表示平面薄片关于 x 轴、y 轴的静力矩,因此求平面薄片重心的关键,在于求出平面薄片的静力矩 M_x, M_y。为此,我们仍采用微元法,在 D 上任取一直径很小的闭区域 $\mathrm{d}\sigma$($\mathrm{d}\sigma$ 也表示其面积),点 $(x,y)\in\mathrm{d}\sigma$,由于 $\mathrm{d}\sigma$ 直径很小,$\mathrm{d}\sigma$ 的质量可近似表示为 $\mathrm{d}M=\rho(x,y)\mathrm{d}\sigma$,将小薄片 $\mathrm{d}\sigma$ 的质量看作集中在点 (x,y) 处,因此小薄片 $\mathrm{d}\sigma$ 关于 x 轴、y 轴的静力矩微元可以近似表示为 $\mathrm{d}M_x=y\rho(x,y)\mathrm{d}\sigma$ 和 $\mathrm{d}M_y=x\rho(x,y)\mathrm{d}\sigma$。于是,整个平面薄片对 x,y 轴的静力矩分别是

$$M_x=\iint_D y\rho(x,y)\mathrm{d}\sigma,\quad M_y=\iint_D x\rho(x,y)\mathrm{d}\sigma,$$

又由于整个平面薄片的质量

$$M=\iint_D \rho(x,y)\mathrm{d}\sigma,$$

因此得出平面薄片重心的坐标为

$$\bar{x}=\frac{M_y}{M}=\frac{\iint_D x\rho(x,y)\mathrm{d}\sigma}{\iint_D \rho(x,y)\mathrm{d}\sigma},\quad \bar{y}=\frac{M_x}{M}=\frac{\iint_D y\rho(x,y)\mathrm{d}\sigma}{\iint_D \rho(x,y)\mathrm{d}\sigma} \tag{7.11}$$

特别地,当平面薄片质量均匀分布时 $\rho(x,y)=\rho_0$(ρ_0 是常数),因此重心坐标为

$$\bar{x}=\frac{\iint_D x\rho_0\mathrm{d}\sigma}{\iint_D \rho_0\mathrm{d}\sigma}=\frac{\iint_D x\mathrm{d}\sigma}{\iint_D \mathrm{d}\sigma},\quad \bar{y}=\frac{\iint_D y\rho_0\mathrm{d}\sigma}{\iint_D \rho_0\mathrm{d}\sigma}=\frac{\iint_D y\mathrm{d}\sigma}{\iint_D \mathrm{d}\sigma} \tag{7.12}$$

例 19 求由两个圆 $x^2+y^2=x$,$x^2+y^2=2x$ 所围成的均匀平面薄片(见图 7-30)的重心坐标。

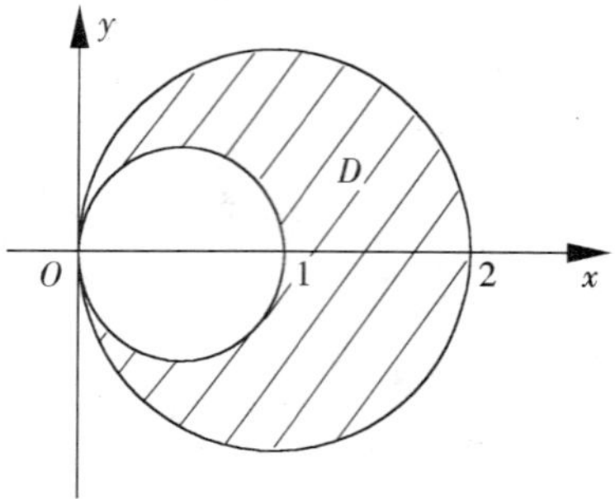

图 7-30

解 由于均匀平面薄片关于 x 轴对称,所以有 $\bar{y}=0$,积分区域为

$$D:\begin{cases}\cos\theta \leqslant r \leqslant 2\cos\theta \\ -\dfrac{\pi}{2} \leqslant \theta \leqslant \dfrac{\pi}{2}\end{cases}$$

均匀平面薄片的面积为

$$A=\iint_D \mathrm{d}\sigma=\pi\cdot 1^2-\pi\cdot\left(\frac{1}{2}\right)^2=\frac{3\pi}{4},$$

于是

$$\bar{x}=\frac{\iint_D x\mathrm{d}\sigma}{\iint_D \mathrm{d}\sigma}=\frac{\int_{-\frac{\pi}{2}}^{\frac{\pi}{2}}\mathrm{d}\theta\int_{\cos\theta}^{2\cos\theta} r\cos\theta\cdot r\mathrm{d}r}{\frac{3\pi}{4}}=\frac{4}{3\pi}\int_{-\frac{\pi}{2}}^{\frac{\pi}{2}}\left(\frac{r^3\cos\theta}{3}\Bigg|_{\cos\theta}^{2\cos\theta}\right)\mathrm{d}\theta=$$

$$\frac{4}{3\pi}\int_{-\frac{\pi}{2}}^{\frac{\pi}{2}}\frac{7}{3}\cos^4\theta\mathrm{d}\theta=\frac{56}{9\pi}\int_0^{\frac{\pi}{2}}\cos^4\theta\mathrm{d}\theta=\frac{7}{6}.$$

所以平面均匀薄片 D 的重心为$\left(\dfrac{7}{6},0\right)$。

习　　题　7.3

24. 求球面 $x^2+y^2+z^2=R^2$ 被柱面 $x^2+y^2=Rx$ 所截下的部分的面积。

25. 求由曲面 $x^2+y^2=az$、$z=2a-\sqrt{x^2+y^2}\ (a>0)$ 所围立体的边界曲面在这两个曲面交线以下部分的面积。

26. 求曲面 $z=1-x^2-y^2$ 的 $z\geqslant 0$ 的部分的面积。

27. 求底圆半径相等的两个直交圆柱面 $x^2+y^2=R^2$ 及 $x^2+z^2=R^2$ 所围立体的表面积。

28. 求球面 $x^2+y^2+z^2=a^2$ 被平面 $z=\dfrac{a}{2}$, $z=\dfrac{a}{4}$ 所夹部分曲面面积。

29. 求平面$\dfrac{x}{1}+\dfrac{y}{2}+\dfrac{z}{3}=1$ 被三个坐标面所割出部分的面积。

30. 求直线 $y=x$ 由 $x=0$ 至 $x=4$ 的一段绕 x 轴旋转所得旋转曲面面积。

31. 求由抛物线 $y=x^2(x\geqslant 0)$、直线 $y=4$ 和 y 轴所围成均匀薄片 D 的重心。

32. 求两圆 $\rho=\cos\theta$,$\rho=2\cos\theta$ 所围成的平面均匀薄片 D 的重心。

33. 求半圆环:$1 \leqslant x^2 + y^2 \leqslant 4\ (y \geqslant 0)$ 均匀薄片 D 的重心。

34. 设平面薄片所占的闭区域 D 由抛物线 $y = x^2$ 及直线 $y = x$ 所围成,它在点(x,y)处的面密度为 $\rho(x,y) = x^2 y$,求该薄片的重心。

35. 设有一等腰直角三角形薄片,腰长为 a,各点处的面密度等于该点到直角顶点的距离的平方,求该薄片的重心。

7.4 对弧长的曲线积分

在 7.1 节中我们将定积分的概念从积分范围为数轴上的一个区间推广到平面区域,引入了二重积分。本节将把积分范围推广到一段平面曲线弧,引入平面曲线积分的概念,并介绍其计算方法。根据实际问题的需要,我们将介绍两类曲线积分。

今后我们所讨论的曲线都假定是光滑的或分段光滑的。所谓光滑曲线是指曲线上每一点都有切线,并且随着点在曲线上移动,切线的方向也连续变动。如果一条曲线是由若干条光滑曲线连接而成的,则称为分段光滑曲线。

7.4.1 对弧长的曲线积分的概念与性质

引例 求曲线型构件的质量 M。

设非均匀分布的曲线型构件占有 xy 平面内一条曲线弧 L,它的两个端点是 A,B,L 上任一点(x,y)处的线密度是 $\rho(x,y)$。由于曲线质量分布不均匀,不能直接使用公式"质量 = 线密度 × 长度"。为此,我们还是采用已经熟悉的分割、近似代替、求和、取极限的方法来求其质量(见图 7-31)。

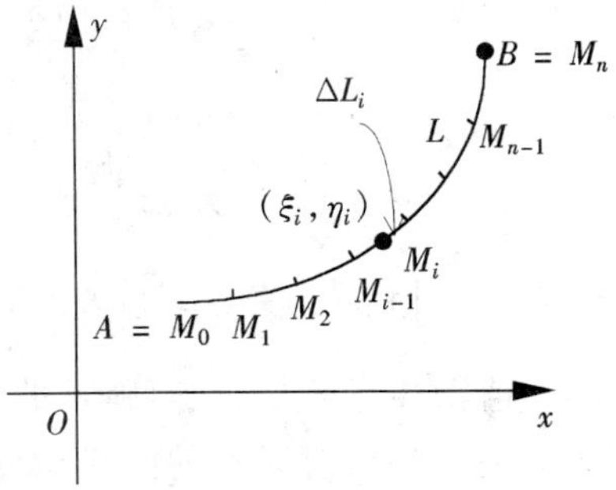

图 7-31

首先,将曲线 L 任意分成 n 个小弧段 $\Delta l_i(i = 1,2,3,\cdots,n)$($\Delta l_i$ 也表示小弧段的长度),在小弧段 Δl_i 上任取一点(ξ_i,η_i),由于分割很细,因此可用$\rho(\xi_i,\eta_i)$近似代替小弧段 Δl_i 上其他各点处的线密度,从而小弧段 Δl_i 的质量 $\Delta M_i \approx \rho(\xi_i,\eta_i)\Delta l_i$,于是曲线质量 M 的近似值 $M \approx \sum\limits_{i=1}^{n}\rho(\xi_i,\eta_i)\Delta l_i$。用 λ 表示 n 个小弧段的最大长度,令 $\lambda \to 0$ 取极限,得到 $M = \lim\limits_{\lambda\to 0}\sum\limits_{i=1}^{n}\rho(\xi_i,\eta_i)\Delta l_i$。

实际问题中,常常遇到类似这样的极限,为此引进下面的定义。

定义 设函数 $z = f(x,y)$ 在曲线 L 上有定义,将曲线 L 任意分成 n 个小弧段 $\Delta l_i(i = 1,2,3,\cdots,n)$($\Delta l_i$ 也表示第 i 个小弧段的长度),在小弧段 Δl_i 上任取一点

(ξ_i,η_i)，作和式 $\sum_{i=1}^{n} f(\xi_i,\eta_i)\Delta l_i$，如果当各小弧段的最大长度 $\lambda\to 0$ 时和式的极限存在，且与曲线的分割方式和点 (ξ_i,η_i) 的取法无关，则称 $f(x,y)$ 在曲线 L 上可积，并称极限值为函数 $f(x,y)$ 在曲线上对弧长的曲线积分，记作 $\int_L f(x,y)\,\mathrm{d}l$，即

$$\int_L f(x,y)\,\mathrm{d}l = \lim_{\lambda\to 0}\sum_{i=1}^{n} f(\xi_i,\eta_i)\Delta l_i,$$

其中，L 称为积分曲线，$\mathrm{d}l$ 称为弧长元素，$f(x,y)$ 称为被积函数。

对弧长的曲线积分也称为第一类曲线积分。由此可知，曲线型构件的质量可表示为

$$M = \int_L \rho(x,y)\,\mathrm{d}l.$$

如果曲线 L 为封闭曲线，则对弧长的曲线积分可记为 $\oint_L f(x,y)\,\mathrm{d}l$。

可以证明：如果函数 $f(x,y)$ 在曲线 L 上连续，则 $f(x,y)$ 在 L 上可积。

上述定义可推广到空间曲线的情形：

$$\int_L f(x,y,z)\,\mathrm{d}l = \lim_{\lambda\to 0}\sum_{i=1}^{n} f(\xi_i,\eta_i,\zeta_i)\Delta l_i.$$

由定义可知，对弧长的曲线积分具有与定积分、二重积分类似的性质（证明从略）。

例如 (1) $\int_L k f(x,y)\,\mathrm{d}l = k\int_L f(x,y)\,\mathrm{d}l$（$k$ 为常数）；

(2) $\int_L [f(x,y) \pm g(x,y)]\,\mathrm{d}l = \int_L f(x,y)\,\mathrm{d}l \pm \int_L g(x,y)\,\mathrm{d}l$；

(3) 若 $L = L_1 + L_2$，则有

$$\int_L f(x,y)\,\mathrm{d}l = \int_{L_1} f(x,y)\,\mathrm{d}l + \int_{L_2} f(x,y)\,\mathrm{d}l.$$

值得注意的是，在对弧长的曲线积分中，由于小弧段的长度总是正值，与小弧段的指向无关，因此，对弧长的曲线积分只与被积函数 $f(x,y)$、积分曲线 L 及其两个端点 A，B 的位置有关，而与积分曲线的方向无关。即有

$$\int_{\widehat{AB}} f(x,y)\,\mathrm{d}l = \int_{\widehat{BA}} f(x,y)\,\mathrm{d}l.$$

这与定积分有着重大的差别。

7.4.2 对弧长的曲线积分的计算方法

对弧长的曲线积分可以化为定积分计算。

定理 1 设 $z = f(x,y)$ 在曲线 L 上有定义且连续，L 的参数方程为 $\begin{cases} x = \varphi(t) \\ y = \psi(t) \end{cases}$ $(\alpha \leqslant t \leqslant \beta)$，其中 $\varphi(t)$，$\psi(t)$ 在 $[\alpha,\beta]$ 上具有一阶连续导数，且 $\varphi'(t)$，$\psi'(t)$ 不同时为

零,则

$$\int_L f(x,y)\mathrm{d}l = \int_\alpha^\beta f[\varphi(t),\psi(t)]\sqrt{(\varphi'(t))^2+(\psi'(t))^2}\mathrm{d}t \quad (\alpha<\beta) \tag{7.13}$$

(由 3.8.2 节可知,上式中的弧长元素(弧微分)$\mathrm{d}l$ 为 $\mathrm{d}l = \sqrt{(\varphi'(t))^2+(\psi'(t))^2}\mathrm{d}t$)

公式(7.13)有以下两个特例:

(1) 曲线 L 的参数方程为$\begin{cases} y = y(x) \\ x = x \end{cases}$ $(a \leqslant x \leqslant b)$,此时 $\mathrm{d}l = \sqrt{1+y'^2(x)}\mathrm{d}x$,

于是

$$\int_L f(x,y)\mathrm{d}l = \int_a^b f(x,y(x))\sqrt{1+y'^2(x)}\mathrm{d}x \quad (a<b) \tag{7.14}$$

(2) 曲线 L 的参数方程为$\begin{cases} x = x(y) \\ y = y \end{cases}$ $(c \leqslant y \leqslant d)$,此时$\mathrm{d}l = \sqrt{1+x'^2(y)}\mathrm{d}y$,

则

$$\int_L f(x,y)\mathrm{d}l = \int_c^d f(x(y),y)\sqrt{1+x'^2(y)}\mathrm{d}y \quad (c<d) \tag{7.15}$$

必须注意的是:为了保证 $\mathrm{d}l > 0$,式(7.13),(7.14),(7.15)中的积分下限一定要小于积分上限。

公式(7.13)还可推广到空间曲线的情形。设空间曲线 L 的参数方程为

$$L:\begin{cases} x = x(t) \\ y = y(t) \\ z = z(t) \end{cases} \quad (\alpha \leqslant t \leqslant \beta),$$

则

$$\int_L f(x,y,z)\mathrm{d}l = \int_\alpha^\beta f(x(t),y(t),z(t))\cdot\sqrt{x'^2(t)+y'^2(t)+z'^2(t)}\mathrm{d}t \tag{7.16}$$

例 20 计算曲线积分$\int_L xy\mathrm{d}l$,其中 L 为 $x^2+y^2=9$ 在第二象限的一段圆弧(见图 7-32)。

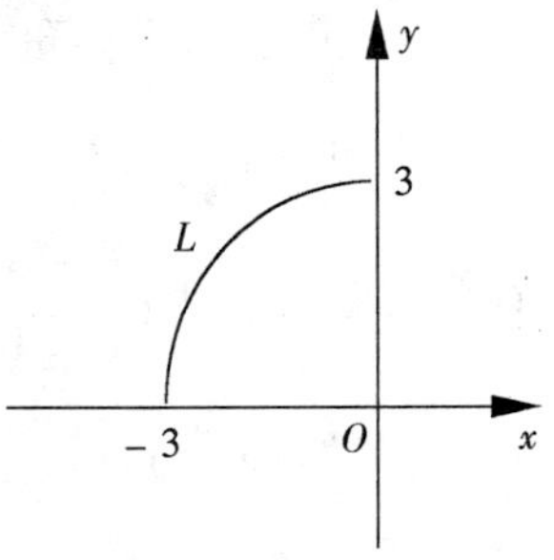

图 7-32

解 (方法一) L 的参数方程为

$$\begin{cases} x = 3\cos\theta \\ y = 3\sin\theta \end{cases} \quad \left(\frac{\pi}{2} \leqslant \theta \leqslant \pi\right),$$

$$\mathrm{d}l = \sqrt{(\mathrm{d}x)^2+(\mathrm{d}y)^2} = \sqrt{9\sin^2\theta+9\cos^2\theta}\mathrm{d}\theta = 3\mathrm{d}\theta,$$

所以

$$\int_L xy\mathrm{d}l = \int_{\frac{\pi}{2}}^{\pi} 3\cos\theta\cdot 3\sin\theta\cdot 3\mathrm{d}\theta = 27\int_{\frac{\pi}{2}}^{\pi}\cos\theta\sin\theta\mathrm{d}\theta = -\frac{27}{2}.$$

（方法二） 本题也可选 x 为参数。

L 的参数方程为 $\begin{cases} x = x \\ y = \sqrt{9 - x^2} \end{cases}$ $(-3 \leqslant x \leqslant 0)$，

$$dl = \frac{3}{\sqrt{9 - x^2}}dx,$$

所以

$$\int_L xy dl = \int_{-3}^{0} x\sqrt{9 - x^2}\frac{3}{\sqrt{9 - x^2}}dx = -\frac{27}{2}.$$

类似地还可选 y 为参数。

例 21 计算 $\oint_L (x + y) dl$，其中 L 是顶点为(0,0)，(2,0)，(2,4) 的三角形闭路（见图 7－33）。

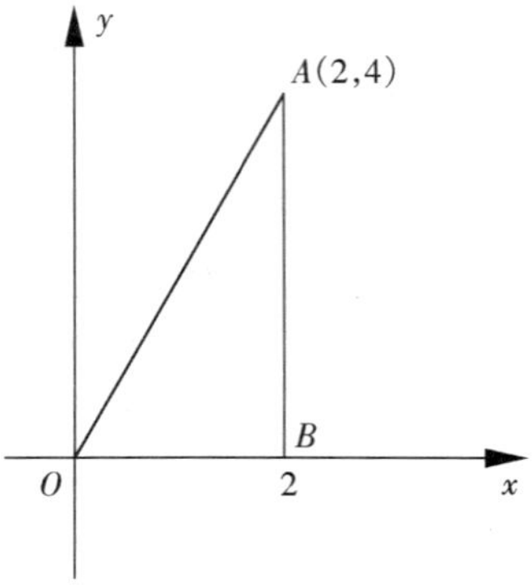

图 7－33

解 由曲线积分性质有

$$\oint_L (x + y) dl = \int_{\overline{OA}} (x + y) dl + \int_{\overline{AB}} (x + y) dl + \int_{\overline{BO}} (x + y) dl,$$

其中 $\overline{OA}$ 的参数方程为 $\begin{cases} x = x \\ y = 2x \end{cases}$ $(0 \leqslant x \leqslant 2)$，

$$dl = \sqrt{1 + 4}dx = \sqrt{5}dx;$$

$$\int_{\overline{OA}} (x + y) dl = \int_0^2 (x + 2x)\sqrt{5}dx = 6\sqrt{5};$$

$\overline{AB}$ 的参数方程为 $\begin{cases} x = 2 \\ y = y \end{cases}$ $(0 \leqslant y \leqslant 4)$，

$$dl = \sqrt{0 + 1}dy = dy,$$

$$\int_{\overline{AB}} (x + y) dl = \int_0^4 (2 + y) dy = 16;$$

$\overline{BO}$ 的参数方程为 $\begin{cases} x = x \\ y = 0 \end{cases}$ $(0 \leqslant x \leqslant 2)$，$dl = \sqrt{1 + 0}dx = dx$，

$$\int_{\overline{BO}} (x + y) dl = \int_0^2 (x + 0) dx = 2;$$

所以

$$\oint_L (x + y) dl = 6\sqrt{5} + 16 + 2 = 18 + 6\sqrt{5}.$$

习　　题　7.4

36. 计算$\int_{\overparen{OA}} y\mathrm{d}l$,其中$\overparen{OA}$为

(1) $O(0,0)$,$A(1,2)$,沿直线$y = 2x$;

(2) $O(0,0)$,$A(1,2)$,沿抛物线$y^2 = 4x$。

37. 计算$\int_L xy\mathrm{d}l$,其中L为

(1) 抛物线$y^2 = x$,从点$A(1,-1)$到点$B(1,1)$的一段;

(2) 直线$x = 0, y = 0, y = 2, x = 4$围成的矩形边界;

(3) 以$(0,0)$,$(1,0)$及$(0,1)$为顶点的三角形之边界;

(4) $x^2 + y^2 = a^2$在第二象限的部分$(a > 0)$。

38. 计算$\int_L \sqrt{y}\mathrm{d}l$,其中$L$是抛物线$y = x^2$上点$O(0,0)$与点$B(1,1)$之间的一段弧。

39. 计算$\int_L (x+y)\mathrm{d}l$,其中L为连接$(1,0)$及$(0,1)$两点的直线段。

40. 计算$\oint_L (x+y)\mathrm{d}l$,L为闭折线$\overline{AOBA}$,其中$A(1,0)$,$B(0,1)$。

41. 计算$\int_L (x+y)\mathrm{d}l$,其中L是半径为a,圆心在原点的右半个圆周。

42. 计算$\int_L \sqrt{x^2+y^2}\mathrm{d}l$,其中$L$为圆周$x^2 + y^2 = ax$。

43. 计算$\int_L y^2\mathrm{d}l$,其中L为摆线$\begin{cases} x = a(t - \sin t) \\ y = a(1 - \cos t) \end{cases}$ (其中$0 \leqslant t \leqslant 2\pi, a > 0$)。

44. 计算$\int_L (x^2 + y^2)\mathrm{d}l$,其中$L$为曲线$x = a(\cos t + t\sin t)$,$y = a(\sin t - t\cos t)$ $(0 \leqslant t \leqslant 2\pi)$。

45. 计算$\oint_L \mathrm{e}^{\sqrt{x^2+y^2}}\mathrm{d}l$,$L$为圆周$x^2 + y^2 = a^2$,直线$y = x$及$x$轴在第一象限内所围成的区域的整个边界。

46. 计算$\oint_L x\mathrm{d}l$,其中L为由直线$y = x$及抛物线$y = x^2$所围成的区域的整个边界。

7.5 对坐标的曲线积分

7.5.1 对坐标的曲线积分的概念与性质

1) 对坐标的曲线积分的定义

引例:变力沿曲线所做的功。

设 xy 平面上的质点在变力(其大小与方向随点 (x,y) 的变化而变化的力)$\vec{F}(x,y) = P(x,y)\vec{i} + Q(x,y)\vec{j}$ 的作用下,沿曲线 L 由点 A 移动到点 B,求变力所做的功 W。其中 $P(x,y)$,$Q(x,y)$ 在 L 上有定义且连续。

由物理学知道,如果 $\vec{F}$ 是常力,质点沿直线运动由点 A 到点 B 的位移为$\overrightarrow{AB}$,那么常力 $\vec{F}$ 所做的功为 $W = \vec{F}\cdot\overrightarrow{AB}$(参见 5.1.3),,但是现在 $\vec{F}(x,y)$ 是变力且质点沿曲线移动,因此变力所做的功 W 不能直接按上述公式求得。以下我们仍采取分割、近似代替、求和、取极限的方法计算功 W。

将有向弧段 L 用分点 $A = M_0(x_0,y_0)$,$M_1(x_1,y_1)$,$\cdots$,$M_n(x_n,y_n) = B$ 任意分割成 n 个有向小弧段(见图 7-34),其中第 i 个小弧段为$\overparen{M_{i-1}M_i}(i = 1,2,3,\cdots,n)$。当$\overparen{M_{i-1}M_i}$ 很短时,为了求变力 $\vec{F}(x,y)$ 在有向小弧段$\overparen{M_{i-1}M_i}$ 上所做的功,可用有向线段$\overrightarrow{M_{i-1}M_i} = (\Delta x_i)\vec{i} + (\Delta y_i)\vec{j}$ 近似代替$\overparen{M_{i-1}M_i}$,其中 $\Delta x_i = x_i - x_{i-1}$,$\Delta y_i = y_i - y_{i-1}$ 为$\overrightarrow{M_{i-1}M_i}$ 的两个坐标分量。如果

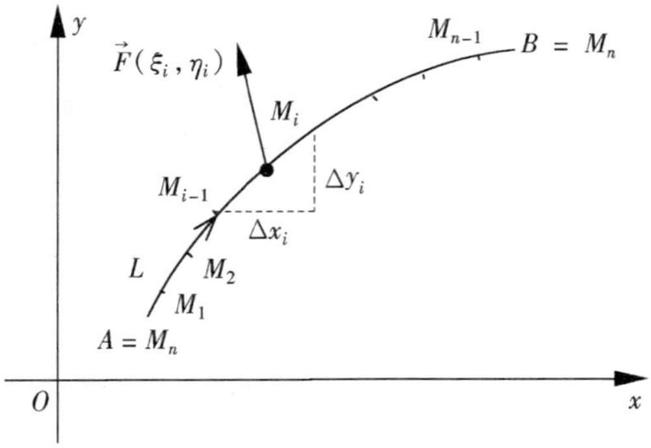

图 7-34

$P(x,y)$,$Q(x,y)$ 在 L 上连续,则在有向小弧段$\overparen{M_{i-1}M_i}$ 上,$P(x,y)$,$Q(x,y)$ 的变化不会太大,我们可以在$\overparen{M_{i-1}M_i}$ 上任取一点(ξ_i,η_i),并以该点处的力 $\vec{F}(\xi_i,\eta_i) = P(\xi_i,\eta_i)\vec{i} + Q(\xi_i,\eta_i)\vec{j}$ 近似代替$\overparen{M_{i-1}M_i}$ 上各点处的力。这样,变力 $\vec{F}(x,y)$ 在$\overparen{M_{i-1}M_i}$ 上所做的功 ΔW_i 就可近似地看成常力 $\vec{F}(\xi_i,\eta_i)$ 沿有向线段$\overrightarrow{M_{i-1}M_i}$ 所作的功,故有

$$\Delta W_i \approx \vec{F}(\xi_i,\eta_i)\cdot\overrightarrow{M_{i-1}M_i} = P(\xi_i,\eta_i)\Delta x_i + Q(\xi_i,\eta_i)\Delta y_i,$$

于是变力 $\vec{F}(x,y)$ 沿曲线 L 所做的功 W 的近似值为

$$W = \sum_{i=1}^{n} \Delta W_i \approx \sum_{i=1}^{n} [P(\xi_i,\eta_i)\Delta x_i + Q(\xi_i,\eta_i)\Delta y_i] = \sum_{i=1}^{n} P(\xi_i,\eta_i)\Delta x_i + \sum_{i=1}^{n} Q(\xi_i,\eta_i)\Delta y_i.$$

设 λ 表示 n 个小弧段的最大长度，当 $\lambda \to 0$ 时，取上述和式的极限，则极限值

$$W = \lim_{\lambda\to 0}\sum_{i=1}^{n} [P(\xi_i,\eta_i)\Delta x_i + Q(\xi_i,\eta_i)\Delta y_i] = \lim_{\lambda\to 0}\sum_{i=1}^{n} P(\xi_i,\eta_i)\Delta x_i + \lim_{\lambda\to 0}\sum_{i=1}^{n} Q(\xi_i,\eta_i)\Delta y_i$$

即为变力 $\vec{F}(x,y)$ 沿曲线 L 所做的功。

很多实际问题的解决都可归结为这种和式的极限。现在引进以下定义：

定义　设 L 为 xy 平面内从点 A 到点 B 的一条有向光滑曲线，函数 $P(x,y)$ 在 L 上有定义，将 L 用分点 $A = M_0(x_0,y_0), M_1(x_1,y_1),\cdots,M_i(x_i,y_i),\cdots,M_n(x_n,y_n) = B$ 分成 n 个有向小弧段 $\overset{\frown}{M_{i-1}M_i}(i = 1,2,3,\cdots,n)$，记有向线段 $\overrightarrow{M_{i-1}M_i} = (\Delta x_i)\vec{i} + (\Delta y_i)\vec{j}(i = 1,2,3,\cdots,n)$，其中 $\Delta x_i = x_i - x_{i-1}, \Delta y_i = y_i - y_{i-1}$ 为 $\overrightarrow{M_{i-1}M_i}$ 在 x 轴、y 轴上的坐标分量，在 $\overset{\frown}{M_{i-1}M_i}$ 上任取一点 (ξ_i,η_i)，作和式 $\sum_{i=1}^{n} P(\xi_i,\eta_i)\Delta x_i$，记 λ 为 n 个小弧段长度的最大值，如果极限 $\lim_{\lambda\to 0}\sum_{i=1}^{n} P(\xi_i,\eta_i)\Delta x_i$ 存在，且与 L 的分割方式和点 (ξ_i,η_i) 的取法无关，则称 $P(x,y)$ 在 L 上可积，并称此极限值为函数 $P(x,y)$ 在曲线 L 上对坐标 x 的曲线积分。记作 $\int_L P(x,y)\,\mathrm{d}x$（或 $\int_{\overset{\frown}{AB}} P(x,y)\,\mathrm{d}x$），即

$$\int_L P(x,y)\,\mathrm{d}x = \lim_{\lambda\to 0}\sum_{i=1}^{n} P(\xi_i,\eta_i)\Delta x_i \tag{7.17}$$

其中 $P(x,y)$ 称为被积函数，L 称为积分曲线或积分路径。

同样地，可以定义函数 $Q(x,y)$ 在曲线 L 上对坐标 y 的曲线积分为

$$\int_L Q(x,y)\,\mathrm{d}y = \lim_{\lambda\to 0}\sum_{i=1}^{n} Q(\xi_i,\eta_i)\Delta y_i \tag{7.18}$$

以上两个对坐标的曲线积分，也称为第二类曲线积分。实际应用中，常把上述两个积分结合成 $\int_L P(x,y)\,\mathrm{d}x + \int_L Q(x,y)\,\mathrm{d}y$ 的形式，为书写简便起见，可记作

$$\int_L P(x,y)\,\mathrm{d}x + Q(x,y)\,\mathrm{d}y = \int_L P(x,y)\,\mathrm{d}x + \int_L Q(x,y)\,\mathrm{d}y \tag{7.19}$$

当 L 是封闭曲线时，可记作 $\oint_L P(x,y)\,\mathrm{d}x + Q(x,y)\,\mathrm{d}y$。

可以证明，当 $P(x,y), Q(x,y)$ 在 L 上连续时，$\int_L P(x,y)\,\mathrm{d}x$、$\int_L Q(x,y)\,\mathrm{d}y$ 都存在。

根据定义,引例中变力所做的功即为 $W = \int_L P(x,y)\,dx + Q(x,y)\,dy$,或写成向量形式为 $W = \int_L \vec{F} \cdot d\vec{l}$,其中 $\vec{F} = P(x,y)\vec{i} + Q(x,y)\vec{j}$,$d\vec{l} = dx\vec{i} + dy\vec{j}$。

对坐标的曲线积分还可以推广到空间曲线 Γ 的情况,即

$$\int_\Gamma P(x,y,z)\,dx + Q(x,y,z)\,dy + R(x,y,z)\,dz =$$

$$\int_\Gamma P(x,y,z)\,dx + \int_\Gamma Q(x,y,z)\,dy + \int_\Gamma R(x,y,z)\,dz \tag{7.20}$$

其中 $\int_\Gamma P(x,y,z)\,dx$,$\int_\Gamma Q(x,y,z)\,dy$,$\int_\Gamma R(x,y,z)\,dz$ 分别称为对坐标 x,y,z 的曲线积分。

2) 对坐标的曲线积分的性质

根据定义,可以导出对坐标的曲线积分与定积分相类似的一些性质,例如

(1) $$\int_L k(P\,dx + Q\,dy) = k\int_L P\,dx + Q\,dy \tag{7.21}$$

(2) $$\int_L (P_1 \pm P_2)\,dx + (Q_1 \pm Q_2)\,dy = \int_L P_1\,dx + Q_1\,dy \pm \int_L P_2\,dx + Q_2\,dy \tag{7.22}$$

(3) (关于积分路径的可加性) 若 $L = L_1 + L_2$,则有

$$\int_L P\,dx + Q\,dy = \int_{L_1} P\,dx + Q\,dy + \int_{L_2} P\,dx + Q\,dy \tag{7.23}$$

(4) (关于积分路径的有向性) 若 L^-,L 表示方向相反的积分路径,则有

$$\int_L P\,dx + Q\,dy = -\int_{L^-} P\,dx + Q\,dy \tag{7.24}$$

这是因为改变曲线弧的方向后,定义中有向线段 $\overrightarrow{M_{i-1}M_i}$ 在坐标轴上的投影 Δx_i,Δy_i 要改变符号。式(7.24)说明,如果改变积分路径的方向,那么对坐标的曲线积分要改变符号。所以计算对坐标的曲线积分时,必须注意积分路径的方向。

对坐标的曲线积分关于积分路径的有向性,是与对弧长的曲线积分不同的一个重要的性质。

7.5.2 对坐标的曲线积分的计算方法

与对弧长的曲线积分类似,对坐标的曲线积分同样是化为定积分来计算的,下面介绍它的计算方法(证明从略)。

定理 2 设函数 $P(x,y)$,$Q(x,y)$ 在有向曲线 L 上有定义且连续,L 的参数方程为 $\begin{cases} x = x(t) \\ y = y(t) \end{cases}$,且起点 A 对应参数 α,终点 B 对应参数 β(α 不一定小于 β)。又设 $x'(t)$,$y'(t)$ 在以 α、β 为端点的闭区间上连续且不同时为零,则有

$$\int_L P(x,y)\mathrm{d}x + Q(x,y)\mathrm{d}y = \int_\alpha^\beta \{P[x(t),y(t)]x'(t) + Q[x(t),y(t)]y'(t)\}\mathrm{d}t \tag{7.25}$$

特别地

（1） 如果L的方程为$y = y(x)$，那么它的参数方程形式为$L:\begin{cases} x = x \\ y = y(x) \end{cases}$。设起点$A$、终点$B$的横坐标分别为$a,b$（$a$不一定小于$b$），则有

$$\int_L P(x,y)\,\mathrm{d}x + Q(x,y)\mathrm{d}y = \int_a^b \{P[x,y(x)] + Q[x,y(x)]y'(x)\}\mathrm{d}x \tag{7.26}$$

（2） 如果L的方程为$x = x(y)$，那么它的参数方程为

$L:\begin{cases} x = x(y) \\ y = y \end{cases}$。设起点$A$、终点$B$的纵坐标分别为$c,d$（$c$不一定小于$d$），则有

$$\int_L P(x,y)\,\mathrm{d}x + Q(x,y)\mathrm{d}y = \int_c^d \{P[x(y),y]x'(y) + Q[x(y),y]\}\mathrm{d}y \tag{7.27}$$

公式(7.25)还可推广到空间曲线Γ的情形：

设Γ的参数方程为：$\begin{cases} x = x(t) \\ y = y(t) \\ z = z(t) \end{cases}$且起点$A$、终点$B$对应参数$\alpha,\beta$，则有

$$\int_L P(x,y,z)\mathrm{d}x + Q(x,y,z)\mathrm{d}y + R(x,y,z)\mathrm{d}z =$$

$$\int_\alpha^\beta \{P[x(t),y(t),z(t)]x'(t) + Q[x(t),y(t),z(t)]y'(t) +$$

$$R[x(t),y(t),z(t)]z'(t)\}\mathrm{d}t$$

例 22 计算$\oint_L \frac{x\mathrm{d}y - y\mathrm{d}x}{x^2 + y^2}$，其中$L$为$x^2 + y^2 = a^2$（$a > 0$）沿逆时针方向（图 7－35）.

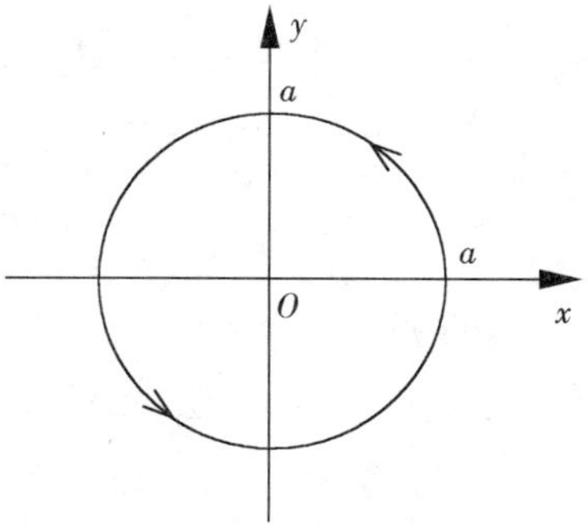

图 7－35

解 因为L的参数方程为$\begin{cases} x = a\cos\theta \\ y = a\sin\theta \end{cases}$起点对应$\theta = 0$，终点对应$\theta = 2\pi$，所以

$$\oint_L \frac{x\mathrm{d}y - y\mathrm{d}x}{x^2 + y^2} =$$

$$\int_0^{2\pi} \frac{a\cos\theta \cdot a\cos\theta - a\sin\theta\,(-a\sin\theta)}{a^2}\mathrm{d}\theta =$$

$$\int_0^{2\pi} \mathrm{d}\theta = 2\pi.$$

注：本题中由于被积函数定义在曲线L上，而L的方程为$x^2 + y^2 = a^2$ （$a > 0$），所

以可将被积函数分母中的 x^2+y^2 直接用 a^2 代换,从而将被积函数化简。

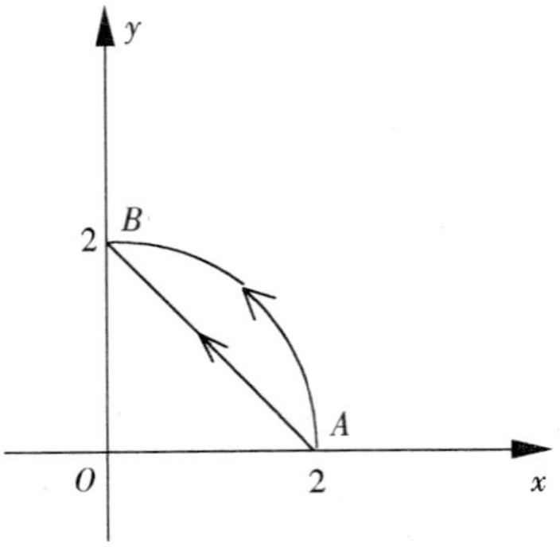

图 7-36

例 23 计算 $\int_L (x-y)\mathrm{d}x+(x+y)\mathrm{d}y$,其中 L 是:

(1) 圆心为原点,半径为 2 的圆弧 $\overset{\frown}{AB}$;

(2) 直线段 $\overline{AB}$(见图 7-36)。

解 (1) 因为圆弧 $\overset{\frown}{AB}$ 的参数方程为 $\begin{cases}x=2\cos\theta\\y=2\sin\theta\end{cases}$ 起点对应 $\theta=0$,终点对应 $\theta=\dfrac{\pi}{2}$,所以

$$\int_L (x-y)\mathrm{d}x+(x+y)\mathrm{d}y=$$

$$\int_0^{\frac{\pi}{2}}[(2\cos\theta-2\sin\theta)\cdot(-2\sin\theta)+(2\cos\theta+2\sin\theta)\cdot 2\cos\theta]\mathrm{d}\theta=4\int_0^{\frac{\pi}{2}}\mathrm{d}\theta=2\pi;$$

(2) 因为直线 $\overline{AB}$ 的参数方程为 $\begin{cases}x=x\\y=2-x\end{cases}$ 起点对应 $x=2$,终点对应 $x=0$,所以

$$\int_L (x-y)\mathrm{d}x+(x+y)\mathrm{d}y=\int_2^0\{[x-(2-x)]+[x+(2-x)](-1)\}\mathrm{d}x=$$

$$2\int_2^0(x-2)\mathrm{d}x=4.$$

从本例中我们看到,由起点 A 到终点 B 的两个积分路径不同,它们的积分值也不同,即该曲线积分与积分路径有关。

例 24 计算 $\int_L 2xy\mathrm{d}x+x^2\mathrm{d}y$,其中 L 为

(1) 抛物线 $y=x^2$ 上由点 $O(0,0)$ 到点 $A(2,4)$ 的弧段 $\overset{\frown}{OA}$;

(2) 折线 $\overline{OBA}$(图 7-37)。

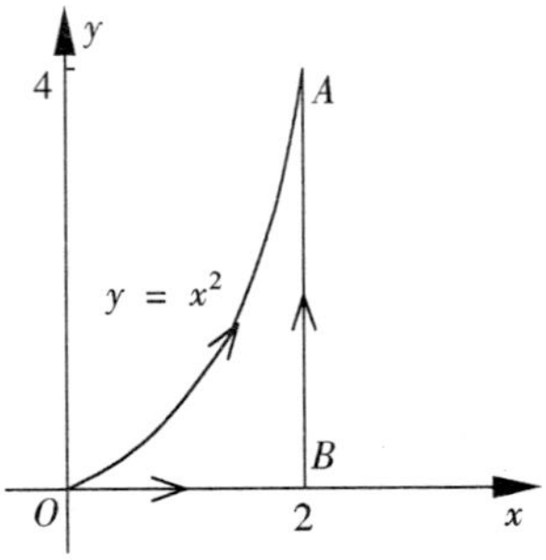

图 7-37

解 (1) 因为 L 的参数方程为 L:$\begin{cases}x=x\\y=x^2\end{cases}$ 起点对应 $x=0$,终点对应 $x=2$,所以

$$\int_L 2xy\mathrm{d}x+x^2\mathrm{d}y=\int_0^2(2x\cdot x^2+x^2\cdot 2x)\mathrm{d}x=4\int_0^2x^3\mathrm{d}x$$
$$=16.$$

(2) 因为折线可表示为 $\overline{OBA}=\overline{OB}+\overline{BA}$,其中 $\overline{OB}$ 的参数方程为 $\begin{cases}x=x\\y=0\end{cases}$ 起点对应 $x=0$,终点对应 $x=2$,所以

$$\int_{\overline{OB}} 2xy\mathrm{d}x + x^2\mathrm{d}y = \int_{\overline{OB}} 2x0\mathrm{d}x + x^2\mathrm{d}(0) = 0;$$

又$\overline{BA}$的参数方程为$\begin{cases} x = 2 \\ y = y \end{cases}$起点对应 $y = 0$,终点对应 $y = 4$,所以

$$\int_{\overline{BA}} 2xy\mathrm{d}x + x^2\mathrm{d}y = \int_0^4 2 \cdot 2y\mathrm{d}(2) + 2^2\mathrm{d}y = 4\int_0^4 \mathrm{d}y = 16,$$

最后得到

$$\int_L 2xy\mathrm{d}x + x^2\mathrm{d}y = \int_{\overline{OB}} 2xy\mathrm{d}x + x^2\mathrm{d}y + \int_{\overline{BA}} 2xy\mathrm{d}x + x^2\mathrm{d}y = 0 + 16 = 16.$$

从本例中看到,由点 O 到点 A 的两个积分路径虽然不同,但它们的积分值相等,这并非巧合,用下一节的理论可以证明:该曲线积分与积分路径无关。

习　　题　7.5

47. 计算$\int_L (x + y)\mathrm{d}x + (x - y)\mathrm{d}y$,其中 L 是自 $A(1,0)$ 至 $B(0,1)$ 沿下列曲线:

(1) 半径为 1 的圆弧$\overset{\frown}{AB}$;

(2) 折线$\overline{AOB}$。

48. 计算$\int_{\overset{\frown}{AB}} xy\mathrm{d}x$,其中$\overset{\frown}{AB}$为沿抛物线 $y^2 = x$ 自 $A(1, -1)$ 至 $B(1,1)$ 的一段弧。

49. 计算$\int_L y\mathrm{d}x - x\mathrm{d}y$,其中 L 为

(1) $\begin{cases} x = R\cos\theta \\ y = R\sin\theta \end{cases}$由点 $A(0,R)$ 到点 $B(R,0)$ 的一段,其中$R > 0$;

(2) 直线段$\overline{AB}$(A,B 同(1))。

50. 计算$\int_L (x^2 - 2xy)\mathrm{d}x + (y^2 - 2xy)\mathrm{d}y$,其中 L 为抛物线$y = x^2$ 上从点$(-1,1)$到点$(1,1)$一段弧。

51. 计算$\int_L xy\mathrm{d}x + (x - y)\mathrm{d}y$,其中 L 为

(1) 连接 $O(0,0)$ 与 $A(1,1)$ 的直线段$\overline{OA}$;

(2) 自 O 到 A,沿抛物线 $y = x^2$, O 与 A 同(1)。

52. 计算$\oint_L (x - y)\mathrm{d}x + x\mathrm{d}y$,其中 L 为顶点在 $O(0,0)$,$A(1,0)$,$B(0,1)$ 的三角形的边界,方向按逆时针方向。

53. 计算$\oint_L \dfrac{(x + y)\mathrm{d}x - (x - y)\mathrm{d}y}{x^2 + y^2}$,$L$ 为圆 $x^2 + y^2 = a^2$(按逆时针方向绕行)。

54. 计算$\int_L \frac{x^2 dy - y^2 dx}{x^{\frac{5}{3}} + y^{\frac{5}{3}}}$,$L$ 为星形线$\begin{cases} x = a\cos^3 t \\ y = a\sin^3 t \end{cases}$自 $A(a,0)$ 到 $B(0,a)$ 的一段($a > 0$)。

55. 计算$\int_L (x^2 + y^2) dx$,其中 L 的起点 $A(0,0)$,终点 $B(1,1)$,分别沿下列曲线:

(1) 直线段$\overline{AB}$;

(2) 抛物线 $y = x^2$ 上的一段弧;

(3) 圆$(x - 1)^2 + y^2 = 1$ 上的一段弧。

56. 计算$\int_L (x + y) dx + (y - x) dy$,其中 L 为

(1) 抛物线 $y^2 = x$ 上从点$(1,1)$ 到点$(4,2)$ 的一段弧;

(2) 从点$(1,1)$ 到点$(4,2)$ 的直线段;

(3) 先沿直线从点$(1,1)$ 到点$(1,2)$,然后再沿直线到点$(4,2)$ 的折线;

(4) 曲线 $x = 2t^2 + t + 1$,$y = t^2 + 1$ 上从点$(1,1)$ 到点$(4,2)$ 的一段弧。

57. 计算$\int_L y^2 dx$,其中:

(1) L 是半径为 a,圆心为原点,按逆时针方向绕行的上半圆周;

(2) 从点 $A(a,0)$ 沿 x 轴到点 $B(-a,0)$ 的直线段。

58. 计算$\int_L 2xy dx + x^2 dy$,其中 L 为:

(1) 抛物线 $y = x^2$ 上从 $O(0,0)$ 到 $B(1,1)$ 的一段弧;

(2) 抛物线 $x = y^2$ 上从 $O(0,0)$ 到 $B(1,1)$ 的一段弧;

(3) 有向折线$\overline{OAB}$,这里 O,A,B 依次是点$(0,0)$,$(1,0)$,$(1,1)$。

59. 计算$\oint_L xy dx$,其中 L 为圆周$(x - a)^2 + y^2 = a^2 (a > 0)$ 及 x 轴所围成的在第一象限内的区域的整个边界(按逆时针方向绕行)。

60. 计算$\int_L (2a - y) dx + x dy$,其中 L 为摆线$\begin{cases} x = a(t - \sin t) \\ y = a(1 - \cos t) \end{cases}$($a > 0$)上由 $t = 0$ 到 $t = 2\pi$ 的一段弧。

7.6 格林公式 平面曲线积分与路径无关的条件

平面闭区域 D 上的二重积分与沿 D 的边界曲线 L 上的曲线积分之间有着密切关系,格林公式揭示了二者之间的这种内在联系,它在理论上和应用上都有着重要意义。

我们首先规定平面区域 D 的边界曲线 L 的正向为:当观察者在曲线 L 上沿着该方向行走时,区域 D 总在他的左边;否则称为负向。

在一般情况下,边界曲线 L 的正向就是逆时针方向。

7.6.1 格林公式

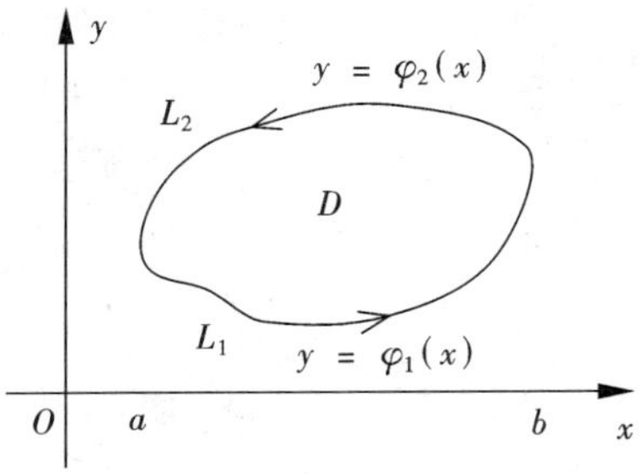

图 7－38

定理 3 设平面闭区域 D 由分段光滑曲线 L 所围成，函数 $P^2(x,y)$，$Q(x,y)$ 在 D 上具有一阶连续偏导数，则有

$$\oint_L P(x,y)\mathrm{d}x + Q(x,y)\mathrm{d}y = \iint_D \left(\frac{\partial Q}{\partial x} - \frac{\partial P}{\partial y}\right)\mathrm{d}\sigma \tag{7.28}$$

其中 L 是 D 的正向边界曲线。

公式(7.28) 称为格林(Green) 公式。

证 首先假定穿过区域 D 的内部且平行于某坐标轴的任一直线与 D 的边界曲线 L 的交点至多为两个，为确定起见，不妨假设该坐标轴为 y 轴，此时 D 可以表示为

$$D:\begin{cases} a \leqslant x \leqslant b \\ \varphi_1(x) \leqslant y \leqslant \varphi_2(x) \end{cases} \quad (\varphi_1(x) \leqslant \varphi_2(x))$$

且 L 可以分成 L_1，L_2 两部分(见图 7－38)，其中

$$L_1: y = \varphi_1(x), \quad L_2: y = \varphi_2(x),$$

由对坐标的曲线积分计算法

$$\begin{aligned}\oint_L P(x,y)\mathrm{d}x &= \int_{L_1} P(x,y)\mathrm{d}x + \int_{L_2} P(x,y)\mathrm{d}x = \\ &\int_a^b P[x,\varphi_1(x)]\mathrm{d}x + \int_b^a P[x,\varphi_2(x)]\mathrm{d}x = \\ &\int_a^b \{P[x,\varphi_1(x)] - P[x,\varphi_2(x)]\}\mathrm{d}x\end{aligned} \tag{7.29}$$

另一方面，由二重积分计算法

$$\begin{aligned}\iint_D \frac{\partial P}{\partial y} d\sigma &= \int_a^b \left[\int_{\varphi_1(x)}^{\varphi_2(x)} \frac{\partial P}{\partial y}\mathrm{d}y\right]\mathrm{d}x = \int_a^b \left[P(x,y)\Big|_{\varphi_1(x)}^{\varphi_2(x)}\right]\mathrm{d}x = \\ &\int_a^b [P(x,\varphi_2(x))] - P(x,\varphi_1(x))\mathrm{d}x\end{aligned} \tag{7.30}$$

比较(7.29)、(7.30) 式可知

$$\oint_L P(x,y)\mathrm{d}x = -\iint_D \frac{\partial P}{\partial y}\mathrm{d}\sigma \tag{7.31}$$

类似地可证得

$$\oint_L Q(x,y)\mathrm{d}y = \iint_D \frac{\partial Q}{\partial x}\mathrm{d}\sigma \tag{7.32}$$

将式(7.31)、(7.32) 相加，得

$$\oint_L P(x,y)\mathrm{d}x + Q(x,y)\mathrm{d}y =$$

$$\iint_D \left(\frac{\partial Q}{\partial x} - \frac{\partial P}{\partial y} \right) \mathrm{d}\sigma.$$

其次，如果 D 不满足上述条件，那么可以适当添加辅助线将 D 分成若干个小闭区域，使每个小区域都满足上述条件。以图 7－39 所示区域 D 为例，可作辅助线 AB 将 D 分成 D_1 和 D_2 两个小区域，D 的边界曲线为 L_1 和 L_2，所以

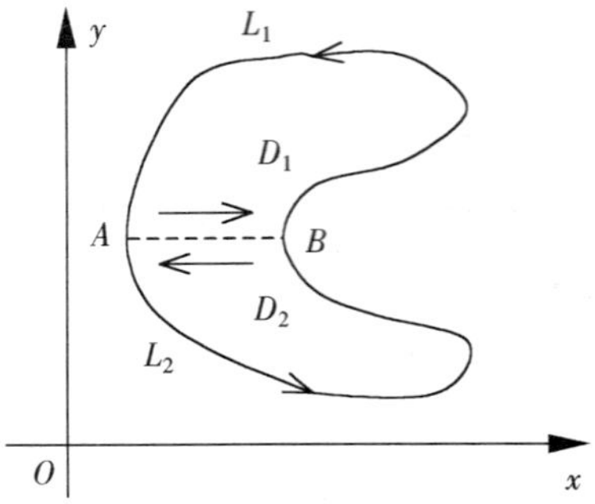

图 7－39

$$\oint_{L_1+\widehat{AB}} P(x,y)\,\mathrm{d}x + Q(x,y)\,\mathrm{d}y = \iint_{D_1} \left(\frac{\partial Q}{\partial x} - \frac{\partial P}{\partial y} \right) \mathrm{d}x\mathrm{d}y \tag{7.33}$$

$$\oint_{L_2+\widehat{BA}} P(x,y)\,\mathrm{d}x + Q(x,y)\,\mathrm{d}y = \iint_{D_2} \left(\frac{\partial Q}{\partial x} - \frac{\partial P}{\partial y} \right) \mathrm{d}x\mathrm{d}y \tag{7.34}$$

将(7.33)、(7.34)式相加，并注意到辅助线上 $\widehat{AB}$ 与 $\widehat{BA}$ 方向相反，因此 $\widehat{AB}$ 与 $\widehat{BA}$ 上的曲线积分因反号而相互抵消，故有

$$\oint_L P(x,y)\,\mathrm{d}x + Q(x,y)\,\mathrm{d}y = \iint_D \left(\frac{\partial Q}{\partial x} - \frac{\partial P}{\partial y} \right) \mathrm{d}\sigma$$

由格林公式告诉我们：沿封闭曲线的曲线积分可以转化为由该封闭曲线围成的平面区域 D 上的二重积分。今后对封闭曲线的曲线积分，可以考虑利用格林公式进行计算。

例 25 计算 $\oint_L (3x+y)\,\mathrm{d}y - (x-y)\,\mathrm{d}x$，其中 L 是圆周 $(x-1)^2 + (y-4)^2 = 9$ 的正向边界曲线（见图 7－40）。

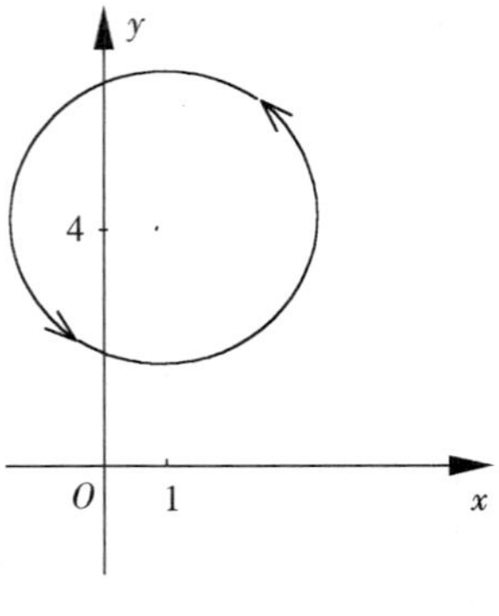

图 7－40

解 因为 $P(x,y) = -(x-y) = y-x$，

$Q(x,y) = 3x+y$，

$\frac{\partial P}{\partial y} = 1$，$\frac{\partial Q}{\partial x} = 3$，

所以由格林公式有

$$\oint_L (3x+y)\,\mathrm{d}y - (x-y)\,\mathrm{d}x = \iint_D (3-1)\,\mathrm{d}x\mathrm{d}y = 2\iint_D \mathrm{d}x\mathrm{d}y = 18\pi.$$

例 26 计算$\oint_C (2xy - x^2)\mathrm{d}x + (x + y^2)\mathrm{d}y$,其中 C 是由抛物线 $y = x^2$ 和 $y^2 = x$ 所围成区域的正向边界曲线(见图7-41)。

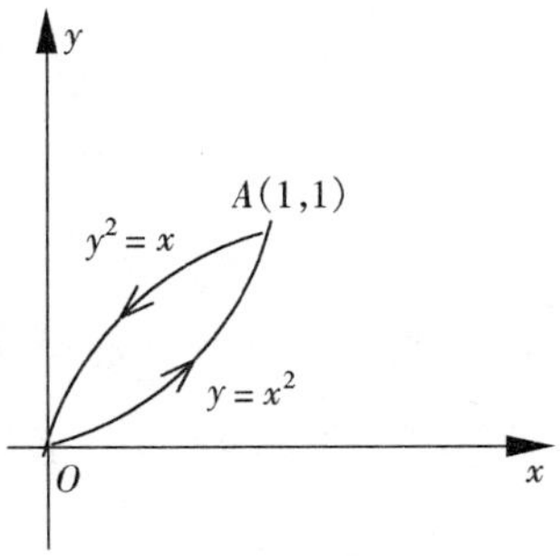

图 7-41

解 因为 $P(x,y) = 2xy - x^2$, $Q(x,y) = x + y^2$,

$$\frac{\partial P}{\partial y} = 2x, \quad \frac{\partial Q}{\partial x} = 1,$$

所以

$$\oint_C (2xy - x^2)\mathrm{d}x + (x + y^2)\mathrm{d}y =$$

$$\iint_D (1 - 2x)\mathrm{d}x\mathrm{d}y = \int_0^1 \mathrm{d}x\int_{x^2}^{\sqrt{x}} (1 - 2x)\mathrm{d}y = \frac{1}{30}.$$

对于某些非封闭曲线 L,除了用7.5.2中的公式直接计算外,也可以考虑添加适当的有向辅助线使其封闭后,再利用格林公式计算。

例 27 计算$\int_L (x^2 - y)\mathrm{d}x - (x + \sin^2 y)\mathrm{d}y$,其中 L 是圆周 $y = \sqrt{2x - x^2}$ 上由点 $O(0,0)$ 到点 $(1,1)$ 的一段弧$\overset{\frown}{OA}$(见图 7-42)。

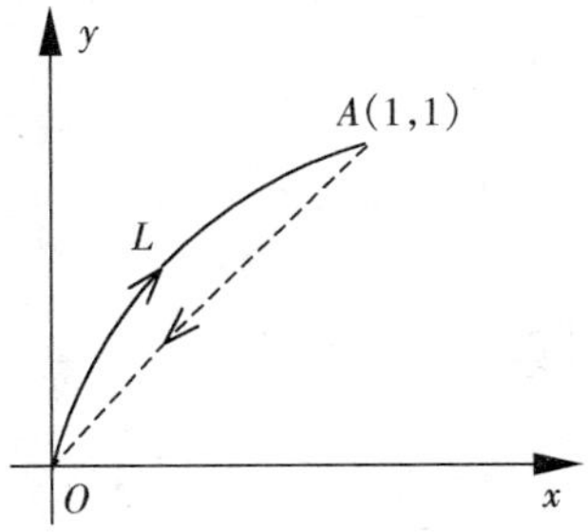

图 7-42

解 添加有向线段$\overline{AO}$: $y = x$,则曲线 $L + \overline{AO}$ 是一条负向封闭曲线,因为 $P(x,y) = x^2 - y$, $Q(x,y) = -(x + \sin^2 y)$

$$\frac{\partial P}{\partial y} = -1, \quad \frac{\partial Q}{\partial x} = -1,$$

所以

$$\oint_{L+\overline{AO}} (x^2 - y)\mathrm{d}x - (x + \sin^2 y)\mathrm{d}y = -\iint_D [-1 - (-1)]\mathrm{d}x\mathrm{d}y = 0.$$

因为$\overline{AO}$ 的参数方程为$\begin{cases} x = x \\ y = x \end{cases}$,起点 A 对应 $x = 1$,终点 O 对应$x = 0$,

$$\int_{\overline{AO}} (x^2 - y)\mathrm{d}x - (x + \sin^2 y)\mathrm{d}y = \int_1^0 (x^2 - x - x - \sin^2 x)\mathrm{d}x =$$

$$\frac{7}{6} - \frac{1}{4}\sin 2,$$

所以

$$\int_L (x^2 - y)\mathrm{d}x - (x + \sin^2 y)\mathrm{d}y =$$

$$\oint_{L+\overline{AO}} (x^2 - y)\mathrm{d}x - (x + \sin^2 y)\mathrm{d}y - \int_{\overline{AO}} (x^2 - y)\mathrm{d}x - (x + \sin^2 y)\mathrm{d}y =$$

$$0-\left(\frac{7}{6}-\frac{1}{4}\sin 2\right)=\frac{1}{4}\sin 2-\frac{7}{6}.$$

本题也可添加辅助线为折线$\overline{ABO}$,其中 B 点为$(1,0)$,读者可以比较一下哪一种做法比较简单。

例 28 设$\widehat{ACB}$为连接$A(1,2)$,$B(2,3)$的某曲线,又设$\widehat{ACB}$与直线段$\overline{AB}$所包围的面积等于 K,试计算曲线积分$\int_{\widehat{ACB}}\frac{y}{x^2}\mathrm{d}x+\left(x-\frac{1}{x}\right)\mathrm{d}y$(见图 7-43)。

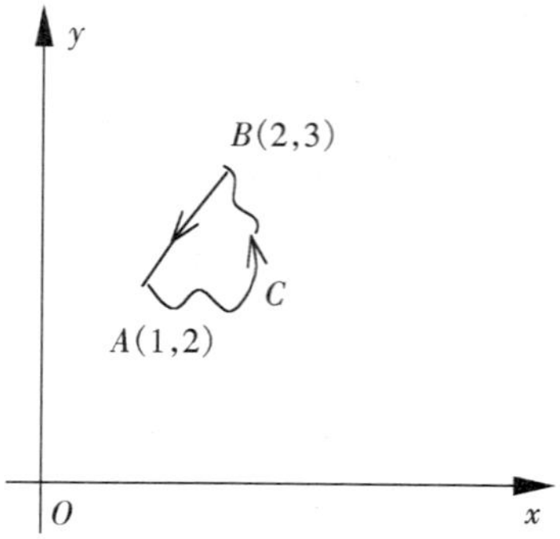

图 7-43

解 因为 $P(x,y)=\frac{y}{x^2}$,$Q(x,y)=x-\frac{1}{x}$,

$$\frac{\partial P}{\partial y}=\frac{1}{x^2},\quad \frac{\partial Q}{\partial x}=1+\frac{1}{x^2},$$

有向线段$\overline{BA}$:$y=x+1$,其参数方程为$\begin{cases}x=x\\ y=x+1\end{cases}$,起点 B 对应 $x=2$,终点 A 对应 $x=1$,由格林公式有

$$\oint_{\widehat{ACB}+\overline{BA}}\frac{y}{x^2}\mathrm{d}x+\left(x-\frac{1}{x}\right)\mathrm{d}y=\iint_D\left[\left(1+\frac{1}{x^2}\right)-\frac{1}{x^2}\right]\mathrm{d}x\mathrm{d}y=\iint_D\mathrm{d}x\mathrm{d}y=K.$$

因为

$$\int_{\overline{BA}}\frac{y}{x^2}\mathrm{d}x+\left(x-\frac{1}{x}\right)\mathrm{d}y=\int_2^1\left(\frac{x+1}{x^2}+x-\frac{1}{x}\right)\mathrm{d}x=\int_2^1\left(x+\frac{1}{x^2}\right)\mathrm{d}x=-2,$$

所以

$$\int_{\widehat{ACB}}\frac{y}{x^2}\mathrm{d}x+\left(x-\frac{1}{x}\right)\mathrm{d}y=\oint_{\widehat{ACB}+\overline{BA}}\frac{y}{x^2}\mathrm{d}x+\left(x-\frac{1}{x}\right)\mathrm{d}y-\int_{\overline{BA}}\frac{y}{x^2}\mathrm{d}x+\left(x-\frac{1}{x}\right)\mathrm{d}y=$$

$$K-(-2)=K+2.$$

再导出一个求平面区域面积的公式。在格林公式中,取 $P(x,y)=-y$,$Q(x,y)=x$,由于$\frac{\partial P}{\partial y}=-1$,$\frac{\partial Q}{\partial x}=1$,所以

$$\oint_L(-y)\mathrm{d}x+x\mathrm{d}y=\iint_D 2\mathrm{d}x\mathrm{d}y,$$

于是

$$\iint_D\mathrm{d}x\mathrm{d}y=\frac{1}{2}\oint_L x\mathrm{d}y-y\mathrm{d}x,$$

即平面区域 D 的面积 A 为

$$A=\frac{1}{2}\oint_L x\mathrm{d}y-y\mathrm{d}x \tag{7.35}$$

利用对坐标的曲线积分求平面区域 D 的面积,这是格林公式的一个简单应用。

例 29 求摆线 $x=a(t-\sin t)$, $y=a(1-\cos t)$ 一拱与 x 轴所围成的图形的面积 S。

解 添加有向线段 $\overline{OA}$,使曲线 $\overline{OA}+\widehat{AnO}$ 为正向封闭曲线(见图 7-44),所以

$$S=\frac{1}{2}\oint_{\widehat{AnO}+\overline{OA}}x\mathrm{d}y-y\mathrm{d}x=$$

$$\frac{1}{2}\int_{\widehat{AnO}}x\mathrm{d}y-y\mathrm{d}x+\frac{1}{2}\int_{\overline{OA}}x\mathrm{d}y-y\mathrm{d}x.$$

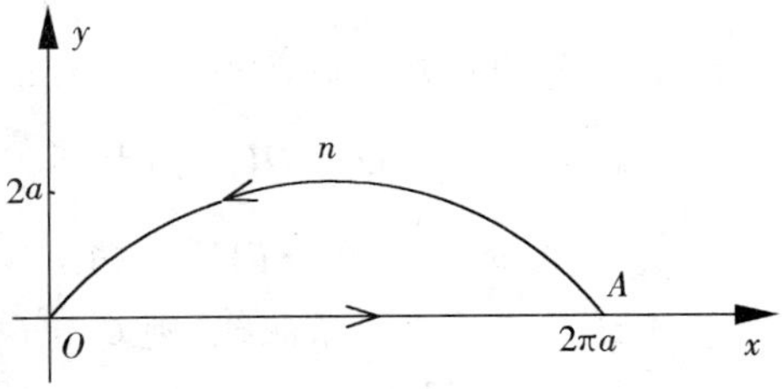

图 7-44

先看第一个积分 $\frac{1}{2}\int_{\widehat{AnO}}x\mathrm{d}y-y\mathrm{d}x$, $\widehat{AnO}$ 的参数方程为 $\begin{cases}x=a(t-\sin t)\\y=a(1-\cos t)\end{cases}$,起点 A 对应 $t=2\pi$,终点 O 对应 $t=0$,于是

$$\frac{1}{2}\int_{\widehat{AnO}}x\mathrm{d}y-y\mathrm{d}x=\frac{1}{2}\int_{2\pi}^{0}a^2(t\sin t-2+2\cos t)\mathrm{d}t=3\pi a^2;$$

再看第二个积分 $\frac{1}{2}\int_{\overline{OA}}x\mathrm{d}y-y\mathrm{d}x$, $\overline{OA}$ 的参数方程为 $\begin{cases}x=x\\y=0\end{cases}$,起点 O 对应 $x=0$,终点 A 对应 $x=2\pi a$,于是

$$\frac{1}{2}\int_{\overline{OA}}x\mathrm{d}y-y\mathrm{d}x=\frac{1}{2}\int_{0}^{2\pi a}(0+0)\mathrm{d}x=0,$$

所以

$$S=3\pi a^2+0=3\pi a^2.$$

7.6.2 平面曲线积分与路径无关的条件

在 7.5 节的例 24 中,我们看到有些曲线积分的值只与积分路径的起点 A 和终点 B 的位置有关,而与取什么具体路径无关,这就提出了一个如何判断曲线积分与积分路径无关的问题。为了阐明这个问题,我们有必要进一步明确曲线积分 $\int_L P\mathrm{d}x+Q\mathrm{d}y$ 与积分路径无关的概念。

定义 设函数 $P(x,y)$, $Q(x,y)$ 在区域 D 内有定义,点 $A(x_1,y_1)$ 和点 $B(x_2,y_2)$ 是 D 内任意两点,如果对于 D 内从点 A 到点 B 的任意两条有向曲线 L_1, L_2,恒有 $\int_{L_1}P\mathrm{d}x+Q\mathrm{d}y=\int_{L_2}P\mathrm{d}x+Q\mathrm{d}y$ 成立,则称曲线积分与积分路径无关。

此时,我们也可将上述曲线积分记作

$$\int_{(x_1,y_1)}^{(x_2,y_2)}P(x,y)\mathrm{d}x+Q(x,y)\mathrm{d}y.$$

下面介绍两个关于曲线积分与路径无关的定理。

定理4 在区域 D 中,曲线积分 $\int_L P(x,y)\,dx + Q(x,y)\,dy$ 与积分路径无关的充分必要条件是对 D 内任意一条闭曲线 C,有

$$\oint_C P(x,y)\,dx + Q(x,y)\,dy = 0 \tag{7.36}$$

证 充分性 在 D 内任取两点 A,B,设 L_1,L_2 为 D 内从 A 到 B 的任意两条曲线,则 $C = L_1 + L_2^-$ 为 D 内一条封闭曲线(见图 7-45),因为

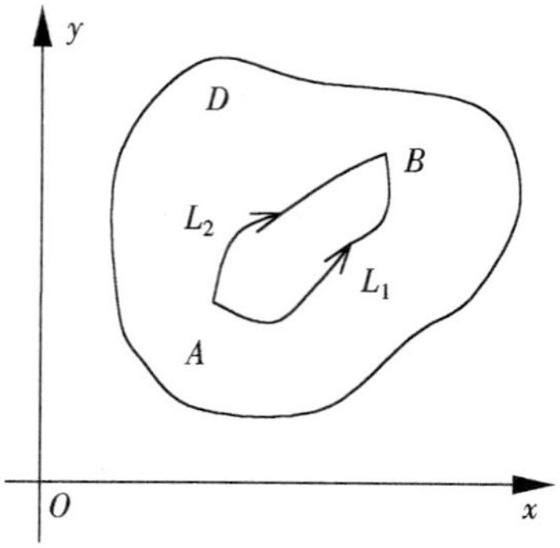

图 7-45

$$\oint_C P(x,y)\,dx + Q(x,y)\,dy = 0,$$

即

$$\int_{L_1+L_2^-} P(x,y)\,dx + Q(x,y)\,dy = 0,$$

故有

$$\int_{L_1} P(x,y)\,dx + Q(x,y)\,dy + \int_{L_2^-} P(x,y)\,dx + Q(x,y)\,dy = 0$$

移项,得

$$\int_{L_1} P(x,y)\,dx + Q(x,y)\,dy = -\int_{L_2^-} P(x,y)\,dx + Q(x,y)\,dy$$

所以

$$\int_{L_1} P(x,y)\,dx + Q(x,y)\,dy = \int_{L_2} P(x,y)\,dx + Q(x,y)\,dy.$$

必要性 在 D 内任取一条闭曲线 C,并在 C 上任取两点 A,B,从点 A 沿 C 的正反两个方向到点 B 的两条曲线为 L_1,L_2,则有 $C = L_1 + L_2^-$。

因为曲线积分 $\int_L P(x,y)\,dx + Q(x,y)\,dy$ 在 D 内与积分路径无关,故有

$$\int_{L_1} P(x,y)\,dx + Q(x,y)\,dy = \int_{L_2} P(x,y)\,dx + Q(x,y)\,dy,$$

移项,得

$$\int_{L_1} P(x,y)\,dx + Q(x,y)\,dy - \int_{L_2} P(x,y)\,dx + Q(x,y)\,dy = 0,$$

即

$$\int_{L_1+L_2^-} P(x,y)\,dx + Q(x,y)\,dy = 0,$$

所以

$$\oint_C P(x,y)\mathrm{d}x + Q(x,y)\mathrm{d}y = 0.$$

由于定理 2 中要求判断在 D 内任意一条闭曲线上曲线积分都要为零,这在实际上是办不到的。下面的定理则比较方便易行。为了讨论的需要,先介绍关于单连通域的概念。

定义 如果区域 D 内的任意一条闭曲线的内部完全含于区域 D 内,则称区域 D 为单连通域;否则称为多连通域(或复连通域)。

图 7-46(a) 所示区域为单连通域;图 7-46(b) 所示的区域是多连通域。

(a) (b)

图 7-46

通俗地说,单连通域中没有"洞"和"孔",而多连通域中出现"洞"或"孔"。

定理 5 设区域 D 是一个单连通域,函数 $P(x,y)$,$Q(x,y)$ 在 D 内具有一阶连续偏导数,L 是 D 内的任一有向曲线,则曲线积分 $\int_L P(x,y)\mathrm{d}x + Q(x,y)\mathrm{d}y$ 与积分路径无关的充分必要条件是在 D 内恒成立:$\frac{\partial P}{\partial y} = \frac{\partial Q}{\partial x}$.

证 *充分性* 设 $\frac{\partial P}{\partial y} = \frac{\partial Q}{\partial x}$ 在 D 内恒成立,C 为 D 内任意一条正向闭曲线,它所围成的区域为 D_1,因为 D 为单连通域,所以 D_1 完全包含在 D 中,由格林公式,得

$$\oint_C P(x,y)\mathrm{d}x + Q(x,y)\mathrm{d}y = \iint_{D_1}\left(\frac{\partial Q}{\partial x} - \frac{\partial P}{\partial y}\right)\mathrm{d}\sigma = \iint_{D_1} 0\mathrm{d}\sigma = 0.$$

再由定理 4 可知曲线积分 $\int_L P(x,y)\mathrm{d}x + Q(x,y)\mathrm{d}y$ 与积分路径无关。

必要性 (用反证法) 假设在 D 内某一点 M_0 处 $\left(\frac{\partial Q}{\partial x} - \frac{\partial P}{\partial y}\right)\Big|_{M_0} \neq 0$,不失一般性,可设 $A > 0$,由于 $\frac{\partial P}{\partial y}, \frac{\partial Q}{\partial x}$ 在 D 内连续,可知在 D 内存在一个以点 M_0 为圆心,半径很小的闭圆域 K(K 兼表其面积),其正向边界曲线为 C,在 K 上恒有 $\frac{\partial Q}{\partial x} - \frac{\partial P}{\partial y} > \frac{A}{2}$,所以

$$\oint_l P(x,y)\mathrm{d}x + Q(x,y)\mathrm{d}y = \iint_K\left(\frac{\partial Q}{\partial x} - \frac{\partial P}{\partial y}\right)\mathrm{d}\sigma \geqslant \frac{A}{2}\iint_K \mathrm{d}\sigma = \frac{1}{2}AK > 0.$$

但是,由于曲线积分与积分路径无关,应有 $\oint_l P\mathrm{d}x + Q\mathrm{d}y = 0$,二者产生矛盾,所以 D 内

这样的点 M_0 不可能存在，从而$\frac{\partial Q}{\partial x}=\frac{\partial P}{\partial y}$在 D 内恒成立。

对于与积分路径无关的曲线积分，如果按给定的积分路径不易计算时，可根据具体情况适当选择一条容易计算的积分路径，以使计算变得比较简单。

例 30 计算 $I=\int_L(e^y+x)dx+(xe^y-2y)dy$，其中 L 为抛物线 $y=x^2$ 上从点 $O(0,0)$ 到点 $A(2,4)$ 的一段曲线（见图 7－47）。

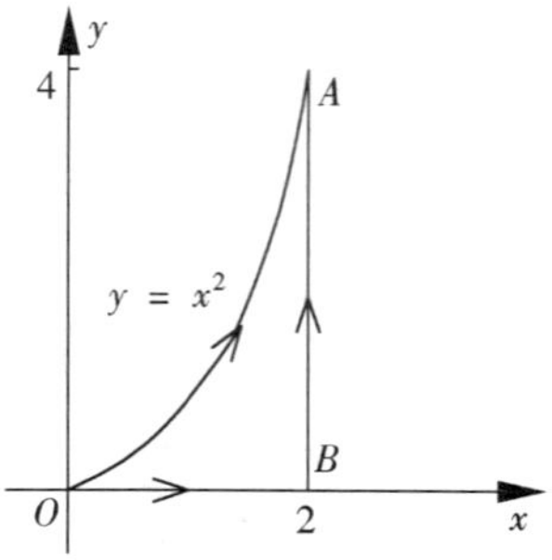

图 7－47

解 因为$P(x,y)=e^y+x$，$Q(x,y)=xe^y-2y$，

$$\frac{\partial P}{\partial y}=e^y,\ \frac{\partial Q}{\partial x}=e^y,$$

这说明$\frac{\partial P}{\partial y}$，$\frac{\partial Q}{\partial x}$在全平面上连续，且$\frac{\partial P}{\partial y}=\frac{\partial Q}{\partial x}$，所以积分与路径无关。选取新积分路径为折线$\overline{OBA}=\overline{OB}+\overline{BA}$，其中点 B 的坐标为$(2,0)$，$\overline{OB}$ 的方程为$\begin{cases}x=x\\y=0\end{cases}$起点 O 对应 $x=0$，终点 B 对应 $x=2$；$\overline{BA}$ 的方程为$\begin{cases}x=2\\y=y\end{cases}$起点 B 对应 $y=0$，终点 A 对应 $y=4$，所以

$$\begin{aligned}I&=\int_L(e^y+x)dx+(xe^y-2y)dy=\\&\int_{\overline{OB}}(e^y+x)dx+(xe^y-2y)dy+\int_{\overline{BA}}(e^y+x)dx+(xe^y-2y)dy=\\&\int_0^2(1+x)dx+\int_0^4(2e^y-2y)dy=\\&2e^4-14.\end{aligned}$$

必须指出，定理 5 中的两个条件是缺一不可的。也就是说，如果其中有一个条件不满足，那么定理的结论不能保证成立。

例 31 计算 $I=\oint_L\frac{xdy-ydx}{x^2+y^2}$，其中 L 为

（1） 以原点为圆心的任一圆周；

（2） 任一既不包含原点在内，也不通过原点的闭曲线。

解 （1） 因为 $P(x,y)=\frac{-y}{x^2+y^2}$， $Q(x,y)=\frac{x}{x^2+y^2}$，

$$\frac{\partial P}{\partial y}=\frac{y^2-x^2}{(x^2+y^2)^2},\quad \frac{\partial Q}{\partial x}=\frac{y^2-x^2}{(x^2+y^2)^2},$$

所以在全平面去掉原点$(0,0)$后的区域内，处处满足

$$\frac{\partial P}{\partial y}=\frac{\partial Q}{\partial x}$$

但是，I 在以原点为圆心的任一圆周上都不等于零(参见例22)，这是因为去掉原点(0,0)后的全平面不是单连通域。

(2) 如果 L 是既不包含原点，也不通过原点的闭曲线，由于该曲线所围成的区域总可以含在某一个不包含原点的单连通域 D 内(见图 7-48)，且$\frac{\partial P}{\partial y}=\frac{\partial Q}{\partial x}$，所以满足定理5的条件，故这时所求的曲线积分都等于零。

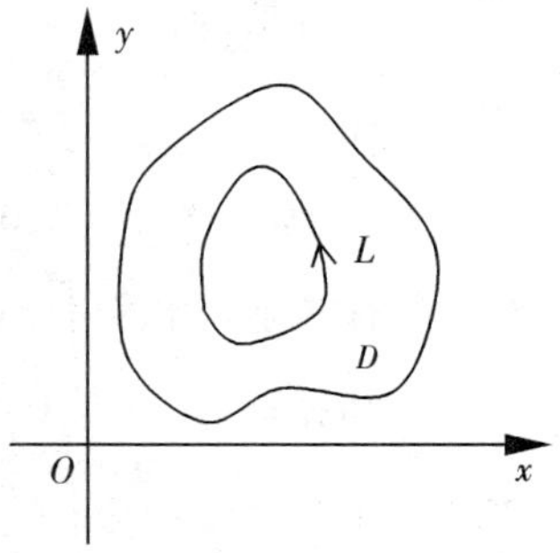

图 7-48

习 题 7.6

61. 计算$\oint_C(x-y)\mathrm{d}x+x\mathrm{d}y$，其中 C 为两坐标轴与直线 $x+y=1$ 所围成三角形的正向边界。

62. 计算$\oint_C(x^2-xy^3)\mathrm{d}x+(y^2-2xy)\mathrm{d}y$，其中 C 是四个顶点分别为(0,0)，(2,0)，(2,2)，(0,2)的正方形区域的正向边界曲线。

63. 计算$\oint_C y\mathrm{d}x-x\mathrm{d}y$，其中 C 为正向圆周 $x^2+y^2=R^2$。

64. 计算$\oint_C(\mathrm{e}^x\cos y+2y)\mathrm{d}x-\mathrm{e}^x\sin y\mathrm{d}y$，其中

(1) C 为负向圆周 $x^2+y^2=a^2$；

(2) C 为自点 $A(-a,0)$ 到点 $B(a,0)$ 的上半圆周 $y=\sqrt{a^2-x^2}$。

65. 计算$\oint_C(x+y)\mathrm{d}x-(x-y)\mathrm{d}y$，其中 C 为正向椭圆$\frac{x^2}{a^2}+\frac{y^2}{b^2}=1$。

66. 计算$\oint_C\frac{y\mathrm{d}x-x\mathrm{d}y}{2(x^2+y^2)}$，其中 C 为圆周$(x-1)^2+y^2=2$，C 的方向为逆时针方向。

67. 计算$\oint_C\mathrm{e}^x[(1-\cos y)\mathrm{d}x-(y-\sin y)\mathrm{d}y]$，$L$ 为区域 $0\leqslant x\leqslant\pi,0\leqslant y\leqslant\sin x$ 的正向边界。

68. 计算$\oint_C(2xy-x^2)\mathrm{d}x+(x+y^2)\mathrm{d}y$，其中 L 是由抛物线 $y=x^2$ 和 $y^2=x$ 所围成的区域的正向边界曲线。

69. 计算$\oint_C(x^2+xy)\mathrm{d}x+(x^2+y^2)\mathrm{d}y$，其中 L 为区域 $0\leqslant x\leqslant1,0\leqslant y\leqslant1$ 的正向

边界曲线。

70. 计算$\oint_C (2x-y+4)\mathrm{d}x+(5y+3x-6)\mathrm{d}y$,其中$L$为$\Delta OAB$的正向边界曲线,顶点为$O(0,0)$,$A(3,0)$,$B(3,2)$。

71. 计算曲线积分$\int_C x^2\mathrm{d}y+(2xy+3y)\mathrm{d}x$,其中$C$为$y=\sin x$由点$(0,0)$到点$(\pi,0)$的弧段。

72. 计算曲线积分$\int_C (x^2+y^2)\mathrm{d}x+(x^2-y^2)\mathrm{d}y$,其中$C$为由点$(0,0)$到点$(1,1)$再到点$(2,0)$的折线段。

73. 利用曲线积分,求下列曲线所围成的图形的面积:

(1) 椭圆$9x^2+16y^2=144$;

(2) 圆$x^2+y^2=2ax$。

74. 验证下列曲线积分在整个xy平面内与路径无关,并计算积分值:

(1) $\int_{(1,1)}^{(2,3)} (x+y)\mathrm{d}x+(x-y)\mathrm{d}y$;

(2) $\int_{(1,2)}^{(3,4)} (6xy^2-y^3)\mathrm{d}x+(6x^2y-3xy^2)\mathrm{d}y$;

(3) $\int_{(1,0)}^{(2,1)} (2xy-y^4+3)\mathrm{d}x+(x^2-4xy^3)\mathrm{d}y$.

75. 验证曲线积分$\int_{(1,0)}^{(6,8)} \dfrac{x\mathrm{d}x+y\mathrm{d}y}{\sqrt{x^2+y^2}}$沿不经过原点的曲线时与路径无关,并求其值。

76. 验证下列曲线积分与路径无关,并求其值:

(1) $\int_L \dfrac{y\mathrm{d}x-x\mathrm{d}y}{y^2}$,$L$为从点$A(2,1)$到点$B(1,2)$沿与$x$轴不相交的路线;

(2) $\int_L (2xy-y^4+3)\mathrm{d}x+(x^2-4xy^3)\mathrm{d}y$,$L$为从点$A(1,0)$到点$B(2,1)$的任一路线。

77. 验证曲线积分$\int_L (x^2-y)\mathrm{d}x-(x+\sin^2 y)\mathrm{d}y$与路径无关,并计算当$L$为圆周$x^2+y^2=2x$上由点$(0,0)$到点$(1,1)$的一段弧。

78. 计算曲线积分$\int_C (x+y)\mathrm{d}x+(x-y)\mathrm{d}y$,其中$C$为由点$(1,0)$到点$(0,1)$的圆弧段。

79. 计算下列曲线积分:

(1) $\int_L (x+y)\mathrm{d}x+(x-y)\mathrm{d}y$,其中$L$为沿顺时针方向的圆弧$x^2+y^2=2x$ $(y\geqslant 0)$;

(2) $\int_L (x^2+2x)\mathrm{d}y+(2xy+x^3)\mathrm{d}x$,其中 L 同(1)题。

80. 选取 λ 的值,使曲线积分 $\int_A^B (x^4+4xy^\lambda)\mathrm{d}x+(6x^{\lambda-1}y^2-5y^4)\mathrm{d}y$ 与路径无关,且求 A,B 分别为点 $(0,0)$,$(1,2)$ 时的该曲线积分的值。

*81. 已知 $f(0)=-\dfrac{1}{2}$,确定 $f(x)$,使 $\int_{P_1}^{P_2}(\mathrm{e}^x+f(x))y\mathrm{d}x-f(x)\mathrm{d}y$ 与路径无关,并求当 P_1、P_2 分别为点 $(0,0)$,$(1,1)$ 时此曲线积分的值。

*82. 在 $\int_{(0,0)}^{(x,y)}\left[\varphi(x)-\dfrac{x^3}{3}\right]\mathrm{d}y-\varphi(x)y\mathrm{d}x$ 中,$\varphi(x)$ 有连续导数,且 $\varphi(0)=2$,试确定 $\varphi(x)$,使曲线积分与路径无关,并求 $(0,0)$ 到 $(1,-1)$ 的积分。

8 无穷级数

无穷级数是微积分学的重要组成部分。本章先讨论无穷数项级数及其收敛性的判别法，再讨论如何把一个函数展开为泰勒级数（幂级数）或傅里叶级数（三角级数）。

8.1 无穷数项级数的概念与性质

8.1.1 基本概念

定义 把数列$\{a_n\}$：$a_1,a_2,\cdots,a_n,\cdots$用加号连接而成的式子

$$a_1+a_2+\cdots+a_n+\cdots \tag{8.1}$$

称为无穷数项级数（简称级数），记为$\sum_{n=1}^{\infty}a_n=a_1+a_2+\cdots+a_n+\cdots$，其中$a_n$称为级数的一般项。

既然级数是用加号连接而成的，很自然地，我们要求它的和。但由于级数有无穷多项，不可能用普通加法来求和。事实上，无穷级数的和究竟存在与否也还是一个问题。为了解决这个问题，还是要依靠极限这个工具。

定义 称级数(8.1)式的前n项的和

$$s_n=a_1+a_2+\cdots+a_n \quad (n=1,2,\cdots)$$

为级数的前n项部分和（简称部分和）。如果级数(8.1)式的部分和数列$\{s_n\}$收敛，即$\lim\limits_{n\to\infty}s_n=s$存在，则称级数(8.1)式收敛，称$s$为级数的和，并记作

$$\sum_{n=1}^{\infty}a_n=a_1+a_2+\cdots+a_n+\cdots=s,$$

否则称级数(8.1)式发散。

显然，发散级数没有和。

例1 讨论级数$\sum_{n=1}^{\infty}n=1+2+3+\cdots+n+\cdots$的收敛性。

解 因为级数的部分和$s_n=1+2+\cdots+n=\dfrac{n(n+1)}{2}\to\infty \quad (n\to\infty)$，即部分和数列$\{s_n\}$发散，从而级数发散。

例2 讨论级数$\sum_{n=1}^{\infty}\dfrac{1}{n(n+1)}=\dfrac{1}{1\cdot2}+\dfrac{1}{2\cdot3}+\dfrac{1}{3\cdot4}+\cdots+\dfrac{1}{n(n+1)}+\cdots$的收敛性。

解　因为级数的部分和

$$s_n = \frac{1}{1\cdot 2}+\frac{1}{2\cdot 3}+\frac{1}{3\cdot 4}+\cdots+\frac{1}{n(n+1)} =$$

$$\left(1-\frac{1}{2}\right)+\left(\frac{1}{2}-\frac{1}{3}\right)+\left(\frac{1}{3}-\frac{1}{4}\right)+\cdots+\left(\frac{1}{n}-\frac{1}{n+1}\right) =$$

$$1-\frac{1}{n+1}\to 1\quad (n\to\infty).$$

所以级数收敛,且有和 1,即$\sum\limits_{n=1}^{\infty}\frac{1}{n(n+1)}=1$。

例 3　讨论等比级数(或几何级数)$\sum\limits_{n=1}^{\infty}aq^{n-1}=a+aq+aq^2+\cdots+aq^{n-1}+\cdots$的收敛性,其中 $a\neq 0$,q 为公比。

解　若$q=1$,级数成为$\sum\limits_{n=1}^{\infty}a=a+a+a+\cdots+a+\cdots$,部分和数列$s_n=na\to\infty$ $(n\to\infty)$,故级数发散。

若 $q=-1$,级数成为$\sum\limits_{n=1}^{\infty}(-1)^{n-1}a=a-a+a-\cdots+(-1)^{n-1}a+\cdots$,部分和数列$\{s_n\}$为 $a,0,a,0,\cdots$,显然发散,故级数也发散。

若$|q|\neq 1$,部分和$s_n=a+aq+aq^2+\cdots+aq^{n-1}=\frac{a(1-q^n)}{1-q}$。如果$|q|<1$,因为$\lim\limits_{n\to\infty}q^n=0$,所以$\lim\limits_{n\to\infty}s_n=\frac{a}{1-q}$,此时级数收敛,且有和$\sum\limits_{n=1}^{\infty}aq^{n-1}=\frac{a}{1-q}$。如果$|q|>1$,因为$\lim\limits_{n\to\infty}q^n=\infty$,所以$\lim\limits_{n\to\infty}s_n=\infty$,此时级数发散。

总之,等比级数$\sum\limits_{n=1}^{\infty}aq^{n-1}$当$|q|<1$时收敛,且有和$\sum\limits_{n=1}^{\infty}aq^{n-1}=\frac{a}{1-q}$;当$|q|\geqslant 1$时发散。

例 4　讨论调和级数$\sum\limits_{n=1}^{\infty}\frac{1}{n}=1+\frac{1}{2}+\cdots+\frac{1}{n}+\cdots$的收敛性。

解　考虑调和级数的部分和数列$\{s_n\}$中下标为$2^k(k=0,1,2,3,\cdots)$的项:

$$s_1=1,$$

$$s_2=1+\frac{1}{2},$$

$$s_4=1+\frac{1}{2}+\frac{1}{3}+\frac{1}{4}>1+\frac{1}{2}+\left(\frac{1}{4}+\frac{1}{4}\right)=1+\frac{1}{2}+\frac{1}{2}=1+\frac{2}{2},$$

$$s_8=1+\frac{1}{2}+\frac{1}{3}+\frac{1}{4}+\frac{1}{5}+\frac{1}{6}+\frac{1}{7}+\frac{1}{8}>1+\frac{1}{2}+\left(\frac{1}{4}+\frac{1}{4}\right)+$$

$$\left(\frac{1}{8}+\frac{1}{8}+\frac{1}{8}+\frac{1}{8}\right)=1+\frac{3}{2},$$

一般地,对任意的正整数 k,有

$$s_{2^k}=1+\frac{1}{2}+\left(\frac{1}{3}+\frac{1}{4}\right)+\left(\frac{1}{5}+\cdots+\frac{1}{8}\right)+\left(\frac{1}{9}+\cdots+\frac{1}{16}\right)+\cdots+$$
$$\left(\frac{1}{2^{k-1}+1}+\frac{1}{2^{k-1}+2}+\cdots\frac{1}{2^k}\right)>$$
$$1+\frac{1}{2}+\frac{1}{2}+\frac{1}{2}+\frac{1}{2}+\cdots+\frac{1}{2}=1+\frac{k}{2}.$$

由于 k 可以任意大,可见数列 $\{s_{2^k}\}$ 无界,从而部分和数列 $\{s_n\}$ 也无界,因此调和级数 $\sum_{n=1}^{\infty}\frac{1}{n}$ 发散。

定义 设级数 $\sum_{n=1}^{\infty}a_n$ 收敛到和 s,即 $\sum_{n=1}^{\infty}a_n=s$。级数的前 n 项部分和为 s_n,称 $r_n=s-s_n=a_{n+1}+a_{n+2}+\cdots$ 为级数(对部分和 s_n)的余项。

如果用部分和作为收敛级数的和的近似值,则误差为 $|r_n|=|s-s_n|$。显然有 $\lim_{n\to\infty}r_n=0$。

8.1.2 无穷级数的基本性质

定理 1 设级数 $\sum a_n$ 和 $\sum b_n$ 都收敛,c 为常数,则

(1) 级数 $\sum ca_n$ 收敛,并且 $\sum ca_n=c\sum a_n$。

(2) 级数 $\sum(a_n\pm b_n)$ 收敛,并且 $\sum(a_n\pm b_n)=\sum a_n\pm\sum b_n$。

证明从略。本定理说明收敛级数中各项的公因子可以提出来,两个收敛级数可以逐项相加或相减。

例 5 求级数 $\sum_{n=1}^{\infty}\left[\frac{3}{n(n+1)}+\frac{1}{2^n}\right]$ 的和。

解 根据定理 1 并利用例 2 和例 3 的结论,可得

$$\sum_{n=1}^{\infty}\left[\frac{3}{n(n+1)}+\frac{1}{2^n}\right]=3\sum_{n=1}^{\infty}\frac{1}{n(n+1)}+\sum_{n=1}^{\infty}\left(\frac{1}{2}\right)^n=3\cdot1+\frac{\frac{1}{2}}{1-\frac{1}{2}}=4.$$

我们再不加证明地引进一条定理。

定理 2 将级数去掉、添加或改变有限项,不会改变级数的收敛性。当然,如果是收敛级数,则级数的和可能会改变。

定理 3(收敛的必要条件)　设级数 $\sum a_n$ 收敛,则 $\lim\limits_{n\to\infty} a_n = 0$。

证　因为级数 $\sum a_n$ 收敛,设和为 s,则它的部分和数列收敛于 s,即 $\lim\limits_{n\to\infty} s_n = s$。当然也有 $\lim\limits_{n\to\infty} s_{n-1} = s$,注意到 $a_n = s_n - s_{n-1}$,所以 $\lim\limits_{n\to\infty} a_n = \lim\limits_{n\to\infty}(s_n - s_{n-1}) = s - s = 0$。证毕。

本定理说明,如果级数 $\sum a_n$ 收敛,则它的各项排成的数列 $\{a_n\}$ 必定收敛于零。但是,仅有数列 $\{a_n\}$ 收敛于零并不能保证级数收敛。最明显的反例就是调和级数 $\sum\limits_{n=1}^{\infty}\frac{1}{n}$,虽然它的一般项 $\frac{1}{n}\to 0(n\to\infty)$,但例 4 告诉我们,调和级数发散。因而 $\lim\limits_{n\to\infty} a_n = 0$ 只是级数收敛的必要条件,不能用来判断级数收敛。不过,它的逆否命题可以用来判断级数发散,这就是下面的推论。

推论　如果 $\lim\limits_{n\to\infty} a_n \neq 0$(或发散),则级数 $\sum a_n$ 必定发散。

例 6　讨论级数 $\sum\limits_{n=1}^{\infty} 2^n \sin\frac{\pi}{2^n}$ 的收敛性。

解　因为 $\lim\limits_{n\to\infty} 2^n \sin\frac{\pi}{2^n} = \lim\limits_{n\to\infty} 2^n \cdot \frac{\pi}{2^n} = \pi \neq 0$,所以级数 $\sum\limits_{n=1}^{\infty} 2^n \sin\frac{\pi}{2^n}$ 发散。

例 7　讨论级数 $\sum\limits_{n=1}^{\infty} \cos\frac{n\pi}{2}$ 的收敛性。

解　因为数列 $\left\{\cos\frac{n\pi}{2}\right\}$ 就是 $0, -1, 0, 1, 0, -1, \cdots$,这个数列发散,所以级数也发散。

习　　题　8.1

1. 写出下列级数的一般项 a_n:

　(1) $1 - \frac{1}{2} + \frac{1}{3} - \frac{1}{4} + \cdots$;　　(2) $\frac{x^2}{2} + \frac{x^4}{4} + \frac{x^6}{8} + \frac{x^8}{16} + \cdots$;

　(3) $\frac{1}{2} + \frac{1}{6} + \frac{1}{12} + \frac{1}{20} + \cdots$;　　(4) $x - \frac{x^3}{3!} + \frac{x^5}{5!} - \frac{x^7}{7!} + \cdots$.

2. 根据级数收敛发散的定义判断下列级数的收敛性。如果收敛,求出其和:

　(1) $\sum\limits_{n=1}^{\infty}\frac{1}{4n^2 - 1}$;　　(2) $\sum\limits_{n=1}^{\infty}\frac{3}{2^n}$;

　(3) $\sum\limits_{n=1}^{\infty}\ln\frac{n+1}{n}$;　　(4) $\sum\limits_{n=1}^{\infty}\frac{1}{\sqrt{n} + \sqrt{n+1}}$.

(5) $\sum_{n=1}^{\infty}(-1)^{n-1}\frac{2^n}{3^n}$；　　(6) $\sum_{n=1}^{\infty}(\sqrt{n+2}-2\sqrt{n+1}+\sqrt{n})$.

3. 根据级数的性质判断下列级数的收敛性：

(1) $\sum_{n=1}^{\infty}\frac{2+(-1)^n}{3^n}$；　　(2) $\sum_{n=1}^{\infty}\sin\frac{n\pi}{2}$；

(3) $\sum_{n=1}^{\infty}(-1)^{n-1}n^2$；　　(4) $\sum_{n=1}^{\infty}\left(\frac{n}{n+1}\right)^n$.

8.2 正项级数及其审敛法

上一节，我们用级数收敛和发散的定义直接判断了几个级数的收敛性。但是这个方法比较原始，不易成功，因而希望找到更为快捷的方法。从这一节开始，我们要建立一系列级数的收敛和发散的判别法，或称为审敛法。

定义　如果级数 $\sum_{n=1}^{\infty}a_n$ 的各项均为非负，即 $a_n\geqslant 0(n=1,2,3,\cdots)$，则称该级数为正项级数。

定理 4　正项级数 $\sum_{n=1}^{\infty}a_n$ 收敛的充分必要条件是它的部分和数列 $\{s_n\}$ 有界。

证　*必要性*　因为正项级数 $\sum_{n=1}^{\infty}a_n$ 收敛，所以它的部分和数列 $\{s_n\}$ 收敛，根据第 1 章极限的性质 3，数列 $\{s_n\}$ 有界。

充分性　因为正项级数的部分和数列 $\{s_n\}$ 是单调不减的。如果它又有界，则根据第 1 章单调有界数列收敛准则可知数列 $\{s_n\}$ 收敛，从而级数收敛。

定理 5（比较判别法）　设 $\sum_{n=1}^{\infty}a_n$ 和 $\sum_{n=1}^{\infty}b_n$ 均为正项级数，且 $a_n\leqslant b_n(n=1,2,3,\cdots)$，

(1) 若 $\sum_{n=1}^{\infty}b_n$ 收敛，则 $\sum_{n=1}^{\infty}a_n$ 也收敛；

(2) 若 $\sum_{n=1}^{\infty}a_n$ 发散，则 $\sum_{n=1}^{\infty}b_n$ 也发散。

证　(1) 设 s_n 和 t_n 分别为级数 $\sum_{n=1}^{\infty}a_n$ 和 $\sum_{n=1}^{\infty}b_n$ 的部分和，则由 $0\leqslant a_n\leqslant b_n$ 推得 $0\leqslant s_n\leqslant t_n$。因为级数 $\sum_{n=1}^{\infty}b_n$ 收敛，由定理 4 可知数列 $\{t_n\}$ 有界，故数列 $\{s_n\}$ 有界，从而级数 $\sum_{n=1}^{\infty}a_n$ 也收敛。

(2) 用反证法。假定级数 $\sum_{n=1}^{\infty} b_n$ 收敛，由(1)可知级数 $\sum_{n=1}^{\infty} a_n$ 也收敛，引起矛盾。证毕。

利用比较判别法，我们可以不必考虑部分和，直接通过级数的一般项来判断其收敛性。

例 8 判断级数 $\sum_{n=1}^{\infty} \frac{3n+1}{2n^2}$ 的收敛性。

解 这是一个正项级数。因为 $\frac{3n+1}{2n^2} > \frac{3n}{3n^2} = \frac{1}{n}$，而 $\sum_{n=1}^{\infty} \frac{1}{n}$ 是发散的调和级数，由比较判别法，级数 $\sum_{n=1}^{\infty} \frac{3n+1}{2n^2}$ 发散。

例 9 判断 p 级数 $\sum_{n=1}^{\infty} \frac{1}{n^p}$（$p$ 为常数）的收敛性。

解 若 $p \leqslant 1$，则 $\frac{1}{n^p} \geqslant \frac{1}{n}$，故由调和级数 $\sum_{n=1}^{\infty} \frac{1}{n}$ 发散推知 p 级数 $\sum_{n=1}^{\infty} \frac{1}{n^p}$ 也发散。若 $p > 1$，因为

$$\frac{1}{n^p} = \int_{n-1}^{n} \frac{1}{n^p}\mathrm{d}x \leqslant \int_{n-1}^{n} \frac{1}{x^p}\mathrm{d}x = \left.\frac{x^{1-p}}{1-p}\right|_{n-1}^{n} =$$

$$\frac{1}{p-1}\left[\frac{1}{(n-1)^{p-1}} - \frac{1}{n^{p-1}}\right] \quad (n = 2,3,\cdots),$$

所以级数的部分和 s_n 满足

$$0 < s_n = 1 + \frac{1}{2^p} + \frac{1}{3^p} + \cdots + \frac{1}{n^p} \leqslant$$

$$1 + \frac{1}{p-1}\left[\left(\frac{1}{1} - \frac{1}{2^{p-1}}\right) + \left(\frac{1}{2^{p-1}} - \frac{1}{3^{p-1}}\right) + \cdots + \right.$$

$$\left.\left(\frac{1}{(n-1)^{p-1}} - \frac{1}{n^{p-1}}\right)\right] =$$

$$1 + \frac{1}{p-1}\left(1 - \frac{1}{n^{p-1}}\right) < 1 + \frac{1}{p-1} = \frac{p}{p-1}.$$

这说明 $\{s_n\}$ 有界。根据定理 4，p 级数 $\sum_{n=1}^{\infty} \frac{1}{n^p}$ 收敛。

总之，p 级数 $\sum_{n=1}^{\infty} \frac{1}{n^p}$ 当 $p > 1$ 时收敛，当 $p \leqslant 1$ 时发散。例如 p 级数 $\sum \frac{1}{\sqrt{n}}$ 发散，因为这里 $p = \frac{1}{2} \leqslant 1$；$p$ 级数 $\sum \frac{1}{n^2}$ 收敛，因为这里 $p = 2 > 1$。

例 10 判断级数 $\sum_{n=1}^{\infty}\frac{3}{n^2-n+2}$ 的收敛性。

分析:这不是 p 级数。但如果把分母中比 n^2 小得多的后两项去掉,再提出分子上的常数因子 3,就成为一个收敛的 p 级数 $\sum\frac{1}{n^2}$,所以我们猜想原级数收敛。具体操作如下:

解 因为 $\frac{3}{n^2-n+2}<\frac{3}{n^2-2n+1}=\frac{3}{(n-1)^2}\quad(n=2,3,\cdots)$,

又因为级数 $\sum_{n=2}^{\infty}\frac{1}{(n-1)^2}=1+\frac{1}{2^2}+\frac{1}{3^2}+\cdots$ 是 $p=2>1$ 的收敛的 p 级数,故级数 $\sum_{n=2}^{\infty}\frac{3}{(n-1)^2}$ 收敛,由比较判别法和定理 2 可知原级数收敛。

从上例可以看出,用比较判别法判断一个级数的收敛性,往往先猜一猜。如果收敛,就应当找一个各项都比它大的收敛级数来作比较;如果发散,就应当找一个各项都比它小的发散级数来作比较。鉴于具体操作比较麻烦,常常改用定理 5 的极限形式,这就是下面的推论。

推论 若 $\lim\limits_{n\to\infty}\frac{a_n}{b_n}=c(0<c<+\infty)$,则级数 $\sum_{n=1}^{\infty}a_n$ 与 $\sum_{n=1}^{\infty}b_n$ 有相同的收敛性。

证 由 $\lim\limits_{n\to\infty}\frac{a_n}{b_n}=c$ 可知对某个正数 $\varepsilon(0<\varepsilon<c)$,存在自然数 N,当 $n>N$ 时恒有 $\left|\frac{a_n}{b_n}-c\right|<\varepsilon$,即 $c-\varepsilon<\frac{a_n}{b_n}<c+\varepsilon$,也就是 $(c-\varepsilon)b_n<a_n<(c+\varepsilon)b_n$。

如果级数 $\sum_{n=1}^{\infty}b_n$ 收敛,则级数 $\sum_{n=1}^{\infty}(c+\varepsilon)b_n$ 收敛,由比较判别法可知级数 $\sum_{n=N+1}^{\infty}a_n$ 收敛,再由定理 2 可知级数 $\sum_{n=1}^{\infty}a_n$ 收敛;如果级数 $\sum_{n=1}^{\infty}b_n$ 发散,则级数 $\sum_{n=1}^{\infty}(c-\varepsilon)b_n$ 发散,由比较判别法以及定理 2 可知级数 $\sum_{n=1}^{\infty}a_n$ 发散。

例 11 判断级数 $\sum_{n=1}^{\infty}\frac{n}{\sqrt{n^3+100n^2+1}}$ 的收敛性。

分析:这不是 p 级数。但如果把分母中比 n^3 小得多的后两项去掉,再经化简,就成为一个发散的 p 级数 $\sum\frac{1}{\sqrt{n}}$,所以我们猜想原级数发散。具体操作如下:

解 因为 $\lim\limits_{n\to\infty}\frac{\frac{n}{\sqrt{n^3+100n^2+1}}}{\frac{1}{\sqrt{n}}}=\lim\limits_{n\to\infty}\frac{1}{\sqrt{1+\frac{100}{n}+\frac{1}{n^3}}}=\frac{1}{\sqrt{1+0+0}}=1$,且有

$0 < 1 < \infty$,根据推论,由 $\sum \frac{1}{\sqrt{n}}$ 发散可知原级数发散。

定理 6(达朗贝尔(D'Alembert)比值判别法)　设 $\sum_{n=1}^{\infty} a_n$ 为正项级数,且 $a_n > 0$ $(n = 1,2,\cdots)$,

(1)　若 $\lim_{n\to\infty} \frac{a_{n+1}}{a_n} = l < 1$,则级数 $\sum_{n=1}^{\infty} a_n$ 收敛;

(2)　若 $\lim_{n\to\infty} \frac{a_{n+1}}{a_n} = l > 1$(或者 $\lim_{n\to\infty} \frac{a_{n+1}}{a_n} = \infty$),则级数 $\sum_{n=1}^{\infty} a_n$ 发散。

证　(1)　因为 $\lim_{n\to\infty} \frac{a_{n+1}}{a_n} = l < 1$,故对给定的正数 $\varepsilon(0 < \varepsilon < 1 - l)$,存在自然数 N,当 $n \geqslant N$ 时恒有 $\left|\frac{a_{n+1}}{a_n} - l\right| < \varepsilon$,即 $l - \varepsilon < \frac{a_{n+1}}{a_n} < l + \varepsilon$。具体地,我们有

当 $n = N$ 时,$a_{N+1} < (l + \varepsilon) a_N$;

当 $n = N + 1$ 时,$a_{N+2} < (l + \varepsilon) a_{N+1} < (l + \varepsilon)^2 a_N$;

当 $n = N + 2$ 时,$a_{N+3} < (l + \varepsilon) a_{N+2} < (l + \varepsilon)^3 a_N$;

一般地,我们有 $a_n < (l + \varepsilon)^{n-N+1} a_N \quad (n = N + 1, N + 2, \cdots)$.

由此可见,级数 $\sum_{n=N+1}^{\infty} a_n$ 的一般项小于等比级数 $\sum_{n=N+1}^{\infty} a_N (l + \varepsilon)^{n-N+1}$ 的对应项。因为后者的公比 $l + \varepsilon < 1$,故为收敛级数,由比较判别法可知级数 $\sum_{n=N+1}^{\infty} a_n$ 收敛,再由定理 2 可知原级数收敛。

(2)　因为 $\lim_{n\to\infty} \frac{a_{n+1}}{a_n} = l > 1$(或者 $\lim_{n\to\infty} \frac{a_{n+1}}{a_n} = \infty$),不妨考虑由原级数各项倒数组成的级数 $\sum \frac{1}{a_n}$。我们有 $\lim_{n\to\infty} \frac{\frac{1}{a_{n+1}}}{\frac{1}{a_n}} = \lim_{n\to\infty} \frac{1}{\frac{a_{n+1}}{a_n}} = \frac{1}{l} < 1$(或者 $\lim_{n\to\infty} \frac{\frac{1}{a_{n+1}}}{\frac{1}{a_n}} = \lim_{n\to\infty} \frac{a_n}{a_{n+1}} = 0$)。根据上面已证得的(1),级数 $\sum \frac{1}{a_n}$ 收敛。再由定理 3(收敛的必要条件)可知 $\lim_{n\to\infty} \frac{1}{a_n} = 0$,因此 $\lim_{n\to\infty} a_n = \infty$,故原级数发散。

注:(1)　从定理的证明中看出,如果用比值判别法得出级数发散的结论,则一般项 $a_n \to \infty \ (n \to \infty)$。

(2)　如果 $l = 1$,则此法失效。读者不妨对 p 级数试用比值判别法,就可看出这一点。

例 12 判断级数 $\sum\limits_{n=1}^{\infty}\dfrac{n!}{n^n}$ 的收敛性。

解 因为 $a_n=\dfrac{n!}{n^n}$，$\dfrac{a_{n+1}}{a_n}=\dfrac{\dfrac{(n+1)!}{(n+1)^{n+1}}}{\dfrac{n!}{n^n}}=\dfrac{1}{\dfrac{(n+1)^n}{n^n}}=\dfrac{1}{\left(1+\dfrac{1}{n}\right)^n}$，

所以
$$\lim_{n\to\infty}\frac{a_{n+1}}{a_n}=\frac{1}{\lim\limits_{n\to\infty}\left(1+\dfrac{1}{n}\right)^n}=\frac{1}{\mathrm{e}}<1,$$
由比值判别法知级数收敛。

例 13 判断级数 $\sum\limits_{n=1}^{\infty}2^n\sin\dfrac{\pi}{3^n}$ 的收敛性。

解 因为 $a_n=2^n\sin\dfrac{\pi}{3^n}$，所以
$$\lim_{n\to\infty}\frac{a_{n+1}}{a_n}=\lim_{n\to\infty}\frac{2^{n+1}\sin\dfrac{\pi}{3^{n+1}}}{2^n\sin\dfrac{\pi}{3^n}}=\lim_{n\to\infty}\frac{2\sin\dfrac{\pi}{3^{n+1}}}{\sin\dfrac{\pi}{3^n}}=\lim_{n\to\infty}\frac{2\cdot\dfrac{\pi}{3^{n+1}}}{\dfrac{\pi}{3^n}}=\frac{2}{3}<1,$$
由比值判别法知级数收敛。

例 14 判断级数 $\sum\limits_{n=1}^{\infty}\dfrac{2^n}{n^{10}}$ 的收敛性。

解 因为 $a_n=\dfrac{2^n}{n^{10}}$，所以 $\lim\limits_{n\to\infty}\dfrac{a_{n+1}}{a_n}=\lim\limits_{n\to\infty}\dfrac{\dfrac{2^{n+1}}{(n+1)^{10}}}{\dfrac{2^n}{n^{10}}}=\lim\limits_{n\to\infty}2\cdot\left(\dfrac{n}{n+1}\right)^{10}=2\cdot1=2>1$，

由比值判别法知级数发散。

以上我们介绍了正项级数的两种审敛法。从上面的例子来看，如果级数的一般项只含 n 的常数次幂，通常考虑用比较判别法；如果级数的一般项中含有 n 的阶乘或者 n 次幂，则用比值判别法往往能奏效。

习　　题　8.2

4. 用比较判别法判断下列各级数的收敛性：

(1) $\sum\limits_{n=1}^{\infty}\dfrac{n+1}{2n^2-n}$；　　(2) $\sum\limits_{n=1}^{\infty}\dfrac{1}{n^3+n+2}$；

(3) $\sum\limits_{n=1}^{\infty}\dfrac{2}{\sqrt{n^3+1}}$；　　(4) $\sum\limits_{n=1}^{\infty}\sin\dfrac{1}{n}$；

(5) $\sum_{n=2}^{\infty}\frac{1}{\ln n}$;　　(6) $\sum_{n=1}^{\infty}\frac{\arctan n}{n^2}$.

5. 用比值判别法判断下列各级数的收敛性:

(1) $\sum_{n=1}^{\infty}\frac{n}{2^n}$;　　(2) $\sum_{n=1}^{\infty}\frac{n+10}{3^n}$;

(3) $\sum_{n=2}^{\infty}3^n\tan\frac{\pi}{2^n}$;　　(4) $\sum_{n=1}^{\infty}\frac{n!}{(2n)!}$;

(5) $\sum_{n=1}^{\infty}\frac{2^n}{n!}$;　　(6) $\sum_{n=1}^{\infty}\frac{n^{100}}{3^n}$;

(7) $\sum_{n=1}^{\infty}\frac{3^n}{n\cdot 2^n}$;　　(8) $\sum_{n=1}^{\infty}\frac{(n!)^2}{2^{n^2}}$.

6. 设正项级数 $\sum a_n$ 收敛,试讨论下列级数的收敛性:

(1) $\sum\frac{a_n}{1+a_n}$;　　(2) $\sum a_n^2$.

8.3 任意项级数

上一节我们讨论了正项级数的审敛法。如果是“负项级数”,即级数各项均为非正,则只需将负号提出,仍得到一个正项级数,故不再赘述。以下我们要讨论的是既含有无穷多个正项,又含有无穷多个负项的级数,称之为任意项级数。

8.3.1 交错级数

定义 设 $a_n>0(n=1,2,3,\cdots)$,称级数

$$\sum_{n=1}^{\infty}(-1)^{n-1}a_n=a_1-a_2+a_3-\cdots+(-1)^{n-1}a_n+\cdots$$

或

$$\sum_{n=1}^{\infty}(-1)^n a_n=-a_1+a_2-a_3+\cdots+(-1)^n a_n+\cdots$$

为交错级数。

交错级数是一种比较特殊的任意项级数,它的正项和负项交替出现。不失一般性,我们只讨论前一种级数。

定理 7(莱布尼兹判别法) 设交错级数 $\sum_{n=1}^{\infty}(-1)^{n-1}a_n$ 满足条件

(1) $a_n\geqslant a_{n+1}(n=1,2,3,\cdots)$;

(2) $\lim_{n\to\infty}a_n=0$,

则级数 $\sum_{n=1}^{\infty}(-1)^{n-1}a_n$ 收敛,且其和 $s \leqslant a_1$。

证 先考虑级数部分和数列 $\{s_n\}$ 中下标为偶数的项 s_{2m}。它有两种加括弧的方法:

$$s_{2m} = (a_1 - a_2) + (a_3 - a_4) + \cdots + (a_{2m-1} - a_{2m})$$

或

$$s_{2m} = a_1 - (a_2 - a_3) - \cdots - (a_{2m-2} - a_{2m-1}) - a_{2m}.$$

由前一种写法并利用条件(1)可知 $s_{2m} \geqslant 0$ 且为单调不减数列,由后一种写法可知 $s_{2m} \leqslant a_1$。这说明 s_{2m} 为单调有界数列,因而必有极限,记为 $\lim\limits_{m\to\infty} s_{2m} = s$,且有 $s \leqslant a_1$。

再考虑部分和数列 $\{s_n\}$ 中下标为奇数的项 s_{2m-1}。因为 $s_{2m-1} = s_{2m} + a_{2m}$,由条件(2)知,

$$\lim_{m\to\infty} s_{2m-1} = \lim_{m\to\infty} s_{2m} + \lim_{m\to\infty} a_{2m} = s + 0 = s.$$

综上所述,可知 $\lim\limits_{n\to\infty} s_n = s \leqslant a_1$。证毕。

例 15 判断级数 $\sum_{n=1}^{\infty}(-1)^{n-1}\frac{1}{n}$ 的收敛性。

解 因为 $a_n = \frac{1}{n} > 0 (n = 1,2,3,\cdots)$,所以这是一个交错级数。又因为

$$(1)\quad \frac{1}{n} > \frac{1}{n+1}; \qquad (2)\quad \lim_{n\to\infty}\frac{1}{n} = 0,$$

根据莱布尼兹判别法,级数收敛。

8.3.2 绝对收敛与条件收敛

现在,我们来讨论一般的任意项级数的收敛问题。

定义 设 $\sum a_n$ 是任意项级数,称由它各项取绝对值后所得到的正项级数 $\sum |a_n|$ 为它所对应的绝对值级数。如果 $\sum |a_n|$ 收敛,则称任意项级数 $\sum a_n$ 绝对收敛;如果 $\sum |a_n|$ 发散但级数 $\sum a_n$ 本身收敛,则称任意项级数 $\sum a_n$ 条件收敛。

定理 8 如果绝对值级数 $\sum |a_n|$ 收敛,则任意项级数 $\sum a_n$ 也收敛。

证 记 $b_n = a_n + |a_n|$,则 $\sum b_n$ 为正项级数。因为 $b_n \leqslant 2|a_n|$ 而 $\sum |a_n|$ 收敛,由比较判别法知 $\sum b_n$ 收敛。又因为 $\sum a_n = \sum(b_n - |a_n|) = \sum b_n - \sum |a_n|$,故由定理 1(2) 得知级数 $\sum a_n$ 收敛。

今后凡判断任意项级数收敛,必须判别究竟是绝对收敛还是条件收敛。

例 16 判断级数 $\sum_{n=1}^{\infty}\frac{\sin nx}{n^2}$(其中 x 为常量)的收敛性。

解 这是任意项级数。对应的绝对值级数为 $\sum_{n=1}^{\infty}\left|\frac{\sin nx}{n^2}\right|$。因为 $\left|\frac{\sin nx}{n^2}\right| \leqslant \frac{1}{n^2}$ 且 $\sum_{n=1}^{\infty}\frac{1}{n^2}$

是 $p=2>1$ 的收敛 p 级数，由正项级数的比较判别法可知级数 $\sum_{n=1}^{\infty}\left|\frac{\sin nx}{n^2}\right|$ 收敛，所以原级数绝对收敛。

例 17 判断级数 $\sum_{n=1}^{\infty}(-1)^{n-1}\frac{1}{n}$ 的收敛性。

解 这是任意项级数。对应的绝对值级数为发散的调和级数 $\sum_{n=1}^{\infty}\frac{1}{n}$，所以原级数不绝对收敛。但在例 14 中已判断它本身收敛，因此该级数为条件收敛。

例 18 判断级数 $\sum_{n=0}^{\infty}\frac{x^n}{n!}=1+x+\frac{x^2}{2!}+\cdots+\frac{x^n}{n!}+\cdots$（其中 x 为常量）的收敛性。

解 若 $x=0$，则级数显然绝对收敛于 1。以下设 $x\neq 0$，对应的绝对值级数为 $\sum_{n=0}^{\infty}\frac{|x|^n}{n!}$。由于 $\lim_{n\to\infty}\frac{\frac{|x|^{n+1}}{(n+1)!}}{\frac{|x|^n}{n!}}=\lim_{n\to\infty}\frac{|x|}{n+1}=0<1$，由比值判别法知原级数绝对收敛。

例 19 判断级数 $\sum_{n=1}^{\infty}(-1)^{n-1}\frac{1}{\sqrt{n}}\frac{n+1}{n}$ 的收敛性。

解 级数所对应的绝对值级数为 $\sum_{n=1}^{\infty}\frac{1}{\sqrt{n}}\frac{n+1}{n}$。因为

$$\lim_{n\to\infty}\frac{\frac{1}{\sqrt{n}}\frac{n+1}{n}}{\frac{1}{\sqrt{n}}}=\lim_{n\to\infty}\frac{n+1}{n}=1$$

且级数 $\sum_{n=1}^{\infty}\frac{1}{\sqrt{n}}$ 为 $p=\frac{1}{2}<1$ 的发散的 p 级数，所以原级数不绝对收敛。另一方面，原级数是交错级数，记 $a_n=\frac{1}{\sqrt{n}}\frac{n+1}{n}$。因为

$$a_{n+1}=\frac{1}{\sqrt{n+1}}\frac{(n+1)+1}{n+1}=\frac{1}{\sqrt{n+1}}\left(1+\frac{1}{n+1}\right)<\frac{1}{\sqrt{n}}\left(1+\frac{1}{n}\right)=$$
$$a_n(n=1,2,3,\cdots),$$

$$\lim_{n\to\infty}a_n=\lim_{n\to\infty}\frac{1}{\sqrt{n}}\frac{n+1}{n}=\lim_{n\to\infty}\frac{1}{\sqrt{n}}\cdot\lim_{n\to\infty}\frac{n+1}{n}=0\cdot 1=0,$$

根据莱布尼兹判别法，原级数收敛，而且是条件收敛。

例 20 判断级数 $\sum_{n=1}^{\infty}(-1)^n\frac{2^n}{n^{10}}$ 的收敛性。

解 因为$\lim\limits_{n\to\infty}\dfrac{\left|(-1)^{n+1}\dfrac{2^{n+1}}{(n+1)^{10}}\right|}{\left|(-1)^{n}\dfrac{2^{n}}{n^{10}}\right|}=\lim\limits_{n\to\infty}2\cdot\left(\dfrac{n}{n+1}\right)^{10}=2\cdot1=2>1$,所以绝对值级数发散,而且由比值判别法后面的注(1)可知,此时一般项趋于无穷大。再由定理3的推论,原级数也发散。

习　　题　8.3

7. 判别下列级数的收敛性。如果收敛,指出是绝对收敛还是条件收敛:

(1) $\sum\limits_{n=1}^{\infty}(-1)^{n-1}\dfrac{2^n}{n!}$;　　(2) $\sum\limits_{n=1}^{\infty}\dfrac{\cos n\pi}{n^2}$;

(3) $\sum\limits_{n=1}^{\infty}(-1)^{n}\dfrac{n}{3^n}$;　　(4) $\sum\limits_{n=1}^{\infty}(-1)^{n}\ln\left(1+\dfrac{1}{n}\right)$;

(5) $\sum\limits_{n=1}^{\infty}(-1)^{n}\dfrac{1}{1+\ln n}$;　　(6) $\sum\limits_{n=1}^{\infty}(-1)^{n-1}\dfrac{\ln n}{n}$;

(7) $\sum\limits_{n=1}^{\infty}(-1)^{n-1}\dfrac{n}{\sqrt{n^2+1}}$;　　(8) $\sum\limits_{n=1}^{\infty}(-1)^{n-1}\dfrac{n^n}{n!}$.

(9) $\sum\limits_{n=1}^{\infty}(-1)^{n}\dfrac{n}{2n+1}$;　　(10) $\sum\limits_{n=1}^{\infty}(-1)^{n}\left(1-\cos\dfrac{1}{n}\right)$.

8. (1) 若级数$\sum a_n$和$\sum b_n$都收敛,举例说明级数$\sum a_nb_n$不一定收敛。

(2) 证明:若级数$\sum a_n^2$和$\sum b_n^2$都收敛,则级数$\sum a_nb_n$, $\sum(a_n+b_n)^2$, $\sum\dfrac{a_n}{n}$都绝对收敛。

8.4　幂级数

8.4.1　函数项级数的一般概念

定义　设给定以区间I为公共定义域的无穷函数序列$\{f_n(x)\}$,称表达式

$$\sum_{n=1}^{\infty}f_n(x)=f_1(x)+f_2(x)+\cdots+f_n(x)+\cdots \tag{8.2}$$

为I上的一个无穷函数项级数。

若取定$x=x_0$,则得到一个数项级数$\sum\limits_{n=1}^{\infty}f_n(x_0)$。如果这个级数收敛到和$s=s(x_0)$,就

称 x_0 是函数项级数(8.2)的一个收敛点,否则就称 x_0 是函数项级数(8.2)的一个发散点。所有收敛点的集合称为级数(8.2)的收敛域,记为 D。

因为对任一点 $x \in D$,级数(8.2)收敛到和 $s = s(x)$,于是在收敛域 D 上定义了一个函数 $s = s(x)$,称为和函数,它以收敛域为其定义域,因而可以写作 $\sum_{n=1}^{\infty} f_n(x) = s(x), x \in D$。

级数(8.2)的前 n 项的和称为前 n 项部分和函数,记作 $s_n(x)$。于是有 $\lim_{n\to\infty} s_n(x) = s(x), x \in D$,称 $R_n(x) = s(x) - s_n(x)$ 为级数(8.2)的余项。显然有 $\lim_{n\to\infty} R_n(x) = 0$,$x \in D$。

以下我们着重讨论两类函数项级数:幂级数和三角级数。

8.4.2 幂级数及其收敛性

定义 称级数

$$\sum_{n=0}^{\infty} c_n x^n = c_0 + c_1 x + c_2 x^2 + \cdots + c_n x^n + \cdots \tag{8.3}$$

和

$$\sum_{n=0}^{\infty} c_n (x-a)^n = c_0 + c_1(x-a) + c_2(x-a)^2 + \cdots + c_n(x-a)^n + \cdots \ (a\text{ 为常数}) \tag{8.4}$$

为幂级数,称常数 $c_n (n = 0,1,2,3,\cdots)$ 为幂级数的系数。

显然,幂级数各项的公共定义域为 $I = (-\infty, +\infty)$。又由于在(8.4)式中作变量代换 $t = x - a$ 就可以变成(8.3)式的形式,所以,下面我们主要讨论幂级数(8.3)式。注意在一般情况下 n 从 0 开始。

当 $x = 0$ 时幂级数(8.3)式收敛到和 c_0。可见 0 是一切形如(8.3)式的幂级数的收敛点。那么,幂级数的收敛情况如何呢?先看一个重要的例子。

例 21 讨论幂级数 $\sum_{n=0}^{\infty} x^n = 1 + x + x^2 + \cdots + x^n + \cdots$ 的收敛情况。

解 这其实是一个公比为 x 的等比级数。由例 3 的结论立即可知,当 $|x| < 1$ 时级数收敛到和 $\frac{1}{1-x}$,当 $|x| \geqslant 1$ 时级数发散。可见它的收敛域是一个以 0 为中心的区间 $(-1,1)$。和函数 $s(x) = \frac{1}{1-x}$,即

$$\sum_{n=0}^{\infty} x^n = 1 + x + x^2 + \cdots + x^n + \cdots = \frac{1}{1-x} \quad x \in (-1,1) \tag{8.5}$$

我们将发现,幂级数(8.3)式的收敛域都是以 0 为中心的区间。为此先介绍一条定理。

定理 9(阿贝尔(Abel)) 若幂级数 $\sum_{n=0}^{\infty} c_n x^n$ 在一点 $x_0 \neq 0$ 处收敛,则对一切满足

$|x|<|x_0|$的x,级数绝对收敛。若幂级数在一点x_1处发散,则对一切满足$|x|>|x_1|$的x,级数发散。

证明从略。

阿贝尔定理揭示了幂级数(8.3)式收敛域的构造。现在我们用它来讨论幂级数的收敛情况。从逻辑上讲,幂级数(8.3)式只有以下三种收敛情形:

(1) 在它的公共定义域$(-\infty,+\infty)$上处处收敛,

(2) 只在一点$x=0$处收敛,

(3) 既有非零收敛点,又有发散点。

先看情形(3),假定已经找到了一个收敛点$x_0\neq 0$和一个发散点x_1,根据阿贝尔定理,幂级数(8.3)式在开区间$(-|x_0|,|x_0|)$内绝对收敛而在闭区间$[-|x_1|,|x_1|]$外发散。这样,整个幂级数的公共定义域$(-\infty,+\infty)$只剩下闭区间$[|x_0|,|x_1|]$和$[-|x_1|,-|x_0|]$上的收敛情况需要进一步查明。重复上述讨论过程,最后可以找到一个正数R,幂级数(8.3)式在开区间$(-R,R)$内绝对收敛而在闭区间$[-R,R]$外发散。这样,除了$\pm R$两点之外,收敛情况全部查明。我们称R为幂级数(8.3)式的收敛半径,称开区间$(-R,R)$为收敛区间(见图8-1)。

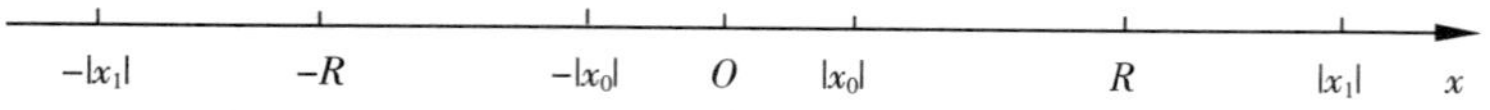

图8-1

对于情形(2),我们定义幂级数(8.3)式的收敛半径$R=0$。

对于情形(1),我们定义幂级数(8.3)式的收敛半径$R=\infty$。根据阿贝尔定理,此时幂级数(8.3)式在$(-\infty,\infty)$内绝对收敛。

下面我们给出收敛半径的求法。

定理10 假设对幂级数(8.3)式有$\lim\limits_{n\to\infty}\left|\dfrac{c_{n+1}}{c_n}\right|=\rho$.

(1) 若$\rho\neq 0$,则收敛半径$R=\dfrac{1}{\rho}$,

(2) 若$\rho=0$,则收敛半径$R=\infty$,

(3) 若$\rho=\infty$,则收敛半径$R=0$。

证 将幂级数(8.3)式看作数项级数,利用比值判别法考察它的绝对收敛性。

$$\lim_{n\to\infty}\frac{|c_{n+1}x^{n+1}|}{|c_nx^n|}=\lim_{n\to\infty}\left|\frac{c_{n+1}}{c_n}\right||x|=\rho|x|.$$

(1) 若$\rho\neq 0$,则当$\rho|x|<1$也即$|x|<\dfrac{1}{\rho}$时级数绝对收敛;当$\rho|x|>1$也即$|x|>\dfrac{1}{\rho}$时级数发散。因此收敛半径$R=\dfrac{1}{\rho}$。

(2) 若 $\rho=0$，则对一切 $x\in(-\infty,+\infty)$，$\rho|x|=0<1$，因此级数绝对收敛，可见收敛半径 $R=\infty$。

(3) 若 $\rho=\infty$，则对一切 $x\neq0$，都有 $\rho|x|=\infty$，因此级数发散。可见收敛半径 $R=0$。

例 22 求幂级数 $\sum\limits_{n=0}^{\infty}\dfrac{x^n}{(n+1)3^n}$ 的收敛域。

解 幂级数的系数 $c_n=\dfrac{1}{(n+1)3^n}$ $(n=0,1,2,3,\cdots)$。因为

$$\rho=\lim_{n\to\infty}\left|\frac{c_{n+1}}{c_n}\right|=\lim_{n\to\infty}\left|\frac{\dfrac{1}{(n+2)3^{n+1}}}{\dfrac{1}{(n+1)3^n}}\right|=\lim_{n\to\infty}\frac{1}{3}\frac{n+1}{n+2}=\frac{1}{3}\neq0,$$

所以收敛半径 $R=\dfrac{1}{\rho}=3$，收敛区间为 $(-3,3)$。剩下来只要考虑区间端点 ±3。

当 $x=-3$ 时，幂级数成为数项级数 $\sum\limits_{n=0}^{\infty}\dfrac{(-3)^n}{(n+1)3^n}=\sum\limits_{n=0}^{\infty}\dfrac{(-1)^n}{n+1}$。这是一个交错级数，满足莱布尼兹定理的条件，所以级数收敛。

当 $x=3$ 时，幂级数成为数项级数 $\sum\limits_{n=0}^{\infty}\dfrac{3^n}{(n+1)3^n}=\sum\limits_{n=0}^{\infty}\dfrac{1}{n+1}$。这是一个发散的调和级数。

因此，幂级数 $\sum\limits_{n=0}^{\infty}\dfrac{x^n}{(n+1)3^n}$ 的收敛域为 $[-3,3)$。

例 23 求幂级数 $\sum\limits_{n=0}^{\infty}\dfrac{x^n}{n!}$ 的收敛域。

解 本题即例 17，现重解如下：幂级数的系数 $c_n=\dfrac{1}{n!}$ $(n=0,1,2,3,\cdots)$。因为

$$\rho=\lim_{n\to\infty}\left|\frac{c_{n+1}}{c_n}\right|=\lim_{n\to\infty}\frac{\dfrac{1}{(n+1)!}}{\dfrac{1}{n!}}=\lim_{n\to\infty}\frac{1}{n+1}=0,$$

所以幂级数 $\sum\limits_{n=0}^{\infty}\dfrac{x^n}{n!}$ 的收敛半径 $R=\infty$，收敛域为 $(-\infty,+\infty)$。

例 24 求幂级数 $\sum\limits_{n=0}^{\infty}n!x^n$ 的收敛域。

解 幂级数的系数 $c_n=n!$ $(n=0,1,2,3,\cdots)$。因为

$$\rho=\lim_{n\to\infty}\left|\frac{c_{n+1}}{c_n}\right|=\lim_{n\to\infty}\frac{(n+1)!}{n!}=\lim_{n\to\infty}(n+1)=\infty,$$

所以幂级数 $\sum_{n=0}^{\infty} n!x^n$ 的收敛半径 $R=0$，它只在一点 $x=0$ 处收敛。

例 25 求幂级数 $\sum_{n=1}^{\infty}\frac{2^n(x-1)^n}{n}$ 的收敛域。

解 这是形如(8.4)式的幂级数，令 $t=x-1$，幂级数成为 $\sum_{n=1}^{\infty}\frac{2^n t^n}{n}$，系数 $c_n=\frac{2^n}{n}$。因为

$$\rho=\lim_{n\to\infty}\left|\frac{c_{n+1}}{c_n}\right|=\lim_{n\to\infty}\frac{\frac{2^{n+1}}{n+1}}{\frac{2^n}{n}}=\lim_{n\to\infty}\frac{2n}{n+1}=2\neq 0,$$

所以幂级数 $\sum_{n=1}^{\infty}\frac{2^n t^n}{n}$ 的收敛半径 $R=\frac{1}{2}$，收敛区间为 $-\frac{1}{2}<t<\frac{1}{2}$，再还原得原级数的收敛区间为 $\frac{1}{2}<x<\frac{3}{2}$。现考虑区间端点，当 $x=\frac{1}{2}$ 时级数成为 $\sum_{n=1}^{\infty}\frac{2^n\left(\frac{1}{2}-1\right)^n}{n}=\sum_{n=1}^{\infty}(-1)^n\frac{1}{n}$，这是一个收敛的交错级数。当 $x=\frac{3}{2}$ 时级数成为 $\sum_{n=1}^{\infty}\frac{2^n\left(\frac{3}{2}-1\right)^n}{n}=\sum_{n=1}^{\infty}\frac{1}{n}$，这是一个发散的调和级数。所以原级数的收敛域为 $\left[\frac{1}{2},\frac{3}{2}\right)$。

例 26 求幂级数 $\sum_{n=0}^{\infty}\frac{(n!)^2x^{2n}}{(2n)!}$ 的收敛域。

解 这个幂级数只含 x 的偶次幂，不能用定理10求收敛半径，但我们可以把它当作数项级数来讨论其收敛性。

记 $a_n=\frac{(n!)^2x^{2n}}{(2n)!}$，利用比值判别法，

$$l=\lim_{n\to\infty}\frac{|a_{n+1}|}{|a_n|}=\lim_{n\to\infty}\frac{\left|\frac{[(n+1)!]^2x^{2(n+1)}}{[2(n+1)]!}\right|}{\left|\frac{(n!)^2x^{2n}}{(2n)!}\right|}=$$

$$\lim_{n\to\infty}\frac{(n+1)^2}{(2n+1)(2n+2)}x^2=\frac{x^2}{4}.$$

当 $\frac{x^2}{4}<1$ 即 $|x|<2$ 时级数绝对收敛，当 $\frac{x^2}{4}>1$ 即 $|x|>2$ 时级数发散。因此，幂级数的收敛半径为2，收敛区间为 $(-2,2)$。

当 $x=\pm2$ 时幂级数成为数项级数 $\sum_{n=0}^{\infty}\frac{(n!)^2(\pm2)^{2n}}{(2n)!}=1+\sum_{n=1}^{\infty}\frac{2\cdot4\cdots(2n)}{1\cdot3\cdots(2n-1)}$。由

于级数每一项都大于1，不满足收敛的必要条件，此时级数发散。所以幂级数的收敛域也是$(-2,2)$。

8.4.3 幂级数的运算

1） 幂级数的代数运算

设两个幂级数$\sum_{n=0}^{\infty} c_n x^n$和$\sum_{n=0}^{\infty} c'_n x^n$的收敛半径分别为$R_1$和$R_2$，和函数分别为$s_1(x)$和$s_2(x)$，记$R=\min\{R_1,R_2\}$。根据收敛级数的性质，这两个幂级数可以逐项相加减，即

$$\sum_{n=0}^{\infty} c_n x^n \pm \sum_{n=0}^{\infty} c'_n x^n = \sum_{n=0}^{\infty} (c_n \pm c'_n) x^n,$$

并且逐项相加减后所得到的幂级数在$(-R,R)$内绝对收敛。

除了加减运算外，两个幂级数还可以相乘或相除，这里就不作介绍了。

2） 幂级数的分析运算

设幂级数$\sum_{n=0}^{\infty} c_n x^n$在收敛区间$(-R,R)$内的和函数为$s(x)$，则

（1） 它在收敛区间$(-R,R)$内可以逐项求导，即

$$s'(x) = \left(\sum_{n=0}^{\infty} c_n x^n\right)' = \sum_{n=1}^{\infty} n c_n x^{n-1}$$

而且逐项求导后所得幂级数的收敛半径不变。

（2） 它在收敛区间$(-R,R)$内可以逐项求定积分，即

$$\int_0^x s(x)\mathrm{d}x = \int_0^x \left(\sum_{n=0}^{\infty} c_n x^n\right)\mathrm{d}x = \sum_{n=0}^{\infty}\int_0^x c_n x^n \mathrm{d}x = \sum_{n=0}^{\infty} \frac{c_n}{n+1} x^{n+1}$$

而且逐项积分后所得幂级数的收敛半径不变。

证明从略。这里我们要说明的是，由于逐项求导后所得幂级数还可以再次求导，因此幂级数的和函数$s(x)$在收敛区间$(-R,R)$内有任意阶导数。

以上性质可用来求一些幂级数的和函数。

例27 利用已知其和函数的幂级数$\sum_{n=0}^{\infty} x^n = \frac{1}{1-x}, x\in(-1,1)$，求下列幂级数的和函数$s(x)$以及收敛区间。

（1） $\sum_{n=1}^{\infty} n x^{n-1}$；　（2） $\sum_{n=0}^{\infty} \frac{x^{n+1}}{n+1}$；　（3） $\sum_{n=1}^{\infty} n^2 x^n$.

解 （1） 设$s(x)=\sum_{n=1}^{\infty} n x^{n-1}$，逐项积分得

$$\int_0^x s(x)\,\mathrm{d}x = \sum_{n=1}^{\infty}\int_0^x nx^{n-1}\,\mathrm{d}x = \sum_{n=1}^{\infty} x^n\Big|_0^x = \sum_{n=1}^{\infty} x^n = \frac{x}{1-x} \quad x \in (-1,1).$$

两边求导得

$$s(x) = \left(\frac{x}{1-x}\right)' = \frac{1}{(1-x)^2} \quad x \in (-1,1);$$

(2) 设 $s(x) = \sum_{n=0}^{\infty}\frac{x^{n+1}}{n+1}$,逐项求导得

$$s'(x) = \sum_{n=0}^{\infty}\left(\frac{x^{n+1}}{n+1}\right)' = \sum_{n=0}^{\infty} x^n = \frac{1}{1-x} \quad x \in (-1,1),$$

两边求定积分得

$$\int_0^x s'(x)\,\mathrm{d}x = s(x)\Big|_0^x = s(x) - s(0) = \int_0^x \frac{1}{1-x}\mathrm{d}x = -\ln(1-x)\Big|_0^x =$$

$$-\ln(1-x) \quad x \in (-1,1).$$

因为 $s(0) = 0$,所以

$$s(x) = \sum_{n=0}^{\infty}\frac{x^{n+1}}{n+1} = -\ln(1-x) \quad x \in (-1,1).$$

(3) 设 $s(x) = \sum_{n=1}^{\infty} n^2x^n$,则

$$s(x) = \sum_{n=1}^{\infty} n^2x^n = \sum_{n=1}^{\infty}(n+1)nx^n - \sum_{n=1}^{\infty} nx^n = x\sum_{n=1}^{\infty}(n+1)nx^{n-1} - x\sum_{n=1}^{\infty} nx^{n-1} \tag{8.6}$$

记(8.6)式前一项中的级数的和函数为 $s_1(x)$,施行两次逐项积分可得

$$\int_0^x \mathrm{d}x\int_0^x s_1(x)\,\mathrm{d}x = \int_0^x \mathrm{d}x\int_0^x \sum_{n=1}^{\infty}(n+1)nx^{n-1}\,\mathrm{d}x =$$

$$\sum_{n=1}^{\infty} x^{n+1} = \frac{x^2}{1-x} \quad x \in (-1,1),$$

两边再求二阶导数,得到

$$s_1(x) = \frac{2}{(1-x)^3} \quad x \in (-1,1),$$

又由例26(1)的结果可知(8.6)式后一项中的级数的和函数为 $s_2(x) = \frac{1}{(1-x)^2}$ $x \in (-1,1)$,所以

$$s(x) = xs_1(x) - xs_2(x) = x\frac{2}{(1-x)^3} - x\frac{1}{(1-x)^2} =$$

$$\frac{x+x^2}{(1-x)^3} \quad x \in (-1,1).$$

习　　题　8.4

9. 求下列幂级数的收敛域：

(1) $\sum_{n=0}^{\infty}\frac{x^n}{n^2 2^n}$;　(2) $\sum_{n=1}^{\infty}(-1)^{n-1}\frac{x^n}{\sqrt{n}}$;

(3) $\sum_{n=0}^{\infty}\frac{nx^n}{3^n}$;　(4) $\sum_{n=0}^{\infty}n^n x^n$;

(5) $\sum_{n=0}^{\infty}\frac{nx^{2n+1}}{4^n}$;　(6) $\sum_{n=0}^{\infty}(-1)^n\frac{x^{2n}}{(2n)!}$;

(7) $\sum_{n=0}^{\infty}\frac{(x-2)^n}{3^n}$;　(8) $\sum_{n=1}^{\infty}(-1)^n\frac{(x+1)^n}{n}$.

10. 利用逐项求导或逐项积分求下列各幂级数的和函数：

(1) $\sum_{n=1}^{\infty}nx^{2n-1}\quad x\in(-1,1)$;

(2) $\sum_{n=0}^{\infty}(-1)^{n-1}\frac{x^{2n+1}}{2n+1}\quad x\in(-1,1)$;

(3) $\sum_{n=0}^{\infty}(n+1)x^{2n}\quad x\in(-1,1)$;

(4) $\sum_{n=1}^{\infty}\frac{x^{n+1}}{n(n+1)}\quad x\in(-1,1)$.

11. 逐项积分幂级数 $\sum_{n=1}^{\infty}x^{n-1}$，$x\in(-1,1)$，并利用此结果求下面数项级数的和：

$$\frac{1}{1\cdot 3}+\frac{1}{2\cdot 3^2}+\frac{1}{3\cdot 3^3}+\cdots+\frac{1}{n\cdot 3^n}+\cdots$$

8.5 把函数展开为泰勒级数

上一节我们讨论了幂级数的收敛情况，并利用其性质求出了一些幂级数的和函数。现在我们反过来问，给定一个函数，能否用一个幂级数来表示它，或者说能否把它展开为一个幂级数？为什么要提出这个问题呢？因为我们希望用一串简单的函数来逼近复杂的函数，而多项式（幂级数的部分和）就是一种简单的函数。

8.5.1 泰勒级数和麦克劳林级数

在第 2 章里我们已经学过，如果函数 $f(x)$ 在点 x_0 的某邻域内具有 $(n+1)$ 阶导数，

则有 n 阶泰勒公式

$$f(x)=f(x_0)+f'(x_0)(x-x_0)+\frac{f''(x_0)}{2!}(x-x_0)^2+\cdots+\frac{f^{(n)}(x_0)}{n!}(x-x_0)^n+R_n(x) \tag{8.7}$$

其中

$$R_n(x)=\frac{f^{(n+1)}(\xi)}{(n+1)!}(x-x_0)^{n+1}\quad(\xi\text{ 在 }x_0\text{ 与 }x\text{ 之间}).$$

公式(8.7)右端的前$(n+1)$项之和是$(x-x_0)$的 n 次多项式，$R_n(x)$称为余项。若记

$$s_{n+1}(x)=f(x_0)+f'(x_0)(x-x_0)+\frac{f''(x_0)}{2!}(x-x_0)^2+\cdots+\frac{f^{(n)}(x_0)}{n!}(x-x_0)^n,$$

则有

$$f(x)=s_{n+1}(x)+R_n(x) \tag{8.8}$$

现设函数$f(x)$在点 x_0 的某邻域内具有任意阶导数，则可作出如下$(x-x_0)$的幂级数：

$$f(x_0)+f'(x_0)(x-x_0)+\frac{f''(x_0)}{2!}(x-x_0)^2+\cdots+\frac{f^{(n)}(x_0)}{n!}(x-x_0)^n+\cdots \tag{8.9}$$

幂级数(8.9)式称为函数$f(x)$的泰勒级数。我们自然要问，这个幂级数的收敛情况如何？它的和函数是否就是$f(x)$？下面的定理回答了这个问题。

定理 11 函数$f(x)$的泰勒级数(8.9)式在点 x_0 的某邻域内收敛于$f(x)$的充分必要条件是它在该邻域内有任意阶导数，而且$f(x)$的泰勒公式(8.8)式的余项
$R_n(x)\to 0(n\to\infty)$。这时有

$$f(x)=f(x_0)+f'(x_0)(x-x_0)+\frac{f''(x_0)}{2!}(x-x_0)^2+\cdots+\frac{f^{(n)}(x_0)}{n!}(x-x_0)^n+\cdots \tag{8.10}$$

上式称为函数$f(x)$在点 x_0 处的泰勒展开式。

证 注意到(8.8)式中的 $s_{n+1}(x)$ 就是$f(x)$的泰勒级数(8.9)式的部分和。由该式可知，在点 x_0 的某邻域内，当 $n\to\infty$ 时，$s_{n+1}(x)\to f(x)$的充分必要条件就是 $R_n(x)\to 0$。这就证明了定理。

特别当 $x_0=0$ 时(8.10)式成为

$$f(x)=f(0)+f'(0)x+\frac{f''(0)}{2!}x^2+\cdots+\frac{f^{(n)}(0)}{n!}x^n+\cdots \tag{8.11}$$

(8.11) 式称为函数 $f(x)$ 的麦克劳林展开式,这是泰勒展开式的一种重要的特例。

将函数展开成泰勒级数,其展式必惟一。我们以麦克劳林展开式为例来说明这一点。假定 $f(x)$ 还可以展开成另一种 x 的幂级数

$$f(x) = a_0 + a_1x + a_2x^2 + a_3x^3 + \cdots + a_nx^n + \cdots \tag{8.12}$$

在其收敛区间内逐项求导得

$$f'(x) = a_1 + 2a_2x + 3a_3x^2 + \cdots + na_nx^{n-1} + \cdots$$

$$f''(x) = 2a_2 + 3\cdot 2a_3x + \cdots + n(n-1)a_nx^{n-2} + \cdots$$

$$f'''(x) = 3!a_3 + \cdots + n(n-1)(n-2)a_nx^{n-3} + \cdots$$

$$\cdots$$

$$f^{(n)}(x) = n!a_n + \cdots$$

$\cdots$

用 $x = 0$ 代入 $f(x)$ 及其各阶导数,可得

$f(0) = a_0$, $f'(0) = a_1$, $f''(0) = 2!a_2$, $f'''(0) = 3!a_3$, $\cdots$, $f^{(n)}(0) = n!a_n$, $\cdots$,

于是

$$a_0 = f(0),\quad a_1 = f'(0),\quad a_2 = \frac{f''(0)}{2!},$$

$$a_3 = \frac{f'''(0)}{3!},\cdots,\quad a_n = \frac{f^{(n)}(0)}{n!},\cdots,$$

可见(8.12) 式就是 $f(x)$ 的麦克劳林展开式。

8.5.2 把函数展开为泰勒级数(麦克劳林级数)

1) 直接展开法

我们主要讨论把函数展开为麦克劳林级数(或者说展开为 x 的幂级数)。

第一步,求出 $f(x)$ 的各阶导数,再用 $x = 0$ 代入,求得 $f(0), f'(0), \cdots, f^{(n)}(0), \cdots$;

第二步,写出 $f(x)$ 的麦克劳林级数

$$f(0) + f'(0)x + \frac{f''(0)}{2!}x^2 + \cdots + \frac{f^{(n)}(0)}{n!}x^n + \cdots$$

并求出收敛半径 R;

第三步,在收敛区间内证明 $\lim\limits_{n\to\infty}R_n(x) = 0$。

这样就得到了 $f(x)$ 的麦克劳林展开式(8.11) 式。

例 28 把函数 $f(x) = e^x$ 展开为 x 的幂级数。

解 因为 $f(x) = e^x$, $f^{(n)}(x) = e^x (n = 1, 2, 3, \cdots)$, 所以 $f(0) = f^{(n)}(0) = 1$ $(n = 1,2,3,\cdots)$,于是可以写出 $f(x) = e^x$ 的麦克劳林级数

$$1+x+\frac{x^2}{2!}+\frac{x^3}{3!}+\cdots+\frac{x^n}{n!}+\cdots \tag{8.13}$$

这个级数就是例 22 中的幂级数,已经求得它的收敛半径 $R=\infty$。

在第 2 章中我们已经求得 e^x 的麦克劳林公式,它的余项的绝对值

$$|R_n(x)|=\left|\frac{e^{\xi}}{(n+1)!}x^{n+1}\right|\leqslant e^{|\xi|}\left|\frac{x^{n+1}}{(n+1)!}\right|<e^{|x|}\left|\frac{x^{n+1}}{(n+1)!}\right|,$$

上式中最后一步是因为 ξ 介于 0 和 x 之间,所以 $|\xi|<|x|$,$e^{|\xi|}<e^{|x|}$。又因为 $\frac{x^{n+1}}{(n+1)!}$ 是绝对收敛级数(8.13)式的一般项,由级数收敛的必要条件可知 $\left|\frac{x^{n+1}}{(n+1)!}\right|\to 0$,所以 $R_n(x)\to 0(n\to\infty)$。因此,得到函数 $f(x)=e^x$ 的幂级数展开式

$$e^x=\sum_{n=0}^{\infty}\frac{x^n}{n!}=1+x+\frac{x^2}{2!}+\frac{x^3}{3!}+\cdots+\frac{x^n}{n!}+\cdots \quad x\in(-\infty,+\infty) \tag{8.14}$$

例 29 把函数 $f(x)=\sin x$ 展开为 x 的幂级数。

解 因为 $f(x)=\sin x$ 的各阶导数为 $f^{(n)}(x)=\sin\left(x+n\frac{\pi}{2}\right)(n=1,2,3,\cdots)$,所以

$$f(0)=0,\ f'(0)=1,\ f''(0)=0,\ f'''(0)=-1,\cdots$$
$$f^{(2n)}(0)=0,\ f^{(2n+1)}(0)=(-1)^n,\cdots$$

于是可以写出 $f(x)=\sin x$ 的麦克劳林级数

$$x-\frac{x^3}{3!}+\frac{x^5}{5!}-\cdots+(-1)^n\frac{x^{2n+1}}{(2n+1)!}+\cdots$$

容易求出它的收敛半径 $R=\infty$。与上例类似可以证明余项 $R_n(x)\to 0(n\to\infty)$,因此有函数 $f(x)=\sin x$ 的展开式

$$\sin x=\sum_{n=0}^{\infty}(-1)^n\frac{x^{2n+1}}{(2n+1)!}=$$
$$x-\frac{x^3}{3!}+\frac{x^5}{5!}-\cdots+(-1)^n\frac{x^{2n+1}}{(2n+1)!}+\cdots \quad x\in(-\infty,+\infty) \tag{8.15}$$

2) 间接展开法

由于函数的幂级数展开式是惟一的,我们还可以利用一些已知的函数展开式以及幂级数的性质把所给函数展开为幂级数,称为间接展开法。这种方法往往比较简单。

例 30 把函数 $f(x)=\cos x$ 展开为 x 的幂级数。

解 将 $\sin x$ 的幂级数展开式(8.15)式逐项求导,得

$$\cos x=\sum_{n=0}^{\infty}(-1)^n\frac{x^{2n}}{(2n)!}=$$

$$1-\frac{x^2}{2!}+\frac{x^4}{4!}-\cdots+(-1)^n\frac{x^{2n}}{(2n)!}+\cdots \quad x\in(-\infty,\infty) \tag{8.16}$$

例 31 把函数 $f(x)=\ln(1+x)$ 展开为 x 的幂级数。

解 在例 20 的(8.5)式中将 x 换成 $-x$,可得如下的幂级数展开式:

$$\frac{1}{1+x}=\sum_{n=1}^{\infty}(-1)^{n-1}x^{n-1}=1-x+x^2-\cdots+(-1)^{n-1}x^{n-1}+\cdots \quad x\in(-1,1).$$

将上式从 0 到 x 积分,并注意到 $\ln(1+0)=0$,得到

$$\int_0^x\frac{1}{1+x}\mathrm{d}x=\ln(1+x)\Big|_0^x=$$

$$\ln(1+x)=x-\frac{x^2}{2}+\frac{x^3}{3}-\cdots+(-1)^{n-1}\frac{x^n}{n}+\cdots \quad x\in(-1,1).$$

当 $x=1$ 时右边的级数收敛,可以证明在该点处展开式也成立,所以

$$\ln(1+x)=\sum_{n=1}^{\infty}(-1)^{n-1}\frac{x^n}{n}=$$

$$x-\frac{x^2}{2}+\frac{x^3}{3}-\cdots+(-1)^{n-1}\frac{x^n}{n}+\cdots \quad x\in(-1,1] \tag{8.17}$$

特别地,令 $x=1$,得到

$$\ln 2=1-\frac{1}{2}+\frac{1}{3}-\cdots+(-1)^{n-1}\frac{1}{n}+\cdots$$

在例 14 中已经判断出上式右边级数的收敛性,现在求得了它的和。

我们已经求出了最常用的 5 个函数 $\frac{1}{1-x}$, e^x, $\sin x$, $\cos x$, $\ln(1+x)$ 的幂级数展开式,即例 20 的(8.5)式以及(8.14)式、(8.15)式、(8.16)式和(8.17)式,今后可以把它们当作公式使用。

例 32 把函数 $f(x)=\ln(2-3x+x^2)$ 展开为 x 的幂级数。

解 $f(x)=\ln(2-3x+x^2)=\ln(1-x)(2-x)=\ln(1-x)+\ln(2-x)$,在公式(8.17)中,把 x 换成 $-x$,得到

$$\ln(1-x)=-x-\frac{x^2}{2}-\frac{x^3}{3}-\cdots-\frac{x^n}{n}-\cdots \quad x\in[-1,1).$$

因为 $\ln(2-x)=\ln 2+\ln\left(1-\frac{x}{2}\right)$,在公式(8.17)中把 x 换成 $-\frac{x}{2}$,得到

$$\ln 2+\ln\left(1-\frac{x}{2}\right)=\ln 2-\frac{x}{2}-\frac{1}{2}\frac{x^2}{2^2}-\frac{1}{3}\frac{x^3}{2^3}-\cdots-\frac{1}{n}\frac{x^n}{2^n}-\cdots \quad x\in[-2,2),$$

再将上述两个幂级数逐项相加得到

$$\ln(2-3x+x^2)=\ln 2-\left(1+\frac{1}{2}\right)x-\frac{1}{2}\left(1+\frac{1}{2^2}\right)x^2-\frac{1}{3}\left(1+\frac{1}{2^3}\right)x^3-\cdots-$$

$$\frac{1}{n}\left(1+\frac{1}{2^n}\right)x^n-\cdots=$$

$$\ln 2-\sum_{n=1}^{\infty}\frac{1}{n}\left(1+\frac{1}{2^n}\right)x^n \quad x\in[-1,1).$$

例 33 求函数 $f(x)=\sin x$ 在点 $x_0=\frac{\pi}{4}$ 处的泰勒展开式。

解 本题要求把函数 $f(x)=\sin x$ 展开为 $\left(x-\frac{\pi}{4}\right)$ 的幂级数。为了利用上述公式，先令 $t=x-\frac{\pi}{4}$，于是

$$\sin x=\sin\left(t+\frac{\pi}{4}\right)=\sin\frac{\pi}{4}\cos t+\cos\frac{\pi}{4}\sin t=\frac{\sqrt{2}}{2}(\cos t+\sin t)=$$

$$\frac{\sqrt{2}}{2}\left(1-\frac{t^2}{2!}+\frac{t^4}{4!}-\cdots+t-\frac{t^3}{3!}+\frac{t^5}{5!}-\cdots\right)=$$

$$\frac{\sqrt{2}}{2}\left[1+\left(x-\frac{\pi}{4}\right)-\frac{1}{2!}\left(x-\frac{\pi}{4}\right)^2-\frac{1}{3!}\left(x-\frac{\pi}{4}\right)^3+\right.$$

$$\left.\frac{1}{4!}\left(x-\frac{\pi}{4}\right)^4+\frac{1}{5!}\left(x-\frac{\pi}{4}\right)^5-\cdots\right] \quad x\in(-\infty,\infty).$$

习　　题　8.5

12. 利用间接展开法把下列函数展开为 x 的幂级数，并求其收敛区间：

(1) e^{-x^2}； (2) $a^x(a>0,a\neq 1)$；

(3) $\sinh x$； (4) $\cosh x$；

(5) $\sin\frac{x}{2}$； (6) $\cos^2 x$；

(7) $\frac{1}{1+x^2}$； (8) $\frac{1}{2-x}$；

(9) $\frac{1}{-2+x+x^2}$； (10) $\ln(3+x)$；

(11) $\ln(4+3x-x^2)$； (12) $\frac{1}{(1-x)^2}$；

(13) $\arctan x$； (14) $(1+x)e^x$.

13. 把下列函数在指定点 x_0 处展开为泰勒级数，并求其收敛区间：

(1) $\frac{1}{x}$，　$x_0=2$； (2) $\frac{1-x}{2-x}$，　$x_0=1$；

(3) $\sin 2x$, $x_0 = \frac{\pi}{2}$; (4) $\ln x$, $x_0 = 2$.

14. 利用指数函数的幂级数展开式(8.14)式把复变指数函数 $e^{i\theta}$(其中 i 为虚数单位,θ 为实变量)展开为幂级数,从而证明著名的欧拉(Euler)公式
$e^{i\theta} = \cos\theta + i\sin\theta$.

*8.6 三角级数

8.6.1 三角级数及三角函数系的正交性

在工程技术上经常遇到的周期现象可以用一个周期函数来描述。最简单的周期现象,像单摆的简谐振动,交流电的电压等,可以用一个周期 $T = \frac{2\pi}{\omega}$ 的正弦函数 $A\sin(\omega t + \varphi)$ 来描述。复杂的周期现象往往是很多个甚至无穷多个正弦函数的叠加,即

$$A_0 + A_1\sin(\omega t + \varphi_1) + A_2\sin(2\omega t + \varphi_2) + \cdots + A_n\sin(n\omega t + \varphi_n) + \cdots \quad (8.18)$$

其中 $\omega, A_0, A_n, \varphi_n (n = 1,2,3,\cdots)$,都是常数。由于

$$A_n\sin(n\omega t + \varphi_n) = A_n\sin\varphi_n\cos n\omega t + A_n\cos\varphi_n\sin n\omega t \quad (n = 1,2,3,\cdots),$$

若记 $a_0 = 2A_0, a_n = A_n\sin\varphi_n, b_n = A_n\cos\varphi_n (n = 1,2,3,\cdots), x = \omega t$,则(8.18)式可以写作

$$\frac{a_0}{2} + \sum_{n=1}^{\infty}(a_n\cos nx + b_n\sin nx) \quad (8.19)$$

级数(8.19)式是另一类函数项级数,称为三角级数。其中 $a_n (n = 0,1,2,\cdots)$, $b_n (n = 1,2,3,\cdots)$ 都是常数。

在8.5节里,我们已经学会把一个函数展开为幂级数。本节我们要研究把一个周期函数展开为三角级数的问题。为什么又要提出一种展开问题呢?因为我们希望用一串简单的周期函数来逼近复杂的周期函数。而由正弦函数和余弦函数所组成的三角多项式(三角级数的部分和)就是一种简单的周期函数。为此,先引进三角函数系及其正交性的概念。

三角函数系是指下列函数集合:

$$1, \cos x, \sin x, \cos 2x, \sin 2x, \cdots, \cos nx, \sin nx, \cdots \quad (8.20)$$

三角函数系(8.20)式的正交性是指该函数系中任意两个不同函数的乘积在$[-\pi,\pi]$上的积分为零,任意一个函数的平方在$[-\pi,\pi]$上的积分不为零,即

$$\int_{-\pi}^{\pi}\cos nx\,dx = 0, \quad \int_{-\pi}^{\pi}\sin nx\,dx = 0 \quad (n = 1,2,\cdots);$$

$$\int_{-\pi}^{\pi}\cos mx\cos nx\,dx = 0 (m \neq n),$$

$$\int_{-\pi}^{\pi} \sin mx \sin nx \mathrm{d}x = 0 (m \neq n),$$

$$\int_{-\pi}^{\pi} \cos mx \sin nx \mathrm{d}x = 0 \quad (m,n = 1,2,\cdots);$$

$$\int_{-\pi}^{\pi} 1^2 \mathrm{d}x = 2\pi,$$

$$\int_{-\pi}^{\pi} \cos^2 nx \mathrm{d}x = \pi,$$

$$\int_{-\pi}^{\pi} \sin^2 nx \mathrm{d}x = \pi \quad (n = 1,2,\cdots).$$

以上结果由读者自己证明。

8.6.2 把周期为 2π 的函数展开为傅里叶级数

设 $f(x)$ 是周期为 2π 的函数,我们希望把它展开为三角级数,即

$$f(x) = \frac{a_0}{2} + \sum_{n=1}^{\infty} (a_n \cos nx + b_n \sin nx) \tag{8.21}$$

首先要解决的问题是如何确定系数 $a_0, a_n, b_n (n = 1,2,\cdots)$。现在假定(8.21)式已经成立并且可以逐项积分,利用三角函数系(8.20)式的正交性可得

$$\int_{-\pi}^{\pi} f(x) \mathrm{d}x = \int_{-\pi}^{\pi} \frac{a_0}{2} \mathrm{d}x + \sum_{n=1}^{\infty} \left(a_n \int_{-\pi}^{\pi} \cos nx \mathrm{d}x + b_n \int_{-\pi}^{\pi} \sin nx \mathrm{d}x \right) = \frac{a_0}{2} \cdot 2\pi = \pi a_0,$$

于是得到

$$a_0 = \frac{1}{\pi} \int_{-\pi}^{\pi} f(x) \mathrm{d}x,$$

为求 $a_n (n = 1,2,\cdots)$,先把(8.21)式中的 n 改为 k,再两边同乘以 $\cos nx$ 后逐项积分。利用三角函数系(8.20)式的正交性可得

$$\int_{-\pi}^{\pi} f(x) \cos nx \mathrm{d}x = \frac{a_0}{2} \int_{-\pi}^{\pi} \cos nx \mathrm{d}x + \sum_{k=1}^{\infty} \left(a_k \int_{-\pi}^{\pi} \cos kx \cos nx \mathrm{d}x + b_k \int_{-\pi}^{\pi} \sin kx \cos nx \mathrm{d}x \right) = a_n \int_{-\pi}^{\pi} \cos^2 nx \mathrm{d}x = \pi a_n,$$

于是得到

$$a_n = \frac{1}{\pi} \int_{-\pi}^{\pi} f(x) \cos nx \mathrm{d}x \quad (n = 1,2,\cdots),$$

同理可得

$$b_n = \frac{1}{\pi}\int_{-\pi}^{\pi} f(x)\sin nx\,dx \quad (n = 1,2,\cdots).$$

定义 设$f(x)$是周期为2π的函数，如果

$$\left.\begin{aligned} a_n &= \frac{1}{\pi}\int_{-\pi}^{\pi} f(x)\cos nx\,dx, \quad (n = 0,1,2,\cdots) \\ b_n &= \frac{1}{\pi}\int_{-\pi}^{\pi} f(x)\sin nx\,dx, \quad (n = 1,2,\cdots) \end{aligned}\right\} \tag{8.22}$$

都存在，则称它们为函数$f(x)$的傅里叶系数，并称用$f(x)$的傅里叶系数构成的三角级数

$$\frac{a_0}{2} + \sum_{n=1}^{\infty}(a_n\cos nx + b_n\sin nx) \tag{8.23}$$

为函数$f(x)$的傅里叶级数。

现在我们要问，当函数$f(x)$满足什么条件时，它的傅里叶级数收敛到$f(x)$，或者说可以展开为傅里叶级数？这是一个非常深刻的问题。我们不打算详细讨论，仅仅不加证明地给出一个充分条件。对于大多数实际应用来说，这个条件已经足够了。

定理12（收敛定理，狄里克雷（Dirichlet）充分条件） 设$f(x)$是周期为2π的函数，如果它在区间$[-\pi,\pi]$上满足：

(1) $f(x)$连续或只有有限个第一类间断点，

(2) 只有有限个极值点，

则$f(x)$的傅里叶级数在$(-\infty,+\infty)$上处处收敛，并且

(1) 当x为$f(x)$的连续点时，级数收敛到$f(x)$；

(2) 当x为$f(x)$的第一类间断点时，级数收敛到$\dfrac{f(x-0)+f(x+0)}{2}$。

由此可见，函数展开为傅里叶级数的条件要比展开为泰勒级数的条件低得多。不但不需要有任意阶导数，而且允许有有限个第一类间断点。

例34 设函数$f(x)$是周期为2π的函数，它在一个周期长的区间$[-\pi,\pi)$上的表达式为

$$f(x) = \begin{cases} 0 & (-\pi \leqslant x < 0) \\ x & (0 \leqslant x < \pi) \end{cases}$$

试将它展开为傅里叶级数。

解 函数$f(x)$的图形如图8-2所示，它满足收敛定理的条件，先求它的傅里叶系数：

$$a_0 = \frac{1}{\pi}\int_{-\pi}^{\pi} f(x)\,dx = \frac{1}{\pi}\int_0^{\pi} x\,dx = \frac{1}{\pi}\frac{x^2}{2}\bigg|_0^{\pi} = \frac{\pi}{2},$$

$$a_n = \frac{1}{\pi}\int_{-\pi}^{\pi} f(x)\cos nx\,dx = \frac{1}{\pi}\int_0^{\pi} x\cos nx\,dx =$$

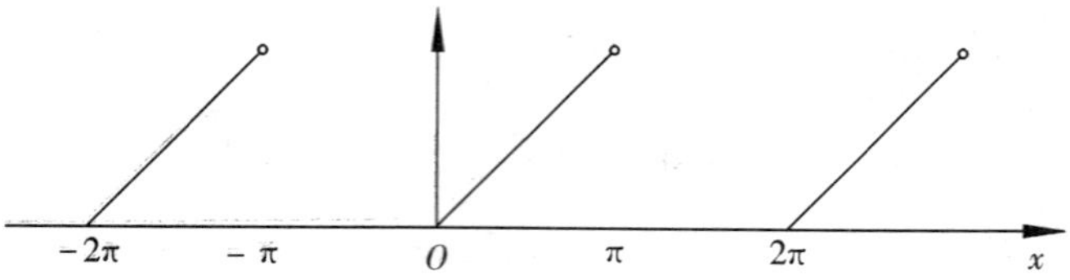

图 8-2

$$\frac{1}{\pi}\left(\frac{x\sin nx}{n}\bigg|_0^{\pi}-\frac{1}{n}\int_0^{\pi}\sin nx\mathrm{d}x\right)=$$

$$\frac{1}{n\pi}\frac{\cos nx}{n}\bigg|_0^{\pi}=\frac{1}{n^2\pi}(\cos n\pi-1)=\frac{1}{n^2\pi}[(-1)^n-1]=$$

$$\begin{cases}-\dfrac{2}{n^2\pi} & (n=1,3,5,\cdots)\\ 0 & (n=2,4,6,\cdots)\end{cases},$$

$$b_n=\frac{1}{\pi}\int_{-\pi}^{\pi}f(x)\sin nx\mathrm{d}x=\frac{1}{\pi}\int_0^{\pi}x\sin nx\mathrm{d}x=$$

$$\frac{1}{\pi}\left(-\frac{x\cos nx}{n}\bigg|_0^{\pi}+\frac{1}{n}\int_0^{\pi}\cos nx\mathrm{d}x\right)=$$

$$-\frac{\cos n\pi}{n}=\frac{(-1)^{n-1}}{n}=\begin{cases}\dfrac{1}{n} & (n=1,3,5,\cdots)\\ -\dfrac{1}{n} & (n=2,4,6,\cdots)\end{cases},$$

根据收敛定理,得到 $f(x)$ 的傅里叶级数

$$\frac{\pi}{4}-\frac{2}{\pi}\left(\frac{\cos x}{1^2}+\frac{\cos 3x}{3^2}+\frac{\cos 5x}{5^2}+\cdots\right)+\left(\frac{\sin x}{1}-\frac{\sin 2x}{2}+\frac{\sin 3x}{3}-\cdots\right)=$$

$$\begin{cases}f(x), & x\neq(2k-1)\pi\\ \dfrac{\pi}{2}, & x=(2k-1)\pi\end{cases}\quad k\in Z.$$

8.6.3 奇函数与偶函数的傅里叶级数

假设 2π 周期函数 $f(x)$ 在 $(-\pi,\pi)$ 内是奇函数,则从(8.22)、(8.23)两式可知它的傅里叶系数

$$a_n=0(n=0,1,2,\cdots),$$

$$b_n=\frac{2}{\pi}\int_0^{\pi}f(x)\sin nd x\ (n=1,2,\cdots)\tag{8.24}$$

因而 $f(x)$ 的傅里叶级数中只含正弦函数,即

$$f(x)=\sum_{n=1}^{\infty}b_n\sin nx\tag{8.25}$$

称为正弦级数。

假设 2π 周期函数 $f(x)$ 在 $(-\pi,\pi)$ 内是偶函数，则从(8.22)、(8.23)两式可知它的傅里叶系数

$$a_n = \frac{2}{\pi}\int_0^{\pi} f(x)\cos nx\mathrm{d}x\ (n = 0,1,2,\cdots) \tag{8.26}$$
$$b_n = 0\ (n = 1,2,\cdots)$$

因而 $f(x)$ 的傅里叶级数中只含常数项和余弦函数，即

$$f(x) = \frac{a_0}{2} + \sum_{n=1}^{\infty} a_n\cos nx \tag{8.27}$$

称为余弦级数。

例 35 设函数 $f(x)$ 是周期为 2π 的函数，它在一个周期长的区间 $[-\pi,\pi)$ 上的表达式为

$$f(x) = \begin{cases} -1 & -\pi \leqslant x < 0 \\ 1 & 0 \leqslant x < \pi \end{cases},$$

试将它展开为傅里叶级数。

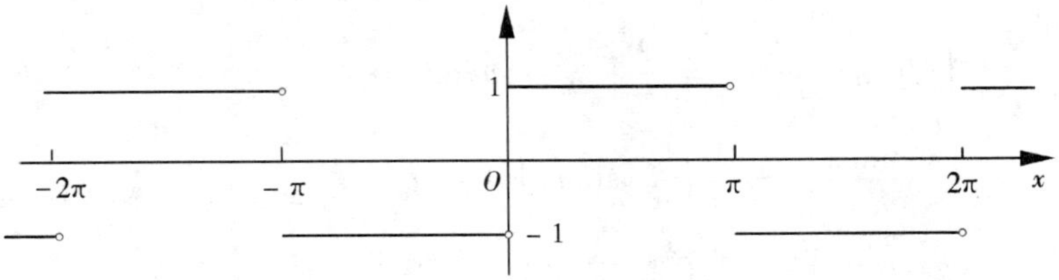

图 8-3

解 $f(x)$ 是奇函数，它的图形如图 8-3 所示。这是一个矩形波，它满足收敛定理的条件。先求它的傅里叶系数，由(8.24)式可知，

$$a_n = 0\ (n = 0,1,2,\cdots),$$

$$b_n = \frac{2}{\pi}\int_0^{\pi} f(x)\sin nx\mathrm{d}x = \frac{2}{\pi}\int_0^{\pi}\sin nx\mathrm{d}x = \frac{2}{\pi}\left[-\frac{\cos nx}{n}\right]_0^{\pi} =$$
$$\frac{2}{n\pi}[1-(-1)^n] = \begin{cases} \dfrac{4}{n\pi} & (n = 1,3,5,\cdots) \\ 0 & (n = 2,4,6,\cdots) \end{cases},$$

根据收敛定理，得到 $f(x)$ 的正弦级数

$$\frac{4}{\pi}\left[\frac{\sin x}{1} + \frac{\sin 3x}{3} + \frac{\sin 5x}{5} + \cdots + \frac{\sin(2m-1)x}{2m-1} + \cdots\right] = \begin{cases} f(x) & x \neq k\pi \\ 0 & x = k\pi \end{cases},$$

$k \in Z$.

例 36 设函数 $f(x)$ 是周期为 2π 的函数，它在一个周期长的区间 $[-\pi,\pi)$ 上的表达式为

$$f(x)=x^2\quad(-\pi\leqslant x<\pi)$$

试将它展开为傅里叶级数。

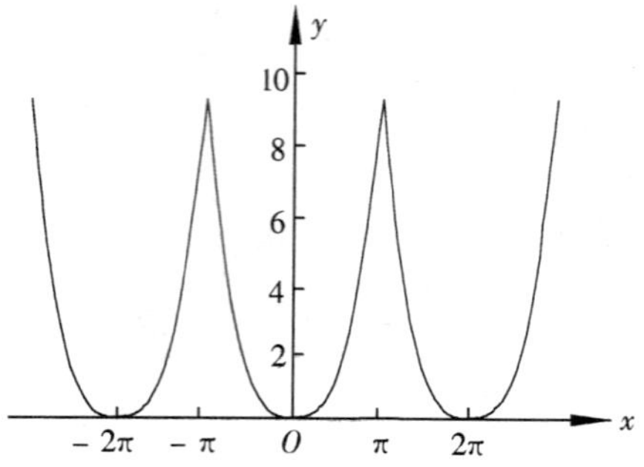

图 8-4

解 $f(x)$ 是偶函数,其图形如图 8-4 所示,它满足收敛定理的条件。先求它的傅里叶系数,由公式(8.26)可知,

$$a_0=\frac{2}{\pi}\int_0^{\pi}x^2\mathrm{d}x=\frac{2}{3}\pi^2,$$

$$\begin{aligned}a_n&=\frac{2}{\pi}\int_0^{\pi}f(x)\cos nx\mathrm{d}x=\frac{2}{\pi}\int_0^{\pi}x^2\cos nx\mathrm{d}x=\\&\frac{2}{\pi}\left(\frac{x^2\sin nx}{n}\Big|_0^{\pi}-\frac{1}{n}\int_0^{\pi}2x\sin nx\mathrm{d}x\right)=\\&\frac{4}{n\pi}\left(\frac{x\cos nx}{n}\Big|_0^{\pi}-\frac{1}{n}\int_0^{\pi}\cos nx\mathrm{d}x\right)=\frac{4}{n^2}\cos n\pi=\\&(-1)^n\frac{4}{n^2}\qquad(n=1,2,3,\cdots),\end{aligned}$$

$$b_n=0\qquad(n=1,2,3,\cdots),$$

根据收敛定理,得到 $f(x)$ 的余弦级数

$$f(x)=\frac{\pi^2}{3}+4\sum_{n=1}^{\infty}(-1)^n\frac{\cos nx}{n^2}\qquad x\in(-\infty,+\infty).$$

如果在所得展开式中令 $x=-\pi$,则有

$$(-\pi)^2=\frac{\pi^2}{3}+4\sum_{n=1}^{\infty}(-1)^n\frac{\cos n\pi}{n^2}=\frac{\pi^2}{3}+4\sum_{n=1}^{\infty}\frac{1}{n^2},$$

移项并化简后得到如下的结果:

$$\sum_{n=1}^{\infty}\frac{1}{n^2}=\frac{\pi^2}{6}.$$

左端的级数是 $p=2$ 的 p 级数。

8.6.4 把周期为 T 的函数展开为傅里叶级数

设 $\varphi(t)$ 是周期为 T(T 为正常数)的函数,如果它在区间$\left[-\frac{T}{2},\frac{T}{2}\right]$上满足狄里克雷条件,也可以展开成傅里叶级数,通过变量代换 $x=\frac{2\pi}{T}t$,即 $t=\frac{T}{2\pi}x$,于是

$$\varphi(t)=\varphi\left(\frac{T}{2\pi}x\right)\equiv f(x).$$

这时,函数 $f(x)$ 就是周期为 2π 的函数,它在区间$[-\pi,\pi]$上满足狄里克雷条件,根据收敛定理,可以把它展开为傅里叶级数:

$$\frac{a_0}{2}+\sum_{n=1}^{\infty}(a_n\cos nx+b_n\sin nx),$$

其中傅里叶系数

$$a_n=\frac{1}{\pi}\int_0^{\pi}f(x)\cos nx\,\mathrm{d}x\quad(n=0,1,2,\cdots),$$

$$b_n=\frac{1}{\pi}\int_0^{\pi}f(x)\sin nx\,\mathrm{d}x\quad(n=1,2,\cdots),$$

而且在连续点处级数收敛到 $f(x)$,在间断点处级数收敛到 $\frac{f(x-0)+f(x+0)}{2}$。

再把变量 x 换回到 t,就得到周期为 T 的函数 $\varphi(t)$ 的傅里叶级数

$$\frac{a_0}{2}+\sum_{n=1}^{\infty}a_n\cos\frac{2n\pi t}{T}+b_n\sin\frac{2n\pi t}{T}\tag{8.28}$$

其中傅里叶系数

$$\begin{aligned}a_n&=\frac{2}{T}\int_{-\frac{T}{2}}^{\frac{T}{2}}\varphi(t)\cos\frac{2n\pi t}{T}\mathrm{d}t\,(n=0,1,2,\cdots),\\ b_n&=\frac{2}{T}\int_{-\frac{T}{2}}^{\frac{T}{2}}\varphi(t)\sin\frac{2n\pi t}{T}\mathrm{d}t\,(n=1,2,\cdots)\end{aligned}\tag{8.29}$$

而且在连续点处级数(8.28)式收敛到 $\varphi(t)$,在间断点处级数收敛到 $\frac{\varphi(t-0)+\varphi(t+0)}{2}$。

如果 $\varphi(t)$ 在$\left(-\frac{T}{2},\frac{T}{2}\right)$内是奇函数,则它的展开式一定是正弦级数,在连续点处有

$$\varphi(t)=\sum_{n=1}^{\infty}b_n\sin\frac{2n\pi t}{T}\tag{8.30}$$

其中傅里叶系数

$$a_n = 0(n = 0,1,2,\cdots),$$
$$b_n = \frac{4}{T}\int_0^{\frac{T}{2}} \varphi(t)\sin\frac{2n\pi t}{T}\mathrm{d}t(n = 1,2,\cdots) \tag{8.31}$$

如果 $\varphi(t)$ 在 $\left(-\frac{T}{2},\frac{T}{2}\right)$ 内是偶函数，则它的展开式也一定是余弦级数，在连续点处有

$$\varphi(t) = \frac{a_0}{2} + \sum_{n=1}^{\infty} a_n\cos\frac{2n\pi t}{T},$$

其中傅里叶系数

$$a_n = \frac{4}{T}\int_0^{\frac{T}{2}} \varphi(t)\cos\frac{2n\pi t}{T}\mathrm{d}t(n = 0,1,2,\cdots),$$
$$b_n = 0(n = 1,2,\cdots) \tag{8.32}$$

例 37 设函数 $\varphi(t)$ 是周期为 $T = 2$ 的函数，它在一个周期长的区间 $[-1,1)$ 上的表达式为

$$\varphi(t) = \begin{cases} 1 + t & -1 \leqslant t < 0 \\ 1 - t & 0 \leqslant t < 1 \end{cases}$$

试将它展开为傅里叶级数。

解 $\varphi(t)$ 是一个偶函数，其图形如图 8-5 所示，它满足收敛定理的条件，并且处处连续，因而可以展开成余弦级数，先求它的傅里叶系数。由公式(8.32)可知，

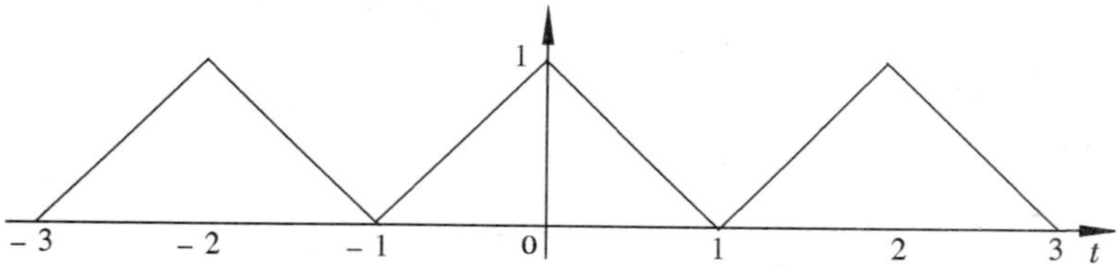

图 8-5

$$a_0 = \frac{4}{2}\int_0^1 (1 - t)\mathrm{d}t = 2\left[t - \frac{t^2}{2}\right]_0^1 = 1,$$

$$a_n = \frac{4}{2}\int_0^1 (1 - t)\cos\frac{2n\pi t}{2}\mathrm{d}t = 2\int_0^1 (1 - t)\cos n\pi t\mathrm{d}t =$$
$$2\left[(1 - t)\frac{\sin n\pi t}{n\pi}\Big|_0^1 + \frac{1}{n\pi}\int_0^1 \sin n\pi t\mathrm{d}t\right] =$$
$$-\frac{2}{n^2\pi^2}\cos n\pi t\Big|_0^1 = \frac{2}{n^2\pi^2}[1 - (-1)^n] =$$

$$\begin{cases} \dfrac{4}{n^2\pi^2} & (n=1,3,5,\cdots) \\ 0 & (n=2,4,6,\cdots) \end{cases},$$

$b_n = 0 \quad (n=1,2,\cdots)$.

所以

$$\varphi(t) = \frac{1}{2} + \frac{4}{\pi^2}\sum_{n=1}^{\infty}\frac{1}{(2n-1)^2}\cos(2n-1)\pi t \quad t \in (-\infty,\infty).$$

习 题 8.6

15. 检验下列函数在指定区间上是否满足狄里克雷条件：

(1) $f(x) = |x| \quad [-\pi,\pi]$； (2) $f(x) = e^{\frac{1}{x}} \quad [-\pi,\pi]$；

(3) $\varphi(t) = \begin{cases} -1 & [-1,0) \\ x^2 & [0,1] \end{cases}$； (4) $\varphi(t) = \begin{cases} x & [-2,0] \\ \sin\dfrac{1}{x} & (0,2] \end{cases}$.

16. 证明三角函数系 $1,\cos\omega t,\sin\omega t,\cos2\omega t,\sin2\omega t,\cdots,\cos n\omega t,\sin n\omega t,\cdots$ 在 $\left[-\dfrac{T}{2},\dfrac{T}{2}\right]$上具有正交性$\left(T=\dfrac{2\pi}{\omega}\right)$。

17. 把下列周期为 2π 的函数 $f(x)$ 展开为傅里叶级数，$f(x)$ 在一个周期长的区间 $[-\pi,\pi)$ 上的表达式为

(1) $f(x) = \pi - x$； (2) $f(x) = \begin{cases} \pi & -\pi \leqslant x < 0 \\ x & 0 \leqslant x < \pi \end{cases}$；

(3) $f(x) = |\sin x|$； (4) $f(x) = \begin{cases} 0 & -\pi \leqslant x < -\tau \\ -E & -\tau \leqslant x < 0 \\ E & 0 \leqslant x < \tau \\ 0 & \tau \leqslant x < \pi \end{cases} \quad (E > 0)$.

18. 已知下列周期函数 $\varphi(t)$ 在一个周期长的区间上的表达式，试将它们展开为傅里叶级数：

(1) $\varphi(t) = \begin{cases} 1 & -1 \leqslant t < 0 \\ 1-t & 0 \leqslant t < 1 \end{cases}$；

(2) $\varphi(t) = 1 - t^2 \quad -1 \leqslant t < 1$；

(3) $\varphi(t) = \begin{cases} -1-t & -1 \leqslant t < 0 \\ 1-t & 0 \leqslant t < 1 \end{cases}$；

(4) $\varphi(t)=\begin{cases}0 & -\dfrac{T}{2}\leqslant t<-\tau\\ E & -\tau\leqslant t<\tau\\ 0 & \tau\leqslant t<\dfrac{T}{2}\end{cases}\quad(E>0)$.

19. 把周期为 2π 的函数 $f(x)$ 展开为傅里叶级数，$f(x)$ 在一个周期长的区间 $[-\pi,\pi)$ 上的表达式为

$$f(x)=\begin{cases}-x+1 & -\pi\leqslant x<0\\ x+1 & 0\leqslant x<\pi\end{cases},$$

并利用此展开式求数项级数 $\sum\limits_{n=1}^{\infty}\dfrac{1}{(2n-1)^2}=1+\dfrac{1}{3^2}+\dfrac{1}{5^2}+\cdots+\dfrac{1}{(2n-1)^2}+\cdots$ 的和。

9 数学实验

9.1 数学软件 Mathematica 简介

众所周知,计算机最传统的用途是高速"数值计算"。如果要它进行"符号计算"(例如分解因式、通分、约分,求极限、求导数、求积分,把函数展开为幂级数,求解微分方程的通解、求傅氏变换或拉氏变换、求逆矩阵……),还行不行?当然行,这就需要一些软件的帮助。这里向大家介绍的是数学软件 Mathematica 4.0。

Mathematica 是美国伊利诺大学的 Stephen Wolfram 教授创办的 Wolfram Research 公司从 1986 年起开发的一种符号计算与数值计算软件,目前的最新版本是 Mathematica 5.0。

Mathematica 是一种强大的数学计算、处理和分析的工具,可用于研究和解决工程计算领域中的问题,也可处理一些基本的数学计算(如符号计算、数值计算、画二维和三维图形等)。Mathematica 以其优越的功能和简便的操作已成为科研人员、工程师、教师和学生的得力帮手。附带说明,Mathematica 是一个英文软件,通过本软件的学习,我们也可学会如何用英语来表述多种数学术语。

Mathematica 的基本系统是用 C 语言编写的,因此能够方便的移值到各种计算机系统上。打开 Mathematica,可以看到它是一个窗口软件,包括一个执行各种功能的工程条(屏幕顶端)和一个工作区窗口。激活工作区窗口,输入希望的计算式(如"3 + 8 - 4"),同时按下"Shift"和"Enter"键便可执行计算。

使用 Mathematica 的几个注意点:

1. 每次使用 Mathematica,第一次计算时间较长,这是系统在进行初始化工作,从第二次计算开始就很快了。

2. 输入计算公式和普通文本输入一样,系统将把每次输入记录在案,并自动给每个输入记录用"In[n]"编号,计算结果用"Out[n]"编号。"%"表示上一次计算结果,"%n"表示"Out[n]"的内容,这样可以减少重复输入。

3. 输完计算式后,同时按下"Shift"和"Enter"键,Mathematica 将完成计算。

4. 必须严格按照系统所规定的格式输入算式,否则将无法完成计算任务,通常给出一段文字,告诉你出错的(可能)原因。

9.1.1 Mathematica 的基本菜单

这里主要介绍 File 菜单中的 Palettes 中的三个常用子菜单。

1. File/Palettes/1 Algebraic Manipulation(代数运算)

先输入要计算的代数式并选中它,点击此下拉菜单,在工作区右侧出现一个虚拟盘,单击所需命令即可完成运算。

2. File/Palettes/2 Basic Calculations(基本计算)

在工作区右侧出现一个带有滚动条的窗口,有七大标题,点击▶可得下一级菜单,里面包含各种函数,点击后可将它们输入到工作区中。

3. File/Palettes/3 Basic Input(基本输入)

在工作区右侧出现一个窗口,有各种计算函数和符号,点击后可将它们输入到工作区中。

9.1.2 Mathematica 的基本命令

1. 算术运算

用 Mathematica 运算与用计算器一样简单,例如 3.55 +12.879/(4.33 -1.203)^2.3。

在 Mathematica 中,基本运算符号如下表:

算术运算法则	运算符号	举例	优先级
加	+	2 +3	3
减	-	5 -2	3
乘	* 或空格	a * b 或 a b	2
除	/	15/4	2
乘方	∧	2 ^ 4	1
开平方	Sqrt[ ]	Sqrt[3]	1

Mathematica 有强大的计算功能,总可以得到精确值。如果想得到近似值,可在输入结尾加上“//N”,例如(30000 * 12345) ^ 9//N。

2. 常用函数与常数

(1) 常用函数有:

函数名	功能	函数名	功能
Abs[x]	$\|x\|$	Tan[x]	$\tan x$
Exp[x]	e^x	Cot[x]	$\cot x$
Log[x]	$\ln x$	ArcSin[x]	$\arcsin x$
Log[b,x]	$\log_b x$	ArcCos[x]	$\arccos x$
Sin[x]	$\sin x$	ArcTan[x]	$\arctan x$

(续表)

函数名	功能	函数名	功能
Cos[x]	$\cos x$	ArcCot[x]	$\operatorname{arccot} x$
Sinh[x]	$\sinh x$	!	阶乘!
Cosh[x]	$\cosh x$	Random[x]	0 到 1 之间的随机数
Tanh[x]	$\tanh x$	Max[x,y,…]	$\max\{x,y,\cdots\}$
ArcSinh[x]	$\operatorname{arsinh} x$	Min[x,y,…]	$\min\{x,y,\cdots\}$
ArcCosh[x]	$\operatorname{arcosh} x$	Round[x]	x 取整,即[ ]
ArcTanh[x]	$\operatorname{artanh} x$		

(2) 常数

Pi(圆周率 π),E(自然对数的底 e),I(虚数单位 i),Infinity($+\infty$), - Infinity($-\infty$),Degree($\pi/180$)角度。

注意:① Mathematica 中内部函数和常数须用大写字母开头;

② 函数的自变量应放在方括号内。

3 代数运算

(1) 赋值与消除赋值

有时某些变量(或函数)在计算中重复出现,为避免重复输入,可以先给它们赋值或定义,如:x = 3;f[x _]: = x^2 + 2x + 3; 分段函数可用 Which(或 If)命令定义,例如 f[x _]: = Which[x < = 0,x^2 + 1,x < = Pi,sin[x],x > Pi,0];消除赋值可用"Clear[ ]",例如 Clear[f]。

(2) 常用的初等代数符号计算

Expand 展开多项式,Factor 因式分解,Together 通分,Apart 拆分(把有理分式分解为部分分式之和),Cancel 约分。

(3) 解代数方程

Mathematica 中的方程的等号以双等号" = = "表示,例如 Solve[x^2 + 3x - 8 = = 0,x]。要解 5 次以上的高次方程,Solve 就无能为力了,可用 NSolve 或 FindRoot 求方程的近似解。

4. 微积分的符号计算与数值计算

(1) 微分(导数)运算

D[f,x]求导数或偏导数,例如 D[Sin[x],x];D[f,{x,n}]求 n 阶(偏)导数;D[f,x1,x2]求混合偏导数。Dt[f]求微分或全微分。

(2) 积分运算

① Integrate[f,x]求不定积分 $\int f\mathrm{d}x$, 例如 Integrate[x^2,x]。

Mathematica 可做几乎所有标准函数的不定积分,但对于"积不出"的可积函数也不会求，例如 $\int x^x \mathrm{d}x$。

② Integrate[f, { x, x1, x2 }]求定积分 $\int_a^b f\mathrm{d}x$。

此方法也只能求“积得出”的可积函数的定积分，用 NIntegrate 可求定积分的近似值（包括“积不出”的可积函数），例如 NIntegrate[Sin[Sin[x]], { x, 1, 2 }]。

③ Integrate[f, { x, x1, x2 }, { y, y1, y2 }] 求重积分，必须先化为累次积分后上机计算，例如计算 $\int_1^2 \mathrm{d}x\int_x^{1/x}\left[\frac{x}{y}\right]^2\mathrm{d}y$：Integrate[(x/y)^2, { x, 1, 2 }, { y, x, 1/x }]。

（3） 求和、求积运算

Sum[f[n], { n, n1, n2, n3 }] 求和（Σ）；Product[f[n], { n, n1, n2, n3 }]求积（Π）。

（4） 解微分方程

DSolve[f = = 0, y, x]求微分方程的通解，如：DSolve[y′[x] = = a * y[x] + 1, y[x], x]，也可以求初值问题的解，例如 DSolve[{ y′[x] = = a * y[x] + 1, y[0] = = 0 }, y[x], x]。

（5） 幂级数展开

Series[f, { x, x0, n }]：Taylor 展式（在 $x = x_0$ 处展开 n 项），例如 Series[Sin[x], { x, 0, 9 }]，将 $\sin x$ 在 0 处展开 9 项。

（6） 极限

极限用 Limit 表示。例如 Limit[Sin[x]/x, x - > 0]，求极限 $\lim\limits_{x\to 0}\frac{\sin x}{x}$：。

（7） 数集

数集用 Table 构成，例如 Table [(1 + 1/n) ^ n, { n, 1, 100 }]，给出数集 $\left\{\left(1+\frac{1}{n}\right)^n \middle| n = 1,2,\cdots,100\right\}$。

（8） 数据拟合

在数据处理中常用到数据拟合（用一个函数描述所得到的一组数据），Mathematica 中可用 Fit 来完成，例如得到一组数据{ { 1, 2. 18 }, { 1. 2, 2. 56 }, { 1. 6, 3. 03 }, { 1. 8, 2. 66 } }，作二次拟合。

令 t1 = { { 1, 2. 18 }, { 1. 2, 2. 56 }, { 1. 6, 3. 03 }, { 1. 8, 2. 66 } }；

Fit[t1, { 1, x, x^2 }, x]

将得到：$-4.206 + 9.465\mathrm{x} - 3,125\mathrm{x}^2$。

5. 图形

（1） 一元函数作图（二维图形）是 Mathematica 中最基本的作图，常用命令有：

Plot[f[x], { x, x1, x2 }]表示画 f[x]的图形，作图区间[x1, x2]；

Plot[{ f1[x], f2[x], … }, { x, x1, x2 }]表示在同一平面上画f1[x], f2[x], …的图形，作图区间[x1, x2]；

ParametricPlot[{x[t],y[t]},{t,t1,t2}] 表示画参数方程的图形。

用“??”看一下 Plot 的可选参数(Option),可用于改变图形的颜色、坐标轴等选项。Plot 的常用选项有:

选项	功能	举例
AspectRatio	作图的纵横比例	AspectRatio - > Automatic
Axes	坐标轴中心位置	Axes - > {0,1}
AxesLabel	坐标轴的名字	AxesLabel - > {“x”,“y”}
Ticks	坐标轴的刻度	Ticks - > None
PlotPoints	图形取点数 (点数多,图形精细)	PlotPoints - > 30
PlotStyle	作图方式 (明暗,颜色等)	PlotStyle - > {{Thickness[0.05]}, {GrayLevel[0.5]}, {RGBColor[1,0,0]}}

(2) 二元函数作图

二元函数作图(三维图形)常用命令有:

Plot3D[f[x,y],{x,x1,x2},{y,y1,y2}]表示画 f[x,y] 的三维图形,作图区域 [x1,x2] × [y1,y2];

ParametricPlot3D[{x[u,v],y[u,v],z[u,v]},{u,u1,u2},{v,v1,v2}]可画参数方程的三维图形。

(3) 离散点作图

ListPlot 可画离散点的图形,如:ListPlot[Table[(1 +1/n)^n,{n,1,100}]]。

这里仅介绍了 Mathematica 中的基本命令以及命令的基本用法,具体用法可见以下各相关实验。

9.2 数学实验

实验一 用数学软件绘制基本初等函数图形,求方程的近似根

1. 实验内容

(1) 用 Mathematica 软件绘制基本初等函数图形,并从图形上观察函数的几种特性,建立形数结合的思想;

(2) 从图形上观察数列的变化趋势;

(3) 求方程的近似根。

2. 主要指令格式

(1) 自定义函数:f[x_]:=*expr*

(2) 生成函数表:Table[f[n],{n,n0,n1,n2}]

(3) 绘二维图形:Plot[f,{x,x1,x2}]

Plot[{f1,f2,…},{x,x1,x2},option1->value1,option2->value2,…]

ListPlot[*expr*]

(4) 求方程的根:Solve[*equa*,x]

FindRoot[*equa*,{x,x0}]

3. 上机实践

1) 利用 Mathematica 作图

例 1 用 Plot 画图函数画一些初等函数的图形

In[1]:=Plot[Cos[x],{x,-4Pi,4Pi}]

观察此函数的奇偶性、单调性、有界性、周期性。

In[2]:=Plot[Tan[x],{x,-100,100}]

In[3]:=Plot[Tan[x],{x,-10,10}]

In[4]:=Plot[Tan[x],{x,-10,10},PlotRange->{-5,5}]

观察此函数的基本性态,并比较上面三个语句,看图形效果有何不同。

In[5]:=Plot[{x^2,x^3,x^4,x^5},{x,-10,10},PlotStyle->{RGBColor[0,0,1],RGBColor[0,1,0],RGBColor[1,0,0],RGBColor[0,1,1]}]

In[6]:=Plot[{x^(1/2),x^(1/3),x^(2/3)},{x,0,100},PlotStyle->{Thickness[0.005],Thickness[0.01],Thickness[0.015]}]

In[7]:=Plot[{x^(-1),x^(-2),x^(-1/2),x^(-1/3)},{x,-10,10},PlotRange->{-5,5},PlotStyle->{RGBColor[1,0,0],RGBColor[0,1,0],RGBColor[0,0,1],RGBColor[1,1,0]}]

比较不同幂指数的幂函数图像,并注意用 Plot 画多个函数的图形时可以用选项为每条曲线设定一条不同的方式。

In[8]:=Plot[Log[x],{x,0,5},PlotStyle->RGBColor[1,1,0]]

In[9]:=Plot[Exp[x],{x,-5,5},PlotRange->{0,10},PlotStyle->RGBColor[1,0,1]]

In[10]:=Show[%,%%]

观察对数函数和指数函数关于直线 y=x 的对称性。

In[11]:=Plot[{ArcSin[x],ArcCos[x]},{x,-1,1},

```
PlotStyle - > {{RGBColor[1,1,0],
Thickness[0.01]},{RGBColor[0,0,1],Thichness[0.005]}}]
In[12]: = Plot [{ArcTan[x],ArcCot[x]},{x, -10,10},
PlotStyle - > {{RGBColor[0,1,1],Thickness[0.01]},
{RGBColor[1,0,1],Dashing[{0.05,0.05}]}}]
```

观察反三角函数的特性。

```
In[13]: = Plot[{Sinh[x],Cosh[x]},{x, -2,2}]
In[14]: = f[x_] = 1;g[x_] = -1;
Plot[{Tanh[x],f[x],g[x]},{x, -2,2},
PlotStyle - > {{RGBColor[1,0,0]},
{Dashing[{0.05,0.05}]},{Dashing[{0.05,0.05}]}}]
```

观察双曲函数的特性。

2） 观察数列的变化趋势

例 2 In[15]: = Table[(1 + 1/n)^n,{n,1,10}];

ListPlot[Table[(1 + 1/n)^n,{n,1,10}]]

若将点数增加到 20、30、50 甚至 100 呢?

3） 求方程的近似根

例 3 用图形法求方程 $x^3+x^2+3x=2$ 的近似根，要求误差不超过 10^{-3}。

解 （1） 定义函数 $f(x)=x^3+x^2+3x-2$，

In[16]: = f[x_]: = x^3 + x^2 + 3x - 2

（2） 求函数值 $f(0)$，$f(1)$。

```
In[17]: = f[0]
Out[17] = -2
In[18]: = f[1]
Out[18] =3
```

根据介值定理，原方程在(0,1)内至少有 1 个根。

（3） 在区间[0,1]上作出函数 $f(x)$ 的图形(如图 9-1 所示)，可见图形在区间(0,1)内与 x 轴交于一点，交点在区间(0.5,0.6)内。

In[19]: = Plot[f[x],{x,0,1}]

（4） 在区间[0.5,0.6]上再作函数 $f(x)$ 的图形(如图 9-2 所示)，得其交点落在区间(0.52,0.53)内。

In[20]: = Plot[f[x],{x,0.5,0.6}]

（5） 在区间[0.52,0.53]上再作函数 $f(x)$ 的图形(如图 9-3 所示)，最终得到交点为 0.526，即将它作为所求方程之根的近似值，其误差小于 0.001。

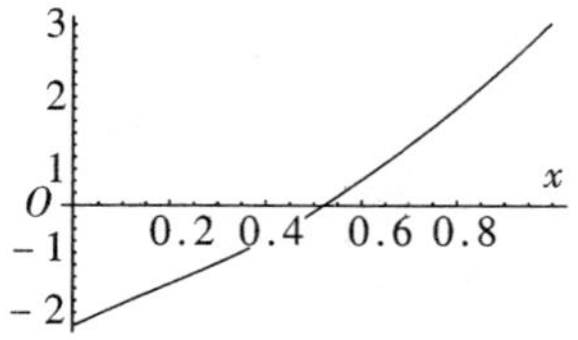

图 9-1

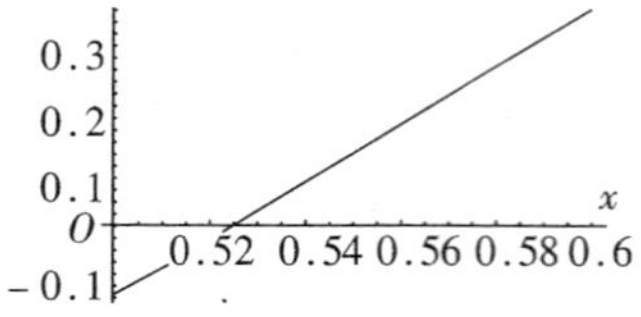

图 9-2

In[21]: = Plot[f[x], {x,0.52,0.53}]

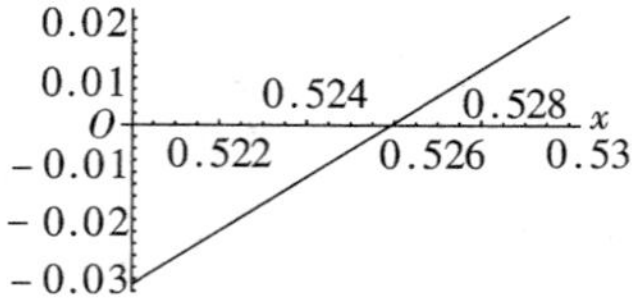

图 9-3

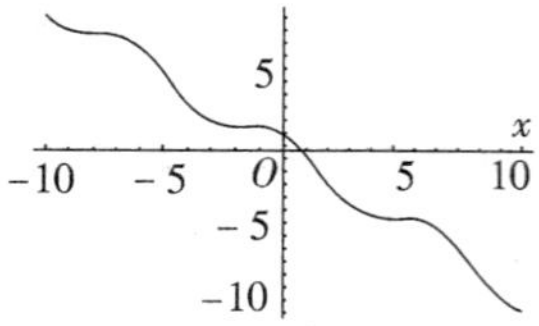

图 9-4

例 4　求代数方程 $x^4+3x^2+x^2+x-6=0$ 所有的根。

解　In[22]: = Solve[x^4 + 3x^3 + x^2 + x - 6 = = 0, x]

用 N[ ]函数求近似值。

In[23]: = N[%]

注意观察两者结果有何不同。

例 5　求方程 $\cos x - x = 0$ 的根的近似值。

解　(1)　画图形(如图 9-4 所示),可以发现方程在 $x=1$ 附近有 1 个根。

In[24]: = Plot[Cos[x] - x, {x, -10,10}]

(2)　求方程在 x = 1 附近的根。

In[25]: = FindRoot[Cos[x] - x = = 0, {x,1}]

Out[25] = {x - > 0.739085}

练　　习

1. 用 Plot 函数画出 $\sin 2x$、$\sin x^2$、$(\sin x)^2$ 在区间[-3,3]之间的图形。
2. 用 Plot 函数画出 $\sin\left(\frac{1}{x}\right)$在区间[-2,2]之间的图形。
3. 用图形法求方程 $x^3+2x^2+6x-7=0$ 的近似实根,要求误差不超过 10^{-4}。
4. 求代数方程 $x^3-2x^2+5x-3=0$ 的所有根。
5. 用 FindRoot 命令求方程 $\tan x = 2x - 0.1$ 最接近原点的近似实根。

实验二　用数学软件求导数、微分和极限，绘制一元函数图形，用泰勒公式逼近函数

1.　实验内容

（1）　用 Mathematica 软件求极限、导数和微分。

（2）　运用驻点法求一元函数的极值。

（3）　绘制一元函数的图形，并由此研究函数图形的特征。

（4）　将函数以及它的各次泰勒多项式进行动画演示，从而对泰勒多项式逼近函数有一个直观的了解。

2.　主要指令格式

（1）　求极限：Limit[*expr*,x -> x0]

（2）　求导数：D[f,x] 及 D[f,{x,n}]

（3）　求微分：Dt[f,x]

（4）　分段函数：Which[*cond*1,*expr*1,*cond*2,*expr*2,…]

（5）　循环运作：Do[*expr*,{i,imin,imax,di}]

3.　上机实践

1)　求极限、导数和微分

例 1　求$\lim\limits_{x\to 0}\dfrac{\sin x}{x}$和$\lim\limits_{x\to +\infty}\sqrt{x^2+x}-2x$。

解　(1)　In[1]: = Limit[Sin[x]/x,x -> 0]

Out[1] = 1

用指令 Plot 看一下$\dfrac{\sin x}{x}$在原点附近的情况，是否极限为 1。

(2)　In[2]: = Limit[Sqrt[x^2 + x] - 2x,x -> Infinity]

Out[2] = - ∞

同样的，用作图的方法看一看变量趋向于无穷时函数值的变化趋势，并考虑如果函数改为$\sqrt{x^2+x}-x$呢？

例 2　求 $y = x\ln x$ 的一阶、二阶和十阶导数。

解　In[3]: = D[x Log[x],x]

Out[3] = 1 + Log[x]

In[4]: = D[x Log[x],{x,2}]

Out[4] = $\dfrac{1}{x}$

In[5]: = D[x Log[x],{x,10}]

Out[5] $=\frac{40320}{x^9}$

例 3 求函数 $y=\sin 2x$ 的微分 dy。

解 In[6]:=Dt[Sin[2x]]

Out[6] =2Cos[2x]Dt[x].

2) 求一元函数的极值

例 4 求一元函数 $f(x)=(x-1)^2(x-2)^3$ 的极值。

解 (1) 自定义函数。

In[7]:=f[x_]:=(x-1)^2*(x-2)^3

Out[7] $=(-2+x)^3(-1+x)^2$

(2) 对所给函数求导函数。

In[8]:=df=D[f[x],x]

Out[8] $=2(-2+x)^3(-1+x)+3(-2+x)^2(-1+x)^2$

(3) 解方程 $f'(x)=0$,得到驻点横坐标。

In[9]:=Solve[df==0,x]

Out[9] $=\{\{x\to 1\},\{x\to \frac{7}{5}\},\{x\to 2\},\{x\to 2\}\}$

(4) 判断是否为极值点,是极大值点还是极小值点。先求二阶导函数,并将二阶导函数定义为 df2(x)。

In[10]:=df2[x_]:=D[f[x],{x,2}]

Out[10] $=2(-2+x)^3+12(-2+x)^2(-1+x)+6(-2+x)(-1+x)^2$

再求二阶导函数在驻点处的函数值

In[11]:=df2[1]

Out[11] = -2

In[12]:=df2[2]

Out[12] =0

In[13]:=df2$\left[\frac{7}{5}\right]$

Out[13] $=\frac{18}{25}$

由此可以判断出,函数在 $x=1$ 处取得极大值,在 $x=\frac{7}{5}$ 处取得极小值(考虑为什么函数在 $x=2$ 处没有取得极值)。

(5) 计算极值。

In[14]:=f[1]

Out[14] =0

In[15]: = f$\left[\frac{7}{5}\right]$

Out[15] = $-\frac{108}{3125}$

可得极大值为 0,极小值为 $-\frac{108}{3125}$。

3) 绘制一元函数的图形

例 5 绘制函数 $f(x)=(x-1)x^{\frac{5}{3}}$ 的图形。

解 (1)自定义函数。

In[16]: = f[x_]: = Which[x<0, -(x-1)(-x)^(5/3),x> =0,(x-1)x^(5/3)]

一开始可直接定义函数,但你会发现计算机画出的图形只有一半,不符合我们的要求,故改用分段函数指令。

(2) 画出 $f(x)$ 在[-5,5]的图形(如图 9-5 所示)。

In[17]: = Plot[f[x],{x, -5,5}]

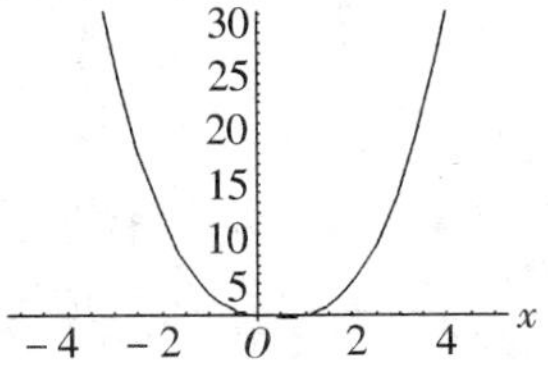

图 9-5

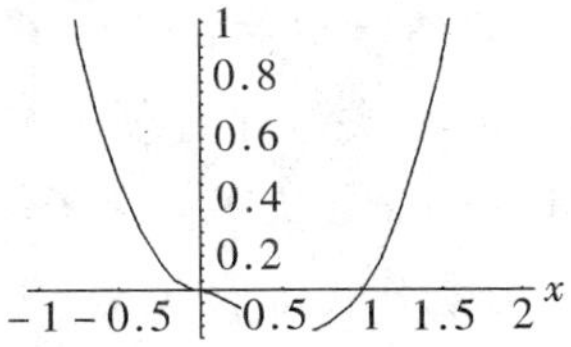

图 9-6

我们看到大约在 $-0.5\leqslant x\leqslant 1$ 的范围内 $y=f(x)$ 的图形近乎是"直线段",这是不是曲线 $y=f(x)$ 的真实写照呢?

(3) 将自变量显示范围调整为[-1,2],画 $f(x)$ 的图形(如图 9-6 所示)。

In[18]: = Plot[f[x],{x, -1,2}]

可见,"直线段"内被埋没了许多重要信息。大约在 $x=0.6$ 处,函数有一个极小值(也是最小值),并且函数在$(-\infty,0.6)$内单调递减,在$(0.6,+\infty)$内单调递增。在$x=0$ 附近,曲线的凹凸性似乎有所改变。那么,这些印象是否属实呢?

(4) 在[-1,2]作出 $f(x)$ 的导函数的图形(如图 9-7)。

In[19]: = df1[x_] = D[f[x],x]

In[20]: = Plot[df1[x],{x, -1,2}]

可以看到当 $x\approx 0.62$ 时, $f'(x)=0$;当 $x>0.62$ 时, $f'(x)>0$;当 $x<0.62$ 时, $f'(x)<0$。于是证实了 $f(x)$ 在$(-\infty,0.62)$内单调递减,在$(0.62,+\infty)$内单调递增。

(5) 在[-1,2]作出 $f''(x)$ 的图形(如图 9-8 所示)。

In[21]: = df2[x_]: = D[f[x],{x,2}]

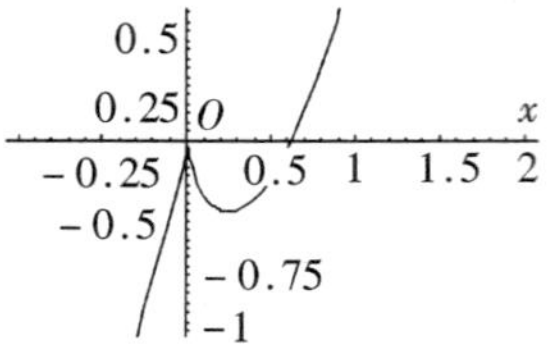

图 9-7

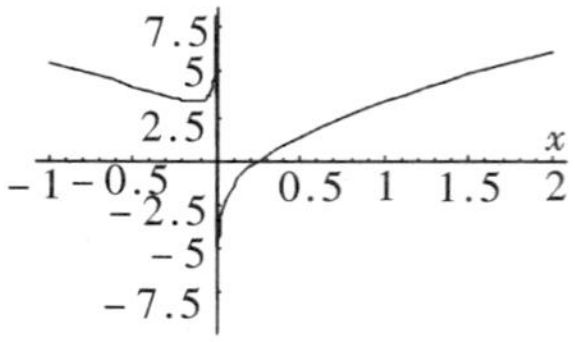

图 9-8

In[22]: = Plot[df2[x], {x, -1,2}]

可见,当 $x\approx 0.25$ 时,有 $f''(x)=0$,而 $x=0$ 是二阶不可导点,并且有 $x<0$ 时,$f''(x)>0$;$0<x<0.25$时,$f''(x)<0$;$x>0.25$ 时,$f''(x)>0$。这就说明了图形在 $x=0$ 及 $x\approx 0.25$处各有一个拐点,并且在$(-\infty,0)$及$(0.25,+\infty)$内是凹的,在$(0,0.25)$是凸的。

(6) 在[0,1]作出$f(x)$的图形。

In[23]: = Plot[f[x], {x,0,1}]

这时显示的图形才反映函数在这个区间上曲线的真实面貌。

由此可见,通过人与机器的相互作用,在微分理论的指导下运用计算机研究函数的图形才能真正做到便捷与准确。

4) 用泰勒多项式逼近函数

例 6 已知 $y=\sin x$,从图像上了解泰勒(麦克劳林)多项式是怎样逼近函数的。

解 (1) 分别作出 n 从 1 到 19,步长为 2 的 $\sin x$ 的麦克劳林多项式以及 $\sin x$ 的图形(如图 9-9 所示),并由此观察两者之间的关系。

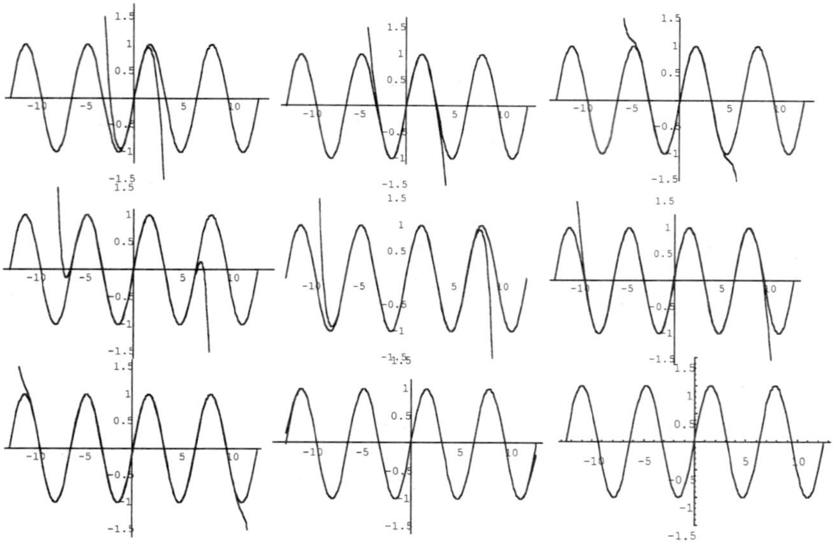

图 9-9

```
In[24]: = Do[Plot[{Sum[(-1)^m/(2m+1)! * x^(2m+1),{m,0,i}],
         Sin[x]},{x, -4Pi,4Pi},
         PlotRange -> {-1.5,1.5},PlotStyle -> {RGBColor[0,0,1],
         RGBColor[1,0,0]}],{i,1,19,2}]
```

我们看到,随着 n 的增大,多项式函数的图形和 $\sin x$ 的图形越来越接近,直至分不出彼此。也就是说,泰勒多项式越来越逼近函数。

(2) 进行动画演示,以便更清楚地观察逼近效果。

① 选定所有图形右边分括号(点黑)。

② 在 Cell 菜单中选子菜单“Animate Selected Graphics”(Ctrl + Y)。

练　　习

1. 求下列极限:

(1) $\lim\limits_{x->+\infty}(\sqrt[3]{x^3+x^2+x+1}-x)$;

(2) $\lim\limits_{x>0}\dfrac{\sqrt{2}-\sqrt{1+\cos x}}{\sin^2 x}$;

(3) $\lim\limits_{x\to 0}(1+x^2)^{\cot^2 x}$.

2. 求函数 $y=(x-1)\sqrt[3]{x^2}$ 以及函数 $y=\arctan x-\dfrac{1}{2}\ln(1+x^2)$ 的极值。

3. 作出函数 $y=x^3-6x^2+9x-4$ 以及函数 $y=xe^{-x^2}$ 的图形并观察它们的性态。

4. 用泰勒多项式逼近余弦函数 $y=\cos x$,重复上述例 6 的实验步骤。

实验三　用数学软件求不定积分、定积分、广义积分及积分的近似值

1. 实验内容

(1) 用 Mathematica 求不定积分;

(2) 月 Mathematica 求定积分、广义积分;

(3) 求定积分的近似值。

2. 主要指令格式

(1) 求函数 f 关于自变量 x 的不定积分:Integrate[f,x]

(2) 求函数 f 关于自变量 x 的定积分、广义积分:Integrate[f,{x,x1,x2}]

(3) 定积分的近似计算方法:NIntegrate[f,{x,x1,x2}]

3. 上机实践

例 1 求不定积分 $\int\dfrac{(1-x)^3}{x^2}dx$。

解　(1)　定义函数 $f_1(x)=\dfrac{(1-x)^3}{x^2}$;

In[1]:=f₁[x_]:=(1-x)^3/x^2

(2)　求 f_1 的不定积分

In[2]:=Integrate[f₁[x],x]

$$\text{Out[2]}=-\frac{1}{x}+3x-\frac{x^2}{2}-3\log[x]$$

得到计算结果 $\displaystyle\int\frac{(1-x)^3}{x^2}dx=-\frac{1}{x}+3x-\frac{x^2}{2}-3\ln x+C$

注意:在 Mathematica 中不定积分的计算结果中的积分常数 C 被省略。

例 2　求不定积分 $\displaystyle\int\frac{x^7+3x^6+5x^5+7x^4+7x^3+5x^2+3x+1}{8x^5+8x^4+2x^3+4x^2+4x+1}dx$。

解　(1)　定义函数 $f_2(x)=\dfrac{x^7+3x^6+5x^5+7x^4+7x^3+5x^2+3x+1}{8x^5+8x^4+2x^3+4x^2+4x+1}$;

f₂[x_]:=(x^7+3x^6+5x^5+7x^4+7x^3+5x^2+3x+1)/(8x^5+8x^4+2x^3+4x^2+4x+1)

(2)　求 f_2 的不定积分

In[2]:=Integrate[f₂[x],x]

$$\text{Out[2]}=\frac{11x}{32}+\frac{x^2}{8}+\frac{x^3}{24}-\frac{25}{192(1+2x)}+\frac{(5\sqrt{3}+2^{\frac{1}{3}}\sqrt[3]{3})\text{ArcTan}\left[\frac{-1+22^{\frac{1}{3}}x}{\sqrt{3}}\right]}{362^{\frac{2}{3}}}+$$

$$\frac{5}{32}\text{Log}[1+2x]+\frac{(-5+2^{\frac{1}{3}})\text{Log}[1+2^{\frac{2}{3}}x]}{362^{\frac{2}{3}}}-$$

$$\frac{(-5+2^{\frac{1}{3}})\text{Log}[1-2^{\frac{1}{3}}x+2^{\frac{2}{3}}x^2]}{722^{\frac{2}{3}}}+\frac{1}{12}\text{Log}[1+2x^3]$$

像例 2 这样的有理分式函数的积分,如果采用手工计算,则计算量将非常巨大。

例 3　求定积分 $\displaystyle\int_{-1/2}^{1/2}\frac{x\arctan x}{\sqrt{1-x^2}}dx$(被积函数图形见图 9-10)。

解　(1)　定义函数 $f_3(x)=\dfrac{x\arctan x}{\sqrt{1-x^2}}$;

In[3]:=f₃[x_]:=(x*ArcTan[x])/Sqrt[1-x^2]

(2)　求 f_3 的定积分

In[4]:=Integrate[f₃[x],{x,-1/2,1/2}]

$$\text{Out[4]}=-\frac{\pi}{3}-\sqrt{3}\text{ArcTan}\left[\frac{1}{2}\right]+2\sqrt{2}\text{ArcTan}\left[\sqrt{\frac{2}{3}}\right]$$

得到计算结果 $\int_{-1/2}^{1/2} \frac{x\arctan x}{\sqrt{1-x^2}}dx = -\frac{\pi}{3} - \sqrt{3}\arctan\frac{1}{2} + 2\sqrt{2}\arctan\sqrt{\frac{2}{3}}$。

例 4 求广义积分 $\int_0^{+\infty} \frac{x}{\sqrt{e^{2x}-1}}dx$（被积函数图形见图 9－11）。

解 (1) 定义函数 $f_4(x) = \frac{x}{\sqrt{e^{2x}-1}}$；

In[5]：= f$_4$[x _]：= x/Sqrt[E^(2x) －1]

(2) 求 f$_4$ 的广义积分

In[6]：= Integrate[f$_4$[x]，{x，0，Infinity}]

Out[6] = $\frac{1}{2}\pi$Log[2]

得到计算结果 $\int_0^{+\infty} \frac{x}{\sqrt{e^{2x}-1}}dx = \frac{\pi}{2}\ln 2$。

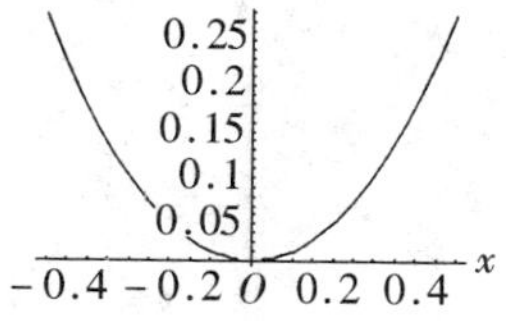

图 9－10

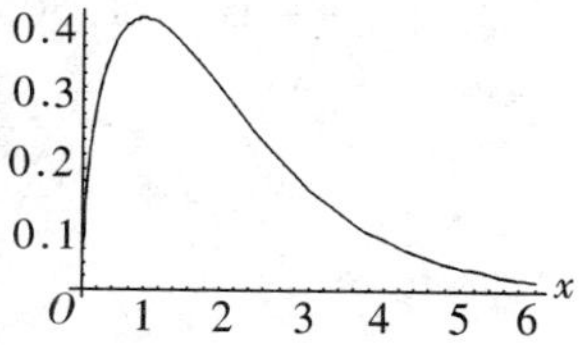

图 9－11

例 5 求广义积分 $\int_0^{\frac{\pi}{2}} \ln\sin x dx$（被积函数图形见图 9－12）。

解 (1) 定义函数 $f_5(x) = \ln\sin x$；

In[7]：= f$_5$[x _]：= Log[Sin[x]]

(2) 求 f$_5$ 的广义积分

In[8]：= Integrate[f$_5$[x]，{x，0，Pi/2}]

Out[8] = $-\frac{1}{2}\pi$Log[2]

得到计算结果 $\int_0^{\frac{\pi}{2}} \ln\sin x dx = -\frac{\pi}{2}\ln 2$。

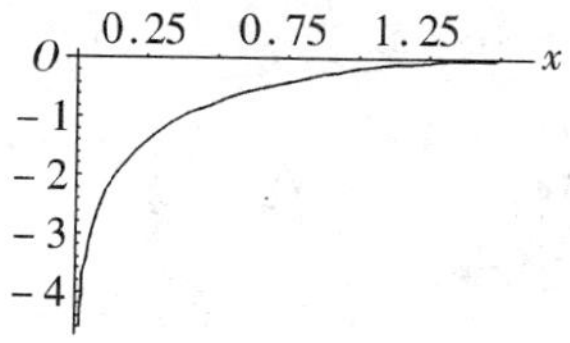

图 9－12

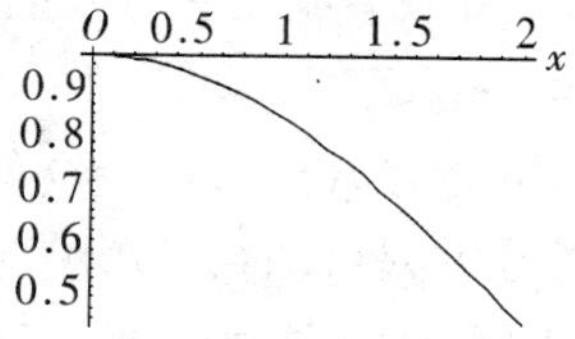

图 9－13

注意：命令 Integrate 做定积分的过程与人工计算一样，先求被积函数的原函数(即求不定积分)，再利用 Newton-Leibniz 公式由积分上下限求出结果，所以 Integrate 对一些“积不出”的函数如：$\frac{\sin x}{x}$，e^{-x^2} 等也求不出来。此时，我们可以用另外一个命令 NIntegrate 来求定积分的近似值。

例 6 求定积分 $\int_0^2 \frac{\sin x}{x}dx$ 的近似值。

解 (1) 定义函数 $f_6(x)=\frac{\sin x}{x}$(被积函数图形见图 9－13)；

In[9]：=f6[x_]：=Sin[x]/x

(2) 求定积分的近似值

In[10]：=NIntegrate[f6[x]，{x,0,2}]

Out[10]=1.60541

得到计算结果定积分 $\int_0^2 \frac{\sin x}{x}dx \approx 1.60541$。

练 习

1. 计算下列积分：

(1) $\int e^x(\sin x+\cos x)dx$；

(2) $\int \tan^4 x dx$；

(3) $\int \frac{x^5+3x^3+5x^2+2}{2x^6+x^5+3x^2+6}dx$；

(4) $\int_0^1 (1-x^2)\sqrt{1-x^2}dx$；

(5) $\int_0^1 \frac{\arcsin x}{x}dx$；

(6) $\int_0^{+\infty} \frac{\sin x}{x}dx$.

2. 计算 $\int_0^{10} e^{-x^2}dx$ 的近似值。

实验四 用数学软件求解常微分方程的通解和特解

1. 实验内容

用 Mathematica 求解常微分方程的通解和特解。

2. 主要指令格式

(1) 求微分方程 $f(x,y,y')=0$ 的通解：DSolve[f= =0,y[x],x]

(2) 求微分方程 $f(x,y,y')=0$，$y(x_0)=y_0$ 的特解：

DSolve[{f= =0,y[x0]= =y0},y[x],x]

3. 上机实践

例 1 求微分方程 $y'+y\tan x=\cos x$ 的通解。

解 In[1]: = DSolve[y'[x] + y[x] * Tan[x] = = Cos[x], y[x], x]

Out[1] = {{y[x]→xCos[x] + C[1]Cos[x]}}

得到计算结果 $y=x\cos x+C\cos x$。

我们可以画出其积分曲线族(取 C 为 −10 到 10 的整数, $x\in[-2\pi,2\pi]$),见图 9−14)。

In[2]: = t = Table[x * Cos[x] + n * Cos[x], {n, −10, 10}];

In[3]: = Plot[Evaluate[t], {x, −2Pi, 2Pi}]

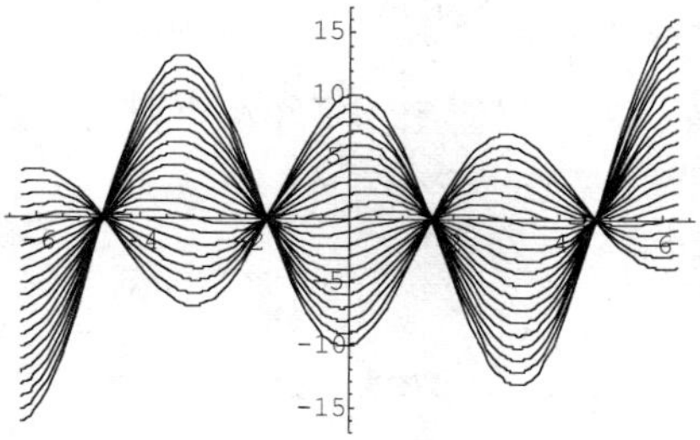

图 9−14

Out[3] = − Graphics −

注意:用 DSolve 命令输入时方程的等号须用双等号"= =",输出时用"→"表示等号,而 C[1]表示任意常数(下同)。

例 2 求微分方程 $y''+4y'+4y=4$ 的通解。

解 In[4]: = DSolve[y''[x] + 4y'[x] + 4y[x] = = 4, y[x], x]

Out[4] = {{y[x]→e^{-2x}(e^{2x} + C[1] + C[2]x)}}

得到计算结果 $y=e^{-2x}(C_1+C_2x)+1$。

例 3 求解初值问题 $\begin{cases}\dfrac{dy}{dx}+5x=-4e^{-3x}\\ y|_{x=-1}=2\end{cases}$。

解 In[5]: = DSolve[y'[x] + 5y[x] = = −4E ^(−3x), y[x], x]

Out[5] = {{y[x]→ −2e^{-3x} + e^{-5x}C[1]}}

In[6]: = DSolve[{y'[x] + 5y[x] = = −4E ^(−3x), y[−1] = = 2}, y[x], x]

Out[6] = $\left\{\left\{y[x]\to -e^{-5x}\left(2e^{2x}-\dfrac{2(1+e^3)}{e^5}\right)\right\}\right\}$

得到计算结果 $y=-e^{5x}\left(2e^{2x}-\dfrac{2(1+e^2)}{e^5}\right)$。

画出其积分曲线族(取 $C\in[-1,1]$, $x\in[-4,2.5]$,见图 9−15)。

```
In[7]: = t = Table[-2E^(-2) + n * E^(-5x),{n, -1,1,0.1}];
In[8]: = Plot[Evaluate[t], {x, -4, -2.5},PlotStyle -> {Dashing[{0.01,
        0.01}]}];
In[9]: = Plot [-E^(-5x) * (2E^(2x) - (2(1 + E^2)/E^5)),{x, -4, -2.5},
          PlotStyle -> {Thickness[0.08]}];
In[10]: = Show[%,%%]
Out[10] = - Graphics -
```

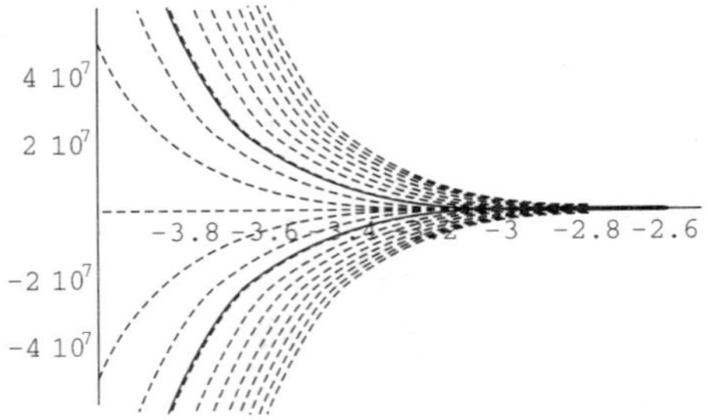

图 9-15

例 4　求微分方程组$\begin{cases} y'(t) = 2x(t) \\ 2x'(t) = -3y(t) \end{cases}$的通解。

解　In[11]: = DSolve[{y'[t] == 2x[t],2x'[t] == -3y[t]},{x[t],y[t]},t]

Out[11] = $\left\{\left\{x[t] \to \frac{1}{2}(2C[1]Cos[\sqrt{3}t] - \sqrt{3}C[2]Sin[\sqrt{3}t]),\right.\right.$

$\left.\left. y[t] \to C[2]Cos[\sqrt{3}t] + \frac{2C[1]Sin[\sqrt{3}t]}{\sqrt{3}}\right\}\right\}$

得到计算结果$\begin{cases} x = \dfrac{1}{2}C_1\cos\sqrt{3}t - \dfrac{\sqrt{3}}{2}C_2\sin\sqrt{3}t \\ y = C_2\cos\sqrt{3}t + \dfrac{2\sqrt{3}}{3}C_1\sin\sqrt{3}t \end{cases}$。

例 5　物体冷却过程模型。某物体放置于空气中，时刻 $t = 0$ 时，温度为 $u_0 = 150℃$，10 分钟后温度为 $u_1 = 100℃$，求温度 u 和时间 t 的关系，并求 20 分钟后物体的温度（设室温为 $u_a = 24℃$）。

解　根据 Newton 冷却定律，温度变化速度$\frac{du}{dt} = -k(u - 24)$。用计算机计算结果：

In[12]: = DSolve[u'[t] == -k * (u[t] - 24),u[t],t]

Out[12] = {{u[t] → 24 + e^{-kt}C[1]}}

得到计算结果 $u = 24 + Ce^{-kt}$，将 $u_0 = 150℃$，$u_1 = 100℃$ 代入：

```
In[13]: = Solve[{150 = =24 + C * E^0,100 = 24 + C * E ^( - k * 10)},{C,
      k}]//N
```

将得到许多解,但只有一组是实数解,即 $\{C \to 126, k \to 0.0505549\}$,从而所求方程为 $u = 24 + 126e^{-0.051t}$,将 $t = 20$ 代入得 $u \approx 70$℃。

例 6 核废料的处理问题。

以前,美国原子能委员会将放射性核废料装在密封的圆桶里扔到水深约 91m 的海里。生态学家和科学家曾担心这种做法不安全而提出疑问。原子能委员会向他们保证,圆桶决不会破漏。经过周密的试验,证明圆桶的密封性是很好的,工程师们又问,圆桶是否会与海底碰撞而发生破裂?原子能委员会说:决不会。但工程师们还是不放心,他们进行了大量的实验后发现,当圆桶的速度超过每秒 12.2m 时,圆桶会因碰撞而破裂。那么,圆桶到达海底的速度到底是多少呢?它会因碰撞而破裂吗?下面是些具体而真实的数据,你能根据给出的数据解决这一问题吗?

圆桶的质量 $m = 239.456$kg,海水密度为 1025.94kg/m^3,圆桶的体积 $V = 0.208$m^3,关于圆桶下沉时的阻力,工程师们做了大量的试验后得出结论:这个阻力与圆桶的方位大致无关,而与下沉时的速度成正比,比例系数 $k = 1.2$。

解 建立坐标系,设海平面为 x 轴,y 轴的方向向下为正。由牛顿第二定律 $F = ma$,其中 m 为圆桶的质量,$a = \frac{d^2y}{dt^2}$,F 为作用在圆桶上的力,它由圆桶的重力 W、海水作用在圆桶上的浮力 $B = 1025.94 \times V \times g = 2091.28$(其中 g 为重力加速度),及圆桶下沉时受到的阻力 $D = kv = 1.2v = 1.2\frac{dy}{dt}$。(其中 v 为下沉速度) 合成,即

$$F = W - B - D = W - B - kv$$

这样就得到一个二阶微分方程:

$$\begin{cases} W - B - k\dfrac{dy}{dt} = m\dfrac{d^2y}{dt^2} \\ y(0) = 0 \\ \dfrac{dy}{dt}\Big|_{t=0} = v(0) = 0 \end{cases} \tag{9.1}$$

此微分方程是 $y'' = f(y')$ 型的,且由于圆桶到达海底所需的时间 t 并不需要知道,故我们用下面的方法来解方程:令$\frac{dy}{dt} = v$,$\frac{d^2y}{dt^2} = v\frac{dv}{dy}$,方程(9.1) 可化为一个一阶可分离变量方程:

$$\begin{cases} mv\dfrac{dv}{dy} = W - B - kv \\ v(0) = 0, y(0) = 0 \end{cases}$$

用计算机计算结果：

```
In[14]:=DSolve[{m*v[y]*v'[y]==W-B-k*v[y],v[0]==0},
        v[y],y]
```

$$\text{Out[14]}=\left\{\text{Solve}\left[\text{C[1]}+\text{m}\left(\frac{(\text{B}-\text{W})\text{Log[B}-\text{W}+\text{kv[y]]}}{\text{k}^2}-\frac{\text{v[y]}}{\text{k}}\right)==\text{y},\text{v[y]}\right],\{\text{v[0]}==0\}\right\}$$

即得 $\frac{1}{m}y=-\frac{1}{k}v-\frac{W-B}{k^2}\ln(W-B-kv)+C$，将 $v(0)=0$ 代入得

$$C=\frac{W-B}{k^2}\ln(W-B),$$

所以 $$\frac{1}{m}y=-\frac{1}{k}v-\frac{W-B}{k^2}\ln\left(\frac{W-B-kv}{W-B}\right)。$$

下面用 FindRoot 命令求出方程的近似根，

```
In[15]:=m=239.456; g=9.8;B=1025.94*0.208*g;k=1.2;W=m*g;y
        =91
In[16]:=FindRoot[y/m==-v/k-((W-B)/(k^2))*Log[(W-B-k*
        v)/(W-B)],{v,1}]
Out[16]={v→13.6301}
```

得到结果圆桶到达海底的速度大约是 13.63m/s，大于 12.2m/s。因此，美国原子能委员会这样处理核废料是不安全的。

练　　习

解下列微分方程：

1. $y'+2y=3x\cos x$；
2. $y'-y\cos x=\sin 2x$；
3. $y'-y\tan x+y^2\cos x=0$；
4. $y'+2xy=xe^{-x^2}$；
5. $y''-3y'+2y=e^x\cos 2x$；
6. $y'''+y''+y'=e^x$；
7. $\begin{cases}xy'=y+\sin(y/x)\\y(2)=\pi\end{cases}$；
8. $\begin{cases}2(y')^2=(y-1)y''\\y(1)=2,y'(1)=-1\end{cases}$.

实验五　用数学软件进行向量运算，绘制空间曲面与曲线的图形

1.　实验内容

(1)　用 Mathematica 做向量运算；

(2)　用 Mathematica 画空间曲面，空间曲线。

2. 主要指令格式

(1) 求向量 $\vec{A},\vec{B}$ 的数量积(内积):A · B

(2) 求向量 $\vec{A},\vec{B}$ 的向量积(外积):Cross[A,B]

(3) 画函数 $z=f(x,y)$ 的图形:Plot3D[f[x,y],{x,xmin,xmax},{y,ymin,ymax}]

(4) 画参数方程所决定的空间曲面和空间曲线的图形:

ParametricPlot3D[{x[u,v],y[u,v],z[u,v]},{u,umin,umax},
{v,vmin,vmax}]

ParametricPlot3D[{x[t],y[t],z[t]},{t,tmin,tmax}]

3. 上机实践

例 1 设向量 $\vec{a}=\{x_1,y_1,z_1\}$,$\vec{b}=\{x_2,y_2,z_2\}$,求 $\vec{a}\cdot\vec{b}$,$\vec{a}\times\vec{b}$。

解 (1) 定义向量 $\vec{a}=\{x_1,y_1,z_1\}$,$\vec{b}=\{x_2,y_2,z_2\}$

In[1]:=a={x1,y1,z1};b={x2,y2,z2}

(2) 计算向量的点积和叉积

In[2]:=a.b

Out[2]=x1x2+y1y2+z1z2

In[3]:=Cross[a,b]

Out[3]={-y2z1+y1z2,x2z1-x1z2,-x2y1+x1y2}

得到计算结果:$\vec{a}\cdot\vec{b}=x_1x_2+y_1y_2+z_1z_2$,

$$\vec{a}\times\vec{b}=\{-y_2z_1+y_1z_2,x_2z_1-x_1z_2,-x_2y_1+x_1y_2\}。$$

例 2 求行列式 $\begin{vmatrix}\vec{i} & \vec{j} & \vec{k}\\ 1 & -2 & -1\\ 3 & 0 & 2\end{vmatrix}$ 的展开式。

解 (1) 定义矩阵 $\begin{pmatrix}\vec{i} & \vec{j} & \vec{k}\\ 1 & -2 & -1\\ 3 & 0 & 2\end{pmatrix}$

In[4]:=A={{i,j,k},{1,-2,-1},{3,0,2}};

(2) 展开行列式

In[5]:=Det[A]

Out[5]= -4i-5j+6k

得到计算结果:$\begin{vmatrix}\vec{i} & \vec{j} & \vec{k}\\ 1 & -2 & -1\\ 3 & 0 & 2\end{vmatrix}=-4\vec{i}-5\vec{j}+6\vec{k}$。

例 3 作函数 $z=x^3+2y^2$ 的图形，$x\in[-10,10]$，$y\in[-10,10]$。

解 (1) 定义函数 $z=f(x,y)=x^3+2y^2$

```
In[6]:=f[x_,y_]:=x^3+2 y^2
```

(2) 画 $f(x)$ 的图形

```
In[7]:=Plot3D[f[x, y],{x,-10,10},{y,-10,10}]
Out[7]= -SurfaceGraphics- (见图 9-16)。
```

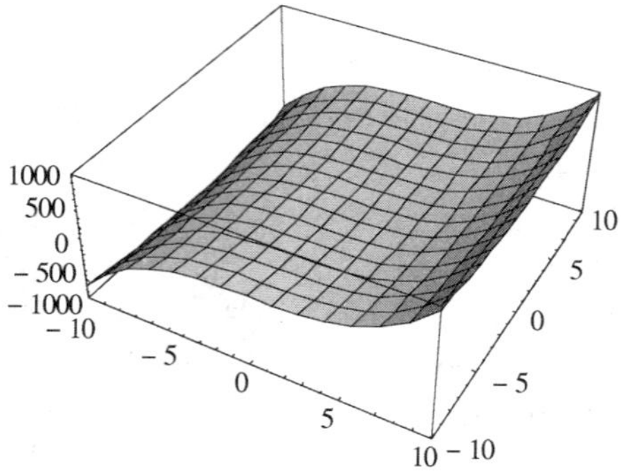

图 9-16

例 4 画椭球面 $\frac{x^2}{4}+\frac{y^2}{9}+\frac{z^2}{16}=1$ 的图形。

解 (1) 化椭球面方程为参数方程(由于决定三维图形的二元函数有两个自变量，故在参数方程中需要有两个参数)。我们可以利用三角恒等式 $\sin^2x+\cos^2x=1$，设 $z=4t$，则 $x=2\sqrt{1-t^2}\cos\varphi$，$y=3\sqrt{1-t^2}\sin\varphi$，其中 $t\in[-1,1]$，$\varphi\in[0,2\pi]$；我们也可以设 $x_1=\frac{x}{2}$，$y_1=\frac{y}{3}$，$z_1=\frac{z}{4}$，则此方程变为 ${x_1}^2+{y_1}^2+{z_1}^2=1$，再利用球面的参数方程 $x_1=\sin u\cos v$，$y_1=\sin u\sin v$，$z_1=\cos u$，$u\in[0,\pi]$，$v\in[0,2\pi]$，所以可设

$$x=2\sin u\cos v,\quad y=3\sin u\sin v,\quad z=4\cos u,u\in[0,\pi],v\in[0,2\pi]$$

这里用第二个方法。

```
In[8]:=x[u_,v_]:=2Sin[u]Cos[v];
       y[u_,v_]:=3Sin[u]Sin[v];
       z[u_,v_]:=4Cos[u]
```

(2) 画出图形(见图 9-17)

```
In[9]:=ParametricPlot3D[{x[u,v],y[u,v],z[u,v]},{u,0,Pi},
        {v,0,2 Pi},PlotPoints->40]
Out[9]= -Graphics3D-
```

例 5 画出螺旋线 $\begin{cases} x = \cos t \\ y = \sin t \\ z = \dfrac{t}{10} \end{cases}$, $t \in [0, 20\pi]$ 的图形。

解 （1） 定义参数方程：

```
In[10]:=x[t]:=Cos[t];
        y[t]:=Sin[t];
        z[t]:=t/10
```

（2） 画出图形(见图 9-18)

```
In[11]:=ParametricPlot3D[{x[t],y[t],z[t]},
        {t,0,20 Pi},PlotPoints->500]
Out[11]=-Graphics3D-
```

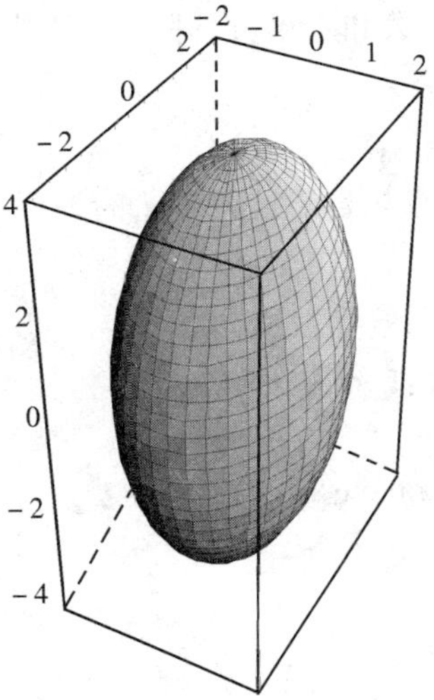

图 9-17

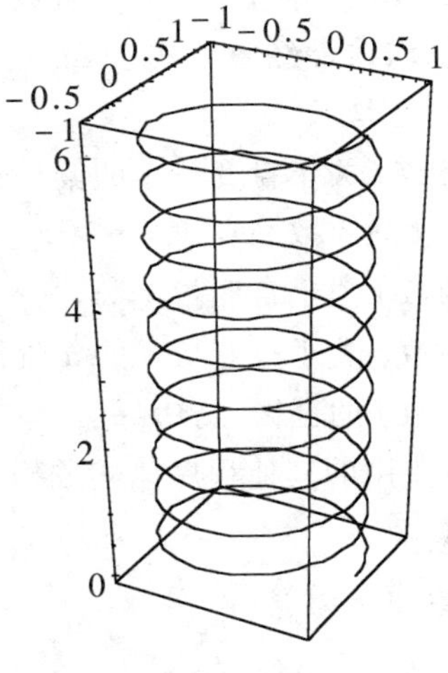

图 9-18

练　　习

1. 设向量 $\vec{a} = \{11,5,8\}$, $\vec{b} = \{2,0,13\}$, $\vec{c} = \{4,15,21\}$, 求 $\vec{a} \cdot \vec{b}$, $\vec{a} \times \vec{b}$, $(\vec{a} \times \vec{b}) \cdot \vec{c}$。
2. 画出双曲抛物面 $z = x^2 - 2y^2$ 及抛物柱面的 $y = x^2$ 的图形。
3. 画出椭圆抛物面 $z = \dfrac{x^2}{3} + \dfrac{y^2}{4}$ 的图形。

4. 画出锥面 $z^2 = x^2 + y^2$ 的图形。

5. 画出单叶双曲面 $\frac{x^2}{3} + \frac{y^2}{4} - \frac{z^2}{5} = 1$ 的图形。

6. 画出双叶双曲面 $-\frac{x^2}{9} - \frac{y^2}{16} + \frac{z^2}{25} = 1$ 的图形。

7. 画出曲线 $\begin{cases} x = \sin 5t \\ y = \sin 3t, t \in [0, 2\pi] \\ z = \sin t \end{cases}$ 的图形。

8. 画出两圆柱面 $x^2 + y^2 = 9$ 及 $x^2 + z^2 = 9$ 的交线图形。

实验六　用数学软件求偏导数和全微分,最小二乘法

1. 实验内容

使用 D[ ]及 Dt[ ]等指令求多元函数的偏导数和全微分,并用数据拟合等相关指令,通过最小二乘法求线性经验公式。

2. 主要指令格式

(1) 求函数 f 关于自变量 x 的偏导数(如果函数 f 是关于 x 的一元函数,则结果为函数 f 的导数):D[f,x]

(2) 求函数 f 关于自变量 $x_1, x_2, \cdots$,的混合偏导数:D[f,x_1,x_2,…]

(3) 求函数 f 关于自变量 x 的 n 阶偏导数:D[f,x,n}]

(4) 求函数 f 的全微分:Dt[f]

(本实验中使用的其他程序语句或指令,请参阅 9.1)

3. 上机实践

1) 偏导数与全微分

例 1 求函数 $z = \cos\sqrt{x^2 + y^2}$ 的偏导数 $\frac{\partial z}{\partial x}, \frac{\partial z}{\partial y}, \frac{\partial^2 z}{\partial x \partial y}$。

解 输入以下指令:

In[1]: = z[x _,y _]: = Cos[Sqrt[x^2 + y^2]]　　(定义函数)

In[2]: = D[z[x,y],x]　　(求函数 z 对 x 的偏导数)

$$\text{Out}[2] = -\frac{\text{xSin}[\sqrt{\text{x}^2+\text{y}^2}]}{\sqrt{\text{x}^2+\text{y}^2}}$$

In[3]: = D[z[x,y],y]　　(求函数 z 对 y 的偏导数)

$$\text{Out}[3] = -\frac{\text{ySin}[\sqrt{\text{x}^2+\text{y}^2}]}{\sqrt{\text{x}^2+\text{y}^2}}$$

In[4]: = D[z[x,y],x,y]　　(求出函数 z 关于 x,y 的二阶混合偏导数)

$$\text{Out}[4] = -\frac{\text{xyCos}[\sqrt{x^2+y^2}]}{x^2+y^2} + \frac{\text{xySin}[\sqrt{x^2+y^2}]}{(x^2+y^2)^{3/2}}$$

例 2 求函数 $u = x\sin y + ye^x$ 的全微分。

解 输入以下指令：

In[5]: = u[x _,y _]: = x * Sin[y] + y * E^x （定义函数）

In[6]: = Dt[u[x,y]] （求函数的全微分）

Out[6] = e^xyDt[x] + e^xDt[y] + xCos[y]Dt[y] + Dt[x]Sin[y]

得到计算结果 $du = (ye^x + \sin y)dx + (e^x + x\cos y)dy$。

2） 最小二乘法

在实际问题中，常常需要根据实验数据寻求两个变量之间的函数关系的近似表达式，通常把这样得到的近似表达式称为经验公式。下面介绍一种寻求两个变量间近似成为线性关系的经验公式的方法，称为最小二乘法。

设根据实验测得变量 x 与 y 的 n 组数据如下：

x	x_1	x_2	x_3	…	…	x_n
y	y_1	y_2	y_3	…	…	y_n

在坐标平面上可得到 n 个点 $P_i(x_i,y_i)(i = 1,2,\cdots,n)$，如果这些点在一直线上，则可以认为两变量之间的关系式为线性（一次）函数 $y = ax + b$。然而，一般来说这种可能性很小；如果这些点近似地在一条直线上，则可以考虑用线性函数 $y = ax + b$ 近似表达这样两个变量之间的关系。问题的关键在于如何取 a,b，使直线 $y = ax + b$ 总的来说尽可能靠近这些点。

于是，问题归结为：确定函数 $y = ax + b$ 中的 a,b，使

$$Q(a,b) = \sum_{i=1}^{n}[y_i - (ax_i + b)]^2 = \sum_{i=1}^{n}(y_i - ax_i - b)^2$$

为最小。这种方法称之为最小二乘法。

因为 $\frac{\partial Q}{\partial a} = -2\sum_{i=1}^{n}x_i(y_i - ax_i - b)$， $\frac{\partial Q}{\partial b} = -2\sum_{i=1}^{n}(y_i - ax_i - b)$，

令 $\begin{cases}\frac{\partial Q}{\partial a} = 0\\ \frac{\partial Q}{\partial b} = 0\end{cases}$ 得 $\begin{cases}\sum_{i=1}^{n}(y_i - ax_i - b)x_i = 0\\ \sum_{i=1}^{n}(y_i - ax_i - b) = 0\end{cases}$

也即 $\begin{cases} a\sum\limits_{i=1}^{n}x_i^{\ 2}+b\sum\limits_{i=1}^{n}x_i=\sum\limits_{i=1}^{n}x_iy_i \\ a\sum\limits_{i=1}^{n}x_i+nb=\sum\limits_{i=1}^{n}y_i \end{cases}$， 于是 $\begin{cases} a=\dfrac{\sum\limits_{i=1}^{n}x_iy_i-n\bar{x}\bar{y}}{\sum\limits_{i=1}^{n}x_i^2-n\bar{x}^2}, \\ b=\bar{y}-a\bar{x} \end{cases}$

其中 $\bar{x}=\dfrac{1}{n}\sum\limits_{i=1}^{n}x_i,\bar{y}=\dfrac{1}{n}\sum\limits_{i=1}^{n}y_i$，从而得到经验公式 $y=ax+b$。

Mathematica 提供了拟合函数 Fit[ ]，这个函数使用最小二乘法产生的基函数 1 和 x 的线性组合构造线性拟合函数。

Fit[ ] 命令格式为：Fit[{f1,f2,…,fn},{1,x},x]

例 3 为研究某一化学反应过程中温度 x(℃)对产品率 y(%)的影响，测得数据如下：

x	100	110	120	130	140	150	160	170	180	190
y	45	51	54	61	66	70	74	78	85	89

试求其线性拟合曲线。

解 输入以下指令：

In[1]: = b2 = {{100,45},{110,51},{120,54},{130,61},{140,66},{150,70},{160,74},{170,78},{180,85},{190,89}};

（将数据以表的形式输入）

In[2]: = fp = ListPlot[b2,PlotStyle -> {PointSize[0.015],RGBColor[0,0,1]}]

（作散点图，见图 9－19）

In[3] = ft1 = Fit[b2,{1,x},x]; （用 Fit 作线性拟合）

Out[3] = -2.73939 + 0.48303x （输出线性拟合函数）

In[4]: = gp = Plot[ft1,{x,100,190},PlotStyle -> {RGBColor[1,0,0]}];

（作拟合曲线图）

In[5]: = Show[fp,gp] （将两图显示在一起，见图 9－20）

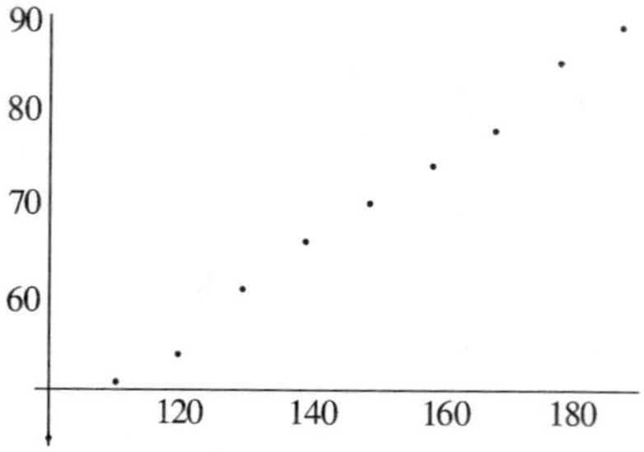

图 9－19

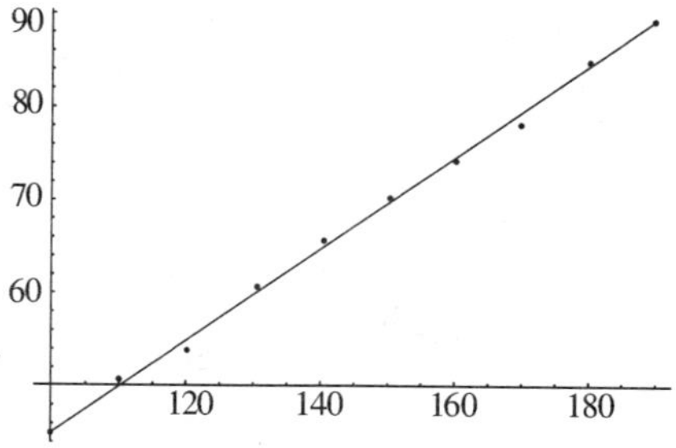

图 9－20

练　　习

试用计算机求解下列各题：

1. $z = x\arctan y$，求$\frac{\partial z}{\partial x},\frac{\partial z}{\partial y},\frac{\partial^2 z}{\partial x\partial y}$。
2. $z = (x^2 + y^2)e^{x/y}$，求$\frac{\partial z}{\partial x},\frac{\partial z}{\partial y},\frac{\partial^2 z}{\partial x\partial y}$。
3. $z = (2x + y)^{2x+y}$，求$\frac{\partial z}{\partial x},\frac{\partial z}{\partial y},\frac{\partial^2 z}{\partial x\partial y}$。
4. 已知 $u = xy^2z^3$，求 du。
5. 已知 $z = \ln(x + \sqrt{1 + x^2 + y^2})$，求 dz。
6. 在钢线碳含量对于电阻的效应的研究中，得以下数据：

碳含量 x(%)	0.1	0.3	0.4	0.55	0.7	0.8	0.95
电阻 y(Ω)	15	18	19	21	22.6	23.8	26

求其线性拟合曲线。

实验七　用数学软件求二重积分

1. 实验内容

用指令 Integrate[ ]求二重积分或积分近似值(先化为累次积分)。

2. 主要指令格式

(1)　Integrate[f,{x,x1,x2},{y,y1,y2}]

(2)　NIntegrate[f,{x,x1,x2},{y,y1,y2}]

3. 上机实践

例 1　求累次积分 $\int_0^a dx\int_0^x (x^2 + y^2)dy$。

解　输入以下指令：

```
In[1]:=Plot3D[x^2+y^2,{x,-1,1},{y,-1,1},PlotPoints->30,
        Lighting->True]
Out[1]=-SurfaceGraphics-
```

(画出旋转抛物面 $z=x^2+y^2$ 的一部分图，见图 9－21)。

```
In[2]:=Integrate[x^2+y^2,{x,0,a},{y,0,x}]
Out[2]=a^4/3
```

得到计算结果　$\int_0^a dx\int_0^x (x^2 + y^2)dy = a^4/3$。

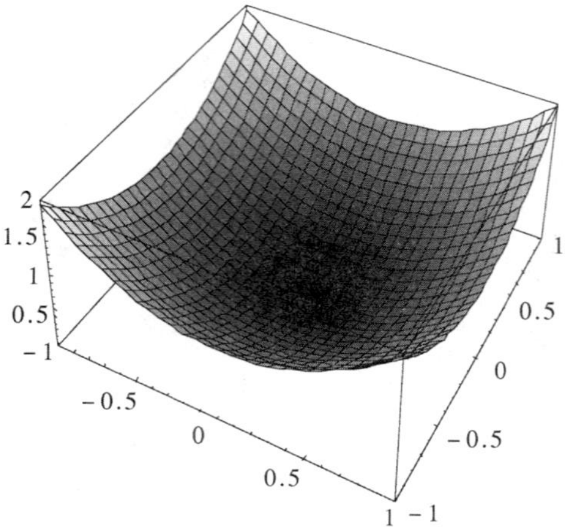

图 9－21

例 2 求二重积分$\iint\limits_D (x^2+y^2)\mathrm{d}x\mathrm{d}y$，其中 D：$0\leqslant x\leqslant a, 0\leqslant y\leqslant b$。

解 易见，被积函数的图形与上题相同，先把二重积分化为累次积分

$$\iint\limits_D (x^2+y^2)\mathrm{d}x\mathrm{d}y=\int_0^a \mathrm{d}x\int_0^b (x^2+y^2)\mathrm{d}y,$$

再输入以下指令：

In[3]：= Integrate[x^2 + y^2, {x,0,a}, {y,0,b}]

Out[3] = $\frac{\mathrm{a}^3\mathrm{b}}{3}+\frac{\mathrm{ab}^3}{3}$

得到计算结果 $\iint\limits_D (x^2+y^2)\mathrm{d}x\mathrm{d}y=\frac{a^3b}{3}+\frac{ab^3}{3}$。

上述两个积分中，积分限已经给出，或者积分限较容易确定，若积分限不易确定，可以通过作图找到积分上、下限。

例 3 求二重积分$\iint\limits_D (x^2+y^2)\mathrm{d}x\mathrm{d}y$，其中 D：$|x|+|y|\leqslant 1$。

解 被积函数同例1（见图9－21），但积分区域D较复杂，先依次输入围成积分区域边界线的方程，即输入以下指令：

In[4]：= y1 = -1 - x;

In[5]：= y2 = 1 + x;

In[6]：= y3 = -1 + x;

In[7]：= y4 = 1 - x;

In[8]：= Plot[{y1,y2,y3,y4}, {x, -1,1}]

Out[8] = - Graphics -（观察积分区域（图 9－22），以确定重积分的积分上、

下限）

```
In[9]: = Integrate[x^2 + y^2,{x, -1,0},{y,y1,y2}] +
         Integrate[x^2 + y^2,{x,0,1},{y,y3,y4}]
Out[9] = 2/3
```

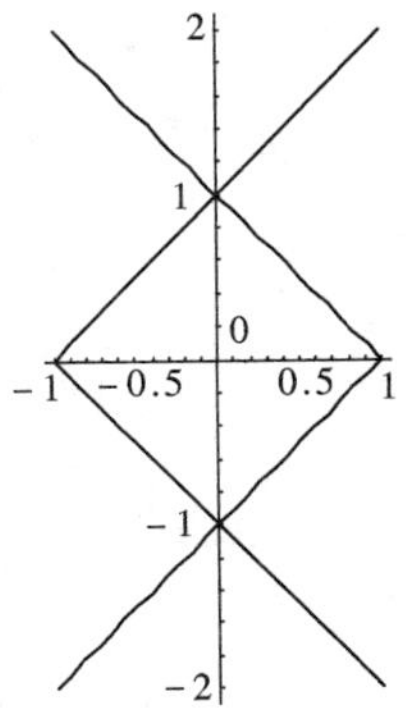

图 9-22

得到计算结果为 $\iint\limits_{|x|+|y|\leq 1}(x^2+y^2)\,\mathrm{d}x\mathrm{d}y=\dfrac{2}{3}$。

例 4 求积分 $\iint\limits_{x^2+y^2\leq 1}\sin(\pi\sqrt{x^2+y^2})\,\mathrm{d}x\mathrm{d}y$。

解 输入以下指令：

In[10]: = z = Sin[Pi * Sqrt[x^2 + y^2]];

（指定 z 表示被积函数）

In[11]: = Plot3D[z,{x, -1,1},{y, -1,1},
PlotPoints -> 30,Lighting -> True]

Out[11] = - SurfaceGraphics - （画出被积函数的图形，见图 9-23）

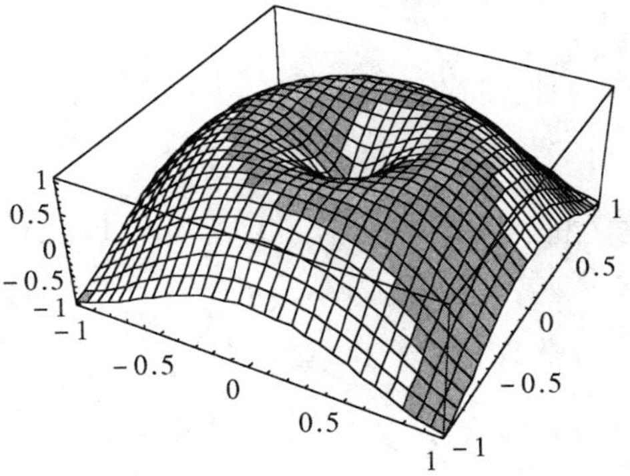

图 9-23

In[12]: = x = r * Cos[t];

（输入直角坐标系与极坐标系之间的转换关系式）

In[13]: = y = r * Sin[t];

In[14]: = r = 1;

（积分区域的边界为圆周 $x^2+y^2=1$，故赋值 $r=1$）

In[15]: = ParametricPlot[{x,y},{t,0,2Pi}]

（用参数方程画出该圆周）

Out[15] = - Graphics -

（观看积分区域（见图 9-24），以定出极坐标系下二次积分的上、下限）

In[16]: = r =.; （清除对 r 的赋值）

In[17]: = z

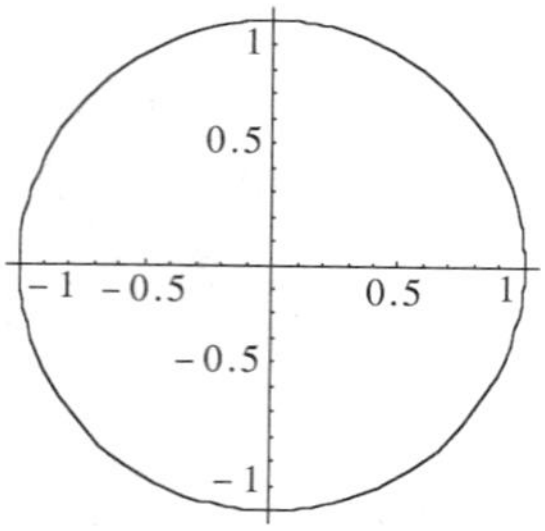

图 9-24

Out[17] = Sin[π r]

In[18]: = Integrate[Sin[Pi * r] * r, {t,0,2Pi}, {r,0,1}]

Out[18] = 2

计算结果为 $\iint\limits_{x^2+y^2\leqslant 1} \sin(\pi\sqrt{x^2+y^2})\mathrm{d}x\mathrm{d}y = 2$。

另外，对于某些被积函数，Mathematica 无法给出它的积分精确值，此时，可以采用数值积分（即求积分近似值）。

例 5 求累次积分 $\int_0^1 \mathrm{d}x\int_0^x y\cos(xy)\mathrm{d}y$。

解 输入以下指令：

In[19]: = NIntegrate[y * Cos[xy], {x,0,1}, {y,0,x}]

Out[19] = 0.149429

计算结果为 $\int_0^1 \mathrm{d}x\int_0^x y\cos(xy)\mathrm{d}y = 0.149429$。

练　　习

使用计算机计算下列各题：

1. $\iint\limits_D x\sin y\mathrm{d}x\mathrm{d}y$, D: $1\leqslant x\leqslant 2$, $0\leqslant y\leqslant \frac{\pi}{2}$。

2. $\iint\limits_D xy\cos(xy)\mathrm{d}x\mathrm{d}y$, D: $|x|+|y|\leqslant 2$。

3. $\iint\limits_D x\sin\frac{y}{x}\mathrm{d}x\mathrm{d}y$，$D$ 为由 $y=x, y=0, x=1$ 所围成的区域。

4. $\iint\limits_D xy^2\mathrm{d}x\mathrm{d}y$，$D$ 为由 $y=2, y=x, y=2x$ 所围成的区域。

5. $\iint\limits_D xy\mathrm{d}x\mathrm{d}y$，$D$ 为由 $y^2=2x, y=x-4$ 所围成的区域。

6. $\iint_D (6-2x-3y)\mathrm{d}x\mathrm{d}y$, D: $x^2+y^2 \leqslant 2x$,并画出积分区域 D。

7. 求由抛物面 $z=2-x^2-y^2$ 与 $z=x^2+y^2$ 所围成的立体体积。

实验八 用数学软件求级数之和，把函数展开为幂级数，用傅里叶级数部分和逼近周期函数

1. 实验内容

使用 Series[ ],Sum[ ]等指令将一些常用函数展开成幂级数或求幂级数的和。

2. 主要指令格式

(1) Series[expr,{x,x$_0$,n}]:求函数在点 $x=x_0$ 处的直到 $(x-x_0)^n$ 项的幂级数展开式

(2) Sum[expr,{n,nmin,nmax}]:求和 $\sum\limits_{n=n\min}^{n=n\max}\mathrm{Expr}(n)$

3. 上机实践

1) 将函数展开成幂级数

例 1 将函数 e^x,$\sin x$,$\cos x$,$\ln(1+x)$ 展开为 x 的幂级数。

解 输入以下指令:

In[1]: = Series[Exp[x],{x,0,4}]

Out[1] $=1+x+\frac{x^2}{2}+\frac{x^3}{6}+\frac{x^4}{24}+o[x]^5$

In[2]: = Series[Sin[x],{x,0,5}]

Out[2] $=x-\frac{x^3}{6}+\frac{x^5}{120}+o[x]^6$

In[3]: = Series[Cos[x],{x,0,6}]

Out[3] $=1-\frac{x^2}{2}+\frac{x^4}{24}-\frac{x^6}{720}+o[x]^7$

In[4]: = Series[Log[x+1],{x,0,8}]

Out[4] $=x-\frac{x^2}{2}+\frac{x^3}{3}-\frac{x^4}{4}+\frac{x^5}{5}-\frac{x^6}{6}+\frac{x^7}{7}-\frac{x^8}{8}+o[x]^9$

例 2 将函数 $f(x)=\dfrac{1}{x^2+3x+2}$ 展开为 $(x+4)$ 的幂级数。

解 输入以下指令:

In[5]: = Series[1/(x^2+3*x+2),{x,-4,3}]

Out[5] $=\frac{1}{6}+\frac{5(x+4)}{36}+\frac{19}{216}(x+4)^2+\frac{65(x+4)^3}{1296}+o[x+4]^4$

2） 幂级数的求和

例 3 求幂级数 $\sum_{n=0}^{\infty}\frac{x^n}{n!}$, $\sum_{n=0}^{\infty}(-1)^n\frac{x^{2n+1}}{(2n+1)!}$, $\sum_{n=0}^{\infty}(-1)^n\frac{x^{2n}}{(2n)!}$, $\sum_{n=1}^{\infty}(-1)^n\frac{x^n}{n}$ 的和函数。

解 输入以下指令：

In[6]: = Sum[(x^n)/(n!), {n,0,Infinity}]

Out[6] = e^x

In[7]: = Sum[((-1)^n) * (x^(2n+1))/((2n+1)!), {n,0,Infinity}]

Out[7] = $\frac{\text{xSin}[\sqrt{x^2}]}{\sqrt{x^2}}$

得到计算结果 $\sum_{n-0}^{\infty}(-1)^n\frac{x^{2n+1}}{(2n+1)!}=\sin x$。

In[8]: = Sum[((-1)^n) * (x^(2n))/((2n)!), {n,0,Infinity}]

Out[8] = Cos[$\sqrt{x^2}$]

得到计算结果 $\sum_{n-0}^{\infty}(-1)^n\frac{x^{2n}}{(2n)!}=\cos x$。

In[9]: = Sum[((-1)^n) * (x^(n))/n, {n,1,Infinity}]

Out[9] = -Log[1+x]

得到计算结果 $\sum_{n-0}^{\infty}(-1)^n\frac{x^n}{n}=-\ln(1+x)$。

3） 幂级数用于函数值及定积分的近似计算

例 4 求 e 及 ln2 的近似值。

解 (1) 由例 1 知，$e^x=\sum_{m=0}^{\infty}\frac{x^m}{m!}$，故所求的近似值可以输入如下指令：

NSum[(1^m)/(m!), {m,0,n}] （分别取 n = 5,10,20）

所得结果见以下表格：

n	5	10	20
e 的近似值	2.71667	2.71828	2.71828

再输入如下指令与上表比较：

N[Exp[1]]

(2) 由例 1 知，$\ln(1+x)=\sum_{m=1}^{\infty}\frac{(-1)^{m-1}x^m}{m}$，故

$\ln 2=\sum_{m=1}^{\infty}\frac{(-1)^{m-1}}{m}$，于是可以输入指令：

NSum[((-1)^(m-1))/m,{m,1,10}]

(分别取 n=10,100,1000)

所得结果见以下表格：

n	10	100	1000
ln2 的近似值	0.645635	0.688172	0.692647

再输入如下指令与上表比较：

N[Log[2]]

例 5 设函数 $\Phi(x)=\int_{-\infty}^{x}\frac{1}{\sqrt{2\pi}}e^{-t^2/2}dt$，求 $\Phi(1)$，$\Phi(1.45)$，$\Phi(1.96)$，$\Phi(2.13)$（已知 $\Phi(0)=0.5$）。

解 由例 1 可以得到 e^{-x^2} 的幂级数展开式

$e^{-x^2}=\sum_{k=0}^{\infty}\frac{(-1)^k x^{2k}}{2^k k!}$，所以

$$\Phi(x)=\int_{-\infty}^{0}\frac{1}{\sqrt{2\pi}}e^{-t^2/2}dt+\int_{0}^{x}\frac{1}{\sqrt{2\pi}}e^{-t^2/2}dt=$$

$$0.5+\frac{1}{\sqrt{2\pi}}\int_{0}^{x}\sum_{k=0}^{\infty}\frac{(-1)^k t^{2k}}{2^k k!}dt=$$

$$0.5+\frac{1}{\sqrt{2\pi}}\sum_{k=0}^{\infty}\frac{(-1)^k}{2^k k!}\int_{0}^{x}t^{2k}dt=$$

$$0.5+\frac{1}{\sqrt{2\pi}}\sum_{k=0}^{\infty}\frac{(-1)^k}{2^k k!}\frac{x^{2k+1}}{2k+1}.$$

于是定义函数

fi[x_]:=NSum[((-1)^k*(x^(2*k+1)))/(k! *(2^k)*(2*k+1))/Sqrt[2*Pi],{k,0,40}]+0.5

再依次输入指令：fi[1]，fi[1.45]，fi[1.96]，fi[2.13]得到计算结果，现列表如下：

x	1	1.45	1.96	2.13
$\Phi(x)$	0.841345	0.926471	0.975002	0.983414

再输入如下指令与上表比较（其中 n 依次取值 0,1,1.45,1.96,2.13）：

NIntegrate[Exp[-x^2/2]/Sqrt[2*Pi],{x,-Infinity,n}]

4) 傅氏级数用于函数逼近

例 6 如图 9-25 所示，$f(x)$ 是以 2π 为周期的周期函数，它在一个周期 $[-\pi,\pi)$ 上

的表达式为

$$f(x)=\begin{cases}-1, & -\pi\leqslant x<0\\ 1, & 0\leqslant x<\pi\end{cases},$$

将 $f(x)$ 展开成为傅氏级数。

解 $f(x)$ 是一个奇函数,容易求得 $a_0=0, a_n=0, b_n=\dfrac{2(1-(-1)^n)}{n\pi}$ $(n=1,2,\cdots)$,所以,$f(x)$ 的傅氏展开式为 $s(x)=\sum\limits_{n=1}^{\infty}b_n\sin nx$。

下述命令中,先定义$f(x)$,并作出函数$f(x)$的图形,再展示$f(x)$的傅氏级数,最后作出动画。

```
f[x_]:=Which[x<-2Pi,-1,x<-Pi,1,x<0,-1,x<Pi,1,
      x<2Pi,-1,x>=2Pi,1];
t1=Plot[f[x],{x,-3Pi,3Pi},PlotStyle->{RGBColor[0,1,0]}];
For[i=1,i<=30,i+=5,
b[n_]:=(1-(-1)^n)*2/(n*Pi);
s[x_]:=Sum[b[n]*Sin[n*x],{n,1,i}];
t2=Plot[s[x],{x,-3Pi,3Pi},PlotStyle->{RGBColor[1,0.3,0.5]}];
Show[t1,t2]
]
```

下面是上述语句所产生的部分图形(见图 9-26 至图 9-32)。

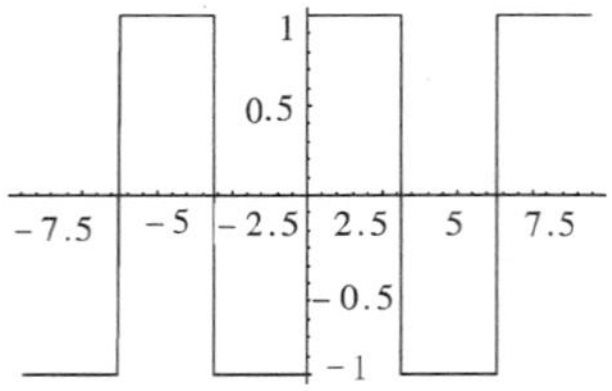

图 9-25

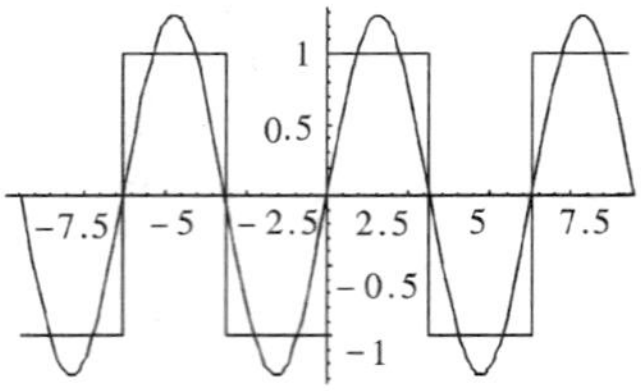

图 9-26

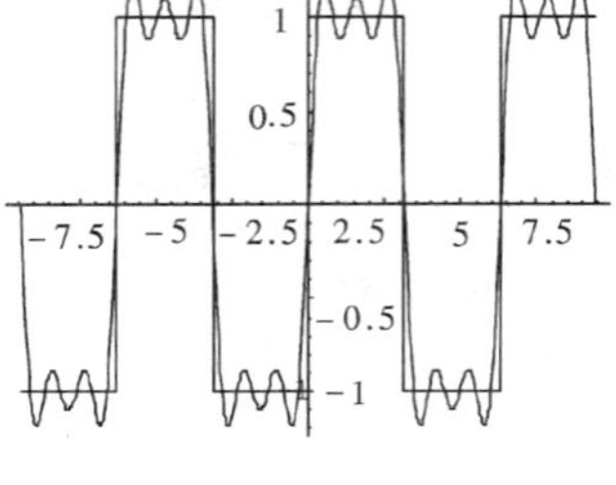

图 9-27

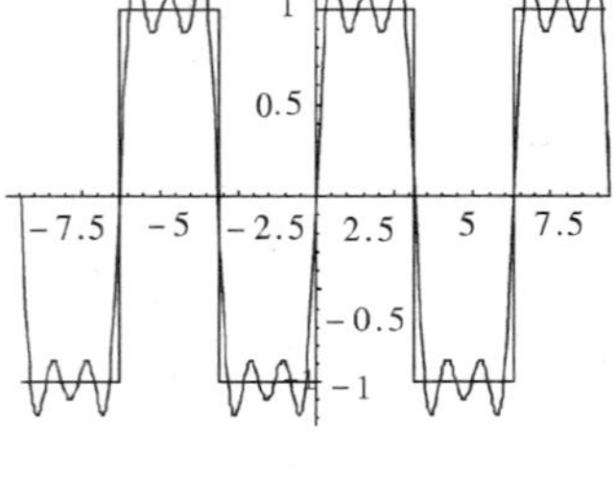

图 9-28

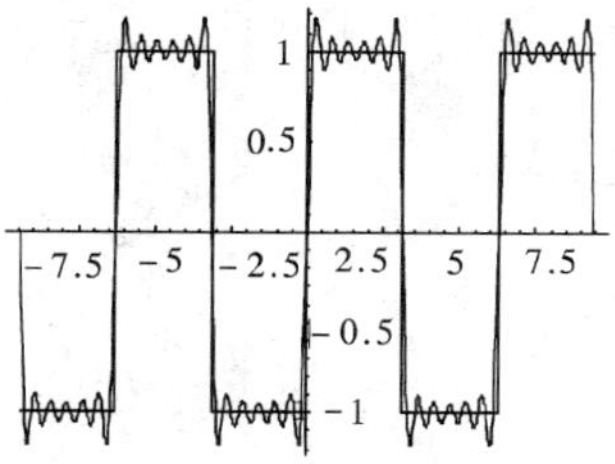

图 9-29

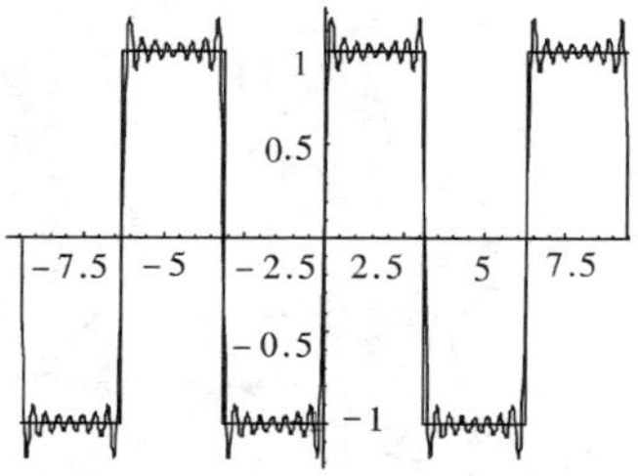

图 9-30

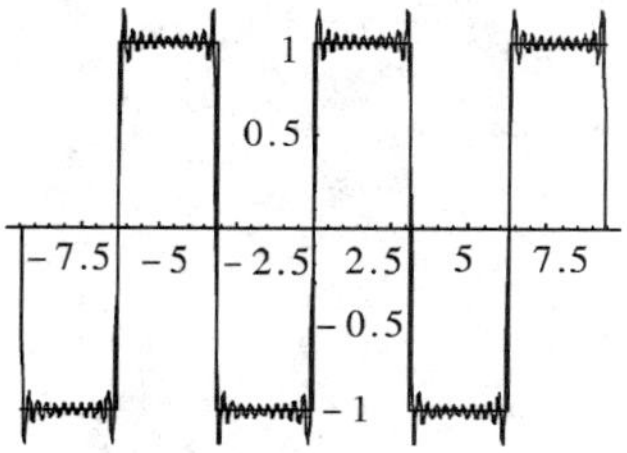

图 9-31

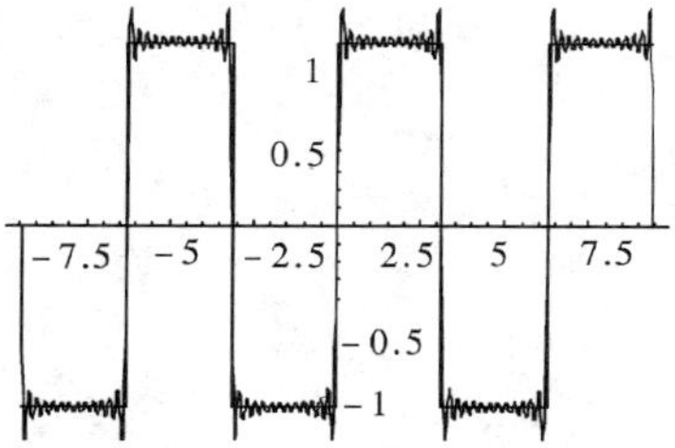

图 9-32

5） 科赫雪花(Koch Curve)

最后,介绍一种有趣的雪花模型。我们研究:当雪花的花瓣不断增加时,雪花的面积及周长的变化情况。具体做法是:先给定一个正三角形,然后在每条边上对称地产生一个边长为原边长 1/3 的小正三角形。照此类推,在每条边上都做类似操作,就得到一系列类似“雪花”的图形。下面我们将说明,随着雪花花瓣的不断增加,雪花的面积始终有界而其周长却是无界的。

假设开始时的三角形的边长为 1,则其周长为 3,面积为$\frac{\sqrt{3}}{4}=0.433$,然后对其进行不断分叉,于是可以得到一系列图形(见图 9-33 到图 9-37(经过 5 次分叉的图形))。图 9-38 是 Koch 雪花图。

我们知道,每一次分叉后,一条边变成四条较短的边,它们的总长为原来的 4/3 倍,因而雪花分叉一次后周长变为原来的 4/3 倍。我们可用 Table 命令来得到具体的数值(假设开始时三角形的边长为 1)。

输入指令:Table[3. * (4/3)^i,{i,1,15,1}]

得到下面的一系列数据:

{4., 5.33333, 7.11111, 9.48148, 12.642,
16.856, 22.4746, 29.9662, 39.9549, 53.2732,
71.0309, 94.7079, 126.277, 168.37, 224.493}

图 9－33

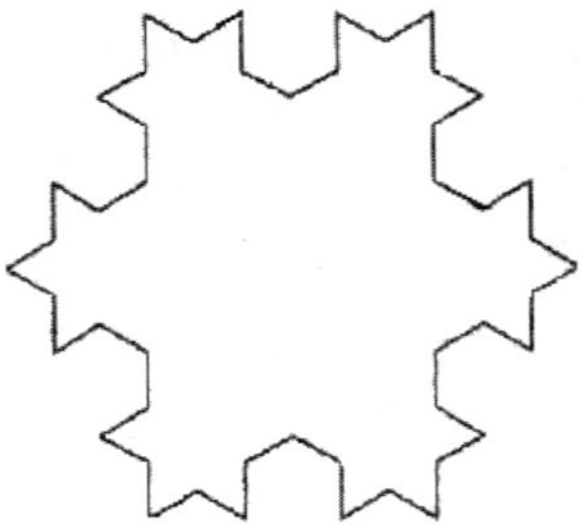

图 9－34

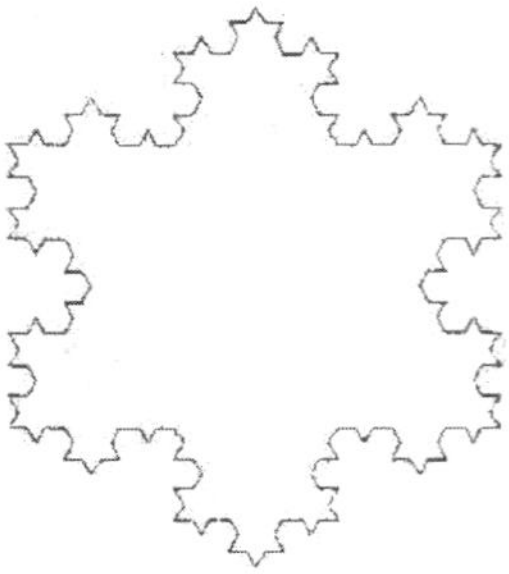

图 9－35

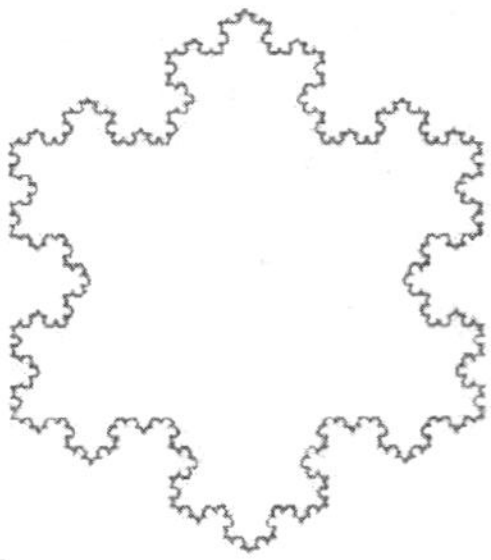

图 9－36

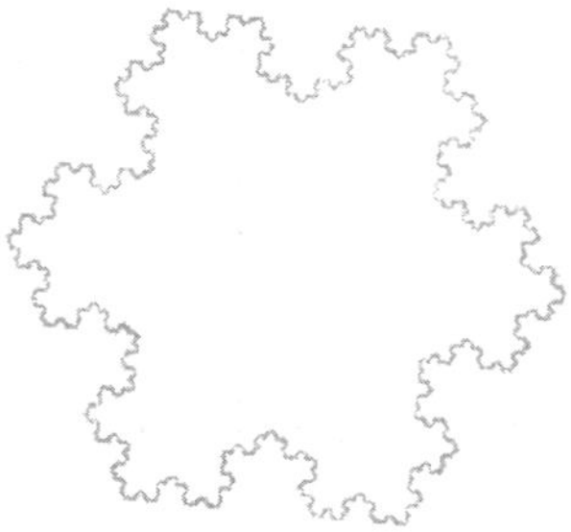

图 9－37

图 9－38

从数据可见雪花的周长增加很快而且是趋向于无穷的。另一方面，随着雪花分叉的增加，雪花的面积必然随之增加。根据正三角形的面积公式和雪花分叉操作的特点，可以很容易得到面积的计算公式如下：

$$S=\frac{\sqrt{3}}{4}\left[1+\left(\frac{1}{3}\right)^2\times 3+\left(\frac{1}{9}\right)^2\times 12+\left(\frac{1}{27}\right)^2\times 48+\cdots\right]=$$

$$\frac{\sqrt{3}}{4}\left[1+\left(\frac{4}{9}\right)^1\times 0.75+\left(\frac{4}{9}\right)^2\times 0.75+\left(\frac{4}{9}\right)^3\times 0.75+\cdots\right]。$$

下面用 Mathematica 命令得到分叉 15 次的面积数据。

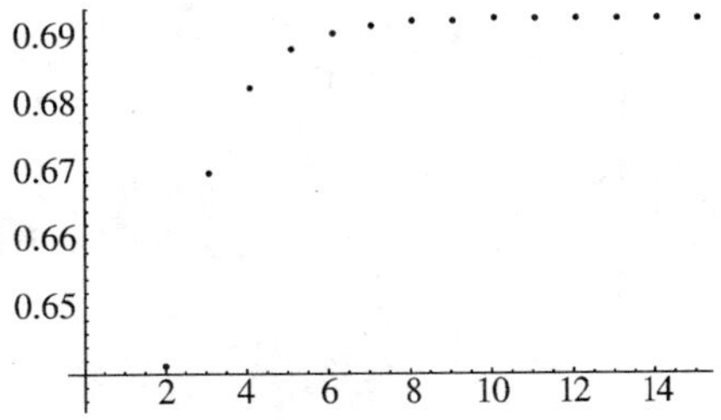

图 9-39

输入指令：

S[n_]: = Sqrt[3.]/4 * (1 + Sum[(4/9)^i, {i,1,n}] * 0.75)

ss = Table[S[n],{n,1,15,1}]

ListPlot[ss,PlotStyle -> {PointSize[0.015], RGBColor[0,0,1]}](作出面积数据的散点图)

得到下面的一系列数据及图形(见图 9-39)：

{0.57735, 0.6415, 0.670011, 0.682683, 0.688315, 0.690818, 0.69193, 0.692425, 0.692645, 0.692742, 0.692786, 0.692805, 0.692813, 0.692817, 0.692819}

从上述数据及图形不难看出雪花的面积趋于某个定值,即雪花面积有限。

从理论上,也可以说明上述结论。假设开始时三角形的边长为 1,通过计算,我们知道分叉 n 次后,雪花的周长变为 $3\times\left(\frac{4}{3}\right)^n$,而雪花的面积则变为

$$\frac{\sqrt{3}}{4}\left[1+3\times\left(\frac{1}{3}\right)^2+\cdots+3\times4^{n-1}\times\left(\frac{1}{3}\right)^{2n}\right]=\frac{\sqrt{3}}{4}\left[1+\frac{3}{5}\left(1-\left(\frac{4}{9}\right)^n\right)\right],$$

由此通过计算它们的极限不难得出结论:雪花的周长确实无界,而雪花的面积却有限。

练　　习

用计算机求解下列各题：

1. 将 $\frac{1}{x^2+3x+2}$ 展开为 $(x+3)^4$ 项的幂级数。
2. 将 $(1+x)\ln(1+x)$ 展开为 x^9 项的幂级数。
3. 利用 $\frac{\sin x}{x}$ 的幂级数展开式,求 $\int_0^1\frac{\sin x}{x}dx$ 的近似值。
4. 求 $\sum_{n=0}^{x}(-1)^n\frac{x^{2n-1}}{2n-1}$ 的和函数 $s(x)$, $|x|<1$。
5. 求级数 $\sum_{n=0}^{\infty}\frac{(-1)^{n-1}}{(2n-1)3^{n-1}}$ 的和。

附录

附录一　极坐标系简介

1. 极坐标系

确定平面上一点位置的常用方法,除了我们所熟知的直角坐标系外,还有极坐标系。在某些场合,使用后者解决问题更为方便。例如在航海中,用"距离多少海里,方位角多少度"来确定目标的位置,这其实就是极坐标。

在平面上取一定点 O,称为极点;引一条定射线 Ox,称为极轴(见图1);选定一个长度单位和角度的正方向(通常取逆时针方向)。于是平面上任意一点 M(不是极点)的位置可以由两个实数 $r=|OM|$ 及 $\theta=\angle xOM$(弧度)来确定,r 称为点 M 的极径,θ 称为极角。我们称有序数对 (r,θ) 为点 M 的极坐标,记为 $M(r,\theta)$。这样建立的平面坐标系叫做极坐标系。

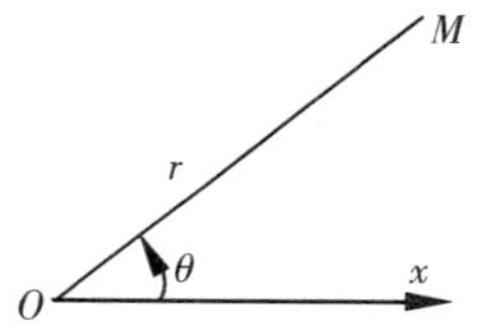

图 1

在通常情况下,我们限定

$$r>0,\quad -\pi<\theta\leqslant\pi$$

这样,平面上任一点 M 与它的极坐标 (r,θ) 之间有着一一对应关系,只有极点 O 是例外,它的极径 $r=0$,极角 θ 可以任意取值。

例如,图2中点 A,B,C,D,E,F,G 的极坐标分别是

$A(3,0)$,$B(3,\pi/4)$,$C(2,\pi/2)$,$D(1,3\pi/4)$,$E(3,\pi)$,$F(2,-2\pi/3)$,$G(3,-\pi/3)$。

有时我们也允许 $r<0$,θ 取 $(-\pi,\pi]$ 以外的值。例如图2中点 G 的极坐标也可以是 $(3,-\dfrac{\pi}{3}+2k\pi)$ $(k\in Z)$ 或者 $(-3,\dfrac{2\pi}{3})$ 等。

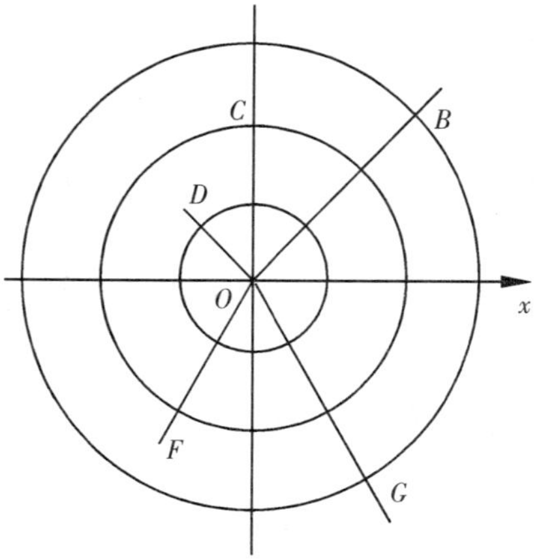

图 2

2. 平面曲线的极坐标方程

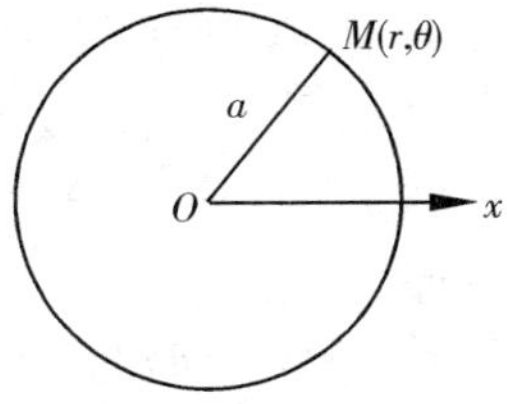

图 3

在极坐标系中，一个含有两个变量 r,θ 的方程表示一条曲线。下面介绍一些常见曲线的极坐标方程。

例 1　求圆心在极点 O，半径为 $a(a>0)$ 的圆的极坐标方程（见图 3）。

解　$r=a$.

可见圆心在极点的圆的极坐标方程比直角坐标方程简单得多。

例 2　求从极点 O 出发且与极轴 Ox 成 α 角的射线 l 的极坐标方程（见图 4）。

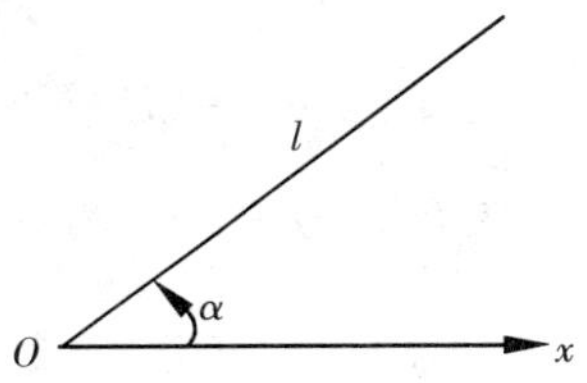

图 4

解　$\theta=\alpha$.

例 3　求圆心在 $C(a,0)$，半径为 $a(a>0)$ 的圆的极坐标方程（见图 5）。

解　该圆与极轴 Ox 有两个交点 O 和 $A(2a,0)$。在圆周上任取一点 $M(r,\theta)$。因为 ΔOAM 是直角三角形，所以

$$r=|OA|\cos\theta.$$

但 $|OA|=2a$，故得所求圆的极坐标方程

$$r=2a\cos\theta\quad(-\pi/2\leqslant\theta\leqslant\pi/2).$$

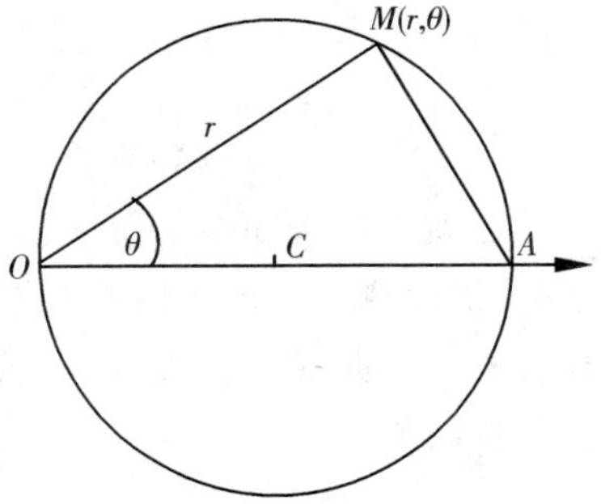

图 5

例 4　从点 O 出发的射线 l 绕 O 作等角速度的转动，同时点 M 沿 l 从 O 出发作等速直线运动。点 M 的轨迹叫做阿基米德螺线或等速螺线（见图 6），求它的极坐标方程。

解　设动点 M 在 l 上运动的速度为 v，l 绕 O 转动的角速度为 ω，经过时间 t 后，l 旋转了 $\theta=\omega t$ 角，M 沿 l 运动了 $r=vt$，消去 t 得

$$r=\frac{v}{\omega}\theta.$$

记 $a=\dfrac{v}{\omega}>0$，得到阿基米德螺线的极坐标方程

$$r=a\theta\quad(0\leqslant\theta<+\infty).$$

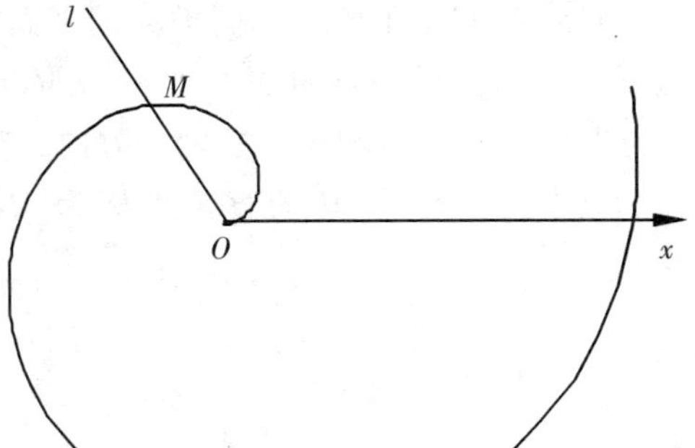

图 6

例 5　建立圆锥曲线的统一极坐标方程。

解　圆锥曲线的统一定义为：与一

个定点 F(焦点) 的距离和一条定直线 l(准线) 的距离之比等于常数 ε 的点的轨迹。

如图 7 所示,过点 F 作准线 l 的垂线 FK,垂足为 K。以焦点 F 为极点,FK 的反向延长线 Fx 为极轴,建立极坐标系。

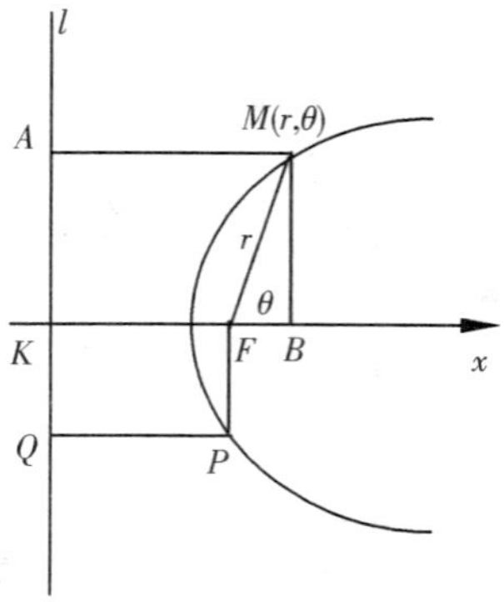

图 7

设 $M(r,\theta)$ 是曲线上任意一点,连结 MF,作 $MA \perp l$,$MB \perp Fx$,垂足分别为 A,B,再作 $FP \perp Fx$,$PQ \perp l$,垂足分别为 F,Q,P 在曲线上. 依曲线定义,有

$$\frac{|MF|}{|MA|} = \frac{|FP|}{|PQ|} = \varepsilon.$$

设 $|FP| = p$(焦点参数),由 $|MF| = r$,$|MA| = |BK| = |BF| + |FK| = |BF| + |PQ| = r\cos\theta + \frac{p}{\varepsilon}$ 得

$$\frac{r}{r\cos\theta + \frac{p}{\varepsilon}} = \varepsilon.$$

整理得

$$r = \frac{p}{1 - \varepsilon\cos\theta}.$$

这就是圆锥曲线的统一极坐标方程。当 $\varepsilon = 1$ 时方程表示抛物线,F 是它的焦点,l 是它的准线;当 $0 < \varepsilon < 1$ 时方程表示椭圆,F 是它的左焦点,l 是它的左准线;当 $\varepsilon > 1$ 时方程只表示双曲线的右支,F 是它的右焦点,l 是它的右准线,如果允许 $r < 0$,方程就表示整个双曲线。

3. 极坐标与直角坐标的关系

现在我们有了两种不同类型的平面坐标系,很自然地要讨论它们之间的关系。

设平面上任一点 M 的极坐标为 $M(r,\theta)$。现取极点 O 为坐标原点,极轴 Ox 为横轴正方向,建立直角坐标系 xOy(见图 8)。设点 M 的直角坐标为 $M(x,y)$,显有关系式

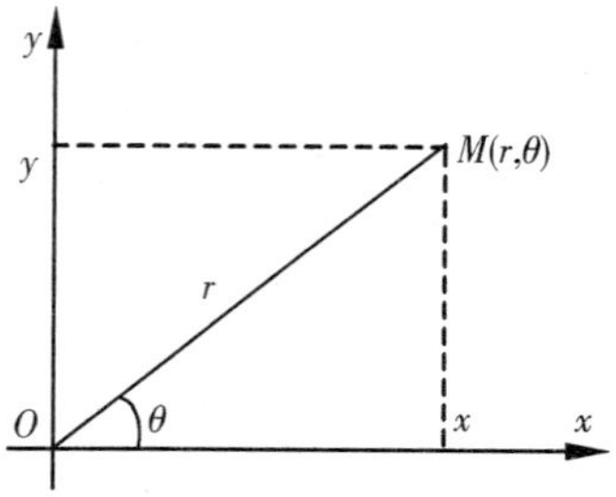

图 8

$$\begin{cases} x = r\cos\theta \\ y = r\sin\theta \end{cases} \tag{1}$$

和

$$\begin{cases} r = \sqrt{x^2 + y^2} \\ \tan\theta = \dfrac{y}{x} \quad x \neq 0. \end{cases} \tag{2}$$

这两组公式就是两种坐标系之间的变换公式。需要说明的是，由 $\tan\theta$ 求 θ 并不总是 $\arctan\frac{y}{x}$，要根据点 M 所在的位置分五种情形确定。现列表如下：

$$\theta=\begin{cases}\arctan\frac{y}{x} & x>0,\\ \pi+\arctan\frac{y}{x} & x<0,y\geqslant 0,\\ -\pi+\arctan\frac{y}{x} & x<0,y<0,\\ \frac{\pi}{2} & x=0,y>0,\\ -\frac{\pi}{2} & x=0,y<0.\end{cases}$$

例 6 把圆的直角坐标方程 $x^2+(y-a)^2=a^2(a>0)$（见图 9）化为极坐标方程。

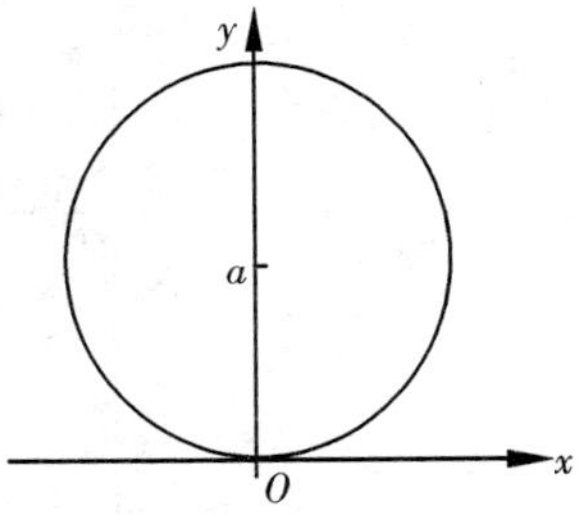

图 9

解 先把方程变形为 $x^2+y^2=2ay$，再用公式(1)(2)代入并约去 r，得极坐标方程

$$r=2a\sin\theta \quad (0\leqslant\theta\leqslant\pi).$$

4. 一些常见曲线的极坐标方程

以下图形均可用 Mathematica 参数图命令绘制：

```
ParametricPlot[{r[t] * Cos[t],r[t] * Sin[t]},{t,tmin,tmax}]
```

也可以先加载 Graphics`Graphics` 函数库，再直接用极坐标绘图命令：

```
<< Graphics`Graphics`
PolarPlot[r[t],{t,tmin,tmax}]
```

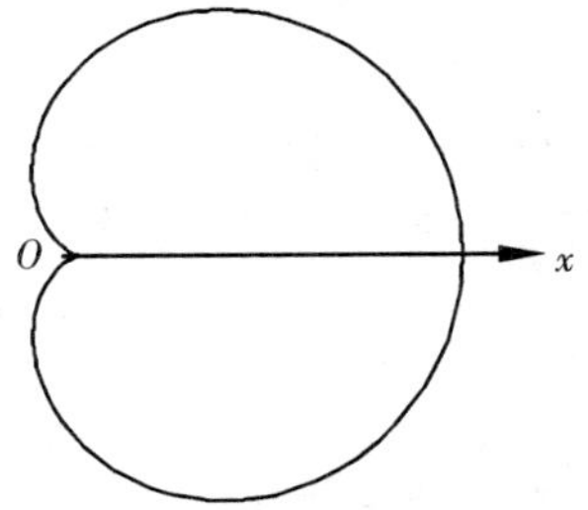

(1) 心形线 $r=a(1+\cos\theta)(a>0)$

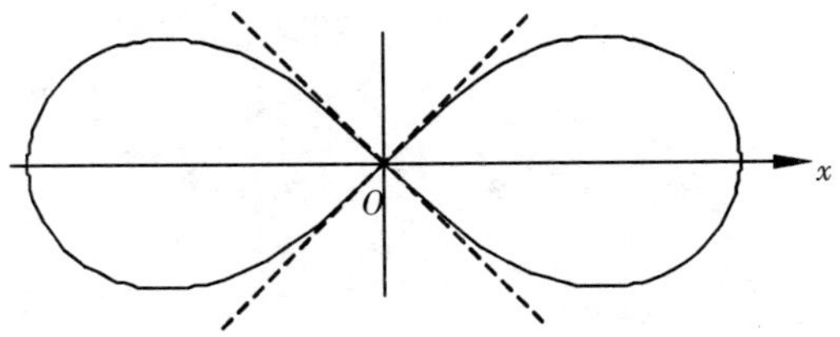

(2) 贝努利双纽线 $r^2=a^2\cos2\theta(a>0)$

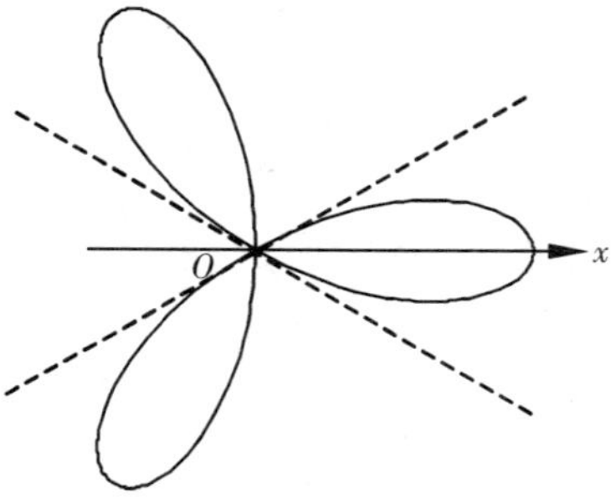

(3) 三叶玫瑰线 $r=a\cos 3\theta(a>0)$

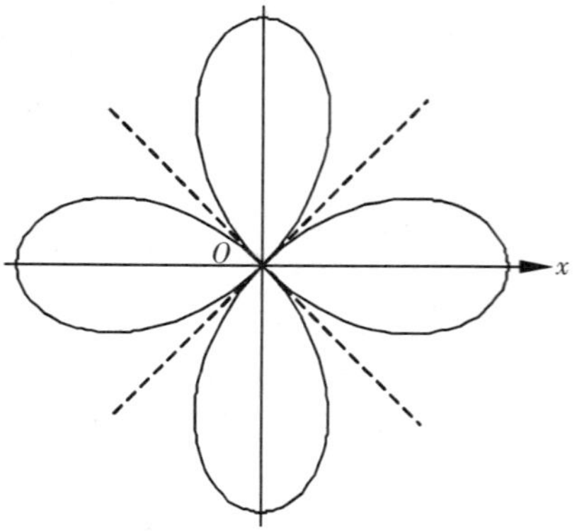

(4) 四叶玫瑰线 $r=a\cos 2\theta(a>0)$

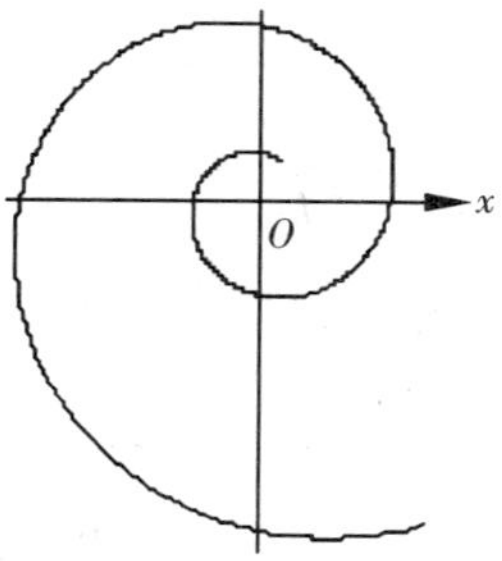

(5) 对数螺线 $r=e^{a\theta}(a>0)$

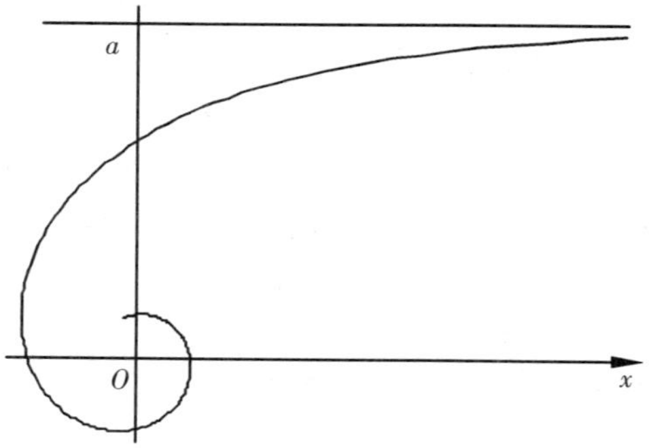

(6) 双曲线 $r=\frac{a}{\theta}(a>0)$

附录二　复数简介

1. 复数的概念

我们在学数学时发现数的范围是逐步扩充的，首先引入自然数的概念，接着扩充到正分数，然后是有理数，再后扩充为实数。但是在碰到二次方程 $x^2+1=0$ 时就只能说无解了。为此，我们引入复数的概念。

定义　记 $\sqrt{-1}=i$，称 i 为虚数单位，即 $i^2=-1$。称形如 $z=x+iy$ 的数为复数，其中 x,y 为任意实数。称 x 为复数 z 的实部，记作 $\mathrm{Re}z$；称 y 为复数 z 的虚部，记作 $\mathrm{Im}z$。

在复数 $z=x+iy$ 中，如果虚部 $y=0$，此时 $z=x+0i=x$ 就是实数（可见全体实数是全体复数的一部分）；如果实部 $x=0$，而虚部 $y\neq0$，此时 $z=0+yi=yi$，称为纯虚数。

对于两个复数 z_1 和 z_2，当且仅当 $\mathrm{Re}z_1=\mathrm{Re}z_2$，$\mathrm{Im}z_1=\mathrm{Im}z_2$ 时，称它们相等。

复数 $x+yi$ 和 $x-yi$ 称为一对共轭复数。例如：$1+3i$ 和 $1-3i$ 为共轭复数；$\sqrt{5}i$ 和 $-\sqrt{5}i$ 为共轭复数。复数 z 的共轭复数记作 $\bar{z}$，即 $x-iy=\overline{x+iy}$。

引入了复数概念，在实数范围内无解的二次方程 $x^2+1=0$ 就有一对共轭复根 $x=\pm i$。一般地，当实系数二次方程 $ax^2+bx+c=0\ (a\neq0)$ 的判别式 $b^2-4ac<0$ 时，有一对共轭复根 $x_{1,2}=-\dfrac{b}{2a}\pm\dfrac{\sqrt{4ac-b^2}}{2a}i$。著名的代数基本定理告诉我们：任何复系数 n 次代数方程在复数范围内都有 n 个根。

2. 复数的代数运算

根据复数的定义，我们来规定其运算方法，规定复数运算的一个基本要求是：由于实数是复数的特例，当复数的运算法则用于实数运算时，能够和以前实数的运算有相同的结果，同时也要求复数运算能够满足实数运算的一般定律。

下面我们来给出复数的四则运算，设复数 $z_1=x_1+iy_1$，$z_2=x_2+iy_2$。

1）　复数的加（减）法：实部与实部相加（减），虚部与虚部相加（减）

$$z_1\pm z_2=(x_1\pm x_2)+i(y_1\pm y_2)\tag{1}$$

我们称 z_1+z_2 为 z_1 与 z_2 的和，称 z_1-z_2 为 z_1 与 z_2 的差，复数的减法可以看作是加法的逆运算。复数的加法满足：

交换律：$z_1+z_2=z_2+z_1$

结合律：$(z_1+z_2)+z_3=z_1+(z_2+z_3)$

2）　复数的乘法：类似多项式的乘法，只要注意 $i^2=-1$ 就可以了。

$$z_1 \cdot z_2 = (x_1x_2 - y_1y_2) + i(x_1y_2 + y_1x_2) \tag{2}$$

我们称 $z_1 \cdot z_2$ 为 z_1 与 z_2 的积。复数的乘法满足：

交换律：$z_1 \cdot z_2 = z_2 \cdot z_1$

结合律：$(z_1 \cdot z_2) \cdot z_3 = z_1 \cdot (z_2 \cdot z_3)$

对加法的分配律：$(z_1 + z_2) \cdot z_3 = z_1 \cdot z_3 + z_2 \cdot z_3$

3) 复数的除法

先写成分数的形式，然后分子分母同时乘以分母的共轭复数（分母不为零）。

$$\frac{z_1}{z_2} = \frac{x_1x_2 + y_1y_2}{x_2^2 + y_2^2} + i\frac{x_1y_2 - y_1x_2}{x_2^2 + y_2^2} \tag{3}$$

我们称$\frac{z_1}{z_2}$为 z_1 与 z_2 的商，复数的除法可以看作乘法的逆运算。

例 1 设 $z_1 = -6 + 5i, z_2 = 3 + 2i$，求 $z_1z_2, \frac{z_1}{z_2}$。

解 $z_1z_2 = (-6 + 5i)(3 + 2i) = -18 + 10 + (-12 + 15)i = -8 + 3i$,

$$\frac{z_1}{z_2} = \frac{-6 + 5i}{3 + 2i} = \frac{(-6 + 5i)(3 - 2i)}{(3 + 2i)(3 - 2i)} =$$

$$\frac{1}{13}(-6 + 5i)(3 - 2i) = -\frac{8}{13} + \frac{27}{13}i.$$

例 2 设 $z = -\frac{1}{i} + \frac{2i}{3 + i}$，求 $\mathrm{Re}(z), \mathrm{Im}(z)$。

解 $z = -\frac{i}{i \cdot i} + \frac{2i(3 - i)}{(3 + i)(3 - i)} = i + \frac{2i(3 - i)}{10} = \frac{1}{5} + \frac{8}{5}i$,

所以 $\mathrm{Re}(z) = \frac{1}{5}, \mathrm{Im}(z) = \frac{8}{5}$。

结合前面共轭的定义，我们有以下性质：

$$\overline{z_1 \pm z_2} = \bar{z}_1 \pm \bar{z}_2, \overline{z_1z_2} = \bar{z}_1\bar{z}_2, \overline{\left(\frac{z_1}{z_2}\right)} = \frac{\bar{z}_1}{\bar{z}_2},$$

$$\bar{\bar{z}} = z,$$

$$z\bar{z} = \mathrm{Re}(z)^2 + \mathrm{Im}(z)^2,$$

$$z + \bar{z} = 2\mathrm{Re}(z), z - \bar{z} = 2i\mathrm{Im}(z).$$

这些性质的证明留给读者。

例 3 设 z_1, z_2 是任意两个复数，证明：$z_1\bar{z}_2 + \bar{z}_1z_2 = 2\mathrm{Re}(z_1\bar{z}_2)$。

证 设 $z_1 = x_1 + iy_1, z_2 = x_2 + iy_2$,

$$z_1\bar{z}_2 + \bar{z}_1z_2 = (x_1 + iy_1)(x_2 - iy_2) + (x_1 - iy_1)(x_2 + iy_2) =$$

$$(x_1x_2 + y_1y_2) + i(x_2y_1 - x_1y_2) + (x_1x_2 + y_1y_2) +$$

$$i(x_1y_2 - x_2y_1) = 2(x_1x_2 + y_1y_2) = 2\mathrm{Re}(z_1 \cdot \bar{z}_2).$$

3. 复数域

全体复数在引入上面的运算后就称为复数域. 在复数域内，我们熟知的一切代数恒等式，例如：$z_1^2 - z_2^2 = (z_1 + z_2)(z_1 - z_2)$，$z_1^3 - z_2^3 = (z_1 - z_2)(z_1^2 + z_1 z_2 + z_2^2)$ 等仍然成立。和实数域不同的是，一般说来，复数域内任意两个复数不能比较大小。

4. 复数的几何表示

1)　复平面

一个复数 $z = x + iy$ 在本质上是由一组有序数对 (x, y) 惟一确定的。因此，我们可以建立全体复数与平面上的点的一一对应关系。换句话说，我们可以用横坐标为 x，纵坐标为 y 的点 P 来表示复数 $z = x + iy$（如图1所示）。

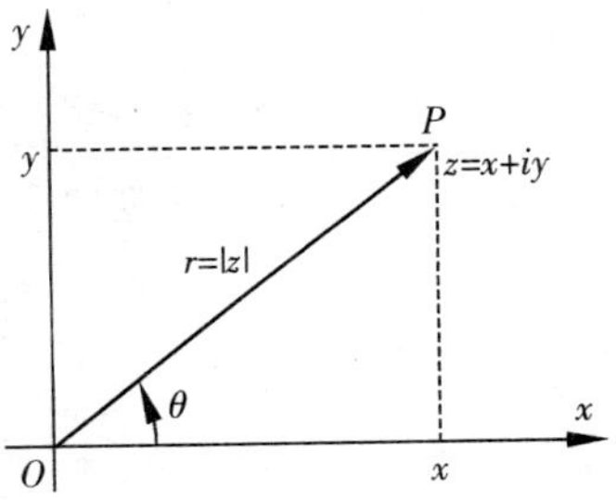

图 1

在这个平面上，由于 x 轴上的点对应着实数，故称 x 轴为实轴；y 轴上除原点外的点对应着纯虚数，故称 y 轴为虚轴。这样用来表示复数 z 的平面称为复平面或 z 平面。

在引进了复平面之后，在“数”和“点”之间就建立了一一对应关系。以后在研究复数时，常可借助于几何直观。

2)　复数的模与辐角

在复平面上，从原点到点 $z = x + iy$ 所引的向量与这个复数 z 也构成一一对应关系（复数 0 对应着零向量）。因此复数 $z = x + iy$ 也可以用向量 $\overrightarrow{OP}$ 来表示（如图 1 所示）。

向量 $\overrightarrow{OP}$ 的长度称为 z 的模或绝对值，记作

$$|z| = r = \sqrt{x^2 + y^2} \tag{4}$$

例如 $|3 - 4i| = \sqrt{3^2 + (-4)^2} = 5$，$|-2i| = 2$。

这里引进的模的概念与实数中的绝对值概念是一致的。由于复数 z 的模 $|z|$ 是非负实数，所以能够比较大小。由图 1 可得以下不等式：

$$|x| \leqslant |z|,\ |y| \leqslant |z|,\ |z| \leqslant |x| + |y| \tag{5}$$

如图 1 所示，实轴正方向与非零复数 $z = x + iy$ 所对应的向量 $\overrightarrow{OP}$ 的夹角 θ 称为复数 z 的辐角，记作 $\mathrm{Arg}z$。由图可知

$$\tan(\mathrm{Arg}z) = \frac{y}{x} \tag{6}$$

显然一个非零复数 z 的辐角有无穷多个，如果我们设 θ 为其中的一个，则 z 的全部辐角可以表示为

$$\mathrm{Arg}z = \theta + 2k\pi\ (k\ \text{为任意整数}) \tag{7}$$

我们称范围在 $(-\pi, \pi]$ 内的辐角 θ_0 为复数 z 的辐角主值，记作 $\arg z$。注意，当 $z = 0$

时，$|z| = 0$，辐角不确定。

当 $z \neq 0$ 时，我们可以用反正切函数 $\arctan \frac{y}{x}$ 来表示 $\arg z$：

$$\arg z = \begin{cases} \arctan \dfrac{y}{x} & x > 0, \\ \arctan \dfrac{y}{x} + \pi & x < 0, y \geqslant 0, \\ \arctan \dfrac{y}{x} - \pi & x < 0, y < 0, \\ \dfrac{\pi}{2} & x = 0, y > 0, \\ -\dfrac{\pi}{2} & x = 0, y < 0. \end{cases}$$

其中 $-\frac{\pi}{2} < \arctan \frac{y}{x} \leqslant \frac{\pi}{2}$。

例 4 求 $\mathrm{Arg}(1-i)$ 及 $\mathrm{Arg}(-2+3i)$。

解 (1) 由于实部 $1>0$，故 $\arg(1-i) = \arctan \frac{-1}{1} = \arctan(-1) = -\frac{\pi}{4}$，所以 $\mathrm{Arg}(1-i) = -\frac{\pi}{4} + 2k\pi \quad (k = 0, \pm 1, \pm 2, \cdots)$。

(2) 由于实部 $-2<0$，虚部 $3>0$，故 $\arg(-2+3i) = \arctan \frac{3}{-2} + \pi = -\arctan \frac{3}{2} + \pi$，所以 $\mathrm{Arg}(-2+3i) = -\arctan \frac{3}{2} + \pi + 2k\pi = (2k+1)\pi - \arctan \frac{3}{2}$ $(k = 0, \pm 1, \pm 2, \cdots)$。

3) 复数的三角形式和指数形式

由于直角坐标与极坐标的相互转换关系 $x = r\cos\theta, y = r\sin\theta$，我们可以用复数的模与辐角来表示非零复数 z，即

$$z = r(\cos\theta + i\sin\theta) \tag{8}$$

(8) 式称为复数的三角形式。由欧拉(Euler)公式 $e^{i\theta} = \cos\theta + i\sin\theta$，复数 z 又可以表示为

$$z = re^{i\theta} \tag{9}$$

(9) 式称为复数的指数形式。

我们也称 $z = x + iy$ 为复数的代数形式。

复数的三种表示形式各有各的简便之处，在具体的使用过程中常要相互转化，以适应不同问题的需要。

例 5 $1 = 1 \cdot (\cos 0 + i\sin 0) = e^{0 \cdot i}$,

$$i = 1 \cdot \left(\cos \frac{\pi}{2} + i\sin \frac{\pi}{2}\right) = e^{\frac{\pi}{2}i},$$

$$-2=2(\cos\pi+i\sin\pi)=2e^{\pi i},$$

$$-3i=3\left[\cos\left(-\frac{\pi}{2}\right)+i\sin\left(-\frac{\pi}{2}\right)\right]=3e^{-\frac{\pi}{2}i},$$

$$1+i=\sqrt{2}\left(\cos\frac{\pi}{4}+i\sin\frac{\pi}{4}\right)=\sqrt{2}e^{\frac{\pi}{4}i}.$$

4)　在三角形式和指数形式下复数的乘除法与乘幂

我们已经讨论了复数在代数形式下的运算，可以发现在代数形式下，复数的加、减法比较简单，但是乘、除法却比较繁琐。下面我们给出在三角形式下复数的乘除法与乘幂公式。

设 $z_1=r_1(\cos\theta_1+i\sin\theta_1)$，

则

$$z_1z_2=r_1r_2(\cos\theta_1+i\sin\theta_1)(\cos\theta_2+i\sin\theta_2)=$$
$$r_1r_2[\cos(\theta_1+\theta_2)+i\sin(\theta_1+\theta_2)] \tag{10}$$

同样地，在指数形式下，$z_1=r_1e^{i\theta_1}$，$z_2=r_2e^{i\theta_2}$，则 $z_1z_2=r_1r_2e^{i(\theta_1+\theta_2)}$；又有

$$\frac{z_1}{z_2}=\frac{r_1}{r_2}[\cos(\theta_1-\theta_2)+i\sin(\theta_1-\theta_2)]\qquad(\text{当 } z_2\neq 0 \text{ 时}) \tag{11}$$

及其指数形式$\dfrac{z_1}{z_2}=\dfrac{r_1}{r_2}e^{i(\theta_1-\theta_2)}$。

由此可见，利用复数的三角形式或指数形式进行乘除法比较简单。

例 6　设 $z_1=-1+\sqrt{3}i$，$z_2=2\sqrt{3}+2i$，求 z_1z_2，$\dfrac{z_1}{z_2}$。

解　$z_1=2\left(\cos\dfrac{2\pi}{3}+i\sin\dfrac{2\pi}{3}\right)$，$z_2=4\left(\cos\dfrac{\pi}{6}+i\sin\dfrac{\pi}{6}\right)$，

所以 $z_1z_2=8\left(\cos\dfrac{5\pi}{6}+i\sin\dfrac{5\pi}{6}\right)=-4\sqrt{3}+4i$，$\dfrac{z_1}{z_2}=\dfrac{1}{2}\left(\cos\dfrac{\pi}{2}+i\sin\dfrac{\pi}{2}\right)=\dfrac{i}{2}$。

作为乘积的特例，我们称 n（正整数）个非零复数 z 的乘积为 z 的 n 次幂，记作 z^n。设 $z=re^{i\theta}$，则

$$z^n=r^ne^{in\theta}=r^n(\cos n\theta+i\sin n\theta) \tag{12}$$

特别地，当 $r=1$ 时，就得到了棣莫弗（De Moivre）公式：

$$(\cos\theta+i\sin\theta)^n=\cos n\theta+i\sin n\theta \tag{13}$$

如果我们定义 $z^{-n}=\dfrac{1}{z^n}$，那么当 n 为负整数时，(12）式同样成立。

例 7　$(1+i)^{11}=\left[\sqrt{2}\left(\cos\dfrac{\pi}{4}+i\sin\dfrac{\pi}{4}\right)\right]^{11}=(\sqrt{2})^{11}\left(\cos\dfrac{11\pi}{4}+i\sin\dfrac{11\pi}{4}\right)=$

$$32\sqrt{2}\left(-\frac{\sqrt{2}}{2}+\frac{\sqrt{2}}{2}i\right)=-32+32i.$$

习　题　答　案

第 1 章

1. (1) $(1,2]$;　(2) $[2,3]$;

(3) $(-\infty, -1) \cup (3, +\infty)$;　(4) $[-1,4)$;

(5) $[-2,0]$;　(6) $[2k\pi, (2k+1)\pi], k \in Z$.

2. (1) 不同,定义域不同;　(2) 相同;

(3) 不同,定义域不同;　(4) 不同,对应值不同。

3. $$f(t) = \begin{cases} 0, & -\infty < t < -1, \\ 1+t, & -1 \leqslant t < 0, \\ 1-t, & 0 \leqslant t < 1, \\ 0, & 1 \leqslant t < +\infty. \end{cases}$$

4. $$f(x) = \begin{cases} x^2-1, & -2 \leqslant x < -1, \\ 1-x^2, & -1 \leqslant x < 1, \\ x^2-1, & 1 \leqslant x \leqslant 2. \end{cases}$$

5. (1) $y = \pm\sqrt{x^2-1}\,(1 \leqslant x < +\infty)$;

(2) $y = \operatorname{artanh} x = \dfrac{1}{2}\ln\dfrac{1+x}{1-x}\,(-1 < x < 1)$.

6. (1) 偶函数;　(2) 奇函数;

(3) 奇函数;　(4) 奇函数;

(5) 奇函数;　(6) 非奇非偶函数。

7. $g(x)$ 偶函数,$h(x)$ 奇函数。

8. (1) $y = u^{10}, u = 2x+1$;　(2) $y = \sqrt{u}, u = 4-x^2$;

(3) $y = \sin u, u = x^2$;　(4) $y = u^2, u = \ln v, v = \cos x$;

(5) $y = \ln u, u = 1+\sqrt{v}, v = x^2+2$;　(6) $y = \dfrac{1}{\sqrt{2\pi}}e^u, u = \dfrac{-x^2}{2}$;

(7) $y = \arctan u, u = \sqrt{v}, v = x+1$;　(8) $y = e^u, u = \sin v, v = 2x$.

9. $\varphi[\varphi(t)] = \dfrac{1+t}{2+t}, \varphi\{\varphi[\varphi(t)]\} = \dfrac{2+t}{3+2t}. \varphi\left[\dfrac{1}{\varphi(t)}\right] = \dfrac{1}{2+t}$.

11. $S = 2\pi r^2 + \dfrac{2V_0}{r}\quad r \in (0, +\infty)$.

12. (1) $P=\begin{cases}90 & 0\leqslant x\leqslant 100\\ 90-0.01(x-100), & 100<x<1600;\\ 75 & x\geqslant 1600\end{cases}$

(2) $R=(p-60)x=\begin{cases}30x & 0\leqslant x\leqslant 100\\ 31x-0.01x^2, & 100<x<1600;\\ 15x & x\geqslant 1600\end{cases}$

(3) $R=21000.$

13. $B=\dfrac{4\pi}{\rho_t\rho_b}r(R-r), r\in(0,R).$

14. (1) $v=\begin{cases}0.2t & 0\leqslant t<10\\ 2 & 10\leqslant t<50;\\ 2-0.2(t-50) & 50\leqslant t\leqslant 60\end{cases}$

(2) 100; (3) 100.

15. (1) $a_n=2n-1$,发散; (2) $a_n=\dfrac{1}{2^n}$,极限为0;

(3) $a_n=(-1)^{n-1}\dfrac{1}{n}$,极限为0; (4) $a_n=(-1)^{n-1}\dfrac{n+1}{n}$,发散;

(5) $a_n=0.3\cdots3$(n 位小数),极限为$\dfrac{1}{3}$;

(6) $a_n=1-(-1)^n$,发散。

16. (1) 0; (2) 0; (3) $-\dfrac{\pi}{2}$; (4) 3.

17. 不存在。 18. 存在,极限为 -1。 19. 不存在。

20. 不存在。 21. πr^2.

22. (1) 无穷小; (2) 无穷大; (3) 无穷大;
(4) 无穷小; (5) 无穷大; (6) 无穷小,无穷大。

23. 当 $x\to1$ 时是无穷小;当 $x\to-\dfrac{1}{2}$ 时是无穷大。

24. (1) 不是; (2) 不是。

25. (1) 0; (2) 0.
(3) 0; (4) 0.

26. (1) 2; (2) $\dfrac{7}{3}$; (3) $\dfrac{1}{6}$; (4) $\dfrac{3}{4}$;

(5) 0; (6) $\dfrac{1}{3}$; (7) 1; (8) 2;

(9) $\sqrt{6}$ (10) 0; (11) 4; (12) 1/12;

(13) 2; (14) 3; (15) 5; (16) 1/3.

27. (1) $2x$; (2) $\frac{1}{2\sqrt{x}}$.

28. $a=2, b=-3$.

29. (1) $a=b=-1$; (2) $a=-1, b=1$; (3) $a\neq -1$, b 任意。

30. (1) 1/2; (2) $\frac{1}{3}$; (3) $\frac{2}{3}$; (4) $\frac{2}{5}$;
(5) 1; (6) 1; (7) 1; (8) π.

31. (1) e^2; (2) e; (3) e^{-1}; (4) e^3;
(5) e; (6) e^{-1}; (7) e; (8) e^2.

32. 1. 33. 2.

34. (1) 高阶; (2) 同阶; (3) 等价。

37. (1) $\frac{3}{5}$; (2) $\frac{1}{2}$; (3) $\frac{1}{2}$; (4) π;
(5) $\frac{1}{6}$; (6) $\frac{1}{2}$.

38. 必要条件。 39. 连续点。 40. 第二类间断点。

41. 第一类间断点。

42. (1) -1 是可去间断点,2 是无穷间断点; (2) 0 是可去间断点;
(3) 1 是无穷间断点;
(4) 0 是可去间断点, $k\pi(k\in Z, k\neq 0)$ 是无穷间断点;
(5) 0 是跳跃间断点; (6) 1 是无穷间断点。

43. $f(0)=\frac{1}{2}$. 44. $k=\frac{1}{2}$.

45. (1) $\frac{1}{2}$; (2) 0; (3) $\frac{1}{3}$; (4) 2;
(5) 1; (6) 1/2; (7) 1/6; (8) 1;
(9) $-\pi/2$; (10) 3ln2.

46 ~ 49. 略。 50. 有。

第 2 章

1. -20.

2. $2x+2$.

3. $12x-y-16=0$; $x+12y-98=0$.

4. (1) (0,0); (2) $\left(\frac{1}{2},\frac{1}{4}\right)$.

5. 18.

6. (1) 连续,不可导; (2) 连续,不可导;

(3) 连续,不可导。

7. (1) $x^{-\frac{1}{2}} - x^{-\frac{2}{3}}$; (2) $-20x^{-6} - 28x^{-5} + 2x^{-2}$;

(3) $\dfrac{2 + 2x - x^2}{(x^2 + 2x)^2}$; (4) $2e^x\cos x$;

(5) $2\sec^2 x + \sec x \cdot \tan x$; (6) $\ln x$;

(7) $a^x e^x(1 + \ln a)$; (8) $2e^x(\cos x - x\sin x + x\cos x)$;

(9) $\dfrac{1 + \sin t + \cos t}{(1 + \cos t)^2}$; (10) $\dfrac{\arctan x \cdot (x^2 + 2x - 1) + x + 1}{(1 + x)^2}$;

(11) $2\sin x \cdot \sinh x$; (12) $-\dfrac{2\csc x[(1 + x^2)\cot x + 2x]}{(1 + x^2)^2}$;

(13) $x(2\ln x \cdot \sin x + \sin x + x\ln x \cdot \cos x)$;

(14) $\dfrac{3x^2 - 18x + 3}{(x^2 - 1)^2}$;

(15) $\dfrac{9x^2\ln x - 4x\ln x + x^4 - 3x^2 + 2x}{(3\ln x + x^2)^2}$;

(16) $\dfrac{-4x}{3(x^2 - 1)^2} + 2x - 3x^2 - 1$;

(17) $\dfrac{1 - x\ln 4}{4^x} - 10^x(1 + x\ln 10)$.

8. (1) $y'\Big|_{x=\frac{\pi}{6}} = \dfrac{\sqrt{3} + 1}{2}, y'\Big|_{x=\frac{\pi}{4}} = \sqrt{2}$; (2) $1 + e$;

(3) $f'(0) = \dfrac{3}{25}, f'(2) = \dfrac{41}{15}$.

9. (1) $20(2x - 1)^9$; (2) $-\cos\left(\dfrac{\pi}{4} - x\right)$;

(3) $-3\sin 6x$; (4) $-2x\csc^2(x^2 + 1)$;

(5) $2xe^{e^{x^2} + x^2}$; (6) $3a^{3x-1}\ln a$;

(7) $\dfrac{2x}{1 + x^2}$; (8) $-\dfrac{1}{3}\sin x \cdot (1 + \cos x)^{-\frac{2}{3}}$;

(9) $\dfrac{2x^2 - 1}{\sqrt{x^2 - 1}}$; (10) $-2x\csc^2 x \cdot \cot x$;

(11) $-\dfrac{1}{\sqrt{x^2 + 4}}$; (12) $-\dfrac{1}{2\sqrt{1 - x^2}}$;

(13) $2^{\frac{x}{\ln x}}\ln 2\cdot\left(\frac{\ln x-1}{\ln^2 x}\right)$;　(14) $\frac{3\sec^3(\ln)x\cdot\tan(\ln)x}{x}$;

(15) $\frac{1}{x(1-x)\ln 5}$;　(16) $-\frac{\csc\sqrt{1+2x}\cdot\cot\sqrt{1+2x}}{\sqrt{1+2x}}$;

(17) $\frac{2\arcsin x}{\sqrt{1-x^2}}$;　(18) $\frac{2}{|x|\sqrt{x^2-4}}$;

(19) $\frac{e^{\arctan\sqrt{x}}}{2\sqrt{x}(1+x)}$;　(20) $\frac{1}{2\sqrt{x}}\left(\arctan\sqrt{x}+\frac{\sqrt{x}}{1+x}\right)$;

(21) $\sinh(\sinh x)\cdot\cosh x$;　(22) $e^{\cosh x}(\cosh x+\sinh^2 x)$;

(23) $\frac{\sqrt{x^2-a^2}}{x}$;　(24) $\sqrt{a^2-x^2}$;

(25) $\frac{x\ln x}{\sqrt{(x^2-1)^3}}$;　(26) $\frac{\ln x}{(1+x)^2}$;

(27) $\frac{x^2}{1-x^4}$;　(28) $\sin^5 3x\cdot\cos^3 3x$;

(29) $(\tanh x)^3$;　(30) $9x^2\arcsin x$.

10. $2x+3y-3=0$, $3x-2y+2=0$; $y=0$, $x=-1$.

11. (1) $\frac{3x^2+y-1}{3y^2-x+1}$;　(2) $-\frac{1+y\sin(xy)}{1+x\sin(xy)}$;

(3) $\frac{e^y-ye^x-1}{e^x-xe^y}$;　(4) $\frac{xy-y^2}{xy+x^2}$;

(5) $\frac{\sin(x-y)+y\cos x}{\sin(x-y)-\sin x}$;　(6) $\frac{y^2\sin x+3a^2\cos 3x}{2y\cos x}$.

12. $y=\frac{e}{3}x+1$, $y=-\frac{e}{3}x+1$.

13. (1) $x^{\sqrt{x}}\cdot\frac{\ln x+2}{2\sqrt{x}}$;　(2) $x^{\sin x}\cdot\left(\cos x\cdot\ln x+\frac{\sin x}{x}\right)$;

(3) $y\cdot\left[\frac{2}{x}+2-\frac{1}{1+x}-\frac{1}{2(2+x)}\right]$;

(4) $\frac{y}{3}\cdot\left[\frac{1}{x-1}+\frac{2}{x-2}-\frac{1}{x}-\frac{1}{x+1}\right]$;

(5) $y\cdot\left[\frac{a_1}{x-a_1}+\frac{a_2}{x-a_2}+\cdots+\frac{a_n}{x-a_n}\right]$;

(6) $y\cdot\left[\frac{2}{x}+\frac{1}{1-x}+\frac{1}{3(x-3)}-\frac{2}{3(3+x)}\right]$.

14. (1) $e^{f(x)}\cdot[f'(e^x)e^x+f(e^x)f'(x)]$;

(2) $\sin 2x \cdot [f'(\sin^2 x) - f'(\cos^2 x)]$;

(3) $\dfrac{f(x)f'(x) + g(x)g'(x)}{\sqrt{f^2(x) + g^2(x)}}$.

15. (1) $-\dfrac{\sqrt{1+t}}{\sqrt{1-t}}$; (2) $\dfrac{\sin t + t \cdot \cos t}{\cos t - t \cdot \sin t}$;

(3) $\dfrac{2t}{1-t^2}$; (4) $\dfrac{t(1+2\ln t)}{1+\ln t}$.

16. $x + 2y - 4 = 0$, $2x - y - 3 = 0$.

17. 略。

18. (1) $\dfrac{2x^2+1}{(x^2-1)^2\sqrt{x^2-1}}$; (2) $2e^{x^2}(1+2x^2)$;

(3) $-x\cos x - 2\sin x$; (4) $2\ln x + 3$;

(5) $e^x(\sin^2 x + 2\sin 2x + 2\cos 2x)$; (6) $\dfrac{x-2}{4x(x-1)\sqrt{x-1}}$;

(7) $-4\csc 2x \cdot \cot 2x$; (8) $2e^x \sec x(\tan x + \sec^2 x)$.

19. (1) $y^{(5)} = 5! \cdot 2^5, y^{(6)} = 0$; (2) 0; (3) $-2e^{2\pi}$.

20. $-a\omega^2 \sin\omega t$.

21. 略。

22. (1) $-\dfrac{b^4}{a^2 y^3}$; (2) $\dfrac{e^{2y}(3-y)}{(2-y)^3}$;

(3) $\dfrac{6t^2+6t-2}{(1+2t)^3}$; (4) $\dfrac{t^2+2t+2}{(t+1)^3}e^{-t}$.

23. 略。

24. (1) $a_0 n!$; (2) $\begin{cases} \ln x + 1 & n = 1 \\ (-1)^n \dfrac{(n-2)!}{x^{n-1}} & n \geqslant 2 \end{cases}$;

(3) $e^x(x+n)$; (4) $\cos\left(x + \dfrac{n\pi}{2}\right)$.

25. (1) $\Delta y = 0, dy = -1, |\Delta y - dy| = 1$;

(2) $\Delta y = -0.09, dy = -0.1, |\Delta y - dy| = 0.01$;

(3) $\Delta y = 0.0099, dy = -0.01, |\Delta y - dy| = 0.0001$.

26. (1) $\left(-\dfrac{1}{x^2} + \dfrac{\sqrt{x}}{x}\right)dx$; (2) $(\sin 2x + 2x\cos 2x)dx$;

(3) $(x^2+1)^{-\frac{3}{2}}dx$; (4) $\dfrac{2\ln(1-x)}{x-1}dx$;

(5) $2x(1+x)e^{2x}dx$; (6) $e^{-x}[\sin(3-x) - \cos(3-x)]dx$;

(7) $\dfrac{1}{2\sqrt{x-x^2}}dx$; (8) $\dfrac{1}{2}\sec^2\dfrac{x}{2}dx$;

(9) $dy=-\dfrac{a^2}{x^2}dx$; (10) $dy=\dfrac{e^y}{1-xe^y}dx$.

27. (1) 0.99; (2) 2.0017;
(3) 0.01; (4) 1.05;
(5) 0.495; (6) 0.7954.

28. 略。 29. $2\pi R_0 h$.

30. 0.03354g.

31. (1) C; (2) A,D; (3) A,B,D.

32. 略。

33. $-[1+(x+1)+(x+1)^2+\cdots+(x+1)^n]+$
$$(-1)^{n+1}\frac{(x+1)^{n+1}}{[-1+\theta(x+1)]^{n+2}},0<\theta<1.$$

34. (1) $x+\dfrac{1+2\sin^2\theta x}{3\cos^4\theta x}x^3,0<\theta<1$;

(2) $1-x+x^2+\cdots+(-1)^n x^n+\dfrac{(-1)^{n+1}}{(1+\theta x)^{n+2}}x^{n+1},(0<\theta<1)$;

(3) $x+x^2+\dfrac{1}{2!}x^3+\cdots+\dfrac{1}{(n-1)!}x^n+$
$$\frac{1}{(n+1)!}[n+1+\theta x]e^{\theta x}\cdot x^{n+1},0<\theta<1;$$

(4) $\dfrac{2}{2!}x^2-\dfrac{2^3}{4!}x^4+\dfrac{2^5}{6!}x^6-\cdots+(-1)^{n-1}\dfrac{2^{2n-1}}{(2n)!}x^{2n}+$
$$(-1)^n\frac{2^{2n}}{(2n+1)!}\sin(2\theta x)\cdot x^{2n+1},0<\theta<1.$$

35. (1) 2; (2) $\dfrac{1}{2}$; (3) $\dfrac{1}{2}$; (4) $\dfrac{2}{3}$;
(5) 0; (6) 1; (7) $-\dfrac{3}{5}$; (8) $\dfrac{1}{6}$;
(9) $+\infty$; (10) 0; (11) 0; (12) $\dfrac{1}{2}$.

36. 略。

37. (1) 在$(-\infty,-1)\cup(0,1)$内单调递减,在$(-1,0)\cup(1,+\infty)$内单调递增;
(2) 在$(0,+\infty)$内单调递减,在$(-\infty,0)$内单调递增;
(3) 在$(-\infty,-1)\cup(0,1)$内单调递减,在$(-1,0)\cup(1,+\infty)$内单调递增;

(4) 在$\left(0,\frac{1}{2}\right)$内单调递减，在$\left(\frac{1}{2},+\infty\right)$内单调递增。

38. (1) 极大值$y|_{x=0}=7$，极小值$y|_{x=2}=3$；

(2) 极大值$y|_{x=0}=0$，极小值$y\Big|_{x=\frac{2}{5}}=-\frac{3}{5}\cdot\sqrt[3]{\frac{4}{25}}$；

(3) 极大值$y|_{x=1}=1$，极小值$y|_{x=-1}=-1$；

(4) 极大值$y|_{x=2}=3$；

(5) 无极值；

(6) 极小值$y|_{x=e}=e$。

39. (1) 极大值$y\Big|_{x=\frac{7}{3}}=\frac{4}{27}$，极小值$y\Big|_{x=3}=0$；

(2) 极小值$y|_{x=0}=2$。

40. (1) 最小值$y|_{x=\pm1}=4$，最大值$y|_{x=\pm2}=13$；

(2) 最小值$y|_{x=0}=0$，最大值$y\Big|_{x=-\frac{1}{2},1}=\frac{1}{2}$；

(3) 最大值$y|_{x=4}=4+\sqrt[3]{16}$，最小值$y|_{x=-1,0}=0$；

(4) 最大值$y\Big|_{x=-\frac{\pi}{2}}=\frac{\pi}{2}$，最小值$y\Big|_{x=\frac{\pi}{2}}=-\frac{\pi}{2}$。

41. 最小值$y|_{x=1}=-2$。

42. 最大值$y\Big|_{x=\frac{3}{5}}=\frac{9}{10}$。

43. 截去的方块边长为$\frac{a}{6}$时，得匣子最大容积为$\frac{2a^3}{27}$。

44. 内接矩形顶点在$\left(\frac{a}{\sqrt{2}},\frac{b}{\sqrt{2}}\right)$时面积最大，最大面积为$2ab$。

45. 5.

46. 略。

47. $\frac{R}{2},B\left(\frac{R}{2}\right)=\frac{2\pi}{\rho_t\rho_b}\cdot\frac{R^2}{4}$，1.414MB.

48. $AD=15$km.

49. $p=500$.

50. 票价为6.5元时，收入最大，最大收入为2535元。

51. (1) 在$(-\infty,-1)$内上凸，在$(-1,+\infty)$内为上凹，拐点为$(-1,-6)$；

(2) 在$(-1,0)\cup(\sqrt[3]{2},+\infty)$内为上凸，在$(0,\sqrt[3]{2})$内为上凹，拐点为$(0,0)$，$(\sqrt[3]{2},\ln 3)$；

(3) 在 $(-\infty,-1)\cup(1,+\infty)$ 内为上凹，在 $(-1,1)$ 内为上凸，拐点为 $(-1,0),(1,0)$；

(4) 在 $(-\infty,-1)\cup(1,+\infty)$ 内为上凹，在 $(-1,1)$ 内为上凸，拐点为 $\left(-1,\frac{1}{\sqrt{2\pi}}e^{-\frac{1}{2}}\right),\left(1,\frac{1}{\sqrt{2\pi}}e^{-\frac{1}{2}}\right)$。

52. (1) 水平渐近线 $y=1$，无铅垂渐近线；

(2) 水平渐近线 $y=2$，铅垂渐近线 $x=0$；

(3) 无水平渐近线，铅垂渐近线 $x=0$；

(4) 无水平渐近线，铅垂渐近线 $x=\pm1$。

53. 略。

54. $dy=\sqrt{1+(2x+1)^2}\,dx$.

55. (1) $\frac{2}{27}$； (2) $\frac{\sqrt{2}}{4}$.

56. $(2,-1),\frac{1}{2}$.

57. $x=30,\bar{C}=80$.

58. $x=30,\bar{R}=340$.

59. (1) $R(20)=120,R(30)=120;\bar{R}(20)=6,\bar{R}(30)=4$；

$R'(20)=2,R'(30)=-2$；

(2) $Q=25$ 时，R 最大，最大值为 125。

60. $x=250$，最大利润为 425。

61. $\frac{2}{3}$.

62. α.

63. 0.6, 1, 1.2.

第 3 章

1. 略。

2. 略。

3. (1) $y=x^4+3$； (2) $s=\frac{3}{2}t^2-2t+5$；

(3) $P(t)=\frac{1}{2}at^2+bt$.

4. (1) $8x-6x^2+2x^3-\frac{1}{4}x^4+C$； (2) $\frac{6}{11}x^{\frac{11}{6}}-\frac{3}{4}x^{\frac{4}{3}}+\frac{2}{3}x^{\frac{3}{2}}-x+C$；

(3) $\frac{2}{3}x^{\frac{3}{2}} - \ln|x| - 2x^{-\frac{1}{2}} + C$; (4) $\frac{8}{15}x^{\frac{15}{8}} + C$;

(5) $e^x - \frac{1}{\ln 2 - 1}\left(\frac{2}{e}\right)^x + C$; (6) $3\arctan x - 2\arcsin x + C$;

(7) $-\frac{2}{x} - \arctan x + C$; (8) $\frac{1}{3}x^3 - x + \arctan x + C$;

(9) $\sin x + \cos x + C$; (10) $\frac{1}{2}x + \frac{1}{2}\sin x + C$;

(11) $-\cot x - x + C$; (12) $-\cot x + \csc x + C$.

5. (1) $\frac{1}{3}$; (2) $\frac{1}{10}$; (3) $-\frac{1}{9}$; (4) 1;

(5) -2; (6) $\frac{1}{2}$; (7) $\frac{1}{2}$; (8) $-\frac{1}{3}$;

(9) $\frac{1}{3}$; (10) -2.

6. (1) $\frac{1}{25}(5x-4)^5 + C$; (2) $-\frac{2}{3}\sqrt{1-3x} + C$;

(3) $\frac{1}{2}\ln|2x-1| + C$; (4) $-\frac{1}{3}e^{-3x+1} + C$;

(5) $\frac{1}{5}\cosh(5x-1) + C$; (6) $-2\sinh(1-\frac{1}{2}x) + C$;

(7) $\frac{1}{2}x + \frac{1}{20}\sin 10x + C$; (8) $\frac{3}{8}x + \frac{1}{4}\sin 2x + \frac{1}{32}\sin 4x + C$;

(9) $-\frac{1}{2}\ln|\cos(2x-5)| + C$; (10) $\ln\left|\frac{x-2}{x-1}\right| + C$;

(11) $\frac{1}{4}\ln\left|\frac{2x-3}{2x-1}\right| + C$; (12) $\frac{1}{4}\ln\left|\frac{x-2}{x+2}\right| + C$;

(13) $\frac{1}{2}\arctan 2x + C$; (14) $\frac{1}{3}\arctan(3x+1) + C$;

(15) $\frac{1}{5}\arcsin\frac{5}{4}x + C$; (16) $-e^{-\frac{x^2}{2}} + C$;

(17) $\frac{1}{2}\ln(1+x^2) + C$; (18) $\frac{1}{2}\sqrt{2x^2+3} + C$;

(19) $-\frac{1}{12+3x^3} + C$; (20) $-\cos e^x + C$;

(21) $\ln(1+e^x) + C$; (22) $-2\cos\sqrt{x} + C$;

(23) $2e^{\sqrt{x}} + C$; (24) $-\frac{3^{\frac{1}{x}}}{\ln 3} + C$;

(25) $-\tan\frac{1}{x}+C$;

(26) $\frac{1}{3}\ln^3 x+C$;

(27) $\frac{2}{3}(1+\ln x)^{\frac{3}{2}}+C$;

(28) $\ln|\ln x+1|+C$;

(29) $\frac{1}{3}\cos^3 x-\cos x+C$;

(30) $\frac{1}{5}\sin^5 x-\frac{1}{7}\sin^7 x+C$;

(31) $-\frac{1}{6}(1-\sin x)^6+C$;

(32) $-\ln|2+\cos x|+C$;

(33) $\frac{1}{2}\tan^2 x+C$;

(34) $-\frac{1}{2}\cot^2 x-\ln|\sin x|+C$;

(35) $-\frac{1}{4}(2\cot x+3)^2+C$;

(36) $\frac{1}{2}\sin x+\frac{1}{10}\sin 5x+C$;

(37) $-\frac{1}{16}\sin 8x+\frac{1}{4}\sin 2x+C$;

(38) $\frac{1}{3}(\arctan x)^3+C$;

(39) $-\frac{1}{\arcsin x}+C$.

7. (1) $\frac{2}{5}(x+1)^{\frac{5}{2}}-\frac{2}{3}(x+1)^{\frac{3}{2}}+C$;

(2) $\sqrt{2x-3}-\ln(\sqrt{2x-3}+1)+C$;

(3) $2\sqrt{x+1}-4\ln(\sqrt{x+1}+2)+C$;

(4) $x+2\sqrt{x}+\ln(\sqrt{x}-1)^2+C$;

(5) $\frac{3}{2}\cdot\sqrt[3]{x^2}-3\cdot\sqrt[3]{x}+3\ln\left|\sqrt[3]{x}+1\right|+C$;

(6) $3\cdot\sqrt[3]{x}-6\cdot\sqrt[6]{x}+6\ln(\sqrt[6]{x}+1)+C$;

(7) $\ln\left|\frac{\sqrt{1-x}-\sqrt{1+x}}{\sqrt{1-x}+\sqrt{1+x}}\right|+2\arctan\sqrt{\frac{1-x}{1+x}}+C$.

8. (1) $\frac{1}{2}\arcsin x+\frac{1}{2}x\sqrt{1-x^2}+C$;

(2) $-\frac{\sqrt{1-x^2}}{x}+C$;

(3) $\ln\left|\sqrt{1+x^2}+x\right|+C$;

(4) $\frac{x}{\sqrt{1+x^2}}+C$;

(5) $\arccos\frac{1}{x}+C$;

(6) $\sqrt{x^2-1}-\arccos\frac{1}{x}+C$;

(7) $\frac{2}{9}\sqrt{9x^2-4}-\frac{1}{3}\ln\left|3x+\sqrt{9x^2-4}\right|+C$;

(8) $\arcsin\frac{2x-1}{\sqrt{5}}+C$.

9. (1) $-xe^{-x}-e^{-x}+C$;

(2) $-\frac{1}{2}x\cos2x+\frac{1}{4}\sin2x+C$;

(3) $x\arctan x-\frac{1}{2}\ln(1+x^2)+C$;

(4) $\frac{1}{3}x^3\ln x+x\ln x-\frac{1}{9}x^3-x+C$;

(5) $\frac{1}{2}(x^2-1)\ln(x-1)-\frac{1}{4}x^2-\frac{1}{2}x+C$;

(6) $-\frac{1}{4}x\cos2x+\frac{1}{8}\sin2x+C$;

(7) $\frac{1}{6}x^3+\frac{1}{2}x^2\sin x+x\cos x-\sin x+C$;

(8) $\frac{1}{5}e^{2x}(2\sin x-\cos x)+C$;

(9) $\frac{1}{2}e^x-\frac{1}{5}e^x\sin2x-\frac{1}{10}e^x\cos2x+C$;

(10) $3e^{\sqrt[3]{x}}(\sqrt[3]{x^2}-2\cdot\sqrt[3]{x}+2)+C$.

10. 略。

11. (1) $\int_0^2 x^2dx$; (2) $\int_2^5(s^2+1)ds$; (3) $\int_0^3(4+t^2)dt$。

12. (1) 4; (2) $\frac{\pi}{4}a^2$.

13. (1) C; (2) D; (3) D.

14. (1) $\int_1^2 x^2dx<\int_1^2 x^3dx$; (2) $\int_1^2\ln xdx>\int_1^2\ln^2xdx$;

(3) $\int_{-\pi}^0\sin xdx<\int_0^\pi\sin xdx$; (4) $\int_0^{\frac{\pi}{2}}xdx>\int_0^{\frac{\pi}{2}}\sin xdx$.

15. (1) $\cos x^2$; (2) $-\frac{1}{\sqrt{1+x^2}}$; (3) $2x\sqrt{1+x^4}$;

(4) $-\cos(\pi\cos^2x)\sin x-\cos(\pi\sin^2x)\cos x$.

16. $\Phi'(0)=0,\Phi'\left(\frac{\pi}{4}\right)=\frac{\sqrt{2}}{2}$.

17. $\cot t$.

18. $-\frac{\cos x}{e^y}$.

19. (1) $\frac{3}{2}$; (2) $\frac{21}{8}$ (3) $45\frac{1}{6}$; (4) $\frac{\pi}{6}$;

(5) $\frac{\pi}{3}$; (6) $\frac{\pi}{3a}$; (7) $\frac{\pi}{6}$; (8) $1-\frac{\pi}{4}$.

20. (1) 4; (2) 1; (3) 1;

(4) $4\sqrt{2}$; (5) $\frac{4}{5}$; (6) $\frac{8}{3}$.

21. $k=0$ 或 -1。

22. (1) $2(2-\arctan 2)$; (2) $3\ln 3$; (3) $2-\frac{\pi}{2}$;

(4) $2(\sqrt{3}-1)$; (5) $\ln(\sqrt{2}+1)$; (6) $\frac{\pi}{24}+\frac{\sqrt{3}}{4}$;

(7) $\frac{\pi}{4}+\frac{1}{2}$.

23. (1) 0; (2) 0;

(3) $\frac{\pi^3}{96}$ (4) 0.

24. 略。 25. 略。

26. (1) $\frac{1}{4}(e^2+1)$; (2) $\frac{1}{4}$; (3) $\frac{1}{4}\pi^2-2$; (4) $\frac{2}{5}(e^{4\pi}-1)$;

(5) $\ln 2-2+\frac{\pi}{2}$; (6) $\frac{\sqrt{3}}{16}-\frac{\pi}{48}$.

27. (1) $\frac{1}{2}$; (2) 发散; (3) 2; (4) $\frac{\pi}{3}$;

(5) 1; (6) 发散; (7) -1; (8) 发散;

(9) -1; (10) 发散。

28. (1) 30; (2) $\frac{16}{105}$; (3) 4!; (4) $\frac{\sqrt{\pi}}{8\sqrt{2}}$.

29. (1) $\frac{\sqrt{\pi}}{2a}$; (2) 1.

30. (1) $\frac{10}{3}$; (2) $\frac{8}{3}$; (3) $\frac{3}{2}$; (4) $\frac{4}{3}$;

(5) $\pi-\frac{8}{3},\pi-\frac{8}{3},\frac{16}{3}+2\pi$;

(6) $\frac{4}{3}$; (7) $\frac{9}{4}$; (8) $\frac{16}{3}p^2$.

31. (1) $\frac{a^2}{4}(e^{2\pi}-e^{-2\pi})$; (2) $\frac{a^2}{4}\ln(2+\sqrt{3})$;

(3) πa^2; (4) $18\pi a^2$; (5) πa^2; (6) $\frac{4}{3}$.

32. (1) $\frac{1}{6}\pi h[2(ab+AB)+aB+bA]$; (2) $\frac{4}{3}\sqrt{3}R^3$.

33. (1) 7.5π; (2) $\frac{13}{6}\pi$.

34. (1) $\frac{3}{10}\pi$; (2) $2\left(1-\frac{2}{e}\right)\pi$.

35. (1) $12\frac{2}{3}$; (2) $1+\frac{1}{2}\ln\frac{3}{2}$;

(3) $2\pi a$; (4) $8a$; (5) $8a$.

36. $\frac{27}{7}kc^{\frac{2}{3}}a^{\frac{7}{3}}$,其中 k 为比例常数。

37. $(7840\ln 2)\pi(J)$.

38. 50,100.

39. 260.8 单位。

40. $0.2x^2+2x+20$.

41. (1) $x=4$ 百台; (2) 减少 0.5 万元。

42. 提示:令 $Q(t)$ 表示 t 个月之后贮存大米的千克数,则 $Q(t)=100\,000-20\,000t$,在时间段 $[t,t+dt]$ 上大米贮存费用 $\approx 0.02Q(t)dt$,总贮存费 $=\int_0^5 0.02Q(t)dt=5\,000$ 元。

第 4 章

1. (1) 一阶线性方程; (2) 二阶方程;

(3) 二阶线性方程; (4) 以 x 为未知函数的一阶线性方程;

(5) 三阶常系数线性方程; (6) 一阶方程。

2. (1) 是通解; (2) 是通解;

(3) 是解但非通解; (4) 是通积分。

3. $y'^2+y^2=0$ 有特解 $y=0$,但无通解;$y'^2+y^2=1$ 存在通解。

4. (1) $y=Cxe^{1/x}$; (2) $e^x-e^y=C$;

(3) $1+y^2=C(1+x^2)$; (4) $x^2-\sqrt{1-y^2}=C$;

(5) $\cos x\sin y=C$.

5. (1) $\ln y=e^{1-\cot x}$; (2) $\cos x=\sqrt{2}\cos y$.

6. (1) $e^{y/x}=\ln|Cx|$; (2) $x-\sqrt{xy}=C$;

(3) $e^{y/x}=Cy$; (4) $(y-x)^2+2x=C$;

(5) $y^4-x^2=Cy^6$.

7. $y=1$.

8. (1) $y=Ce^{-x^2}+\frac{1}{2}x^2e^{-x^2}$; (2) $y=C\sqrt{x^2-1}+x$;

(3) $y=C\cos x+\sin x$; (4) $x=Ce^{-\arctan y}+\arctan y-1$;

(5) $x=Cy^2e^{1/y}+y^2$; (6) $x=Ce^{\sin y}-2(\sin y+1)$.

9. (1) $y=(x+1)e^x$; (2) $y=\frac{\pi-1-\cos x}{x}$;

(3) $y=-x^{-3}+2x^{-2}$; (4) $y=\frac{x}{\cos x}$.

10. (1) $y^{-2}=Ce^{x^2}+x^2+1$; (2) $y^{-3}=C\cos^3x+2\sin^2x-3\sin x$;

(3) $y^{-1}=C(x+1)+(x+1)\ln|x+1|$.

11. (1) $y=C_1x+C_2+\frac{1}{6}x^3-\frac{1}{2}x^2$;

(2) $y=C_1x+C_2+x\arctan x-\frac{1}{2}\ln(1+x^2)$;

(3) $y=C_1x+C_2-C_1^2\ln|x+C_1|$;

(4) $(x-C_1)^2+(y-C_2)^2=1$;

(5) $y=C_1(x-e^{-x})+C_2$;

(6) $C_1y^2-1=(C_1x+C_2)^2$.

12. $y=e^{x/2}+e^{-x/2}$. 13. $y=e^x+\frac{1}{2}$. 14. 略。

15. (1) $y=C_1e^{2x}+C_2e^{-4x/3}$; (2) $y=4e^x+2e^{3x}$;

(3) $y=e^x\sin x$; (4) $y=e^x(\cos\sqrt{2}x+\sqrt{2}\sin\sqrt{2}x)$.

16. (1) $y=C_1+C_2e^x+C_3e^{x/2}$;

(2) $y=C_1e^{2x}+e^{-x}(C_2\cos\sqrt{3}x+C_3\sin\sqrt{3}x)$;

(3) $y=C_1e^{-x}+C_2xe^{-x}+C_3e^{2x}$.

17. (1) Ax^2e^{5x}; (2) Ax^2+Bx;

(3) Ae^x+Be^{-2x}; (4) $e^{2x}(A\cos2x+B\sin2x)$;

(5) $(A\cos 4x + B\sin 4x) + x(C\cos 2x + D\sin 2x)$;

(6) $Ae^{-x} + xe^{-x}(B\cos x + C\sin x)$;

(7) $Ax^2 + Bx + C$; (8) Ax^2e^{-x}.

18. (1) $y = C_1e^{-x} + C_2xe^{-x} - 2$;

(2) $y = (C_1 + C_2x)e^{-2x} + 4x^2e^{-2x}$;

(3) $y = C_1 + C_2e^{x/7} - 7x^2 - 98x$;

(4) $y = e^{-x}(C_1\cos x + C_2\sin x) + \frac{x}{2}$;

(5) 当 $k \neq 1$ 时，$y = e^{kx}(C_1 + C_2x) + \frac{1}{(k-1)^2}e^x$，

当 $k = 1$ 时，$y = e^x(C_1 + C_2x) + \frac{1}{2}x^2e^x$；

(6) $y = e^{-x}(C_1\cos 2x + C_2\sin 2x) - \frac{1}{4}xe^{-x}\cos 2x$.

19. $y = \frac{1}{2}(\cos x + \sin x + e^x)$. 20. 略。

21. (1) $y(k) = 4(-1)^k - 3(-2)^k$;

(2) $y(k) = (-2)^k(1 - 2k)$;

(3) $y(k) = (\sqrt{5})^k(\cos k\varphi + 4\sin k\varphi)$，其中 $\tan\varphi = \frac{1}{2}$。

22. (1) $y(k) = C_1 + C_24^k + \frac{1}{12}k4^k$;

(2) $y(k) = C_1(-2)^k + C_2(-6)^k + k^2 - k + 2$.

23. $xy = 6$. 24. $y = x^3$ 或 $x = y^3$.

25. $y = \cos 3x - \frac{1}{3}\sin 3x$. 26. $\frac{\ln 2}{k} \approx 1590$ 年。

27. $y = N - \frac{N(N - y_0)}{N + y_0(e^{kNt} - 1)}$. 28. $u = Ee^{-t/RC}$.

29. $x = e^{-3t}(8\cos 4t + 6\sin 4t)$. 30. $T = (3/\sqrt{g})\ln(9 + \sqrt{80})$.

31. $xy = 8$. 32. $\frac{125}{32}$kg.

33. (1) $\frac{13}{4}$kg; (2) $t = 1000\sqrt[3]{18} - 100$.

34. $t(h) = \frac{300}{0.62\sqrt{2g}}(\sqrt{2} - \sqrt{h})$.

第 5 章

1. $M=\left(\dfrac{x_1+\lambda x_2}{1+\lambda},\dfrac{y_1+\lambda y_2}{1+\lambda},\dfrac{z_1+\lambda z_2}{1+\lambda}\right)$， $M_2=(10,0,1)$.

2～3. 略。　4. 20.

5. (1) $\vec{a}\perp\vec{b}$；　(2) $\vec{a}\,/\!/\,\vec{b}$ 且同向；　(3) $\vec{a}\,/\!/\,\vec{b}$ 且反向。

6. (1) $\gamma=\dfrac{\pi}{4}$ 或 $\gamma=\dfrac{3\pi}{4}$；　(2) $\beta=\dfrac{\pi}{3}$ 或 $\beta=\dfrac{2\pi}{3}$。

7. 略。

8. (1) 13；　(2) 37；
   (3) $\sqrt{217}$；　(4) -61.

9. $k=\pm\dfrac{3}{5}$.　10. $\vec{b}=\pm\{6,-3,9\}$.

11. $\alpha=-4,\ \beta=1$.

12. $\vec{c}=\left\{\dfrac{22}{5},\dfrac{-21}{5},0\right\}$.

13. (1) 当$(\vec{a}-\vec{b})\perp\vec{c}$ 时，$\vec{a}\neq\vec{b}$；
   (2) 当$(\vec{a}-\vec{b})\,/\!/\,\vec{c}$时，$\vec{a}\neq\vec{b}$。

14. ± 30.　15. (1) 24；(2) 60.

16. $2\sqrt{13}$.　17. $\sqrt{2}$.

18. $\pm\left\{\dfrac{1}{3},\dfrac{-2}{3},\dfrac{2}{3}\right\}$.　19. 6.

20. (1) 因为$(\vec{a}\times\vec{b})\cdot\vec{c}=0$，所以三向量共面；
   (2) 因为$(\vec{a}\times\vec{b})\cdot\vec{c}\neq 0$，所以三向量不共面。

21. (1) $(\overrightarrow{AB}\times\overrightarrow{AC})\cdot\overrightarrow{AD}\neq 0$ 表示四点不共面；
   (2) 59.

22. 略。

23. (1) $2x-4y+3z-3=0$；　(2) $3x+3y+z-8=0$；
   (3) $\dfrac{x}{a}+\dfrac{y}{b}+\dfrac{z}{c}=1$；　(4) $4x-3y+z-13=0$；
   (5) $x-6y+3z-14=0$.

24. (1) $x+3y=0$；　(2) $\dfrac{x}{2}+\dfrac{y}{3}+\dfrac{z}{5}=2$；
   (3) $2x+3y+z-6=0$；　(4) $y+1=0$.

25. (1) $\theta = \arccos\frac{3}{4}$; (2) $\theta = \frac{\pi}{2}$.

26. 略。 27. $d = 4$.

28. (1) $\frac{x-4}{-3} = \frac{y-1}{2} = \frac{z-2}{1}$; (2) $\begin{cases} x = 3 \\ y = 0 \end{cases}$;

(3) $\begin{cases} x - z + 3 = 0 \\ y = 2 \end{cases}$; (4) $x - 1 = y - 2 = z - 3$;

(5) $\begin{cases} 5(x-1) - 2(y+1) = 0 \\ z + 3 = 0 \end{cases}$.

29. (1) $\frac{x-4}{2} = \frac{y-6}{13} = \frac{z-4}{8}$; (2) $\frac{x}{-5} = \frac{y+1}{12} = \frac{z-1}{13}$;

(3) $\frac{x-1}{2} = \frac{y-1}{3} = \frac{z+1}{-3}$; (4) $\frac{x-2}{2} = y = z - 4$.

30. (1) $\frac{x-3}{7} = \frac{y-3}{-3} = \frac{z+1}{-2}$; (2) $\frac{x+1}{65} = \frac{y-16}{22} = \frac{z+1}{37}$;

(3) $x - 3 = y + 3 = \frac{z-5}{-3}$; (4) $\frac{x-1}{4} = \frac{y}{5} = \frac{z+4}{8}$.

31. (1) $3x + 2y + 2z + 1 = 0$; (2) $6x - 5z - 1 = 0$;

(3) $3y - 3z - 8 = 0$; (4) $4x + 3y - 6z + 18 = 0$;

(5) $5x + 2y - 7z + 40 = 0$.

32. $\theta = \frac{\pi}{2}$. 33. 两直线平行，故共面。

34. $\frac{x-\frac{3}{2}}{2} = \frac{y-1}{3} = \frac{z-\frac{1}{2}}{6}$ 为空间直线。

35. $x - 2y - z + 4 = 0$ 及 $x + z - 6 = 0$.

36. (1) 略。 (2) $\sqrt{10}$.

37. $35y + 12z = 0$ 及 $3y - 4z = 0$。

38. $\frac{x-1}{4} = \frac{y-2}{-13} = \frac{z-5}{8}$.

39. (1) $\begin{vmatrix} x_2 - x_1 & y_2 - y_1 & z_2 - z_1 \\ m_1 & n_1 & p_1 \\ m_2 & n_2 & p_2 \end{vmatrix} = 0$; (2) $\frac{x+1}{16} = \frac{y}{19} = \frac{z-4}{28}$.

(3) $\frac{x-1}{0} = \frac{y-1}{1} = \frac{z-1}{2}$.

40. (1) 球心在$(2,1,-1)$，半径为 5 的球面；

(2) 球心在$\left(\frac{3}{2}, -1, 0\right)$,半径为$\frac{\sqrt{3}}{2}$的球面;

(3) 虚球面。

41. (1) $(x-2)^2+(y+2)^2+(z-1)^2=9$;

(2) $(x-3)^2+(y+1)^2+(z-1)^2=21$;

(3) $x^2+y^2+z^2=49$;

(4) $x^2+y^2+z^2=9$.

42. $7(x^2+y^2+z^2)-15x-25y-11z=0$. 43. 略。

44. (1) $x=3$平面上的圆周曲线; (2) $y=1$平面上的椭圆曲线;

(3) $z=2$平面上的椭圆曲线; (4) $y=2$平面上的圆周曲线。

45. (1) $\begin{cases} x=2 \\ y=3\cosh t \\ z=\sqrt{3}\sinh t \end{cases}$,投影曲线为$\begin{cases} x=0 \\ y=3\cosh t \\ z=\sqrt{3}\sinh t \end{cases}$;

(2) $\begin{cases} x=1+2\cos t \\ y=2\sin t \\ z=\pm\sqrt{5+4\cos t} \end{cases}$,投影曲线为$\begin{cases} x=1+2\cos t \\ y=2\sin t \\ z=0 \end{cases}$;

(3) $\begin{cases} x=3\cos t \\ y=3\sin t \\ z=\pm\sqrt{20-27\cos^2 t} \end{cases}$,投影曲线为$\begin{cases} x=3\cos t \\ y=3\sin t \\ z=0 \end{cases}$ $\left(|\cos t|\leqslant\frac{20}{27}\right)$.

46. (1) 绕x轴:$4x^2+9y^2+9z^2=36$,旋转椭球面,

绕y轴:$4x^2+9y^2+4z^2=36$,旋转椭球面;

(2) $k^2x^2-y^2-z^2=0$,圆锥面;

(3) $x^2+z^2=y$,旋转抛物面;

(4) 绕y轴:$y^2-x^2-z^2=1$,旋转双叶双曲面,

绕z轴:$y^2+x^2-z^2=1$,旋转单叶双曲面。

47. $5x^2-3y^2=1$.

48. $\begin{cases} x=6 \\ \frac{y^2}{3^2}+\frac{z^2}{5^2}=\frac{5}{4} \end{cases}$,椭圆; $\begin{cases} \frac{x^2}{4^2}-\frac{y^2}{3^2}=\frac{34}{25} \\ z=3 \end{cases}$,双曲线;$\begin{cases} \frac{x^2}{4^2}-\frac{z^2}{5^2}=\frac{34}{9} \\ y=5 \end{cases}$,双曲线。

49. $x^2+y^2+z^2=a^2$为球面。

50. $\frac{x^2}{a^2}+\frac{y^2}{a^2-c^2}+\frac{z^2}{a^2-c^2}=1$为旋转椭球面。

51. 参数方程为$\begin{cases} x = \dfrac{-t^4}{64} \\ y = t \\ z = \dfrac{t^2}{4} \end{cases}$，在 xOy 坐标平面上投影为$\begin{cases} x = \dfrac{-y^4}{64} \\ z = 0 \end{cases}$，其余类推。

第 6 章

1. (1) $\begin{cases} x \geqslant 0 \\ y \geqslant 0 \\ x^2 \geqslant y \end{cases}$；　(2) $\begin{cases} x \geqslant 0 \\ x^2 + y^2 \neq 0 \end{cases}$；

(3) $\begin{cases} x + y > 0 \\ x - y > 0 \end{cases}$；　(4) $\dfrac{x^2}{a^2} + \dfrac{y^2}{b^2} \leqslant 1$；

(5) $y^2 - 2x + 1 > 0$；　(6) $\begin{cases} x^2 + y^2 - z^2 \geqslant 0 \\ x^2 + y^2 \neq 0 \end{cases}$；

(7) $\begin{cases} y > x \\ x^2 + y^2 < 1 \\ x \geqslant 0 \end{cases}$；　(8) $1 \leqslant x^2 + y^2 \leqslant 4$；

(9) $r^2 < x^2 + y^2 + z^2 \leqslant R^2$.

2. (1) $\dfrac{5}{12}$，　0；　(2) $\dfrac{2 + \Delta x}{2(1 + \Delta x)}$；

(3) $\dfrac{x^2 - y^2}{2xy}$，　$\dfrac{x^2 - y^2}{2xy}$.

3. $\dfrac{x(x - y)}{2}$.　4. $\dfrac{(7x - y)^2}{121} - 1$.

5. $f(x) = x^2 + x$；$z = (x + y)^2 + 2x$.

6. (1) 1；　(2) 2；　(3) 2；

(4) $-\dfrac{1}{4}$；　(5) $\dfrac{\pi}{3}$；　(6) 0.

7. 略。

8. (1) $e^x\cos y$，　$-e^x\sin y$；

(2) $-ye^{xy}\sin(e^{xy})$，　$-xe^{xy}\sin(e^{xy})$；

(3) $\dfrac{3x^2y^2}{x^3 + y^5}$，　$2y\ln(x^3 + y^5) + \dfrac{5y^6}{x^3 + y^5}$；

(4) $\sqrt{y}x^{\sqrt{y}-1}$，　$\dfrac{1}{2\sqrt{y}}x^{\sqrt{y}}\ln x$；

(5) $3x^2y + y^3$，　$x^3 + 3xy^2$；

(6) $-y\sin(xy)$, $2y-x\sin(xy)$;

(7) $\dfrac{-y}{x^2+y^2}$, $\dfrac{x}{x^2+y^2}$;

(8) $e^{\frac{x}{y}}\left[\dfrac{1}{y}\cos(x+y)-\sin(x+y)\right]$,

$-e^{\frac{x}{y}}\left[\dfrac{x}{y^2}\cos(x+y)+\sin(x+y)\right]$;

(9) $\dfrac{x}{x^2+y^2}$, $\dfrac{y}{x^2+y^2}$;

(10) $\dfrac{1}{2\sqrt{x}}\sin\dfrac{y}{x}-\dfrac{y}{x\sqrt{x}}\cos\dfrac{y}{x}$, $\dfrac{1}{\sqrt{x}}\cos\dfrac{y}{x}$;

(11) $\dfrac{y}{2\sqrt{xy}(1+xy)}$, $\dfrac{x}{2\sqrt{xy}(1+xy)}$;

(12) $\dfrac{x+\sqrt{y+x^2}}{\sqrt{y+x^2}}$, $\dfrac{1}{2\sqrt{y+x^2}}$;

(13) $\dfrac{x}{(y+\sqrt{y^2+x^2})\sqrt{y^2+x^2}}$, $\dfrac{1}{\sqrt{y^2+x^2}}$;

(14) $\dfrac{1}{x+\ln y}$, $\dfrac{1}{y(x+\ln y)}$;

(15) $\dfrac{1}{y}\cos\dfrac{x}{y}+e^{-xy}(1-xy)$, $-\dfrac{x}{y^2}\cos\dfrac{x}{y}-x^2e^{-xy}$;

(16) $\dfrac{y}{z}x^{\frac{y}{z}-1}$, $\dfrac{x^{\frac{y}{z}}\ln x}{z}$, $-\dfrac{yx^{\frac{y}{z}}\ln x}{z^2}$;

(17) $y[\cos(xy)-\sin(2xy)]$, $x[\cos(xy)-\sin(2xy)]$;

(18) $(2xy+3y^2)e^{x^2y+3y^2x+5z^2}$,

$(x^2+6xy)e^{x^2y+3y^2x+5z^2}$, $10ze^{x^2y+3y^2x+5z^2}$.

9. 2, 0.

10. $\dfrac{1}{3}$, $\dfrac{1}{3}$.

11. 1, -1.

12. $1+2\ln 2$, 1.

13. (1) $F(xy)+xyF'(xy)$, $x^2F'(xy)$;

(2) $-\dfrac{y}{x^2}F'\left(\dfrac{y}{x}\right)\dfrac{1}{F\left(\dfrac{y}{x}\right)}$, $\dfrac{1}{x}F'\left(\dfrac{y}{x}\right)\dfrac{1}{F\left(\dfrac{y}{x}\right)}$.

14. $2x$; -4.

15. $x+y$.

16. $-\frac{x+y}{x^2y^2}$.

17 ~ 23. 略。

24. (1) $f''_{xx}=\frac{-2\sin x^2-4x^2\cos x^2}{y}$,

$f''_{xy}=f''_{yx}=\frac{2x\sin x^2}{y^2}$,

$f''_{yy}=\frac{2\cos x^2}{y^3}$;

(2) $f''_{xx}=\frac{2}{y}\sec^2\frac{x^2}{y}+\frac{8x^2}{y^2}\sec^3\frac{x^2}{y}\sin\frac{x^2}{y}$,

$f''_{xy}=-\frac{2x}{y^2}\sec^2\frac{x^2}{y}+\frac{4x^3}{y^3}\sec^3\frac{x^2}{y}\sin\frac{x^2}{y}$;

$f''_{yy}=\frac{2x^2}{y^3}\sec^2\frac{x^2}{y}+\frac{2x^4}{y^4}\sec^3\frac{x^2}{y}\sin\frac{x^2}{y}$;

(3) $f''_{xx}=6y$,

$f''_{xy}=f''_{yx}=6x+4y+\cos y$,

$f''_{yy}=4x-x\sin y$;

(4) $\frac{\partial^2 z}{\partial x^2}=\frac{\ln y}{x^2}(\ln y-1)y^{\ln x}$,

$f''_{xy}=f''_{yx}=\frac{1}{xy}y^{\ln x}(1+\ln y\ln x)$,

$\frac{\partial^2 z}{\partial y^2}=\frac{\ln x(\ln x-1)}{y^2}y^{\ln x}$;

(5) $f''_{xx}=12x^2-8y^2$; $f''_{xy}=-16xy$; $f''_{yy}=12y^2-8x^2$;

(6) $f''_{xx}=a^2e^{ax+by}-\frac{1}{(x+y^2)^2}$,

$f''_{xy}=f''_{yx}=abe^{ax+by}-\frac{2y}{(x+y^2)^2}$,

$f''_{yy}=b^2e^{ax+by}-\frac{2(x-y^2)}{(x+y^2)^2}$;

(7) $f''_{xx}=-(2e^x+e^y)\sin(x+y)$,

$f''_{xy}=f''_{yx}=\sqrt{2}[e^y\cos(x+y+\frac{\pi}{4})-e^x\sin(x+y+\frac{\pi}{4})]$,

$f''_{yy}=(2e^y-e^x)\cos(x+y)$;

(8) $f''_{xx}=2\arctan\frac{y}{x}-2xy\frac{x^2+3y^2}{(x^2+y^2)^2}$,

$$f''_{xy}=f''_{yx}=\frac{x^4+6x^2y^2+y^4}{(x^2+y^2)^2},$$

$$f''_{yx}=2\arctan\frac{x}{y}-2xy\frac{y^2+3x^2}{(x^2+y^2)^2}.$$

25 ~ 26. 略。

27. (1) $2ye^{2x+y}dx+(1+y)e^{2x+y}dy$;

(2) $\sqrt{y}x^{\sqrt{y}-1}dx+\frac{1}{2\sqrt{y}}x^{\sqrt{y}}\ln x dy$;

(3) $e^{\sin x}\cos x\cos y dx-e^{\sin x}\sin y dy$;

(4) $dx+(\frac{1}{2}\cos\frac{y}{2}+ze^{yz})dy+ye^{yz}dz$;

(5) $3x^2e^{y^2}dx+2x^3ye^{y^2}dy$;

(6) $ye^{\sin(xy)}\cos(xy)dx+xe^{\sin(xy)}\cos(xy)dy$;

(7) $-2xy\sin(x^2y)dx-x^2\sin(x^2y)dy$;

(8) $2xydx+(x^2+2y)dy$;

(9) $-\frac{2xy}{(x^2+y^2)^2}dx+\frac{x^2-y^2}{(x^2+y^2)^2}dy$;

(10) $\frac{3}{3x-2y+e^z}dx-\frac{2}{3x-2y+e^x}dy+\frac{e^x}{3x-2y+e^x}dz.$

28. $\frac{1}{3}dx+\frac{2}{15}dy.$

29. 3.6945, 4.2624.

30. 0.05, 0.0476.

31. $[yF(x^2-y^2)+2x^2yF'(x^2-y^2)]dx+[xF(x^2-y^2)-2xy^2F'(x^2-y^2)]dy.$

32. 2.95.

33. 0.005.

34. 0.502.

35. 0.96.

36. $55.3cm^3$.

37. 减少 6cm.

38. 约减少 0.167m.

39. 约 345.6g.

40. 减少 $30\pi cm^3$.

41. $-e^{-t}-e^t$.

42. $(2-\frac{8}{t^5})\sec^2(2t+\frac{2}{t^4})$.

43. $2\cos 2t\cos(\sin 2t)$.

44. $(3x+y)^{x+3y}\left[1+\frac{8y}{3x+y}+\ln(3x+y)\right]$,

$(3x+y)^{x+3y}\left[\frac{x+3y}{3x+y}+3\ln(3x+y)\right]$.

45. $\frac{2(x-2y)(3y+x)}{(y+2x)^2},\frac{(2y-x)(9x+2y)}{(y+2x)^2}.$

46. $\frac{3}{2}x^2\sin 2y(\cos y-\sin y)$； $x^3(\cos y+\sin y)(1-3\sin y\cos y)$.

47. $e^{xy}[y\cos(x-y)-\sin(x-y)]$， $e^{xy}[x\cos(x-y)+\sin(x-y)]$.

48. $-2\frac{y^2}{x^3}\ln(x^2+y^2)+\frac{2y^2}{x(x^2+y^2)}$， $\frac{\partial z}{\partial y}=\frac{2y}{x^2}\ln(x^2+y^2)+\frac{2y^3}{x^2(x^2+y^2)}$.

49. $\frac{\cos x-\sin x}{e^{x+y}}$， $-\frac{\sin x}{e^{x+y}}$.

50. $y\cos(x+y)e^{\sin(x+y)}$， $[y\cos(x+y)+1]e^{\sin(x+y)}$.

51. $\frac{2}{e^{2(x+y^2)}+x^2+y}(e^{2(x+y)^2}+x)$； $\frac{1}{e^{2(x+y)^2}+x^2+y}(4ye^{2(x+y)^2}+1)$；

52. $e^{\sin y}(\cos^2 y-\sin y)$.

53. $\frac{1}{1+x^2y^2}(y+xe^x)$.

54. $\sec^2(3t+2x^2-y)(3-\frac{4}{t^3}-\frac{1}{2\sqrt{t}})$.

55. $3(x-y)^2\cos((y^2e^x)-y^2e^x(x-y)^3\sin(y^2e^x)$，
$-3(x-y)^2\cos((y^2e^x)+2ye^x(x-y)^3\sin(y^2e^x)$.

56. $2x+2y\tan(xy)\sec^2(xy)$， $2y+2x\tan(xy)\sec^2(xy)$.

57. $2xf'_1+ye^{xy}f'_2$， $-2yf'_1+xe^{xy}f'_2$.

58. $\frac{1}{y}f'_1$， $-\frac{x}{y^2}f'_1+\frac{1}{z}f'_2$， $-\frac{y}{z^2}f'_2$. 59 ~ 62. 略。

63. $9f''_{11}+\frac{3}{y}f''_{12}+\frac{3}{y}f''_{21}+\frac{1}{y^2}f''_{22}$，

$6f''_{11}-\frac{3x}{y^2}f''_{12}+\frac{2}{y}f''_{21}-\frac{x}{y^3}f''_{22}-\frac{1}{y^2}f'_2$.

64. $6x^2yf'_1+3x^2y^2(3x^2y^2f''_{11}+xe^yf''_{12})+xe^yf'_2+xe^y(3x^2y^2f''_{21}+xe^yf''_{22})$，
$6x^2yf'_1+3x^2y^2(2xy^3f''_{11}+e^yf''_{12})+e^yf'_2+xe^y(2xy^3f''_{21}+e^yf''_{22})$.

65. 略。

66. $-\frac{2x-ye^{xy}}{2y-xe^{xy}}$.

67. $\frac{y^2-e^x}{\cos y-2xy}$.

68. $\frac{x+y-1}{1-2xy-2y^2}$.

69. $\frac{yz}{-e^x-xy}$，$\frac{xz}{e^z-xy}$.

70. $\frac{yz-\sqrt{xyz}}{\sqrt{xyz}-xy}$，$\frac{xz-2\sqrt{xyz}}{\sqrt{xyz}-xy}$.

71. $-\frac{F'_1}{F'_2}$，$-\frac{F'_1+F'_2}{F'_2}$.

72 ~ 75. 略。

76. $\dfrac{x-\frac{1}{2}}{1}=\dfrac{y-\frac{3}{2}}{6}=\dfrac{z-3}{12}$, $x+6y+12z-\dfrac{91}{2}=0$.

77. $\dfrac{x-\frac{1}{2}}{1}=\dfrac{y-2}{-4}=\dfrac{z-1}{8}$, $2x-8y+16z-1=0$.

78. $\dfrac{x-a\cos a\cos t_0}{-\cos a\sin t_0}=\dfrac{y-a\sin a\cos t_0}{-\sin a\sin t_0}=\dfrac{z-a\sin t_0}{\cos t_0}$,

$z-z_0=(x-x_0)\cos a\tan t_0+(y-y_0)\sin a\tan t_0$.

79. $\dfrac{x-\left(\frac{\pi}{2}-1\right)}{1}=\dfrac{y-1}{1}=\dfrac{z-2\sqrt{2}}{\sqrt{2}}$, $x+y+\sqrt{2}z=\dfrac{\pi}{2}+4$.

80. $(-1,1,-1)$, $\left(-\dfrac{1}{3},\dfrac{1}{9},-\dfrac{1}{27}\right)$.

81. (1) $4x+2y-z-6=0$, $\dfrac{x-2}{4}=\dfrac{y-1}{2}=\dfrac{z-4}{-1}$;

(2) $x+2y+3z-14=0$, $\dfrac{x-1}{1}=\dfrac{y-2}{2}=\dfrac{z-3}{3}$.

82. $x+2y-4=0$, $\begin{cases}\dfrac{x-2}{1}=\dfrac{y-1}{2}\\ z=0\end{cases}$.

83. $x-y+2z=\pm\sqrt{\dfrac{11}{2}}$.

84. $a<0$ 时极小值为 $f\left(\dfrac{a}{3},\dfrac{a}{3}\right)=\dfrac{a^3}{27}$,

$a>0$ 时极大值为 $f\left(\dfrac{a}{3},\dfrac{a}{3}\right)=\dfrac{a^3}{27}$.

85. 极小值 $f(-4,1)=-1$.

86. 极大值 $f\left(-\dfrac{10}{3},-\dfrac{10}{3}\right)=\dfrac{500}{27}$.

87. 极大值为 $f\left(\dfrac{\pi}{3},\dfrac{\pi}{6}\right)=\dfrac{3\sqrt{3}}{2}$.

88. 极小值 $f(1,0)=0$.

89. 极大值 $f(2,-2)=8$.

90. 极大值 $f(3,2)=36$.

91. 极小值 $f\left(\dfrac{1}{2},-1\right)=-\dfrac{e}{2}$.

92. 极小值 $f(1,1)=-1$.

93. 极大值 $f(0,0)=0$.

94. 极小值 $f(5,2)=30$.

95. 极大值 $f(0,0)=0$,极小值 $f(2,2)=-8$.

96. $\dfrac{\sqrt{6}}{36}a^3$.

97. $\dfrac{7}{4\sqrt{2}}$.

98. $\dfrac{a}{4}$, $\dfrac{a}{4}$, $\dfrac{a}{4}$, $\dfrac{a}{4}$.

99. $x=y=z=20$.

100. 略。

101. 直角边均为$\frac{l}{\sqrt{2}}$.

102. $3\sqrt{20}$, $\sqrt{20}$.

103. 100,25,1250.

第 7 章

1. (1) $\iint\limits_D 7\left(1-\frac{x}{2}-\frac{y}{5}\right)d\sigma$; (2) $\iint\limits_D [3-(5x^2+2y^2)]d\sigma$;

(3) $\iint\limits_D \sqrt{4-x^2-y^2}d\sigma$; (4) $\iint\limits_D \sqrt{25-x^2-y^2}-\frac{4}{9}(x^2+y^2)d\sigma$.

2. (1) π; (2) $\frac{2}{3}\pi R^3$.

3. (1) 0; (2) $\frac{1}{2}\iint\limits_D f(x,y)d\sigma$.

4. $I_1=4I_2$.

5. $Q=\iint\limits_D \mu(x,y)d\sigma$.

6. (1) $I=\int_0^4 dx\int_x^{2\sqrt{x}}f(x,y)dy, I=\int_0^4 dy\int_{\frac{y^2}{4}}^{y}f(x,y)dx$;

(2) $I=\int_1^2 dx\int_{\frac{1}{x}}^{x}f(x,y)dy, I=\int_{\frac{1}{2}}^{1}dy\int_{\frac{1}{y}}^{2}f(x,y)dx+\int_1^2 dy\int_y^2 f(x,y)dx$;

(3) $I=\int_0^1 dx\int_{x-1}^{1-x}f(x,y)dy, \int_{-1}^{0}dy\int_0^{1+y}f(x,y)dx+\int_0^1 dy\int_0^{1-y}f(x,y)dx$;

(4) $I=\int_1^3 dx\int_x^{3x}f(x,y)dy, I=\int_1^3 dy\int_1^{y}f(x,y)dx+\int_3^9 dy\int_{\frac{y}{3}}^{3}f(x,y)dx$;

(5) $I=\int_{-\sqrt{2}}^{\sqrt{2}}dx\int_{x^2}^{4-x^2}f(x,y)dy$,

$I=\int_0^2 dy\int_{-\sqrt{y}}^{\sqrt{y}}f(x,y)dx+\int_2^4 dy\int_{-\sqrt{4-y}}^{\sqrt{4-y}}f(x,y)dx$;

(6) $\int_{-r}^{r}dx\int_0^{\sqrt{r^2-x^2}}f(x,y)dy, \int_0^r dy\int_{-\sqrt{r^2-y^2}}^{\sqrt{r^2-y^2}}f(x,y)dx$.

7. (1) $\frac{8}{3}$ (2) $\frac{20}{3}$; (3) 1;

(4) $\frac{64}{15}$; (5) $\frac{33}{140}$; (6) $\frac{27}{64}$;

(7) $\frac{13}{6}$; (8) $-\frac{3\pi}{2}$; (9) $\frac{16}{3}$;

(10) $\frac{6}{55}$; (11) $\frac{3}{4}$; (12) $\frac{47}{30}$;

(13) $\frac{4}{5}$;　(14) $\frac{1}{2}(1-e^{-1})$;　(15) $\frac{16}{315}$;

(16) 33;　(17) $\pi^2-\frac{40}{9}$.

8. (1) $\int_0^1 dx\int_x^1 f(x,y)dy$;　(2) $\int_0^1 dy\int_{e^y}^{e} f(x,y)dx$;

(3) $\int_0^1 dx\int_{1-x}^1 f(x,y)dy$;　(4) $\int_0^1 dx\int_{x^2}^{x} f(x,y)dy$;

(5) $\int_0^1 dy\int_0^1 f(x,y)dx+\int_1^e dy\int_{\ln y}^1 f(x,y)dx$;

(6) $\int_{\sqrt{2}}^{\sqrt{3}} dy\int_0^{\sqrt{y^2-2}} f(x,y)dx+\int_{\sqrt{3}}^{2} dy\int_0^{\sqrt{4-y^2}} f(x,y)dx$;

(7) $\int_0^4 dx\int_{\frac{x}{2}}^{\sqrt{x}} f(x,y)dy$;　(8) $\int_0^2 dx\int_{\frac{x}{2}}^{3-x} f(x,y)dy$;

(9) $\int_0^a dy\int_{-y}^{\sqrt{y}} f(x,y)dx$;　(10) $\int_0^1 dy\int_{-2+2y}^{-2-2y} f(x,y)dx$.

9. (1) $\pi(e^4-1)$;　(2) $\frac{2}{3}\pi(b^3-a^3)$;

(3) $\frac{\pi}{3}a^3$;　(4) $\frac{2}{3}$;

(5) π;　(6) $\frac{3\pi^2}{16}$;

(7) 0;　(8) $\frac{R^3}{3}\left(\frac{\pi}{2}-\frac{2}{3}\right)$.

10. $\frac{1}{6}$.　11. 8π.　12. $\pi-\frac{4\sqrt{2}}{3}$.

13. $\frac{128}{3}$.　14. $\frac{3}{32}\pi$.　15. $\frac{32}{2}a^3\left(\frac{\pi}{2}-\frac{2}{3}\right)$.

16. $\frac{16}{3}R^3$.　17. $\frac{1}{3}R^3\arctan k$.　18. $\frac{7}{2}$.

19. $\frac{17}{6}$.　20. $\frac{\pi}{8}$.　21. $\frac{1}{35}$.

22. $\frac{2}{3}K\pi R^3$.　23. $\frac{1}{40}\pi^5$.　24. $2R^2(\pi-2)$.

25. $\frac{\pi}{6}(5\sqrt{5}-1)a^2$.　26. $\frac{\pi}{6}(5\sqrt{5}-1)$.　27. $16R^2$.

28. $\frac{\pi a^2}{2}$.　29. $\frac{7}{2}$　30. $16\sqrt{2}\pi$.

31. $\left(\frac{4}{3}, \frac{12}{5}\right)$.　　32. $\left(\frac{7}{6}, 0\right)$.　　33. $\left(0, \frac{28}{9\pi}\right)$.

34. $\bar{x} = \frac{35}{48}$, $\bar{y} = \frac{35}{54}$.　　35. $\bar{x} = \frac{2}{5}a$, $\bar{y} = \frac{2}{5}a$.

36. (1) $\sqrt{5}$;　(2) $\frac{4}{3}(2\sqrt{2} - 1)$.

37. (1) 0;　(2) 24;
(3) $\frac{\sqrt{2}}{6}$;　(4) $-\frac{a^3}{2}$.

38. $\frac{1}{12}(5\sqrt{5} - 1)$.　　39. $\sqrt{2}$.　　40. $1 + \sqrt{2}$.

41. $2a^2$.　　42. $2a^2$.　　43. $\frac{256}{15}a^3$.

44. $2\pi^2 a^3(1 + 2\pi^2)$.　　45. $e^a\left(2 + \frac{\pi a}{4}\right) - 2$.　　46. $\frac{1}{12}(5\sqrt{5} + 6\sqrt{2} - 1)$.

47. (1) -1;　(2) -1.

48. $\frac{4}{5}$.　　49. (1) $\frac{\pi}{2}R^2$;　(2) R^2.

50. $-\frac{14}{15}$.　　51. (1) $\frac{1}{3}$;　(2) $\frac{5}{12}$.

52. 1.　　53. -2π.　　54. $\frac{3}{16}\pi a\sqrt[3]{a}$.

55. (1) $\frac{2}{3}$;　(2) $\frac{8}{15}$;　(3) 1.

56. (1) $\frac{34}{3}$;　(2) 11;
(3) 14;　(4) $\frac{32}{3}$.

57. (1) $-\frac{4}{3}a^3$;　(2) 0.

58. (1) 1;　(2) 1;　(3) 1.

59. $-\frac{\pi}{2}a^3$.　　60. $-2\pi a^2$.

61. 1.　　62. 8.　　63. $-2\pi R^2$.

64. (1) $2\pi a^2$;　(2) $\pi a^2 + e^a - e^{-a}$.

65. $-2\pi ab$.　　66. $-\pi$.

67. $\frac{1}{5}(1 - e^{\pi})$.　　68. $\frac{1}{30}$.　　69. $\frac{1}{2}$.

70. 12.　　71. 6.

72. $\frac{4}{3}$　　73. (1) 12π; (2) πa^2.

74. (1) $\frac{5}{2}$; (2) 236; (3) 5.

75. 9.　　76. (1) $-\frac{3}{2}$; (2) 5.

77. $-\frac{7}{6}+\frac{1}{4}\sin 2$.　　78. -1.

79. (1) 2; (2) $4-\pi$.

80. $\lambda=3$, $-\frac{79}{5}$.　　81. $f(x)=-\frac{1}{2}e^x$, $\frac{e}{2}$.

82. $\varphi(x)=x^2-2x+2$, $-\frac{2}{3}$.

第 8 章

1. (1) $a_n=(-1)^{n-1}\frac{1}{n}$; (2) $a_n=\frac{x^{2n}}{2^n}$;

   (3) $a_n=\frac{1}{n(n+1)}$; (4) $a_n=(-1)^{n-1}\frac{x^{2n-1}}{(2n-1)!}$.

2. (1) 收敛,$\frac{1}{2}$; (2) 收敛,3; (3) 发散; (4) 发散;

   (5) 收敛,$\frac{2}{5}$; (6) 收敛,$1-\sqrt{2}$.

3. (1) 收敛; (2) 发散; (3) 发散; (4) 发散.

4. (1) 发散; (2) 收敛; (3) 收敛;

   (4) 发散; (5) 发散; (6) 收敛.

5. (1) 收敛; (2) 收敛; (3) 发散;

   (4) 收敛; (5) 收敛; (6) 发散;

   (7) 发散; (8) 收敛.

6. (1) 收敛; (2) 收敛.

7. (1) 绝对收敛; (2) 绝对收敛; (3) 绝对收敛;

   (4) 条件收敛; (5) 条件收敛; (6) 条件收敛;

   (7) 条件收敛; (8) 发散; (9) 发散;

   (10) 绝对收敛.

8. 略。

9. (1) $[-2, 2]$; (2) $(-1, 1]$; (3) $(-3, 3)$;
(4) $x = 0$; (5) $(-2, 2)$; (6) $(-\infty, +\infty)$;
(7) $(-1, 5)$; (8) $(-2, 0]$.

10. (1) $\dfrac{x}{(1-x^2)^2}$; (2) $x - \arctan x$;
(3) $\dfrac{2x}{(1-x)^3}$; (4) $(1-x)\ln(1-x) + x$.

11. $\ln\dfrac{3}{2}$.

12. (1) $e^{-x^2} = \sum\limits_{n=0}^{\infty}(-1)^n \dfrac{x^{2n}}{n!}$, $(-\infty, +\infty)$;

(2) $a^x = \sum\limits_{n=0}^{\infty}\dfrac{\ln^n a}{n!}x^n$, $(-\infty, +\infty)$;

(3) $\sinh x = \sum\limits_{n=0}^{\infty}\dfrac{x^{2n+1}}{(2n+1)!}$, $(-\infty, +\infty)$;

(4) $\cosh x = \sum\limits_{n=0}^{\infty}\dfrac{x^{2n}}{(2n)!}$, $(-\infty, +\infty)$;

(5) $\sin\dfrac{x}{2} = \sum\limits_{n=0}^{\infty}(-1)^n\dfrac{x^{2n+1}}{2^{2n+1}(2n+1)!}$, $(-\infty, +\infty)$;

(6) $\cos^2 x = 1 + \sum\limits_{n=1}^{\infty}(-1)^n\dfrac{2^{2n-1}x^{2n}}{(2n)!}$, $(-\infty, +\infty)$;

(7) $\dfrac{1}{1+x^2} = \sum\limits_{n=1}^{\infty}(-1)^n x^{2n}$, $(-1,1)$;

(8) $\dfrac{1}{2-x} = \sum\limits_{n=0}^{\infty}\dfrac{x^n}{2^{n+1}}$, $(-2,2)$;

(9) $\dfrac{1}{-2+x+x^2} = -\dfrac{1}{3}\sum\limits_{n=0}^{\infty}\left(1 + \dfrac{(-1)^n}{2^{n+1}}\right)x^n$, $(-1,1)$;

(10) $\ln(3+x) = \ln 3 + \sum\limits_{n=1}^{\infty}(-1)^{n-1}\dfrac{x^n}{3^n n}$, $(-3, 3)$;

(11) $\ln(4+3x-x^2) = \ln 4 + \sum\limits_{n=1}^{\infty}\left(\dfrac{(-1)^{n-1}}{n} - \dfrac{1}{4^n n}\right)x^n$, $(-1, 1]$;

(12) $\dfrac{1}{(1-x)^2} = \sum\limits_{n=1}^{\infty}nx^{n-1}$, $(-1, 1)$;

(13) $\arctan x = \sum\limits_{n=0}^{\infty}(-1)^n\dfrac{x^{2n+1}}{2n+1}$, $(-1, 1]$.

(14) $(1+x)e^x=\sum\limits_{n=0}^{\infty}\frac{n+1}{n!}x^n$, $(-\infty,\infty)$.

13. (1) $\frac{1}{x}=\sum\limits_{n=0}^{\infty}(-1)^n\frac{(x-2)^n}{2^{n+1}}$, $(0,4)$.

(2) $\frac{1-x}{2-x}=-\sum\limits_{n=0}^{\infty}(x-1)^{n+1}$, $(0,2)$.

(3) $\sin 2x=\sum\limits_{n=0}^{\infty}\frac{(-1)^{n-1}2^{2n+1}}{(2n+1)!}\left(x-\frac{\pi}{2}\right)^{2n+1}$, $(-\infty,\infty)$.

(4) $\ln x=\ln 2+\sum\limits_{n=1}^{\infty}\frac{(-1)^{n-1}}{n\cdot 2^n}(x-2)^n$, $(0,4]$.

14. 略。

15. (1) 是; (2) 否; (3) 是; (4) 否.

16. 略。

17. (1) $f(x)=\pi+2\sum\limits_{n=1}^{\infty}(-1)^n\frac{\sin nx}{n}$, $x\neq(2k+1)\pi, k\in Z$;

(2) $f(x)=\frac{3}{4}\pi-\frac{2}{\pi}\sum\limits_{n=1}^{\infty}\frac{\cos(2n-1)x}{(2n-1)^2}-\sum\limits_{n=1}^{\infty}\frac{\sin nx}{n}$, $x\neq 2k\pi$, $k\in Z$;

(3) $|\sin x|=\frac{2}{\pi}-\frac{4}{\pi}\sum\limits_{k=1}^{\infty}\frac{\cos 2kx}{4k^2-1}$, $x\in(-\infty,+\infty)$;

(4) $f(x)=\frac{2E}{\pi}\sum\limits_{n=1}^{\infty}\frac{1-\cos n\tau}{n}\sin nx$, $x\neq 2k\pi$, $2k\pi\pm\tau$, $k\in Z$.

18. (1) $\varphi(t)=\frac{3}{4}+\frac{2}{\pi^2}\sum\limits_{n=1}^{\infty}\frac{\cos(2n-1)\pi t}{(2n-1)^2}+\frac{1}{\pi}\sum\limits_{n=1}^{\infty}\frac{(-1)^n}{n}\sin n\pi t$,

$t\neq 2k-1$, $k\in Z$;

(2) $\varphi(t)=\frac{2}{3}+\frac{4}{\pi^2}\sum\limits_{n=1}^{\infty}\frac{(-1)^{n-1}}{n^2}\cos n\pi t$, $t\in(-\infty,+\infty)$;

(3) $\varphi(t)=\frac{2}{\pi}\sum\limits_{n=1}^{\infty}\frac{\sin n\pi t}{n}$, $t\neq 2k$, $k\in Z$;

(4) $\varphi(t)=E\tau+\frac{2E}{\pi}\sum\limits_{n=1}^{\infty}\frac{\sin n\pi t}{n}\cos n\pi t$, $t\neq 2k\pm\tau$, $k\in Z$.

19. $f(x)=1+\frac{\pi}{2}-\frac{4}{\pi}\sum\limits_{n=1}^{\infty}\frac{\cos(2n-1)x}{(2n-1)^2}$, $x\in(-\infty,+\infty)$,

$\sum\limits_{n=1}^{\infty}\frac{1}{(2n-1)^2}=\frac{\pi^2}{8}$.